Schöner RIECHEN

Joachim Mensing

Schöner RIECHEN

Die magische Wirkung von Parfums auf das Wohlbefinden

Joachim Mensing
Miami Beach, USA

ISBN 978-3-662-62725-9   ISBN 978-3-662-62726-6   (eBook)
https://doi.org/10.1007/978-3-662-62726-6

© Der/die Herausgeber bzw. der/die Autor(en), exklusiv lizenziert durch Springer-Verlag GmbH, DE, ein Teil von Springer Nature 2021
Das Werk einschließlich aller seiner Teile ist urheberrechtlich geschützt. Jede Verwertung, die nicht ausdrücklich vom Urheberrechtsgesetz zugelassen ist, bedarf der vorherigen Zustimmung des Verlags. Das gilt insbesondere für Vervielfältigungen, Bearbeitungen, Übersetzungen, Mikroverfilmungen und die Einspeicherung und Verarbeitung in elektronischen Systemen.
Die Wiedergabe von allgemein beschreibenden Bezeichnungen, Marken, Unternehmensnamen etc. in diesem Werk bedeutet nicht, dass diese frei durch jedermann benutzt werden dürfen. Die Berechtigung zur Benutzung unterliegt, auch ohne gesonderten Hinweis hierzu, den Regeln des Markenrechts. Die Rechte des jeweiligen Zeicheninhabers sind zu beachten.
Der Verlag, die Autoren und die Herausgeber gehen davon aus, dass die Angaben und Informationen in diesem Werk zum Zeitpunkt der Veröffentlichung vollständig und korrekt sind. Weder der Verlag, noch die Autoren oder die Herausgeber übernehmen, ausdrücklich oder implizit, Gewähr für den Inhalt des Werkes, etwaige Fehler oder Äußerungen. Der Verlag bleibt im Hinblick auf geografische Zuordnungen und Gebietsbezeichnungen in veröffentlichten Karten und Institutionsadressen neutral.

Springer ist ein Imprint der eingetragenen Gesellschaft Springer-Verlag GmbH, DE und ist ein Teil von Springer Nature.
Die Anschrift der Gesellschaft ist: Heidelberger Platz 3, 14197 Berlin, Germany

Eine Reise in die Welt, Trends und Zukunft, aber auch in die Geschichte des Parfüms und seiner Industrie mit neusten Erkenntnissen aus der Psychologie, Aromatherapie, Gehirnforschung und Neuroparfümerie, wie Düfte für unser Wohlbefinden wirken können.

Wie schön, dass Sie dieses Buch in die Hand genommen – und vielleicht auch schon gekauft – haben. Mit 15 Kapiteln kann man das Buch schon als „dicken Wälzer" bezeichnen. Und all diejenigen, die sich nicht zu den absoluten Leseratten zählen, sind möglicherweise noch ein bisschen skeptisch. Doch das müssen Sie nicht sein. Denn vor Ihnen liegt eine Reise, in die man auch in Etappen eintauchen kann. Ich verspreche Ihnen: Unsere 15 Reiseziele sind alles andere als langweilig, und am Ende werden Sie zu den Insidern einer faszinierenden Branche gehören, die andere mit ihrem Wissensschatz begeistern.

Vorwort

Liebe Leserin, lieber Leser,

willkommen zu einer Reise in die Welt, Trends und Zukunft von Parfüms.

Auf dieser Reise will ich mit Ihnen aktuelles Insiderwissen einer faszinierenden Industrie teilen. Speziell werde ich Ihnen neuste Erkenntnisse aus der Psychologie, Aromatherapie, Gehirnforschung und Neuroparfümerie vorstellen und Ihnen zeigen, wie Düfte für unser Wohlbefinden noch gezielter wirken können.

Manchmal geht es auf unserer Reise aber auch in die Vergangenheit, in die Geschichte des Parfüms, in der viele neue, überraschende, aber auch erheiternde Entdeckungen auf uns warten.

Vielleicht fragen Sie sich, was einen Psychologen wie mich bewogen haben mag, ein Buch mit dem Titel *Schöner Riechen* zu schreiben. Nun – seit mehr als 30 Jahren bestimmen die schönen Düfte meine berufliche Praxis sowohl in der Therapie, aber insbesondere auch in den Gebieten der Parfümerie und Parfümindustrie. Als Duftpsychologe und Trendcoach mit Parfümtraining bei einem der großen Dufthersteller wurde ich bei der Kreation zahlreicher, oft sogar preisgekrönter Parfüms hinzugezogen. Meine Erfahrungen vor allem dazu, wie Parfüms auf uns Menschen wirken und in Zukunft noch mehr wirken können, teile ich seit Langem mit einem interessierten Publikum bei Vorträgen zum Thema „Schöner Riechen" und in der Ausbildung im Kompaktkurs zum „Parfüm-Insider", den ich Ihnen in diesem Buch anbiete. Bei alldem zähle ich mich zu den glücklichen Menschen, die von sich sagen können, ihr Hobby zum Beruf gemacht zu haben. Die Welt der Düfte und deren Wirkungen üben seit Jahrzehnten eine ungeminderte Faszination auf mich aus. Und die wohl schönste Wirkung eines Parfüms ist, dass es gezielt für mehr Lebensfreude sorgen kann.

Doch warum jetzt ein Buch über „Schöner Riechen" bzw. die Wirkung von Duft und Parfüm? In der Parfümerie lassen sich momentan geradezu revolutionäre Entwicklungen beobachten. Bahnbrechende Entdeckungen und Innovationen in den unterschiedlichsten Bereichen der Parfümerie – beispielsweise auf den Gebieten der Neuroparfümerie bzw. der für die Parfümerie relevanten Gehirnforschung, der Duftpsychologie und -therapie sowie der Duftwahl- und -beratung – verändern eine ganze Branche. Dazu kommen neue Vorgehensweisen bei der Arbeit der Parfümeure und der Duftentwicklung. Über alle diese Themen werde ich gut verständlich, unterhaltsam und spannend berichten.

Einem wissenschaftlichen Anspruch werde ich durch Literaturangaben gerecht, die Ihnen auch bei Ihrer eigenen Vertiefung der verschiedenen Aspekte eine Hilfe bieten.

Vorweg möchte ich noch etwas zum besseren terminologischen Verständnis erklären. Wenn ich von Parfümerie spreche, meine ich zwei Bereiche:

— Die Welt, in der Parfümeure Duftprodukte kreieren. Dabei geht es um die Welt der Duftindustrie, aber auch um die der wissenschaftlichen Forschung. Letztere untersucht beispielsweise, wie wir riechen, wie Düfte wirken, aber auch, warum wir uns überhaupt parfümieren.

– Die Welt der stationären und Online-Parfümerien, also der sogenannte Parfümerie-Fachhandel, bei dem es um Beratung und Verkauf von Parfüms, Pflege- und anderen Schönheitsprodukten an den Endverbraucher geht.

Manchmal überlappen sich die beiden Bereiche. Ich werde aber immer kenntlich machen, auf welchen ich mich bei der Verwendung des Begriffs „Parfümerie" gerade beziehe.

■ Was möchte ich mit diesem Buch erreichen?

Neueste Erkenntnisse – insbesondere in den Bereichen der Neuroparfümerie und der Duftpsychologie – sollen zur Inspiration für die Praxis der Parfümerie werden. Hierbei geht es in erster Linie um Parfümentwicklung und -kreation, aber auch um Handel, Marketing und Beratung sowie um das spannende Feld der Dufttherapie. Bereits die ersten acht Kapitel dieses Buches führe ich Sie quasi in einem Kompaktkurs diese Themen ein, frische Ihr Wissen rund um die Parfümerie auf und mache Sie so zu einem Parfüm- und Parfümerie-Insider. Aber auch wenn Sie nicht in dieser Branche tätig sind und sich lediglich für das Thema Parfüm interessieren, möchte ich Sie mit diesem Buch begeistern. Bei den einzelnen Themen – insbesondere in den ersten acht Kapiteln – gehe ich bewusst nicht in chronologischer Abfolge vor, da ich mehr Spannung und Abwechslung beim Lesen erzeugen will. Dennoch fügt sich alles in ein großes Ganzes ein, und Sie werden alle Facetten der Branche fundiert und im Detail kennenlernen.

Mehr noch: Ich möchte Sie zum Nutznießer einer faszinierenden Industrie machen. Dafür gibt Ihnen dieses Buch viele praktische Tipps.

Mein Ziel ist es auch, Ihnen neueste Erkenntnisse und Innovationen so vorzustellen, dass Sie diese bereits heute für sich selbst nutzen können. Und ich zeige Ihnen, dass Parfüms weit mehr können, als nur gut zu riechen. Beispielsweise werden Düfte mittlerweile zu regelrechten Wirkparfüms entwickelt, die gezielt Wohlgefühl, Gesundheit und sogar Lebensfreude steigern. Das können Sie in diesem Buch selbst erfahren. Und noch etwas: Ich möchte Sie zu Ihrem eigenen Selbstparfümeur machen – und zwar ohne den Gebrauch großer Hilfsmittel.

■ Brauchen Sie für dieses Buch Vorkenntnisse?

Definitiv nicht! Auch wenn ich über das Neueste aus Forschung und Praxis sowie über die Zukunft der Parfümerie berichte, brauchen Sie nichts weiter als etwas Neugierde, um eine Welt zu entdecken, die die schönste aller Drogen kreiert: Parfüm.

■ Was gewinnen Sie, wenn Sie einfach nur mal in die Welt der Parfüms reinschnuppern?

Auf der Grundlage meiner 30-jährigen Berufspraxis mache ich Sie zum Insider einer faszinierenden Industrie, einschließlich deren Trends und Zukunftsperspektiven. Sie werden mit diesem Buch zum Zeitzeugen einer Industrie, die gerade eine duftende Revolution erlebt, genauer gesagt: die dritte Revolution seit den Anfängen der Parfümerie vor rund 6000 Jahren. Wahrscheinlich ist die Parfümerie noch um einiges älter. Das Internationale Museum der Parfümerie im französischen Grasse datiert ihren Beginn aufgrund von Gegenständen, die man im Nahen Osten gefunden hat und die als Parfüm- und Kosmetikbehältnisse angesehen werden können, sogar auf 7000 v. Chr. Damit wäre die Parfümerie über 9000 Jahre alt.

Allein schon die Geschichte des Parfüms und seiner Wirkungen sind ein spannendes Thema für sich – und die Zukunftsaussichten dürften genauso spannend sein. Ich kann Ihnen also versprechen, dass Sie sich bei der Lektüre dieses Buches nie langweilen werden. Oftmals werden Sie wahrscheinlich auch schmunzeln. So erfahren Sie beispielsweise, welche Argumente die großen Philosophen gegen die schönen Düfte anführten und wie sie Parfüms und Parfümerie regelrecht bekämpften. Oder welche Tricks und Methoden man einst verwendete, um die „Influencer" der alten Tage für seine Parfümkreation zu gewinnen.

- **Können Sie, wenn Sie nur wenig Zeit haben, auch nur Teile des Buches lesen und sich trotzdem fundiert informieren?**

Wenn Sie wenig Zeit haben und schnelle Information schätzen, bietet Ihnen dieses Buch einen „Kompaktkurs zum Parfüm-Insider".

Er informiert fundiert über Parfüms, die Industrie sowie über aktuelle Entwicklungen und Trends und gibt allen, die in unserer faszinierenden Branche tätig sein wollen – die etwa ihr eigenes Parfüm auf den Markt bringen und sich dabei vielleicht selbst als Marke oder als Parfüm-Influencer positionieren möchten –, eine schnelle Orientierung. Hierfür empfehle ich Ihnen als Lektüre, gleichsam zum „Rundum-Einriechen", die ▶ Kap. 1, 2, 3, 4, 5, 6, 7, 8 und von den ▶ Kap. 9, 12 und 13 die ▶ Abschn. 9.6, ▶ 12.3, ▶ 12.4. und ▶ 13.3. Diese Kapitel und Abschnitte sind die Ausbildungsinhalte meines Kompaktkurses zum Parfüm-Insider (Kontakt: ▶ www.schoenerriechen.com). Speziell die ▶ Kap. 5, 6 und 7 geben Insider- und Praxiswissen, wie der Handel für ein neues Parfüm kalkuliert, und liefern viele Tipps, wie man ein Parfüm entwickelt und erfolgreich im Markt positioniert.

Im Folgenden gebe ich Ihnen eine kurze Übersicht über die wesentlichen Inhalte einzelner Buchkapitel, die Sie aber, um sich nicht Spannung und Vorfreude zu nehmen, vielleicht gar nicht lesen möchten. Sicherlich ist die Übersicht hilfreich, um Themenbereiche zu finden, die Sie besonders interessieren könnten.

Erlauben Sie mir aber, bevor ich die Inhalte einzelner Buchkapitel bespreche, noch einen ersten kleinen Exkurs in die Welt des Parfüms zu unternehmen. Denn der Begriff Parfüm verlangt schon allein wegen des Buchtitels nach einer Klärung. Er bezieht sich auf zwei verschiedene Bereiche:

— Ich verwende den Begriff „Parfüm" zum einen als einen Sammelbegriff für Duft. Das umfasst alles, was angenehm riecht bzw. so riechen soll. Im Englischen wird für „Duft" das Wort „fragrance" verwendet, mit dem ebenfalls etwas assoziiert wird, das angenehm riecht. Dabei bezieht sich dieser Begriff nicht nur auf Parfüm (engl. „perfume"), sondern auch auf andere Duftquellen. Das Verständnis von Parfüm im deutschsprachigen Raum erlaubt beide Assoziationen. So kann sich der Begriff „Parfüm" sowohl auf Duftprodukte der Parfümerie beziehen als auch auf andere schöne Düfte.

  Als eine weitere Differenzierung findet sich im Englischen neben dem Wort „fragrance" noch der Begriff „scent", der einen eher charakteristischen Geruch bezeichnet. Das deutsche Wort „Geruch" schließlich – im amerikanischen Englisch „odor" bzw. im britischen Englisch „odour" – wird als neutraler Begriff des

Olfaktorischen verwendet, kann aber auch in Verbindung mit angenehmem und unangenehmem Riechen stehen. Dagegen weist der Begriff „Gestank" (engl. „stink") eindeutig auf etwas unangenehm Riechendes hin. Damit zeigt sich der wesentliche Unterschied zwischen Parfüm und Gestank: Ersteres wird geruchlich positiv, Letzteres dagegen negativ erlebt. Sicher gibt es auch Parfüms, die für manche stinken, und Düfte, deren Geruch nicht von allen als gut empfunden werden – doch dieses Thema würde hier jetzt zu weit führen.

Im Englischen wird ferner zusätzlich zwischen „Aroma" und „Parfüm" unterschieden, was sich auch im deutschen Verständnis eingebürgert hat. Beide Begriffe beziehen sich auf angenehme Gerüche. Während sich „Aroma" eher auf Pflanzen, Gewürze und Lebensmittel bezieht, wird „Parfüm" meist mit Duft und Blumen verbunden.

— Der Begriff „Parfüm" wird des Weiteren auch für ein Produkt bzw. im Plural für verschiedene Parfümarten der Parfümerie verwendet. Der Kernbegriff „Parfüm" bezieht sich somit auf ein olfaktorisches Kunstwerk, mit dem man das Wertvollste – sozusagen die Krönung dessen, was Parfümerie und Parfümeure zu bieten haben – beschreibt. Kreiert als ein Produkt für die äußerliche Anwendung, besteht Parfüm meist aus einem flüssigen Gemisch verschiedener sogenannter Riechstoffe, ein Synonym für Duftstoffe. Daneben gibt es auch sogenannte „Solid Parfüms", die man als Creme auftragen kann.

Die Duftstoffe eines Parfüms werden als Duftöl in Alkohol und etwas destilliertem Wasser gelöst. Je nach Konzentration der Duftstoffe bzw. des Duftölanteils unterscheidet man folgende verschiedene Parfümarten: „Parfüm", „Eau de Parfüm", „Eau de Toilette" und „Eau de Cologne".

Als olfaktorisches Kunstwerk soll ein Parfüm nicht nur dem Duftgenuss dienen. Parfümliebhaber erwarten, dass ein Parfüm bei seiner Lancierung mit einem neuartigen und innovativen Dufteindruck überrascht. Ferner muss es – und dafür dienen die Parfümklassiker als bestes Beispiel – zumindest subjektiv die Attraktivität und das Wohlgefühl des Trägers steigern. Um das zu erreichen, müssen ausgewählte und wertvolle Duftstoffe verwendet werden. Aber ein Parfüm zu kreieren erfordert auch parfümistisch-handwerkliche Fähigkeiten. So kann man von einem exzellenten Parfüm neben allen künstlerischen Attributen eine gute Haftfestigkeit, also Haltbarkeit, während des Duftablaufs erwarten. Die Krönung der Parfümerie mit der in der Regel besten Haftfestigkeit ist das reine Parfüm, das sogenannte „Extrait de Parfüm", im Englischen als „Perfume Extract" oder „Pure Perfume" bezeichnet. Die Duftstoff- bzw. Duftölkonzentration liegt hier zwischen 15 und 30 Prozent und kann sogar 40 Prozent übersteigen.

Manchmal überlappen sich auch die einzelnen Bedeutungen für Parfüm. Ich werde aber immer – wie auch beim Begriff Parfümerie – kenntlich machen, auf welchen Zusammenhang ich mich bei der Verwendung des Wortes gerade beziehe.

Danksagung

Ein Buch zu schreiben, selbst wenn man das Thema klar vor Augen hat, ist eine Reise ins Unbekannte, zumindest, was die Zeit betrifft, die man zum Schreiben braucht. Ohne meine verständnisvolle Familie hätte ich diese Reise nicht durchführen können. Mein Dank gilt deshalb meiner Frau Charmaine und unseren Kindern Felicia, Shani und Elaina, die mir die Zeit, Motivation und Unterstützung zum Schreiben gaben.

Man unterschätzt auch, dass sich durch neue Erkenntnisse aus der Forschung Etappenziele verändern, umgeschrieben, neu bestimmt oder gewichtet werden müssen. Wer hätte z. B gedacht, dass Menschen anscheinend auch ohne Teile des Geruchshirns riechen können oder sich Ansätze der Parfümerie bereits in der Steinzeit finden. Dankbar bin ich deshalb Hanne-Lore Heilmann und Angela Müller, die mithalfen, das Buch zu redigieren, und mir geduldig die Möglichkeit gaben, bereits fertige Textpassagen neu zu schreiben und dem aktuellen Wissensstand anzupassen.

Auf einer Reise verliert man als Autor mit all den Themen, über die man berichten möchte, schnell mal aus den Augen, welche Punkte für andere von besonderem Interesse sind bzw. sein könnten. Ich danke deshalb sehr herzlich Regina Spelman, die mich darauf hingewiesen hat, doch stärker meine Erfahrungen als Psychologe einzubringen.

Es braucht wohlgesinnte Menschen, die einen bei der Reise unterstützen und Materialen und Tipps geben, wie man es noch besser machen könnte. Danken möchte ich in diesem Zusammenhang Kai Brüninghaus, Dr. Andreas Leistikow und Dr. Alberto Peek, besonders aber auch Jacques Schumacher, der das Buch mit seinen kunstvollen Bildern herrlich bereichert hat.

Mein ganz besonderer Dank gilt den Teilnehmerinnen und Teilnehmern meiner Parfümseminare, deren positives Feedback mich auch zum Schreiben dieses Buches und speziell auch über aktuelle Erkenntnisse aus der Neuroparfümerie motivierten.

Abschließend möchte ich mich bei Kollegen aus der Parfüm- und der kosmetischen Industrie sowie aus dem Handel und von Verbänden bedanken, die mich in der Zusammenarbeit mit vielen Gesprächen inspirierten.

Über dieses Buch

Im ▶ 1. Kapitel teile ich mit Ihnen viel Basiswissen zum Thema „Duft und Geschichte". Sie erfahren viel Faszinierendes über die ersten Duftrituale von Menschen und gewinnen neue Erkenntnisse über die Anfänge des Parfüms, des Parfümierens wie auch der Parfümerie. Sie werden entdecken, was man im Altertum über die Wirkungen von Düften wusste, welche Bedeutung Düfte bereits für die Lebensqualität hatten und besonders,
— welche Duftwirkungen man schon in der Steinzeit erzielen konnte.

Im ersten Kapitel besprechen wir auch den Stand der aktuellen Geruchsforschung, vor allem, was den Einfluss von Düften auf unser Bewusstsein, unsere Emotionen und Stimmung betrifft, und damit,
— wie Düfte im Gehirn auf unsere Psyche wirken;
— welchen Einfluss Riechen und Geruch sowie Parfüms, Duft- und Aromatherapie auf uns haben.

Dabei sehen wir an ersten Beispielen aus der Neuroparfümerie, wie und wo bestimmte Duftstoffe sowie ätherische Öle einzelne Gehirnregionen und ihre Netzwerke stimulieren.

Erlauben Sie mir in diesem Zusammenhang anzumerken, dass ich die Begriffe Gehirnareal und Gehirnregion synonym verwende, weil, wie ich zeigen werde, man einen räumlich abgrenzbaren Bereich des Großhirns – wie man es eher mit dem Wort Gehirnareal verbindet – für das Riechen nur schlecht, wenn überhaupt zeigen kann.

Im ▶ 2. Kapitel lesen Sie, was es über die schönen Düfte aus Sicht der Praxis zu wissen gilt,
— wie die derzeitigen Entwicklungen bei Parfüms aussehen;
— welche aktuellen Trends und neuen Erwartungen es bei Duftverwendern gibt, wie z. B. die aktuelle Entwicklung vom Parfüm zum Wirkparfüm.

Wir besprechen aber auch Bedenkliches zum Thema Parfüm – was man bei der Duftanwendung und beim Duftgenuss gerade als Parfümliebhaber wissen und berücksichtigen sollte.

Die ▶ Kap. 3, 4, 5, 6, 7 and 8 wenden sich vor allem an alle, die schnell aus einer erfrischend anderen Sicht einen Einblick in die Welt des Parfüms und der jüngsten Parfümerie erhalten wollen. Hier finden sich weitere Themen, die ich auch in meinen Parfüm-Insider-Workshops und -Ausbildungen bespreche. So erfahren Sie beispielsweise,
— wer heute hinter den Kulissen die Macher von Parfüms sind und wie die Kalkulation für einen neuen Duft abläuft,
— wie man sich und sein Parfüm als „Influencer" vermarkten kann,
— welches die Lieblingsinhaltsstoffe der Parfümerie und ihre aktuellen Trends sind,
— wie das Riechen funktioniert,
— wer der „Maître des Parfüms" in unserem Gehirn ist, der sensorische Eindrücke erstellt und Düfte mit unserem Selbstbild verbindet,

- wer oder was im Gehirn, sozusagen als Duftmanager, über unsere Duftwahl und Lieblingsdüfte entscheidet,
- wie bestimmte Duftnoten auf unsere Persönlichkeit, unsere Emotionen, Stimmung und unser Wohlgefühl wirken,
- was die Duftpsychologie über Verwendung von Parfüms und Duftfamilien weiß und warum sich Menschen beduften,
- warum das Riechen ein so einmaliger und faszinierender Sinn ist, der viel über unser psychisches und physisches Wohlbefinden sowie über unseren Gesundheitszustand aussagt,
- wie und warum unser Riechsinn im Rahmen einer Dufttherapie so viel Gutes für uns tun kann.

Außerdem gehe ich noch einmal auf die seit ihrem Beginn in vorchristlicher Zeit spannende Geschichte der Parfümerie ein. Dazu gehören zwei zur Vergangenheit gehörende Duftrevolutionen, die das Riechen von Parfüms verändert haben. Ferner bespreche ich die Rolle der Frauen, ohne die die Parfümerie, wie wir sie kennen, nicht stattgefunden hätte.

Das ▶ 9. und ▶ 10. Kapitel haben als Schwerpunkt die Zukunft des Riechens und die Duft-Selbsttherapie. Hier gehe ich auf die sich momentan vollziehende dritte Revolution in der Parfümerie ein, durch die sich die gesamte Branche gänzlich verändern wird. Im Zentrum stehen dabei die neuesten Entdeckungen aus der Duft- und Gehirnforschung sowie der Neuroparfümerie, einer noch sehr jungen Wissenschaft. Sie erfahren, welche neuen Wirkungen man mit Parfüms bewusst oder unbewusst erzielen kann:

- was Parfüms heute schon leisten können – außer gut zu riechen,
- wie die Zukunft des Parfüms aussieht,
- welche Gehirnregionen, sprich Netzwerke, man wie und mit welchen Parfüms besonders gut stimulieren kann,
- wie man die aktuellen Erkenntnisse der Neuroparfümerie und Gehirnforschung in der Verkaufs- und Duftberatung nutzen kann.

Außerdem stelle ich die neuesten Erkenntnisse der Duftpsychologie und -Therapie vor und erkläre, wie Parfüms gezielt zu mehr Lebensfreude führen.

Alles wird sehr anwendungsorientiert und verständlich, mit vielen Anregungen für die Praxis der Parfümerie und das Erleben von Parfüms beschrieben. Speziell im ▶ 10. Kapitel bitte ich Sie zudem, kreativ zu werden und Ihr eigenes therapeutisches Wirkparfüm zu erschaffen. Mein Ziel dabei ist, dass Sie die Power von Neuroparfüms erleben, also von Düften, die speziell für die Neuprogrammierung von gesuchtem Erleben sorgen. Mit ihnen lassen sich im Rahmen einer duftunterstützten Therapie innere Kraft, Freude und Wohlgefühl steigern.

Im ▶ 11. Kapitel präsentiere ich Ihnen aktuelle Erkenntnisse aus Gehirnforschung, Neuro- und Verkaufspsychologie für die Duftberatung, und im ▶ 12. Kapitel können Sie mithilfe eines neuropsychologischen Selbsttests Ihre Duftvorlieben und Ihre damit einhergehenden Erlebniswünsche entdecken. Ich gebe Ihnen ferner viele praktische Tipps, wie man die Duftberatung in der stationären Parfümerie noch faszinierender gestalten kann, denn viele Trendforscher würden Folgendes unterschreiben: Der neue Kunde – und das sind wir alle – kauft nicht mehr einen Produkt oder einen Service, sondern in erster Linie ein positives Erlebnis.

Deshalb stelle ich Ihnen eine neue, aufregende, aber auch unerwartete Parfümerie vor: die Erlebnisparfümerie. Wundern Sie sich also nicht, wenn Sie in diesem Zusammenhang über den Weltschildkrötentag oder über das Dufttanzen lesen. Beides dient dem Parfümgenuss und der Steigerung des Duft- und Selbsterlebens, aber auch der Gesundheit und Gesundheitsprophylaxe.

Schließlich teile ich im ▶ 13., ▶ 14. und ▶ 15. Kapitel eine Reihe gut gehüteter Insiderinformationen der Duftindustrie, des Handels und des Marketings mit Ihnen. Sie erfahren, welche Trends, Innovationen und Entwicklungen es hier auch bei Parfümeuren gibt, wie sich der Parfümeriefachhandel und seine Kunden verändern und wer das Rennen um die stationäre Parfümerie von morgen gewinnt. Ich zeige aber auch, welche strategischen Chancen sich der stationären Parfümerie bieten, von einem veränderten Markt mit neuen Verbraucherbedürfnissen zu profitieren. Außerdem gehe ich folgenden Fragen nach:

- Wie unterscheidet sich der deutsche Duftmarkt von anderen Märkten?
- Was sind die Parfümtrends der nächsten Jahre?
- Gibt es bei Düften Trends, die sich ähnlich wie in der Mode global zeigen?
- Werden die Märkte immer mehr von nationalen Präferenzen bestimmt?

In diesem Zusammenhang zeige ich, dass Deutschland auf der Landkarte der Duftvorlieben und Marktmentalitäten gar nicht in der Mitte Europas liegt, sondern ein ganz anderes Land.

Das letzte Kapitel des Buches ist ein Nachwort und den Parfümeuren gewidmet. Ich werde der Frage nachgehen, wie und wo der moderne Parfümeur entstanden ist, wie Parfümeure zur ihrer eigenen Luxusmarke werden konnten und welche Chancen heute speziell Parfümeurinnen haben.

Inhaltsverzeichnis

1	**Die Erforschung der Duftwirkung**	1
1.1	Geschichte der Duftwirkung	3
1.1.1	Überraschende Funde der Archäologie vor 77.000 Jahren	3
1.1.2	Zum Unterschied von Parfümieren und Geruchsanwendung	4
1.1.3	Erste Erwähnungen von Duftverwendung und -wirkung in Altertum und Antike	6
1.1.4	Der Duft des Blauen Lotus oder: Das göttliche Parfüm aus den Urgewässern	10
1.1.5	Die Kunst des Räucherns – zur meditativen und künstlerischen Wirkung von Duft	12
1.1.6	Heilende Duftmagie – von medizinischen und physiotherapeutischen Duftanwendungen bis zur Wahrsagerei und spiritistischen Séancen	15
1.2	Duftwirkung in der Neuzeit	18
1.2.1	Beginn der Erforschung der Duftwirkung	18
1.2.2	Die Neuroparfümerie sorgt für den Durchbruch in der Duftwirkungsforschung	20
1.2.3	Ein erster Einblick in die Wirkung von Düften auf spezifische Regionen des Gehirns	23
1.2.4	Ein erster Ausblick auf die Duftwirkung in der Zukunft	24
1.2.5	Riechen geht auch umgekehrt – der Duftmanager im Gehirn	24
1.2.6	Forschungsbereiche der Duftpsychologie	26
1.2.7	Riechen, das letzte Lebenszeichen des Bewusstseins	27
1.2.8	Das Gehirn kann sich seinen eigenen Geruch erschaffen	28
1.2.9	Wie Duftstoffe unbewusst Einfluss auf unser Verhalten nehmen – zwei Beispiele	31
1.2.10	Aromatherapie – wie ätherische Öle wirken	31
	Literatur	34
2	**Parfüms im Wandel**	37
2.1	Charakteristiken von Parfüms heute	38
2.2	Arten und Gebrauch von Parfüms – Interessengebiete von Parfümliebhabern	40
2.3	Der Trend in der Parfümerie zur Natur	46
2.4	Persönliche Ansprüche an Parfüms	47
2.5	Parfüm im Konflikt: Verbotene und unerwünschte Wirkungen	48
2.6	Verbraucher wollen mehr als gut riechen – vom Parfüm zum Wirkparfüm	50
2.7	Zum Unterschied von Aromatherapie und Dufttherapie	51
	Literatur	52
3	**Psychologie der Parfümwahl**	55
3.1	Plädoyer für den Geruchssinn: Wir riechen mehr als angenommen	56
3.2	Dufterinnerung: Riechen relativiert Raum und Zeit	58
3.3	Künstliche Geruchsintelligenz: Die Zukunft hat schon begonnen	59
3.4	Steigerung des Duftgenusses: Verschmelzung der Sinne	60
3.5	Parfümwahl: Erkenntnisse aus Marketing und Neuromarketing	63
3.6	Wie riechen geht: Über molekulare Türsteher und Platzanweiser	71
3.7	Der Maître des Parfums im Gehirn oder das Gerangel um den Duft im Kopf	76
3.8	Duft und Persönlichkeit: Wie Gehirn und Persönlichkeit den Duftgenuss beeinflussen	78
3.9	Olfaktorische Seelentröster: Warum Parfüms so guttun	81
	Literatur	83

4	**Willkommen in der Neuroparfümerie**	85
4.1	Latente Grunderwartungen an Parfüms	86
4.2	Olfaktorische Stimulationsbedürfnisse des Gehirns	87
4.3	Wohlfühlberatung: Duftvorlieben einzelner Gehirnregionen und ihrer Netzwerke	94
4.4	Neuro-Dufttherapie: Erkenntnisse für duftunterstützte Anwendungen	94
4.5	Zur Dynamik des Dufterlebens: Mit Duftvorlieben auf Wanderschaft	96
4.5.1	Schöner riechen: Parfüm als Medium oder die Verwandlung des „Selbst"	98
4.6	Geruchsoffen: Wie die Evolution bestimmte Arten des Riechens fördert	99
	Literatur	101
5	**Insiderwissen Parfümerie**	103
5.1	Geruchslos … oder 10.000 Gerüche riechen	105
5.2	Parfümerie ist nicht additiv und kein Platz zum Streiten	107
5.3	Parfümdschungel: Wie man sich hineinriecht	108
5.4	Psychologie des Parfüms – die Duftfamilien aus Sicht eines Duftpsychologen	118
5.4.1	Feminine Duftrichtungen	118
5.4.2	„Maskuline" Duftrichtungen	127
5.4.3	Nicht so leicht: Die Bestimmung von Zielgruppen im Marketing	129
5.5	Parfümmacher – die Teams in der Duftindustrie	131
5.6	Duftevaluation – ein Kreativitätskiller? Wie man Parfüms mit hohem Potenzial entdeckt	133
5.7	Parfüm-Flanker: Entertainment für ungeduldige Nasen	135
5.8	Parfümrezeptur: Erfolgreiche Inhaltsstoffe der Feinparfümerie	137
5.9	Duftgeheimnisse von Inhaltsstoffen – Geruchsübung für schöneres Riechen	139
5.10	Parfümeurinnen: Die Parfümerie verdankt fast alles den Frauen	142
	Literatur	144
6	**Insiderwissen Parfümindustrie und Handel**	145
6.1	Die Macher der Industrie	146
6.2	Wie in Industrie und Handel für ein neues Parfüm kalkuliert wird	148
6.3	Bereiche der Parfümerie: Feinparfümerie, funktionale Parfümerie, Aromatherapie	154
6.4	Zur Situation des Parfümeriefachhandels	158
6.5	Sie als Parfümeur/in	160
	Literatur	162
7	**Duft online: Storytelling und digitale Vermarktung von Parfüms**	163
7.1	Retro-Dufttrends: Warum Veilchen unsterblich sind	164
7.2	Beginn der Parfümerie: Duft mit Zusatznutzen	166
7.3	Die erste Duftrevolution: Wie Entdeckungen die Parfümerie veränderten	172
7.4	Digitales Parfümmarketing: Tipps der erfolgreichsten Influencer	174
	Literatur	181
8	**Große und kleine Momente der modernen Parfümerie**	183
8.1	Duft & Erotik bei Charles Baudelaire oder: Die Veränderung im Denken	184
8.2	Der Pate der Parfümerie oder: Sind Parfüms unmoralisch?	187
8.3	Parfüm & Poesie: Die deutsche Duftseele	189
8.4	Parfüm & Image: Das Auf und Ab der Parfümerie	192

8.5	Pheromone oder: Der aktuelle Stand der Suche nach dem Atlantis der Parfümerie	194
8.6	Die zweite Duftrevolution: Wie Entdeckungen zum schöneren Riechen führten	200
8.7	Parfüm & Selbst – Wirkungen auf das Ich oder: Die schönste aller Drogen?	203
	Literatur	209
9	**Auf dem Weg in die Zukunft des Riechens**	**211**
9.1	Geruchssuche: Dem Geruch in der Forschung schon lange auf der Spur	212
9.2	Nobelpreis-Erkenntnis: Riechen wir (fast) alles doppelt?	215
9.3	Bildgebendes Riechen: Der Startschuss für die Neuroparfümerie	218
9.4	Die dritte Duftrevolution: „Vorabend" der Zukunft der Parfümerie	225
9.5	Vielfache Gehirnbelebung am Beispiel der Breitbandwirkung von Zitrusaromen	227
9.6	Neuro-Duftverkauf: Wie man das Gehirn für ein neues Parfüm begeistert	229
	Literatur	232
10	**Dufttherapie: Düfte für mehr Lebensfreude**	**235**
10.1	Dufttherapeutische Anwendung: Zwei Übungen zur Einführung	236
10.1.1	„Duftflug" – Loslassen, Inspiration und Kreativität	237
10.1.2	„Scented Power Posing" – Recharge für Geist und Körper	238
10.2	Duftgenuss: Olfaktorisches Kuscheln „on demand"	240
10.3	Duftender Anti-Stress: Wie und wo Duft im Gehirn gegen Stress wirkt	243
10.3.1	Pflanzenpeptide mit Anti-Stress-Wirkung	244
10.3.2	Der Run auf die Pflanzenpeptide	245
10.3.3	Olfaktorische Tools zur Beurteilung der Befindlichkeit	246
10.4	Selbsttherapie: Die Seele heilen und schöner riechen mit Ur-Parfüms	249
10.4.1	Die Macht von Ur-Parfüms und ihre Kreation	250
10.4.2	Die Kraft duftunterstützter liebevoller Blicke für die Selbsttherapie	262
10.4.3	Duftunterstütztes Selbstcoaching: Übungsbeispiel „Die Kraft liebevoller Blicke"	263
	Literatur	266
11	**Verkaufspsychologie der Duftberatung**	**269**
11.1	Das Epizentrum für Erfolg und zwischenmenschlichen Kontakt	270
11.2	Zunächst Freund oder Feind – auch in der Duftberatung	272
11.3	Die Formel: Wie man die Amygdala des anderen gewinnt	277
	Literatur	282
12	**Willkommen in der Erlebnisparfümerie**	**283**
12.1	Mythen im Duftverkauf: Wie man zum Duftpsychologen wird	284
12.2	Psychologische Duftwahl – das etwas andere Erleben von Parfüms	287
12.3	Neuropsychologischer Dufttest: Erlebenswünsche und Parfümvorlieben	294
12.3.1	Moodform-Test© – Testanleitung & Lösungen	294
12.3.2	Der Moodform-Test© als Duft- und Pflege-Guide für Frauen: Lösungen aus Erst- und Zweitwahl	296
12.4	Erlebnisparfümerie: Praxis und Methoden für mehr Parfümbegeisterung	302
12.4.1	Tanzen und Riechen	302
12.4.2	Ziele, Schritte und Beispiele für die Erlebnisparfümerie	303
12.4.3	Die Welt der Parfüms immer wieder neu entdecken	311
	Literatur	314

13	**Stationäre Parfümerie im Wandel**	315
13.1	Elefantenrennen: Der Wettstreit um den „Verkaufsort Parfüm" von morgen	316
13.1.1	Kernkompetenzen der stationären Parfümerie	316
13.1.2	Die Rolle von Drogeriemärkten, Apotheken und Lebensmittelhandel	318
13.2	Stationäre Parfümerie im Wandel: Entwicklungen & Trends	321
13.2.1	Ausgezeichnete Lebensmittelmärkte als Vorbilder	321
13.2.2	Neue Beauty-Welten: Mehr und mehr Parfümerien rüsten auf	322
13.2.3	Der Trend zum „Face-to-Face"-Wohlfühltreffpunkt	326
13.3	Verkaufsort Parfümerie: Methoden und Strategien zur Gewinnung von (Neu-)Kunden	328
13.3.1	Zielgruppen der Parfümerie von morgen	328
13.3.2	Ladenbau	329
	Literatur	331
14	**Parfümtrends, internationale Duftvorlieben und Mentalitäten**	333
14.1	Die Evaluation von Duftvorlieben	334
14.1.1	Charakteristiken des deutschen Damenduftmarktes	335
14.1.2	Parfümtrends oder: Wie ein Duft- und Trendcoach denkt	338
14.2	Wie sich der deutsche Damenduftmarkt von anderen Märkten unterscheidet	340
14.2.1	Duftvorlieben in Spanien	340
14.2.2	Duftvorlieben in Italien	342
14.2.3	Duftvorlieben in Frankreich	342
14.2.4	Duftvorlieben in England und den USA	344
14.3	Duftmentalität: Die Rose im angelsächsischen Kulturraum	346
14.4	Globale vs. nationale Dufttrends	348
	Literatur	350
15	**Die Entstehung des modernen Parfümeurs**	351
15.1	Wie und wo der moderne Parfümeur entstanden ist	352
15.2	Wie einzelne Parfümeure zur Luxusmarke werden konnten	355
15.3	Welche Entwicklungschancen Parfümeurinnen haben	357
	Literatur	359

Serviceteil

Stichwortverzeichnis 363

Die Erforschung der Duftwirkung

… auf Bewusstsein, Emotion und Stimmung für mehr Wohlbefinden und Genuss – von der Steinzeit bis zur aktuellen Gehirnforschung

Inhaltsverzeichnis

1.1 Geschichte der Duftwirkung – 3
1.1.1 Überraschende Funde der Archäologie vor 77.000 Jahren – 3
1.1.2 Zum Unterschied von Parfümieren und Geruchsanwendung – 4
1.1.3 Erste Erwähnungen von Duftverwendung und -wirkung in Altertum und Antike – 6
1.1.4 Der Duft des Blauen Lotus oder: Das göttliche Parfüm aus den Urgewässern – 10
1.1.5 Die Kunst des Räucherns – zur meditativen und künstlerischen Wirkung von Duft – 12
1.1.6 Heilende Duftmagie – von medizinischen und physiotherapeutischen Duftanwendungen bis zur Wahrsagerei und spiritistischen Séancen – 15

1.2 Duftwirkung in der Neuzeit – 18
1.2.1 Beginn der Erforschung der Duftwirkung – 18
1.2.2 Die Neuroparfümerie sorgt für den Durchbruch in der Duftwirkungsforschung – 20
1.2.3 Ein erster Einblick in die Wirkung von Düften auf spezifische Regionen des Gehirns – 23
1.2.4 Ein erster Ausblick auf die Duftwirkung in der Zukunft – 24
1.2.5 Riechen geht auch umgekehrt – der Duftmanager im Gehirn – 24

© Der/die Autor(en), exklusiv lizenziert durch Springer-Verlag GmbH, DE, ein Teil von Springer Nature 2021
J. Mensing, *Schöner RIECHEN*, https://doi.org/10.1007/978-3-662-62726-6_1

1.2.6	Forschungsbereiche der Duftpsychologie – 26
1.2.7	Riechen, das letzte Lebenszeichen des Bewusstseins – 27
1.2.8	Das Gehirn kann sich seinen eigenen Geruch erschaffen – 28
1.2.9	Wie Duftstoffe unbewusst Einfluss auf unser Verhalten nehmen – zwei Beispiele – 31
1.2.10	Aromatherapie – wie ätherische Öle wirken – 31

Literatur – 34

1.1 · Geschichte der Duftwirkung

Dieses 1. wie auch das 2. Kapitel sind vor allem für diejenigen gedacht, die neu in der Parfümerie sind oder eine kompakte Auffrischung von Basiswissen suchen. Wenn Sie zu den Fortgeschrittenen gehören, reicht sicherlich ein Querlesen. Um Ihnen die Orientierung am Wesentlichen zu erleichtern und für ein späteres schnelles Nachschlagen finden Sie am Ende eines jeden Kapitels eine Zusammenfassung mit Literaturangaben, um die angesprochenen Themen gegebenenfalls zu vertiefen.

Parfümliebhaber werden bestätigen, dass sich mit dem richtigen Duft gezielt sowohl Wohlbefinden und Stimmung steigern als auch Stress reduzieren lassen. Auf diese Weise können Bewusstsein und Stimmung verbessert sowie positive, freudige Emotionen ausgelöst werden.

Hier stellt sich die Frage: Handelt es sich dabei nur um Softeffekte bzw. um subjektive Einbildung, wie man sie vom Placeboeffekt als „Wirkung durch Nichts" kennt, oder ist tatsächlich eine Modulation des Bewusstseins, der Stimmung und der Emotion durch Parfüm und Geruch möglich? Sollte Letzteres zutreffen, will man diese Wirkung durch wissenschaftlich fundierte Beweise bestätigt sehen. Auch will man wissen, wann Menschen die Wirkung von Düften und Gerüchen für sich entdeckt haben. Dafür gibt es aus der Archäologie völlig neue und überraschende Erkenntnisse. Sie werfen die Fragen auf, ob die Kunst des Parfümierens nicht viel älter ist als bislang angenommen und wann man überhaupt von Parfümieren per se sprechen kann.

Lassen Sie uns deshalb zunächst besprechen, was über die Wirkung von Düften in der Frühzeit des Menschen und im Altertum entdeckt wurde und was man unter Parfümieren versteht, bevor wir uns in diesem Kapitel bereits den ersten aktuellen Erkenntnissen der Gehirnforschung zu Parfüm, Duft und Wirkung zuwenden.

1.1 Geschichte der Duftwirkung

1.1.1 Überraschende Funde der Archäologie vor 77.000 Jahren

Bislang war man davon ausgegangen, dass die Parfümerie vor rund 9000 Jahren entstanden sei. Das hatte man aufgrund der Funde von Parfüm- und Kosmetikbehältnissen im Nahen Osten angenommen. Auch heute geht man noch davon aus, dass die Entwicklung der Parfümerie mit Beginn der ersten Städte und den Bedürfnissen ihrer zunehmend beengt lebenden Bevölkerung einen schnellen Aufschwung genommen hatte. So hatte Jericho, das bereits damals aus allen Nähten platze, bereits 8000 v. Chr. eine Stadtmauer errichtet. Parfüms mussten deshalb schon allein aus hygienischen Gründen zusätzlich als Insektiziddüfte wirken. Die hohe Einwohnerdichte aller Städte des Altertums – und auch noch in der Neuzeit – sorgte durch Abfälle und Fäkalien für Gestank und damit einhergehend für Ungeziefer. So soll Paris noch im 18. Jahrhundert wie eine große Kloake gerochen haben. Bewohner und Besucher waren in einer Dunstschwade aus Kot und Urin gefangen.

Wann Duftstoffe zur Überdeckung der Geruchsbelästigung in den Städten zum ersten Mal eingesetzt wurden, ist nicht bekannt. Duftanwendungen bzw. die Versuche, mit Pflanzen zumindest die Ungezieferplagen erträglicher zu machen, sind sehr alt. Ob man Parfüm zuerst als Drufträucherung einsetzte, um den Göttern zu huldigen, oder um Lebensbedingungen und Gesundheit zu verbessern, werde ich an späterer Stelle erörtern. Für Letzteres spricht aufgrund aktueller Forschung vieles. Hier nur ein interessanter Hinweis auf die Etymologie des Begriffs „Parfüm", der aus dem Lateinischen stammt: Das Wort setzt sich aus der Präposition „per" (= durch) und dem Substantiv „fumum" (= Rauch, Dampf) zusammen.

Aktuelle archäologische Entdeckungen führten jedoch zu überraschenden Erkenntnissen in Bezug auf die Geschichte des Parfüms. So setzte man bereits in der Steinzeit den Geruch von Pflanzen ein. In Südafrika stieß man beispielsweise auf 77.000 Jahre alte, aus Pflanzen hergestellte Betten. Sie waren mit den aromatischen Blättern der Kap-Quitte aus der Familie der Lorbeergewächse bestreut gewesen. Diese Blätter hatten eine giftige Wirkung auf Insekten und hielten so selbst kleinste Plagegeister wie Flöhe und Läuse fern.

Vieles spricht auch dafür, dass Parfüm und Parfümieren auf die Duftträucherung zur Huldigung von Göttern zurückgehen. Vom Feuer ging zu allen Zeiten eine magische Faszination aus. Seine Entdeckung vor über einer Million Jahren stellte einen gewaltigen Schritt in der Menschheitsentwicklung dar. Beherrschung und Nutzung des Feuers waren der wesentlichste Unterschied zwischen Mensch und Tier. Das Feuer diente den Frühmenschen nicht nur zum Wärmen, sondern auch zur Verlängerung des Tageslichts. Zudem ließ sich mit dem Feuer Nahrung erhitzen und somit leichter kauen und dessen Haltbarkeit verlängern. Zusätzlich vernichtete Feuer beispielsweise durch Ausräuchern Krankheitserreger und bot Schutz vor wilden Tieren.

In den Sagen des Altertums brachten Götter das Feuer zu den Menschen. In der griechischen Mythologie gehörte das Feuer dem Gott Zeus, der darüber wachte. Deshalb ist es naheliegend, dass sich bereits die Frühmenschen mit wohlriechenden Drufträucherungen bei ihren Göttern für das Feuer und seinen Nutzen bedankten.

Lassen Sie uns, bevor wir die Wirkungen von Parfüms bzw. von bewusst erzeugten Düften und Gerüchen in verschieden Zeitepochen der Kulturgeschichte aus Sicht der Forschung besprechen, zunächst der Frage nachgehen, was man unter Parfümieren versteht.

1.1.2 Zum Unterschied von Parfümieren und Geruchsanwendung

Parfüm kann allgemein als ein subjektiv angenehmes oder attraktives Geruchsergebnis bezeichnet werden. Dieses entsteht aus der bewussten Zubereitung eines einzelnen oder mehrerer den Geruchssinn bzw. die Riechzellen anregenden chemischen Stoffe, die ausschließlich oder überwiegend dazu bestimmt sind, beim Menschen äußerlich am Körper und/oder für dessen Interessen in seinem Lebensraum olfaktorisch zu wirken. Natürlich gibt es auch eine Parfümierung von Speisen, die in diesem Kontext jedoch nicht relevant ist. Wer ein Parfüm benutzt, ist primär am Wohlgeruch interessiert, ohne sich unbedingt des Zubereitungsprozesses und der Wirkungen bewusst zu sein.

Um den verschiedenen „Beduftungsinteressen" zu dienen, kennt Parfümieren ein weites Spektrum von Anwendungsbereichen. So kann man auch etwas, das nicht zum eigenen Körper gehört, parfümieren, beispielsweise andere Personen oder Gegenstände, Tiere und Räume. Sogar Unsichtbares lässt sich parfümieren. Dabei steht immer die Absicht im Vordergrund, ein angenehmes oder attrak-

1.1 · Geschichte der Duftwirkung

tives Geruchsergebnis zu erzeugen bzw. etwas, das mit einer entsprechenden Erwartung verbunden ist. Es stellt sich hier die Frage, ob Menschen der Steinzeit bereits etwas wie „Parfüm" kannten und sich oder etwas „parfümieren" konnten, um den Duft gezielt für ein angenehmeres Erleben wie beispielsweise weniger Insektenstiche einzusetzen. Wahrscheinlich, jedoch nicht sicher, haben sie Pflanzen wie die Kap-Quitte unbehandelt eingesetzt. Möglicherweise verrieben sie auch zur Wirkungsverstärkung die Blätter der Kap-Quitte auf der Haut mit dem Zusatzeffekt eines guten Geruchs. Nach unserem heutigen Verständnis hätte es sich dabei bereits um eine Art des Parfümierens gehandelt.

Auch die Parfümierung von Gegenständen als heutiges Gebiet der funktionalen Parfümerie wäre den Steinzeitmenschen zuzutrauen. Denn hätten sie die Blätter über den Betten für bessere Wirkung auch ausgedrückt – was möglicherweise der Fall war –, müsste man von einer Parfümierung ihrer Gegenstände sprechen. Zumindest fand bereits vor 77.000 Jahren eine Vorstufe der Parfümierung statt. Auch wenn der Duft möglicherweise nicht aus einer Substanz gewonnen, sondern nur die reine, unbehandelte Pflanze in Teilen benutzt wurde, so wurde doch der Geruch der Blätter bereits gezielt eingesetzt. Im Gegensatz zu dieser Vorstufe setzt wirkliches Parfümieren die angenehme Geruchsgewinnung durch einen Prozess wie zumindest das Ausdrücken einer Pflanze voraus, die dann zielgerichtet Anwendung findet. Damit erfüllen bestimmte Räucherungen, wie man sie aus dem alten Ägypten und Mesopotamien kennt, die Kriterien einer Parfümierung. Denn die für die Räucherungen meistverwendeten Stoffe wie Harze wurden durch den Prozess des Baumanschneidens gewonnen. Räucherungen durch simples Verbrennen von einer oder mehreren Pflanzen gelten demnach nicht als Parfümierung.

Dieser Auffassung kann man entgegenhalten, dass beim Vermischen und Verbrennen verschiedener unbehandelter Substanzen sehr wohl auch ein angenehmes oder attraktives Geruchsergebnis erzeugt werden kann und dass dies als Parfümerie zu gelten habe. Denn streng genommen findet dabei auch ein bewusster Prozess statt, nämlich ein Vermischen von Inhaltsstoffen, um Dufterlebnis und Duftwirkung zu steigern.

> „Parfümieren" ist in diesem Sinne ein bewusst herbeigeführter Prozess, bei dem durch Zubereitung eines Stoffes oder von Stoffen bzw. bei der Vermischung zweier oder mehrerer Stoffe ein angenehmes und attraktives Geruchsergebnis entsteht, das dann, um Menschen zu dienen, äußerliche Anwendung findet.

Zurück zu unserem Beispiel. Wenn vor 77.000 Jahren in Kombination mit der Kap-Quitte weitere Pflanzen zur Erzeugung eines angenehmen Geruchs der Betten verwendet wurden, dann hätten die Menschen der Steinzeit bereits ihre Betten parfümiert.

Damit stellt sich eine andere, sehr subjektive Frage: Muss Parfümierung unbedingt mit angenehmem Riechen einhergehen? Das französische Wort „Parfum", das wir in der deutschen Sprache als „Parfüm" übernommen haben, drückt einen Wohlgeruch aus Duftstoffen aus. Ich schlage deshalb vor, Parfümieren von Geruchsanwendung zu unterscheiden. Geruchsanwendungen können auch Menschen dienen bzw. für sie wirken. Sie können weniger gut oder sogar abstoßend riechen und brauchen keinen vorangehenden Bearbeitungsprozess – abgesehen vom Sammeln der Pflanzen bzw. Stoffe. In diesem Sinne kannten die Steinzeitmenschen bereits gezielte Geruchsanwendung bzw. deren Wirkung.

In diesem Zusammenhang stellt sich eine weitere Frage: Muss Parfümieren auf einem bewusst herbeigeführten Prozess beruhen? Je nachdem, wie man diese Frage beantwortet, wäre das Wälzen von Hunden im Dreck auch eine Art der Parfümierung – allerdings nur aus Sicht des Hundes, nicht aus der des Menschen. Nicht nur Hunde finden Dreck, Schlamm und andere für uns Menschen stinkende Dinge unwiderstehlich. Sie haben für ihre Beduftung unterschiedliche Auslöser. Einer ist sicherlich die Suche nach mehr Genussgewinn, ferner nach mehr Wohlbefinden. Dazu gehört die Übertünchung des eigenen Geruchs durch einen Tarngeruch, der beim Jagen hilft. Dabei handelt es sich um Anlässe der Parfümierung, die man auch vom Menschen kennt – insbesondere die duftunterstützte Jagd. Sie muss nicht gleich alttestamentarische Ausmaße annehmen wie im Falle von Judith, die die Stadt Betulia vor Holofernes rettete, einem assyrischen Feldherrn, der für sein Rauben, Morden und Brandschatzen im vorderen Orient bekannt war. Judith bot sich ihm zum Schein als Gespielin an. Um gleichzeitig attraktiver und unauffälliger in ihren eigentlichen Absichten zu wirken, parfümierte sie ihren Körper mit den verlockendsten Düften. Holofernes fiel darauf herein und wurde noch in derselben Nacht bei der Verführung von Judith enthauptet.

Man könnte es sich leicht machen und erklären, dass Tiere sich ihrer Parfümierung z. B. für die Jagd nicht bewusst seien. Damit würde man Tieren allerdings ein Bewusstsein absprechen. Dem stimmen immer weniger Forscher zumindest in Bezug auf Säugetiere und manche Vögel zu. Sie gehen vielmehr davon aus, dass diese eine Form von Bewusstsein besitzen. Dann müsste man sagen, dass sich Tiere, die sich z. B. gezielt mit Dreck oder anderen Stoffen – insbesondere hintereinander an verschiedenen Stellen – beduften, sich auch in einer gewissen Form parfümieren.

1.1.3 Erste Erwähnungen von Duftverwendung und -wirkung in Altertum und Antike

Die Grenzen zwischen Parfümerie, Medizin, Pharmazie und Religion waren im Altertum fließend. Das zeigt sich bei der Entwicklung und Anwendung von Duftstoffen und den ersten Parfüms. Parfüms waren zu Beginn der Parfümerie ein Gemisch aus Pflanzen bzw. Pflanzenteilen, die entweder in Öl aufgelöst waren, zu Duftsalben bzw. Duftcremes verarbeitet wurden oder die man als wohlriechende Duftstoffe wie beispielsweise Harze verbrannte. Bei der modernen Parfümherstellung dient normalerweise Alkohol als Trägermedium, was allein schon die Duftwirkung beeinflusst. Alkohol verdampft wesentlich schneller als Öl und verteilt den Duft schneller und feiner in der Luft. Parfüms auf Öl- oder Salbenbasis haben bei diesen Trägermedien insbesondere bei frisch-zitrischen und blumig-blütigen Noten gewisse Entwicklungsprobleme. Ihre Kopfnote braucht etwas länger, um sich schön zu entfalten. Deshalb muss die Entdeckung der alkoholischen Parfümerie speziell für den Angeruch von Parfüms wie ein kleines olfaktorisches Feuerwerk gewirkt haben.

Die alkoholische Parfümierung kannten die alten Ägypter erst ab ca. 400 v. Chr. Sie hielten aber noch lange danach an duftenden Cremes fest, die wir heute noch als sog. „Solid-Parfüms" kennen. Sie boten die Doppelfunktion von länger haltendem Duft und zusätzlicher Pflege, was die in diesem Gebiet bewussten Ägypter besonders schätzten. Für Duftsalben benutzten sie meist Ochsenfett als Trägersubstanz, für Duftöle das aus den Kernen der Wüstendattel gewonnene Öl, da das in anderen Kulturen dafür benutzte Olivenöl wegen klimatisch schlechter Bedingungen für den Olivenbaum nicht zur Verfügung stand. Erst ab dem 10. Jahrhundert n. Chr. wurde im Orient und in Afrika Alkohol bei der Parfümerie fast durchweg eingesetzt, im westlichen Kulturraum sogar erst ab dem 14. Jahrhundert, als Kreuzfahrer das Wissen aus dem Orient in ihre Heimat brachten.

Vieles zu den Anfängen der Parfümerie liegt im Dunkeln, da es dazu keine oder nur sehr wenige schriftliche Überlieferungen gibt. Vier Autoren, die auch über Duftverwendungen sowie Parfümtrends und Duft-

1.1 · Geschichte der Duftwirkung

wirkungen ihrer Zeit berichtet haben, will ich hier vorstellen: Theophrastus, Dioskurides, Plinius der Ältere und Claudius Galen.

» **Theophrastus** (Theophrastos) wurde auf der griechischen Insel Lesbos geboren und lebte um 300 v. Chr. Er war Schüler von Platon und Aristoteles. Mit seiner kleinen Schrift *De odoribus* („Über die Gerüche"), die auch über die Herstellung von Parfüms berichtet, gab er einen ersten Einblick aus westlicher Sicht in die Parfümerie. Der größte Teil des Textes beschäftigt sich mit den damals populäreren duftenden „Salbölen" zum Einreiben bzw. zur Salbung und Einbalsamierung von Menschen sowie zur Weihe von Objekten für ihren Gebrauch in Tempeln. Theophrastus deutet außerdem die positive Wirkung einiger Duftöle bei Tumoren, Abszessen, Kopfschmerzen und Erschöpfung an.

Ob Theophrastus von noch früheren Berichten speziell zu Pflanzen und deren Verwendung wusste, ist nicht überliefert. Man kann es aber annehmen, da Platon und Aristoteles eine sehr umfangreiche Bibliothek besaßen. So könnte, was wir heute als **Papyrus Ebers** kennen, ihm zumindest dem Inhalt nach gekannt gewesen sein, auch wenn diese ägyptische Schriftrolle über tausend Jahre vor Theophrastus verfasst wurde. Sie enthält die mit am ältesten bekannten Texte zu medizinischen Themen aus der Regierungszeit von Amenophis I. Dabei geht es u. a. um Anweisungen für die Zubereitung von Heilmitteln beispielsweise gegen Zahnbeschwerden, Verletzungen und Parasiten. Ferner gibt es darin Informationen zu Parfüms und (Weihrauch-) Räucherungen. Die etwa 20 Meter lange Schriftrolle wurde ca. auf Mitte des 16. Jahrhunderts v. Chr. datiert.

Im noch älteren **Gilgamesch-Epos**, etwa 2100 v. Chr. verfasst, wird vom legendären König Ur (Mesopotamien) erzählt. Er setzte Dufträucherungen ein, um wahrscheinlich mit Weihrauch und Myrrhe die Götter in eine angenehme Stimmung zu versetzen.

Die Ägypter brachten es auch auf dem Gebiet der Duftstimulation zu wahrer Meisterschaft. Sie begannen bereits am Morgen mit tageszeitlich bezogenen Räucherungen. Zu den berühmtesten ägyptischen Düften zählt der aus vielen Inhaltsstoffen bestehende Duft **Kyphi** („Willkommen bei den Göttern"), der zur Beendigung des Tages bei der Abendräucherung verwendet wurde. Das Parfüm, das sogar hypnotische Zustände ausgelöst haben soll, wurde aus Weihrauch, Myrrhe, Sandelholz und weiteren natürlichen Rohstoffen kreiert. Von Kyphi gab es auch Varianten für andere Anlässe.

Düfte bzw. Räucherungen wurden im alten Ägypten über den Tag verteilt angewandt. In Heliopolis, einer der ältesten ägyptischen Städte und Hauptsitz für die Verehrung des Sonnengottes Re, fanden morgens Dufträucherungen wahrscheinlich mit Harzen aus dem Weihrauchbaum statt, mittags mit Harzen der Myrrhe und abends zum Sonnenuntergang mit Kyphi, um Re zu ehren, aber auch, um Gutes für die Menschen zu tun. Kyphi sollte beruhigen und Ängste lindern, als Schlafmittel für schönere Träume sorgen, Asthmatikern Linderung verschaffen und – besonders wichtig in der Nil-Gegend – Insekten und Ungeziefer fernhalten. Parfüms, die zur Intensivierung der Stimmung und sogar zur Stimmungsmodulation beitragen, waren also schon zu Zeiten von Theophrastus eine Selbstverständlichkeit.

Vielleicht hatte Theophrastus auch schon Einblick in indisches und chinesisches Gedankengut. Wahrscheinlich wurden zwischen dem 15. und 8. Jahrhundert v. Chr. – möglicherweise auch schon früher – die indischen **Veden** verfasst. Darin finden sich Ausführungen über Sandelholz, Zimt, Koriander sowie Myrrhe. Dieses Wissen ging in die ayurvedische Medizin und Behandlung ein, die sich etwa ab

500 v. Chr. entwickelte und bis in unsere Tage in Indien, Nepal und Sri Lanka weit verbreitet ist. In den Veden finden sich auch erste Hinweise über heilendes Feuer bzw. das Agnihotra-Ritual, das wohl zuerst in Nepal stattfand und auf das ich später noch zu sprechen kommen werde.

Auch die Möglichkeit, über Destillierung, sprich Wasserdampf, begehrte Duftstoffe zu gewinnen, könnte schon lange vor Theophrastus im indischen Großraum erfunden worden sein. Der italienische Archäologe Paolo Rovesti fand in den 1970er-Jahren in einer pakistanischen Forschungsgrabstätte ein auf 3000 v. Chr. datiertes Terrakottaobjekt, das vermutlich zur Duftstoffdestillation verwendet wurde. Allgemein geht man davon aus, dass bereits die Sumerer im 13. Jahrhundert v. Chr. ein sehr einfaches Verdampfungsverfahren nutzten, um ätherische Öle herstellen, mit denen sie die Duftwirkung erhöhen konnten. Die Zeit war dafür reif, weil bereits um 2000 v. Chr. Parfüms im großen Stil produziert wurden. In der Nachbarschaft fast jedes größeren Tempels befand sich eine „Parfümfabrik", um den großen Bedarf an Düften für die Wirkung auf die Götter und die Bevölkerung decken zu können. Die bislang älteste Parfümfabrik wurde in Zypern entdeckt. Sie ist schätzungsweise 2000 Jahre alt.

Für den Umschlag der Duftstoffe bzw. für die Belieferung der Parfümfabriken gab es im Altertum bereits Handelszentren, in denen sicherlich auch Techniken und Informationen zur Parfümherstellung ausgetauscht wurden. Zu den Umschlagplätzen zählten Babylon sowie eine weitere Stelle an der Westküste des heutigen Israel, wo die Seeverladung vor allem nach Griechenland stattfand. Feste Handelswege, die bereits vor 1700 v. Chr. den Karawanen dienten, führten durch den gesamten Nahen und Mittleren Osten zu den Handelszentren. Vielleicht gelangte man auf ihnen sogar schon in den fernen Osten, und Theophrastus hatte so Zugang zu traditioneller chinesischer Medizin, wie sie im *Buch des Gelben Kaisers zur Inneren Medizin* dargelegt wurden. Dieses Werk wurde wahrscheinlich um die Zeit von Theophrastus veröffentlicht. Es gibt aber auch Vermutungen, dass die Veröffentlichung von einzelnen Texten bis zu 2000 Jahre weiter in die Vergangenheit zurückreichen könnte.

Sicherlich wusste Theophrastus um die große persische Duftkultur. Die eleganten Damaszenerrosen wurden in **Persien** kultiviert, von wo damals schon die vielgepriesenen Rosendüfte stammten. Übrigens war die intensiv riechende Damaszenerrose Heilpflanze des Jahres 2013. Sie wirkt entzündungshemmend, krampflösend und fiebersenkend.

Vielleicht kannte Theophrastus auch das **Zweite Buch Mose** (Exodus, ca. 1200 v. Chr.), das den Hebräern die Herstellung von Salböl u. a. zur Einweihung der Priester darlegt. Es bestand aus Myrrhe, Zimt und Calamus, gemischt mit Olivenöl.

Es gibt zahlreiche Belege zur zentralen Rolle des Dufts im Altertum. Auch kann man davon ausgehen, dass man schon früh mehr über Parfüms und ihre Wirkungen wissen wollte. Deshalb kann man vermuten, dass Theophrastus kleines Buch *De odoribus* zu seiner Zeit ein Bestseller war.

In den Ölen des Altertums wurden Iris und die hoch geschätzte Myrrhe, einer der ältesten Duftstoffe der Parfümerie, bevorzugt verwendet. Der Duftbaustein Myrrhe besteht aus dem an der Luft gehärteten Gummiharz, das aus verschiedenen Myrrhenbaumarten durch Anschneiden der Stämme und Zweige gewonnen wird. Entsprechend verarbeitet, riecht Myrrhe als Duftstoff leicht würzig-balsamisch-süß. Myrrhenharz wurde gleich auf drei verschiedene Weisen verwendet: als Parfüm etwa in Cremes, zur Räucherung und als Medizin. Besonders mit Wein vermischt war Myrrhe in den alten Kulturen sowohl ein gustatorisches als auch ein olfaktorisches Vergnügen.

1.1 · Geschichte der Duftwirkung

Myrrhe fand auch im Alten und Neuen Testament Erwähnung. So findet sich im Alten Testament eine Rezeptur für die Herstellung von Salböl. Im Neuen Testament wird Myrrhe durch die heiligen drei Könige dem Jesuskind zusammen mit Gold und Weihrauch geschenkt. Myrrhe galt in seinen vielfältigen Wirkungen als sehr wertvolles Wunderheilmittel, das für viele Kulturen – darunter auch die ägyptische – nicht leicht zu beschaffen war.

Das Myrrhenharz fand Anwendung bei der Behandlung von Wunden. Als Myrrhentinktur wird es noch heute bei leichten Entzündungen von Zahnfleisch und Mundschleimhaut zum Auftupfen empfohlen. Oral verabreicht, wirkt die Pflanze besonders gut bei Darmerkrankungen in Kombination mit anderen Substanzen wie Kamille und Kaffeekohle, die aus den Samen, also den Bohnen, von Kaffeepflanzen gewonnen wird. Dies bestätigt auch die moderne Medizin (Langhorst et al. 2013). Aktuell wird auch über die heilende und schützende Wirkung der Myrrhe in Kombination mit Weihrauch („frankincense") bei vielen Symptomen berichtet. Besonders erwähnt sind entzündungshemmende und antibakterielle, ja sogar krebsbekämpfende Wirkungen (Cao et al. 2019).

Im Altertum überschlugen sich die versprochenen Wirkungen der Myrrhe als Duftstoff, die so weit gingen, dass sich die Anziehungskräfte der Geschlechter sogar bis zum Inzest verstärken sollten. In der griechischen Mythologie war Smyrna, das griechische Wort für Myrrhe, die Tochter des Königs von Zypern, die sich in ihren Vater verliebte und von ihm geschwängert wurde. Zur Strafe verwandelte Aphrodite sie laut der griechischen Sage bei der Geburt ihres Kindes Adonis in einen Myrrhenbaum. Damit wurde den Menschen etwas geschenkt: die Urwirkung von Parfüm durch einen Baum, die jeder fortan für sich nutzen konnte, um für sich und andere noch attraktiver zu wirken. Das Harz des Baums geht analog zum Apfel auch auf einen Sündenfall zurück, nur, dass es sich hier um einen olfaktorischen Sündenfall handelt.

» **Dioskurides** aus der römischen Provinz Kilikien, einer Landschaft in Kleinasien, war ein griechischer Arzt, der im 1. Jahrhundert n. Chr. lebte. Er gilt als Pionier der Pharmakologie. Über ihn ist wenig bekannt außer der Textsammlung *De materia medica*. In ihr wird u. a. über die Duftwirkung von Pflanzen berichtet, die er auf seinen Reisen bis nach Ägypten kennenlernte. *De materia medica* galt mehr als 1500 Jahre als das wichtigste Nachschlagewerk der Pharmakologie und ist bis heute eine historische Informationsquelle über Pflanzen, Mineralien und tierische Substanzen, die als Arzneimittel in der Antike Verwendung fanden. Dioskurides forderte als einer der Ersten die Trennung von Pharmazie von der Parfümerie – wohl auch deshalb, weil sich die für ihn schwachen Wirkungen der Düfte von Parfüms und Räucherung nicht mit den Standards der Pharmazie und Medizin in Einklang bringen ließen.

Plinius der Ältere, auch Gaius Plinius Secundus genannt, lebte ebenfalls im 1. Jahrhundert n. Chr. und stammte aus der Region um Neapel. Er starb dort während des großen Vesuvausbruchs im Alter von 56 Jahren. Für seine römischen Arbeitgeber war er in vielen Funktionen tätig, so als Gelehrter, Offizier und Verwaltungsbeamter. Dabei fand er Zeit, über Naturkunde, Duftverwendung und -trends sowie Parfümartikel und Körperpflege zu schreiben. Durch ihn weiß man heute, dass die Römer gerne auch zur Luftbefeuchtung duftendes Rosenwasser in ihren Theatern versprühten. In diesem Zusammenhang schrieb er, dass die Perser das Parfüm erfunden hatten. Sie waren bereits um 800 v. Chr., also vor Beginn der Antike, der Hauptlieferant für Rosenöle. Auch erklärte Plinius der Ältere, wann und in welcher Distanz gerochen bestimmte Pflanzen die beste Duftwirkung zeigen und in welcher Region sie wachsen. Außerdem berichtete er von antiken Dufttrends. Dazu zählten das Irisparfüm von Korinth (Griechenland) und das Rosenduftparfüm der antiken griechischen Stadt Phaselis, das von einem Quittenblütenduft der griechischen Insel Kos abgelöst wurde. Die Dufttrends des römischen Reichs stammten überwiegend, wenn auch nicht ausschließlich, aus Griechenland.

Eines der bekanntesten ägyptischen Parfüms wurde in der Stadt Mendes im östlichen Nildelta kreiert und von dort nach Rom exportiert. Der Erfolg der ägyptischen Parfümeure lag in der offensichtlich längeren Wirkung und Haltbarkeit ihrer Parfüms. Sie waren lange der griechischen Parfümherstellung überlegen. Das lag an dem besseren Fingerspitzengefühl der Parfümeure für die richtige Verarbeitungstemperatur sowie an der Reihenfolge der Inhaltsstoffe, wesentliche Einflussfaktoren auf die Wirkung ihrer Parfüms.

Claudius Galen lebte im 2. Jahrhundert n. Chr. und gilt als einer der bedeutendsten Ärzte des Altertums. Er stammte aus Pergamon, einer antiken griechische Stadt in der heutigen Türkei. Galen liebte die Zahl vier, von der sich hauptsächlich aus philosophischer und medizinischer Sicht verschiedene Konzepte wie die Elementenlehre mit Feuer, Erde, Luft und Wasser als Grundelemente allen Seins ableiteten. Auch entwickelte er die antike Lehre von den vier Körpersäften Blut, Schleim, gelbe Galle und schwarze Galle weiter. Galen stand der Wirkung von Parfüms skeptisch gegenüber. Er kritisierte vor allem das unzureichende Wissen der Parfümeure, das für die Wirkungslosigkeit ihrer Kreationen verantwortlich sei. Seine Kritik dürfte sich nicht auf die Pflanzen selbst bezogen haben. Denn die Römer bezeichneten ihre Liebsten sogar als „meine Myrrhe" oder „mein Zimt".

Bereits vor Galen bezweifelten Hippokrates und Dioskurides die therapeutische Wirkung der von Parfümeuren zusammengemischten Düfte. Galen wollte mit seiner Kritik im Wesentlichen die Trennung der Berufsstände Parfümeur und Mediziner bzw. Pharmazeut erreichen. Doch das ließ lange auf sich warten. Erst bei der internationalen Weltausstellung von 1867 in Paris war es soweit. Parfüms wurde ein eigener Platz zugewiesen. Die Parfümabteilung, zu der auch Seifen gehörten, wurde von den Apotheken getrennt. Es entstand eine eigene Handelsparte mit nun wirklich eigenständiger Berufsgruppe. Mit der herrlichen Beduftung von Seifen und anderen Produkten wie Lederhandschuhen hatte sich ein Teil der Parfümerie bereit seit Langem vom medizinischen Image losgesagt. Der Kundschaft wollte man reines Vergnügen, Steigerung der Lebensqualität und ein attraktiveres Erleben von Alltagsdingen bieten. Indirekt hatte Galen sogar dazu beigetragen, dass sich die Parfümerie in folgende drei Sparten aufspaltete:

- **Feinparfümerie,** bei der Duftgenuss, Attraktivitätsgewinn und Wohlgefühl im Vordergrund stehen,
- **funktionale Parfümerie,** die Dinge attraktiver riechen lässt und somit auch macht, und
- **Aromatherapie,** die am Grenzgebiet zur Medizin und Pharmazie festhält und zur Linderung von Krankheiten sowie zur Steigerung der Befindlichkeit beitragen will.

An späterer Stelle werde ich darauf eingehen, wie sich diese drei Bereiche aktuell zunehmend überlappen. Verantwortlich dafür sind auch bahnbrechende Erkenntnisse aus neuen Verfahren der Gehirn- und Geruchsforschung sowie veränderte Erwartungen der Verbraucher an Parfüms.

1.1.4 Der Duft des Blauen Lotus oder: Das göttliche Parfüm aus den Urgewässern

Am meisten ist heute über Duftverwendungen im alten Ägypten bekannt. Sie basieren in der Regel auf archäologischen

1.1 · Geschichte der Duftwirkung

Funden und Erkenntnissen. Diese erlauben aber nur teilweise und zumeist indirekte, vorsichtige Aussagen über den Einsatz und die Wirkung von Duftstoffen. Bezeichnungen von Duftstoffen, die man auf Bild- und Schrifttafeln bzw. Zeichnungen fand, sind noch ungesichert, da sie sich auch auf einen anderen Duft beziehen könnten. Auch ließ sich die angenommene häufige Verwendung einzelner Duftstoffe nicht immer durch entsprechende Funde belegen.

Ein Beispiel für eine mögliche Namensverwechslung ist die Myrrhe (Myrrh, Commiphora). So geht man heute – 4000 Jahren später – davon aus, dass diese entzündungshemmende und für die Stimulation sinnlicher Gefühle verwendete Pflanze bzw. ihr für Räucherungen genutztes Harz in Ägypten den Namen „ntyw" führte. Ganz sicher sind sich die Ägyptologen allerdings nicht. So könnte sich der Begriff auch auf Weihrauch (Boswellia sacra) beziehen, der im Altertum noch häufiger zur Huldigung der Götter verwendet wurde und dessen ätherischem Öl mittlerweile sogar eine tumorauflösende Wirkung bei Krebszellen zugesprochen wird (Suhail et al. 2011). Der Begriff „ntyw" könnte sich im alten Ägypten sogar auf die gerne als Duftinhaltsstoff und für Räucherungen verwendete Pistazie (Pistacia lentiscus) bezogen haben, deren ätherisches Öl antibakterielle, entzündungshemmende und antioxidative Wirkungen zeigt. Auch könnte sich der Name „ntyw" ganz allgemein auf die luxuriösesten und wohlriechendsten sowie die am schwierigsten zu beschaffenden Importharze bzw. Duftstoffe bezogen haben, zu denen in erster Linie Weihrauch und Myrrhe zählten. Die Pistazie, die wohl als „snfr" bezeichnet wurde, wuchs dagegen in direkter Nachbarschaft östlich und westlich des Nils.

Duftstoffe von Weihrauch und Myrrhe mussten beispielsweise aus dem sagenhaften Goldland Punt aufwendig importiert werden, von dem man bis heute nicht mit Sicherheit weiß, ob es am Horn von Afrika, in Simbabwe oder im Orient, dem heutigen Jemen, lag. Kostbarster Duftstoff war der Weihrauch – nicht zuletzt deshalb, weil der Baum trotz pharaonischer Bemühungen nicht in Ägypten wachsen wollte. Laut Quellen anderer Kulturen des Altertums sagte der Duft von Weihrauchräucherungen den Göttern wohl besonders zu.

Je nach Art und Zubereitung riecht Weihrauch recht komplex: als ätherisches Öl balsamisch-würzig und sogar leicht zitronig mit einem nadelbaumähnlichen Unterton; als Räucherung balsamisch-holzig mit einer subtilen Zitronennote.

Am attraktivsten für die Menschen der damaligen Zeit war der Myrrhenstrauch aus der Familie der Balsambaumgewächse. Aus ihm gewann man ein Aphrodisiakum, das in unterschiedlichen Duftarten Verwendung fand. Das wirkungsvolle Harz erfreute sich so großer Beliebtheit, dass bereits 1500 v. Chr. in Simbabwe Myrrheterrassen, heute als Nyanga-Terrassenkomplex bekannt, angelegt wurden. Der Großanbau der Bäume diente offensichtlich dem Duftexport ihrer Harze (Duffey 2005).

Die Faszination und der Bedarf von Parfüms schienen von Anfang an in der breiten Bevölkerung vorhanden gewesen zu sein. Lieblingsduft der Ägypter war neben Kyphi, Weichrauch, Myrrhe und Pistazie der Duft des Blauen Lotus, der von allen Lotusarten am intensivsten riecht und Wiedergeburt symbolisierte. Schon die Parfümeure der damaligen Zeit versuchten, den Duft in zahlreichen Kreationen einzufangen. Er riecht an der Pflanze frisch-grün, etwas würzig, mit süß-balsamischem Unterton. Blauer Lotus ließ sich auch gut verbrennen und verströmte bei Räucherungen einen einzigartigen grün-würzigen Geruch. Die Blüte wurde gerne bei Festen und Banketts gereicht und dekoriert, um einen besonderen Duftgenuss zu erzeugen (Byl 2012). Morgens riecht Blauer Lotus besonders gut. Er war zudem die Lieblingspflanze von Nefertem, dem Schutzgott des Parfüms, dem sie auch gewidmet war. Der ägyptischen Mythologie zufolge tauchte die Blüte des

Blauen Lotos mit dem Parfümgott auf ihr sitzend aus den Urgewässern auf.

So hat schon weit vor der in unserem Kulturkreis bekannten Suche nach der „Blauen Blume" der Romantik im 18. und 19. Jahrhundert die Geburt der Blauen Lotusblüte zur Romantisierung und Mystifizierung des Olfaktorischen beigetragen.

Generell war man im Altertum von der mystisch-romantischen Wirkung und der Aura von Düften fasziniert. Sie boten ein Gegengewicht zu der an rein medizinischen Gesichtspunkten orientierten Duftbeurteilung. Diese metaphysische Betrachtung gab der Parfümerie von Anbeginn etwas Übersinnliches und Geheimnisumwobenes, das sie bis heute noch umweht. Auch in vielen anderen Kulturen waren Duft und seine Gewinnung schon immer weit mehr als nur ein Extraktionsverfahren. So glaubten chinesischen Taoisten seit dem 4. Jahrhundert v. Chr., dass die Extraktion des Duftes einer Pflanze die Befreiung ihrer Seele darstellt und sich diese Wirkung in sechs Stimmungen ausdrückt: edel, luxuriös, schön, ruhig, zurückgezogen und raffiniert.

Duftende Sinnlichkeit wurde außerdem mit Funktion verbunden. Ein Beispiel dafür ist die chinesische Weihrauchuhr. Zeit konnte mit dieser Uhr die Form eines Duftes annehmen, der sie geradezu verräumlicht. Eine mit zerriebenem Weihrauch gefüllte Kartusche gab zu bestimmten Zeiten Duft frei. Duftwirkung wurde so auch zum Zeiterleben.

1.1.5 Die Kunst des Räucherns – zur meditativen und künstlerischen Wirkung von Duft

In Japan entwickelte man den vielleicht sinnlichsten und künstlerischsten Umgang mit Duft im Rahmen von Räucherritualen. Mit der Einführung des Buddhismus gelangte zwischen dem 500 und 600 n. Chr. das Räuchern von Weihrauch auf die Insel – ein Brauch, der von den Chinesen übernommen worden war. Im alten Japan schuf man dafür spezielle Räuchergefäße und entwickelte eine eigene Zeremonie. Bis heute wird das zeremonielle Riechen aus einem Räucherbecher mit acht bis zehn Gästen praktiziert. Dabei wird das Duftgefäß in Brusthöhe auf die linke Handinnenfläche gestellt, mit der rechten leicht abgedeckt und nach zwei- bis dreimaligem Riechen an den Nachbarn im Uhrzeigersinn weitergegeben. Insgesamt werden vier bis sechs verschiedene Räucherungen gerochen. Bei jedem Durchgang notieren die Teilnehmer, was sie riechen und wie sie die Wirkung des Duftes erleben. Ein Zen-Mönch nannte im 16. Jahrhundert n. Chr. zehn inspirierende Tugenden, nach denen sich Räucherungen ausrichten sollten. Sie gelten heute noch und werden von mir an späterer Stelle beschrieben.

Die bronzezeitliche Induskultur im Nordwesten des indischen Subkontinents verwendete um 2000 v. Chr. für die Duftverbrennung eigens hergestellte Gefäße, sog. Brenner, die man wahrscheinlich aus Mesopotamien, dem vorderen Orient und vielleicht auch aus Ägypten kannte. Vor der Entwicklung eigener Geräte zur Drufträucherung wurden als natürliche Brenner Materialien wie das Mineral Meerschaum benutzt, das Tabakliebhaber heute noch von Meerschaumpfeifen kennen.

Schon früh entwickelten sich nationale und regionale Duftmentalitäten. Das zeigt sich auch bei Techniken und Gerätschaften des Räucherns wie den in Ägypten üblichen Räucherpfannen und -platten. Sie wurden zunächst aus Stein hergestellt, später dann, zwischen dem 5. und 4. Jahrtausend v. Chr., aus Ton. Aus diesen Pfannen entwickelte sich schließlich die Herstellung metallischer Gefäße aus Gold und Bronze, später auch aus Eisen, auf die das Räucherwerk gelegt wurde. Dabei handelte es sich besonders im alten Ägypten teilweise um kleine Kunstwerke, mit denen die Duftwirkung der Räucherung zu einem sehr privaten Erleben und

1.1 · Geschichte der Duftwirkung

Genuss wurde. In den Mitteilungen des Deutschen Archäologischen Instituts, Abteilung Kairo, wurde 1978 von einem besonders schönen Fund aus dem Jahr 1914 in einem Tempel berichtet. In der bronzenen Schale am Ende eines geschnitzten Räucherarms wurden auf Kohle kleine Räucherpastillen verbrannt. Es wurden außerdem ähnlich schön gestaltete Räucherarme aus der Zeit von 1500 bis 1200 v. Chr. gefunden.

Im alten Arabien wurden die Räucherschalen bevorzugt aus Gold oder Silber gefertigt, in Afrika aus Meerschaum, während man in Mittel- und Südamerika große, edle Muschelschalen verwendete.

Zurück zur japanischen Kunst des Drfträucherns. Es dauerte einige Zeit, bis die Weihrauchverbrennungskultur nach Japan kam bzw. bis Räucherbecher zum Riechen entwickelt wurden. Doch dann vollzog sich ein ebenso faszinierender wie äußerst kunstvoller Beräucherungstrend. Diente das Räuchern zunächst ausschließlich sakralen Zwecken, wurde es ca. ab dem 8. Jahrhundert n. Chr. von japanischen Adligen am kaiserlichen Hof in Kyoto für regelrechte Duftspiele entdeckt. Dabei ging es zum einen darum, einzelne Räucherstoffe am Duft zu erkennen, zum anderen aber auch darum, wohlriechende Duftmischungen selbst zu kreieren. Diese wurden Jahreszeiten, aber auch Themen aus der Literatur, Malerei und Architektur zugeordnet.

Man verbrannte Weihrauch auch mit verschiedenen anderen Inhaltsstoffen zu koordinierten Tanzritualen – im 16. Jahrhundert n. Chr. als kunstvolle Räucherzeremonie mit dem Namen „Koh-Dō" bekannt, was so viel heißt wie „der Weg, dem Duft zu lauschen" (Koh = Duft, Dō = Weg). Während der kommenden Jahrhunderte wurden die Duftkunst sowie der Umgang mit Räucherbechern immer mehr perfektioniert. Auch wurden neue Geruchsstoffe hinzugefügt. Noch heute wird dieses Ritual von Koh-Dō-Meistern nach strengen Regeln durchgeführt. Dabei wird ein Räucherbecher in der Runde gereicht. Die Gäste „lauschen dem Duft" und versuchen, die jeweiligen Düfte wie Mischungen aus Harzen, Kräutern und Hölzern in traditionellen Duftvarianten mit Adlerholz bzw. Oud während des Verbrennens zu erkennen und sich vor allem von dem Duft inspirieren zu lassen.

Zur Kunst der Räucherung gehörte in Japan das langsame und gleichmäßige Verbrennen der Duftstoffe zur Steigerung ihrer Wirkung. Das benötigte spezielle Kenntnisse darüber, wie einzelne Duftstoffe unter Hitze ihren köstlichen Geruch abgeben und mit welchen Materialen man diesen Prozess optimal beeinflussen konnte. Wichtig war, dass das Räucherwerk bei niedriger Temperatur zunächst kontrolliert erhitzt wurde, damit sich das Aroma jedes Räucherstoffs voll entfalten konnte. Dafür wird bis heute Räucherasche als Untergrund in den Räucherbecher gefüllt und darauf ein Stück Räucherkohle entzündet. Die glühende Kohle wird in die Asche gedrückt und wie ein Kegel bedeckt. Mithilfe eines Metallstäbchens wird in der Mitte des Kegels ein etwa ein Zentimeter tiefes Luftloch bis zur Kohle gestoßen. Der Inhalt des Räucherbechers erinnert dann optisch an einen Minivulkan. Auf ihn wird ein Perlmutt- oder Keramikplättchen von ca. zwei Zentimetern Durchmesser mit wertvollen Aromastoffen gelegt, die in dem Räucherbecher vor einem zu schnellen Verglühen geschützt sind und damit eine längere Wirkung haben.

Nach Beendigung des Rituals kann ein Räucherbecher noch weiter genutzt werden. Hineingesteckte Räucherstäbchen finden festen, aufrechten Halt. Mit ihrer raumreinigenden und nach Selbstschutz riechenden Wirkung erfreuen sie sich heute wieder neuer Beliebtheit. Im Unterschied zu Räucherbechern riechen Räucherstäbchen nach dem Verbrennen im Raum sogar fast noch besser, ergänzen die Duftdarbietung und verlängern vor allem die Duftwirkung.

Viele Liebhaber von Räucherstäbchen berichten, dass diese die Sinne anregen und man sich geerdeter sowie aufnahmebereiter fühlt. Ähnlich den bis in die Neuzeit reichenden Räucherungen, die auch als Mittel gegen das Böse angewendet wurden und werden, bieten Räucherstäbchen dem modernen Stadtmenschen einen besonderen Effekt: Man fühlt sich gut bei dem, was man riecht und betrachtet. Räucherstäbchen werden zu einer Art Gegenmittel zur Umweltverschmutzung, die mit dem Leben in der Stadt einhergeht und unweigerlich von außen in die Wohnräume gelangt. Dafür haben sich auch Räucherstäbchen in den letzten Jahren weiterentwickelt. Sie riechen nicht nur nach mächtigem Patschuli, sondern auch nach Grünnoten, die an den Duft eines Zedernwaldes erinnern, und nach delikaten, hochwertigen Weihrauchnoten. Nicht zufällig gibt es Koh-Dō-Rituale jetzt auch als Räucherstäbchen, wie die des Koh-Dō-Meisters Keijirou Hayashi, der heute das „Hayashi Ryushodo" leitet, ein 186 Jahre altes Geschäft in Kyoto, das die Räucherstäbchen in einer minimalistischen weißen Schachtel verpackt.

Ein unbekannter Zen-Mönch beschrieb im 16./17. Jahrhundert n. Chr. die „Zehn Tugenden des Koh", an denen sich Räucherungen und ihre Wirkungen bis heute orientieren. Koh, das Räucherwerk,

- verbindet mit dem Transzendenten und schafft damit Zugang zu einer Welt, die außerhalb der normalen Sinneswahrnehmung liegt;
- unterstützt die Reinigung von Körper, Geist und Seele;
- beseitigt Negativität und hat eine reinigende Wirkung auf die Umgebung;
- fördert und stärkt die Achtsamkeit;
- ist ein Begleiter in einsamen Zeiten bzw. bei Einsamkeit;
- bringt Frieden und Ruhe in der alltäglichen Hektik;
- macht nie müde und überdrüssig, auch wenn es viel verwendet wird;
- fördert auch in geringen Mengen Zufriedenheit;
- büßt auch bei langer Lagerung nichts von seiner Wirkung ein;
- schadet selbst bei täglicher Benutzung nicht.

Bei der Kunst des Koh-Dō geht es also vor allem darum, sich durch den Geruchssinn bewusst und zugleich meditativ in die Gegenwart, in das Hier und Jetzt, zu versenken. Als eine Form des Zens schult es geistige Wachheit, die zur Erleuchtung führen soll.

Man sollte diese Art der Räuchermittelaufnahme jedoch nicht übertreiben. Nicht nur Rauchen, sondern auch exzessives Inhalieren von Räucherungen schädigt möglicherweise die Gesundheit. Dennoch erfreuen sich Japaner der höchsten Lebenserwartung weltweit – obwohl ihr Land bis heute ein Hauptmarkt des Drufträucherns ist.

Auch finden sich, wie bereits erwähnt, in den Veden erste Hinweise auf heilendes Feuer bzw. auf das Agnihotra-Ritual, das wohl zuerst in Nepal praktiziert wurde. Bei dieser Räucherung wird Ghee, ein dem Butterschmalz verwandtes Produkt, mit anderen Duftstoffen wie Kuhdung und Reis zu jedem Sonnenauf- und -untergang im Feuer eines pyramidenförmigen Kupfergefäßes verbrannt. Im Laufe der Jahrhunderte entstanden noch weitere ayurvedische Räuchermischungen.

Traditionell wird die Duftwirkung damit begründet, dass die Natur sich zum Sonnenauf- und -untergang in einem Energiezustand des vollkommenen Kräfteausgleichs befindet. Diese Zeitpunkte wurden als die am besten geeigneten für reinigende und aufbauende Energien angesehen. Traditionelle Hauptziele der Duftwirkungen sind bis heute psychologische und spirituelle Regeneration, verbunden mit einer Harmonisierung von Körper, Seele und Geist. Die Duftwirkung wird dabei durch gesungene Mantras, heilige Silben, Worte oder Verse unterstützt, die auf die Schwingungsverhältnisse von Sonnenauf- und -untergang abgestimmt sind.

1.1.6 Heilende Duftmagie – von medizinischen und physiotherapeutischen Duftanwendungen bis zur Wahrsagerei und spiritistischen Séancen

Schon in der Frühzeit wurde Duft in Verbindung mit medizinischer Behandlung und Vorsorge eingesetzt. Daraus entwickelte sich eine regelrechte Kräutermedizin mit Düften. So erfreute sich in der antiken Welt Duft als Medizin großer Beliebtheit. Bereits Tausende von Jahren, bevor es zur heutigen Bewegung der Aromatherapie kam, wurden ätherische Öle und Duftstoffe zur Behandlung verschiedener physischer Symptome und Erkrankungen, insbesondere bei Schmerzen, eingesetzt. In zahlreichen alten Kulturen finden sich Vorläufer der Aromatherapie, wie wir sie heute kennen. Ihnen lag die bewusste und gezielt eingesetzte medizinische Wirkung von Duftstoffen zugrunde lagen. Auch in China wurden zu diesem Thema zahlreiche Schriften veröffentlicht. Im 15/16. Jahrhundert erschien die chinesische *Materia Medica*. Sie listete – wie auch das Werk von Dioskurides – u. a. alle Pflanzen auf, von denen man medizinische Eigenschaften annahm. In einem eigenen Abschnitt über ätherische Öle wird das der Kamille erwähnt, das Kopfschmerzen lindern soll. Jasmin wird als ein allgemein vitalisierendes Tonikum beschrieben und Ingwer-Duftöl als Mittel gegen Malaria gepriesen.

Das afrikanische Klima förderte schon früh die Verwendung duftender Öle als Schutz vor Sonne und Austrocknen sowie zur schnelleren Heilung von Schürfungen und kleinen Hautverletzungen. Obwohl man sich beispielsweise in Ägypten gerne reinigte, gestaltete sich ausreichende Hygiene oft schwierig.

In den ersten Hochburgen der Parfümerie war man durch das oft heiß-trockene Klima besonders auch feinem Sand und Staub ausgesetzt, was auch zu Problemen der Atemwege führen konnte. In Afrika, im Orient und in Asien liebte man deshalb schon früh die aromatische und reinigende Wirkung von Düften – sofern man sich diese leisten konnte. Das belegen auch Ausgrabungen in Tayma, einer bereits um 3000 Jahre v. Chr. besiedelten Oase an der alten Weihrauchstraße im heutigen Saudi-Arabien. Bereiche wie Tempel, Wohnhäuser, öffentliche Gebäude und Gräber wurden auf unterschiedliche Weise für reinigende und natürlich auch für spirituelle Wirkung beräuchert.

Als absolutes Luxusparfüm galt der Weihrauch, auch „Duft der Götter" genannt. Es gibt ihn in verschiedenen Geruchsvarianten bzw. in über 25 Arten. Dazu zählen

- die schwarze Variante, der Borena-Weihrauch oder Schwarze Weihrauch aus Äthiopien, Simbabwe oder Kenia mit erdigem und süßlichem Geruch,
- der Olibanum Eritrea aus – wie der Name schon sagt – aus Eritrea und dem Sudan mit süßem, honigartigem und würzigem Geruch,
- die grün-weiße Variante aus Oman mit leicht aromatisch-zitronigem sowie balsamisch-minzigem Geruch.

Diese Varianten zählten im Altertum bei den Ägyptern zu den teuersten – allein schon wegen der langen Handelswege. Sie wurden für genussvolle Räucherungen vor allem in Tempeln eingesetzt, andere Arten dienten dagegen den Bedürfnissen betuchter Menschen. Als für medizinische Zwecke wirkungsvollster Weihrauch gilt Boswellia serrata, bis heute eines der ältesten und angesehensten Pflanzenheilmittel im Ayurveda. Laut einer Sage machte ein Elefant einen an Arthrose und Rheuma leidenden indischen Prinzen auf diesen Weihrauch aufmerksam – was nicht allzu erstaunlich ist, schließlich repräsentieren Elefanten in Indien Weisheit und langes Leben. Boswellia serrata scheint dem Prinzen geholfen zu haben – und offensichtlich sogar auch dem Dickhäuter.

Ein anderer Grund für die beliebten Räucherungen waren die medizinischen bzw. gesundheitlichen Sorgen einer breiten Bevölkerung in Bezug auf die schlechte Luft, die als Krankheitsträger galt. Auch sah man schlechte Luft als nicht nur der Götter unwürdig an und versuchte deshalb, Gestank durch Duft zu kaschieren. Nicht nur in Mesopotamien, einer der Geburtsstätten der Parfümerie, wurden zudem die geruchlichen Begleiterscheinungen von Krankheiten als Zeichen für die Besessenheit von Dämonen und bösen Geistern interpretiert. Sie versuchte man mit Gegengeruch bzw. mit von Geruch unterstützten Beschwörungen und exorzistischen Ritualen auszutreiben.

In Europa wurde Räuchern besonders zu Zeiten der Pest zur Desinfizierung vor allem der Luft in Krankenzimmern eingesetzt. Dabei verwendete man auch Weihrauch und Myrrhe, meist jedoch günstigere Duftstoffe wie Beifuß, Fichtenharz, Huflattich, Kampfer, Kiefer, Lavendel, Rosmarin, Thymian und Wacholder.

Duft diente auch der geistigen Stimulation und der Unterstützung von Visionen etwa beim Wahrsagen – und offenbar auch nicht ganz erfolglos. Um in Trance zu geraten, saßen z. B. die Orakelpriesterinnen von Delphi über schwelenden Lorbeerblätterdämpfen. Der duftende Rauch wurde ihnen dabei durch Löcher im Boden zugeführt und umgab sie gleichsam magisch.

Duft konnte mit seiner Wirkung auch zu einem Medium für außersinnliche Wahrnehmung werden, beispielsweise bei der Kontaktaufnahme mit Verstorbenen – etwa wenn man durch Duft die Seelen, die aus dem Reich der Toten in die Welt der Lebenden zurückkehrten, im Rahmen von spiritistischen Séancen aufspürte und erkannte. Spiritistische Séancen erreichten im 19. Jahrhundert ihren Höhepunkt. Dabei spielten auch Geruchsneurosen und Geruchshalluzinationen bzw. Phantomgerüche eine Rolle, wie ich sie noch besprechen werde. Aber auch Duftstoffe wie Duftkerzen, -kissen oder Räucherstäbchen sowie komplette Rauchrituale waren beliebte Mittel nicht nur bei Séancen selbst, sondern auch bei allen Arten spiritistischer Sitzungen – und das nicht nur während der viktorianischen Epoche. Sie gehören seit jeher zur spirituellen Technik und dienten der Dekoration und Ausstattung bei den entsprechenden Treffen. Daneben gab es rein spiritistische Duftséancen, bei denen mithilfe eines Parfüms die Aura verstärkt sowie die Wirkung und der Erfolg der Sitzungen mit ihren außersinnlichen Wahrnehmungen gesteigert werden sollten.

Auch die Entdecker Amerikas berichteten von Rauchritualen der indigenen Bevölkerung, die auf Beschwörungen mit psychophysischen, aber auch rein medizinische Wirkungen abzielten. Duftöle wurden von den Ureinwohnern vornehmlich zu therapeutischen Zwecken verwendet. Dabei setzte man auf die Wirkkombination von Duft und Wärme, wie man sie vom Saunaaufguss mit Eukalyptusduft kennt. Die Azteken behandelten beispielsweise in Schwitzhütten, Temazcalli genannt, Verletzungen mit Wickeln und Massagen mit duftenden Salben.

Die Inkas bevorzugten für Massagen eine Art Gel mit Baldrianduft, das mit anderen Kräutern und Seetang eingedickt war. Wir würden das heute eine Art Thalassotherapie mit beruhigender Entgiftung durch Algen nennen. Scheinbar wussten die Inkas schon, dass Meeresalgen eine äußerst positive Wirkung auf den Körper, vor allem auf das Immunsystem, haben. Mit ihren vielen wertvollen Vitaminen, Mineralien und Spurenelementen wirkten die Algen wie eine Art Jungbrunnen, den die spanischen Eroberer bekanntlich in der neuen Welt zu finden hofften. Verstärkt wurde die Wirkung durch eine duftunterstützte Therapie mit Baldrian. Dabei sorgte die schlaffördernde und beruhigende Wirkung der Pflanze zusätzlich für Tiefenentspannung.

Auch in Mittelamerika kannten die Mayas das Schwitzhaus und seine Anwendungen. Archäologische Funde der Universität Boston unter der Leitung von Nor-

1.1 · Geschichte der Duftwirkung

mann Hammond haben diese Einrichtungen bereits für die Zeit von 900 v. Chr. nachgewiesen – also vor der Gründung Roms und damit vor Beginn der römischen Badekultur. Wie später in den kunstvollen römischen Bädern konnten schon damals Maya-Gruppen mit bis zu zwölf Saunagästen die Behandlungen gleichzeitig genießen.

Auf dem gesamten amerikanischen Kontinent war Sweetgrass – auch duftendes Mariengras oder Vanillegras (Hierochloe odorata) genannt, das tatsächlich nach dem gleichnamigen Gewürz riecht – die beliebteste Therapieduftpflanze der Ureinwohner. Um eine optimale Wirkung zu erzielen, wurde die Pflanze bündelweise auf dem Körper gepresst und verschmiert. Zum Kranz geflochten wurde sie bei Räucherungen getragen. Ihr genussvoller Duft diente in erster Line allen Altersgruppen bei depressiven Verstimmungen als Stimmungsaufheller. Außerdem war Vanillegras der Begleitduft medizinischer und religiöser Rituale.

Bei Kopfschmerzen beispielsweise hatte sich die Rauchbehandlung mit Sonnenhut (Echinacea) bewährt. Zerrieben wurde die aromatisch riechende Pflanze auch zur Wundheilung eingesetzt. Der leicht säuerliche und von vielen als etwas unangenehm empfundene Geruch dürfte die Annahme unterstützt haben, dass Medizin bitter schmecken muss – und auch riechen.

Beim Blick auf das europäische Altertum stellt man fest, dass Düfte nicht auf eine einzelne Wirkung begrenzt waren. Ein spezielles überliefertes Parfüm vermochte offenbar verschiedene Wirkungen besonders gut zu vereinen. Dabei handelte es sich um das legendäre Megaleion, kreiert von dem aus Sizilien oder Griechenland stammenden Parfümeur Megallus. Der Duft setzte sich u. a. aus verbranntem Harz, Zimt und Myrrhe zusammen und punktete mit einem regelrechten Doppelnutzen: Zum einen roch er sehr gut, zum anderen löste er Spannungen und war beliebt bei der Behandlung von Wunden und Entzündungen. Insgesamt ein kleines, wohlriechendes Allround-Wunderheilmittel.

Vieles zu den Duftwirkungen im Altertum liegt immer noch im Dunkeln. Dennoch schließe ich mich mit aller Vorsicht der Meinung der Vielen an, die zu diesem Thema publiziert haben:

> Duftwirkungen im Altertum kannten verschiedene medizinisch ausgerichtete Anwendungsbereiche, die sich u. a. um folgende Bereiche und Symptome drehten: Kopfschmerzen, Schmerzen, Asthma sowie andere Atembeschwerden, Stress, Unruhe, Antriebsschwäche, Ekzeme, Schlaflosigkeit, depressive Verstimmungen, Rheuma, Infektionen und besonders desinfizierende Wirkungen.

Dazu kamen schon früh Anwendungsbereiche für Öle und Duftstoffe. Sie waren verstärkt auf psychologische, soziokulturelle sowie ästhetische Gründe und Motive ausgerichtet, überlappten sich aber teilweise mit medizinischen. Sie alle treiben auch noch heute die moderne Parfümerie an. Die gesuchten Duftwirkungen haben sich also in den vergangenen Jahrtausenden kaum verändert – auch wenn sie heute teilweise anders bezeichnet und gewichtet werden.

Jedem, der sich für Parfümgeschichte interessiert – insbesondere für deren Entwicklung vom Mittelalter und der Renaissance, also ab dem 15. Jahrhundert, bis zur nahen Jetztzeit – empfehle ich folgendes Buch von Jonathan Reinarz: *Past Scents, Historical Perspectives on Smell* (Reinarz 2014). Reinarz ist Direktor der Abteilung für Medizingeschichte an der Universität von Birmingham in Großbritannien.

Hier nun eine Liste von Duftwirkungen bzw. Gründe für eine Beduftung, wie wir sie typischerweise aus der Vergangenheit und Gegenwart der Parfümerie kennen:
- zum Rausch, zur Huldigung, für Opfergaben, zur Danksagung, für religiöse Zeremonien und Rituale,
- zum Ausdruck der Persönlichkeit auch in Hinblick auf Status und Macht, um

diese zu unterstreichen, zu kontrollieren und auch zur Selbsterhöhung,
- für Erinnerung und Nostalgie,
- zur Geschmacksverbesserung und zum Würzen,
- zum Vermischen mit anderen Substanzen in Hinblick auf eine Kreation,
- für die Beduftung von Objekten, Bereichen, Pflanzen, Tieren und Menschen,
- zum Intensivieren und Verändern von Bewusstsein, Selbsterleben, Emotionen und Stimmung,
- für die Gewinnung von Aura, Aufmerksamkeit, Attraktivität, Anziehungskraft und Schönheit,
- für Anlässe und Feste, Jahreszeit, Wochentage, Tages- und Uhrzeiten,
- zur Beeinflussung und Gewinnung anderer bzw. um jemanden zu verzaubern und um mehr geliebt zu werden,
- für Genuss, Liebe, Sinnesfreude, zum Betören, Verwöhnen und Verführen,
- für Glück, als Heilsbringer,
- aus Gewohnheit und Tradition,
- als Geschenk, Belohnung und Überraschung,
- als Luxus, Reichtum und Gewinn, zum individuellen Bereichern, zur Verschwendung und zur Faszination,
- um modisch und trendig zu sein,
- zur Erschaffung und Gestaltung von Kunst, Ästhetik und Schönem,
- zum Wohlfühlen, für Zufriedenheit, zur Entspannung, für Sinnlichkeit, inneren Frieden, Harmonie, Achtsamkeit, Spiritualität, innere Kraft, Transformation, Selbstentdeckung und Phantasie,
- zur Gewinnung von Kreativität, Inspiration, Konzentration und Intelligenz,
- zur Motivation, Belebung, Stimulation, Gewinnung von Energie, für Produktivität und Neubeginn,
- zur Abgrenzung, Zugehörigkeit und Identifikation,
- für das Erzeugen von Neid und Neugierde,
- zur Desinfektion, zum Schutz, zur Abwehr und Austreibung,
- zum Stillen von Bedürfnis und Sucht,
- zur Trauer und Totenpflege,
- zur Pflege und für Wellness von Geist, Körper und Seele,
- zum Überdecken von Gestank sowie gegen Mund- und Körpergeruch,
- als Aphrodisiakum zur Belebung und Steigerung der Libido, Lust und Begierde.

1.2 Duftwirkung in der Neuzeit

1.2.1 Beginn der Erforschung der Duftwirkung

Es besteht keine Einigkeit darüber, wann genau die Erforschung der Duftwirkung in der Neuzeit begonnen hat. Möglicherweise fällt sie zeitlich mit den ersten Geruchsstudien in der zweiten Hälfte des 20. Jahrhundert unter Einsatz des Elektroenzephalogramms (EEG) zusammen. Vier Bereiche waren für die wissenschaftliche Bestätigung

1.2 · Duftwirkung in der Neuzeit

der Duftwirkung auch in Hinblick auf die Praxis der Parfümerie von besonderem Interesse:
- mehr Entspannung, sprich Relaxation, z. B. durch Lavendel,
- Gewinnung von Energie und Produktivität, z. B. durch Zitrusnoten,
- Belohnung und Genuss erleben, z. B. durch Schokoladennoten,
- Steigerung der Sinnlichkeit, z. B. durch Sandelholznoten.

Was die Erforschung der Duft- und Geruchswirkung bzw. ihrer potenziellen Möglichkeiten besonders weiterbrachte, war der Beginn einer systematischen interdisziplinären Zusammenarbeit. Dabei wurden besonders Erkenntnisse aus den Fachgebieten der Parfümerie, Medizin, Pharmazie, Chemie, Neurobiologie, Physik, Soziologie, Psychologie, Wirtschaftswissenschaften, des Neuromarketings sowie der Verbraucher-Neurowissenschaften geteilt. Sie alle wurden durch Entdeckungen der olfaktorischen Gehirnforschung befruchtet.

Diese Art der Forschung beruhte in ihren Anfängen überwiegend auf EEG-Studien. Dabei wurden in der Regel Spannungsschwankungen, sprich Potenzialunterschiede, also sog. evozierte Potenziale an der Kopfoberfläche gemessen. Sie geben Auskunft über die Aktivität von Nervenzellen in einer bestimmten Hirnregion, beispielsweise auf Duftreize. Einfacher ausgedrückt: Die beobachteten olfaktorisch evozierten Potenziale wurden als elektrische Antworten der Hirnrinde auf Riechreize bewertet. Dafür müssen einer Person wiederholt Riechreize unter kontrollierten Bedingungen, wie z. B. bei einer bestimmten Art zu atmen, dargeboten werden.

Bereits 1875 hatte der englische Arzt und Physiologe Richard Caton entdeckt, dass sich elektrische Aktivitäten auf der Hirnrinde zeigen. Die ersten Studien an Menschen fanden ab 1924 an der Universität Jena statt. Es dauerte gut weitere 40 Jahre, bis 1966 die Geruchsforschung eine geeignete Ableitetechnik der olfaktorisch evozierten Potenziale mittels EEG entwickeln konnte. Für die systematische Darbietung von Duftreizen musste ferner ein eigenes Gerät entwickelt werden, das eine exakte Messung mittels einer kontrollierten Darbietung von Geruchsstoffen beladener Luft möglich machte.

Anfang der 1970er-Jahre wurden die ersten Messsysteme dieser Art, später Olfaktometer genannt, bei der Geruchsforschung eingesetzt. Mit dem Olfaktometer was es nun möglich, Duftstoffe in verschieden Konzentrationen kontrolliert einer Testperson zum Riechen zu geben. In den nächsten 40 Jahren wurde der Olfaktometer dann zu einem Flussolfaktometer weiterentwickelt, der über einen PC gesteuert wird. Dabei werden Duftreize in einer bestimmten Konzentration und Dauer mit konstanter Feuchtigkeit und Temperatur in einen gleichbleibenden Luftstrom gegeben (Moessnang und Freiherr 2013). So kann man untersuchen, ob z. B. ein nicht mehr bewusst wahrgenommener Duftreiz dennoch eine Gehirnaktivierung zeigt. Man geht also der Frage nach, ob und wie unbewusst Gerochenes einen beeinflussen kann. Die wohl erste Registrierung von durch Geruch ausgelösten Potenzialen in den 1960er-Jahren beruhte auf Vorarbeiten aus den Jahren 1935 und 1949 (Fischer 2015).

In den 1980er-Jahren gelangte man durch EEG-Studien zu ersten wirklich spannenden Geruchserkenntnissen. So stellte man fest, dass Rechtshänder eine höhere Sensibilität für olfaktorische Reize besitzen – vorausgesetzt, diese werden auf der rechten Nasenseite dargeboten. Linkshänder sind dagegen mehr für Reize auf der linken Nasenseite empfänglich. Auch beeinflussen – wie zu erwarten – Duftstoffkonzentration und Duftreizdauer wesentlich die EEG-Aktivität. Deshalb ist man sich bislang nicht sicher, ob Duftstoffe in unterschiedlichen Konzentrationen bei längeren EEG-Aufzeichnungen die gleichen oder zumindest ähnliche Effekte zeigen.

In den Jahren nach den ersten interessanten Geruchserkenntnissen kam es trotz offener Anwendungsfragen zu einer regelrechten Explosion von Studien, die sich mit den Wirkungen verschiedenster Duftstoffe auf das Gehirn beschäftigten. Auch wenn diese Studien in ihrer Methodik teilweise unterschiedlich sind und aus heutiger Sicht teilweise Mängel im Untersuchungsdesign aufwiesen, gelangten sie dennoch zu einem gemeinsamen Schluss:

> Duftstoffe können direkt und/oder indirekt wirken und die psychischen sowie physiologischen Bedingungen des Menschen beeinflussen (Sowndhararajan und Kim 2016).

Das entspricht dem aktuellen Forschungsstand, der sich über Jahre hinweg herauskristallisiert hat. An späterer Stelle werde ich auch diverse Beispiele für die Wirkung von Duft vorstellen. Hier nur so viel: Dank der vorliegenden Studien lassen sich jahrtausendealte Anwendungen sehr gut verstehen. In diesem Zusammenhang wäre z. B. das ursprünglich aus Indien stammende und als Heilmittel eingesetzte Sandelholz zu nennen.

1.2.2 Die Neuroparfümerie sorgt für den Durchbruch in der Duftwirkungsforschung

Der wirkliche Durchbruch zu Erkenntnissen, die das Potenzial und die Zukunft der Duft- und Geruchswirkung erahnen lassen, gelang während der vergangenen Jahre durch Verfahren der Neurobiologie bzw. der von mir so benannten noch jungen Neuroparfümerie – der Gehirnforschung in Bezug auf die Parfümerie. Dabei werden durch nichtinvasive bildgebende bzw. Neuroimaging-Verfahren mittels einer sog. funktionellen Magnetresonanztomografie, abgekürzt fMRT oder fMRI (engl. „functional magnetic resonance imaging"), kontrastscharfe Einblicke in das Gehirn bzw. in seine einzelnen Regionen und Netzwerke gegeben. Dabei zeigt sich, wie sich z. B. Gehirnareale und Netzwerke des limbischen Systems, des Zentrums für Emotionen, durch unterschiedliche Düfte und Duftrichtungen spezifisch stimulieren lassen. Außerdem kann man so indirekte Rückschlüsse auf emotionale und kognitive Wirkungen einzelner Gerüche oder Parfüms ziehen – vorausgesetzt, die riechenden Personen teilen diese mit bzw. zeigen sie in ihrem Verhalten.

Obwohl zahlreiche aktuelle Forschungsergebnisse von der Industrie nicht oder noch nicht freigegeben werden, gibt es inzwischen Neuroimaging-Karten. Sie zeigen olfaktorische Netzwerke im Zusammenhang mit der Duftwirkung und werden als Verfahren ständig weiterentwickelt. Sie lassen nicht nur die genussvolle Wirkung von Düften wie Schokolade und Vanille erkennen. Sie zeigen auch auf, in welchen Gehirnregionen diese erwartungsgemäß wahrgenommen werden.

Und es geht sogar noch weiter: Diese Neuroimaging-Karten ermöglichen sogar, olfaktorische Funktionen bei Krankheiten zu vergleichen und so die Möglichkeiten der Früherkennung zu erweitern. Daher ist man derzeit in der Forschung und medizinischen Praxis an der Entwicklung von Untersuchungstechniken interessiert, die über verfeinerte olfaktorische „Hirnfingerabdrücke" eine Abgleichung und Einschätzung von Gesundheit und Krankheit erlauben (Fjaeldstad et al. 2017). So kann man kontrollieren, ob ein Duft in bestimmten Hirnregionen wirkt bzw. nicht wirkt und keine Spuren hinterlässt. Das könnte Aufschluss darüber geben, wie weit beispielsweise Parkinson, Alzheimer oder andere Erkrankungen bei einer Person fortgeschritten sein mögen. Dabei setzt sich immer mehr folgende Erkenntnis durch:

> Gerüche sprechen nicht nur spezifische Regionen im Gehirn an, sie stimulieren ganze Netzwerke, die sich durch oft sehr unterschiedliche und weit auseinander-

1.2 · Duftwirkung in der Neuzeit

liegende Bereiche des Gehirns ziehen. Das heißt aber auch: Man muss eine Duftwirkung in ihrer gesamten neuronalen Verflechtung analysieren.

Im Folgenden erkläre ich an einem ersten Beispiel, was man mithilfe von Neuroimaging in Bezug auf Genusswirkung im Gehirn entdeckt hat, welches Netzwerk dabei involviert ist und welche Möglichkeiten für neue Duftkreationen sich daraus ergeben.

Der Hypothalamus spielt beim Erleben und „Wollen" von Duftgenuss eine wesentliche Rolle. Sein Netzwerk steuert nicht nur Hunger und Durst sowie den Sexualtrieb, sondern verfügt auch über Belohnungs-, Vergnügungs- und Suchtzentren. Dabei handelt es sich um die Knotenpunkte des reichlich vernetzten dopaminergen Systems. Dopamin – im Volksmund „Glückshormon" genannt – ist ein Botenstoff bzw. Transmitter, der eine Erregung von einer Nervenzelle auf andere Zellen überträgt. Es spielt eine zentrale Rolle bei der Antriebssteigerung und Motivation im Sinne von „etwas wollen", eben auch von Duftgenuss, selbst wenn das „Wollen" nicht unbedingt schon mit Vergnügen gleichgesetzt werden kann, auch weil der Hypothalamus und sein Netzwerk, wie ich gleich zeigen werde, eigene Duftvorlieben hat.

Die Dopaminübertragung ist an wesentlichen Aspekten der lustbezogenen Wahrnehmung beteiligt. Damit warten die einzelnen Belohnungs-, Vergnügungs- und Suchtzentren auf Stimulation – auch auf olfaktorische. Die Lieblingsgerüche dieses Systems sind Schokoladegerüche, gefolgt von Vanille- und Zimtgerüchen. Vor allem muss es süß riechen. Aber das System ist bei Heißhunger bzw. Lust auf Süßes nicht sonderlich wählerisch. Hauptsache, es riecht nach Essbarem. In der Parfümerie ist es die Duftrichtung der Gourmand-Noten, die nach leckeren Desserts riechen und genau in das Anforderungsprofil des dopaminergen Systems passen. Sie können sogar regelrecht süchtig machen, wie wir noch sehen werden.

Bevor wir auf weitere Erkenntnisse olfaktorische Genusswahrnehmung eingehen, hier zunächst einige Hintergrundinformationen zur Erforschung des Riechens und der Düfte.

▪ Centers of Excellence und das Mekka der Duftforschung

An der Technischen Universität Dresden, einer der Hochburgen der Geruchsforschung, geht man seit Jahrzehnten dem Thema Duftwirkung und Genusswahrnehmung nach. Hier studierten verschiedene Größen der Parfümindustrie, so auch der Riechstoffchemiker und Forscher Günther Ohloff (1924–2005). Er leitete die Forschungsgruppe des Genfer Unternehmens Firmenich, heute einer der weltgrößten Duftstoffhersteller. Ohloffs wissenschaftliches Werk umfasst 228 Publikationen, dazu kommen 111 Patente. Außerdem regte er Theorien zur Wirkung von Riechstoffen auf menschliche Emotionen und soziales Verhalten an. Sein 1990 erschienenes Buch *Riechstoffe und Geruchssinn. Die molekulare Welt der Düfte* gilt als Standardwerk der Riechstoffchemie. Es wurde inzwischen von anderen Wissenschaftlern überarbeitet und ist unter dem Titel *Scent and Chemistry – The Molecular World of Odors* erhältlich (Ohloff 2012). Außerdem verfasste Ohloff ein vielbeachtetes Buch zur Kulturgeschichte der Duftstoffe (Ohloff et al. 1992).

Insgesamt nahm der Osten Deutschlands bei Duft bzw. Duftstoffherstellung schon lange eine Vorrangstellung ein. Das 1829 gegründete sächsische Chemieunternehmen Schimmel & Co. war zeitweise sogar Weltmarktführer in der Duftstoffproduktion. Erst fast ein halbes Jahrhundert später, im Jahr 1874, entstand im Westen Deutschlands der Riechstoffhersteller Haarmann & Reimer, aus dem später das Weltunternehmen Symrise hervorging.

Duft- oder Riechstoffhersteller – die Begriffe werden synonym verwendet – liefern meistens fertige Duftöle als Inhaltsstoffe für Parfüms. Diese werden von Dufthäusern wie Guerlain, Chanel, Armani, Gucci oder Hugo Boss unter ihrem Namen oder als

Lizenz auf den Markt gebracht. Eines der ersten Dufthäuser in Deutschland wurde von Johann Maria Farina (1685–1766) gegründet. 1709 brachte er in Köln ein Eau de Cologne unter gleichem Namen in den Handel. Der Vollständigkeit halber sei aber erwähnt, dass es nicht das langlebigste Duftprodukt ist, das je lanciert wurde. Bereits im 14. Jahrhundert brachte die Königin von Ungarn „Aqua Reginae Hungariae" oder – wie der Duft auch genannt wurde – „Ungarisches Wasser" auf den Markt. 400 Jahre – bis zum Verlorengehen seiner Rezeptur – beherrschte der Duft den Markt und ist bis heute das am längsten verkaufte Parfüm aller Zeiten. Diesen Rekord könnte das Cologne von Farina, heute „Farina 1709" genannt, im Jahr 2109 brechen.

Eine weitere deutsche Duftforschungshochburg befindet sich an der Ruhr-Universität Bochum. Hier arbeitete der Duftforscher und Zellphysiologe Hanns Hatt, promovierter Biologie, Chemiker und Mediziner, mit einem interdisziplinären Team. Hatt entdeckte als erster, dass Riechrezeptoren auch in Zellen außerhalb der Nase eine wichtige Funktion haben. Sie kontrollieren im Körper Zellwachstum, Hormonregulation und das Freisetzen von Botenstoffen. Außerdem stammt von Hanns Hatt das populärwissenschaftliche Werk *Das kleine Buch vom Riechen und Schmecken* (Hatt und Dee 2012) – mittlerweile ein Klassiker für alle, die sich für das Riechen und wie es geht interessieren.

Das Mekka der Duftforschung, das Monell Chemical Senses Center, befindet sich in der amerikanischen Stadt Philadelphia. Hier arbeiten Wissenschaftler zahlreicher Disziplinen zusammen. Im Vordergrund steht das Verstehen der Basismechanismen und Funktionen von Geschmack und Geruch. Dabei ist man eher medizinisch orientiert und untersucht, was die Sinne des Menschen über Gesundheit und Krankheit aussagen. Außerdem bietet das Zentrum Seminare an, die von jedem besucht werden können. So fanden im Frühjahr 2020 Veranstaltungen zum Thema „The COVID-19 Nose" statt. Schon früh hatten Forscher des Monell-Instituts wie auch die internationale auf den Geruchssinn spezialisierte Forschungsgemeinde beobachtet, dass Covid-19 mit einer zum Teil schweren Geruchs- und Geschmacksbeeinträchtigung einhergeht. Weitere Zentren der Geruchsforschung sind z. B. das UFCST (University of Florida Center for Smell and Taste) oder das CSGA (Centre des Sciences du Goût et de l'Alimentation) im französischen Dijon.

Zurück zur Geruchsstudie, die an der Smell & Taste Clinic, Department of Otorhinolaryngology (deutsch: Hals-Nasen-Ohren-Heilkunde) der Technischen Universität Dresden durchgeführt wurde. Der Titel der Studie lautete: „Lebensmittelbezogene Gerüche aktivieren dopaminerge Gehirnbereiche" (Sorokowaska et al. 2017). Man fand heraus, dass Genussdüfte bzw. die oben genannten Lebensmittelgerüche wie Schokolade, Vanille und Zimt eine signifikant höhere Aktivierung bestimmter Netzwerkregionen erzeugen als nicht essbare Düfte wie beispielsweise von Blumen. Bei den ausschließlich rechtshändigen Testpersonen wurde ein interessantes Phänomen festgestellt, von dem bereits in anderen Studien berichtet worden war: Die Geruchswirkung zeigte sich besonders, wenn auch nicht ausschließlich, in Netzwerkregionen, die zu der für die Gesichtserkennung zuständigen rechten Hemisphäre gehören. Angenehm wirkende Gerüche haben einen entsprechenden Einfluss auf die Beurteilung von Gesichtern. Sie können durch Duft an Attraktivität gewinnen – und umgekehrt.

Dagegen scheint die linke Hemisphäre mit ihrer Dominanz bei der Sprachproduktion nur partiell auf die Wirkung von Düften zu reagieren und relativ gesehen weniger zum Dufterleben beizutragen als die rechte Hemisphäre. Das ist auch aus einem anderen Grund nachvollziehbar: Riechen, wie wir es oft erleben, macht schnell sprachlos, bzw. es fehlt an adäquaten Ausdrücken zur Beschreibung des Duftes – wohl auch deshalb, weil wir in unserer Kultur keine eigenständige Duftsprache haben, die nicht von anderen Sinnen abgeleitet ist. Das heißt, man könnte postulieren, dass die linke Hemisphäre, zumindest bei vielen von uns, bei der Duftwahrnehmung bzw. in der Duftsozialisation, wo man die Bedeutung der Gerüche und Düfte schon im Kleinkindalter erlernt, weniger gefordert wurde und wird.

1.2.3 Ein erster Einblick in die Wirkung von Düften auf spezifische Regionen des Gehirns

Bei genauerer Betrachtung der Gehirnhemisphären zeigen sich spezifische Regionen und Netzwerke, auf die die süßen, essbaren Genussdüfte wirken. Das gilt insbesondere für Düfte, die in der oben erwähnten Studie von Sorokowski (2017) genannt werden. Sie wirken auf …

- … den vorderen zingulären Kortex, auch "anterior cingulate Kortex" oder ACC genannt. Die Wirkung konnte auf beiden Hemisphärenseiten, links wie rechts, beobachtet werden. Der ACC ist ein Bereich der Großhirnrinde und wird dem Emotionszentrum zugerechnet. Diese Region und ihr Netzwerk sind u. a. an der Schmerzwahrnehmung beteiligt. Dabei weiß man schon länger, dass süße Gerüche die Toleranz gegenüber Schmerzen steigern. Der Schmerz, bei dem es sich auch um einen Seelenschmerz handeln kann, wird zwar durch die süßen, essbaren Genussdüfte nicht unbedingt reduziert, ist aber leichter auszuhalten.
- … die Insula (rechts). Als einer der fünf Großhirnlappen ist sie in das vegetative Nervensystem eingebunden und verarbeitet zunächst unbewusste Körperempfindungen. Auch ist sie an der Schmerzwahrnehmung beteiligt – insbesondere mit ihrer rechten Seite, die den empfundenen Schmerzgrad einschätzt. Außerdem spielt sie als eines der Suchtzentren eine große Rolle. Die Natur scheint also nicht abgeneigt zu sein, auf unbewusster Ebene eine gewisse Suchtabhängigkeit von süßen, essbaren Aromen zu erzeugen. Möglicherweise soll so einem Nährstoffmangel vorgebeugt werden, oder es soll sichergestellt werden, dass Babys die Muttermilch immer gut schmeckt. Die Insula ist außerdem die von negativen Außenreizen am stärksten belastete Gehirnregion. Das mag auch erklären, weshalb sie nach süßen, essbaren Genussdüften sucht, um sich zum Ausgleich von ihnen verwöhnen zu lassen.
- … das in der Basis des Großhirns liegende Putamen (rechts). Es gehört zum sog. Striatum und ist Teil der Basalganglien. Auch das Putamen hat verschiedene Funktionen, beispielsweise bei der Kontrolle von Bewegungsabläufen und beim Lernen. Für die Geruchsforschung ist interessant, dass das Putamen zum dopaminergen System gehört und bei der Belohnung bzw. der Motivation für und beim Streben nach Belohnung eine Rolle spielt. Eine geringe Aktivierung des Putamen ist also mit einer geringeren Empfindung für Belohnung verbunden. Weniger zu wollen und weniger zu erreichen führt dazu, dass man sich entsprechend weniger gut fühlt. Das konnte man bei Kindern und Teenagern nachweisen, die unter dem chronischen Müdigkeitssyndrom ("childhood chronic fatigue syndrome" – CCFS) leiden (Mizuno et al. 2016). Bei Erwachsenen ist diese Erkrankung unter dem Kürzel CFS bekannt.

Bei schwerer Fatigue, die meist mit einer Antriebsschwäche beginnt, können Aktivitäten mit relativ geringer körperlicher und geistiger Anstrengung wie Kochen oder Einkaufen zur Tortur werden. Süße, essbare Genussdüfte stimulieren das Putamen, was in der Regel mit einer Dopaminausschüttung einhergeht. Tatsächlich konnte man das für andere Gehirnregionen wie die Amygdala bereits nachweisen. Etwas Schönes zu riechen wird von einem entsprechenden Gefühl begleitet. Oder, wie es im Volksmund heißt: Düfte können einen glücklich machen.

Die Ergebnisse der oben genannten Studie lassen vermuten, dass Düfte in das Belohnungs- und Antriebssystem eingreifen können. Das heißt nicht, dass damit CCFS oder CFS geheilt werden können. Aber eine gewisse positive Wirkung auf das damit verbundene neuronale Belohnungs- und Antriebssystem lässt sich bei dieser Art von Düften zeigen – insbesondere, wenn man Hunger oder Lust auf Süßes hat.

1.2.4 Ein erster Ausblick auf die Duftwirkung in der Zukunft

Die Ergebnisse der oben genannten Studien dürften Parfümeure zum Nachdenken bringen. So könnte man die Informationen bildgebender Verfahren als Anleitung für die Kreation von super Düften bzw. super Parfüms nutzen, die spezifische Gehirnregionen bzw. deren Netzwerke optimal ansprechen. Süße, essbare Supergenussdüfte könnten gezielt gegen Schmerzen eingesetzt werden oder im Gehirn das Gefühl von Belohnung und Glück hervorrufen. Es verwundert deshalb kaum, dass die oft nach Dessert riechenden Gourmand-Noten zu den am schnellsten wachsenden Duftrichtungen der vergangenen Jahre zählen. Das sagt viel aus über aktuelle Wünsche und Bedürfnisse vieler Duftverwender.

Da die meisten Gehirnregionen verschiedene Funktion haben, lassen sich auch andere Möglichkeiten für olfaktorische Wirkungen in einer Region aufzeigen. Allein die Stimulationsbedürfnisse des Putamen legen die Kreation von Motivations- und Antriebsdüften für verschiedene Situationen, beispielsweise für das Lernen, nahe.

Andere Gehirnregionen zeigen ebenfalls eine starke Reaktion auf Düfte – allerdings ohne bei den Geruchsnoten, durch die sie olfaktorisch aktiviert werden, besonders wählerisch zu sein. Ein Beispiel ist der ventrale tegmentale Bereich. Dabei handelt es sich um äußerst lernfähige Nervenzellgruppen des Mittelhirns. So werden bei Menschen, die gerne einen über den Durst trinken, diese bereits durch den Geruch von Alkohol aktiviert (Kareken et al. 2006).

Auch wenn es in diesem Buch um das schönere Riechen geht, muss man zugeben, dass unangenehme Gerüche eine stärkere und vor allem länger anhaltende Wirkung auf das Gehirn zeigen. Die Natur ist eben an ihrem Erhalt besonders interessiert und will uns vor giftigen bzw. schädlichen Substanzen schützen. Das Gehirn hat ein besonderes Interesse daran, alles, was schlecht, schädlich, stinkend oder ekelauslösend, aber auch verboten riecht, in Erinnerung zu behalten und reflexartig auf entsprechende Substanzen zu reagieren, da sie unser Wohlergehen gefährden. Der Geruchssinn wird dabei von der Natur durch den Trigeminusnerv unterstützt, der auf Stechendes, Brennendes, Beißendes und Scharfes in Nase und Mund, über den wir ja auch riechen, reagiert. Entsprechend zeigt sich eine Gehirnaktivierung bei solchen Substanzen, und zwar derart, dass sie vom Hippocampus und seinem Netzwerk, das auch als Geruchsgedächtnis fungiert, nicht vergessen wird. Laut einer aktuellen Studie sind Erinnerungen stärker, wenn die ursprünglichen Erfahrungen von unangenehmen Gerüchen begleitet werden (Cohen et al. 2019). Gestank und besonders Ekel verursachende Gerüche haben eine größere Wirkung auf das Gehirn und bleiben länger in Erinnerung als die schönen Düfte.

1.2.5 Riechen geht auch umgekehrt – der Duftmanager im Gehirn

Der Wirkverlauf geht aber auch umgekehrt – und zwar vom Gehirn zum Duft.

1.2 · Duftwirkung in der Neuzeit

Das Gehirn kann sich nämlich seine eigene Duftstimmung und Geruchsemotion erzeugen, selbst wenn eine Geruchsquelle diese Empfindung eigentlich nicht rechtfertig. Damit kann sich das Gehirn auch „schön riechen". Es kann sogar auf einem Geruchseindruck bestehen, der – obwohl momentan für andere nicht vorhanden – psychophysische Reaktionen auslöst. Meistens wird der Geruchssinn durch einen als attraktiv erlebten visuellen Reiz, beispielsweise den Anblick einer Person, beeinflusst.

Vor allem ist es die Gehirnregion des piriformen Kortex, der im Verbund mit anderen Regionen über die Wirkung von Parfüm und Geruch entscheidet. Diese Gehirnregion im Riechhirn ist eng mit dem Sehsinn verbunden und verfügt über erstaunliche Fähigkeiten. Sie kann nicht nur die Wirkung von Parfüm und Duft auf Bewusstsein, Stimmung und Emotion verstärken, sondern auch dem ihr vorgelagerten, eng mit der Nase verbundenen Riechkolben vorschreiben, was und wie etwas zu riechen ist. Das kann so weit gehen, dass eine bestimmte Substanz gar nicht gerochen, an ihr nicht weitergerochen oder nur teilweise beschnüffelt wird – abhängig davon, was der piriforme Kortex und sein System als wichtig empfinden.

Auch entscheidet der piriforme Kortex, was, wie und wo etwas zur Geruchsweiterverarbeitung in andere Gehirnregionen gegeben wird. Dabei hat er eine sehr emotionale, oft schreckhaft riechende Verbündete: die Amygdala. Sie riecht in der Regel immer mit und tauscht sich mit dem piriformen Kortex über den Geruchseindruck aus. Das Ergebnis kann in einer Rückschleife auch dem Riechkolben gemeldet werden. Die Wirkung von Parfüm und Geruch auf Bewusstsein, Stimmung und Emotion wird so von einem interessanten Duftmanager geleitet.

Mit dem piriformen Kortex haben wir eine Art kleinen Mann im Gehirn, der nicht nur sanft zuflüstert, wie mit einem Geruchsreiz umgegangen werden soll. Er kann als Duftmanager entscheiden, dass ein Geruch direkt in einer Region im Gehirn, beispielsweise in den orbitofrontalen Kortex, weitergeleitet wird. Letzterer steuert im Netzwerk Persönlichkeitsmerkmale wie Extraversion und Gewissenhaftigkeit und wird laut Erkenntnissen der Neuroparfümerie durch bestimmte Parfüms und Gerüche besonders gern stimuliert. Der piriforme Kortex hat also als Duftmanager auch Einfluss auf unsere Persönlichkeit, die er mit olfaktorischen Impulsen motiviert.

> Riechen ist Bewegung, Bewegung ist Leben, Leben ist Riechen – zumindest geht ohne Riechen sehr viel Lebensfreude verloren.

Riechen erzeugt Bewegung, man kann auch sagen: geradezu reziproke Unruhe im Gehirn. Es geht also nicht nur beim Riechen von der Nase aus in eine Richtung, wie man denken könnte. Auch Haut und andere Organe können riechen, wie ich später noch erklären werde. Bevor ich das Thema weiter bespreche und auf die Ergebnisse weiterer aktueller Studien eingehe, will ich kurz über Leben und Bewegung sprechen, schon allein deshalb, weil Riechen und Geruch, wie gesagt, auch Bewegungen sind bzw. von Bewegungen ausgehen.

Leben ist Bewegung. Ohne Bewegung ist ein Leben, wie wir es kennen, gar nicht möglich. Was wir erleben, ist also Bewegung – zumindest ist es Bewegung in unserem Gehirn. Das mit der Bewegung einhergehende Erleben, wie die Bewegung selbst, kann unbewusst, teilweise bewusst oder vollbewusst ablaufen. Erleben und Bewegung gibt es in den verschiedensten Schattierungen, Kombinationen und Dimensionen. Es kann als emotionale Bedürfnisse und Wünsche wahrgenommen werden, was Erleben und Bewegung wiederum anfeuert. Erleben und Bewegung können intensiv, schwach oder gar nicht erlebt werden. Erlebte Bewegungen können sich als Lust oder Unlust, Erregung oder Beruhigung langsam oder schnell auswirken. Wir wissen das von den kulturübergreifenden sieben Basisemotionen, die jeder Mensch kennt: Freude, Überraschung, Angst, Ärger (Zorn), Ekel, Verachtung und Trauer bauen sich schnell auf, wirken im Bruchteil von Sekunden und lassen sich an unserer Mimik ablesen. Das gleiche gilt auch für unsere vierzehn weiteren gelernten Basisemotionen und Grundgefühle. Zu ihnen gehören Mitleid, Enttäuschung, Eifersucht, Erleichterung, Scham, Neid, Schuld, Stolz, Attraktivität, Begeisterung, Unwohlsein, Vertrauen und Liebe.

Psychologen unterscheiden bei diesen psychischen Bewegungen zwischen Emotionen und Stimmungen ("moods"), auch wenn der Übergang fließend ist und sich beide überlappen. Der Unterschied zwischen beiden wird vor allem in der zeitlichen Entwicklung gesehen, auch wenn sich bei Emotionen in der Regel deutlichere psychophysische Merkmale wie Herzrasen und Erröten zeigen. Stimmungen bauen sich im Vergleich zu Emotionen vergleichsweise langsamer auf, bleiben dann aber auch länger in Bewegung. In der deutschen Sprache kommt man leicht auf über 200 Adjektive, die Emotionen, Grundgefühle und Stimmungen sowie die damit erlebte psychische Bewegung beschreiben.

Nun zurück zum Thema.

Wie unterscheiden sich Parfüm, Duft und Geruch von anderen olfaktorischen Eindrücken? Geruch ist als neutraler Begriff des Olfaktorischen zu verstehen, wohingegen Duft und Parfüm auf ein angenehmes Erlebnis hinweisen und Gestank auf ein unangenehmes.

Riechen ist Leben und basiert deshalb auf psychischen und physischen Bewegungen in den unterschiedlichsten Formen – von intensiv bis schwach, von angenehm bis unangenehm. Es kann dabei von verachtend bis liebevoll, von angewidert bis freudig reichen und als belohnend sowie bestrafend erlebt werden. Dabei ist das besonders Faszinierende beim Riechen: Die Bewegung beginnt unbewusst, kann gänzlich unbewusst bleiben, aber auch schnell bewusst und dadurch von uns als Riechen erlebt werden. Das heißt: Lust oder Unlust, Erregung oder Beruhigung, Spannung oder Lösung oder eine Kombination von allem können wir sowohl bewusst als auch unbewusst riechen. Sie werden als Emotionen, Grundgefühle oder Stimmungen durch Geruch und Gestank sowie durch Duft und Parfüm ausgelöst und wirken dann entsprechend auf uns.

Die Geruchsforschung bestätigt die Wirkung von Gerüchen. Auch wenn sie uns nicht bewusst oder nur halbbewusst sind, bzw. wenn man sich nicht darauf konzentriert, können sie unsere Stimmung und Emotionen beeinflussen (Kadohisa 2013). Vor allem können Gerüche entspannen, beleben sowie Angstzustände und Stress lindern (Kontaris et al. 2020). An späterer Stelle werde ich verschiedene duftunterstützte Therapien und Übungen zur Erlangung von mehr Lebensfreude vorstellen, die man für sich selbst unmittelbar umsetzen kann.

1.2.6 Forschungsbereiche der Duftpsychologie

Fragen, wie und warum bestimmte Gerüche psychisch wirken und wie es zu einer bestimmten Parfümwahl kommt, gehören auch zum Forschungsgebiet der Duftpsychologie. Als Teilgebiet der Parfümerie und der Geruchsforschung untersucht sie, ob, wo, wie und warum Gerüche und damit auch Parfüms und ätherische Öle zum Einatmen oder Auftragen bestimmte psychische, physische oder psychophysische Wirkungen hervorrufen. Bei der Bestimmung von Geruchswirkungen und Duftvorlieben ist die Duftpsychologie besonders an emotionalen und kognitiven Verarbeitungsprozessen im Gehirn interessiert – allerdings nicht ausschließlich, da auch mit der Haut und anderen Organen, die ihre eigene Intelligenz haben, gerochen wird.

Mithilfe bildgebender Verfahren kann man dem Gehirn beim Riechen zusehen, die Wirkung olfaktorischer Reize beobachten, aber auch erkennen, welche Geruchsvorlieben einzelne Gehirnareale und ihre neuronalen Netzwerke haben. Daraus entwickelt sich derzeit die Neuroparfümerie als eigene Forschungsdisziplin. Durch sie gewinnt die Duftpsychologie aktuell zahlreiche faszinierende neue Erkenntnisse. Aufbauend auf diesen Erkenntnissen neuronaler Geruchsvorlieben gehört zum Forschungsgebiet der Duftpsychologie – und das interessiert jeden in der Praxis, der eine Parfümberatung anbietet –, welche Faktoren einer Duftwahl, speziell bei der Entscheidung für ein Parfüm, zugrunde liegen bzw. diese beeinflussen.

Des Weiteren untersucht die Duftpsychologie psychosoziale Zusammenhänge. Dieses Gebiet spricht auch Duftverwender stark an, da es erklärt, wie ein Parfüm auf die Umwelt des Trägers wirkt bzw. was der Duft in einem selbst und in anderen auslöst. Hier stehen Erkenntnisse aus der Duftsoziologie, aus den Gebieten der Persönlichkeitspsychologie und der Selbstkonzeptforschung im Mittelpunkt. Vor allem Letztere kennt den Zusammenhang zwischen dem, „wie man sich mehr erleben möchte", und Vorlieben für Duftrichtungen. Auch lässt sich die Vorliebe für bestimmte Parfüms mit der Duftsozialisation, also mit Lernerfahrungen begründen. Hier spielt es eine besondere Rolle, dass bestimmte Düfte bzw. Parfüms an Erinnerungen und damit einhergehende Emotionen sowie Stimmungen gekoppelt sind.

Seit über zwei Jahrzehnten belegen Studien empirisch, dass Gerüche Stimmung, Emotion, Physiologie und damit verbundenes Verhalten beeinflussen können (Herz 2009; Kontaris et al. 2020). So berichtet eine von kanadischen und US-amerikanischen Forschern gemeinsam erstellte Studie, dass bereits nach fünf Minuten eines angenehmen Geruchs eine positive Stimmung und Beruhigung hervorgerufen werden kann, während nach fünf Minuten eines unangenehmen Geruchs wie des an Fäulnis erinnernden Pyridins eine negative Stimmung und leichte Angst aufsteigen können (Villemure 2003). Entsprechend ist man in der Emotions-, Stimmungs-, aber auch in der Schmerzforschung an der Wirkung von Düften und generell an der Erkundung des Riechens sehr interessiert. Man erkennt immer mehr, dass gerade Geruchsstoffe nicht nur Emotionen und Stimmungen verändern, sondern sogar die Wahrnehmung von sowie Erinnerung an Schmerz und Leiden deutlich beeinflussen. Gerüche können somit emotionale Reaktionen verändern oder sogar auslösen und Erinnerungen mit beträchtlichem positivem sowie sicher auch negativem emotionalem Inhalt hervorrufen (Herz und Engen 1996; Keogh et al. 2001). Mehr noch: An späterer Stelle werde ich zeigen, wie Gerüche Bewertungen in Bezug auf die Attraktivität von Menschen, aber auch von Dingen wie beispielsweise Gemälden beeinflussen (Rotton 1983; Ehrlichman und Bastone 1992).

1.2.7 Riechen, das letzte Lebenszeichen des Bewusstseins

Riechen ist Ausdruck und damit fast auch Anzeichen des Lebens. Die Bedeutung des Riechens und seine Wirkung gewinnen sogar in der Notfallmedizin immer mehr an Bedeutung. Die Reaktion auf Geruch lässt bei Unfällen auf noch vorhandenes Bewusstsein schließen, selbst wenn der Patient nur noch kleinste nonverbale Reaktionen beim Riechen zeigt. Das Erschnüffeln von Riechstoffen, in der Fachsprache „olfactory sniffing" genannt, signalisiert bei nicht reagierenden Patienten mit Gehirnverletzungen Bewusstsein und damit Heilungschancen. Das ist besonders in Hinblick darauf wichtig, dass es nach einer schweren Hirnverletzung oft sehr schwierig ist, den Zustand eines Patienten zu bestimmen und seine

Überlebenschancen vorherzusagen bzw. die richtige Diagnose in Verbindung mit einer therapeutischen Strategie wie beispielsweise einer Schmerzbehandlung zu stellen.

Die medizinische Fehlerrate bei der Bestimmung eines Bewusstseinszustands liegt bei 40 %. Um diese zu minimieren, erforscht man aktuell die Wirkungen von Duftstoffen als Diagnoseinstrument für die Schwere des Bewusstseinsverlusts (Arzi et al. 2020). Im Weiteren werde ich auch beschreiben, wie man bereits seit Längerem mithilfe von Düften Parkinson, Alzheimer und anderen Krankheiten nicht nur diagnostiziert, sondern auch therapiert. Festzuhalten ist an dieser Stelle auch Folgendes: Geruch wirkt nicht nur auf das Bewusstsein, sondern regt es auch dazu an, sich bei Umständen zu melden, die nur noch kleinste nonverbale Reaktionen zulassen. Die Geruchswahrnehmung ist damit auch eine Indikation von Leben und manchmal sogar das letzte Hoffnung gebende Lebenszeichen.

Zurück zur Gehirnforschung.

Das ganze Thema, wie Geruch genau wirkt und was die Wirkung aussagt, wirft derzeit mit jeder neuen Erkenntnis fast mehr neue Fragen auf. So stellt sich die Frage, durch welche neuronalen Schaltkreise bzw. Prozesse einzelne Gehirnregionen mithilfe einer durch Geruch hervorgerufenen Stimulation Bewusstsein, Emotionen und Stimmungen inszenieren bzw. beeinflussen können. Dabei gibt es Überraschungen. Beispielsweise arbeiten verschiedene Gehirnregionen zusammen, deren Beteiligung an der Geruchsverarbeitung und Wirkung von Düften zuvor nicht bekannt war. Man erkannte auch, dass es beim Riechen Kompetenzgerangel zwischen einzelnen Gehirnregionen gibt. Dabei geht es darum, wer die letzte Entscheidung über einen Geruchseindruck und das daraus resultierende Verhalten fällt. Auch entdeckte man, dass spezifische Gehirnregionen, besser gesagt: Kerngebiete des Gehirns, ein Doppelleben führen und für verschieden gefärbte Emotionen und Stimmungen verantwortlich sind. So fand man heraus, dass die tief in unserem Emotionszentrum liegende und zentral für die Geruchsverarbeitung zuständige Amygdala (Mandelkern) sowohl an negativen Emotionen wie Angst und Furcht beteiligt ist als auch positives, angenehmes und entspanntes Erleben mitsteuert. Für die Dufttherapie birgt das die Chance, Kerngebiete des Gehirns von Angst und Furcht auf positives Erleben umzuprogrammieren. Dafür muss die Geruchsforschung allerdings den gesamten Prozess des Riechens sehr viel detaillierter betrachten, um zu verstehen, wie, wann und wo genau diese Kerngebiete einzelne Aktivitäten inszenieren.

Ein Problem bei der Erforschung der Wechselbeziehung zwischen Geruch einerseits und Stimmung sowie Emotion andererseits liegt in der Struktur des Gehirns, das nur teilweise zwischen Emotionen und Stimmungen auf neuronaler Ebene unterscheiden kann, da dabei jeweils verschiedene Kerngebiete involviert sind. Eine weitere Schwierigkeit besteht in dem Überlappen von Emotionen und Stimmungen. So kann Angst entweder ein vorübergehender emotionaler Zustand sein oder aber auch eine anhaltende Stimmung (Kontaris et al. 2020).

1.2.8 Das Gehirn kann sich seinen eigenen Geruch erschaffen

Riechen beruht auf verschiedenen neuronalen Netzwerkprozessen. Wie Riechen überhaupt zustande kommt, wenn Duftmoleküle auf Geruchszellen treffen und dadurch neuronale Impulse entstehen, ist in der Forschung weiterhin umstritten. Sharma vom indischen Institut für Informationstechnologie beschreibt aktuell elf Theorien (Sharma et al. 2019). Am stärksten wird momentan die sog. Steric-Theorie präferiert. Ihr zufolge erzeugen depolarisierende Moleküle, die an den Oberflächen von Riechzellen adsorbiert werden, einen Nervenimpuls: „Die Geruchsqualität wird dabei durch das Timing des Nervenimpulses beeinflusst,

1.2 · Duftwirkung in der Neuzeit

während die Geruchsintensität durch die Gesamtzahl ähnlich angeregter Zellen wie durch die Gesamtzahl der Impulse im Nerv wahrgenommen wird" (Sharma et al. 2019).

Vereinfacht gesagt, beginnt die Geruchsempfindung mit auf olfaktorische Reize spezialisierten sensorischen Neuronen in der Nase. Sie bilden sozusagen das Tor zur Welt des Geruchs und aktivieren den Riechkolben (Bulbus olfactorius, engl. "olfactory bulb"), die erste Geruchsstation im Riechhirn. Dem folgt ein komplexer Prozess. Vom Riechkolben aus geben Neuronen Informationen an eine Vielzahl anatomisch und funktionell unterschiedlicher Ziele im Gehirn weiter. Ein Hauptziel ist die Amygdala, unser phylogenetisch ältestes Zentrum für Emotionales und entsprechend zentraler Teil unseres Emotionszentrums im limbischen System. Doch bevor die Amygdala riecht, ist, wie schon erwähnt, der piriforme Kortex involviert, der als Erster olfaktorische Signale vom Riechkolben erhält und die größte Subregion des Riechhirns bildet. Weil dieser Teil des Kortex für das Riechen Enormes leistet und auch indirekten Einfluss auf Emotion und Stimmung nimmt, fokussiert sich die aktuelle Geruchsforschung besonders auf ihn.

Tatsächlich entdeckt die Forschung beim piriformen Kortex ständig Neues. In Analogie zum kleinen Mann im Ohr wird er, wie oben bereits gesagt, immer mehr als eine Art Duftmanager angesehen. Er ist sowohl Geruchsrelais als auch Geruchserinnerungsspeicher sowie eine sehr intelligente Geruchswiedererkennungsstation, die auf fast geheimnisvolle Weise entscheidet, in welche weiteren Gehirnregionen eine olfaktorische Information weitergeben wird. Außerdem ist der piriforme Kortex in das, was wir sehen und was wir mit unseren anderen Sinnen wahrnehmen, involviert. Er beeinflusst so, was wir als Duft empfinden (Schulze et al. 2017). Damit kann der piriforme Kortex durch sein Netzwerk das Geruchserleben in verschiedenster Weise verändern bzw. umgestalten, es auf jeden Fall meistens intensivieren oder abschwächen. Er ist so auch ein Geruchsinterpretationszentrum.

In Forscherkreisen wird derzeit diskutiert, wie der piriforme Kortex sogar in einer Rückschleife Informationen an den Riechkolben geben und so die Geruchsempfindung bereits im Vorfeld entsprechend beeinflussen kann (Wilson 2011). Das wiederum wirkt sich auf unser Bewusstsein, unsere Emotionen und unsere Stimmung und damit auf unsere Verhaltensreaktionen aus. Beispielsweise ist das der Fall, wenn der piriforme Kortex einen Geruch mit Ekel verbindet oder diesen einfach aus dem Blauen heraus riecht – unabhängig davon, ob eine entsprechende Reaktion gerechtfertigt ist bzw. ob ein externer Geruchsreiz überhaupt vorliegt. Letzteres Riechen wird als Phantosmie oder Geruchshalluzination bezeichnet. Dabei hat man hat eine angenehme oder unangenehme Geruchswahrnehmung, obwohl keine entsprechende Duftquelle vorhanden ist. Dennoch werden von der Geruchswahrnehmung entsprechende Stimmungen und Emotionen ausgelöst. Das Gehirn ist somit in der Lage, sich seinen eigenen Geruch zu erschaffen und damit psychische, psychophysische, ja sogar psychosomatische Reaktionen auszulösen und auf diese zu reagieren.

Bei einer derartigen Reaktion muss man nicht gleich vom Schlimmsten ausgehen und denken, dass diese Form der Sinnestäuschung ein Symptom einer sich entwickelnden oder bereits ausgeprägten Schizophrenie, Epilepsie oder Parkinson-Erkrankung ist. Anhaltende Geruchshalluzinationen treten eher postinfektiös im Anschluss an einen zeitlich begrenzten Infekt der (oberen) Atemwege oder als eine posttraumatische Riechstörung auf, beispielsweise hervorgerufen durch ein Schädelhirntrauma bei einem Unfall.

Auch in der klassischen Psychoanalyse spielen Geruchshalluzinationen eine Rolle. Der Begründer der Psychoanalyse, Sigmund Freud, entwickelte 1892 am Fall der Lucy R. die Theorie einer „Geruchsneurose" als Verdrängung eines traumatischen oder verbotenen Ereignisses. Die junge Lucy begab sich in Freuds Behandlung, weil sie ihre Geruchswahrnehmung weitgehend verloren hatte und zusätzlich von zwei subjektiven Geruchsempfindungen verfolgt wurde. Dabei handelte es sich zunächst um den Geruch einer verbrannten Mehlspeise und weiter um den von Zigarren. Lucy gab an, diese Düfte überall zu riechen, obwohl man ihr das Gegenteil versicherte. Die junge Dame lebte als Gouvernante im Hause eines Fabrikdirektors in Wien. Freud kam nach einigen Therapiesitzungen zu dem Schluss, dass diese Gerüche einst objektiv vorhanden gewesen waren. Sie hingen seiner Analyse zufolge mit ihrem Arbeitgeber, in den sich Lucy unglücklich verliebt hatte, und dessen Haus zusammen. Das Erlebnis enttäuschter Liebe entwickelte sich für sie zum Trauma. Die verdrängte Erinnerung manifestierte sich bei der jungen Frau in Geruchshalluzinationen.

Daneben gibt es toxisch bedingte Riechstörungen, die beispielsweise durch Medikamente – insbesondere durch die Einnahme von Psychopharmaka wie Antidepressiva –, aber auch durch Alkohol und Drogen beeinflusst werden. In sehr seltenen Fällen kann auch – wie aus der Hals-Nasen-Ohren-Chirurgie bekannt – ein Tumor im Bereich des Riechnervs oder eines Riechzentrums für Phantosmie verantwortlich sein. Meistens geht diese Sinnestäuschung auf zu viel Stress zurück, wofür das Riechhirn sehr anfällig ist. Ausreichend Ruhe und Schlaf sorgen für Abhilfe.

Beim Phänomen einer „Stinknase" handelt es sich dagegen nicht um eine Geruchshalluzination. Hier produzieren Bakterien einen schleimigen, faul riechenden Belag. Die Betroffenen merken das selbst meist nicht, dafür ihre Mitmenschen umso mehr. Wird dieses Phänomen vom Betroffenen erkannt, leiden sein Selbsterleben und Selbstwertgefühl darunter.

Das Riechvermögen wird grundsätzlich wie folgt unterteilt:

- normales Riechvermögen = Normosmie,
- vermindertes Riechvermögen = Hyposmie und
- aufgehobenes Riechvermögen = Anosmie.

Es gibt auch eine Hyperosmie, eine gesteigerte olfaktorische Empfindlichkeit. Diese tritt beispielsweise bei Migräne auf. Man kann aber auch von Gerüchen und feinen Düften träumen – unabhängig davon, ob sie im Raum als olfaktorische Reize vorhanden sind. Eine vom Durchschnitt der Bevölkerung empfundene abweichende Geruchswahrnehmung einer Duftquelle nennt man außerdem Parosmie. Diese Wahrnehmungsveränderungen können angenehm oder unangenehm sowie mehr oder weniger intensiv sein und werden oft durch zusätzliche visuelle Reize beeinflusst.

Das führt wieder zum piriformen Kortex und seinem Netzwerk. Wie gesagt, durch ihm zufließende visuelle und andere sensorische sowie emotionale Informationen kann er dem Riechkolben zuflüstern, was dieser wie zu riechen hat. Diese Information scheint vor allem vom hinteren Teil des piriformen Kortex (engl. "posterior piriform cortex", abgekürzt: pPCX) auszugehen. Aber auch der vordere Teil des piriformen Kortex (engl. "anterior piriform cortex", abgekürzt: aPCX) ist beim Riechen involviert. Nach aktuellem Stand der Forschung zeigt sich eine Spezialisierung der Teile des piriformen Kortex. Die Natur hat dafür Geniales entwickelt. So sind wir in der Lage, Düfte, beispielsweise von Blumen, als Ganzes, aber auch die darin enthaltenen Geruchsstoffe einzeln zu riechen. Letzteres verlangt sicherlich einige Übung. Selbst geschulte Nasen stoßen dabei schnell an ihre Grenzen, da blumige Düfte mehr als 100 relevante Geruchsstoffe umfassen können.

Natürliche Gerüche sind Gemische vieler Geruchsstoffe. Speziell Pflanzen strahlen vielfach keine einzelnen, sondern mehrere Geruchsstoffe gleichzeitig aus (Pannunzi u. Nowotny 2019). Auf diesen beiden Arten des Riechens – im Ganzen und in einzelnen

1.2 · Duftwirkung in der Neuzeit

Teilen – beruht die Kunst der Parfümeure. Der vordere Teil des piriformen Kortex riecht wohl wie ein trainierter Parfümeur. Hier wird die Mixtur der einzelnen Geruchsstoffe decodiert. Es findet eine Kategorisierung der Gerüche statt. Der hintere Teil des piriformen Kortex riecht – wie es wohl bei den meisten Menschen der Fall sein dürfte – den Geruchseindruck als Ganzes (Kadohisa 2013; Wang et al. 2020).

Die Fähigkeit des Menschen, aus Komplexem Einzelnes herauszuriechen, hat psychische und physische Auswirkungen. So kann das Gehirn, also der piriforme Kortex und sein Netzwerk, einzelne Inhaltsstoffe einer Duftkreation riechen, die uns erst einmal nicht oder nur halb bewusst sind, aber Einfluss auf unsere Stimmung haben können. Entsprechend können uns dann einzelne Stoffe angenehmer bis unangenehmer, intensiver bis weniger stark erleben lassen, was sich natürlich dann auch im Verhalten zeigen kann.

1.2.9 Wie Duftstoffe unbewusst Einfluss auf unser Verhalten nehmen – zwei Beispiele

In der Literatur finden sich mehrere Beispiele, wie einzelne Duftstoffe unbewusst auf uns wirken. Gern werden geruchsinduzierte emotionale Reaktionen mittels Kopulinen zitiert. Dabei handelt es sich um kurzkettige Fettsäuren im weiblichen Vaginalsekret. So wurden Kopuline für Studien des Wiener Ludwig-Boltzmann-Instituts derart verdünnt, dass ihr Geruch von männlichen Testpersonen nicht mehr wahrgenommen wurde. Dennoch stellte sich folgender Effekt ein: Nach dem unbewussten Riechen der Kopuline bewerteten die männlichen Testteilnehmer Portraitfotos von Frauen attraktiver als vor dem Riechen. Sogar zuvor als weniger attraktiv eingestufte Fotos gewannen nach dem unbewussten Riechen an Attraktivität (Froböse und Froböse 2012).

Ich werde die von einigen Forschern infrage gestellten Ergebnisse des Ludwig-Boltzmann-Instituts im Zusammenhang mit Pheromonen noch näher besprechen.

Die weibliche Anziehungskraft auf Männer, die olfaktorisch gesehen auch mit einer Stimmungssteigerung verbunden ist, ist auch auf einfachere Weise, nämlich ohne unbewusst gerochene Sexuallockstoffe, möglich. Laut einer Studie zeigten zwei von acht heterosexuellen Männern beim Riechen eines Damendufts eine Aktivierung in bestimmten Gehirnregionen. Diese Reaktion war besonders im Hypothalamus und der Insula zu beobachten, zwei Gehirnregionen, die auch für Belohnungs- und Genussempfinden verantwortlich sind (Huh et al. 2008).

Aktuell konzentriert sich die Forschung u. a. auf Kisspeptin. Dabei handelt es sich um ein Hormon, das sowohl die Pubertät als auch Gehirnprozesse bei erwachsenen Männern beeinflusst. Kisspeptin beeinflusst auch die Geruchswahrnehmung und lässt Männer weibliche Parfüms wie Chanel No 5 schöner riechen (Yang et al. 2020). Die Geruchsforschung entdeckt immer mehr, dass die Natur verschiedene Wege kennt, um mit olfaktorischer Wahrnehmung den Geschlechtern nachzuhelfen und sie so in Stimmung und Laune zu versetzen. Einige ihrer Hilfsmittel werden wir noch besprechen.

1.2.10 Aromatherapie – wie ätherische Öle wirken

Dass Gerüche positiv auf Stimmung und Gesundheit wirken können, ist keine Entdeckung der Neuzeit. Schon die alten Hochkulturen schätzten und kannten ihre Verwendung. Bereits die Parfüms der ersten überlieferten Parfümeurin, einer Frau namens Tapputi, boten Wohlgeruch mit Zusatznutzen. Sie arbeitete bei ihren Kreationen um 1200 v. Chr. in Babylon gerne mit Pflanzen, die auch über eine psychisch reinigende und damit therapeutische Wirkung verfügten.

Im vergangenen Jahrhundert prägte der französische Chemiker René-Maurice Gattefossé das Wort „Aromatherapie", das wir mit pflanzlichen ätherischen Ölen zum Einatmen verbinden. Sie können teilweise auch auf die Haut aufgetragen oder getrunken werden. Ursprünglich gewann man die ätherischen Öle durch Auspressen von Pflanzen oder Pflanzenteilen, insbesondere aus Blättern. Erst später wurden Methoden wie Wasserdampfdestillation oder andere Extraktionsverfahren angewendet.

Eine genaue Definition der heutigen Bedeutung von Aromatherapie findet sich auf der Website des US-amerikanischen National Cancer Institute (NIH). Aromatherapie ist demnach die "Verwendung von ätherischen Ölen aus Pflanzen (Blumen, Kräutern oder Bäumen) als ergänzender Gesundheitsansatz. Die ätherischen Öle werden meistens durch Einatmen oder durch Auftragen einer verdünnten Form auf die Haut verwendet." Nicht explizit erwähnt werden ätherische Öle aus Früchten wie Orangenöl, die sicher auch der Kategorie Pflanzen zugeordnet werden.

Aus der Aromatherapie hat sich die Aromachologie entwickelt. Sie verfolgt einen wissenschaftlicheren Ansatz und untersucht, warum und wie bestimmte Düfte eine psychophysiologische Reaktion auslösen. Aber auch die Aromatherapie stellt an sich einen wissenschaftlichen Anspruch – vor allem, was die Wirkungen beim Einatmen der Pflanzenöle betrifft. Empirische Studien bestätigten diesen Anspruch für mehrere Öle. So belegte die amerikanische Psychiaterin Rachel Herz bereits vor Jahren mit ihrer als Fachartikel veröffentlichten Studie „Fakten und Fiktionen zur Aromatherapie: Eine wissenschaftliche Analyse der olfaktorischen Auswirkungen auf Stimmung, Physiologie und Verhalten", dass die bei der Aromatherapie eingesetzten Öle und deren Gerüche Stimmung, Physiologie und Verhalten beeinflussen können (Herz 2009).

Es ist mittlerweile allgemein anerkannt, dass das Einatmen ätherischer Öle beispielsweise Blutdruck und Herzfrequenz beeinflussen kann. Auch die Endokrinologie, die Lehre von Hormonen, Stoffwechsel und den damit verbundenen Erkrankungen, bestätigt die Wirkung aromatherapeutischer Anwendungen. Eine Studie zeigte, dass Frauen, die beim Betrachten eines stressigen Videos Lavendelaroma einatmeten, im Vergleich zur Kontrollgruppe mit einem Placebo ein niedrigeres CgA-Level aufwiesen (Toda und Matsue 2020). CgA steht für Chromogranin A, ein Protein, das bei erhöhten Werten auch als Indikator für Stress angesehen wird. Immer mehr Studien kommen deshalb zu dem Schluss, dass die Aromatherapie mit ätherischen Ölen klinische Vorteile bietet. Sie stellt eine Alternative und eine zusätzliche medizinische Behandlungsart bei Blutdruckproblemen, Erschöpfungszuständen, psychischem Stress sowie diversen weiteren Krankheiten und Symptomen dar (Kawai et al. 2020).

Weitere Studien untersuchten den Einfluss ätherischer Öle auf Stimmungen und kognitive Wirkungen. So gingen der US-Biologe Sachiko Koyama und sein Kollege Thomas Heinbockel (Koyama und Heinbockel 2020) sowie der englische Psychologe Mark Moos mit seinem Team (Moos et al. 2003, 2008) der Frage nach, wie Pflanzen beim Einatmen als ätherische Öle auf die kognitive Leistung und Stimmung wirken. Dabei hängt die Wirkung der Pflanzen vom Ort ihres Wachstums und von ihrem Alter ab. Auch zeigen sich saisonale Einflüsse. Maßgeblich sind auch die Reinheit der Öle, die Art ihrer Gewinnung und ihre Darreichung.

Hier Beispiele aus empirischen Studien zur Wirkung einiger Pflanzen als ätherische Öle:

- Lavendel wirkt stimmungsberuhigend. Beim Einatmen verlangsamte sich die Reaktionszeit bei Aufgaben, die Gedächtnis und Aufmerksamkeit erfordern (Moos et al. 2003).

1.2 · Duftwirkung in der Neuzeit

- Rosmarin steigert die Leistungsfähigkeit. Das Aroma macht wacher (Moos et al. 2003). Testpersonen erleben sich stimmungsmäßig frischer und aktiver. Durch die Inhalation von Rosmarinöl steigen Blutdruck, Herz- und Atemfrequenz (Sayorwan et al. 2013).
- Pfefferminze verbessert Wachsamkeit und sprachliche Fähigkeiten (Moos et al. 2008). In Kombination mit Rosmarin steigert es Gedächtnisfunktionen.
- Ylang-Ylang hat einen ähnlichen Effekt wie Lavendel. Es fördert (innere) Ruhe und sorgt für Entschleunigung. Testpersonen reagierten beim Einatmen vergleichsweise langsamer (Moos et al. 2008).
- Salbei (Garten-Salbei) und Spanischer Salbei steigern kognitive Leistungen, hier speziell die Erinnerung. Dieser Effekt wurde sogar bei Alzheimer-Patienten beobachtet, wie Mediziner der italienischen Universität von Messina berichten (Miroddi et al. 2014). Als besonders fördernd für kognitive Leistungen werden dabei spezifische chemische Bestandteile von Salbei und 1,8-Cineole diskutiert, die in größeren Mengen auch in Eukalyptus und anderen Pflanzen vorkommen. Welche Bestandteile schließlich in genau welcher Kombination wirken, ist vielfach noch nicht erforscht. Lavendel und Rosmarin weisen allein 505 bzw. 450 Bestandteile auf. Bei den meisten Pflanzen sind es immerhin noch 100 bis 250, nur wenige Pflanzen begnügen sich mit einer geringen Zahl – wie beispielsweise das Guaica-Holz mit nur 25 (Koyama und Heinbockel 2020).

Immer mehr bestätigen sich die Aussagen von Valerie Ann Worwood, einer der bekannteren Fürsprecherinnen der Aromatherapie, dass ätherische Öle u. a. besonders Entspannung und Konzentration fördern. In ihrem 1997 erschienenen Buch *The Fragrant Mind: Aromatherapy for Personality, Mind, Mood and Emotion* (Worwood 1997) geht sie noch einen Schritt weiter: Sie empfiehlt ätherische Öle gezielt für die Erlebensoptimierung bei verschiedenen Persönlichkeitstypen sowie allgemein für die Stimmungsveränderung.

Die Bestätigung der Wirkungen von ätherischen Ölen, von Gerüchen allgemein und einzelnen chemischen Pflanzenbestandteilen hat zur Hochkonjunktur der olfaktorischen Gehirnforschung geführt. So wurde festgestellt, dass Lavendel wie Eugenol (eine organische Verbindung mit intensivem Geruch nach Gewürznelken, die auch darin vorkommen) oder auch Kamille auf bestimmte Gehirnareale und Netzwerke des Temporallappens bzw. des Schläfenlappens (einer von vier Lappen des Großhirns) besonders wirken und den Wachzustand entspannter werden lassen. Für Rosmarin wurde eine Wirkung auf den vorderen Teil des Gehirns (den Frontallappen) mit einer Aktivierung festgestellt, die typischerweise je nach erlebter Situation mit einer erhöhten Wachsamkeit oder Aufmerksamkeit einhergeht.

Ich werde an späterer Stelle noch weitere Gerüche und Duftstoffe in ihrer Bedeutung für das psychische Erleben besprechen, wie Phenylethanol, das ein Hauptbestandteil von Rose ist und dem eine antidepressive, zumindest aber eine stimmungsberuhigende Antistress-Wirkung bescheinigt wird. Auch werden wir besprechen, wie und wo genau einzelne Gerüche das Gehirn für spezifisches Erleben aktivieren. Ferner werde ich zeigen, dass einzelne Gehirnareale und Netzwerke nach bestimmten Duftstoffen geradezu süchtig sind und sie als Erste riechen wollen.

Lassen Sie mich noch Folgendes erwähnen und Sie damit auf Möglichkeiten duftunterstützter Therapien, wie ich sie noch besprechen werde und zum Selbstexperiment vorschlage, neugierig zu machen: Faszinierend ist, mit welcher Geschwindigkeit ein Geruch wirken kann. Untersuchungen bestätigen, dass geruchsinduzierte emotionale Reaktionen mit signifikanten Stimmungsänderungen in weniger als zwei Minuten auftreten können (Ehrlichman und Bastone 1992; Chen und Haviland-Jones 1999). Eine erste Dufterkennung kann bereits im Bereich von unter 500 Millisekunden erfolgen, und eine Duftunterscheidung dauert nicht länger als ein bis zwei Sekunden (Junek et al. 2010; Draguhn 2010). Natürlich gibt es noch schnellere Sinne wie beispielsweise das Sehen, das bereits im Bereich von 300 Millisekunden etwas wahrnimmt. Aber wir Menschen riechen schon sehr schnell – und besser, als viele denken.

Zusammenfassung

In diesem Kapitel wurde die Duftwirkung auf Bewusstsein, Emotion und Stimmung besprochen. Dafür wurde bis ins Altertum zurückgegangen. Ferner ging es um das Thema Riechen. Es beginnt unbewusst, kann gänzlich unbewusst bleiben, aber auch schnell bewusst und dadurch als Riechen erlebt werden. Ich habe ferner am Beispiel einiger erster neuerer Studien die Wirkung von Gerüchen, Duft und Parfüm sowie von ätherischen Ölen auf Stimmungen, Emotionen und auch auf das kognitive Erleben vorgestellt. Unser Geruchshirn zeigt dabei erstaunliche Fähigkeiten. Das geht sogar so weit, dass Gehirnregionen und Netzwerke um den piriformen Kortex, der Teil des Geruchshirn ist, Geruchswahrnehmung aus der Außenwelt so verändern und selbst ganz neu schaffen können, dass für Außenstehende nicht nachvollziehbare Gefühle und Verhalten erzeugt werden. Therapie mit Duftstoffen kann aber auch bei einer ganzen Reihe von Krankheiten und Symptomen zum Einsatz kommen.

Literatur

Arzi A et al. (2020) Olfactory sniffing signals consciousness in unresponsive patients with brain injuries. In: Nature (2020). 581(7809):428–433

Byl SA (2012) The essence and use of perfume in ancient Egypt. University of South Africa

Cao B et al (2019) Seeing the unseen of the combination of two natural resins, frankincense and myrrh: changes in chemical constituents and pharmacological activities. Molecules 24(17):3076

Chen D, Haviland-Jones J (1999) Rapid mood change and human odors. Physiol Behav 68:241–250

Cohen AO et al (2019) Aversive learning strengthens episodic memory in both adolescents and adults. Learn Mem 26:272–279

Draguhn A (2010) Geschmack und Geruch. In: Klinke R, Pape HC, Kurtz A, Silbernagl S (Hrsg) Physiologie, 6. Aufl. Thieme, Stuttgart, S 742–757

Duffey AE (2005) Hatshepsut's expedition to Pwn.t. In: Byl SA (2012) The essence and use of perfume in ancient Egypt. University of South Africa

Ehrlichman H, Bastone L (1992) The use of odour in the study of emotion. In: van Toller S, Dodd GH (Hrsg) Fragrance: the psychology and biology of perfume. Elsevier, London, S 143–159

Fischer J (2015) EEG-Ableitung der olfaktorisch evozierten Potenziale bei streng einseitiger Stimulation des Riechepithels mit dem Olfaktometer. Dissertation der Medizinischen Fakultät der Friedrich-Schiller-Universität Jena

Fjaeldstad A et al (2017) Brain fingerprints of olfaction: a novel structural method for assessing olfactory cortical networks in health and disease. In: Sci Rep. 7:42534

Fröböse G, Fröböse R (2012) Lust und Liebe – alles nur Chemie? Wiley-VCH, Hoboken

Hatt H, Dee R (2012) Das kleine Buch vom Riechen und Schmecken. Albrecht Klaus, München

Herz RS (2009) Aromatherapy facts and fictions: a scientific analysis of olfactory effects on mood, physiology and behavior. Int J Neurosci 119:263–290

Herz RS, Engen T (1996) (1996). Odor memory: review and analysis. Psychon Bull Rev 3:300–313

Huh J et al (2008) Brain activation areas of sexual arousal with olfactory stimulation in men: a preliminary study using functional MRI. J Sex Med 5(3):619–625

Junek S, Kludt E, Wolf F, Schild D (2010) Olfactory coding with patterns of response latencies. Neuron 67(5):872–884

Kadohisa M (2013) Effects of odor on emotion, with implications. Front Syst Neurosci 7:66

Kareken DA et al.(2006) Alcohol-related olfactory cues activate the nucleus accumbens and ventral tegmental area in high-risk drinkers: preliminary findings. Wiley Online Library

Kawai E et al (2020) Increase in diastolic blood pressure induced by fragrance inhalation of grapefruit essential oil is positively correlated with muscle sympathetic nerve activity. J Physiol Sci 70(1):2

Literatur

Keogh E, Ellery D, Hunt C, Hannent I (2001) Selective attentional bias for pain-related stimuli amongst pain fearful individuals. Pain 91:91–100

Kontaris I et al (2020) Behavioral and neurobiological convergence of odor, mood and emotion: a review. Front Behav Neurosci 14:35

Koyama S, Heinbockel T (2020) The effects of essential oils and terpenes in relation to their routes of intake and application. Int J Mol Sci 21(5):1558

Langhorst J et al (2013) Randomised clinical trial: a herbal preparation of myrrh, chamomile and coffee charcoal compared with mesalazine in maintaining remission in ulcerative colitis – a double-blind, double-dummy study. Alimentary Pharmacol Therap 38(5):490–500

Miroddi M et al (2014) Systematic review of clinical trials assessing pharmacological properties of Salvia species on memory, cognitive impairment and Alzheimer's disease. CNS Neurosci Ther 20(6):485–495

Mizuno K et al (2016) Low putamen activity associated with poor reward sensitivity in childhood chronic fatigue syndrome. Neuroimage Clinical 12:600–606

Moessnang C, Freiherr J (2013) Olfaktorik. In: Schneider F, Fink GR (Hrsg) Funktionelle MRT in Psychiatrie und Neurologie. Springer, Berlin

Moos M et al (2003) Aromas of rosemary and lavender essential oils differentially affect cognition and mood in healthy adults. Int J Neurosci 113(1):15–38

Moos M et al (2008) Modulation of cognitive performance and mood by aromas of peppermint and ylang-ylang. Int J Neurosci 118(1):59–77

Ohloff G (2012) Irdische Düfte – himmlische Lust: Eine Kulturgeschichte der Duftstoffe. Springer Basel AG, Frankfurt am Main

Ohloff G, Pickenhagen W, Kraft P (1992) Scent and chemistry: the molecular world of odors (Riechstoffe und Geruchssinn: Die molekulare Welt der Düfte 1. Aufl.). Wiley, Weinheim

Pannuzi M, Nowotny T (2019) Odor stimuli: not just chemical identity. Front Physiol 10:1428

Reinarz J (2014) Past scents: historical perspectives on smell. University of Illinois Press, Urbana

Rotton J (1983) Affective and cognitive consequences of malodorous pollution. Basic Appl Soc Psychol 4:171–191

Savorwan W et al (2013) Effects of inhaled rosemary oil on subjective feelings and activities of the nervous system. Sci Pharm 81(2):531–542

Schulze P, Bestgen AK, Lech RK, Kuchinke L, Suchan B (2017) Preprocessing of emotional visual information in the human piriform cortex. Scientific Reports vol 7, Article number: 9191

Sharma A et al (2019) Sense of smell: structural, functional, mechanistic advancements and challenges in human olfactory research. Curr Neuropharmacol 17(9):891–911

Sorokowaska A et al (2017) Food-related odors activate dopaminergic brain areas. Front Hum Neurosci 11:625

Sowndhararajan K, Kim S (2016) Influence of fragrances on human psychophysiological activity: with special reference to human electroencephalographic response. School of Natural Resources and Environmental Sciences, Kangwon National University, Chuncheon 24341, Korea; in Scientia Pharmaceutica

Suhail MM et al (2011) Boswellia sacra essential oil induces tumor cell-specific apoptosis and suppresses tumor aggressiveness in cultured human breast cancer cells. BMC Complement Altern Med 11:129

Toda M, Matsue R (2020) Endocrinological effect of lavender aromatherapy on stressful visual stimuli. Contemp Clin Trials Commun 17:100547

Villemure C (2003) Effects of odors on pain perception: deciphering the roles of emotion and attention. Pain 106:101–108

Wang L et al. (2020) Cell-type-specific whole-brain direct inputs to the anterior and posterior piriform cortex. Front Neural Circuit 14(4)

Wilson DA (2011) Cortical processing of odor objects. Neuron 72(4):506–519

Worwood VA (1997) The fragrant mind: aromatherapy for personality, mind, mood and emotion. Bantam Books, London

Yang L et al (2020) Kisspeptin enhances brain responses to olfactory and visual cues of attraction in men. JCI Insight 5(3):e133633

Parfüms im Wandel

Die Praxis der Parfümwirkung – von der Duftberatung bis zur duftunterstützten Therapie

Inhaltsverzeichnis

2.1 Charakteristiken von Parfüms heute – 38

2.2 Arten und Gebrauch von Parfüms – Interessengebiete von Parfümliebhabern – 40

2.3 Der Trend in der Parfümerie zur Natur – 46

2.4 Persönliche Ansprüche an Parfüms – 47

2.5 Parfüm im Konflikt: Verbotene und unerwünschte Wirkungen – 48

2.6 Verbraucher wollen mehr als gut riechen – vom Parfüm zum Wirkparfüm – 50

2.7 Zum Unterschied von Aromatherapie und Dufttherapie – 51

Literatur – 52

© Der/die Autor(en), exklusiv lizenziert durch Springer-Verlag GmbH, DE, ein Teil von Springer Nature 2021
J. Mensing, *Schöner RIECHEN*, https://doi.org/10.1007/978-3-662-62726-6_2

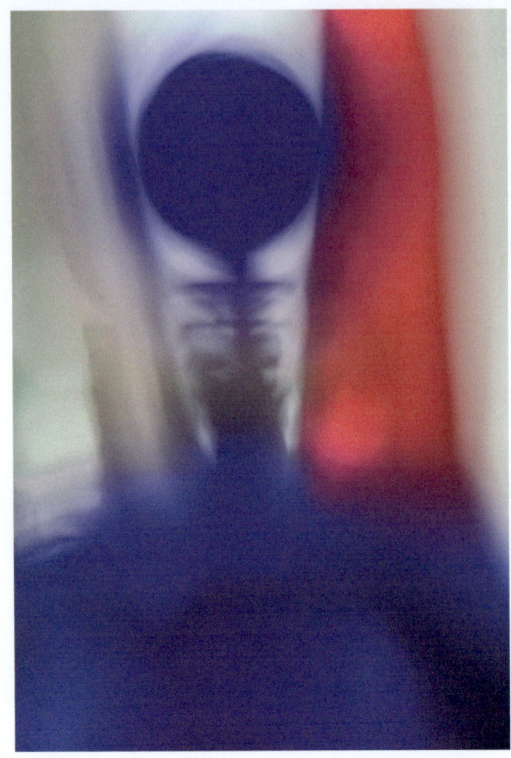

In den vergangenen Jahren haben sich Parfüms verändert. Neue Kreationstechniken, Inhaltsstoffe, aber vor allem ein neues Bewusstsein haben zu einem Wandel in der Parfümerie geführt. Verbrauchern bieten sich inzwischen ganz andere Auswahlmöglichkeiten bei Düften.

Es gibt zudem völlig neue Parfümarten, die zunehmend mehr können, als nur gut zu riechen. Das ist das Thema dieses Kapitels. Auch will ich Neuankömmlingen und Quereinsteigern in diese faszinierende Branche Hintergrundinformationen zur Parfümpraxis sowie zur Dufttherapie und ihren Wirkungsansprüchen geben.

2.1 Charakteristiken von Parfüms heute

Qualitativ hochwertige ätherische Öle, die etwa aus Lavendel oder Salbei gewonnen werden, sind nicht nur ein Geschenk der Natur, sondern müssen auch als Kulturgut angesehen werden. Denn für ihre behutsame Gewinnung braucht es große Erfahrung. Inhaltsstoffe der Pflanzen können direkt eine psychophysische Wirkung auslösen. Damit besitzen sie das Potenzial – insbesondere im Rahmen einer Dufttherapie –, unmittelbar auf Persönlichkeit, Bewusstsein, Stimmung und Emotionen zu wirken (Worwood 1997).

Wie aber verhält es sich mit Parfüms? Lassen auch sie sich für die Dufttherapie einsetzen? Und zeigten sie dabei eine Wirkung?

Zunächst muss definiert werden, was überhaupt als Parfüm gilt. In diesem Zusammenhang sollte man besser von Feinparfüm sprechen, um es vom Duft eines Haushaltsprodukts abzugrenzen. An späterer Stelle werde ich auf die unterschiedlichen Bereiche der Parfümerie eingehen und den Unterschied zwischen Feinparfümerie und funktionaler Parfümerie sowie Aromatherapie erklären. Außerdem werde ich auch

Trailer

An meiner Universität war man vor über 30 Jahren doch sehr erstaunt, welche Leidenschaft ich als Psychologe und Soziologe für Parfüms und speziell für die Psychologie hinter der Duftwahl entwickelt hatte. Zwar waren einige meiner Kollegen und Kolleginnen auch Duftverwender und trugen meist französische Parfümklassiker als Eau de Parfum oder Eau de Toilette, aber für das Erforschen der Welt der Parfüms bestand kein akademisches Interesse.

Damals war das Parfümangebot im Vergleich zu heute recht limitiert. Die meisten Parfüms wurden mit schönen Geschichten auf den Markt gebracht, wobei man über soziodemografische und Lifestyle-Merkmale Zielgruppen wie beispielsweise „die junge Sportliche" ansprach. Nur wenige vermuteten, dass bei der Duftwahl auch psychologische und neuropsychologische Faktoren eine so große Rolle spielen.

2.1 · Charakteristiken von Parfüms heute

auf den Parfümmarkt und die Welt der schönen Düfte detailliert eingehen.

Parfüm, wie wir es heute am häufigsten kennen, ist ein flüssiges Gemisch verschiedener Riechstoffe – ein Begriff, der oft synonym für Duftstoff verwendet wird. Diese Riechstoffe dienen meist als in Alkohol und etwas destilliertem Wasser gelöste Duftöle der Erzeugung eines angenehmen Geruchs. Dieser Duftgenuss wird im Rahmen einer äußeren Anwendung auf den Körper oder die Kleidung aufgetragen. Parfümliebhaber erwarten dabei auch mehr oder weniger explizit, dass der Dufteindruck eines neuen Parfüms auch neuartig und innovativ ist. Neben den flüssigen Parfüms gibt es natürlich auch sog. „Solid-Parfüms", die man aufcremen kann. Sie sind aus den ersten Parfüms des Altertums entstanden.

Je nach Konzentration der Duftstoffe bzw. des Duftölanteils im Alkohol unterscheidet man einzelne Parfümvarianten wie: „Parfum", „Eau de Parfum", „Eau de Toilette" oder „Eau de Cologne". Außerdem gibt es andere Parfümspezialitäten, die aber vielfach der funktionalen Parfümerie zugerechnet werden bzw. sich mit der Feinparfümerie überlappen. Dazu zählen Haarparfüms, Körperparfüms oder Parfümdeos.

Traditionell wird ein Parfüm auch über seinen Duftablauf charakterisiert, bei dem man zuerst die Kopfnote, dann das Herz und schließlich die Basis bzw. den Fond riecht. Das wird auch gerne als Duftpyramide mit den jeweils zum Duftablauf passenden charakteristischen Inhaltsstoffen visualisiert. Heute gilt dieser Duftablauf nicht mehr als ein typisches Parfümcharakteristikum. Denn in der Parfümerie gibt es einen Trend, bei dem bewusst auch linear bzw. fast linear kreiert wird. Dabei zieht sich die Kopfnote mehr oder weniger bis in den Fond durch. Dennoch sind die meisten Parfüms nach wie vor für einen Duftablauf kreiert, der sich harmonisch und nicht stufenweise vom Geruchsauftakt der Kopfnote (typischerweise riechbar während der ersten 15 Minuten nach dem Auftragen) über die Herznote (entwickelt sich nach der ersten Viertelstunde und hält meistens bis zu zwei Stunden) bis zur Basis (beginnt vielfach nach zwei Stunden und kann sogar mehrere Tage anhalten) entfaltet.

Von einem guten Parfüm erwartet man außerdem Haftfestigkeit, also Haltbarkeit während des Duftablaufs. Das war bereits im Altertum der Fall. So bezeugte Theophrastus in Bezug auf die Griechinnen: „Ein langhaftendes Parfüm ist das, was Frauen suchen" (De odoribus, "Über die Gerüche", Paragraph 42). Dafür setzten die heutigen Parfümeure gern Duftverzögerer, sog. Fixateure, ein. Sie halten leicht flüchtige Bestandteile wie Zitrusnoten durch schwerer flüchtige bzw. länger haftende Duftstoffe wie Harze fest.

Auch die Unterteilung in feminine und maskuline Parfüms wird heute zunehmend als überholt angesehen. Spätestens seit Beginn der ersten Emanzipationsbewegungen im späten 19. Jahrhundert haben Frauen auch die Herrenparfümerie für sich entdeckt.

Obwohl bei seiner Kreation nicht der Gedanke an Therapie, sondern mehr an Wohlbefinden und Gewinnung von Attraktivität des Trägers und seiner Darstellung gegenüber anderen im Vordergrund steht, kann ein Parfüm auch Persönlichkeit, Bewusstsein, Stimmung und Emotionen beeinflussen. Die Anwendung darf aber laut EU-Kosmetikverordnung nur äußerlich erfolgen. Hier werden kosmetische Mittel, zu denen auch die Parfümierung gehört, über ihre Zweckbestimmung wie folgt definiert: „Stoffe oder Zubereitungen aus Stoffen, die ausschließlich oder überwiegend dazu bestimmt sind, äußerlich am Körper des Menschen oder in seiner Mundhöhle zur Reinigung, zum Schutz, zur Erhaltung eines guten Zustandes, zur Parfümierung, zur Veränderung des Aussehens oder dazu angewendet werden, den Körpergeruch zu beeinflussen."

2.2 Arten und Gebrauch von Parfüms – Interessengebiete von Parfümliebhabern

Der Markt der schönen Düfte bzw. für Parfüms ("fragrances") in unterschiedlichen Varianten ist sehr groß und erreicht weltweit die 51-Milliarden-Dollar-Grenze (2019). Bereits 2016 gaben Verbraucher weltweit 46,7 Mrd. Dollar für Düfte aus. Bis 2019 wuchs der Markt stetig weiter. In der gesamten Beautyindustrie bildet jedoch Parfüm, das am häufigsten in der Konzentration eines Eau de Parfum, gefolgt von Eau de Toilette, angeboten wird, das kleinste Segment.

Für dekorative Kosmetik, also Make-up-Produkte, wurden 2019 rund 72 Mrd. Dollar, für Gesichts- und Hautpflege 140 Mrd. Dollar und für Haar- und Körperpflege 236 Mrd. Dollar ausgegeben. Zur letzteren Kategorie zählen Dusch- und Badeprodukte, Seifen, Mund- und Zahnpflegemittel, Deodorantien, Rasierpflege, Pre- und Aftershaves, Haar-, Enthaarungs- und Fußpflegemittel sowie Sonnenschutz und Babypflege. Für alle Schönheitsmittel – einschließlich Damen- und Herrendüfte – erreichte der Markt 2019 allein in Deutschland 14 Mrd. Euro. Davon erzielten Damen- und Herrendüfte in Deutschland knapp 1,5 Mrd. Euro, wobei der Damenduftmarkt mit 960 Mio. Euro fast doppelt so groß war wie der Herrenduftmarkt mit 500 Mio. Euro. Allerdings ist der Vergleich nicht ganz korrekt, da viele Männer Rasierpflege und in diesem Zusammenhang insbesondere Aftershaves als Parfüm benutzen. Allein dabei handelt es sich in Deutschland um einen Markt von 200 Mio. Euro.

Jährlich drängen über 2000 Parfümneulancierungen in verschiedensten Varianten auf den Markt. Bei den feinen Düften sind sechs Einteilungen typisch, wobei Einteilungen auf Basis der Konzentration von Duftstoffen bzw. Duftöle relativ sind. Es gibt es keine gesetzlichen Vorschriften darüber, was als Eau de Parfum oder als Eau de Toilette zu gelten hat. Einer Reglementierung steht entgegen, dass einzelnen Duftöle durch ihre Inhaltsstoffe, wenn diese für die traditionelle Parfümherstellung in Alkohol und etwas destilliertem Wasser gelöst werden, unterschiedlich stark riechen.

Im Folgenden stelle ich die wichtigsten Parfümvarianten vor.

- **Alles rund um das kostbare Parfüm**

Mit "Parfüm" verbindet man die Krönung der Parfümerie. Die Duftstoffkonzentration liegt zwischen 15 und 40 %. Der Rest – und damit das meiste – ist Alkohol mit beigemischtem destilliertem Wasser. Ab einer 20-prozentigen Konzentration spricht man auch von reinem Parfüm oder Extrait de Parfum.

» *Warum benutzt man eigentlich neben Parfüm noch andere Parfümvarianten?*

Es ist sicherlich eine Frage des Geldes, hängt aber auch davon ab, wie man sich gerne beduftet. Reine Parfüms eigenen sich weniger zum großzügigen Auftragen. So sehr man auch länger haftende, intensivere Parfüms liebt, es gibt dennoch einiges zu beachten. Besonders bei Duftstoffkonzentrationen von 15 bis 40 % ist ein vorsichtiger Umgang geboten, damit man das Parfüm auch länger riechen kann. Parfüms können nämlich durch ihre Stärke eine geruchliche Signalkaskade bei den Riechzellen und ihren Rezeptoren auslösen, die dann hyperaktiv reagieren – ein Prozess, der nach einiger Zeit unterbrochen wird. Obwohl die Riechstoffe eines Parfüms noch vorhanden sind, werden sie nicht mehr oder nur kaum wahrgenommen. Es findet eine Adaption statt. Jeder kennt die Situation, dass man zu viel von einem Parfüm aufgetragen hat und es gleichzeitig an sich immer weniger riecht.

» *Wo trägt man Parfüm am besten auf?*

Idealerweise braucht ein Parfüm Hautkontakt. Am besten wird es auf warme Körperstellen mit spürbarem Pulsschlag aufgetragen. Aber Vorsicht: Größere Mengen sollte nicht zu nahe an die Nase kommt. Ohrläppchen, Nacken, Brust, Schläfe oder Hals eigenen sich für die Parfümierung. Bei reinen Parfüms sollte man sich auf leichtes Betupfen beschränken. Handgelenke dagegen können etwas mehr des köstlichen Elixiers erhalten. Kniekehlen sind bei reinen Parfüms der perfekte Ort, wenn man diese etwas großzügiger auftragen und gleichzeitig eine zu schnelle Adaption vermeiden will.

» *Verrät die Art des Parfümierens genauso viel oder fast so viel über einen wie das Parfüm, das man trägt?*

Es gibt eine Reihe von Arten des Parfümauftragens, die unterschiedliche Wirkungen auf einen selbst und andere auslösen bzw. mit denen man sich in unterschiedliche Stimmungen bringen kann. Hier einige Beispiele:

- Viele Männer lieben es, ihren Duft vor allem nach dem Rasieren auf Hals und Wangen zu geben bzw. zu klatschen. Der Duft wird dann zunächst zum belebenden, energiespendenden und desinfizierenden Tonic.
- Das Parfüm in die Luft sprühen und in die Wolke hineinlaufen. Parfümieren wird so zum Sterntalerprinzip, die Duftpartikel fallen wie beim Märchen der Brüder Grimm quasi vom Himmel. Vielleicht die unschuldigste und schüchternste Art des Parfümierens, bei der man nur einen Hauch Parfüm erwischt und sich sicher sein kann, nicht überparfümiert zu erscheinen.
- Parfüm in die Kniekehlen tupfen. Das wird schnell zur subtilsten und raffiniertesten Parfümanwendung, besonders bei Frauen. Je nach Bewegung bzw. Haltung der Beine kann man andere mit der Duftwirkung überraschen. Wenn Frauen mit der richtigen Kleidung dann ihre Beine in Pose setzen, erzeugt das bei Männern zunächst oft Verwirrung, dann Neugierde und schließlich den Wunsch, Nähe zu suchen.
- Luxuriös im Duft schwelgen. Mit anderen Worten: die eigene Überparfümierung genießen. Das hat etwas Majestätisches und erinnert an den Hof von König Louis XV. Wasser kam damals nicht als Reinigungsmittel in Frage. Mit Parfüm wurden die eigenen Gerüche überdeckt. Die Etikette am Hof schrieb zusätzlich vor, täglich einen anderen Duft zu verwenden. Der Hof von Lous XV wurde deshalb auch der "Parfüm-Hof" genannt.

» *Riecht ein Parfüm bei jedem anders?*

Bei der Duftwahrnehmung spielen Temperaturunterschiede und Luftfeuchtigkeit eine Rolle, aber auch individueller Zustand und Hautbeschaffenheit. Außerdem hat jeder Mensch einen individuellen Eigengeruch, der durch Ernährung, Lebensstil, Alter, Geschlecht, Immunsystem und Gesundheitszustand beeinflusst wird. Erfahrungsgemäß ist ein Parfüm in der Kopfnote, also in den ersten 15 Minuten, bei verschiedenen Trägern noch relativ gut zu erkennen – selbst wenn es dezent aufgetragen wurde. Verschmilzt das Parfüm während der Herznote auf der Haut, also nach rund zwei Stunden des Tragens, beginnt es individueller zu riechen, und sein Erkennen gestaltet sich schwieriger. Richtig schwierig wird es, ein Parfüm in der Basis bzw. im Fond, also nach mehreren Stunden des Tragens, zu erkennen – außer es hat einen sehr markanten Nachgeruch und/oder ist bekannt. Sicher spielt beim Erkennen eines Parfüms auch die Vorerfahrung eine Rolle, wenn man beispielsweise weiß, wie sich ein Parfüm entwickelt. Generell kann man sagen: Je länger ein dezent aufgetragenes Parfüm auf der Haut ist, desto individueller riecht es.

» *Aus wie vielen einzelnen Duft-, also Inhaltsstoffen besteht ein Parfüm? Ab wann kann man etwas riechen?*

Ein Duftstoff ist ein den Geruchssinn anregender chemischer Stoff. Ihm liegen aus Molekülen zusammengesetzte Elementareinheiten zugrunde. Moleküle sind zwei- oder mehratomige Teilchen, die durch chemische Bindungen zusammengehalten werden. Alles, was für den Menschen riecht, gibt ständig kleinste Mengen spezifischer Duftmoleküle ab, die die Riechzellen im oberen Teil der Nase stimulieren. Man kann errechnen, wie viele Moleküle Duftstoff bei einem Atemzug pro Riechzelle vorhanden sein müssen, damit es zu einer Empfindung kommt. Die Menge ist pro Duftstoff verschieden und kann z. B. bei acht Molekülen liegen.

Beim Geruchseindruck unterscheidet man zwischen Wahrnehmungs- und Erkennungsschwelle. Bei der Wahrnehmungsschwelle ist die Duftstoffkonzentration so niedrig, dass man nur erahnt, dass man etwas riecht. Bei der Erkennungsschwelle dagegen kann man den Duftstoff – sofern man ihn kennt – benennen. Es gibt ein Parfüm auf dem Markt mit einem einzigen Duftstoff, dem synthetischen "Iso E Super". Die meisten Parfüms bestehen aus 60 bis 70 Duft- bzw. Inhaltsstoffen, können aber auch aus mehreren hundert komponiert sein. Theoretisch können Parfümeure aus einer Duftpalette von etwa 3000 natürlichen und synthetisch hergestellten Duftstoffen wählen. Das ist der Fall, wenn der Preis für ein Parfüm keine Rolle spielt, Inhaltsstoffe zugänglich sind und die Parfümkreation nicht bei der Verwendung von zu vielen Duftstoffen in sich zusammenfällt. Dabei handelt es sich nur um eine theoretische Größe, da viel Duft nicht automatisch auch viel schönes Riechen bedeutet.

» *Kann man sich ein ganz individuelles Parfüm selbst mischen?*

Ja, man kann, und zwar aus zwei Parfüms – was man nur keinem Parfümeur sagen darf. Die Methode heißt Parfüm-Layern. Ich werde sie an späterer Stelle noch im Detail vorstellen. Für Parfümeure ist schon der Gedanke grauenhaft, zwei Kunstwerke miteinander zu vermischen. Sie sehen ein Parfüm als eine Kreation aus meist vielen verschiedenen aufeinander abgestimmten Inhaltsstoffen, die kein Eingreifen erlaubt. Dennoch ist man oft überrascht, wie sich beim Parfüm-Layern olfaktorische Kunstwerke geradezu ergänzen. Dabei muss man sich allerdings an bestimmte Regeln halten. So muss z. B. beim Layern das schwerere Parfüm über den leichteren, frischeren, sich schneller verflüchtigenden Duft aufgesprüht werden, damit sich beide Parfüms gut vermischen.

» *Wie werden Parfüms gewonnen?*

Die Riechstoffe für Parfümöl werden traditionell durch fünf Verfahren hergestellt, die in weiteren Aufbereitungsschritten noch verfeinert werden:

1. **Destillation.** Ein Trennverfahren, bei dem sich durch Verdampfen bzw. Kondensation ein Duftstoff abtrennt bzw. gelöst wird.
2. **Mazeration.** Meist zerkleinerte Stoffe werden mit einer Flüssigkeit wie Alkohol, Öl und Wasser, aber auch mit anderen Mitteln durchtränkt, um lösliche Bestandteile zu gewinnen.
3. **Enfleurage.** Man lässt hitzeempfindliche, frisch geerntete Blüten bzw. Pflanzen in Fett, Öl oder in anderen Substanzen ihre flüchtigen Duftöle abgeben.
4. **Extraktion.** Stoffe werden mit verschiedensten Verfahren, u. a. auch durch Wasserdampfdestillation, getrennt oder gereinigt.
5. **Expression.** Sicherlich eines der ältesten Verfahren der Parfümerie, um gut Riechendes und Wohltuendes zu gewinnen. Ursprünglich wurden dabei beispielsweise Pflanzenblätter per Hand ausgepresst. Noch heute geschieht dies mittels mechanischer Druckprozesse.

» *Wie lange hält sich ein Parfüm, und wo bewahrt man es am besten auf?*

Hört sich überraschend an, ist aber wahr: Ein Parfüm gehört nicht ins Bad. In vielen Badezimmern entstehen etwa durch heißes

Duschen Temperaturschwankungen und hohe Luftfeuchtigkeit, die den Geruch eines olfaktorischen Kunstwerks schnell verändern. Parfüms lieben kühlere, trockenere und dunklere Räume mit beständigen Temperaturen. Sie vertragen vor allem nicht Sonnenlicht, Hitze und Sauerstoff. Idealer Aufbewahrungsort könnte deshalb das Schlafzimmer sein. Gut behandelt haben die feinen Essenzen eine Lebensdauer von mehr als drei Jahren. Das gilt vor allem für Parfüms aus der orientalischen Duftrichtung. Diese Duftnoten halten sich sogar über Jahrzehnte recht gut, auch wenn irgendwann die Kopfnote schwindet. Bei Parfüms der Duftrichtung "Frisch-grün-zitrisch" wie Bergamotte-Noten empfiehlt sich sogar die Aufbewahrung bei Kühlschranktemperatur. Wenn ein Parfüm sich stark verfärbt und dickflüssiger geworden ist, weiß man, dass es seine Lebenserwartung überschritten hat.

» *Welche Bereiche und Interessengebiete faszinieren Parfümliebhaber?*

Parfüm und Parfümerie umspannen ein weites Spektrum von Spezialbereichen. Dabei üben zwölf Bereiche eine besondere Faszination aus. Hier einige deutschsprachige Literaturklassiker und neuere Abhandlungen als Beispiel und zum Reinschnuppern. Sie geben schon allein von den Titeln her einen guten Überblick über die Bereiche und Interessen an Parfüm und Parfümerie:

Parfümgeschichte:
- Corbin, A. (1984) Pesthauch und Blütenduft. Eine Geschichte des Geruchs. Wagenbach, Berlin
- Morris, E.T. (2006) Düfte – Die Kulturgeschichte des Parfums. Albatros, Düsseldorf
- Faure, P. (1990) Magie der Düfte. Eine Kulturgeschichte der Wohlgerüche von den Pharaonen zu den Römern. Artemis, München und Zürich
- Le Guérer, A. (1992) Die Macht der Gerüche. Eine Philosophie der Nase. Klett-Cotta, Stuttgart
- Schlögel, K. (2020) Der Duft der Imperien: „Chanel No 5" und „Rotes Moskau". Hanser, München

Parfüminhaltsstoffe:
- Hall, R., Klemme, D., Nienhaus, J. (1985) H&R Lexikon Duftbausteine – Die natürlichen und synthetischen Komponenten für die Kreation von Parfums. Glöss, Hamburg.
- Martinetz, D., Hartwig, R. (1998) Taschenbuch der Riechstoffe – Ein Lexikon von A–Z. Harri Deutsch, Thun und Frankfurt a./M.
- Legrum, W. (2012) Riechstoffe, zwischen Gestank und Duft: Vorkommen, Eigenschaften und Anwendung von Riechstoffen und deren Gemischen. Springer Spektrum, Wiesbaden
- Nagel, B. (2020) PARFUM. PUR. Düfte, Farben, Kulinarik: und eine Prise Poesie. Art Parfum, Oy-Mittelberg

Parfümherstellung:
- Stead, C. (1996) Parfum aus ätherischen Ölen selbst herstellen – Komponieren Sie Ihren ganz persönlichen Duft. ECON Taschenbuch, Düsseldorf
- Aftel, M. (2004) Die Kunst der Alchimisten – Alles über Parfum. Rütten & Loening, Berlin
- Ellena, J. C. (2012) Der geträumte Duft – Aus dem Leben eines Parfümeurs. Insel-Verlag, Berlin

Parfümkunstwerke:
- Turin, L., Sanchez, T. (2013) Das kleine Buch der großen Parfums: Die hundert Klassiker. Dörlemann, Zürich
- Girard-Lagorce, S. (2001) 100 legendäre Parfums. Tosa, Wien
- Mayer Lefkowith, C. (2000) Glanzstücke der Parfümindustrie. Brandstätter, Wien

Riechen:
- Hatt, H., Dee, R. (2012) Das kleine Buch vom Riechen und Schmecken. Albrecht Klaus, München

- Burdach, K., J. (1991) Geschmack und Geruch. Gustatorische, olfaktorische und trigeminale Wahrnehmung. Hans Huber, Bern, Stuttgart, Toronto
- Pause, B. (2020) Alles Geruchssache: Wie unsere Nase steuert, was wir wollen und wen wir lieben. Pieper, München

Duftmoleküle:
- Ohloff, G. (1992) Riechstoffe und Geruchssinn: Die molekulare Welt der Düfte. Wiley, Weinheim
- Peter, K., Vollhardt, C., Schore, N.E. (2011) Organische Chemie. Wiley, Weinheim
- Breitmaier, E. (2005) Terpene: Aromen, Düfte, Pharmaka, Pheromone. Wiley, Weinheim

Duftpsychologie:
- Gschwind, J. (1998) Repräsentation von Düften. Wißner, Augsburg
- Jellinek, P. (1973) Die psychologischen Grundlagen der Parfümerie. Hüthig, Heidelberg
- Mensing, J. (2005) Duft-Guide. Der schnelle Führer zu Ihren Ideal-Düften. In: Roller, U., Spelman, R. Parfums – Edition 2005. Ebner, Ulm. S. 206–215

Geruchshirnerforschung/Neuroparfümerie:
- Pause, B. (2004) Über den Zusammenhang von Geruch und Emotion und deren Bedeutung für klinisch-psychologische Störungen des Affektes. Pabst Science Publ, Lengerich
- Moessnang, C., Freiherr, J. (2013) Olfaktorik. In Schneider, F., Fink, G., R. (Hrsg.). Funktionelle MRT in Psychiatrie und Neurologie. Springer, Berlin Heidelberg
- Spitzer, M., Bertram, W. (2009). Hirnforschung für Neu(ro)gierige: Braintertainment 2.0. Schattauer, Stuttgart

Duftsoziologie:
- Raab, J. (1998) Die soziale Konstruktion olfaktorischer Wahrnehmung. Eine Soziologie des Geruchs. Dissertation, Universität Konstanz
- Ehrensperger, A. (2015) Parfümgeschichten: über die Sprachlosigkeit sinnlicher Erfahrungen. University of Zurich
- Bandura, J. (2005) Der Geruch und der Geruchssinn – eine soziologische Betrachtung über die soziale Konstruktion der olfaktorischen Wahrnehmung. Studienarbeit des Fachbereichs Soziologie – Kultur, Technik und Völker. Universität Duisburg-Essen (Institut für Soziologie)

Duftmarketing:
- Rempel, J., E. (2006) Olfaktorische Reize in der Markenkommunikation. Theoretische Grundlagen und empirische Erkenntnis zum Einsatz von Düften. Springer, Belin Heidelberg
- Schiansky, M. (2011) Mit allen Sinnen: Duftmarketing. Diplomica, Hamburg
- Knoblich, H., Scharf, A., Schubert, B (2003) Marketing mit Duft. De Gruyter Oldenbourg, München

Aromatherapie:
- Worwood, V., A. (1992) Liebesdüfte – Die Sinnlichkeit ätherischer Öle, Goldmann Ratgeber. Goldmann, München
- Schnaubelt, K. (1995) Neue Aromatherapie – Gesundheit und Wohlbefinden durch ätherische Öle. vgs, Köln
- Lawless, J.(1996) Kleine Aroma-Apotheke, ECON Taschenbuch, Düsseldorf

Parfüm-Belletristik:
- Süskind, P. (1985) Das Parfum. Die Geschichte eines Mörders. Diogenes, Zürich
- Janson, B. (2012) Der verbotene Duft. Ullstein, Berlin
- Rose, M., J. (2013) Das Haus der verlorenen Düfte. Aufbau, Berlin

» *Welchen Parfümmuseen sollte man allein schon von ihrer Lage einmal besucht haben?*

2.2 · Arten und Gebrauch von Parfüms – Interessengebiete...

Es gibt weltweit herrliche Parfümmuseen. Ich will nur zwei nennen. Sie befinden sich an Orten, an denen das Herz der Parfümerie besonders schlägt:
- Musée International de la Parfumerie
  2 Boulevard du Jeu de Ballon
  F-06130 Grasse
- Osmothèque
  36 Rue du Parc de Clagny
  F-78000 Versailles

Die Osmothèque ist Teil der ISIPCA, einer der berühmtesten Parfümeurschulen.

Nach diesem Exkurs komme ich im Folgenden auf die weiteren Parfümvarianten zurück.

- **Eau de Parfum**

Dabei handelt es sich um nicht nur in Europa, sondern weltweit um die beliebteste Parfümvariante. Sie verfügt nach dem Parfüm mit 10 bis 14 % über die zweithöchste Duftöl- bzw. Duftstoffkonzentration. Verbraucher verbinden mit dieser Parfümvariante einen gewissen Wert, auch weil man glaubt, dass ein Eau de Parfum sparsamer eingesetzt werden kann. Das gilt auch meist für die Haftung des Duftes, besonders wenn die Konzentration zwischen 12 und 14 % liegt. Dennoch ist die Duftölkonzentration keine Garantie für deren Haftung bzw. subjektiven Eindruck. Dieser wird durch mehrere Faktoren wie Klima, Umwelt, Ernährung, Stimmung, Hautzustand und -beschaffenheit, aber auch durch Medikamente und die Gewöhnung an das Parfüm beeinflusst.

Parfümerie ist außerdem nicht additiv. Eine hohe Duftstoffkonzentration garantiert nicht besseres Riechen. Oft ist das sogar eher der Fall, wenn ein Duftöl in mehr Alkohol ausgemischt, also leichter konzentriert bzw. angesetzt wird. Parfümeure sind mit dem Problem vertraut, dass ihr olfaktorisches Kunstwerk bei höherer Konzentration zusammenbrechen oder plötzlich einen anderen Duftcharakter entwickeln kann, weil nun bestimmte Inhaltsstoffe markanter riechen. Die richtige Konzentration für ein Duftöl zu finden ist eine Kunst für sich.

Vielfach beginnt man beim ersten Ausmischen eines Öls bei 12 % und arbeitet sich dann schrittweise hoch oder runter. Dabei kann es durchaus sein, dass dieselbe Mischung mit 12 % besser riecht als mit 14 %. Das hängt auch vom verwendeten Alkohol ab. So mussten Deutschlands Parfümeure lange mit staatlich unterstütztem Alkohol aus Zuckerrüben arbeiten, der beim ersten Anriechen schnell etwas in der Nase stach. Französische Parfümeure konnten schon immer auf besseren Alkohol zurückgreifen. Ich erinnere mich noch an meine Anfangszeiten in der Parfümerie, als man in Deutschland den Alkohol mit einem Hauch von Moschus etwas „runder" machte. So hoffte man, mit dem in Frankreich verwendeten Alkohol aus Zuckerrohr, Weizen oder Früchten – sogar in Eau-de-Vie-Qualität – mithalten zu können. Schon allein die Wahl des Alkohols, der in der klassischen alkoholischen Parfümerie den größten Teil eines Parfüms ausmacht, ist also für die Duftwahrnehmung endscheidend.

- **Eau de Toilette**

Diese Art Parfüm hat in den vergangenen Jahren viel ihrer früheren Beliebtheit verloren. Vielen Duftliebhabern sind Eau de Toilettes entweder zu leicht, und sie bevorzugen ein wertiger klingendes Eau de Parfum – oder sie bevorzugen eine noch leichtere Duftvariante. Tatsächlich gibt es in der Parfümerie zwei von aktuellen Dufttrends unabhängige Verbrauchertrends. Zum einen ist leichteres Parfümieren gefragt, zum anderen werden für bestimmte Anlässe Düfte mit Charakter und Ausdruckkraft gesucht.

Die meisten Eau de Toilettes weisen eine Duftstoffkonzentration von etwa 6 bis 8 % auf. Die Konzentration kann aber – vor allem bei Herrendüften – auch höher liegen. Viele Männer verbinden mit dem Begriff "Parfüm" zwar etwas Weibliches, erwarten aber dennoch von ihrem eigenen Duft Haftung und Persönlichkeit. Deshalb gibt es auch Eau de Toilettes für Herren mit 12- bis 14-prozentiger Duftölkonzentration oder mehr, was sie mindestens in die Riege der Eau de Parfums erhebt.

- **Eau de Cologne**

Dabei handelt es sich um die klassische Darreichung von vielen Düften besonders aus der Richtung "frisch-grün-zitrisch". Auch heute noch dominieren in dieser Duftrichtung die munter machenden Bergamotte-Noten mit einer drei- bis fünfprozentigen Duftstoffkonzentration.

- **Eau Fraîche**

Die Parfümvariante Eau Fraîche, auch Splash Cologne genannt, kommt mit einer Duftölkonzentration von 1 bis 3 % typischerweise als erfrischender Sommerduft daher. Auch die meisten Rasierwasser-/After-Shave- bzw. Balm-Produkte sowie Seifen, Bade- und Duschgele haben eine Duftstoffkonzentration in diesem Bereich. Bei Cremes und Lotionen liegt der Duftstoffanteil meist bei weniger als 1 %, bei Hautpflegeprodukten sogar nicht über 0,5 %. Der Duftstoffanteil bei den meisten relativ leicht parfümierten Raumsprays und Luftverbesser beginnt bei etwa 0,5 %. Es gibt aber auch Produkte mit einem Duftstoffanteil von bis zu 5 %. Duftkerzen weisen vielfach eine Duftstoffkonzentration von etwa 1,5 % auf. Nicht alle Duftstoffe sind für die Beduftung der verschiedenen Produkte geeignet. So müssen beispielsweise Duftstoffe für Duftkerzen auch unter Hitzeeinfluss noch gut riechen.

- **Body Mist**

Diese auch Körperduftspray genannte Parfümvariante erfreut sich vor allem in den USA besonderer Beliebtheit und weist eine Duftölkonzentration von 0,3 bis 3 % auf. Viele Body Mists zählen zu den duftenden Haut- bzw. Körperpflegeprodukten. Einige enthalten keinen Alkohol, der die Haut austrocknen könnte. Wer sich an seinem Arbeitsplatz nicht parfümieren kann, nutzt Body Mists gerne auch als Parfümersatz. Außerdem sind sie eine gute Alternative für Allergiker, von denen es besonders in den USA viele gibt. Außerdem sind Body Mists im Vergleich zu Eau de Parfums wesentlich günstiger.

2.3 Der Trend in der Parfümerie zur Natur

Einige Parfümprodukte kommen in Anspruch und Qualität bereits ätherischen Ölen sehr nah. Es handelt sich dabei um Düfte, die auf pflanzlichen ätherischen Ölen beruhen. Das Duftspektrum von Parfüms dieser Qualität vergrößert sich aktuell immer mehr, da ätherische Öle aus unterschiedlichsten Pflanzenteilen gewonnen werden können. Dazu gehören Blüten, Blütenknospen, Blätter, Zweige, Früchte und deren Teile, Rinden, Wurzeln, Samen, Nadeln, Holz sowie das unterirdisch oder dicht über dem Boden wachsende Sprossengewächs Rhizom.

Bei zahlreichen Pflanzen – auch wenn sie sehr gut oder ungewöhnlich interessant riechen – ist der Duftstoffanteil jedoch so gering, dass sich ihre Verarbeitung nicht lohnt. Gern würde man diese ungewöhnlich riechenden Pflanzen oder Pflanzenteile verwenden, denn die Parfümkunst besteht schließlich auch darin, einen neuartigen und innovativen Duftgenuss zu erzeugen. Man behilft sich in diesen Fällen dann oft mit naturidentischen Duftstoffen, die zwar chemisch mit einer Pflanze bzw. einem Pflanzenteil identisch sind, aber nicht oder nur teilweise aus natürlich vorkommenden Stoffen gewonnen werden. Das kann jedoch zur Folge haben, dass die therapeutische Duftwirkung begrenzt ist oder unter aromatherapeutischen Ansprüchen gar nicht eintritt. Dennoch gibt es auch bei Parfüms den klaren Trend zu mehr Natur und damit zu natürlichen ätherischen Ölen. Man kann diesen aktuellen Trend auch so formulieren:

> Zwischen Duftgenuss, Pflege und Therapie werden die Übergänge fließender.

Selbst wenn in der Kreation von Parfüms aufgrund der beschränkten Verfügbarkeit verschiedener Pflanzenteile weiterhin naturidentische Duftstoffe eingesetzt werden und auch eingesetzt werden müssen, achtet man in der Industrie immer mehr auf eine positive bzw. sogar gesundheitsfördernde Wirkung der Inhaltsstoffe. Nach ihnen wird in der duftherstellenden Industrie verstärkt geforscht.

Die Duftforschung konzentrierte sich in den vergangenen Jahren besonders auf den Aspekt der Hautpflege durch Parfüminhaltsstoffe. So brachte beispielsweise der Parfümölhersteller Firmenich 2020 den biotechnologisch gewonnenen Duftstoff "Dreamwood" auf den Markt, inspiriert von Sandelholz in „Mysore-Qualität". Dabei handelt es sich um eine nach einem indischen Ort benannte Qualitätsbezeichnung. Dieses Sandelholz wird in indischen Destillen aus Holzchips des Sandelholzbaums hergestellt. Der neue Duftstoff riecht warm und cremig und hat eine antimikrobielle, also das Wachstum von Bakterien hemmende, und beruhigende Wirkung auf die Haut. Therapeutisch ist Sandelholz vor allem als duftendes Massageöl von Bedeutung. Im Jahr 2014 wartete die Forschung außerdem mit einer überraschenden Nachricht auf: Die Haut kann Sandelholz riechen.

Hier stellt sich die aus Sicht der Parfümwirkung immer schwieriger zu beantwortende Frage: Sind natürliche Duftstoffe besser als künstliche bzw. synthetische? Es gibt natürliche, vollsynthetische und halbsynthetische Duftstoffe. Ende des 19. Jahrhunderts wurden synthetische Duftstoffe als innovative und revolutionär neue Bewegung in der Parfümerie gefeiert. Sie bieten in der Regel den Vorteil, dass sie wesentlich haltbarer sind und zudem auch kostengünstiger hergestellt werden können. Vielfach, wenn auch nicht immer, bieten synthetische Duftstoffe auch einen Vorteil für Allergiker. Denn die synthetischen Duftstoffe riechen zwar wie das naturbelassene Abbild und oft besser bzw. erlauben neue Dufteindrücke, enthalten aber nicht die Allergene, die in den natürlichen Duftstoffen enthalten sein können. Dennoch: Schon längst hat sich das Blatt wieder gewendet, und Verbraucher wünschen verstärkt natürliche Inhaltsstoffe in ihren Parfüms.

Was aber, wenn die Forschung immer mehr synthetische und halbsynthetische Duftstoffe entwickelt, die das Allergierisiko reduzieren, in Parfüms besser wirken und zusätzliche Gesundheitsvorteile wie Optimierung des Hautzustands bieten? In diesem Zusammenhang sind die halbsynthetischen Duftstoffe von besonderem Interesse. Sie werden aus natürlichen Stoffen isoliert und anschließend möglicherweise noch weiterverarbeitet. An späterer Stelle werde ich noch auf die Bedeutung von Pflanzenpeptiden für die Zukunft der Parfümerie eingehen. Dabei stellt sich eine ganz andere Frage: Wie stark dürfen Parfüms überhaupt wirken? Doch dazu später.

2.4 Persönliche Ansprüche an Parfüms

Parfümliebhaber haben heute immer mehr Möglichkeiten, ihre persönlichen Ansprüche und Kriterien für ihr Parfüm sehr genau zu bestimmen und damit verschiedenen Arten der Duftverwendung Rechnung zu tragen. So sind Parfüms beispielsweise erhältlich
— als veganes, organisches sowie als Bio-Parfüm;
— als zertifiziertes Naturparfüm, z. B. von BDIH, NaTrue oder Ecocert;
— als alkoholhaltiges und alkoholfreies Parfüm oder mit speziellem Alkohol wie Bioalkohol;
— als Parfüm aus natürlichen, biotechnologischen, halbsynthetischen oder reinen

synthetischen Inhaltsstoffen oder aus einer Kombination von diesen;
- in leichter (z. B. als Eau de Toilette) bis gehaltvoller Konzentration (z. B. als Eau de Parfum oder Extrait de Parfum);
- mit einem Molekül, mit wenigen Inhaltsstoffen oder mit mehreren;
- als Parfüm aus einer Pflanzensorte oder aus mehreren Pflanzen bzw. Pflanzenteilen gewonnen;
- als flüssiges oder festes (Solid-) Parfüm;
- als Parfüm mit bedenklichen oder aber mit unbedenklichen Inhaltsstoffen, um persönliche Allergierisiken zu vermeiden.

2.5 Parfüm im Konflikt: Verbotene und unerwünschte Wirkungen

Der Gesetzgeber hat eine Reihe natürlicher und synthetischer Duftstoffe identifiziert, die als potenziell allergieauslösend und/oder gesundheitsschädigend gelten. Ihr Einsatz in Duftprodukten ist verboten oder in ihrer Konzentration sehr stark beschränkt. Die Liste dieser Inhaltsstoffe – vor denen auch ohne explizites Verbot gewarnt wird – wird ständig länger.

Laut EU-Gesetz müssen seit 2019 derzeit 26 Inhaltsstoffe mit Allergierisiken ab einer bestimmten Konzentration in Parfüms angegeben werden. Das gilt, wenn 0,001 % des jeweiligen Duftstoffs im Endprodukt, beispielsweise einem Parfüm, auf der Haut oder den Haaren verbleibt und es sich somit um ein Leave-on-Produkt handelt. Kann das Produkt wie ein Shampoo ausgewaschen werden, liegt der Wert bei 0,01 %.

Die INCI (International Nomenclature of Cosmetic Ingredients, deutsch: Internationale Nomenklatur für kosmetische Inhaltsstoffe) bietet besonders Allergikern die Möglichkeit, ein Produkt vor dem Kauf auf die 26 bedenklichen Inhaltsstoffe zu prüfen. Dabei werden Duftstoffe unter den Sammelbegriffen „Parfum", „Fragrance", „Aroma" oder „Flavour" zusammengefasst.

Sind die bedenklichen Duftstoffe in einem kosmetischen Produkt, also auch in einem Parfüm enthalten, werden sie mit ihren INCI-Bezeichnungen nach ihrem Gewicht in abnehmender Reihenfolge sowie mit Angabe des Herstellungsdatums auf der Verpackung genannt. Die Bestandteile mit einer Konzentration von weniger als 1 % werden danach in nicht bestimmter Reihenfolge aufgeführt. Informationen und Updates zu neusten Gesetzesänderungen zu diesem Thema bietet die Website des IKW (Industrieverband Körperpflege- und Waschmittel e. V.).

Verschiedene Verbraucherorganisationen wie beispielsweise Öko-Test fordern eine noch weitergehende Einschränkung der Inhaltsstoffe. Es reicht ihnen nicht aus, dass die Verantwortung für verdächtige Inhaltsstoffe in Produkten und somit deren Sicherheit für den Verbraucher allein in Händen der Hersteller liegt. Bereits 2012 veröffentlichte das wissenschaftliche Beratergremium der EU-Kommission ein Papier, in dem allein 82 Duftstoffe und ätherische Öle als nachgewiesene Kontaktallergene genannt waren. Bei einer ganzen Reihe weiterer Duftstoffe sollte die Konzentration begrenzt werden. Viele fordern sogar, dass die einzelnen Bestandteile in allen Duftformulierungen angegeben werden müssen.

Bisher genügte dem Gesetzgeber bei Düften mit zugelassenen Stoffen die pauschale Angabe „Parfum" auf der Verpackung. Er will damit die Formulierungen der Parfümeure als Geheimnis schützen. Entsprechend geben viele Markenhersteller diese Formulierungen auch nicht an oder umschreiben sie mit Geruchseindrücken sowie einigen Angaben zu Inhaltsstoffen im Kopf, Herz und Fond des Parfüms. Ein Parfüm besteht in der Regel aus 30 bis 60 Inhaltsstoffen. Viele Verbraucher befürchten deshalb, dass die ständig zunehmenden allergischen Reaktionen auf geheime Stoffe zurückzuführen sind. Diese Reaktionen werden bei Frauen zwei- bis dreimal öfter verzeichnet. Das gilt vor allem für Haus-

2.5 · Parfüm im Konflikt: Verbotene und unerwünschte Wirkungen

haltsprodukte, denen Frauen vermehrt ausgesetzt sind.

Schätzungsweise rund 3 % der europäischen Bevölkerung reagieren auf einige Duftstoffkomponenten allergisch. Diese können entweder natürlichen oder synthetischen Ursprungs sein. Ein Service für Verbraucher könnte darin bestehen, dass auf offiziellen Webseiten die Inhaltsstoffe von Produkten gelistet werden. Auf diese Weise könnte man nach Stoffen mit Allergierisiken suchen und entsprechende Produkte gleich von der Einkaufsliste streichen.

Das wirkliche Problem ist aber ein anderes. Während Verbrauchergruppen wie Women's Voices of the Earth geheime Chemikalien fürchten, beschleicht eine umgekehrte Angst die Industrie: Verbraucher könnten herausbekommen, was alles nicht in den Düften ist. So könnten sich herrlich beschriebene Duftbausteine aus exotischen Ländern als einfache Chemikalien entpuppen. Dennoch gibt es einen zunehmenden Trend zu mehr Ehrlichkeit, Beweiskraft und Fairness in der Duft- und Kosmetikindustrie. Und das verlangt auch der Gesetzgeber.

Seit Juli 2019 hat die EU z. B. Verbote für bestimmte Marketingaussagen erlassen, die mit der Einhaltung gesetzlicher Vorschriften werben. So ist etwa die Aussage „Dieses Produkt erfüllt die Vorschriften der Kosmetikverordnung" nicht gestattet. Auch wird auf mehr Fairness geachtet. So ist die Behauptung verboten: „Im Gegensatz zu Produkt X enthält das Produkt nicht den Inhaltsstoff Y, der für seine irritierende Wirkung bekannt ist." Auch fordert der Gesetzgeber eine beweiskräftige, nicht übertriebene Werbebotschaft. So soll beispielsweise eine Aussage wie „Dieses Produkt verleiht dir Flügel" nicht mehr kommuniziert werden.

Um Düfte für Verbraucher noch attraktiver zu machen, konzentriert man sich beim Trend zu Naturparfüms auf gewisse Pflanzen, die nur unter ganz bestimmten Bedingungen gereift sind. Sie tragen nach Vorgaben der Naturkosmetikhersteller Gütesiegel wie Na-True oder Demeter. Man konzentriert sich dabei auf von der zertifizierten Naturkosmetik anerkannte Pflanzen, deren Herkunft bekannt ist, die nach den kontrolliert-biologisch-organischen Richtlinien angebaut und entsprechend verarbeitet wurden. Das schließt selbstverständlich die Verwendung von genetisch veränderten Pflanzenmaterialien aus. Damit kann man dem neuen Gütesiegel COSMOS ORGANIC, das von internationalen Umweltverbänden die Anforderungen an Mindestqualität von „Organic" für Duft und Kosmetikprodukte definiert, gerecht werden. Der neue, harmonisierte COSMOS-Standard vereint die bisherigen Standards von BDIH (Deutschland), COSMEBIO, ECOCERT (beide Frankreich), ICEA (Italien) und SAO (England).

Ein Duftverwender kann aus seiner individuellen Sicht mit einem Parfüm durchaus Positives und Undenkliches, aber auch Bedenkliches und Negatives verbinden. Die zahlreichen Parfümvarianten machen eine allgemein gültige Aussage schwierig. Bevor man an einem Parfüm riecht, sollte man sich deshalb zunächst einen persönlichen Steckbrief bzw. ein Anforderungsprofil für seinen Duft erstellen. So kann man sich bei einer Parfümberatung oder -suche nur auf Bio-Parfüms mit natürlichen und für einen selbst unbedenklichen Inhaltsstoffen konzentrieren.

Je nach Anforderungsprofil kann ein Parfüm durchaus auch in die Nähe eines ätherischen Öls rücken. Es handelt sich dann um ein reines Naturprodukt und kann sogar aus einer Pflanze – wie auch die meisten ätherischen Öle – kreiert worden sein. Aber auch umgekehrt gibt es ätherische Öle aus verschiedenen Pflanzen bzw. aus einer empfohlenen Mischung, die einem Öl einen gewissen Parfümcharakter verleihen. So wird beispielsweise ein Duftgemisch aus ätherischen Ölen aus beruhigendem Lavendel, stimmungsaufhellender Orange und konzentrationsfördernder Zitrone mit besserem Lernen in Verbindung gebracht. Mit anderen Worten: Parfüms und ätherische Öle können sich überlappen und tun das auch immer mehr, wie der aktuelle Trend zeigt.

2.6 Verbraucher wollen mehr als gut riechen – vom Parfüm zum Wirkparfüm

Duftpsychologisch stellen sich noch ganz andere Fragen:
- Was bietet olfaktorisch die beste Wirkung, um persönliches Empfinden und Erleben wie speziell die Gewinnung von mehr Selbstattraktivität und Selbstvertrauen zu steigern? Sind es Parfüms oder ätherische Öle?
- Wie muss ein Duft für jemanden riechen, damit er für die „Therapie des Selbst" geeignet ist, die stärker an der Suche, Gewinnung und Steigerung von Achtsamkeit und Identität orientiert ist?
- Oder einfach gefragt: Was dient geruchlich am besten der persönlichen Selbstoptimierung?

Bei der Beantwortung dieser Fragen geht es sicherlich auch darum, was mittels Geruchs die Gesundheit fördert. Dabei steht aber das persönliche „Selbst" in seinem Erleben und Empfinden hier deutlich im Vordergrund. Beides wird sich oft überlappen.

Die Suche, Gewinnung und Steigerung von mehr Selbstattraktivität, Achtsamkeit und Selbstvertrauen kann aber auch ein eigenes Therapieziel sein, besonders dann, wenn es um die Aufarbeitung der eigenen Identität geht. Ich werde dazu an späterer Stelle duftunterstützte Selbstcoachings für die „Therapie des Selbst" vorschlagen.

Sicher braucht es für das Erreichen der jeweiligen Optimierungsziele einen erlebten Duftgenuss. Aber es geht vor allem um den Besitz eines eigenen olfaktorischen Werkzeugs, das für einen wirkt und somit mehr kann, als nur gut zu riechen. Entsprechend braucht man idealerweise – wie ich es bezeichne – einen „Wirkduft" bzw. ein „Wirköl" oder ein „Wirkparfüm".

Dieses olfaktorische „Wirktool" kann ein Duft, ein Parfüm oder ein ätherisches Öl sein. Wie und ob es wirkt, kann nur der Anwender selbst entscheiden. Es kann nicht der Anspruch erhoben werden, dass gleicher Duft bzw. gleiches Tool auch bei anderen entsprechend wirken. Ob es sich um einen „Wirkduft" handelt, hängt vom jeweiligen subjektiven Erleben ab.

Dieses subjektive Erleben kennzeichnet den Unterschied zur klassischen Aromatherapie, bei der man – wie in der Medizin – auf möglichst personenübergreifende bzw. allgemeingültige Wirkungen von Pflanzen, beispielsweise gegen Stress, fokussiert ist. Dagegen erhebt die von mir als Dufttherapie bezeichnete Methode den – wenn auch nicht ausschließlichen – Anspruch, zur „Therapie des Selbst" beizutragen, ohne dass bestimmte Duftnoten oder Öle in ihren Wirkungen Allgemeingültigkeit beanspruchen müssen. Damit muss also in der Dufttherapie der Einzelne selbst entscheiden, was für ihn olfaktorisch am besten wirkt.

Oft muss er dafür experimentieren und zu seinem eigenen Privatparfümeur werden. Das lässt sich mit der Methode des Parfüm-Layerns ohne größeren Aufwand erreichen. Sicher kann man dabei auf das Wissen und die Anwendungsmethoden der Aromatherapie zurückgreifen. Doch auch hier gilt: Jeder muss für sich selbst entscheiden, ob und mit welchen olfaktorischen Tools eine „Therapie des Selbst" erreicht werden kann. Dafür gibt es gute Gründe. Das Dufterleben entsteht in Regionen des Gehirns, die für persönliche Gefühle, Stimmungen, Emotionen sowie für Bewusstsein und Persönlichkeit mitverantwortlich sind und durch individuelle Erinnerungen und Assoziationen gefärbt werden. Um durch Duft gezielt eine persönliche Selbstoptimierung zu erreichen, sollte man keine olfaktorischen Tools, die einem guttun, ausschließen.

Für die „Therapie des Selbst" stellt sich damit nicht die Frage, ob man besser ein Parfüm, ein ätherisches Öl oder ein anderes olfaktorisches Medium in der Dufttherapie verwendet. Bei der hier intendierten Optimierung des „Selbst" sind auch Parfüms – wie auch immer jeder diese für sich definieren mag – ein willkommenes Werkzeug. Sicher sind Bio-Parfüms, die an der Qualität von ätherischen Ölen angelehnt sind, eine erste gute Wahl.

Damit beantwortet sich auch meine bereits zu Beginn gestellte Frage: Kann man Parfüms auch für die Dufttherapie einsetzen, bzw. ist Dufttherapie ausschließlich mit ätherischen Ölen möglich?

Zu klären bleibt jedoch noch der Unterschied zwischen Aroma- und Dufttherapie, auf den ich im Folgenden eingehen werde.

2.7 Zum Unterschied von Aromatherapie und Dufttherapie

Die Begriffe Aromatherapie und Dufttherapie werden überwiegend synonym verwendet. Bei näherer Betrachtung zeigen sich jedoch Unterschiede im Selbstverständnis dieser Methoden.

Im Vergleich zur Dufttherapie hat die **Aromatherapie** eher einen an der Medizin ausgerichteten Selbstanspruch. Er beruht auf der Verwendung von ätherischen Ölen aus Pflanzen, die bei einer Therapie zur Verbesserung des körperlichen und geistigen Wohlbefindens verwendet werden. Der Fokus liegt damit auf Pflanzen mit personenübergreifenden bzw. allgemeingültigen, objektiven Wirkungen. Ziel der Aromatherapie ist es, als Alternative oder als Ergänzung bei einer Reihe von Krankheiten und Symptomen eingesetzt zu werden. Sie fungiert damit als zusätzliche medizinische Behandlung z. B. bei Stress und Depressionen.

Die **Dufttherapie** ist auf das individuelle, subjektive Wohl ihrer Anwender ausgerichtet. Dabei kommen alle Arten olfaktorischer Medien zum Einsatz, die neben ätherischen Ölen auch Parfüms beinhalten können. Über Art und Darreichungsform entscheidet der Verwender selbst. Entscheidend ist, was dem Einzelnen jeweils guttut. Damit gibt es keinen Anspruch, dass derselbe Duft bzw. dasselbe Tool bei anderen ebenso wirkt. Das heißt, das subjektive Erleben des Einzelnen entscheidet, ob etwas für ihn ein „Wirkduft" ist und ob er damit therapeutisch arbeiten kann. Ziel der Dufttherapie ist schwerpunktmäßig die „Therapie des Selbst" und damit die Suche nach sowie die Gewinnung und Steigerung von mehr Selbstattraktivität, Achtsamkeit und Selbstvertrauen im Rahmen der Aufarbeitung der eigenen Identität.

Sicherlich überschneiden sich Dufttherapie und Aromatherapie bei vielen Therapiezielen – auch wenn nicht alle in diesen Bereichen Tätigen meiner Unterscheidung zustimmen dürften. Dennoch: Generell sieht sich die Dufttherapie im Unterschied zur Aromatherapie nicht als eigenständige Behandlungsmethode, sondern als olfaktorischer Bestandteil einer duftunterstützten Therapie. Ich werde später auf diese Therapieart mit Übungen und Erläuterungen zur Kreativität mit Duftlandschaften, zur Achtsamkeit sowie auf die „Scented Loving-Kindness-Meditation" (duftende Liebe-Güte-Meditation) und das Selbstcoaching mit Affirmation eingehen.

» *So, jetzt haben Sie die wichtigsten Grundlagen zum Thema Parfüm und Parfümerie – das Fundament für jeden Insider. Vielleicht war Ihnen als Parfümliebhaber auch schon einiges aus dem 1. und 2. Kapitel bekannt, aber es ist mir wichtig, dass alle für die weitere Reise in die Welt von Parfüm den gleichen Wissensstand haben.*

Zusammenfassung

In diesem Kapitel sind wir auf Arten und Gebrauch von Parfüms sowie auf Wünsche und Interessensgebiete von Parfümliebhabern eingegangen. Aktuell zeigt sich ein Trend, dass sich das traditionelle Parfüm verändert bzw. dass neue Untergruppen von Parfüms geschaffen werden. In den vergangenen Jahren entstand beispielsweise eine neue Parfümgeneration, die sich – wie auch ätherische Öle – besonders gut für die Dufttherapie eignet. Immer mehr Verbraucher suchen Parfüms als „Wirkparfüms", die mehr können, als nur gut zu riechen. Dabei handelt es sich z. B. um an die Qualität von ätherischen Ölen angelehnte Bio-Parfüms. In diesem Zusammenhang zeigt sich ein zunehmendes Bewusstsein für mehr Ehrlichkeit, Beweiskraft und Fairness in der Duft- und Kosmetikindustrie, von dem auch Allergiker profitieren. Man kann den aktuellen Trend auch so formulieren: Zwischen Duftgenuss, Pflege und Therapie werden die Übergänge fließender. Parfümliebhaber haben heute die Möglichkeit, ihre persönlichen Ansprüche und Kriterien für ihr Feinparfüm sehr genau zu bestimmen, etwa indem sie nur Düfte auszuwählen, die mit einem Gütesiegel als Naturparfüm ausgezeichnet sind.

Literatur

Aftel M (2004) Die Kunst der Alchimisten – Alles über Parfum. Rütten & Loening, Berlin

Bandura J (2005) Der Geruch und der Geruchssinn – eine soziologische Betrachtung über die soziale Konstruktion der olfaktorischen Wahrnehmung. Studienarbeit. Universität Duisburg-Essen (Institut für Soziologie)

Breitmaier E (2005) Terpene: Aromen, Düfte, Pharmaka, Pheromone. Wiley, Weinheim

Burdach KJ (1991) Geschmack und Geruch. Gustatorische, olfaktorische und trigeminale Wahrnehmung. Hans Huber, Bern/Stuttgart/Toronto

Corbin A (1984) Pesthauch und Blütenduft. Eine Geschichte des Geruchs. Wagenbach, Berlin

Ehrensperger A (2015) Parfümgeschichten: über die Sprachlosigkeit sinnlicher Erfahrungen. Schweiz Arch Volkskunde 111(2):167–186. University of Zurich

Ellena J, C. (2012) Der geträumte Duft – Aus dem Leben eines Parfümeurs. Insel-Verlag, Berlin

Faure P (1990) Magie der Düfte. Eine Kulturgeschichte der Wohlgerüche von den Pharaonen zu den Römern. Artemis, München/Zürich

Girard-Lagorce S (2001) 100 legendäre Parfums. Tosa, Wien

Gschwind J (1998) Repräsentation von Düften. Wißner, Augsburg

Hall R, Klemme D, Nienhaus J (1985) H&R Lexikon Duftbausteine – Die natürlichen und synthetischen Komponenten für die Kreation von Parfums. Glöss, Hamburg

Hatt H, Dee R (2012) Das kleine Buch vom Riechen und Schmecken. Albrecht Klaus, München

Janson B (2012) Der verbotene Duft: Historischer Roman. Ullstein, Berlin

Jellinek P (1973) Die psychologischen Grundlagen der Parfümerie. Hüthig, Heidelberg

Knoblich H, Scharf A, Schubert B (2003) Marketing mit Duft. De Gruyter, Oldenbourg, München

Lawless J (1996) Kleine Aroma-Apotheke. ECON Taschenbuch, Düsseldorf

Le Guérer A (1992) Die Macht der Gerüche. Eine Philosophie der Nase. Klett-Cotta, Stuttgart

Legrum W (2012) Riechstoffe, zwischen Gestank und Duft: Vorkommen, Eigenschaften und Anwendung von Riechstoffen und deren Gemischen. Springer Spektrum, Wiesbaden

Martinetz D, Hartwig R (1998) Taschenbuch der Riechstoffe – Ein Lexikon von A – Z. Harri Deutsch, Thun/Frankfurt a./M.

Mayer Lefkowith C (2000) Glanzstücke der Parfümindustrie. Brandstätter, Wien

Mensing J (2005) Duft-Guide. Der schnelle Führer zu Ihren Ideal-Düften. In: Roller U, Spelman R (Hrsg) Parfums – Edition 2005, 10. Aufl. Ebner, Ulm, S 206–215

Moessnang C, Freiherr J (2013) Olfaktorik. In: Schneider F, Fink GR (Hrsg) Funktionelle MRT in Psychiatrie und Neurologie. Springer, Berlin/Heidelberg

Morris ET (2006) Düfte – Die Kulturgeschichte des Parfums. Albatros, Düsseldorf

Nagel B (2020) PARFUM. PUR. Düfte, Farben, Kulinarik: und eine Prise Poesie. Art Parfum, Oy-Mittelberg

Ohloff G (1992) Riechstoffe und Geruchssinn: Die molekulare Welt der Düfte. Wiley, Weinheim

Pause B (2004) Über den Zusammenhang von Geruch und Emotion und deren Bedeutung für klinisch-psychologische Störungen des Affektes. Pabst Science Publ, Lengerich

Literatur

Pause B (2020) Alles Geruchssache: Wie unsere Nase steuert, was wir wollen und wen wir lieben. Piper, München

Peter K, Vollhardt C, Schore NE (2011) Organische Chemie. Wiley, Weinheim

Raab J (1998) Die soziale Konstruktion olfaktorischer Wahrnehmung. Eine Soziologie des Geruchs. Dissertation, Universität Konstanz

Rempel JE (2006) Olfaktorische Reize in der Markenkommunikation. Theoretische Grundlagen und empirische Erkenntnis zum Einsatz von Düften. Springer, Wiesbaden

Rose MJ (2013) Das Haus der verlorenen Düfte. Aufbau Taschenbuch, Berlin

Schiansky M (2011) Mit allen Sinnen: Duftmarketing. Diplomica, Hamburg

Schlögel K (2020) Der Duft der Imperien: „Chanel No 5" und „Rotes Moskau". Hanser, München

Schnaubelt K (1995) Neue Aromatherapie – Gesundheit und Wohlbefinden durch ätherische Öle. vgs Verlagsgesellschaft, Köln

Spitzer M, Bertram W (2009) Hirnforschung für Neu(ro)gierige: Braintertainment 2.0. Schattauer, Stuttgart

Stead C (1996) Parfum aus ätherischen Ölen selbst herstellen – Komponieren Sie Ihren ganz persönlichen Duft. ECON Taschenbuch, Düsseldorf

Süskind P (1985) Das Parfum. Die Geschichte eines Mörders. Diogenes, Zürich

Theophrast (2015) De odoribus, Edition, Übersetzung, Kommentar. Eigler U, Wöhrle G (eds). Walter de Gruyter GmbH & Co KG, Berlin

Turin L, Sanchez T (2013) Das kleine Buch der großen Parfums: Die hundert Klassiker. Dörlemann, Zürich

Worwood VA (1992) Liebesdüfte – Die Sinnlichkeit ätherischer Öle. Goldmann Ratgeber, Goldmann, München

Worwood VA (1997) The fragrant mind: aromatherapy for personality, mind, mood and emotion. Bantam Books, London

Psychologie der Parfümwahl

Wie wir riechen, wer oder was im Gehirn über den Duft entscheidet und warum Parfüms so guttun

Inhaltsverzeichnis

3.1 Plädoyer für den Geruchssinn: Wir riechen mehr als angenommen – 56

3.2 Dufterinnerung: Riechen relativiert Raum und Zeit – 58

3.3 Künstliche Geruchsintelligenz: Die Zukunft hat schon begonnen – 59

3.4 Steigerung des Duftgenusses: Verschmelzung der Sinne – 60

3.5 Parfümwahl: Erkenntnisse aus Marketing und Neuromarketing – 63

3.6 Wie riechen geht: Über molekulare Türsteher und Platzanweiser – 71

3.7 Der Maître des Parfums im Gehirn oder das Gerangel um den Duft im Kopf – 76

3.8 Duft und Persönlichkeit: Wie Gehirn und Persönlichkeit den Duftgenuss beeinflussen – 78

3.9 Olfaktorische Seelentröster: Warum Parfüms so guttun – 81

Literatur – 83

© Der/die Autor(en), exklusiv lizenziert durch Springer-Verlag GmbH, DE, ein Teil von Springer Nature 2021
J. Mensing, *Schöner RIECHEN*, https://doi.org/10.1007/978-3-662-62726-6_3

Der Duftforschung, der Duftindustrie wie auch dem Handel geben Kunden mit ihren Reaktionen auf Parfüms schnell einmal Rätsel auf. Oft scheint die Parfümwahl am Verkaufsort Parfümerie spontan und vom Zufall bestimmt und nicht wirklich berechenbar zu sein. Daher tut man sich im Marketing, Neuromarketing und in den Wirtschaftswissenschaften mit Erklärungen für den Duftkauf schwer. Die Duft- und Gehirnforschung liefert ständig neue Ergebnisse hinsichtlich möglicher Einflussfaktoren auf die Duftwahl, die etablierte Erklärungsmodelle überlasten. Nun bringen Erkenntnisse aus der Neuroparfümerie Licht ins Dunkel. Bei der Duftwahl gibt es im Kopf der Verbraucher schnell mal ein Gerangel darum, welche Gehirnregionen und Netzwerke sich bei Entscheidung durchsetzen können. Zwei Regionen stehen dabei besonders im Vordergrund, über die ich im Zusammenhang mit aktuellen Erkenntnissen und Entwicklungen der Geruchsforschung berichten will. Damit wird deutlich, was Riechen und damit die Parfümwahl so besonders macht.

3.1 Plädoyer für den Geruchssinn: Wir riechen mehr als angenommen

Der olfaktorische Sinn zählt zu den ältesten des Menschen, wurde jedoch lange unterschätzt und sogar abgewertet. Neueste wissenschaftliche Erkenntnisse haben diese Sichtweise komplett verändert. Man kann sogar von einer „Renaissance des Riechens" sprechen. Immer mehr Forscher stellen die Auffassung in Frage, dass der Geruchssinn während der menschlichen Evolution abgenommen habe. Sie gehen sogar von einer entgegengesetzten Entwicklung aus (Shepherd 2013).

So können wir möglicherweise sogar mit unserer Zunge riechen, denn auf ihr gibt es neben Geschmacks- auch Geruchsrezeptoren (Malik et al. 2019). Deshalb muss man vielleicht die Aussage, unsere Zunge kenne nur die gustatorischen Wahrnehmungen süß, sauer, salzig, bitter und umami (fleischig, würzig, wohlschmeckend), noch einmal überdenken.

Allein die Existenz von Geruchsrezeptoren lässt sicher nicht den Schluss zu, dass wir mit ihnen allen auch riechen können – insbesondere nicht in der Art und Weise, wie der olfaktorische Prozess über die Nase abläuft: Dabei riechen wir mit mehr als 10 Millionen Riechsinneszellen und deren Geruchsrezeptoren, die sich in der Riechschleimhaut der beiden Nasenhöhlen befinden. Bislang ging man davon aus, dass sich der Geruchseindruck erst durch die Geruchszellen in unserer Nase, die ja eng mit dem Mund verbunden ist, entfalten kann. Doch Geruchsstoffe werden auch beim Kauen freigesetzt und gelangen dann beim Schlucken und Ausatmen in den Nasenrachenraum. Auf diesen Aspekt werde ich noch detaillierter eingehen. Dennoch ist es denkbar, dass auch mit einem unbewussten Riechen mit der Zunge ein Geruchseindruck erzeugt wird. Somit wäre es möglich, dass das Zusammenspiel von Geruch und Geschmack bereits auf der Zunge beginnt.

Die Wirkung von Sandelholz – ein als Räucherstäbchen und Massageöl angewandtes altes, ursprünglich aus Indien stammendes entzündungshemmendes Heilmittel – ließ zudem seit Längerem die Vermutung aufkommen, dass wir auch mit der Haut riechen können. Hanns Hatt, Professor für Physiologie an der Ruhr-Universität Bochum und Deutschlands wohl bekanntester Geruchsforscher, und sein Team haben mittlerweile die olfaktorische Fähigkeit der Haut bestätigt (Busse et al. 2014). Bereits früher überraschten diese Wissenschaftler mit der Aussage, dass es beispielsweise auch Riechrezeptoren in der Prostata, im als intelligent bekannten Darm und in der oft überbeanspruchten Niere gebe. Wir Menschen riechen also nicht nur mit der Nase, sondern mit unserem Körper – und zwar sowohl innerlich als auch äußerlich. Somit liegt die Vermutung nahe, dass wir uns nicht nur ständig selbst beschnüffeln, sondern unsere gesamte Umwelt – teilweise bewusst, teilweise unbewusst.

- **Riechen wir auch in Stereo?**

Die Geruchsforschung geht mittlerweile noch von weiteren Annahmen aus. Aktuell wird diskutiert, ob Menschen sowie verschiedene Tierarten, zumindest bis zu einem bestimmten Grad, in Stereo riechen können. Die meisten Rechtshänder können zwar durch das rechte Nasenloch besser riechen (Linkshänder durch das linke), doch funktionieren beide Nasenlöcher. Eine Gruppe um Yuli Wu vom Institut für Psychologie der Chinesischen Akademie der Wissenschaften in Peking kam nun zu dem Schluss, dass Menschen mittels Stereoriechen auch navigieren können (Wu et al. 2020). In ihrem Experiment drehten die Testpersonen die Köpfe bzw. die Nase in die Richtung, aus der die höhere Duftkonzentration zu riechen war. Dies ist sicher kein Vergleich zum Glatthai und seiner Geruchsfähigkeit. Seine Nasenlöcher liegen im Unterschied zum Menschen weit auseinander, deshalb kann er zeitlich versetzt in Stereo riechen und erhält damit automatisch eine Orientierung, woher der Duftreiz kommt, z. B. wenn Duftmoleküle zuerst das eine Nasenloch erreichen und dann mit Verzögerung das andere. Sicherlich braucht es noch weitere Studien dazu, inwieweit Menschen tatsächlich olfaktorisch navigieren können. Vielleicht schaffen wirkliches Stereoriechen im Alltag nur 10 % von uns, vermutet Thomas Hummel, Leiter des Arbeitsbereiches „Riechen und Schmecken" des Uniklinikums Dresden. Diese Annahme gilt seiner Meinung nach besonders für jüngere, duftinteressierte Nasen. Wir Menschen sind aber, was den Geruchssinn betrifft, auf jeden Fall leistungsfähiger als ursprünglich angenommen.

- **Olfaktorisches Frühwarnsystem**

Der Geruchseindruck, der durch Nase, Haut und Organe wahrgenommen wird, ist u. a. Teil eines Frühwarnsystems des Immunsystems. Dadurch, dass unser eigener Geruch inneres Erleben wie Emotionen, Gefühle und Stimmungen widerspiegelt, ist er auch ein Indikator für den jeweiligen Gesundheitszustand. Das lässt sich bei Hunden, die wesentlich besser riechen können als wir (bis zu 80-mal besser), in Bezug auf Menschengerüche bestens beobachten. Sie sind nahezu perfekte Diagnostiker. Beispielsweise sind die sog. Krebshunde in der Lage, Lungen-, Brust-, Darm- und Blasenkrebs mit erstaunlicher Sicherheit zu erriechen. Außerdem können sie neben zahlreichen weiteren Risiken für den Menschen auch epileptische Anfälle und Unterzuckerung bei Personen in ihrer Umgebung frühzeitig erkennen. Hunde sind damit ideale Geruchswächter für uns Menschen (Preuk 2013).

Auch die Mediziner der alten Tage, so beispielsweise der berühmteste Arzt des Altertums, der Grieche Hippokrates (um 460 v. Chr. – um 370 v. Chr.), wussten bei bestimmten Gerüchen ihrer Patienten sofort Bescheid. Denn: Krankheit riecht. Dutzende Leiden können zu einem charakteristischen Geruch führen. Vor allem die verschiedenen Gerüche von Urin dienten der Diagnosefindung. So deutet beispielsweise ein süßlich-würziger, an Ahornsirup erinnernder Urin auf eine Stoffwechselerkrankung hin. Aber auch bestimmte Gerüche von Ausscheidungen helfen der Diagnostik und lassen z. B. auf Darmerkrankungen schließen. Ferner werden bestimmte Atem- und Schweißgerüche mit spezifischen Erkrankungen in Verbindung gebracht. So riecht der Atem Leberkranker nach Ammoniak, andere Gerüche werden der Schizophrenie zugeordnet. Eingehendere Untersuchungen gibt es zum Morbus Parkinson, der sich ebenfalls über den Geruch der Haut ankündigt (Trivedi et al. 2019). Auch für die gesundheitliche Selbstanalyse kann ein verlorener oder verminderter Geruchssinn, erste Symptome anzeigen. So wird der Geruchssinn bei beginnendem Alzheimer, aber auch bei Infektionskrankheiten wie Covid-19 beeinträchtigt.

3.2 Dufterinnerung: Riechen relativiert Raum und Zeit

- **Olfaktorisches Déjà-vu**

Zurück zum „gesunden" Riechen. Dabei läuft eher ein uns mehr oder weniger bewusster Kurzfilm ab (Rolls 2004). Wie es dazu kommt, ist komplex und noch längst nicht komplett nachvollziehbar. Die gute Nachricht: Es wird mittlerweile sehr viel mehr über den Geruch geforscht als noch vor einigen Jahren. So wurde beispielsweise den beiden amerikanischen Wissenschaftlern Linda Buck und Richard Axel für ihre Erkenntnisse sogar der Nobelpreis für Medizin verliehen. Wie bereits erwähnt, konkurrieren derzeit mindestens elf Theorien miteinander. Dabei geht es, vereinfacht gesagt, u. a. um die Frage: Basiert Riechen auf unterschiedlichen Schwingungsfrequenzen, oder passen die Duftmoleküle im übertragenen Sinne wie ein Schlüssel in ein Schloss, indem sie gezielt an Rezeptoren andocken und dadurch spezifische Aktivierungen auslösen? Gerne hätte man deshalb in der Forschung ein Supermikroskop, mit dem man das Treiben der Moleküle beobachten könnte.

Doch zurück zum Geruchsfilm. Er wird zunächst auf die Riechschleimhaut produziert. Diese liegt am Dach der Nasenhöhle, auf die die Duftmoleküle zuerst treffen. Auf diesem Feld soll es – großzügig geschätzt – bis zu 30 Millionen Riechzellen geben, andere sprechen von nur 10 Millionen. Darauf befinden sich Riechhaare, deren Oberflächen mit etwa 350 verschiedenen Rezeptortypen ausgestattet sind. Über Schaltstellen gelangen die Geruchsreize in einzelne Gehirnregionen. Auf ihrem Weg werden sie dabei von einem chemischen Reiz in elektrische Impulse umgewandelt. Das allein macht den Geruchssinn im Vergleich zu anderen Sinnen so einzigartig. Wie Riechen genau geht, werden wir noch besprechen.

Durch die Umwandlung eröffnet sich zudem für Duftpsychologen ein besonders spannendes Feld. Wir Menschen haben nämlich ein exzellentes Geruchsgedächtnis, das seinen Sitz im Emotionszentrum hat (Hatt 2006). Emotion in Kombination mit Gedächtnis bzw. umgekehrt macht die Wiedergabe komplexer Filme möglich, die uns mit weit in unsere Kindheit zurückliegenden und häufig sehr emotionalen Themen berühren. Somit enthält Riechen auch Verknüpfungen von Vergangenheit und Gegenwart.

Mehr noch: Da Gerüche laut Erkenntnissen der neuesten Gehirnforschung immer erst unbewusst wahrgenommen werden, bevor sie uns – wenn überhaupt – bewusst werden, kann es noch einen weiteren Effekt beim Riechen geben: ein selten erlebtes, aber durchaus mögliches olfaktorisches Déjà-vu. Man glaubt, den Geruch einer aktuellen Situation bereits zuvor schon einmal wahrgenommen oder erlebt zu haben. Dieser Eindruck kann so stark sein, dass man die Vision hat, die Entwicklung einer Situation vorauserleben oder vorausriechen zu können, weil man glaubt, sie schon erlebt zu haben. Der Geruch weist dann sozusagen auf die nahe Zukunft. Das hat auch damit zu tun, dass wir u. a. mit einer bestimmten Gehirnregion, dem bereits erwähnten Mandelkern, riechen. Er ist in der Schnelligkeit seiner sensorischen Wahrnehmung allen anderen Regionen überlegen.

Der Mandelkern (Amygdala) ist unser Frühwarnsystem im Emotionszentrum und reagiert schon, wenn das Großhirn noch gar nichts weiß. Geruch kann damit unser Zeitgefühl relativieren, auch weil wir durch das Riechen schnell in unterschiedliche Zeiten eintauchen können. Längst vergessen Geglaubtes aus der Vergangenheit kann als ein momentaner, spontaner Eindruck oder ein Gefühl für Kommendes aktiviert werden.

- **Riechen in Schwerelosigkeit**

Bei der Dufterinnerung spielen mehrere Regionen und Netzwerke unseres Gehirns zusammen, darunter beispielsweise das Seepferdchen, lateinisch Hippocampus genannt. Geradezu faszinierend ist dabei die Fähigkeit unseres Geruchsgedächtnisses, Bewusstes und Unbewusstes zu speichern. So weiß man aus der Babyforschung, dass ein Fötus das Fruchtwasser ihrer Mütter, also seinen ersten Ur-Duft, unbewusst riechen und dass sich der Mensch noch Jahre später wieder an ihn erinnern kann. Außerdem hat der Geruch des eigenen Fruchtwassers, der ja in der Regel in der beschützenden Schwerelosigkeit angenehmer Temperatur wahrgenommen wird, selbst nach Jahren noch eine positive psychische Wirkung. Das sagt viel über die Qualität der geruchlichen Abspeicherung aus.

Gleiches gilt für das zweite „Ur-Parfüm", das wir Menschen als Neugeborene beim Stillen wahrnehmen: der oben bereits angesprochene Mix aus Eigengeruch der Mutter, ihrer Haut und der Muttermilch, der uns ein Leben lang mehr oder weniger bewusst in der Erinnerung begleitet. So fand der anglo-niederländische Dufthersteller Quest, heute Givaudan, heraus, dass süße, vanillierte, moschusartige Duftnoten, wie sie in der Muttermilch vorkommen und bei der Kreation vieler Parfüms angewendet werden, kulturübergreifend einen merklich entspannenden Wohlfühleffekt selbst noch bei Erwachsenen erzeugen. Das lässt sich auch auf neuronaler Ebene bei Gehirnstudien zeigen. Erst langsam versteht man, welch große Rolle diese „Ur-Parfüms" bei einer mit Duft unterstützten Therapie sogar bei Erwachsenen spielen können. An späterer Stelle werde ich Ihnen einige dieser Therapien zur Selbstanwendung vorstellen. Insbesondere werde ich zudem auf Milch- bzw. Milchmousse-Duftnoten und ihre Wirkung eingehen.

3.3 Künstliche Geruchsintelligenz: Die Zukunft hat schon begonnen

Das Interesse an der Diagnostik mit der Nase nimmt aktuell stark zu. Sie wird derzeit – ausgerichtet auf Fragen der Medizin, Psychologie und Therapie – unter Einsatz künstlicher Intelligenz zu einer computergesteuerten Diagnostik entwickelt, also zu einer Art medizinischer „E-Nase". Vereinfacht ausgedrückt: Ein Computer riecht Krankheiten und Befinden. So entwickelte eine Forschergruppe am Technion, der Technischen Universität Israels in Haifa, innerhalb eines EU-Förderprogramms (Cordis) zusammen mit einem Konsortium von Wissenschaftlern aus sechs europäischen Ländern ein sog. SniffPhone. Die Sensoren dieses Smartphones werten dabei zur Früherkennung von Magenkrebs, der fünfthäufigsten Ursache für krebsbedingte Todesfälle in Europa, den Mundgeruch des Nutzers aus. 2018 wurde das SniffPhone als bestes Projekt seiner Kategorie mit dem Innovationspreis der Europäischen Kommission ausgezeichnet.

Dabei ist die Anwendung des portablen Geräts denkbar einfach. Die Messergebnisse werden vom Smartphone via Bluetooth an eine Cloud gesendet. Medizinisches Personal hat Zugriff auf die Daten und benachrichtigt den SniffPhone-Nutzer. Laut Cordis hat diese nichtinvasive Methode das Potenzial, die Krebsvorsorge zu revolutionieren. Inzwischen versucht eine ganze Industrie mit neuen Diagnosegeräten, also elektronischen Nasen, den Zukunftsmarkt für sich zu gewinnen. Die Entwicklung geht inzwischen einen zuvor noch unvorstellbaren Schritt weiter. So unterstützt die VolkswagenStiftung ein Forschungsprojekt an der Friedrich-Alexander-Universität Erlangen-Nürnberg, das mithilfe künstlicher Intelligenz vorhersagen soll, welche Molekülstruktur bestimmte Gerüche erzeugt. Dabei soll die Molekülstruktur noch vor dem Entstehen des Geruchs ermittelt werden, was besonders für die Gesundheitsprophylaxe interessant ist. So kann man das Entstehen eines bestimmten Geruchs hochrechnen, der wiederum als Indikator für eine möglicherweise anstehende Krankheit dient. Mit anderen Worten: Man kalkuliert auf Molekülebene die Wahrscheinlichkeit kommender Gesundheitsrisiken. Außerdem könnte man so auch schon sehr früh den Erfolg von Therapieverläufen erkennen.

Weitergedacht wären solche Analyseverfahren – insbesondere in mobiler Form – ideal für die Früherkennung und Evaluation sich abzeichnender psychosomatischer Beschwerden. So könnte bereits vor der Entwicklung eines Geruchs eine psychische Überlastung erkannt sowie mittels Smartphone eine gezielte und situationsangepasste Intervention in Form von Übungen beispielsweise für mehr Resilienz, Entspannung, Achtsamkeit, Selbstsicherheit oder Selbstvertrauen vorgeschlagen werden. Solche Geräte wären quasi eine Weiterentwicklung der mit erstaunlichen Fähigkeiten ausgestatteten Nase eines Hundes, der durchaus als ein Geruchswächter bezeichnet werden darf.

Der aktuelle Schwerpunkt der Forschung zu diesem Analyseverfahren liegt allerdings auf dem Gebiet der ressourcenschonenden Kreation von Düften – womit wir wieder bei unserem eigentlichen Thema wären. Denn Parfümeure durchleben viel Trial-and-Error, also viele vergebliche Versuche, um neue Geruchseindrücke für Parfüms zu finden. Das kostet Ressourcen, besonders Zeit und Geld. Es ist kein Zufall, dass immer mehr Dufthersteller mit künstlicher Intelligenz (KI) Neuland betreten. So hat beispielsweise die im niedersächsischen Holzminden ansässige Symrise AG, ein börsennotierter, auf Platz zwei im globalen Markt liegender Anbieter von Aromen, Duft- und Geschmacksstoffen, gemeinsam mit IBM Research, der größten industriellen Forschungsorganisation der Welt mit zwölf Laboren auf sechs Kontinenten, „Philyra" entwickelt. Dabei handelt es sich um eine Methode, die mit KI Parfüms auf Basis digitaler Duftmodelle erschafft. „Philyra" hat dabei Zugriff auf eine riesige Datenbank, bestehend aus Duftformeln, Daten zu Duftfamilien sowie historischen Daten. Mit ihrer Hilfe entwickelt die KI z. B. einen Duft speziell für brasilianische Männer der Millennial-Generation oder schlägt Parfümeuren Inhaltsstoffe für neue Kreationen vor.

Für Psychologen macht besonders das Stichwort Wirkparfüm die Duftmolekülforschung interessant. Dabei handelt es sich, wie gesagt, um Düfte, die mehr können, als nur gut zu riechen. Mit dem Wissen, welche Moleküle welchen Geruchseindruck ergeben, kann man Parfüms gezielt für spezielle emotionale Bedürfnisse und damit für einzelne Gehirnregionen kreieren. Doch dazu später. Zurück zum Riechen und was es so besonders macht.

3.4 Steigerung des Duftgenusses: Verschmelzung der Sinne

Dem Geruchssinn wurde traditionell eher eine unterstützende Funktion in Verbindung mit anderen Sinnen nachgesagt (Knoblich et al. 2003). Das aber macht auch die besondere Faszination des Riechens aus:

3.4 · Steigerung des Duftgenusses: Verschmelzung der Sinne

Es wird eben gerne zusätzlich mit anderen Sinnen wie dem Sehen und Hören erlebt, was es noch intensiver macht. So werden Düfte nicht nur von sog. Synästhetikern – also Menschen, die die Sinne miteinander verschmelzen lassen können – beispielsweise farbig und in Form wahrgenommen. Es trifft sogar bis zu einem gewissen Grad auf fast alle Menschen zu. Man muss kein kleiner Kandinsky sein, um z. B. frische Zitrus-Noten als orange, hellgrüne und gelbe fliegende Dreiecke zu sehen, die dem Klang und Rhythmus eines Saxophons folgen. Mit anderen Worten: Geruch eignet sich wunderbar, um mit anderen Sinnen, sozusagen multisensorisch, verschmolzen zu werden und dadurch eine Steigerung zu erfahren (Tamura et al. 2018) – auch wenn es individuelle und kulturelle Unterschiede gibt, aufgrund derer die Verschmelzung einzelner Sinne anders erlebt werden kann.

Die pauschalen Zusammenhänge haben sich Parfümeure und Duftliebhaber in unserem Kulturraum schon lange zu eigen gemacht. So sprechen sie beispielsweise davon, dass ein Duft grün rieche oder dass ein Parfüm harmonisch und rund sei oder in der Nase steche. Was allerdings eher blau, rot, gelb oder grün riecht, kann bei einer Farbsehschwäche schnell anders assoziiert werden. Es wird angenommen, dass allein 8 bis 9 % aller Männer unter einer Farbsehschwäche bei den Farben Rot und Grün leiden. Ferner gibt es noch andere Sehschwächen.

- **Die Sinneswelt der Makú-Indianer – ein Beispiel**

Kulturen wie die Makú-Indianer am Rio Uneiuxi im Amazonasgebiet unterscheiden in ihrer Sprache Nadëb gar nicht zwischen Grün und Blau und werden entsprechend nicht sagen können, was beide Farben im Geruch unterscheidet. Auch scheinen sie keine abstrakten Begriffe von Farben zu haben und Farben mehr mit Dingen wie der braunen Maniok-Wurzel (ihre Hauptnahrung, je nach Verwertungsstadium mit unterschiedlichen braunen Gerüchen) oder ihrem Fluss (der bei dem häufig anhaltend starken Regen wohl auch nach Gefahr riecht, weil er ihre Siedlung mit braunem Schlamm überschwemmt) in Zusammenhang zu bringen. Eine Beobachtung der Nichtexistenz abstrakter Farbbegriffe machte man auch bei den Steinzeitvölkern auf Neuguinea.

Die Makú-Indianer haben in ihrer Welt zudem ein eigenes Zeitverständnis, das durch zwei Götter (verfeindete Brüder) geprägt wurde, die am Ober- bzw. Unterlauf des Flusses lebten, bevor sie in den 1980er-Jahren von einer Irin missioniert wurden. Zeitabschnitte und Erinnerungen wurden bis zur Christianisierung nach Ereignissen wie vor und nach großen Überschwemmungen, die auf den Konflikt der Göttlichen Brüder zurückgeführt wurden, gemessen (Mensing et al. 2017). Möglich, dass durch den neuen weißen Gott von der Hautfarbe der Missionarin nun ihre Götter wie sie selbst als braun gesehen wurden. Es liegt deshalb die Vermutung nahe, dass der Kontakt mit „Weißen" ihre Selbstwahrnehmung verändert hat und die Farbe „Braun" in ihren Facetten seither mit weiteren Geruchsassoziationen verbunden wird. Vielleicht geht nun eine Art von Braun auch mit Stammeszugehörigkeit und -geruch daher. Durch diese Zusammenhänge und Entwicklungen hat sich die Farbe Braun bei den Makú-Indianern möglicherweise noch weiter differenziert, und einzelne Brauntöne werden mit zunehmend unterschiedlichen Gerüchen verbunden. Bei meinem Besuch der Makú-Indianer in der zweiten Hälfte der 1980er-Jahre wies die Farbe Braun auf eine erhebliche Anzahl an Geruchsdingen hin, die in Bedeutung der Farbe Grün (Blau) ebenbürtig war. Nicht überprüft wurde allerdings, ob die Makú-Indianer vielleicht eine Rotblindheit (Protanopie) haben. Bei dieser Art von Farbsehschwäche kann Rot nicht wahrgenommen werden. Dadurch treten Verwechslungen auf, z. B. Rot mit Braun oder Grün. Ebenfalls nicht untersucht wurde, ob die fehlende Differenzierung zwischen Grün und Blau auf eine Grün- bzw. Blaublindheit zurückzuführen ist.

- **Intensivierung der Sinne**

Durch die Verschmelzung mit anderen Sinnen wird das Riechen, wie schon erwähnt, intensiver und attraktiver erlebt. Man kann es auch so ausdrücken: Es wird durch multisensorisches Erleben schöner gerochen. Im Duftmarketing baut man schon lange auf diesen Zusammenhang, besonders auf die sog. multimodale Verarbeitung olfaktorischer und visueller Reize. Aus der Praxis der Parfümberatung weiß man, dass ein zum Duft in Farbe und Form passender Flakon den Geruchseindruck bzw. die Geruchserwartung positiv steigert. Eine attraktive und assoziativ gelungene visuelle Interpretation des Dufterlebnisses ist eben besonders wichtig.

Konsumenten kommen in der Regel erst auf der visuellen Ebene, also durch Schaufensterdekorationen, Anzeigen in Printmedien, durch Social-Media-Netzwerke oder Fernsehwerbung sowie durch Displays, d. h entsprechend dekorierte Promotionsflächen im Geschäft, mit einem Duft in Kontakt. Hier sehen sie seinen Flakon und seine Welt. Erst dann riechen sie ihn (Jellinek 1997). Nicht zufällig sind viele Düfte außerdem in passenden, den Geruchseindruck unterstützenden Farben eingefärbt. Genauer gesagt: In Farben, die bestimmte Zielgruppen, beispielsweise junge Frauen, lieben und zum Duft passend finden. Zusätzlich kann das Dufterleben durch die Haptik der Formensprache des Flakons noch extra bereichert werden – aber auch durch Hintergrundmusik und andere Sinnesreize.

So werden bei der Präsentation eines neuen Duftes gerne essbare Inhaltsstoffe zur Verkostung angeboten – beispielsweise Brombeeren, wenn sich die Kopfnote auf diese stützt. Es ist auch kein Zufall, dass neue Parfüms der Presse oft in Cafés multisensorisch vorgestellt werden. Mit dem Anblick verschiedener Fruchttörtchen wird einem das kommende Dufterlebnis schmackhaft gemacht und soll einem bereits in der Erwartung sprichwörtlich im Munde zergehen.

Wenn zwei oder mehr aufeinander abgestimmte Sinneseindrücke, beispielsweise visuelle und olfaktive, gemeinsam verarbeitet werden, kann eine sog. „Superadditivität" der Reize entstehen. In fast allen Fällen wird jedoch der Geruch bzw. das Parfüm, wenn es nicht von Geschmackseindrücken überlagert wird, in jeder Kombination zum Gewinner, wobei sich dieser Eindruck sogar noch verstärkt. Wie die Gehirnforschung bestätigt, führt die gemeinsame Verarbeitung visueller und olfaktorischer Reize sogar zu einer erhöhten Gehirnaktivität (Pezoldt und Michaelis 2014), die – wie neueste Studien zeigen – sogar noch weiter gesteigert werden kann, und zwar durch unerwartetes, schönes Riechen in Kombination mit anderem zusätzlichem Erleben. Das geschieht beispielsweise durch eine Überraschung in der Duftberatung, durch Individualisierung von Parfüms, aber auch durch deren Verknappung.

Da ich darauf später im Einzelnen zurückkomme, beschränke ich mich an dieser Stelle auf die Beschreibung der Verknappung. Unerwartet schönes Riechen in Kombination mit Verknappung mündet in der Verkaufspraxis oft in folgender bewusst herbeigeführter Situation: Der Kunde riecht ein neues Parfüm. Ist er von dem Duft sehr angetan und fragt nach dem Preis, behauptet der Händler, dass er erst im Lager – bzw. „hinten" – nachsehen müsse, ob das Parfüm noch in der günstigen Größe vorrätig sei. Diese Situation löst bei den meisten Duftbegeisterten eine hoffungsvolle Erwartung aus. Denn im Regal steht häufig nur der große und somit auch besonders teure Flakon. Ist die kleine Version erhältlich, stellt sich beim Kunden ein Gefühl der Erleichterung ein: Gott sei Dank, es ist da! Denn der Preis des Parfüms – selbst wenn er nicht gerade niedrig ist – lässt sich dann schmerzfreier ertragen. Man kann davon ausgehen, dass während der gesamten Situation – von der erwartungsvollen Anspannung bis zum erleichterten Glücksgefühl – die Gehirnaktivität zusätzlich zur Verarbeitung visueller und olfaktorischer Reize noch weiter gesteigert wird.

3.5 Parfümwahl: Erkenntnisse aus Marketing und Neuromarketing

- **Dem individuellen Kaufverhalten auf der Spur**

Die Wissenschaft über unsere Kaufentscheidungen (Barden 2013) bietet auch für die Duftberatung sehr viele und spannende Erkenntnisse.

Hier nur so viel: In den vergangenen Jahren ist mit dem Duftmarketing ein eigener Anwendungs- und Forschungsbereich entstanden, der sich mit dem Einfluss olfaktorischer Reize in Bezug auf die Marken in den Bereichen Kommunikation, Werbung und Kaufverhalten beschäftigt. Duft wird dabei zunehmend in seiner Bedeutung als nonverbales Kommunikationsmittel verstanden. Meyer und Glombitza (2000) sprechen in diesem Zusammenhang von einer „unsichtbaren Markenpersönlichkeit", die eine Marke unverwechselbar machen kann (Rempel 2006). Die meisten Studien zur Duftmarktforschung beschäftigen sich mit dem Einfluss des Geruchssystems bzw. des Duftes auf das individuelle Kaufverhalten. Mit anderen Worten: Inwieweit haben olfaktorische Reize einen Einfluss auf Kaufprozesse? Dabei wird u. a. der Frage nachgegangen, ob die Präferenz für eine bestimmte Luxusfirma durch einen bestimmten Duft, z. B. den von Leder, gesteigert werden kann. Ein weiteres großes Thema ist die Raumbeduftung. Wird der Besucher eines Geschäfts durch einen bestimmten Duft im Raum stärker zum Kauf animiert? Das konnte bereits eine Studie der Universität Paderborn 1996 bejahen. Man untersuchte den Einfluss der Beduftung am Point of Sale (Verkaufsort, PoS) in ca. 200 Sportfachgeschäften in Deutschland. Durch die in den Läden eingesetzten Düfte sollen die Beratungsbereitschaft um nahezu 19 %, die Verweildauer um knapp 16 %, die Kaufbereitschaft um fast 15 % und die Umsätze zwischen 3 % und 6 % gestiegen sein (Pusch 2018).

Ohne auf die zahlreichen, den Rahmen dieses Buches sprengenden Studien einzugehen, kann man generell sagen: Konsumverhalten wird durch Duft angeregt, insbesondere, wenn der Duft auf die jeweiligen Einsatzgebiete abgestimmt wird. Etliche Duftmarketing-Firmen bieten deshalb spezielle Düfte an, die eine positive Kaufentscheidung herbeiführen sollen.

Dennoch ist man bei der Frage, wer oder was die Duftwahl im Gehirn, insbesondere die individuelle Kaufentscheidung für ein Parfüm, beeinflusst, aufgrund zahlreicher Einflussfaktoren bislang noch nicht zu einer überzeugenden Antwort gekommen. Auch die Antworten auf die Fragen, welche Düfte auf welche Personen, bei welchen Produkten und in welcher Situation besonders gut wirken bzw. welche man für eine Beduftung oder für die Geruchsmaskierung wählen sollte, liegen vielfach im Ermessen der Duftmarketing-Firmen. Sicher kann man erwarten, dass der verstärkte Duft frischer Backwaren oder Kaffeearomen im entsprechenden Kontext in der Regel auch verkaufsfördernde Assoziationen auslösen. Der Duft von Neuheit, Wertigkeit und Sauberkeit dagegen ist dann schon eher produkt- und situationsbezogen. Was man sicherlich neben der Einwirkung auf die Kaufentscheidung erreichen will, sind die Steigerung der Wohlfühlatmosphäre und das Wohlfühlen mit dem Produkt an sich. Im Grunde geht es darum, positive Emotionen zu wecken, die Verbraucher zum Kauf zu bewegen. Hierzu gibt es interessante Erkenntnisse aus dem multisensorischen Marketing, dem Neuromarketing, aber auch aus den Wirtschaftswissenschaften.

- **Multisensorisches Marketing – synchronisierte Choreografie der Sinne**

Das multisensorische Marketing basiert auf der Superadditivität der Reize, wobei versucht wird, alle fünf Sinne (Gesichts- [Optik], Gehör- [Akustik], Geruchs- [Olfaktorik], Geschmacks- [Gustatorik] und Tastsinn [Haptik]) für eine Optimierung des Erlebens möglichst gleichzeitig anzusprechen. Wie bereits erwähnt, geht man dabei von der Annahme aus, dass die Wirkung im Gehirn bei der emotionalen und kognitiven Verarbeitung eingehender Reize umso höher ist, je mehr koordinierte Reizmodalitäten gleichzeitig und ganzheitlich eingesetzt werden (Nölke und Gierke 2011). Welche einzelnen Sinnesreize verschiedener Modalitäten sich dabei besonders gut für die Superadditivität erweisen, ist auch in Kunst und Medien ein Untersuchungsgebiet und noch lange nicht abgeschlossen. In diesem Buch werde ich noch im Detail den Zusammenhang zwischen spezifischen Duftrichtungen, Farben, Formen und Erleben aufzeigen. Dieser Zusammenhang liegt dem Moodform-Test© zugrunde, den Sie im Rahmen eines Selbsttests für sich noch an späterer Stelle durchführen können. Marina Pusch zeigt in ihrer Arbeit Multisensorisches Marketing im Online-Shop (Pusch 2018) in Anlehnung an Steiner (2017), inwiefern Farbe, Form, Raum und Bewegung die gefundenen Zusammenhänge zwischen Duft, Form und Farbe des Moodform-Tests© ergänzen (Mensing und Beck 1988; Mensing 2005).

Untersuchungen über den Einfluss einzelner Sinneseindrücke auf das Riechen kommen zu einem interessanten Ergebnis: Zwar werden über 80 % aller Sinneseindrücke bewusst über die Augen, etwas mehr als 10 % akustisch und nur knapp 4 % bewusst über den Geruchssinn aufgenommen (Pusch 2018), für Stimmungen und Empfindungen spielen Gerüche dennoch die entscheidende Rolle. Insbesondere weil wir die meisten Gerüche gar nicht bewusst wahrnehmen und sie ungefiltert in unserem Emotionszentrum verarbeitet werden.

Dass multisensorisches Marketing sicherlich die Zukunft des Duftmarketing ist, wird von den meisten Marketingprofis nicht bestritten. Dennoch ist es, wie man am Beispiel von Abercrombie & Fitch sehen konnte, schwer umzusetzen und auch keine Garantie für dauerhaften Erfolg. Beim visuellen Auftritt, bei dem leicht bekleidete Männer die Kunden schon am Eingang begrüßen, kam es zu Klagen. Auch die laute aus den Boxen dröhnende Musik führte dazu, dass man für den Umsatz wichtige Zielgruppen verlor oder gar nicht erst bekam. Auch waren die schwarzen Fußböden und Decken sowie abgedunkelte Läden, die auf Raumatmosphäre und den Tastsinn abzielen sollten, nicht jedermanns Sache. Dazu kam, dass das Abercrombie & Fitch Signature-Parfüm „Fierce", ein sehr maskuliner Duft, in starker Konzentration auf den Markt kam und vor allem Allergien fürchtende Verbraucher einen Bogen um die Geschäfte machen ließ. Das war auch kein Wunder, weil das Unternehmen offensichtlich den ganzen Tag über den Duft in den Läden verspritzte und Mitarbeiter sogar angehalten wurden, ihn in die Klimaanlage zu sprühen. Parfüms bzw. Verbraucher sind hinsichtlich ihrer Erwartungen an einen Duft, wie wir oben gesehen haben, im Wandel. So ist es fraglich, ob – wie derzeit angedacht – eine Duftbox im privaten Bereich, die z. B. an visuelle Medien bzw. ans Internet angeschlossen werden kann, jemals ein kommerzieller Erfolg wird. Wie manche Printer enthält die Duftbox kleine Kartuschen mit verschiedenen Riechstoffen, die in unterschiedlichen Mengen und Mischungen gleichzeitig verströmt werden (Pusch 2018). Denkbar wären ätherische Öle, die Rahmen von begleitenden Dufttherapien zusammen mit anderen Sinneseindrücken die Gesundheit und das Wohlbefinden gezielt fördern. So könnte man über Soziale Medien Duftseminare, Dufttests oder Duftreisen mit Zusatznutzen anbieten, z. B. für Alzheimer-Patienten zum schöneren Riechen – und damit für mehr Lebensfreude.

3.5 · Parfümwahl: Erkenntnisse aus Marketing und Neuromarketing

- **Neuromarketing – der Zusammenhang zwischen Emotionssystemen und Dufterleben**

Das Duftmarketing, wie Marketing generell, ist zunehmend an Erkenntnissen aus dem Neuromarketing interessiert. Vereinfacht gesagt zielt das Neuromarketing darauf ab, die Wirkung von Reizen für Marketing und Verkauf aus der Sicht des Gehirns zu studieren, oder noch einfacher gesagt, die Reaktionen von Netzwerken auf bestimmte Stimuli zu prüfen. Dabei will man sich besonders auf Reaktionen konzentrieren, die durch Emotionen, insbesondere durch das limbische System, gesteuert werden. Entsprechend geht man davon aus, dass beim Menschen die Gründe für sein Handeln überwiegend durch emotionale Faktoren beeinflusst werden, die sich nicht so leicht durch Befragungen aufdecken lassen. Um zu prüfen, welche Gehirnbereiche und Netzwerke bei bestimmten Reizen aktiviert werden, setzt man bildgebende Verfahren ein (wie die funktionelle Magnetresonanztomografie), die noch im Detail besprochen werden. Man muss aber ehrlicherweise sagen, dass der Rückschluss von Gehirnreaktionen auf tatsächliches Erleben noch in den Kinderschuhen steckt – allein schon deshalb, weil einzelne Gehirnregionen und ihre Netzwerke, wie wir im 1. Kapitel gesehen haben, gleichzeitig verschiedene Funktionen haben. So ist die Amygdala sowohl bei Furcht als auch bei Freude aktiviert und kennt alle dazwischen liegenden Facetten.

Aktuell fokussiert sich das Neuromarketing besonders auf drei große Emotionssysteme, die das Leben beeinflussen und in der Verbraucherforschung und der Positionierung von Marken Einsatz finden. Der deutsche Psychologe Hans-Georg Häusel (Häusel 2016) und Marketingagenturen wie „Konversionskraft" beschreiben diese wie folgt:
- **Balance-System**: Streben nach Stabilität, Ordnung, Sicherheit und Geborgenheit; Vermeidung von Unsicherheit und Angst.
- **Dominanz-System**: Streben nach Macht, Durchsetzung, Status und Autonomie; Vermeidung von Unterdrückung und Fremdbestimmung.
- **Stimulanz-System**: Streben nach Abenteuer, Belohnung und Abwechslung; Vermeidung von Reizarmut und Langeweile.

Alle drei Emotionssysteme ergeben einen Emotionsraum, der zum besseren Überblick als Limbic® Map visualisiert und bekannt wurde.

In der Neuroparfümerie und Duftpsychologie sind die drei Basis-Systeme dieses von Hans-Georg Häusel entwickelten Modells keine Unbekannten. Nachfolgend eine erste Zuordnung zu Duftrichtungen, die ich in ihrer Psychologie an späterer Stelle im Detail besprechen werde:
- **Balance-System:** blumige Duftnoten und blütige Noten wie die sog. Florientals und Milch- wie Milchmousse-Noten.
- **Dominanz-System**: Chypre-Noten wie auch Leder- und aromatische Duftnoten.
- **Stimulanz-System**: Gourmand-Noten, also Düfte, die das Geruchshirn als süß-essbar registriert und die auf das Belohnungsnetzwerk wirken. In der Limbic® Map kann man sie dem Stimulanz-System zuordnen. Ferner fallen in dieses System frisch-grüne zitrische Duftnoten.

- **Wie und warum entscheiden sich Konsumenten für ein bestimmtes Parfüm?**

Für die Parfümerie, die per se vielfach beduftet ist, stellt sich dagegen eine andere, bislang unbeantwortete Frage: Wer oder was beeinflusst im Gehirn die Duftwahl, also die Kaufentscheidung für ein Parfüm? Die Antwort darauf dürfte entscheidenden Einfluss auf den Umsatz einzelner Parfümmarken sowie auf den Handel insgesamt haben. Allein in Deutschland benutzen knapp 50 % aller Frauen ein Parfüm, meist in der Konzentration eines Eau de Parfum, gefolgt von dem leichteren Eau de Toilette. Den Duftmarkt werde ich an späterer Stelle noch im Detail vorstellen. Nur so viel sei hier schon gesagt: Lediglich etwa jedes 20. Parfüm erreicht das dritte Jahr nach seiner Markteinführung (Schnitzler 2004). Aber selbst Düfte, die diese Zeit überstehen und teilweise noch erhältlich sind, werden vielfach von den Kunden kaum noch gewählt bzw. in den Geschäften gezeigt.

Dazu kommen aus Sicht des Marketing generelle Probleme in der Verkaufssituation. Man geht davon aus, dass 75 % aller Kaufentscheidungen spontan getätigt werden. Dies wird natürlich durch eine entsprechende Beratung noch forciert. Vielfach hat der Kunde etwas anderes oder eine andere Produktkategorie im Sinn und entdeckt dann, um bei der Parfümerie zu bleiben, einen Duft. Eine Parfümerie in München hat das nahezu perfektioniert. Am Eingang, fast schon auf der Straße, auf einem mobilen Displayständer hat der Kunde die Wahl zwischen verschiedenen Haardesign-Produkten (z. B. dekorierte verschiedenfarbige Haarspangen). Dafür ist das Geschäft bekannt. Die wenigsten Kunden verlassen die Parfümerie jedoch nur mit einem Haarprodukt, zumindest wird ihnen eine Duftprobe mitgegeben. Oft kaufen sie aber spontan ein um vielfach teureres Parfüm dazu, das zu Stil und Aura des Haarprodukts passt. In der Marketingsprache heißt das „Upselling". Zu einem erschwinglichen Produkt wie einer Haarspange, eigentlich das Hauptprodukt, für das der Kunde den Laden betreten hat, wird noch zusätzlich ein hochwertiges Produkt wie ein Parfüm angeboten. Interessant dabei: Der Preis für das Parfüm spielt oftmals nicht die große Rolle, vielmehr, ob das Parfüm in diesem Moment als zum Erleben passend empfunden wird. Kunden lassen sich dazu in einem Parfümerieumfeld gern beraten. Auch zieht die Parfümerie Kunden an, die Wert auf Beratung legen. Schließlich werden Konsumenten mit einer immensen Zahl von Werbebotschaften überflutet, die sie schnell verwirren können. Marketingprofis sprechen von 3000 Botschaften, die täglich auf die meisten von uns einwirken, entsprechend begrenzt ist unsere Aufmerksamkeit (Kirschberger 2015). Deshalb ist nur zu gut verständlich, wenn sich durch Reizüberflutung rund 30 % aller Einkäufe erst am Point of Sale (in unserem Beispiel die Verkaufssituation in einer Parfümerie) auf ein spezielles Produkt konkretisieren. Das bedeutet, auch die Parfümwahl unterliegt dem Impulskauf, und die Einflussnahme durch die Beratung am PoS spielt eine wesentliche Rolle beim Kaufentscheidungsprozess.

- **Einflussfaktoren auf die Parfümwahl – der Beitrag der Wirtschaftswissenschaften**

Zur Parfümwahl, der für die Parfümeriepraxis wohl zentralsten Frage, gibt es nur sehr wenige Studien und Erklärungsansätze. Eine Studie, die die unterschiedlichen Einflussfaktoren auf die Duftwahl erläutert, stammt von Kerstin Pezoldt und ihrer Kollegin Anne Michaelis von der Fakultät für Wirtschaftswissenschaften und Medien an der TU Ilmenau, Thüringen (Pezoldt und Michaelis 2014). Anhand des S-O-R-Modells (Stimulus-Organismus-Reaktion-Modell) wird versucht, die Kaufentscheidung für ein Parfüm transparent zu machen, also das Zustandekommen der Parfümwahl am Point of Sale detaillierter zu beleuchten. Da sehr viele Faktoren in die Parfümwahl mit einfließen, ist das, wie ich gleich darlegen werde, kein einfaches Unterfangen. Deshalb ergänze ich einige weitere Faktoren, und auch Sie, liebe Leserinnen und Leser, werden sicherlich aus eigener Erfahrung noch das ein oder andere hinzufügen können.

Mit dem S-O-R-Modell kann man den Parfümkauf, wie jeden Kauf eines Produkts, als Prozess verstehen. Idealerweise ist man natürlich interessiert daran, die Kaufentscheidung bei der Parfümwahl vorherzusagen. Doch der Komplexität der Einflussfaktoren wegen muss man die Ansprüche klein halten – schon deshalb, weil das Ge-

3.5 · Parfümwahl: Erkenntnisse aus Marketing und Neuromarketing

hirn des Verbrauchers bei der Parfümwahl regelrecht im Clinch mit sich selbst liegt, wie man aus Studien des Neuromarketing bzw. der Gehirnforschung weiß. Entsprechend kann die Analyse der Kaufentscheidung mithilfe von Modellen wie dem S-O-R nur partielle Aussagen treffen.

Das S-O-R-Modell analysiert den Kaufprozess über drei große Bereiche mit beeinflussenden Phasen, hier am Beispiel der Parfümwahl:

1. **Exogene Stimuli** (Bereich S – Stimulus)
   - **Marketing-Stimuli.** In dieser ersten Kaufphase stimulieren vor allem der Parfümflakon mit seinem Material, seiner Dekoration, Verzierung, Farbigkeit, Form und Lichtbrechung und damit auch mit seinem haptischen Versprechen von Qualität und Wert. Ferner beeinflusst uns die Parfümmarke, also der Markenname mit Slogan, und die allgemeine Aufmachung wie die Umverpackung und die Präsentation insgesamt. Aber auch der Eindruck durch Inhalte wie die Art der Werbung (Social Media, Printmedien, Fernsehen, Schaufenster- und Displaywerbung, Anzeigenmotiv mit oder ohne Unterstützung berühmter Persönlichkeiten), in der Emotionen, Stimmungen, Stil, Image, Trends (z. B. Gourmand-Noten für Männer), Erinnerungen, Expertise (z. B. die eines bestimmten Parfümeurs) Herkunft (z. B. New York), Anlass, Besonderheiten (z. B. seltene Inhaltsstoffe), Verfügbarkeit (z. B. limitierte Edition) und Zielgruppen (z. B. Abenteurer) für die Verwendung des Parfüms kommuniziert werden, spielt eine wesentliche Rolle. Von zentraler Bedeutung ist der kommunizierte Dufteindruck, z. B. durch Zusatzdekorationen im Schaufenster mit korrespondierenden Pflanzen und Gegenständen, auch um eine geschlechtscharakteristische Dufterwartung zu erzeugen. Natürlich kann auch der Preis eines Parfüms die Parfümwahl im Vorfeld beeinflussen.
   - **Umfeld-Stimuli.** Das sind beispielsweise der Einfluss kultureller oder jahreszeitlicher Faktoren (Urlaubszeit, Festtage etc.), aber auch zeitliche Faktoren, bis hin zu Wochentagen oder Tageszeiten. Ich werde diese Einflussfaktoren noch besprechen, denn wie wir sehen werden, macht es bei der Suche nach einem neuen Parfüm vielfach einen Unterschied, ob diese Montag bis Mittwoch stattfindet oder von Donnerstag bis Samstag. Auch hat die Tageszeit eine beeinflussende Wirkung auf Duftsuchende. Reiche orientalische Noten stimulieren am Spätnachmittag anders (sinnlicher) als am Morgen (extravaganter). Ferner spielen klimatische Einflüsse und hier besonders Temperatur und Luftfeuchtigkeit eine Rolle. Sie alle stimulieren die potenzielle Duftwahl unterschiedlich und beeinflussen den Parfümkauf, noch bevor es zum Riechen eines Parfüms kommt. Auch stimulieren das Umfeld einer stationären Parfümerie bzw. die Lage (A-Lage oder B-Lage) genauso wie der Einkaufsort (Parfümfachgeschäft, Modeboutique, Apotheke, Drogeriemarkt, Kaufhaus, Lebensmittelmarkt oder Discounter) unterschiedlich. Entsprechend hat natürlich auch der Social-Media-Auftritt beim Online-Kauf eine beeinflussende Wirkung. Zusätzlich entscheidend ist, ob das jeweilige Geschäft eine Parfümabteilung hat oder nur einen Bereich, in dem Düfte präsentiert werden (z. B. an der Kasse oder in einem Regal). Bietet das Geschäft eine Duftberatung an, oder ist man eher auf Selbstbedienung angewiesen? Mit Lage und Art des Einkaufortes wirkt auch das Gebäude entsprechend, genauso wie das Geschäft selbst mit seinem Einrichtungsstil. Auch der Blick von außen in den

Laden, der über die Persönlichkeit des Verkaufspersonals, deren nonverbales Verhalten bzw. Beratungsstil einen ersten Aufschluss gibt, beeinflusst den Parfümkauf. Sicherlich wirkt das insgesamt weniger auf Stammkunden eines Geschäfts, aber besonders Neukunden werden beeinflusst, vor allem, wenn sie für sich ein neues Parfüm suchen.

Fazit: Über exogene Stimuli will das Marketing vor allem für die Parfümwahl Emotionen und Assoziationen bei potenziellen Kunden auslösen bzw. ein Umfeld schaffen, sodass es zum Kauf kommt.

2. **Der Käufer** (Bereich O – Organismus)
Da zu Beginn der Beratung nicht viel über den Kunden und seine Kaufentscheidung bekannt ist, außer es handelt sich um einen Stammkunden, über den man mehr weiß, bezeichnet man diesen Bereich auch als „Black Box".
   - **Hintergrundfaktoren.** In dieser Phase der Duftwahl beeinflussen die Duftsozialisation und damit auch Erinnerungen an Düfte und Gerüche, die oft schon in der Kindheit als angenehm, neutral oder unangenehm erlebt wurden, die Duftvorlieben. Ferner spielt der Anlass eine Rolle, für den man den Duft einsetzen will (z. B. sich sinnlicher und attraktiver zu erleben), und ob er mehr auf einen selbst und oder auf andere wirken soll. Die Duftwahl wird insofern auch von der Stimmung beeinflusst, ganz besonders davon, wie sich jemand erleben oder neu erleben möchte. Ferner ist entscheidend, ob man ein Parfüm für sich selbst sucht oder als Geschenk, ob es der Nachkauf eines ausgegangenen Produkts ist oder ob sich der Kunde mit einem neuen Parfüm selbst überraschen möchte. Über die Duftwahl entscheidet außerdem die persönliche Geruchsfähigkeit. Dazu kommt der Einfluss des eigenen Hautgeruchs, ob der Duft auf der Haut haftet bzw. nicht zu intensiv oder zu schwach riecht. Hier beeinflussen die persönlichen Nutzungsgewohnheiten. So gibt es, wie oben ausgeführt, große Unterschiede bei der Art des Parfümierens, in der sich die Erfahrungen mit Parfüms widerspiegeln. Da viele Verbraucher eine regelrechte Duftbar zu Hause haben, suchen sie vielleicht nur eine Ergänzung oder wollen sich in einer ganz anderen Duftrichtung erleben. Viele Verbraucher denken, dass ein Duft zu ihrer Persönlichkeit und ihrem Stil passen muss, was eine sehr subjektive Einschätzung ist. Weitere Einflussfaktoren bei der Duftwahl sind Alter, Einkommen, Geschlecht, der Einfluss der „besten Freundin" bzw. des sozialen Umfelds. Ferner werden Parfüms danach beurteilt, ob man sie auch im Alltag oder nur zu bestimmten Gelegenheiten tragen kann. Es bestehen sogar regionale und nationale Duftpräferenzen. Mehr dazu im vorletzten Kapitel.

Immer wichtiger werden den Kunden gesundheitliche Aspekte. Sie suchen, wie oben besprochen, ein Wirkparfüm, das mehr kann als nur gut riechen. Damit spielt bei der Duftwahl auch die Wirkung auf das Selbsterleben durch seine Modulation mit entsprechenden selbsttherapeutischen Erwartungen eine Rolle. Alle hier als Hintergrundfaktoren genannten Motive von Duftverwendern werden wir noch separat besprechen.

Fazit: Duftverwender können sehr unterschiedliche Beweggründe für ihre Duftwahl haben. Entsprechen wird der Kaufprozess beeinflusst. Es ist sicher nicht falsch zu sagen, dass zu den zum Parfümkauf führenden

Prozessen die Aktivierung durch das Parfüm selbst gehört, hinter der Emotionen, Stimmungen, Motivation und Einstellungen stehen. Und da ist es besonders die enge Verknüpfung von Duft, Stimmung und Emotionen, was natürlich die subjektive Attraktivität des Dufteindrucks selbst beinhaltet.

- **Kaufentscheidung.** In dieser Phase des Duftkaufs spielen Beratung, Bekanntheit der Marke, Atmosphäre und das Erlebnis im Laden eine Rolle – und natürlich besonders der Dufteindruck selbst, wobei speziell beim Parfüm eine Besonderheit hinzukommt: Wer gerne einen Duft kaufen möchte, wird durch die Fähigkeit seines eigenen Geruchssinns in der Zahl der möglichen Düfte, die man mit untrainierter Nase am Stück riechen kann, limitiert. Oft sind es vier bis sechs intensiv gerochene Parfüms, nach denen die Nase, sprich das Gehirn, eine Pause braucht (etwa 10–20 Minuten). Dafür bringt der Kunde im Laden aber oft nicht genug Zeit mit.

  Bis es beim Kunden zur Duftwahl kommt, falls überhaupt, dauert sehr unterschiedlich lang. Vieles hängt vom Kunden selber ab. Am schnellsten – in der Regel fünf bis zehn Minuten – geht die Duftwahl, wenn vom Kunden schon im Vorfeld ein Problem erkannt wird. Das kann ein aufgebrauchtes Parfüm sein oder die Suche nach einem Geschenk für einen besonderen Anlass, wobei man den Lieblingsduft des zu Beschenkenden schon kennt. Nicht viel länger dauert der Duftkauf, wenn durch Proben oder Duftsteifen bzw. durch andere Werbung das Parfüm bereits „vorverkauft" wurde. Darunter fallen auch Empfehlungen von Freunden. Zur Absicherung ihrer Kaufentscheidung wollen die Kunden zwar noch das eine oder andere riechen, aber die Neuroparfümerie und das Neuromarketing wissen: Der zuerst gerochene Duft hat immer einen Vorteil vor dem danach gerochenen. Folglich ist für eine schnelle Kaufentscheidung wichtig, dass der erst gezeigte Duft „sitzt". Um diesen ersten Duft richtig zu bestimmen, gibt es verschiedene Techniken. Eine ist ein psychologischer Farb-Dufttest, den wir noch besprechen und den ich als Selbsttest (Moodform-Test©) anbiete. Eine andere Methode ist das strategische „Parfüm-Layering", das ich oben schon angesprochen habe und noch im Detail besprechen werde. Bei beiden Methoden geht es darum, dem Kunden ein Aha-Erlebnis zu schaffen, wofür ich noch Tipps an späterer Stelle geben werde.

3. **Reaktion/Antwort** (Bereich R – Response)
   - **Abschließende Kaufentscheidung.** In diesen Bereich fällt das Verhalten während und nach dem Kauf. Wie die spezifische Parfüm- und Markenwahl die Entscheidung zwischen On- und Offline-Kauf beeinflusst, liegt in den Händen der Kaufstätte. Das widerspricht nicht der eben erläuterten Kaufentscheidung, bei der man sich bereits auf den Kauf eines oder mehrerer Parfüms festgelegt hat. Immer mehr Kunden lassen sich in einer Parfümerie beraten, entscheiden sich auch für einen Duft, kaufen ihn aber online, oft vergünstigt, von einem anderen Händler. Man muss also heute immer mehr zwischen einer „prinzipiellen Kaufentscheidung" und einer „abschließenden Kaufentscheidung", die zu einem späteren Zeitpunkt stattfindet, unterscheiden. In die abschließende Kaufentscheidung fällt auch die Zufriedenheit mit einem

Produkt und damit auch eine Vorentscheidung für den Nachkauf. Das bringt uns zu einem anderen interessanten Phänomen.

- **Warum wir über einen langen Zeitraum hinweg auch gern das gleiche Parfüm tragen**

Ein weiterer, an späterer Stelle noch im Detail vorgestellter Ansatz, der das S-O-P-Modell der Wirtschaftswissenschaften noch bereichert, stammt aus der Persönlichkeitspsychologie. Er setzt am Bereich O an und bietet u. a. eine spannende Erklärung, warum viele Duftliebhaber über einen langen Zeitraum hinweg auch gern das gleiche Parfüm tragen. Dieser Ansatz versucht, die unbewussten oder halbbewussten Dynamiken der Duftwahl aufzuzeigen, die aus dem Selbst bzw. dem Selbsterleben entstehen und auf eine Annäherung an den Idealzustand abzielen. Auf diesen Dynamiken basiert die Selbstdiskrepanz-Theorie, die von dem US-Amerikaner Edward Tory Higgins in den 1980er-Jahren an der Columbia University entwickelt wurde (Higgins 1987). In Analogie an seine Theorie kann man den Akt des Parfümierens als Selbst-Transformationsprozess verstehen. Die Duftwahl und die Zufriedenheit mit einem Parfüm werden durch den erlebten Erfolg stark beeinflusst. Zufriedenheit stellt sich bereits ein, wenn man sich mit einem Parfüm aus dem „aktuellen Selbst" (wie man sich im Moment fühlt) dem „Idealselbst" (wie man sich noch mehr fühlen möchte) zumindest etwas näher bringen kann. Kann das ein Parfüm, wird es quasi zum Persönlichkeitsduft des Idealselbst. Das Parfüm ist dann mit einem höheren angestrebten Selbst verbunden und wird deshalb immer wieder nachgekauft und verwendet.

Eigentlich könnte man annehmen, dass bei der Parfümwahl der Preis ausschlaggebend ist. Dieser spielt sicherlich eine Rolle, allerdings neben anderen Faktoren. Zwar haben neuropsychologische Studien gezeigt, dass bei der Wahrnehmung des Preises das Schmerzzentrum im Gehirn aktiviert und ein Produkt nur gekauft wird, wenn sein Belohnungsversprechen überwiegt (Scheier et al. 2008). Doch so einfach ist es beim Duft nicht.

Sie werden im ▶ Kap 4 dazu eine unerwartete These lesen. Denn offenbar riechen wir im Gehirn das allermeiste zweimal: zunächst erst unbewusst mit dem Emotionszentrum und dort im Besonderen mit der Amygdala. Sie trifft, nachdem ihr der Duftreiz vom piriformen Kortex (PC) am schnellsten zugespielt wurde, die Vorentscheidung, ob ihr ein Duft gefühlsmäßig zusagt oder nicht. Danach wird in höheren Gehirnregionen wie dem orbitofrontalen Kortex (OFC) bewusst gerochen. Hier geht es u. a. in einer eher kognitiven Entscheidung darum, ob ein Parfüm seinen Preis wert ist. Ob an der Amygdala vorbeigerochen werden kann? Zumindest ist es physiologisch möglich. Zwischen dem PC und dem OFC bestehen direkte neuronale Verbindungen und sogar umgekehrt, die vor allem beim „Duftneulernen" aktiviert werden. Theoretisch wäre es daher möglich, dass wir auch ohne den emotionalen Input der Amygdala riechen können. Dies bleibt für die Forschung noch zu klären und wird voraussichtlich nur Personen wie Parfümeure betreffen, die beim Erlernen olfaktorischer Inhaltsstoffe diese mit anderen sensorischen Merkmalen verknüpfen. Sicherlich ist es auch möglich, dass nur die Amygdala und ihr Netzwerk riechen, ohne dass der Dufteindruck dem OFC weitergegeben wird. Dennoch: Wenn es um Parfümwahl und Preis geht, sind beide Regionen aktiviert.

Häufig liegen Amygdala und OFC bei der Duftentscheidung miteinander im Streit. Die Amygdala fühlt sich mit dem Parfüm wohl, der OFC jedoch signalisiert, dass man sich das Parfüm eigentlich nicht leisten kann. Raten Sie mal, wer gewinnt, wenn ein Parfüm die Amygdala wirklich fasziniert und der Kauf finanziell noch ganz knapp möglich ist. Richtig, die Amygdala! Die Vernunft kommt gegen das Gefühl wieder einmal – wie so oft im Leben – nicht an.

3.6 Wie riechen geht: Über molekulare Türsteher und Platzanweiser

Meist beginnen Abhandlungen zum Thema Geruch und Duft mit dem Riechorgan Nase und der Feststellung, dass das olfaktorische System immer aktiviert ist und es nicht wie das optische leicht ausgeschaltet werden kann. Außer man hält sich wirklich Mund und Nase zu, was aber, weil man atmen muss, nicht lange gelingt. Auch wird gern berichtet, dass Lebewesen in der Lage waren zu riechen, noch bevor sie sehen und hören konnten. Phylogenetisch entstand die Notwendigkeit zur Ausgestaltung einer Nase beim Übergang vom Wasser- zum Landleben, denn ursprünglich atmeten alle Wirbeltiere über die Kiemen. Dann folgt der Hinweis, die Größe der Nase habe keinen Einfluss auf das Riechvermögen. Zur Einstimmung in das Thema wird zudem gern über Nasenformen gesprochen und wie sie sich zwischen Menschen verschiedener Herkunft unterscheiden. Demnach haben sie sich abhängig vom Klima entwickelt. Schmalere Nasen sind in der Evolution häufiger in kalt-trockenen Klimazonen entstanden, während breitere Nasen typisch für warm-feuchte Klimazonen sind. Dies ist dann die Überleitung zum Inneren der Nase, weil eine Aufgabe der Nase auch darin besteht, inhalierte Luft durch den Kontakt mit der Schleimhaut warm und feucht zu machen.

Interessant ist für uns Duftpsychologen auch das Innere der Nase. Richtig spannend wird es aber für die Psychologie erst, wenn ein Duftreiz das Geruchshirn erreicht, zu dem die Nase nicht gerechnet wird. Das soll aber nicht heißen, dass die Fähigkeit der Nase als großem Tor zur Welt des Geruchs herabgestuft werden soll, ganz im Gegenteil. Der Nase ist es zu verdanken, dass der Mensch mehr als 10.000 verschiedene Gerüche unterscheiden kann. Das beginnt damit, dass die Nase eine Riechschleimhaut besitzt, die in beiden Nasenhöhlen jeweils ca. fünf Quadratzentimeter groß ist. Hier befinden sich rund zehn Millionen Riechsinneszellen, die an dünnen Riechhärchen Geruchsrezeptoren tragen. Nach passendem Kontakt des Moleküls eines Geruchsstoffs mit dem Geruchsrezeptor wird der von außen kommende chemosensorische Reiz in ein internes elektrisches Signal überführt und in das Geruchshirn weitergeben. Wie Sie sich denken können, ist der Vorgang noch viel komplexer, und ich will deshalb hier auf das Riechen und wie es geht etwas detaillierter eingehen, bevor wir den „Maître des Parfums" bzw. das Gerangel um den Duft in unserem Kopf besprechen.

- **Stechend, beißend, kühlend … – was alles zum Geruchseindruck beiträgt**

An der olfaktorischen Wahrnehmung sind zwei physiologisch unterschiedliche Systeme beteiligt: Das eigentliche olfaktorische System geht über die Nase und das andere, das nasal-trigeminale System, geht über Mund und Nase zu einem Gesichtsnerv (Nervus trigeminus). Dieser Nerv erzeugt über die Nase (nasal-trigeminal) Empfindungen wie brennend, stechend, beißend, kühlend und scharf, prickelnd über den Mund (oral-trigeminal). Was wir unter Riechen verstehen, ist das Wahrnehmen flüchtiger, in der Luft verteilter Geruchsstoffe. Nichtflüchtige Substanzen werden in der Mundhöhle wahrgenommen. Allerdings lösen viele flüchtige Substanzen eine Riechempfindung sowohl im olfaktorischen System als auch im nasal-trigeminalen System aus, wie z. B. Senf oder Zwiebeln, aber auch Menthol.

Die flüchtigen Geruchsstoffe bzw. Duftstoffmoleküle erreichen unsere Nase primär beim Einatmen bzw. Riechen. Eine zweite Möglichkeit besteht indirekt über den retronasalen Wahrnehmungsweg der Mund-Nasen-Rachen-Verbindung. Hierbei werden, wie gesagt, die Geruchsstoffe beim Kauen freigesetzt und gelangen dann beim Schlucken und Ausatmen in den Nasen-Rachen-Raum. Wie wir alle nur zu gut wissen, sind Mund- und Nasen-Rachen-Raum miteinander verbunden, und so können die Geruchsstoffe über beide Wege nicht nur von einem selbst gerochen werden.

- **Geruchsschwelle**

Lassen Sie mich auf das Riechen von Duftstoffmolekülen aus der Außenwelt weiter eingehen, denn alles, was für uns Menschen riecht, gibt ständig kleinste Mengen von spezifischen Molekülen in die umgebende Luft ab. Das sind Teilchen von Substanzen, die aus mindestens zwei Atomen bestehen und die unsere Nase und unser Gehirn verarbeiten und als Dufteindruck erzeugen können. Hunde und Katzen, die um ein Vielfaches besser riechen als wir Menschen, hätten Mitleid mit uns, wenn sie wüssten, wie wenig wir im Vergleich zu ihnen riechen. Denn vieles für sie Riechbares liegt unter der Geruchsschwelle für uns Menschen und kann demnach nicht mehr von uns wahrgenommen werden.

Moleküle einzelner Substanzen haben einen unterschiedlichen Schwellenwert. Als niedrigste uns bekannte Geruchsschwelle wird Thioterpineol diskutiert, eine leicht zitrisch riechende Aromakomponente des Grapefruitsaftes. Sicher sind die einzelnen Schwellenwerte je nach individueller Geruchsfähigkeit eines Menschen unterschiedlich, sie variieren aber auch intraindividuell. So zeigt eine hungrige Person einen geringeren Schwellenwert für Düfte, die nach Essbarem riechen. Riechen im Schwellenbereich ist allerdings kein Genuss, weil eine Bestimmung des Duftes nicht möglich ist, sondern nur die Empfindung eines unbestimmten Geruches.

Für das Geruchsvermögen des Menschen sind, wie gesagt, zunächst etwa zehn Millionen Riechzellen (sog. Riechsinneszellen) verantwortlich, die im oberen Teil der Nasenhöhle liegen und sich alle ein bis zwei Monate erneuern. Die Riechzellen haben zwei Funktionen: Duftmoleküle in der Luft zu erkennen und die Weiterleitung der Duftinformationen ins Gehirn. Das Stichwort für diese Leistung lautet „chemoelektrische Transduktion", das heißt, beim Riechen wird ein chemischer Reiz in ein elektrisches Signal umgewandelt. Man kann sich die Riechzellen als Telegrafen der alten Tage vorstellen, die die Nachrichten von Duftmolekülen in der Atemluft für das Gehirn codieren, indem sie sie in einzelne elektrische Signale umwandeln und an das Gehirn losschicken.

- **Geruchspolizei**

Unterstützung in ihrer Arbeit, die Informationen der Duftmoleküle einzufangen, erhalten die Riechzellen durch viele dünne Riechhärchen, die von Riechschleim umhüllt sind und auf denen Geruchsrezeptoren sitzen. Damit die Moleküle durch den Schleim (auch Mukus genannt) durchkommen, hat die Natur für sie ein Transportsystem erfunden, die sog. Odorant-Bindungs-Proteine (OBP). Das sind kleine Transportproteine, die die Duftmoleküle zu den Geruchsrezeptoren ziehen. In der Geruchsforschung vermutet man zudem, dass die OBP als eine Art Geruchspolizei agieren. Sie scheinen in der Lage zu sein, Schutzfunktionen zu übernehmen und bestimmten Duftmolekülen, z. B. toxischen, den Weg zu den Rezeptoren zu versperren. Wenn man die OBP künftig in ihrer Arbeit noch gezielter und effektiver steuern könnte, wäre es möglich, auf die Übertragung von bestimmten Infektionskrankheiten sowie generell auf flüchtige toxische Substanzen schon im Vorstadium olfaktorisch Einfluss zu nehmen. Insgesamt sind mittlerweile über 200 verschiedene Viren bekannt, die in der Lage sind, Infektionen der oberen Atemwege auszulösen und genauso wie die Rhinoviren (hauptverantwortlich für Schnupfen und Erkältungen) den Geruchssinn zu beeinträchtigen. Zudem kann die Riechschleimhaut durch die Viren geschädigt werden, was bis hin zur Schrumpfung des Riechkolbens führen kann.

3.6 · Wie riechen geht: Über molekulare Türsteher und Platzanweiser

■ **Schleimige Türsteher**

Der Riechschleim, so schlimm er sich zunächst anhört, hat eine sehr wichtige Schutzfunktion und fördert das Riechen. Der Schleim hilft, die Duftmoleküle aus der eingeatmeten Luft zu lösen. Er befeuchtet und erwärmt die Atemluft und lasst uns damit schöner riechen. Eine optimale Viskosität des Schleims und damit beste Voraussetzungen für ein schöneres Riechen liegt bei einer relativen Umgebungsfeuchtigkeit von um die 75 bis 80 % und einer Riechschleimtemperatur von 35 Grad Celsius vor. Sicherlich wird für den Wohnraum eher ein Wert von 60 % Luftfeuchtigkeit oder weniger empfohlen, aber warme Luft enthält mehr Wasserdampf als kalte, und eine höhere Temperatur lädt Duftmoleküle dazu ein, sich mehr zu bewegen. Das führt indirekt dazu, dass mehr Moleküle in unsere Nase gelangen und wir Düfte intensiver wahrnehmen. Jeder kennt das von der Geruchsfülle nach einem Sommerregen. Zu feuchte wie auch zu trockene Luft verändert den Geruchseindruck dann aber wieder. Vor allem bei zu feuchter Luft kann es schnell zu einer olfaktorischen Reizüberflutung kommen. Dann hilft sich unser Geruchssinn dadurch, dass die geruchliche Signalkaskade, die die jetzt hyperaktiven Riechzellen und ihre Rezeptoren auslösen, nach einiger Zeit unterbrochen wird. Das heißt, obwohl die Riechstoffe noch vorhanden sind, werden sie nicht mehr oder kaum wahrgenommen. Mit anderen Worten: Es findet eine Adaption statt. Diese kennt man auch von seinem Parfüm, wenn man zu viel aufträgt, aber es gleichzeitig immer weniger an sich riecht. Bei welchen Klimabedingungen man am besten riecht und seine Parfüms aufbewahrt, ist aber unterschiedlich. Als Faustregel gilt: Ein Parfüm gehört nicht ins Bad. Wie in ▶ Kap. 2 schon erwähnt, können im Bad Temperaturschwankungen und hohe Luftfeuchtigkeit den Geruch eines olfaktorischen Kunstwerks schnell verändern. Das Schlafzimmer ist in den meisten Fällen der bessere Ort. Im Vergleich zu anderen Räumen ist es dort in der Regel kühler, trockener und dunkler mit zugleich beständigen Temperaturen.

Zurück zum Schleim. Er schützt vor Staub, Bakterien und Viren und trägt mit Antikörpern, die in ihm enthalten sind, so einiges zur Immunabwehr bei. Schleim übernimmt also in der Nase quasi eine Art Türsteherfunktion.

■ **Platzanweiser**

Die Riechhärchen der Riechzellen nennt man Zilien. Auf ihnen befinden sich, wie gesagt, Geruchsrezeptoren, die wie ein Anlegesteg für die Duftmoleküle sind. Man hat bei Tieren, z. B. bei Nagern, bislang rund 1000 verschieden aufgebaute Rezeptoren entdeckt, die aktiv sind und für Moleküle empfänglich. Das menschliche Riechorgan hat immerhin noch 350 unterschiedliche funktionstüchtige Rezeptoren. Die US-Forscher Linda Buck und Richard Axel, die für ihre Forschungsarbeiten rund um das Riechen und wie es zustande kommt im Jahr 2004 mit dem Nobelpreis für Physiologie und Medizin ausgezeichnet wurden, haben auch die Wesensmerkmale der Geruchsrezeptoren untersucht. Dabei wurden von ihnen und anderen Wissenschaftlern unterschiedliche Geruchsrezeptorentypen entdeckt. Geruchsrezeptoren unterscheiden sich darin, dass sie nur ganz bestimmte Duftmoleküle erkennen und weniger stark, kaum oder gar nicht auf diejenigen reagieren, für die sie weniger zuständig sind. Das bedeutet, dass ein Geruchsrezeptortyp zwar auf viele Duftstoffe reagieren kann, aber mit variierender Intensität. Für die Bindung eines Moleküls an bestimmte Rezeptoren ist dessen chemische Zusammensetzung wichtig – und damit seine Oberflächenstruktur. Denn nach der gängigsten These der Geruchsforschung, was riechen letztlich auslöst, ermöglichen erst die richtige Größe und das Gewicht und damit die Form eines Moleküls, dass es von seinem spezifischen Rezeptor erkannt wird und dass seine Information in einen deutlichen elektrischen

Impuls umgewandelt werden kann. Demnach wirkt das passende Duftmolekül auf seinen Rezeptor im übertragenden Sinne wie ein Schlüssel, der ins Schloss passt. Die Reaktion der Geruchsrezeptoren hängt aber nicht nur von der Art des Duftstoffes, sondern auch von seiner Konzentration ab. Bei geringen Konzentrationen reagiert ein Rezeptor entsprechend weniger auf einen Duftstoff. Offen bleibt in der Forschung die Frage, wie hunderte verschiedener Moleküle ihren Geruchsrezeptor (einen von 350) finden. Vielleicht fungieren die oben besprochenen Odorant-Bindungs-Proteine auch als Platzanweiser für die eintreffenden Moleküle.

Die meisten Geruchsstoffe haben ein Molekulargewicht von < 350 g/mol (molare Masse = Einheitensystem für die Stoffmenge, die Einheit ist Gramm pro Mol). Damit Riechen überhaupt stattfinden kann, müssen die Moleküle auch wasser- und lipidlöslich bzw. lipophil (fettfreundlich) sein, damit sie in die lipidhaltige Membran der Riechzellen eindringen bzw. durch die wässrige Schleimschicht zu den Rezeptoren gelangen können. Für die Bindung an die Lipidmembran müssen die Moleküle zudem fettlöslich sein. Auch wenn bis heute nicht ganz geklärt ist, was ein Molekül zu einem „Geruchsstoff-Molekül" macht: Es muss flüchtig oder beim Kauen freigesetzt werden und wasser-, lipid- und fettlöslich sein.

- **Erste Geruchsstationen**

Durch das Aktivieren von spezifischen Rezeptorentypen entsteht in der ersten Geruchsstation im Riechhirn, dem Riechkolben (Bulbus olfactorius bzw. „olfactory bulb") aus den einzelnen elektrischen Impulsen ein typisches Muster. In Zusammenarbeit mit anderen Gehirnregionen wie dem piriformen Kortex inszeniert es den jeweiligen Geruchseindruck. Man kalkuliert, dass der Mensch, wie schon gesagt, rund 10.000 verschiedene Geruchsmuster wahrnehmen, sprich Gerüche unterscheiden kann. Da Düfte von Lavendel oder Rosmarin, wie wir bereits besprochen haben, allein 505 bzw. 450 Duftkomponenten haben, müssen Riechzellen mit ihren unterschiedlichen Duftrezeptoren zusammenarbeiten. Komplexe Gerüche wie die der Rose mit über 500 Duftkomponenten erzeugen so einen „Signal-Kombinationscode", bevor das Gehirn den Code entschlüsseln kann. Am Beispiel der Rose bedeutet das: Die Signalkaskade, die in den Riechzellen durch die Anlegung der „Rosenmoleküle" an die Rezeptoren entsteht, wird in einzelnen elektrischen Impulsen ans Gehirn gesendet, bevor sie dort als Rosenduft erkannt werden kann. Diese Informationsvermittlung geschieht durch Nervenfasern (Axone) der Sinneszellen, die gebündelt durch das Siebbein (siebartig durchbrochener Knochen des Hirnschädels) in die Schädelhöhle zum Riechkolben führen. Die Signalkaskade wird nach einiger Zeit aber wieder unterbrochen, um eine Reizüberflutung zu verhindern. Das heißt, obwohl die Riechstoffe noch vorhanden sind, werden sie nicht mehr oder kaum wahrgenommen; es findet eine Adaption statt. Aldehyde, wie sie z. B. in „Chanel No 5" vorkommen, sind davon vor allem betroffen, weil man sich besonders leicht an sie gewöhnt.

Der Riechkolben wird als Ausläufer des Gehirns und als Teil des Riechhirns betrachtet, von dem aus die zentralnervöse Verarbeitung der Geruchsreize in anderen Gehirnregionen beginnt. Der Riechkolben selbst arbeitet dabei wie ein Rechen- und Relaiszentrum, in dem eine Umschaltung der eingehenden Informationen stattfindet. Er sammelt die einzelnen elektrischen Impulse, die aus 100 oder sogar 1000 verschiedenen Molekülen entstammen können, und setzt sie zusammen. Das macht er mit sog. Riechknötchen (Glomeruli), etwa 2000 an der Zahl, die man auch als Mikroregionen im Geruchshirn bezeichnet. Von diesen Mikroregionen werden dann über pyramidenartig aussehende Mitralzellen die von ihnen aufgenommenen Reize an verschiedene Regionen in der Hirnrinde weitergesendet.

Unterschiedliche Glomeruli arbeiten, wie auch die Riechzellen, wiederum zusammen und erzeugen für die ankommenden elektrischen Impulse ein jeweils spezifisches Erregungsmuster bzw. den Dufteindruck als Ganzes. Dieser wird dann von weiteren Regionen des Riechhirns, und da zunächst vom piriformen Kortex, mit anderen Sinnesreizen wie dem visuellen abgeglichen. Durch die Mitralzellen werden aber auch die eingehenden Informationen der Rezeptoren deutlich reduziert. Wenn also nur ein Teil des Erregungsmusters und davon das Leitmolekül für den Rosenduft ausgewertet wird, entsteht im Gehirn schon ein erster Dufteindruck, in diesem Fall der von einer Rose. Wie wir bereits besprochen haben, unterstützt unser visueller Sinn über den piriformen Kortex die Geruchserwartung, doch einige Moleküle geben so ein charakteristisches Signal ab, dass das Gehirn schon einen Hinweis auf das ganze Duftbild erhält, bevor es als Muster entsteht. Das kann sehr schnell gehen, denn, wie oben gesagt, eine erste Dufterkennung kann bereits im Bereich von unter 500 Millisekunden erfolgen, und eine Duftunterscheidung dauert nicht länger als ein bis zwei Sekunden. Um beim Beispiel Rosen zu bleiben: Das Leitmolekül bzw. die Leitsubstanz für Rosenduft ist Geraniol. Wer Geraniol riecht, assoziiert diesen Duft in der Regel sofort mit Rosen. Obwohl der Duft einer Rose eben über 500 Einzelstoffe enthalten kann, reicht das Riechen dieses Stoffes schon zum ersten Erkennen aus. Auch wenn dem Riechenden mit und ohne visuelle Unterstützung schnell klar wird, dass zu einer echten Rose, so wie wir ihren Geruch in unserem Duftgedächtnis abgespeichert haben, noch etwas fehlt.

- **Eins der größten Wunderwerke der Natur**

Die „chemoelektrische Transduktion" („chemoelectrical transduction") beim Riechen ist ein Wunderwerk der Natur – vielleicht eines ihrer größten. Sie ist das Spezialgebiet vieler Chemiker und Biologen. So haben zum Beispiel Stephan Frings von der Abteilung für Molekulare Physiologie am Heidelberger Institut für Zoologie und sein Kollege Clemens Prinz zu Waldeck sie zu einem ihrer Forschungsschwerpunkte gemacht (Waldeck und Frings 2005). Die molekularen Grundlagen der Geruchswahrnehmung – also wie wir riechen was wir riechen – hat in den letzten Jahren national wie international zu einer derartigen Fülle von Einzelerkenntnissen geführt (Reisert und Reingruber 2019), dass ich den Prozess der Transduktion an den Riechzellen hier nur sehr allgemein schildern will.

Bei der „chemoelektrischen Transduktion" an den Riechzellen geht es, wie bei allen Zellen des Körpers, vor allem um eine primäre Funktion: Sie müssen kommunizieren, und das geschieht über Signale.

Wie gesagt werden an den Riechzellen, sprich an ihren Geruchsrezeptoren, die Informationen chemischer Signale, basierend auf ihrer chemischen Zusammensetzung bzw. Oberflächenstruktur, Größe, Gewicht und damit der Form der Moleküle eines Duftstoffes, in elektrische Signale umgewandelt. Die Reaktion der Geruchsrezeptoren hängt aber nicht nur von der Art des Duftstoffes ab, sondern auch von seiner Konzentration. Mit zunehmender Konzentration erhöht sich die Bandbreite der Duftstoffe, welche eine Reaktion auslösen – der Geruchseindruck wird damit noch greifbarer und lebendiger.

Bindet sich nun ein Duftstoffmolekül an seinen Anlegesteg (Geruchsrezeptor), wird ein sog. G-Protein aktiviert bzw. ein sog. G-Protein/Adenylylzyklase-Mechanismus ausgelöst. G-Proteine sind eine inhomogene Gruppe von Proteinen innerhalb von Zellen und die wichtigsten biochemischen Funktionsträger. Sie wirken u. a. als Katalysatoren, übermitteln Nervenimpulse und ermöglichen damit Bewegung und so auch das Riechen.

Welche molekularen Reaktionen treten nun bei der „chemoelektrischen Transduktion" der Geruchswahrnehmung nacheinander ein? Wenn Biochemie nicht eine

Ihre Stärken ist, wird es jetzt zugegebenermaßen in den nächsten Zeilen etwas komplex. Zunächst also wird an der Innenseite einer Rezeptorzelle ein G-Protein aktiviert. Dieses G-Protein stimuliert dann das Enzym Adenylylzyklase. Dieses Enzym ist für die Weiterleitung von Geruchsreizen verantwortlich. Das wird wiederum erreicht durch die Umwandlung von Adenosintriphosphat (ATP), woraus Adenosinmonophosphat (cAMP) entsteht. cAMP ist ein Botenmolekül, das die Ionenkanäle der Riechzelle öffnen kann. Es kommt zu einer Depolarisation: Positiv geladene Natrium- und Kalziumionen strömen ins Zellinnere, negativ geladene Chloridionen strömen hinaus. Dadurch verändern sich die elektrischen Eigenschaften der Zelle. Aus dem chemischen Reiz wird ein elektrischer. Es kommt zu einem Aktionspotenzial, und das zu Beginn des Prozesses chemische Signal wird jetzt als ein elektrisches zum Riechkolben gesandt. Angemerkt sei aber noch, dass ein einziges Duftmolekül nicht ausreicht, um einen elektrischen Reiz in den Riechzellen zu erzeugen. Es müssen schon genug nachströmende Duftmoleküle in der Atemluft sein, damit sie auch an den Riechzellen bzw. den Geruchsrezeptoren andocken können. Fangen die Riechzellen genug Duftmoleküle ein, so entsteht durch die Transduktion eine derartige elektrische Spannung, dass sich der Duftreiz sogar noch verstärkt.

3.7 Der Maître des Parfums im Gehirn oder das Gerangel um den Duft im Kopf

Mit der Umwandlung des Duftreizes in ein elektrisches Signal wird es für jeden Duftpsychologen richtig spannend, denn nun geht es um die eigentliche Riechempfindung. Psychophysiologisch gesehen beginnt sie, wie gesagt, mit dem Riechkolben, der ersten Station im olfaktorischen Kortex, den sog. primären Riechgebieten oder dem primären Riechhirn. Hier hat die zentralnervöse Verarbeitung ihren Ursprung.

Aber schon bei der Bedeutung des Riechkolbens für das Riechen ist noch nicht das letzte Wort gesprochen. Die aktuelle Forschung kommt zu dem Schluss, dass Riechen auch ohne Riechkolben geht (Weiss et al. 2019), was die Fachwelt in Staunen versetzte und wofür man bislang keine richtige Erklärung gefunden hat. Wie diese letztlich auch ausfallen wird – es wird dann für die weitere Verarbeitung des Geruchsreizes, psychologisch gesehen, besonders spannend, sowohl für Neurowissenschaftler als auch für Parfümeure und die Duftberatung in der Parfümerie. Wirkt der Geruchsreiz auf unser Emotionszentrum, entsteht zunächst eine unbewusste Geruchswahrnehmung, die sich dann zu bewussten Gefühlen, Erinnerungen und hedonischen Urteilen entwickeln bzw. als solche wahrgenommen und artikuliert werden kann. Mehrheitlich bleibt uns die Wirkung von Geruchsreizen allerdings unbewusst.

Regelrecht faszinierend wird es, wenn Geruchsreize auf höhere Gehirnareale wie den orbitofrontalen Kortex im präfrontalen Kortex treffen – eine Gehirnregion, deren Bedeutung für das Riechen die Forschung vor nicht allzu langer Zeit entdeckt hat und die auch der Sitz unseres Selbst und wesentlich für unsere Persönlichkeit ist. Diese Region spielt besonders bei der Suche und Bewertung eines neuen Dufts eine wesentliche Rolle. Anders ausgedrückt: Nicht die Nase entscheidet, sondern das Gehirn.

Der orbitofrontale Kortex mit seiner besonderen Rolle beim Dufterleben liegt unmittelbar etwas nach hinten versetzt über den Augen im Vorderhirn, das verantwortlich für höhere kognitive Prozesse ist und zum sog. Frontallappen im Großhirn gehört. Der Geruchssinn selbst, bei dem der Dufteindruck wahrgenommen wird, gehört überwiegend zum unteren Schläfenlappen (Temporallappen). Hier endet auch die Riechbahn. Ein Großteil des Geruchshirns überlappt sich mit dem limbischen System, einem phylogenetisch sehr alten Teil des Gehirns, das traditionell auch als Ur-Sitz der Emotionen angesehen wird. Unter „Schläfe" versteht man anatomisch die Region knapp vor und direkt über den Ohren. Der Dufteindruck wird also auf dem Weg zwischen Nase und Regionen, die über den Ohren liegen, entwickelt.

Da im Temporallappen auch das Gehörzentrum liegt, in dem Klänge verarbeitet werden, und das damit für die Sinnesqualität des Hörens zuständig ist, müsste man eigentlich auch einen Zusammenhang zwischen Riechen und Hören vermuten – allein schon deshalb, weil Geruch Bewegung und damit auch Schwingung ist. Vielleicht könnten wir mit einem sehr fein abgestimmten Ohr auch Düfte hören. Tatsächlich gibt es Sprachen und Kulturen – beispielsweise die russische und chinesische –, in denen man Gerüche hört bzw. in denen man sagt, dass man einen Duft höre (Geiger 2019).

Anatomische Nähe im Gehirn bedeutet aber nicht zwangsläufig, dass diese Regionen auch zusammenarbeiten. Oft sind es relativ weit auseinander liegende, unabhängige Areale, die Aufgaben für gleiche oder verwandte Sinne übernehmen. Bei der Verarbeitung visueller Informationen, die vom Auge geliefert werden, sind es beispielsweise 30 verschiedene Areale, die zum Teil räumlich weit auseinanderliegen.

Das Gleiche entdeckt man nun auch immer mehr für das Riechen. Es findet nicht nur im Geruchshirn statt, sondern – anatomisch gesehen – viel weiter entfernt. Mehr noch, wie gesagt: Bei einer Entscheidung – etwa für ein neues Parfüm – darf das Geruchshirn zwar mitreden, aber eine weiter entfernte Kontrollinstanz segnet dann erst die Entscheidung ab. Zumindest versucht sie es. Willkommen deshalb beim orbitofrontalen Kortex (OFC) und dem Gerangel in unserem Kopf, wer bei Geruch und Parfüm was und wie viel entscheiden darf! Die Hauptakteure sind, wie berichtet, der OFC und der Mandelkern (Amygdala) – und zwar vor allem bei der Duftwahl am Parfümerie-Counter, am sog. Point of Sale. Denn sehr oft sind sich die beiden uneins. Um diesen Konflikt in der Praxis zu lösen, finden Sie an späterer Stelle Tipps, wie man die verschiedenen Gehirnregionen bei der Duftwahl für ein neues Parfüm begeistert.

- **Warum gibt es beim Riechen überhaupt Zwietracht im Gehirn?**

Der orbitofrontale Kortex, der gar nicht zum Geruchshirn gezählt wird, gilt nach heutigem Forschungsstand aufgrund seiner letzten Entscheidungsgewalt als der Maître des Parfums im Gehirn. Sie lesen richtig: Unser Maître des Parfums hat seinen Sitz gar nicht im Geruchshirn bzw. Emotionszentrum. Er steuert Geruch sozusagen von seinem Homeoffice im Großhirn aus, also von außerhalb. Da können Sie sich natürlich vorstellen, dass es Regionen im Geruchshirn gibt wie die Amygdala, die ihre eigene Agenda haben und die der orbitofrontale Kortex nicht oder nur schwer steuern kann. Ich komme darauf noch zurück. Sie ahnen aber schon, dass Riechen seine ganz eigenen Spielregeln hat und Regionen im Großhirn nur das an Geruchsinformationen bekommen, was die scheinbar „niedrigeren" auch freigeben.

Doch was macht den orbitofrontalen Kortex beim Riechen so speziell? Warum wird er als Maître des Parfums angesehen? Der OFC ist es, der nicht nur multisensorische Verknüpfungen schafft, also den Duft mit anderen Sinnesmodalitäten genussvoll verkuppelt, sondern auch die Werteinschätzung eines Parfüms sowie seines Flakons bestimmt. Wenn man bisher vielleicht gehofft hat, den Sitz für schöneres Riechen, also den Ort des Duftgenusses, irgendwo im Geruchshirn und damit in unserem Geruchszentrum bzw. im Temporallappen zu finden, muss man heute sagen, dass er bestenfalls im Zusammenspiel unterschiedlichster Areale entsteht. Letztlich wird Duftgenuss vom Vorderhirn gesteuert – zumindest wird es dort versucht.

3.8 Duft und Persönlichkeit: Wie Gehirn und Persönlichkeit den Duftgenuss beeinflussen

Es sind atemberaubende Erkenntnisse der Duftpsychologie und der Neurowissenschaften, die immer deutlicher zeigen, wie uns das Gehirn bzw. die in uns angelegten Persönlichkeitsstrukturen zunächst beim Riechen und danach bei der Duftwahl und beim Dufterleben beeinflussen. Dabei spielen die Duftsozialisation – das, was z. B. als schön zu riechen erlernt wurde – und die Geruchserinnerung – die Assoziationen, die man mit bestimmten Düften verbindet – eine große Rolle. Doch der Mensch hat auch angeborene Duftvorlieben, die teilweise mit der Ausprägung von Persönlichkeitsmerkmalen einhergehen.

In Zeitschriften und Magazinen liest man oft, dass die Duftwahl gewisse Rückschlüsse auf den Träger erlaube. Hinter den klassischen Fragen wie „Welches Parfüm haben Sie heute aufgelegt? Einen warmen Duft, vielleicht mit holzigen Noten, passend zur Jahreszeit? Oder etwas Blumiges? Oder war Ihnen heute eher nach etwas Zitrisch-Frischem zumute?" (Müller 2019) stehen vor allem auch duftpsychologische Zusammenhänge, die von den neusten neurowissenschaftlichen Erkenntnissen sowie der Persönlichkeitspsychologie bestätigt werden (Müller 2019). Seit der Jahrtausendwende wird es Wissenschaftlern durch bildgebende Verfahren, das sog. Neuroimaging oder, genauer gesagt, durch funktionelle Magnetresonanztomografie (fMRI), immer besser möglich, dem Gehirn quasi beim Riechen und der Duftwahl zuzuschauen. Dabei kam Spektakuläres ans Licht: Einzelne Hirnregionen scheinen bestimmte Duftvorlieben zu haben.

- **Programmiert auf Vitamin C?**

So spricht beispielsweise der orbitofrontale Kortex besonders auf Zitrus-Noten an (Romoli et al. 2012). Eigentlich hätte man von ihm als Maître des Parfums eine gewisse Duftneutralität erwarten können. Überhaupt belegen zitrische Noten sowohl bei Männern als auch bei Frauen den vierten Platz auf der universellen Beliebtheitsskala von Aromen – gleich nach Schokolade, Vanille und Milch, die wiederum andere Hirnregionen faszinieren. Da liegt die Vermutung nahe, dass Duftvorlieben auch eine genetische Verankerung haben. Möglicherweise hat uns auch die Natur auf zitrische Aromen programmiert, weil die dazugehörenden Früchte das für das Immunsystem so wichtige unterstützende Vitamin C enthalten.

Die Natur ist noch einen Schritt weitergegangen. Die Praxis der Parfümerie weiß schon seit längerem, dass Zitrus-Aromen besonders Duftverwender mit extravertierten Erlebniswünschen anziehen und dass diese sich entsprechend verhalten bzw. verhalten wollen – aktiv, dynamisch und offen. Tatsächlich wird der orbitofrontale Kortex auch mit dem Sitz der Persönlichkeitsdimension Extraversion in Verbindung gebracht. Man kann vielleicht sogar behaupten, dass die der Extraversion zugeordneten Persönlichkeitsmerkmale Aktivität und Dynamik einen höheren Bedarf an Vitamin C benötigen und unser Maître des Parfums darauf programmiert ist.

Außerdem übt die belebende Wirkung von frisch-grün-zitrischen Düften nicht nur auf Extravertierte, die einen kühlen Kopf behalten wollen, eine positive Wirkung aus. So gelten in der Aromatherapie viele dieser Duftnoten als stimmungsaufhellend und sogar konzentrationsfördernd. Traditionell wurden sie als leichtes Cologne auf den Köper gegeben oder in ein Taschentuch geschüttet, um damit beispielsweise die Stirn zu betupfen – eben die Stelle des Kopfes, hinter dem der orbitofrontale Kortex liegt. In der Parfümerie kamen dafür hauptsächlich die belebende, aber wohl auch hässlichste aller Zitrusfrüchte, die schrumpelige Bergamotte, zum Einsatz. Vielen dürfte der Geruch dieser Frucht von dem spritzigen Dior-Zitrus-Herrenduft „Eau Sauvage" (Eau de Toilette) oder dem Malin+Goetz-Unisexduft „bergamot" bekannt sein.

Besonders bei Letzterem wird Bergamotte in der Kopfnote durch andere Zitrusfrüchte wie Mandarine, Limette und Grapefruit sowie Ingwer und würziger Minze in der Herznote unterstützt. Dieser Duft umschreibt nicht nur olfaktorisch extravertierte Erlebenswünsche, sondern weckt auch Erinnerungen an Licht, Sonne, Sommer und Süden, wo man entsprechende Wünsche vielleicht mehr ausgelebt hat. Unser Duftgedächtnis, das u. a. im Hippocampus, dem sog. Seepferdchen, und damit im Emotionszentrum angesiedelt ist, arbeitet hier dem Maître des Parfums zu und verstärkt den Geruchseindruck bzw. den Duftgenuss.

Eine weitere Persönlichkeitseigenschaft, nämlich die Gewissenhaftigkeit, hat ihren Sitz im präfrontalen Kortex, also im unmittelbaren Bereich des orbitofrontalen Kortex. Merkmale hoher Gewissenhaftigkeit sind zielorientiertes Verhalten, kontrolliertgeplantes und strukturiertes Vorgehen. Auch bei dieser Persönlichkeitsausprägung ist in der Duftpsychologie und entsprechend auch in der Praxis der Parfümerie ein Zusammenhang bekannt, den man sicher empirisch noch eingehender untersuchen muss. Insbesondere männliche Kunden mit hohen Werten auf der Persönlichkeitsskala hinsichtlich Gewissenhaftigkeit – die sich also als besonders gut organisiert, zuverlässig, vorausschauend, planend und strukturiert arbeitend beschreiben –, scheinen eher eine Affinität für sog. frisch-aromatische, aquatische Noten sowie für die Duftrichtung „Fougère" zu haben, die ich noch besprechen werde.

Deutlich wird das beispielsweise am Duftklassiker „Cool Water" des legendären Parfümeurs Pierre Bourdon. Mit einer Kopfnote, die eine Kombination aus Meerwasser, Mandarine, Lavendel, Minze und anderen grünen Noten assoziiert, spricht dieser Duft besonders einen Persönlichkeitszug und Erlebenswunsch bei Männern an, der den oben erwähnten Attributen entspricht und in unserer Kultur zu den sozial erwünschten Merkmalen gehört. Frisch-aquatische Düfte, in denen auch unaufdringliche, aromatische Fougère-Noten – ein grüner, beispielsweise an den kaum riechenden Farn erinnernder Pflanzengeruch – eine Rolle spielen, sind nicht zufällig seit Jahrzehnten eines der beliebtesten Themen der Herrenparfümerie. Das liegt sicher auch mit daran, dass Frauen in besonderem Maß die Duftentscheidung ihrer Partner beeinflussen. Denn sie schätzen bei Männern besonders die Persönlichkeitseigenschaft Gewissenhaftigkeit.

- **Essbare vs. Blumendüfte**

Derzeit konzentriert sich die Duftforschung in den Neurowissenschaften, die ich als Neuroparfümerie bezeichne, noch vornehmlich auf die Wirkung einzelner Duftstoffe und -akkorde auf das Gehirn. Dazu zählen beispielsweise die von Schokolade, Vanille, Zimt, Pfirsich, Erdbeere, Orange, Mango und Zitrus (Gruppe 1) sowie von Jasmin, Maiglöckchen, Lavendel und Rose (Gruppe 2). Generell hat man mit bildgebenden Verfahren bereits festgestellt, dass das Gehirn beim Angebot von Essensdüften, also Gerüchen von Essbarem (Gruppe 1), und von Blumendüften (Gruppe 2) unterschiedlich reagiert. Es gibt auch Untersuchungen zur Wirkung von Duftstoffmischungen, also Teilkompositionen eines Parfüms, auf das Gehirn. Wie zu erwarten, stimulieren Duftstoffmischungen bestimmte Gehirnregionen stärker als reine Duftstoffe (Boyle et al. 2009).

Insgesamt steht aber die junge Neuroparfümerie noch vor vielen Herausforderungen, die einen Einfluss auf die Untersuchung von Duftwirkungen auf das Gehirn haben. Ich will hier nur einige nennen. So scheint die Länge der Duftdarbietung Einfluss auf die Stimulation des Gehirns zu haben. Interessanterweise legen bildgebende Verfahren (fMRI) nahe, dass Düfte, die in kürzeren Intervallen zum Riechen angeboten werden, das Gehirn (z. B. den OFC und andere Regionen) mehr stimulieren als solche, die über einen längeren Zeitraum gerochen werden (Han et al. 2019b). Das ist ein guter Tipp aus der Neuroparfümerie für die Duftberatung. Bereits nach Minuten wird das Gehirn durch einen Duft deutlich weniger stimuliert. So hat sich in der Praxis der Parfümerie auch gezeigt, dass der als erstes vorgestellte Duft gegenüber den folgenden einen Vorteil hat. So fällt die erste Entscheidung für ein Parfüm oft bereits innerhalb von Sekunden mit dem Anriechen. Nicht zufällig kommt man auch in der Duftforschung zu dem Schluss, dass sich bei der Anwendung von fMRI-Verfahren die beste Wirkung auf das Gehirn schon im Bereich von sechs Sekunden mit kurzer Wiederholung der Duftstimulation zeigen lässt (Georgiopoulos et al. 2018).

Der Einfluss auf Ausmaß und Schnelligkeit der neuronalen Verarbeitung hängt auch davon ab, ob der Duft mit etwas Essbarem assoziiert werden kann (Schoen 2018). Das interessiert – wie ich am Beispiel von Schokoladendüften noch näher beschreiben werde – bestimmte Gehirnregionen und Netzwerke besonders. Die Verarbeitung im Gehirn ist entsprechend noch schneller. Ferner haben Hunger und Sättigungsgefühl einen Einfluss auf die neuronale Aktivität eines Duftes. Sie führen bei einem Sättigungsgefühl zu einer verringerten Aktivität, aber auch zur Veränderung der Lokalisierung im Gehirn (Small et al. 2001). Es gibt allerdings auch einzelne Gehirnregionen – oder besser gesagt Gehirnareale –, die bei geschmacklichen Sinneseindrücken relativ stabil sind. Sie sind vom aktuellen Erlebenszustand bzw. dem aktuellen Stimulationsbedürfnis weitgehend unabhängig und zeigen keine Veränderung der Signalstärke.

Es gibt jedoch noch eine ganze Reihe weiterer Einflussfaktoren, die von der Gehirnforschung bzw. der Neuroparfümerie kontrolliert werden müssen. So hängt die Lokalisierung der Gehirnaktivität auch von Rechts- bzw. Linkshändigkeit ab, kennt Geschlechtsunterschiede und ferner den Einfluss individuellen Dufterlebens. Was sich auch in entsprechenden Untersuchungen gezeigt hat, ist, dass sich die Erregung oft nur bei Arealen einer Hemisphärenseite beobachten lässt, sodass beispielsweise nur Teile der rechten Amygdala aktiviert sind. Entsprechend wird in Fachartikeln sehr präzise beschrieben, wo genau die Erregung stattfindet. Dabei werden Gehirnareale wie die Amygdala oder der OFC sehr viel genauer nach ihren Bereichen (z. B. vordere, mittlere, hintere) mit Hemisphärenlokation (rechts/links) und Beteiligung anderer Areale und Netzwerke mit entsprechender Spezifizierung unterschieden, als ich es hier für einen Überblick zeigen kann.

Vor allem die Forschung mit fMRI-Verfahren erlaubt sehr ausgewählte Einblicke in eine mögliche Stimulation einzelner Gehirnareale, wie sie die Anatomie beschreibt. Beim präfrontalen Kortex wird eine Unterteilung in den besprochenen orbitofrontalen (oberhalb der Orbita des Auges gelegenen), aber auch in einen medialen (in der Mitte liegenden) und lateralen (etwas zur Körperaußenseite hin gelegenen) Anteil gemacht. Für den Geruch ist nach heutigem Stand besonders die mediale und laterale orbitofrontale Region von Interesse. Der laterale präfrontale Kortex wird noch einmal in dorsolaterale (nach hinten seitlich in Richtung Rücken gelegene) und ventrolaterale (vorn seitlich Richtung Bauch liegende) Bereiche unterteilt. Das führt dann zu Abkürzungen in Fachartikeln, wo nur noch Kurzformen wie VLPFC (ventrolateraler präfrontaler Kortex) kommuniziert werden. Mit einem vorangestellten r oder l wird dann noch spezifiziert, ob das entsprechende Areal in der rechten oder linken Gehirnhemisphäre liegt.

Fast noch anspruchsvoller sind fMRI-Studien zu der relativ kleinen, mandelförmigen und tiefliegenden Amygdala. Sie ist ein paarig angelegtes Kerngebiet in der rechten und linken Hemisphäre. Die Anatomie sieht sie als aus 13 Einzelkernen bestehend, die zum Teil noch in Untereinheiten gegliedert werden. Zur besseren Unterscheidung werden drei unterschiedliche Gebiete bestimmt:

1. die zentromediale Kerngruppe, u. a. mit den Nuclei centralis und medialis,
2. der basolaterale Komplex mit den Kernen Nucleus lateralis, Nucleus basalis und Nucleus basolateralis und
3. die kortikale Kerngruppe mit dem Nucleus corticalis.

Allein die Differenzierung in rechte und linke Amygdala zeigt eine unterschiedliche Spezialisierung, sprich Zuständigkeit, beispielsweise bei der Art der verarbeiteten Emotionen und Erinnerungen, wobei sich auch Geschlechtsunterschiede zeigen. Für den Geruch ist nach heutigem Stand besonders der in der zentromedialen Kerngruppe liegende mediale Kern der Amygdala (MeA) von Interesse. Er ist ein zentraler Knotenpunkt im olfaktorischen neuronalen Netzwerk und wird auch mit der Pheromonwahrnehmung in Verbindung gebracht.

Fast alle am Riechen beteiligten Areale sind also in verschiedene, oft sehr spezialisierte Bereiche untergliedert. Um ein Verlieren im Detail zu verhindern, beziehe ich mich im Folgenden in der Regel auf das Areal als Ganzes. Wer sich allerdings mit einem Areal in einzelnen Bereichen und Funktionen genauer beschäftigen möchte, findet in folgenden Quellen Informationen, mit denen auch ich mich auf dem aktuellen Stand der Forschung halte:
- PNAS (Proceedings of the National Academy of Sciences), ▶ www.pnas.org
- PMC (U.S. National Institutes of Health's and National Library of Medicine), ▶ https://www.ncbi.nlm.nih.gov/pmc/

Bisher sind aus der Neuroparfümerie und Duftpsychologie vor allem vier Regionen bzw. Areale mit Netzwerken im Gehirn bekannt, die eine Affinität für bestimmte Düfte oder, besser gesagt, Duftrichtungen haben. Ich werde sie noch im Detail besprechen. Vereinfacht ausgedrückt wollen diese spezifischen Gehirnregionen bestimmte Düfte mit als erstes riechen, um sich von ihnen stimulieren zu lassen. Dabei spielen sicherlich der momentane Erlebenszustand (z. B. Hunger oder Lust auf Süßes) und damit das aktuelle Stimulationsbedürfnis eine Rolle.

3.9 Olfaktorische Seelentröster: Warum Parfüms so guttun

- Können Schokoladendüfte unser Suchtzentrum aktivieren? Sind Milch- bzw. Milchmousse-Noten Seelentröster?

Ein Beispiel für eine spezifische Duftstimulation ist das Netzwerk der Insula, wie ich es schon vorgestellt habe. Sie ist eine eigene Gehirnregion und arbeitet als Netzwerk vor allem mit der Amygdala, dem orbitofrontalen Kortex, dem Thalamus und dem Hypothalamus zusammen. Es wird heute angenommen, dass die Insula an der Emotionsverarbeitung und der Erregung beteiligt ist, einschließlich des Bewusstseins für die eigenen Körperzustände wie Schmerzen. Außerdem spielt sie bzw. eines ihrer Zentren bei einer Sucht eine große Rolle. So zeigen bildgebende Verfahren, dass insbesondere die Insula und ihr Netzwerk durch Schokoladenduft sowie süße Aromen, olfaktorisch und gustatorisch dargereicht, gern stimuliert und aktiviert werden (Han et al. 2019a). Man kann deshalb sagen, dass die Insula von Natur aus gegenüber einer gewissen „Suchtabhängigkeit" von süßen Aromen, wie wir sie in der Parfümerie als Gourmand-Noten kennen, nicht abgeneigt ist.

Mehr noch: Studien mit bildgebenden Verfahren zeigen nicht nur eine erhöhte Aktivierung des Insula-Netzwerks während der Einnahme von Drogen wie Kokain, sondern bereits beim Verlangen danach (Risinger et al. 2005). Ganz offensichtlich haben wir ein Netzwerk im Gehirn, bei dem die Evolution für uns Menschen entschieden hat, dass ein Duft – wenn auch mild – wie eine Droge auf uns wirken kann. Mehr noch: Die Geruchsantizipation von spezifischen Düften löst auf eine Gehirnregion eine Wirkung aus, die sich sogar bis zu einem leichten Suchtverlangen steigern kann. Zusammenfassend kann man sagen: Spezifische Düfte haben das Potenzial, in unserem Gehirn spezifisch zu wirken. Sie sind sogar in der Lage, das Suchtzentrum gezielt anzusprechen und regelrecht zu aktivieren. Damit gewinnt meine eingangs gemachte Aussage „Parfüms – die schönsten aller Drogen" eine tiefere Bedeutung, als man zunächst hätte vermuten können.

Für die Neuroparfümerie dürfte momentan die spannendste Entdeckung sein, dass es Gehirnregionen bzw. Areale und Netzwerke mit einer Affinität für bestimmte Düfte gibt, auf die sie mit einer spezifischen Erregung bzw. Wirkung reagieren. Diese Duftaffinität scheint, wie gesagt, vielfach auch vom aktuellen Erlebenszustand bzw. dem aktuellen Stimulationsbedürfnis abzuhängen, also situativ zu sein. Mit der Wahl eines bestimmten Parfüms wollen wir demnach nicht nur unsere Persönlichkeit unterstreichen, sondern auch unsere Erlebens-, sprich Stimulationswünsche erfüllen. Man darf deshalb auf weitere Erkenntnisse der Neuroparfümerie gespannt sein, die zeigen, wie, wann und wo etwas im Gehirn gern gerochen wird und welche Wirkung dies jeweils hat.

Die nach jetzigem Forschungsstand weiteren für bestimmte Duftaffinitäten zuständigen Regionen im Gehirn befinden sich vor allem im limbischen System. Es ist unser Emotionszentrum mit verzweigtem Netzwerk, in dem die Emotionen gesteuert werden. Vor allem die aktuellen Forschungsergebnisse über die Amygdala, unseren tiefsten Kern im Emotionszentrum, bieten erstaunliche Einblicke in die Welt des Riechens. Schon lange war bekannt, dass die Amygdala einen direkten Zugang zu unserer Nase besitzt. Da sie mit am schnellsten von allen Gehirnarealen riecht, ist die bereits genannte These aufgekommen, dass wir vielleicht alles zweimal riechen. Dafür liefert der israelisch-amerikanische Psychologe Daniel Kahneman, der 2002 mit dem Nobelpreis ausgezeichnet wurde, gute Argumente, wie ich noch zeigen werde.

■ Die Wirkung von Milch- bzw. Milchmousse-Duftnoten

Die Amygdala hat olfaktorisch ganz eigene Interessen und Duftvorlieben und scheint mehr Süße in Parfüms zu suchen, als uns bewusst ist. Vom bewussten Duftempfinden im präfrontalen Kortex wird diese jedoch eher abgelehnt, da sie als für einen selbst nicht passend empfunden wird. Die Empfindungen der Amygdala werden vor allem zwischen Mutter und Kind beim Stillen aufgebaut. Hier entsteht ein Urvertrauen. Denn durch den Augenkontakt mit der Mutter, den Geruch der Muttermilch und der Mutterbrust lernen Babys, sich zu entspannen. Und jetzt wird es hochinteressant: In neueren Untersuchungen wurde festgestellt, dass auch auf Erwachsene diese relativ süßen Hautmilch-Gerüche beruhigend wirken können und vielfach noch fast kindliche Wohlgefühle bereiten.

In der Parfümerie sind das die sog. Milch- bzw. Milchmousse-Duftnoten. Sie riechen als Parfüms zwar so, enthalten aber keine Milch und erfreuen sich derzeit zunehmender Beliebtheit. Denn immer mehr beruflich oder privat stark beanspruchte Menschen entscheiden sich bewusst oder unbewusst für einen Duft, der ihnen eine Zeitreise zurück in die unbeschwerte Kindheit bietet; in eine Zeit mit fürsorglichen Eltern, und in der das Leben viel einfacher war. So können Milch- bzw. Milchmousse-Duftnoten mit ihrer oft leichten Süße wahre Seelentröster sein.

Auf diese Gerüche spricht die Amygdala an. Sie wird durch eine an die Muttermilch erinnernde Komposition aus haut- und milchig-warmen Gerüchen mit Vanille- und weißen Moschus-Noten olfaktorisch beruhigt. Für Parfümeure ist deshalb das Anreichern von vor allem Damenparfüms mit Vanille und weißem Moschus zu einem schnellen Mittel zur Steigerung der Attraktivität des Duftes geworden. Das gilt insbesondere für den Nachgeruch auf der Haut. Die Parfümeure setzen damit auf eine genetisch vorprogrammierte Duftpräferenz, die durch frühkindliche Dufterfahrungen noch verstärkt wird.

Mittlerweile gibt es die gesamte Duftrichtung Milch bzw. Milchmousse in den unterschiedlichsten Varianten – von weniger bis recht süß, was natürlich für Duftnasen relativ ist, aber olfaktorisch ideal, um eine größere Verwendergruppe anzusprechen. Ein Beispiel für relativ weniger süß ist das Parfüm „Signorina Misteriosa" von Salvatore Ferragamo. Milchmousse und schwarze Vanilleschote sorgen für einen warmen, beruhigenden Dufteindruck. Noch weniger süß ist der Duft „Sweet Milk" von Jo Malone, den sowohl Männer als auch Frauen als Seelenbalsam für den Verlust vergangener, unbeschwerter Tage gut tragen können. Deutlicher und damit auch süßer ist der Milchmousse-Eindruck bei dem Parfüm „Vanille Caramel" von Tutti Délices. Hier wird der warme Geruchseindruck u. a. noch durch Kokosnuss unterstützt.

Die Parfümerie muss also auch immer den tiefen, fast vergessenen Emotionen und Erlebenswünschen ihrer Verwender Rechnung tragen, um einen Duftgenuss zu erzeugen. Er hat so auch etwas Therapeutisches, da er wie Balsam für die Seele wirken kann und damit unser Wohlgefühl, unsere Lebensqualität und selbst unsere Gesundheit direkt und indirekt steigert.

» *Ich weiß: Basiswissen über Faktoren, die die Duftwahl beeinflussen und wie Riechen geht, kann manchmal ein bisschen trockene Materie sein. Doch seien Sie gewiss: Unsere gemeinsame aufregende Reise in die Welt der Düfte und der Parfümerie, vor allem in die Zukunft des Riechens, mit Erkenntnissen, mit welchen Düften sich das Gehirn so richtig wohlfühlt, geht gleich richtig los!*

Zusammenfassung

In diesem Kapitel wurden die verschiedenen Faktoren vorgestellt, die die Parfümwahl beeinflussen. Fakt ist: Wir riechen mehr als gedacht, denn wir riechen wohl auch mit der Zunge, der Haut und anderen Organen. Riechen kann bis zur Zeit im Mutterleib zurückliegende emotionale Themen berühren. So weiß man von Babys, dass sie sich noch an den Geruch des Fruchtwassers, also das sie umgebende Ur-Parfüm, erinnern können. Ein weiterer Aspekt ist der aktuelle Stand der Geruchsforschung in der Früherkennung von Krankheiten, denn auch der Gesundheitszustand spielt bei der Duftwahl eine Rolle. Das Kernthema des Kapitels lautete: Wer oder was entscheidet die Duftwahl? Besprochen wurden verschiedene Ansätze, insbesondere das „S-O-R Modell", wie auch Erkenntnisse aus dem Neuro- und multisensorischen Marketing. Im Hinblick auf einen möglichen Zusammenhang zwischen Duftvorlieben und Persönlichkeitsmerkmalen wurden aktuelle Erkenntnisse der noch jungen Neuroparfümerie dargestellt. Zum Abschluss wurde an zwei Duft-Beispielen aufgezeigt, dass bestimmte Düfte – wenn auch mild – wie eine Droge wirken können.

Literatur

Barden P (2013) Decoded – the science behind why we buy. Wiley, Chichester
Boyle JA et al (2009) The human brain distinguishes between single odorants and binary mixtures. Cereb Cortex 19:66–71
Busse D et al (2014) A synthetic sandalwood odorant induces wound-healing processes in human keratinocytes via the olfactory receptor OR2AT4. J Investig Dermatol 134:2823–2832
Geiger H (2019) Den Duft hören: Natur, Naturbegriff und Umweltverhaltenin China. Matthes & Seitz, Berlin
Georgiopoulos C et al (2018) Olfactory fMRI: implications of stimulation length and repetition time. Chem Senses 43(6):389–398

Han P et al (2019a) Sensitivity to sweetness correlates to elevated reward brain responses to sweet and high-fat food odors in young healthy volunteers. NeuroImage 11:116413

Han P, Zang Y et al (2019b) Short or long runs: an exploratory study of odor-induced fMRI design. Laryngoscope 130:1110

Hatt H (2006) Geruch. In: Schmidt F, Schaible HG (Hrsg) Neuro- und Sinnesphysiologie, 5. Aufl. Springer Medizin Heidelberg, Heidelberg, S 340–352

Häusel HG (2016) Brain View. Warum Kunden kaufen, 4. Aufl. Haufe, Freiburg

Higgins ET (1987) Self-discrepancy: a theory relating self and affect. Psychol Rev 94:319–340

Jellinek JS (1997) Per fumum. Semiotik und Psychodynamik des Parfums. Hüthig, Heidelberg

Kirschberger K (2015) Das musikalische Gehirn des Kunden: Wie Musik Werbung aus Sicht des Neuromarketings stärkt. Diplomica, Hamburg

Knoblich H, Scharf A, Schubert B (2003) Marketing mit Duft, 4. Aufl. Oldenburg, Berlin/Boston

Malik B et al (2019) Mammalian taste cells express functional olfactory receptors. Chem Senses 44(5):289–301

Mensing J (2005) Duft-Guide. Der schnelle Führer zu Ihren Ideal-Düften. In: Roller U, Spelman R (Hrsg) Parfums – Edition 2005, 10. Aufl. Ebner, Ulm, S 206–215

Mensing J, Beck C (1988) The psychology of fragrance selection. In: Van Toller S, Dodd GH (Hrsg) Perfumery: the psychology and biology of fragrance. Chapman & Hall, London, S 185–204

Mensing J, Viera D, Peek A (2017) Die Zeit am Rio Uneiuxi (Amazonas). In: Dux G (Hrsg) Die Zeit in der Geschichte. Springer, Wiesbaden, S 317–347

Meyer M, Glombitza P (2000) Innovative Marktforschung – Profilierung von Markenartikeln durch Duft. Planung Analyse 27(2):52–56

Müller A (2019) Der Maître de Parfum im Gehirn. München Süd, Nov 2019 – Jan 2020

Nölke SV, Gierke C (2011) Das 1x1 des multisensorischen Marketings. Multisensorisches Branding: Marketing mit allen Sinnen. Umfassend. Unwiderstehlich. Unvergesslich. Comevis GmbH, Köln

Pezoldt K, Michaelis A (2014) Parfümwahl am Point of Sale – Eine neuroökonomisch fundierte Analyse zur Ableitung relevanter Einflussdeterminanten auf Basis des S-O-R-Modells. Ilmenauer Schriften zur Betriebswirtschaftslehre, Ilmenau

Preuk M (2013) Doktor Hund. Wie Vierbeiner Krankheiten erschnüffeln. Focus Forschung, 22.09.2013

Pusch M (2018) Multisensorisches Marketing im Online-Shop: Akzeptanz einer Duftbox im Privatgebrauch. Hochschule Hof, Fachbereich Wirtschaft, Hof

Reisert J, Reingruber J (2019) Ca2+-activated Cl− current ensures robust and reliable signal amplification in vertebrate olfactory receptor neurons. PNAS 116(3):1053–1058

Rempel J (2006) Olfaktorische Reize in der Markenkommunikation: Theoretische Grundlagen und empirische Erkenntnisse zum Einsatz von Düften. Springer, Wiesbaden

Risinger RC et al (2005) Neural correlates of high and craving during cocaine self-administration using BOLD fMRI. NeuroImage 26(4):1097–1108

Rolls ET (2004) The functions of the orbitofrontal cortex. Brain Cogn 55(1):11–29

Romoli L et al (2012) fMRI study of smell: perceptual, cognitive and semantic components of cortical elaboration of 3 familiar aromas – lecture: German Research School for Simulation Sciences, Jülich

Scheier C, Verir S, Isenbart J (2008) Beitrag von TV-Werbung auf den Kaufentscheidungsprozess am PoS. Planung Analyse 2008(2):47–51

Schnitzler L (2004) Parfüm. Flüchtige Freuden. Wirtschaftswoche 2004(42):62–63

Schoen K (2018) Gegenüberstellung von Essensdüften und Blumendüften im Hinblick auf ihre Verarbeitung im mesolimbischen System – eine fMRT-Studie. Dissertationsschrift der Medizinischen Fakultät Carl Gustav Carus der Technischen Universität Dresden

Shepherd G (2013) Neurogastronomy: how the brain creates flavor and why it matters. Columbia University Press, New York

Small DM et al (2001) Changes in brain activity related to eating chocolate: from pleasure to aversion. Brain 124:1720–1733

Steiner P (2017) Sensory Branding: Grundlagen multisensualer Markenführung. Springer Gabler, Wiesbaden

Tamura K et al (2018) Olfactory modulation of colour working memory: how does citrus-like smell influence the memory of orange colour? PLoS ONE 13(9):e0203876

Trivedi DK et al (2019) Discovery of volatile biomarkers of Parkinson's disease from sebum. ACS Cent Sci 5:599

Waldeck C, Frings S (2005) Wie wir riechen, was wir riechen: Die molekularen Grundlagen der Geruchswahrnehmung. Biologie unserer Zeit. WILEY-VCH, Weinheim

Weiss T et al (2019) Human olfaction without apparent olfactory bulbs. Neuron 104(5):1023

Wu Y et al (2020) Stereo-olfaction in humans. In: Proceedings of the national academy of sciences, 22 June 2020

Willkommen in der Neuroparfümerie

Arten des Wohlfühlens und wie Duft dabei helfen kann

Inhaltsverzeichnis

4.1 Latente Grunderwartungen an Parfüms – 86

4.2 Olfaktorische Stimulationsbedürfnisse des Gehirns – 87

4.3 Wohlfühlberatung: Duftvorlieben einzelner Gehirnregionen und ihrer Netzwerke – 94

4.4 Neuro-Dufttherapie: Erkenntnisse für duftunterstützte Anwendungen – 94

4.5 Zur Dynamik des Dufterlebens: Mit Duftvorlieben auf Wanderschaft – 96
4.5.1 Schöner riechen: Parfüm als Medium oder die Verwandlung des „Selbst" – 98

4.6 Geruchsoffen: Wie die Evolution bestimmte Arten des Riechens fördert – 99

Literatur – 101

© Der/die Autor(en), exklusiv lizenziert durch Springer-Verlag GmbH, DE, ein Teil von Springer Nature 2021
J. Mensing, *Schöner RIECHEN*, https://doi.org/10.1007/978-3-662-62726-6_4

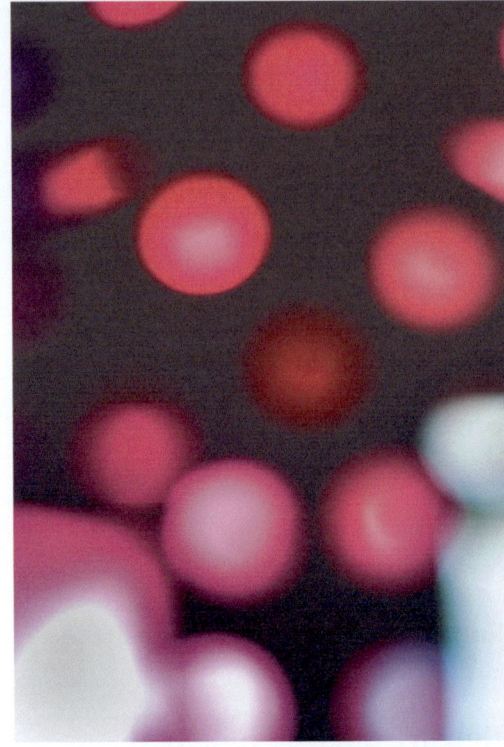

Was bedeutet „sich wohlfühlen"?

Scheinbar einfache Fragen sind oft nicht leicht zu beantworten. Das trifft auch auf persönliches Wohlfühlen zu, was jeder für sich unterschiedlich definiert und sich auch je nach Bedürfnis ändern kann. Manchmal fühlt man sich wohl, wenn man für sich ruhig, z. B. mit einer Tasse Tee und einem Buch, auf der Couch sitzt, zu anderen Zeiten sucht man die fröhliche Gesellschaft von Freunden. Generell kann man sagen, dass man in dem Moment, in dem man sich wohlfühlt, von guten Gefühlen erfüllt ist und nicht an Ängste, Probleme oder Sorgen denkt. Damit stellt sich aber eine Anschlussfrage. Woher weiß man, was einen gerade gut fühlen lässt? Bei der Duftberatung in einer Parfümerie ist das eine besonders zentrale Frage. Man möchte sich in seiner Haut wohlfühlen, und dazu soll auch das Parfüm, das man trägt bzw. auswählt, seinen Beitrag leisten. Entsprechend sucht man sein Parfüm auch danach aus, wie man sich im Moment fühlen möchte. Meistens ist es einem aber gar nicht bewusst, dass sich mit veränderten Wohlfühlbedürfnissen auch Duftbedürfnisse ändern und dass das Gehirn dann zu bestimmten Zeiten für spezifische Duftreize mehr offen ist, sie sogar regelrecht sucht.

4.1 Latente Grunderwartungen an Parfüms

Emotionen, Grundgefühle und sich langsam aufbauende Stimmungen können durch Riechen ausgelöst werden. Doch auch umgekehrt gilt: Genetik, Persönlichkeit, Duftsozialisation, Lernerfahrungen, physisches und psychisches Erleben sowie die damit einhergehenden Wünsche beeinflussen die Geruchswahrnehmung und somit die Duftwahl.

Welche latenten Grunderwartungen an Parfüms ergeben sich aus dem Mix dieser Faktoren? Ich möchte dies anhand einer Studie zur Anziehung des Einkaufsorts Parfümerie erklären. Die meisten Beweggründe dürften einem beim Betreten einer Parfümerie nicht immer ganz bewusst sein. Bei einer *BRIGITTE*-Kommunikationsanalyse wurden Frauen zwischen 14 und 70 Jahren zu großen Einkaufsorten befragt. Das Ergebnis: Bei Parfümeriekunden stehen spezifische Erlebenswünsche deutlich im Vordergrund. Dies gilt auch – allerdings in wesentlich geringerem Maße – für andere Einkaufsorte. Beim Besuch einer Parfümerie stehen aufgrund der dort angebotenen Marken und Produkte Wünsche nach Steigerung des Wohlgefühls, größerer Schönheit und Attraktivität im Vordergrund. Sicher haben Parfümeriekunden auch andere Bedürfnisse: kompetente Beratung, gute Marken und Qualität oder viel Einkaufsspaß. Doch das bieten andere Einkaufsorte auch – und teilweise sogar besser.

Gewinnung von Attraktivität und Schönheit sowie Steigerung des Wohlgefühls sind also die wesentlichen und zumindest bewussten, latenten Grunderwartungen, die man an das Tragen eines Parfüms stellt. Anders ausgedrückt: Diese Grunderwartungen müssen auch das Basisziel einer persönlichen Duftberatung sein. Das klingt einfach, ist aber in der Praxis alles andere als leicht. So hat zwar beispielsweise jeder Duftberater im Einkaufsort Parfümerie das Ziel, dass sich seine Kunden während der Beratung und auch später mit dem neuen Parfüm wohlfühlen. Dabei wird stillschweigend angenommen, dass bei allen Kunden die Wohlfühlerwartungen relativ gleich sind. Die Duftberatung sollte deshalb freundlich und zuvorkommend sein, der Kunde sollte im Idealfall sogar beispielsweise auf einer Couch bequem sitzen, und möglicherweise sollte ein Getränk zur Steigerung der entspannten Atmosphäre gereicht werden. Dabei kennt die Psychologie noch verschiedene weitere Mittel zur Steigerung des Wohlgefühls – auch im Stehen. Darauf werde ich an späterer Stelle ausführlicher zu sprechen kommen.

Aus der Psychologie ist aber noch ein weiterer Aspekt bekannt: Es gibt nicht nur eine Art des Wohlfühlens, sondern verschiedene Arten, die Menschen zu unterschiedlichen Zeiten suchen. Das heißt, derselbe Kunde kann je nach Tagesform bzw. basierend auf aktuellem Erleben und Erlebenswünschen schnell ein anderes Wohlfühlbedürfnis haben. Denn jeder fühlt sich abhängig von Tages- und Jahreszeit, Wochentag und persönlichen Erlebnissen anders. Mal wünscht man sich mehr Anregung und Unterhaltung, mal Ungestörtheit und Ruhe. Natürlich gibt es auch Kunden mit besonders stabiler Persönlichkeit, die durch die jeweilige Tagesform nur gering beeinflusst werden.

Seminare zur Verkaufspsychologie von Parfüms vermitteln, wie man den Erlebniswunsch eines Kunden erkennen kann und welcher Duft ihm bei der momentanen Tagesform guttut. Einen ersten Hinweis darauf vermittelt der Kunde bereits beim Betreten des Geschäfts durch sein nonverbales Verhalten. Wie man darauf gezielt ein Parfüm abstimmen kann, werde ich an späterer Stelle erklären.

4.2 Olfaktorische Stimulationsbedürfnisse des Gehirns

Als Psychologe, der in der Parfümindustrie arbeitet und selbst oft Parfümsuchende berät, kenne ich vier wesentliche Basisarten von Wohlfühlwünschen, die sich in vier weitere Untergruppen gliedern. Hinter jedem Wohlfühlwunsch steht eine Affinität für spezifische Duftrichtungen, mit denen die Parfümerie bei der Klassifikation von Parfüms arbeitet und die auch der Neuroparfümerie bekannt sind. Nach jetzigem Erkenntnisstand sind vor allem die folgenden im und außerhalb des Emotionszentrums gelegenen und mit eigenen „Bedürfnissen" ausgestatteten Gehirnareale bzw. Gehirnregionen für das Wohlfühlen zuständig. Sie arbeiten als Netzwerk bzw. im Rahmen von drei wesentlichen Regelkreisen, die wir noch besprechen werden, zusammen und spielen, wie bereits gesagt, eine große Rolle beim Riechen und Dufterleben und somit bei der Parfümberatung. Es sind:

- **Hypothalamus** mit großem Netzwerk, das von der Insula bis zum Frontalkortex reicht, u. a. involviert bei Genusserleben, Belohnungsassoziationen, aber auch bei Sucht;
- **orbitofrontaler Kortex** mit Sitz im präfrontalen Kortex, im Netzwerk u. a. mitverantwortlich für die Persönlichkeitsausprägungen von Extraversion und Gewissenhaftigkeit;
- **Hippocampus** (Seepferdchen), im Netzwerk u. a. mit zuständig für unser stressanfälliges Langzeitgedächtnis;
- **Amygdala** (Mandelkern), im Netzwerk u. a. als emotionale Prüfstelle tätig. Sie hat über den piriformen Kortex direkten Zugang zum Riechkolben (Bulbus olfac-

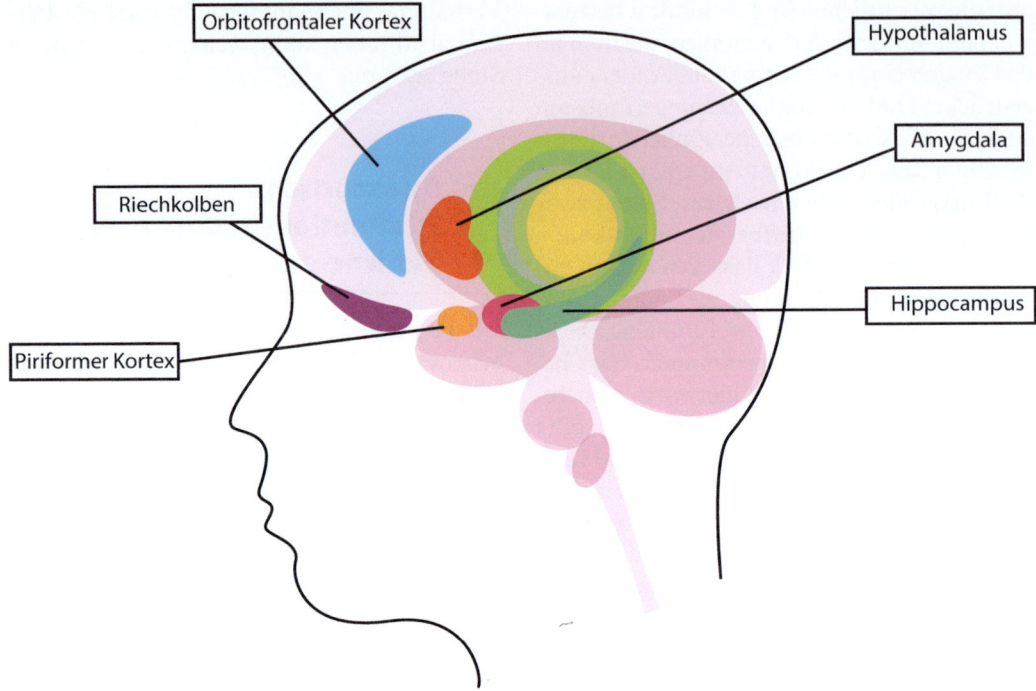

◘ Abb. 4.1 Gehirnregionen

torius, engl. „olfactory bulb"), dem Haupttor zur Welt unseres Geruchssinns – Haupttor deshalb, weil wir ja u. a. auch mit der Haut „riechen" (◘ Abb. 4.1).

Lassen Sie mich nun auf die Erkenntnisse der Hirnforschung über die die vier Wohlgefühl- und Duftrichtungen betreffenden Areale und Netzwerke eingehen. Dabei unterscheide ich bewusst nicht zwischen den Begriffen Gehirnareal und Gehirnregion, weil man einen räumlich abgrenzbaren Bereich des Großhirns, wie man den Begriff eher mit dem Wort „Gehirnareal" verbindet, speziell für das Riechen nur schlecht zeigen kann.

Bildgebende Verfahren der Hirnforschung machen sichtbar, wie und wo bzw. wo überall eine Duftnote Gehirnregionen stimuliert. Wir können auf diese Weise quasi dem Gehirn nun beim Riechen zusehen und immer besser verstehen, welcher Duft zum Erregungszustand welcher Hirnregion passt bzw. sogar geradezu willkommen geheißen wird. Über die olfaktorischen Vorlieben einer bestimmten Gehirnregion und ihr Netzwerk erhält die Neuroparfümerie immer mehr direkte und indirekte Einblicke in die mit dem Geruchssinn verbundenen psychophysischen Zusammenhänge – beispielsweise, welche Düfte ideal für das Wohlfühlen sind, aber auch, was Wohlfühlen für eine bestimmte Hirnregion und ihr Netzwerk genau bedeutet.

Damit wird die Gehirnforschung, sprich die Neuroparfümerie, Parfümeuren ganz neue Erkenntnisse und Möglichkeiten bieten können, Parfüms gezielt für Stimulationsbedürfnisse einzelner Gehirnregionen zu kreieren. So wirkt beispielsweise die Himbeer-Schokoladen-Note eines fruchtigen Gourmand-Dufts in unserem Genusszentrum, dem Hypothalamus wie auch in dem erweiterten Belohnungsnetzwerk, das die Insula sowie auch den Frontalkortex (Vorderhirn) umfasst. Die als essbar assoziierten Gourmand-Düfte wirken dabei

4.2 · Olfaktorische Stimulationsbedürfnisse des Gehirns

wie ein Belohnungsreiz und sprechen damit das weit vernetzte Belohnungszentrum an. Bildgebende Verfahren zeigen, dass bei entsprechender Duftstimulation mit dem „Essbaren" vor allem auch der Frontalkortex involviert ist (Schoen 2018). Er ist u. a. verantwortlich für die Verknüpfung von Belohnungsassoziationen und steuert letztlich das Verhalten, um eine Belohnung zu bekommen.

Der Hypothalamus liegt im limbischen System unseres Emotionszentrums und ist wesentlich für die Geruchswahrnehmung und -verarbeitung zuständig, aber auch Teil des Belohnungszentrum oder, besser gesagt, der Belohnungszentren.

Eine wichtige Rolle spielen dabei auch die als Glückshormone bekannten Botenstoffe Serotonin sowie vor allem Dopamin mit ihrer positiven psychischen Wirkung. Die Dopaminausschüttung wird in unserem Gehirn u. a. über den Hypothalamus und sein Netzwerk gesteuert, der auch entscheidend für die Libido ist und eng mit dem Geruchsgedächtnis kommuniziert. Motivationslosigkeit, Stimmungsschwankung und Selbstzweifel wie beispielsweise ein geringes Selbstbewusstsein hängen oft mit einem niedrigen Dopaminlevel zusammen. Die Neuroparfümerie zeigt nun, wie wir auf ganz natürliche und gesunde Weise mit auf unseren Bedürfnissen abgestimmten Düften unseren Dopaminlevel hochhalten können – und zwar in Kombination mit anderen Sinnesreizen, worauf ich noch näher eingehen werde. Etwas weitergedacht, könnte in Zukunft „schöner riechen" bedeuten, dass bestimmte Parfüms beispielsweise gezielt positiv den Hypothalamus und sein Netzwerk ansprechen. Dabei würde es sich um Parfüms handeln, die dem Träger durch Inhaltsstoffe und Geruchsablauf emotionale Erlebenswünsche näher bringen und für einen nachweislich erhöhten Dopaminlevel sorgen. Selbstverständlich ist gesetzlich eine „hormonelle Wirkung" von Parfüms verboten, doch das schließt eine leicht stimmungsaufhellende Wirkung nicht aus.

Als Duftpsychologe kennt man eine ganze Reihe Erlebenswünsche, die Parfümliebhaber gern als „Stimmungsmodulation", sozusagen als emotionalen Zusatznutzen, neben einem herrlichen Geruch durch ihren Duft erfahren würden. Dazu gehört beispielsweise:

- *Sich aktiver und dynamischer zu fühlen.*
- *Entspannt und stressfrei zu sein.*
- *Sich sinnlicher und umsorgt zu fühlen.*
- *Mehr Kreativität und Kraft in sich zu entdecken.*
- *Mehr Erfolg und Anerkennung zu erleben.*
- *Mehr Genuss, Spaß und Lebensfreude zu haben.*

Dopamin spielt aber auch aus einem weiteren Grund eine große Rolle für die Stimmungsmodulation: Der Bodenstoff ist, wie gesagt, Teil eines Netzwerks, des dopaminergen Systems, das ins gesamte limbische System reicht und so seine Wirkung noch weiter positiv verstärken kann. Im Weiteren werde ich erklären, wie man schnellstens eine optimale Erhöhung des Dopaminlevels erreicht. Dafür wird ein spezifischer Erlebenswunsch mit koordinierten Sinneseindrücken regelrecht verschmolzen. Das ist beispielweise der Fall, wenn der Wunsch nach mehr Genuss, Spaß und Lebensfreude mit entsprechenden Farben und entsprechender Musik sowie taktil, gustatorisch und vor allem olfaktorisch mit ausgewählten Duftnoten unterstützt wird. Dafür steckt in fast jedem von uns ein kleiner „Synästhetiker", der das Verschmelzen der Sinne für sich selbst sehr gut nutzen kann.

Zurück zum Hypothalamus. Für ihn vollzieht sich das Wohlfühlen durch Duft offenbar primär mittels Genussriechen. Das zeigt sich durch seine besondere Affinität für fantasievolle, belebend fruchtig-vergnügte, essbar riechende Gourmand-Noten. Dabei handelt es sich um Duftnoten, die meist nach Naschereien riechen und die der Hypothalamus, wie auch die Insula, mit einem genussvollen Snack oder Dessert verbindet. Die beiden weltweit beliebtesten Aromen sind Schokolade und Vanille. Ihre Wirkung auf das Gehirn wurde bereits vielfach diskutiert, wobei insbesondere Schokolade glücklich machen soll. Ob der Gute-Laune-Macher eher über seine Bestandteile wie Theobromin oder Tryptophan wirkt oder auch – wie viele andere Genüsse – über Zucker und Fett, ist für die Duftforschung keine zentrale Frage. Menschen haben ein ausgesprochen gutes Geruchsgedächtnis, in dem vielfach positive Erinnerungen aus der Kindheit abgespeichert sind. Dazu gehört auch die Wirkung von Schokolade, vor allem, wenn sie als Belohnung erlebt wurde. Selbst bei erwachsenen Schokoliebhabern wird das Belohnungszentrum im Gehirn bereits beim Anblick und Geruch der süßen Köstlichkeit aktiviert, was wiederum zur Dopaminausschüttung führen kann.

Nach neusten Erkenntnissen findet die intensivste Dopaminausschüttung bei einem langsamen Anstieg des Botenstoffes statt. Das ist der Fall, wenn das Wohlgefühl Schritt für Schritt zunimmt und unerwartet erfreulich ausfällt, so auch, wenn man unerwartet etwas Schönes riecht. Dabei ist für den Hypothalamus und sein Netzwerk Wohlfühlen unerwarteter Genuss mit Belohnung. Ein Parfüm mit dieser Wirkung hat die Chance, ein Glücksduft zu werden und weit mehr zu können, als nur gut zu riechen. Bei der Duftberatung ist das Wohlfühlen ein unerwarteter, belebend-fantasievoller Genuss mit Belohnung – eine von vier Wohlfühlarten, die an eine bestimmte Duftrichtung gekoppelt ist. Sicher müssen diese Zusammenhänge vor allem mittels bildgebender Gehirnstudien noch eingehender untersucht werden.

Neuroimaging ist ein weiterer wichtiger Begriff in diesem Zusammenhang. Dieses seit der Jahrtausendwende zunehmend eingesetzte und weiterentwickelte Verfahren hat zu einer großen Wende in der Psychologie geführt. Stand nach dem Ersten Weltkrieg immer mehr das Verhalten im Fokus der Forschung, ist man inzwischen von den Modellen der Behavioristen abgerückt und konzentriert sich auf das Bewusstsein. Seit über 200 Jahren liegen grundlegende Entdeckungen über bewusste Wahrnehmung vor. Denn wahrgenommene Farben, Klänge und Düfte entstehen im Kopf. Auch wenn sie uns nicht alle bewusst sind bzw. erkannt werden, tragen die bewusst erlebten Wahrnehmungen zu unserem Bewusstsein bei. Aber auch die nicht bewusst wahrgenommen Reize wirken auf uns.

Mit den bildgebenden Verfahren, die nicht in Gehirnprozesse eingreifen, kann man inzwischen dem lebenden Gehirn bei der Arbeit zusehen und diese Prozesse beobachten. Noch sind viele Rückschlüsse eher indirekt, aber es gibt zahlreiche Erkenntnisse, auf die die Forschung aufbauen kann. So sieht man Unterschiede in der Gehirnverarbeitung, je nachdem, ob ein Stimulus, also ein Sinneseindruck, uns bewusst wird oder nicht. Der amerikanische Neurobiologe und Kognitionswissenschaftler Bernard Baars war einer der Ersten, der darauf aufmerksam machte: „Wenn ein Stimulus unbewusst präsentiert wird, aktiviert er Bereiche im Kortex, die an der Analyse von Farben, Klängen, Gesichtern und dergleichen beteiligt sind. Aber wenn der identische Stimulus bewusst gezeigt wird, rekrutiert er auch Regionen weit über den sensorischen Kortex hinaus" (Baars 2003, S. 4).

Diese erstaunliche Beobachtung des Sinneserlebens gilt auch für den Geruch. Grün-zitrische Noten werden, wie gesagt, von einer Gehirnregion, die nicht zum Geruchshirn zählt und Sitz der Persönlichkeitseigenschaft Extraversion ist, bewusst beispielsweise als eher frisch, kühl und belebend erlebt. Der bewusste Geruchseindruck entsteht somit außerhalb des Riechhirns.

Über bildgebende Verfahren kann man indirekt viel lernen und auch umgekehrt daraus schließen, dass unser Zentrum für Extraversion mit seinen Eigenschaften aktiv und dynamisch – aber auch freiheitsliebend – von der Kühle und belebenden Frische grün-zitrischer Noten besonders angetan zu sein scheint. Dazu passt, dass Extravertierte zum Wohlfühlen auch Freiraum brauchen und eine gezielte Ansprache in der Beratung schätzen. Als den Sitz dieser Persönlichkeitseigenschaft konnte man, wie zuvor ausgeführt, den orbitofrontalen Kortex an der Stirnseite des Gehirns lokalisieren. Er wird vor allem durch grün-zitrische, insbesondere durch Bergamotte-Duftnoten, stimuliert. In Kombination mit Extraversion spielt auch die Persönlichkeitsdimension „Gewissenhaftigkeit" oft eine Rolle. Hier liegt das Gewicht stärker auf Planung, Kompetenz, Streben nach Leistung und überlegtem Handeln. Diese Persönlichkeitsausprägung wird dem präfrontalen Kortex zugeordnet, in dem auch der orbitofrontale Kortex liegt.

Auch Gewissenhaftigkeit kennt die Tendenz zu einer Duftrichtung: „frisch-aquatisch" mit aromatischen Fougère-Noten. Sicher müssen die Zusammenhänge zwischen Persönlichkeit, Gehirnareal und Duftvorlieben noch eingehender untersucht werden. Es gibt aber bereits eine Reihe von Belegen, die auf diese Zusammenhänge verweisen. Diese Zusammenhänge kommen momentan zwar noch überwiegend aus der Praxis der Duftpsychologie, aber es gibt auch erste bildgebende Untersuchungen über den Zusammenhang von Persönlichkeitsausprägungen und deren Sitz in spezifischen Gehirnarealen (De Young et al. 2010).

Hier ein weiteres Beispiel, das die Duftvorlieben eines Gehirnareals und seines Netzwerks bei einem spezifischen Empfinden, nämlich bei zunehmendem Stress und trauriger Stimmung, zeigt: Klinische Studien wiesen bereits seit Längerem mittels fMRI-Verfahren nach, dass sich der Hippocampus durch Dauerstress – wie durch andere große psychische Belastungen (z. B. Depression) – verändert. Er schrumpft regelrecht (Bremner et al. 2000). Wichtige Hirnregionen, mit denen der Hippocampus als Netzwerk beim Erleben von Stress zusammenarbeitet, sind u. a. die Amygdala, der Hypothalamus sowie der orbitofrontale und präfrontale Kortex. Wie oben bereits teilweise gezeigt, haben die am „Stress-Netzwerk" beteiligten einzelnen Gehirnareale Duftvorlieben. Diese steigern sich mit zunehmendem Stress. Nimmt dieser schließlich völlig überhand, bricht das Dufterleben in sich zusammen.

Aus der Praxis der Duftpsychologie ist bekannt, dass leichter Stress sich bereits auf die Duftwahl des Kunden auswirkt. Offenbar versucht das Gehirn, sich vor einer Überstimulation zu schützen. Der stressanfällige Hippocampus, Sitz unseres Langzeitgedächtnisses im Emotionszentrum, scheint nämlich bei ansteigendem Stresspegel zunächst auch auf die beruhigende Wirkung von blumigen, nicht opulenten Blütennoten wie weißen Blüten, klaren Rosen- und sanften Teenoten zu setzen. Die dabei entstehenden Assoziationen nach dem Motto „Das erinnert mich an etwas" entspannen dieses Gehirnareal. Sie kennen das sicher aus eigener Erfahrung. Schlägt der Stress dann aber in eine traurige Stimmung um und die Amygdala ist stärker involviert, steigt die Duft- und Geschmackspräferenz für Süßes, wie man am Beispiel von Saccharose zeigen konnte (Schneider 2015). Aber es wurde auch eine Zunahme olfaktorischer Sensibilität beispielsweise für Rosengerüche wie Phenylethylalkohol, einen rosen-ähnlichen Geruchsstoff, beobachtet. Er kann von Menschen in traurigem Stimmungszustand schon in niedriger Konzentration wahrgenommen werden (Schneider 2015). Die Praxis der Duftpsychologie kann das bestätigen. Sie kennt bei diesem Stimmungszustand auch die Vorliebe für süße, vanillisierte Blumen- und Gourmand-Noten, wie ich bereits in Zusammenhang mit dem Hypothalamus gezeigt habe. Man darf auf künftige fMRI-Studien gespannt sein, die beispielsweise die Geruchsakzeptanz und Wirkung von süßem Rosenhonig oder vanillierter Rose auf das „Stressnetzwerk" bei verschiedenen Stimmungen wie Traurigkeit erforschen.

Steigern sich Stress und traurige Stimmung zu einer depressiven Verstimmung oder gar zur Depression, kommt es zu einer reduzierten olfaktorischen Wahrnehmung, aber auch zu einer verminderten Geschmacksempfindlichkeit. Studien zeigten, dass depressive Patienten im Vergleich zu nichtdepressiven eine verminderte Wahrnehmung von süßen, sauren, salzigen und bitteren Geschmacksstoffen besitzen (Canbeyli 2010; Rosenthal-Zifroni und Edelstein 1969). Ganz offensichtlich schlägt sich dieser Zustand auf den präfrontalen Kortex, speziell auf den orbitofrontalen Kortex negativ nieder, der als Maître des Parfums sensorische Eindrücke erstellt und Düfte mit unserem Selbstbild verbindet.

Zurück zu den ersten Stresssymptomen, bei denen man sich nur entspannen und die Seele baumeln lassen möchte. Die Gedächtnisforschung belegt, dass bei Stress besonders blumig-blütige Noten zu Fantasien und Tagträumen einladen. Das entspannt den Hippocampus und sein Netzwerk und stimuliert ihn positiv. Wohlfühlen scheint damit für den Hippocampus mit Entspannung verbunden zu sein. Dem stimmt auch die Aromatherapie zu. Sie kennt verschiedene Blumenblüten wie Jasmin, Rosen oder Lavendel, die – wie man in der Parfümerie sagt – geruchlich rund, leicht und harmonisch interpretiert bei vielen ein behagliches, wohltuend-relaxtes Gefühl erzeugen.

Ein Netzwerk, das sog. „Furchtnetzwerk" im Gehirn, reguliert – wie der Name schon sagt – Furcht und Angst. Um sich zu entspannen, braucht es ein Gefühl des Vertrauens. Hauptakteur dabei ist die Amygdala, die stark auf Gesichtseindrücke fixiert ist und negative, aber auch positive Vorerfahrungen und Assoziationen gespeichert hat. Weiterer wichtiger Akteur im Furchtnetzwerk sind die sog. „Midline Thalamus Group" bzw. die „Midline Thalamic Nuclei" (Mittellinien-Thalamuskerne). Sie sind ein Kerngebiet des Thalamus, der genau mittig zwischen unseren Hirnhälften liegt und als Pforte zum Bewusstsein angesehen wird. Der Thalamus übernimmt ganz generell die Aufgabe, als Relaisstation Informationen aus dem Körper und den Sinnesorganen an den Kortex (Großhirnrinde) weiterzuschalten; dabei spielen spezifische Thalamuskerne eine Rolle. Es sind besonders die Kerne (Nuclei), die um die sog. Mittellinie des Thalamus lokalisiert sind, die für die Weitergabe der Furchterinnerung und -erfahrung zuständig sind. Sie bündeln Informationen über den Stimmungs- und Gemütszustand des Körpers und vermitteln den Stresslevel an höhere Gehirnregionen, sodass dieser bewusst wird. Das ermöglicht uns, nötige Maßnahmen zur Korrektur unseres Gemütszustands zu ergreifen – beispielsweise einen entspannenden Wohlfühlduft zu erleben.

Ursprünglich glaubte man, dass – anders als beim Hören und Sehen – Reize des Geruchssinns ohne Umweg über die Relaisstation Thalamus weitergegeben werden. Aktuelle Studien kommen allerdings zu dem Schluss, dass dem Thalamus für das bewusste Riechen eine erhebliche Bedeutung als Verstärker, Korrektor und Weiterleiter von Geruchsinformationen zukommt. Mehr noch: Es gibt erste anatomische Beweise, dass der Thalamus (speziell der mediodorsale Nucleus) direkte Geruchsinformationen aus primären olfaktorischen Bereichen einschließlich des piriformen Kortex erhält und dichte wechselseitige Verbindungen mit dem orbitofrontalen Kortex pflegt (Courtiol und Wilson 2015) – auch wenn für vieles, das gerochen wird, der Thalamus übergangen wird.

Die Vermutung liegt nahe, dass Geruch nur dann über den Thalamus läuft, wenn gleichzeitig Unwohlsein, Furcht oder Angst von der Amygdala und ihrem Netzwerk erlebt werden. Damit wird auch für olfaktorische Reize eine zusätzliche Kontrollinstanz von der Natur eingeschaltet, die eine Duftüberprüfung bereits beim Anriechen möglich macht. Mit anderen Worten: Es wird bewertet, ob einem ein bestimmter Duft wirklich guttut, nicht mit Gefahr verbunden

4.2 · Olfaktorische Stimulationsbedürfnisse des Gehirns

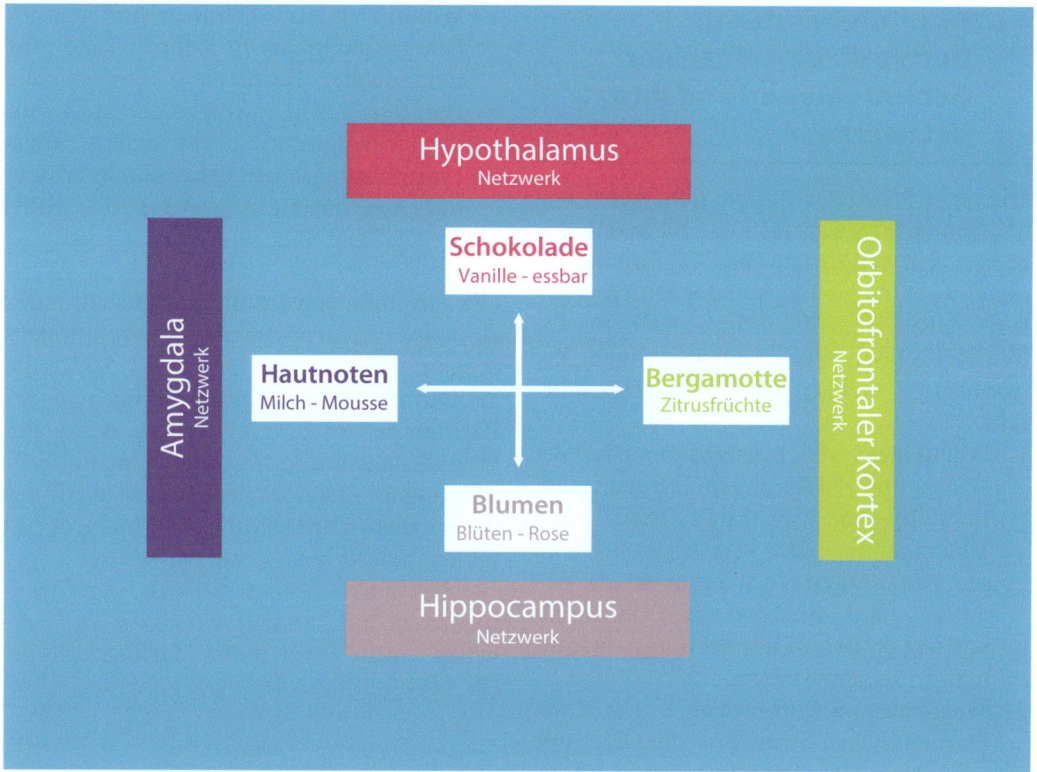

Abb. 4.2 Basis-Duftvorlieben einzelner Gehirnregionen

ist, aber auch, was man verstärkt riechen möchte, um etwa Vertrauen oder ein Wohlgefühl zu verspüren.

Für die schreckhafte Amygdala, den sog. Mandelkern und tief im Emotionszentrum verankerten Frühwarnsystem für Gefahren, stellt das Wohlfühlen eher ein vertrauensvoll erlebtes Gefühl im Rahmen menschlicher Zuneigung dar. Das unterstützen Duftnoten, die zum einen an warm-süßliche, menschliche Hautnoten erinnern, zum anderen aber auch durch den Eigengeruch der Mutter, ihre Ernährung, zuweilen etwas verschwitzte Haut und natürlich den vanillisierten Duft von Muttermilch geprägt sind – ein für jeden Säugling sehr persönliches, komplexes und positives Dufterlebnis, wenn Stillen behutsam und beschützt erlebt wird. Dass dieses Duftgemisch nicht nur auf den Säugling, sondern auch auf Erwachsene eine psychisch beruhigende, ja sogar eine psychophysisch schmerzlindernde Wirkung haben kann, werde ich an späterer Stelle noch zeigen. Diese Ur-Dufterfahrung wird in der Parfümerie am besten mit zwei Duftrichtungen wiedergegeben: mit eher leichteren orientalischen oder sog. florientalischen Noten, die warm und einfühlsam beispielsweise nach Ambra und Sandelholz riechen, und mit den erwähnten Milchmousse-Noten, die häufig dank Vanille und weißem Moschus gleichsam menschliche Wärme, anziehende Süße und damit Zuneigung und emotionale Anziehung ausstrahlen.

Abb. 4.2 gibt einen Überblick über die Basis-Duftvorlieben einzelner Gehirnregionen.

4.3 Wohlfühlberatung: Duftvorlieben einzelner Gehirnregionen und ihrer Netzwerke

Die junge Neuroparfümerie steht sicher erst am Anfang ihrer Erkenntnisse. Sie kennt aber bereits vier – eigentlich fünf – für die Parfümerie wesentliche und von der Duftpsychologie nahegelegte Wohlfühlbedürfnisse, die mit bestimmten Basis-Duftrichtungen und involvierten Gehirnregionen korrespondieren:

1. **Wohlfühlen als belebend-fantasievoller Genuss** und Belohnung im Rahmen einer Beratung mit viel Einkaufsspaß und Überraschung. Der Hypothalamus und sein Netzwerk, das dopaminerge „Belohnungs- und Suchtsystem", sind involviert. Basis-Duftrichtung: Gourmand, „fruchtig-vergnügt".
2. **Wohlfühlen als Entspannung** in Form von Harmonie, Anti-Stress, Ruhe und Recharge im Rahmen einer verwöhnenden Beratung. Der Hippocampus und sein „Stressnetzwerk" ist vor allem involviert. Basis-Duftrichtung: blumig, „blütig-leicht".
3. **Wohlfühlen als Begeisterung** in Form von extravertierter Freiheit und Uneingeschränktheit im Rahmen einer effizienten, zielgenauen Beratung. Der orbitofrontale Kortex ist schwerpunktmäßig involviert. Basis-Duftrichtung: grünzitrisch, „frisch-belebend".
   Ferner spielt bei dieser Art des Wohlfühlens der präfrontale Kortex mit der Persönlichkeitsdimension „Gewissenhaftigkeit" eine Rolle. Hier basiert das Wohlfühlbedürfnis stärker auf erlebter, systematischer Planung, guter Organisation, überlegtes Handeln, Vorausschau und Verantwortung. Man kann es in Abgrenzung als **Wohlfühlen durch Kompetenz** bezeichnen. Basis-Duftrichtung: „frisch-aquatisch" mit aromatischen Fougère-Noten.
4. **Wohlfühlen als Vertrauen** und freundlicher Zuneigung im Rahmen einer auf individuelle Bedürfnisse eingehenden Beratung. Die Amygdala und ihr „Furchtnetzwerk" ist involviert. Basis-Duftrichtung: leicht orientalisch, florientalisch, Hautnoten „warm-soft", wobei eine gewisse Süße eine Rolle spielt.

Die Zuordnungen der Basis-Duftrichtungen zu verschiedenen Arten des Wohlfühlens decken sicher nicht das weite Spektrum an Duftnoten bzw. Duftrichtungen in der Parfümerie ab. Es gibt weitere Arten des Wohlfühlens mit korrespondierenden Duftrichtungen. Dennoch lassen sich allein aus diesen Basis-Duftrichtungen Untergruppen bilden, die ich noch vorstellen werde.

Hier ein Überblick zu den vier Wohlfühlarten mit assoziierten Basis-Duftvorlieben und involvierter Gehirnregionen (◘ Abb. 4.3).

4.4 Neuro-Dufttherapie: Erkenntnisse für duftunterstützte Anwendungen

Für die Neuroparfümerie sind die oben gemachten Aussagen zu Duftvorlieben bestimmter Gehirnregionen und ihren Netzwerken ein riesiger Erkenntnisschritt, auf dem besonders die Dufttherapie mit weiteren Studien aufbauen kann. Im Folgenden stelle ich einige Bereiche für neurodufttunterstützte Therapieziele vor:

- **Neuro-dufttherapeutische Maßnahmen zur Behandlung des „Furchtnetzwerks":** Die oben besprochenen Erkenntnisse legen nahe, dass süß-warm-soft erlebte Düfte, die auch an den Geruch menschlicher Haut angelehnt sind, insbesondere die Amygdala und den Thalamus günstig beeinflussen. Sie sprechen ein Urvertrauen an und können zusammen mit

4.4 · Neuro-Dufttherapie: Erkenntnisse für duftunterstützte Anwendungen

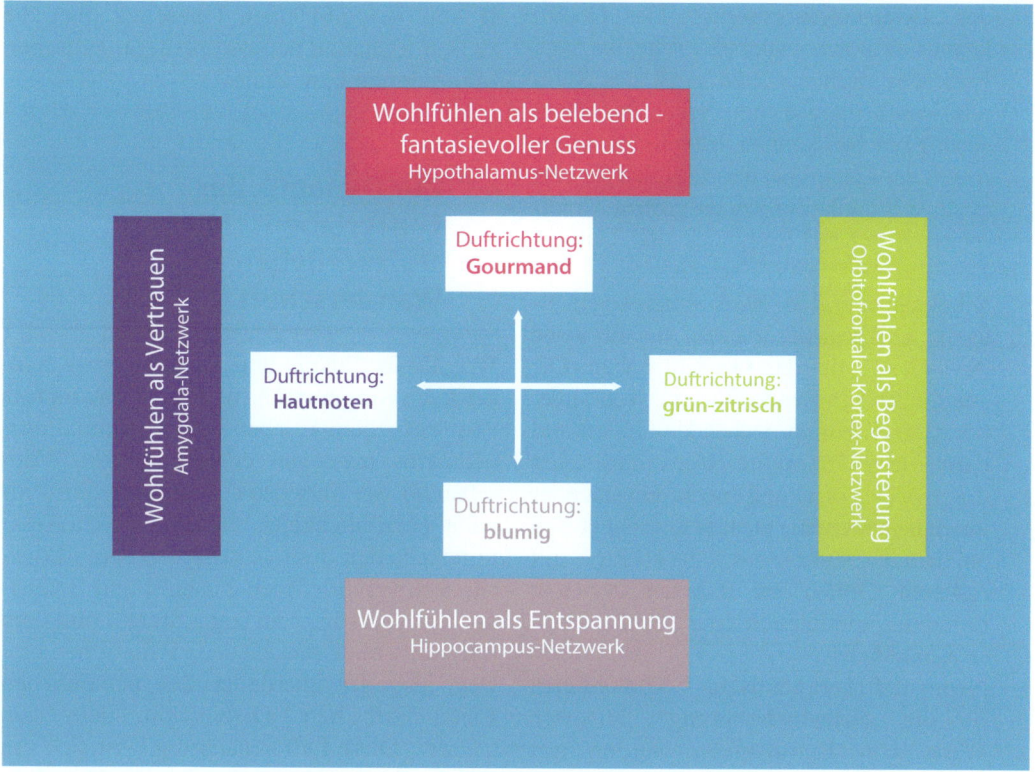

Abb. 4.3 Wohlfühlarten mit assoziierten Basis-Duftvorlieben und involvierten Gehirnregionen

anderen Therapieansätzen bei Furcht- und Angstzuständen eingesetzt werden. Sicher fehlen im Moment noch genaue Hinweise aus der Gehirnforschung, welche Duftnoten besonders zur Beruhigung der Amygdala beitragen. Ich werde Ihnen in ▶ Kap. 10 eine duftunterstützte Selbsttherapie vorstellen, mit der ich in der Praxis sehr gute Erfahrungen gemacht habe und die Sie für sich selbst nach eigenen Bedürfnissen kreieren und einsetzen können.

- **Neuro-dufttherapeutische Maßnahmen zur Behandlung des „Stressnetzwerks":** Bildgebende Untersuchungen zur Duftwahrnehmung geben erste Hinweise, dass sich Duftvorlieben und Geruchssensibilität bei zunehmendem Stress verändern. Bei ersten Stresssymptomen können blumige Düfte wie klare Rosennoten dem Hippocampus und seinem Netzwerk eine gewisse Entspannung bieten, auch weil sie in der Lage sind, positive Geruchserinnerungen und Assoziationen auszulösen. Nimmt der Stress zu und tritt eine traurige Stimmung ein, sucht das Gehirn nach mehr süßen Duftnoten. Sie können im Rahmen einer duftunterstützten Therapie mit anderen Therapieansätzen zum Einsatz kommen und in dieser Kombination stimmungsmodulierend wirken. Liegt eine regelrechte Depression vor, kann Duft eine Indikation und ein Hinweis für Heilungsfortschritte sein. Da Duft- und Geschmackseindrücke bei dieser Krankheit vermindert erlebt werden, kann eine duftunterstützte Therapie im Rahmen von Übungen zum Wiedererlangen des sensorischen Erlebens eingesetzt werden.
- **Neuro-dufttherapeutische Maßnahmen zur Stimmungsaufhellung durch Aktivierung**

des „Belohnungsnetzwerks": Das Gehirn kennt Duftnoten – speziell solche, die nach Essbarem riechen –, die auch der Stimmungsaufhellung dienen, sogar fast etwas süchtig machen können. Interessanterweise macht das Gehirn bei diesen Noten für eine positive Stimulation keinen großen Unterschied zwischen Geschmack und Geruch. Das zeigte sich beispielsweise bei Schokoladendüften. Sie könnten sogar als ideale Diätbegleiter dienen, da sie keine Auswirkung auf das Gewicht haben. Die stimmungsaufhellende Wirkung von anderen nach Essbarem riechenden Düften und damit vieler Gourmand-Noten muss sicher durch die Forschung noch eingehender untersucht werden. Dennoch zeichnet sich ab, dass eine duftunterstützte Therapie mit essbaren Düften im Rahmen der sog. Stimmungsmodulation eine positive Rolle spielen könnte.

— **Neuro-dufttherapeutische Maßnahmen für die „Selbstbehauptung":** Niedrige Werte von Extraversion werden mit Rückzug, Alleinsein oder dem Wunsch, in kleiner Runde zu bleiben, in Verbindung gebracht. Das kann sich bis zu mangelnder Fähigkeit und Motivation zur Selbstbehauptung wie beispielsweise bei der Verteidigung der eigenen Grenzen und Rechte ausweiten. Von grünzitrischen Noten weiß man, dass sie Extravertierte im orbitofrontalen Kortex mit Frische, Aktivität und Dynamik ansprechen. Die Frage stellt sich, ob eine duftunterstützte Therapie mit diesen Noten etwa im Rahmen eines Selbstbehauptungstrainings förderlich wäre. Vermutlich ja, da diese Noten eine aktivierende Breitbandwirkung auf das Gehirn haben. Auch gibt es Erfolge im Rahmen von psychologischen Techniken wie dem duftunterstützten Power-Posing. Ich werde Sie hierfür an späterer Stelle zu einem Selbstversuch einladen sowie weitere Einsatzmöglichkeiten von Düften bei der Selbsttherapie vorstellen.

◘ Abb. 4.4 gibt einen Überblick über die zu besprechenen neuro-dufttherapeutischen Maßnahmen bzw. Ziele.

4.5 Zur Dynamik des Dufterlebens: Mit Duftvorlieben auf Wanderschaft

Wohlfühlbedürfnis und Duftpräferenz hängen auch von genetischen Dispositionen sowie vom aktuellem Erlebens- und Stimulationsbedürfnis bzw. von entsprechenden Wünschen ab. Sie sind also sowohl situations- als auch persönlichkeitsabhängig. Psychologen unterscheiden deshalb zwischen dem aktuellen, sich verändernden Zustand und Bedürfnis einer Person, dem sog. „State", und dem Verhalten über verschiedene Situationen hinweg, also der überdauernden persönlichen Eigenschaft bzw. Disposition, dem sog. „Trait". Diese Differenzierung lässt sich gut auf die Duftwahl und das damit verbundene Wohlfühlen übertragen. So können wir durchaus von Parfüms oder Duftrichtungen fasziniert sein, die wir üblicherweise nicht wählen würden, die aber zu unserer momentanen Stimmung oder dem gesuchten Anlass und Erlebenswunsch passen. Wir verspüren dann ein bestimmtes situationsabhängiges Bedürfnis, das wir sonst in dieser Form eigentlich nicht an uns kennen. Entsprechend können das Erleben und die Erlebenswünsche eher stabil oder auch situativ sein.

Man kann sich die Zielrichtung von Wohlfühl- und Duftbedürfnissen auch bildlich wie eine Kompassnadel vorstellen. Sie zeigt, in welche Richtung man sich selbst – oder sich der Kunde aus Sicht des Parfümerieverkäufers – mehr oder weniger bewusst erleben möchte; wonach man sich sehnt; was einen magnetisch anzieht; was man als Wohlfühlerwartung hat; aber auch, was einen als Parfüm- oder Duftrichtung jetzt eher anspricht.

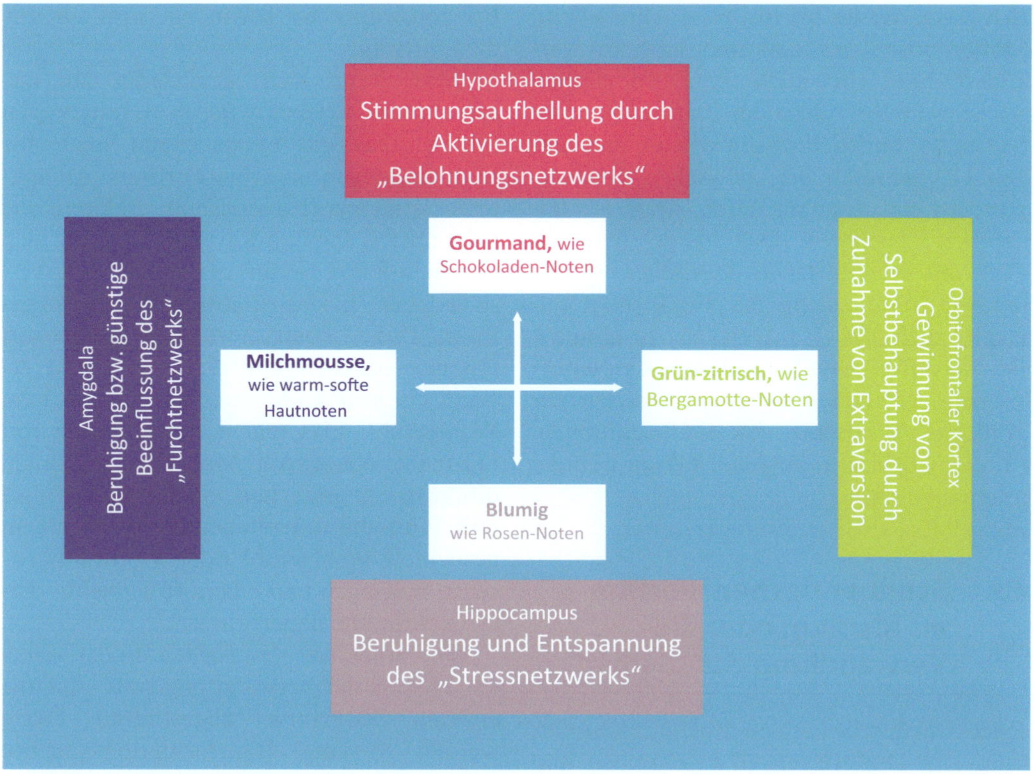

4.5 · Zur Dynamik des Dufterlebens: Mit Duftvorlieben auf Wanderschaft

Hypothalamus
Stimmungsaufhellung durch Aktivierung des „Belohnungsnetzwerks"

Gourmand, wie Schokoladen-Noten

Amygdala Beruhigung bzw. günstige Beeinflussung des „Furchtnetzwerks"

Milchmousse, wie warm-softe Hautnoten

Grün-zitrisch, wie Bergamotte-Noten

Orbitofrontaler Kortex Gewinnung von Selbstbehauptung durch Zunahme von Extraversion

Blumig wie Rosen-Noten

Hippocampus
Beruhigung und Entspannung des „Stressnetzwerks"

◘ **Abb. 4.4** Duftunterstützte Anwendungen und therapeutische Ziele

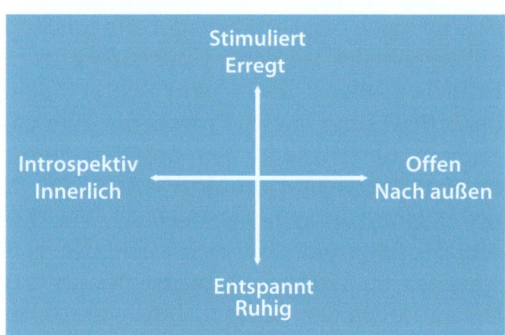

◘ **Abb. 4.5** Vier Basis-Erlebensrichtungen

Die Psychologie kennt vier Basis-Erlebensrichtungen, besser gesagt: einen Erlebensraum mit vier Richtungen, der dabei eine Rolle spielt. Er besteht aus den Dimensionen Entspannt/Ruhig vs. Stimuliert/Erregt und Introspektiv/Innerlich vs. Offen/Nach außen (◘ Abb. 4.5).

Wie der magnetische Nordpol kann man in diesem Erlebensraum mit seinen Wohlfühl-, sprich Duftbedürfnissen auf ständiger Wanderschaft, aber aufgrund seiner Persönlichkeit auch recht stabil ausgerichtet sein. Im Unterschied zu seinem geografischen Pendant wechselt der magnetische Nordpol mit dem magnetischen Südpol die Positionen mal schneller, mal langsamer und manchmal überhaupt nicht. Eine Umkehrung der Pole fand zuletzt vor rund 780.000 Jahren statt. Beim Menschen dagegen findet ein Stimmungswechsel innerhalb von Sekunden und Minuten statt.

Doch auch die Persönlichkeit kann sich verändern. Obwohl rund die Hälfte der Persönlichkeitsmerkmale offenbar vererbt ist, beeinflussen einen im Laufe des Lebens zahlreiche Faktoren. Dennoch gehen Lebenslaufforscher heute davon aus, dass sich unser Wesen bis ins hohe Alter nur in Maßen sowie graduell und langsam verändert. Das trifft auch für Duftvorlieben zu. So weiß die Praxis der Parfümerie, dass bestimmte Duftrichtungen wie die fein-herben Chyprenoten bei weiblichen Duftverwendern mit zunehmendem Alter an Beliebtheit zunehmen. Das hängt sicherlich auch mit verschiedenen physischen Faktoren wie Veränderung der Ernährung und somit auch des Hautgeruchs zusammen. Dennoch führt eine Veränderung des Selbsterlebens mit neuen Erlebenswünschen zur größeren Akzeptanz von Duftrichtungen, für die man sich in jüngeren Jahren weniger interessiert hatte.

4.5.1 Schöner riechen: Parfüm als Medium oder die Verwandlung des „Selbst"

Erlebenswünsche können durchaus komplex sein. Um Dufterleben zu beschreiben und Verbraucher in ihren Duftwahlen besser zu verstehen, arbeitet man im Parfümmarketing gern statt mit vier Basis-Erlebensrichtungen bzw. -wünschen mit den acht in ◘ Abb. 4.6 vorgestellten Richtungen.

Mit jeder dieser acht Erlebensrichtungen werden Duftrichtungen assoziiert, die ich in ▶ Kap. 5 besprechen werde. Das heißt, diese acht Richtungen nehmen im Sinn von Erlebenswünschen besonders Einfluss auf die Duftwahl.

Man kann sich gleichzeitig zu verschiedenem Erlebenswünschen hingezogen fühlen. Das gilt entsprechend auch für Duftrichtungen und ihre Parfüms. An späterer Stelle werde ich deshalb erklären, wie man mittels Parfüm-Layern Düfte für sich mischen kann, wenn man sich von verschiedenen Erlebensrichtungen angezogen fühlt. Dabei kombiniert man Düfte aus unterschiedlichen Duftrichtungen und erzeugt ein sehr komplexes Stimmungs- bzw. Wohlgefühl. Das macht die Kreation mit Düften so einzigartig. Man kann mit ihnen olfaktorisch ganz persönliche Bedürfnisse und Wünsche unterstreichen, die zu einem gesuchten Wohlgefühl oder Wohlfühlwünschen beitragen und einem so subjektiv Erlebenswünsche näherbringen.

Psychologisch gesprochen findet dabei ein Prozess der Verwandlung statt. Auf die eigenen Bedürfnisse abgestimmte Düfte werden so zum Transformationsangebot an das eigene Selbst. Das „aktuelle Selbst" (wie ich mich im Moment erlebe) soll so dem „Idealselbst" bzw. dem Idealerleben (wie ich mich mehr erleben und sein möchte) nähergebracht werden. Unabhängig vom Erreichen dieses Ziels wird schon allein diese Bewegung, dieser Prozess hin zum gesuchten Idealzustand von unserem Selbst als wohltuend und attraktiv erlebt. Es ist der Beginn von „schöner riechen". Vor diesem Hintergrund lässt sich auch das Versprechen im Titel dieses Buches besser verstehen. „Schöner riechen" führt immer zu einer Erhöhung des eigenen Selbst, weil im Idealselbst immer schon der eines höheren Selbst liegt – wer man eigentlich ist, wohin man gehört, was einem zusteht, aber auch, wie man von anderen gesehen werden will.

Eine Parfümberatung sollte deshalb folgende latente Grunderwartung erfüllen: Beim Betreten einer Parfümerie und bei der Suche nach einem Parfüm erwartet man mehr oder weniger bewusst das Eingehen auf aktuelle, persönliche Wohlfühlbedürfnisse.

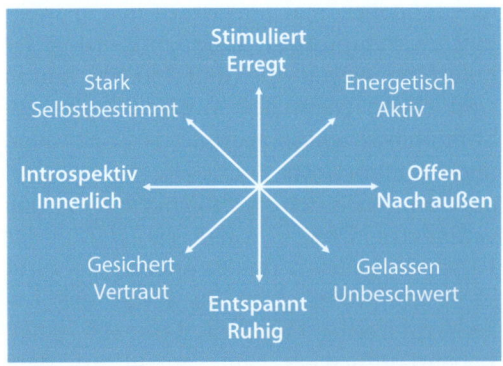

◘ Abb. 4.6 Acht Basis-Erlebensrichtungen

Mehr noch: Man erwartet, dass man sich durch den Duft sowie das damit verbundene Wohlfühlen erhöht und dem Idealselbst näher erlebt. In der perfekten Duftberatung wird das besonders durch das Dufterleben unterstützt. Dem Parfüm fällt dabei die Rolle eines Mediums zu. Es offeriert dem „aktuellen Selbst" ein Transformationsangebot, das es in Richtung Idealerleben und damit in die nahe Zukunft überführen soll. Gelingt das dem Parfüm und empfindet man durch den Duft eine Steigerung seines Erlebens, tritt das „schöner Riechen" ein. Man fühlt sich durch das Parfüm attraktiver, zumindest für sich selbst.

4.6 Geruchsoffen: Wie die Evolution bestimmte Arten des Riechens fördert

In der Persönlichkeitsforschung erfreut sich seit knapp 30 Jahren die Zahl 5 einer besonderen Beliebtheit. So beschreibt man menschliches Verhalten gerne mit dem „Big-Five-Persönlichkeitstest", der eine entsprechende Zahl von Persönlichkeitsausprägungen analysiert. Dabei handelt es sich um Extraversion, Verträglichkeit, Gewissenhaftigkeit, Neurotizismus und Offenheit für neue Erfahrungen.

Die Neuropsychologie ist seit einigen Jahren zunehmend daran interessiert, die „Big Five" mithilfe bildgebender Verfahren, also funktioneller Magnetresonanztomografie (fMRT), konkreten Hirnregionen zuzuordnen. Das lässt sich bereits für einige Persönlichkeitsmerkmale gut zeigen. Für die Neuroparfümerie sind diese Entdeckungen vor allem spannend. Wie bereits erwähnt scheinen der orbitofrontale Kortex (OFC) und sein Netzwerk spezifische Duftvorlieben zu haben, wie wir aus der Neuroparfümerie wissen. Bildgebende Verfahren konnten zeigen, dass zitrische Noten (Aromen) diese Gehirnregion besonders stimulieren. Der Zusammenhang zwischen Extraversion und der Vorliebe für diese Duftnoten ist der Praxis der Parfümerie schon länger aufgefallen. Auch die Geschichte der Parfümerie kennt dafür Belege.

Frisch-grün-zitrische Noten wie der Geruch von Bergamotte werden und wurden von extravertierten Persönlichkeiten, beispielsweise dem Komponisten Richard Wagner (1813–1883), besonders geschätzt. Auch der Dirigent Herbert von Karajan (1908–1989) soll fast süchtig danach gewesen sein. So soll er, der Liebhaber schneller Automobile, bei seinen Fahrten auf Rennstrecken immer von einer feinen Zitruswolke umgeben gewesen sein. Die Duftrichtung war offenbar während seiner Zeit als musikalischer Berater des Orchestre de Paris in den Jahren 1969 bis 1971 von seiner dritten Ehefrau, dem ehemaligen Dior-Mannequin, Eliette Mouret, entdeckt worden. 1966 hatte Dior das Herrenparfüm „Eau de Sauvage" aus der Duftfamilie „Zitrus-aromatisch" auf den Markt gebracht. Es war von Edmond Roudnitska, einem der damals großen Parfümeure und laut Zeitzeugen selbst eine bestimmende, extravertierte Persönlichkeit, kreiert worden. Bereits 1955 hatte er den Dior-Damenduft „Eau Fraîche" mit extravertierter Zitrusnote erschaffen.

Wie es zu den Duftvorlieben bestimmter Gehirnareale bzw. Gehirnregionen kommt und vor allem, wie man individuelle Unterschiede erklärt, ist noch unbekannt. So kann man als Duftpsychologe die Vorliebe Extravertierter für frisch-grün-zitrische Noten möglicherweise auf den Einfluss frühkindlicher Erfahrungen und damit verbundener Duftsozialisation zurückführen. Doch die müssten dann auch für alle Extravertierte ähnlich sein. Letztlich kommt man eher zu dem Schluss, dass Duftvorlieben auch vererbt, sozusagen genetisch in uns angelegt sein müssen.

Das gleiche Problem stellt sich der Neuropsychologie bei der Frage, warum Persönlichkeitsmerkmale unterschiedlich stark ausgeprägt sind. Trotz aller Umwelteinwirkungen, die sicherlich eine große Rolle bei der Ausprägung spielen, muss diese doch wohl eher auf genetische Wurzeln zurückzuführen sein.

Sind Sie noch eifrig am Lesen? Denn jetzt wird es wirklich spannend!

Ein internationales Forscherteam aus Großbritannien, den USA und Italien hat unlängst eine interessante, auf Gehirnstudien von über 500 Personen basierende Studie durchgeführt (Riccelli et al. 2017). Insbesondere untersuchten die Wissenschaftler Unterschiede in der kortikalen Anatomie des Gehirns, der Struktur der äußeren Schicht des Gehirns. Dabei konzentrierten sie sich auf die Messung von drei Größen: Oberfläche des Gebiets, Dicke und Menge der Faltung im Kortex. Diese Messungen verglichen sie mit den Ausprägungen der Big-Five-Persönlichkeitsmerkmale. Dahinter steht die Theorie des „Cortical Stretching". Sie besagt, dass das Gehirn sich schneller entwickelte als der Schädel und deshalb Platz brauchte. Diesen benötigte es vor allem für höhere Gehirnleistungen wie das Selbstbild und bestimmte Persönlichkeitsmerkmale. Der benötigte Platz konnte nur geschaffen werden, indem sich das Gehirn auf Kosten der Gehirndicke stark faltete und in Bereichen mit entsprechender Leistung dünner wurde.

Tatsächlich fanden die Wissenschaftler solche Zusammenhänge. So hat das Gehirn in der Evolution am schnellsten Platz für das Persönlichkeitsmerkmal „Offenheit", im Sinne von Offenheit für neue Erfahrungen geschaffen. Die Studie beschreibt dieses Persönlichkeitsmerkmal im präfrontalen Kortex, der, wie ich schon zeigte, auch für das Riechen große Bedeutung hat, als größer in der Fläche und faltenreich mit dünnerer Gehirndecke. Die Evolution hatte demnach ein besonderes Interesse an der Entwicklung von Offenheit, die mit folgenden Merkmalen einhergeht: Freude am Sammeln neuer Erfahrungen sowie neugierig, fantasievoll und erfinderisch sein. Menschen mit diesen Merkmalen suchen auch ein gewisses Maß an Aufregung und Abwechslung. Sie entdecken auch gern vorurteilsfrei fremde Kulturen. Im Gegensatz dazu schätzen Menschen, bei denen dieser Wesenszug wenig ausgeprägt ist, Konventionen. Sie sind eher einseitig interessiert und setzen auf Bewährtes.

Dagegen scheint die Evolution weniger Interesse an der Weiterentwicklung der Extraversion zu haben. So kommen die Forscher zu dem Schluss, dass die entsprechende Region im Verhältnis zur Offenheit kleiner ist und über eine dickere Gehirndecke verfügt. Das könnte damit zusammenhängen, dass Extraversion über einzelne, stark verzweigte Netzwerke verfügt, die bis in den visuellen Kortex am Hinterkopf reichen. Dennoch: Auch frühere Studien kamen zu dem Schluss, dass kortikale Dicke im orbitofrontalen Kortex mit Extraversion korreliert (Rauch et al. 2005).

Können wir nun aus den Beobachtungen, dass die Evolution bevorzugte Eigenschaften mit zunehmender Größe der Oberfläche des Gebiets, geringerer Dicke und mehr Faltung im Kortex unterstützt, Rückschlüsse auf das Riechen ziehen? Etwa in der Form, dass die Evolution beim Menschen bestimmte Arten des Riechens mehr unterstützt als andere? Basierend auf der Theorie des „Cortical Stretching" muss man zumindest sagen, dass die Evolution beim Menschen auf bestimmte Merkmale setzt, die besonders förderungswürdig sind. Und dazu gehören auch spezielle Arten des Riechens, wobei ich diese als Geruchsoffenheit umschreiben möchte.

Es war im Interesse der Evolution, das Geruchshirn beim Menschen weiterzuentwickeln – und das vor allem auch außerhalb der ursprünglichen Gebiete. Nur so konnte sich der Maître des Parfums, der im orbitofrontalen Kortex und damit in dem alle anderen Sinne koordinierenden präfrontalen Kortex seinen Sitz hat, aus dem eigentlichen Riechhirn heraus entwickeln. Die Evolution wollte damit bestimmt auch eine Offenheit beim Riechen schaffen, um Gerüche mit anderen Sinnen für ein gesteigertes und intensiveres Erleben besser verschmelzen zu können. Ferner muss es außerdem für die Persönlichkeitsentwicklung und damit für die Selbsterhaltung wichtig gewesen sein, dass offenes Riechen durch begünstigte Persönlichkeitsmerkmale unterstützt wird. Dabei scheint die Evolution weniger daran interessiert gewesen zu sein, einzelne Duftrichtungen mit Geruchsoffenheit zu unterstützen, als vielmehr diese allen Duftrichtungen und Arten des Riechens zukommen lassen.

Geruchsoffenheit fördert die Phantasie und Neugier des Menschen und trägt dazu bei, fremden Kulturen unvoreingenommener gegenüberzutreten. Gerade der Geruch der eigenen Gruppe, der bekannte Stallgeruch, war und ist nicht nur im Tierreich ein Mittel der Abgrenzung. Die Natur wollte offenbar der damit einhergehenden Fokussierung auf den eigenen Lebensraum und auf die eigene Gruppe entgegenwirken und für andere Eindrücke öffnen. Denn es war schon immer im Interesse der Natur, dass sich unterschiedliches Erbgut vermischte, allein schon deshalb, um das Immunsystem der Nachkommen zu fördern. Offenheit war ihr aber auch wichtig, damit neue Erfahrungen und Ideen von anderen übernommen werden können. Dafür mussten Menschen anderen Nahrungsmitteln, aber auch anderen Hautgerüchen gegenüber offen sein – sie unter Umständen sogar attraktiv finden.

Ich denke, Sie stimmen mir zu: Dieses Kapitel sollte niemand verpassen. Die Forschungsergebnisse zum „Cortical Stretching" sind einfach spektakulär. Genauso wie die Erkenntnisse der Gehirnforschung, sprich der Neuroparfümerie, zum persönlichen Wohlfühlen. Erkenntnisse, die jeden Parfümliebhaber faszinieren!

Zusammenfassung

In diesem Kapitel sind wir zunächst auf die Erwartungen von Verbrauchern eingegangen, die eine Parfümerie für eine Duftberatung betreten. Wir haben gesehen, dass es die Gewinnung von Attraktivität und Schönheit sowie die Steigerung des Wohlgefühls sind, die eine Rolle spielen. Darauf aufbauend wurden Erkenntnisse der Neuroparfümerie über den Zusammenhang zwischen Duftrichtungen, Wohlfühlen und Gehirnregionen und ihre Netzwerke für neuro-dufttherapeutische Maßnahmen bei Furcht und Stress sowie für Belohnung und Steigerung von Selbstbehauptung vorgestellt.

Wir haben gesehen, dass beim Riechen, speziell beim „schöner Riechen" mit Parfüms, eine mehr oder weniger bewusste Transformation stattfindet. Zum Abschluss des Kapitels wurde eine spektakuläre Theorie für das Riechen besprochen: „Cortical Stretching". Sie besagt, dass das Gehirn sich in der Evolution schneller entwickelte als der Schädel und deshalb Platz brauchte. Diesen konnte es nur schaffen, indem sich das Gehirn auf Kosten der Gehirndicke stark faltete und in Bereichen mit entsprechender Leistung dünner wurde. Mehr Platz benötigten vor allem höhere Gehirnleistungen wie das Selbstbild und bestimmte Persönlichkeitsmerkmale. Eines dieser begünstigten Persönlichkeitsmerkmale ist „Offenheit" im Sinne von Offenheit für neue Erfahrungen. Wenn man diese Beobachtung auf das Riechen überträgt, kann man zu dem Schluss kommen, dass die Evolution an einer „Geruchsoffenheit" bei uns Menschen interessiert ist.

Literatur

Baars B (2003) How brain reveals mind. Neural studies support the fundamental role of conscious experience. J Conscious Stud 10:9–10

Bremner JD et al (2000) Hippocampal volume reduction in major depression. Am J Psychiatr 157(1):115–118

Canbeyli R (2010) Sensorimotor modulation of mood and depression: an integrative review. Behav Brain Res 207(2):249–264

Courtiol E, Wilson DA (2015) The olfactory thalamus: unanswered questions about the role of the mediodorsal thalamic nucleus in olfaction. Front Neural Circuits 9:49

De Young CG et al (2010) Testing predictions from personality neuroscience. Brain structure and the big five. Psychol Sci 21(6):820–828

Rauch SL et al (2005) Orbitofrontal thickness, retention of fear extinction, and extraversion. Cogn Neurosci Neuropsychol 16(17):1909–1912

Riccelli R et al (2017) Surface-based morphometry reveals the neuroanatomical basis of the five-factor model of personality. Soc Cogn Affect Neurosci 2017:671–684

Schneider S (2015) Der Einfluss von trauriger Stimmungsinduktion auf die Riech- und Schmeckschwellen gesunder Frauen. Dissertation der Medizinischen Fakultät der Friedrich-Schiller-Universität Jena

Schoen K (2018) Gegenüberstellung von Essensdüften und Blumendüften im Hinblick auf ihre Verarbeitung im mesolimbischen System – eine fMRT-Studie. Dissertationsschrift der Medizinischen Fakultät Carl Gustav Carus der Technischen Universität Dresden

Steiner JE, Rosenthal-Zifroni A, Edelstein EL (1969) Taste perception in depressive illness. Israel Ann Psychiatr Relat Discipl 7(2):223–232

Insiderwissen Parfümerie

Wie man sich in den Parfümdschungel hineinriecht, was man über die Wirkung von Inhaltsstoffen, Duftrichtungen und die Psychologie von Parfümverwendern und ihren Erlebenswünschen weiß, wie Parfüms bei Verbrauchern in Erinnerung bleiben und vieles andere mehr

Inhaltsverzeichnis

5.1 Geruchslos … oder 10.000 Gerüche riechen – 105

5.2 Parfümerie ist nicht additiv und kein Platz zum Streiten – 107

5.3 Parfümdschungel: Wie man sich hineinriecht – 108

5.4 Psychologie des Parfüms – die Duftfamilien aus Sicht eines Duftpsychologen – 118
5.4.1 Feminine Duftrichtungen – 118
5.4.2 „Maskuline" Duftrichtungen – 127
5.4.3 Nicht so leicht: Die Bestimmung von Zielgruppen im Marketing – 129

5.5 Parfümmacher – die Teams in der Duftindustrie – 131

5.6 Duftevaluation – ein Kreativitätskiller? Wie man Parfüms mit hohem Potenzial entdeckt – 133

5.7 Parfüm-Flanker: Entertainment für ungeduldige Nasen – 135

5.8 Parfümrezeptur: Erfolgreiche Inhaltsstoffe der Feinparfümerie – 137

© Der/die Autor(en), exklusiv lizenziert durch Springer-Verlag GmbH, DE, ein Teil von Springer Nature 2021
J. Mensing, *Schöner RIECHEN*, https://doi.org/10.1007/978-3-662-62726-6_5

5.9	Duftgeheimnisse von Inhaltsstoffen – Geruchsübung für schöneres Riechen – 139
5.10	Parfümeurinnen: Die Parfümerie verdankt fast alles den Frauen – 142

Literatur – 144

5.1 Geruchslos … oder 10.000 Gerüche riechen

Sicherlich hat nicht jeder Mensch den gleichen Zugang zum Geruch und reagiert auch nicht gleich auf bestimmte Gerüche und Situationen. Auch kann man an Anosmie leiden und deshalb gar keine oder nur sehr schwach Gerüche wahrnehmen. In Deutschland sind etwa 3 bis 5 % der Bevölkerung davon betroffen. Diese Zahlen gelten, wenn keine erhöhten Infektionskrankheiten vorliegen. So gibt es Hinweise, dass ein verlorener oder verminderter Geruchssinn wie auch ein Geschmacksverlust z. B. bei Covid-19 vermehrt beobachtet wurde. Zur Früherkennung eines Gesundheitszustandes ist Anosmie deshalb eine wertvolle Indikation.

Das Fehlen des Geruchssinns ist sehr belastend, da der Genuss beim Essen und Trinken eingeschränkt ist. Freude und Sinnlichkeit entstehen eben auch über den Geruch. Der Riechsinn kann aber nach und nach zurückkommen. Denn Riechzellen haben die Fähigkeit zur Zellteilung, was eine Ausnahme unter den Nervenzellen ist. Sie erneuern sich deshalb ca. alle 60 Tage.

Man könnte denken, Parfümerie bedeutet im Wesentlichen schönes Riechen bzw. gut riechen zu können. Das stimmt sicherlich auch, aber die Parfümerie ist auch eine Branche, die sehr strategisch orientiert ist. Bei jährlich ca. 2000 Duftneuheiten gehört viel Insiderwissen dazu, um mit einem Parfüm den Markt zu erobern bzw. die Aufmerksamkeit von Duftverwendern auf sich zu ziehen. Vielfach sind sich Verbraucher gar nicht bewusst, dass hinter einem neuen Duft, wie im Gangsterkrimi Ocean's Eleven, Spezialisten mit unterschiedlichsten Talenten stehen, die man für einen „Parfüm-Coup", sprich für die Entwicklung und erfolgreiche Markteinführung eines Parfüms, angeheuert hat.

Viele Männer sind davon überzeugt, dass sie, verglichen mit Frauen, schlechter riechen können, einen eingeschränkten Geruchssinn haben oder einfach oft falsch riechen. Ersteres bezeichnet man als Hyposmie, letzteres als Dysomie, was eher eine Verzerrung der Geruchswahrnehmung bedeutet. Das hat Gründe. Frauen können zwar in der Regel besser riechen, dafür verfügen Männer jedoch oft über eine Geruchsexpertise, beispielsweise beim Verkosten von Wein. Eigentlich verbindet man das nur mit dem Geschmacksvermögen, doch neueste Studien haben gezeigt, dass – wie bereits zuvor erwähnt – es sogar auf der Zunge Geruchsrezeptoren gibt. Wir riechen also auch mit der Zunge, obwohl noch nicht ganz abschließend geklärt ist, wie weit das möglich ist. Falls dem so sein sollte, gilt das auch für Männer, die ihr Bier beschreiben.

Wie kaum ein anderer Sinn lässt sich der Geruchssinn trainieren. Optimisten sprechen von 5000 bis 10.000 Gerüchen, die man unterscheiden kann. Das erklärt auch, warum man beim Riechen schnell „sprachlos" wird. Die etwa 200 Adjektive, über die die deutsche Sprache zum Beschreiben von Emotionen, Grundgefühlen und Stimmungen verfügt, reichen für das Geruchserleben nicht aus.

- **Taxonomie des Unsichtbaren**

Düfte für sich und andere zu beschreiben war sicher schon seit den Anfängen der Parfümerie vor über 9000 Jahren ein Bedürfnis. Doch es wurde schnell zum Problem, da unseren Vorfahren dafür die Worte fehlten. Bis heute ist es eine Herausforderung, Gerüche im Detail zu kommunizieren. Das zeigt sich in den Versuchen von Parfümeuren, Düfte zu klassifizieren. Seit über 200 Jahren arbeitet man in der Duftindustrie an einer Taxonomie des Unsichtbaren. So gibt es beispielsweise den Vorschlag, 44 Duftklassen zu unterscheiden, beispielsweise in fruchtig, aromatisch, mandelartig, minzig, zitrusartig, süß, vanillig, seifenartig, metallisch, animalisch oder blumig.

Um eine schnelle und einfachere Orientierung in der Parfümerie zu erreichen, kategorisieren die kreativen Nasen ihre Duftkreationen, also Parfüms, gerne nach Duftfamilien bzw. Duftrichtungen. Blumige, orientalische, chyprige oder frisch-grün-zitrische Noten sind gängige Unterteilungen. Dabei werden meist 8 bis 16 Duftrichtungen bei Damennoten und 6 bis 12 bei Herrennoten unterschieden. Diese werden in diesem Kapitel noch im Detail sowie in ihrer duftpsychologischen Bedeutung vorgestellt.

Die Zuordnung der Parfüms nach Duftfamilien erfolgt aufgrund von Inhaltsstoffen und Duftcharakter. Das macht die Sache aber nicht wirklich einfacher, da allein in der Duftfamilie „Blumig" über 10.000 Parfüms auf dem Markt ist, von denen ein Teil wegen ihrer Originalität zu zwei oder mehreren Duftfamilien gehören müssten. Deshalb werden die einzelnen Duftfamilien noch weiter untergliedert, z. B. in „blumig-pudrig", was es noch komplizierter macht. Das gilt vor allem für einige Duftfamilien, die sich in sieben und mehr Untergruppen gliedern.

Bei der Zuordnung von Parfüms zu Gruppen zeigt sich noch eine weitere Schwierigkeit: Duft – und vor allem Parfüms – sind auch immer in Bewegung und deshalb nicht leicht einzuordnen. Der Duft entwickelt sich vom etwa 10- bis 15-minütigen Ersteindruck, der sog. Kopfnote, über die sich nach einer halben bis vollen Stunde zeigenden Herznote schließlich zum danach riechenden Fond, der manchmal sogar noch nach Tagen gerochen werden kann. Selbst bei Parfüms, die linearer kreiert sind, bei denen sich eine mächtige Kopfnote bis in den Fond durchzieht, gibt es Bewegung. Die wird übrigens bei Parfüms immer schneller. Es gibt also einen Trend in der Parfümerie, der für ungeduldige Nasen gemacht ist. Man will, dass sich die Kopfnote schneller entwickelt, eindeutigen Charakter hat, dann möglichst lange so bleibt und im übertragenen Sinn quasi zum „Nasenwurm" wird.

Parfüms wurden auch immer für den Zeitgeist kreiert. In der Parfümerie gab es deshalb auch ruhigere Zeiten, in denen man der Kopfnote mehr Zeit zur Entwicklung gab. Legendär ist das Parfüm „Parure" von Guerlain. Es kam 1975, in einem im Vergleich zu heute weniger hektischen Jahrzehnt, auf den Markt. Es dauerte gut 20 Minuten, bis sich die Kombination u. a. aus Pflaume, Rose und Zitrusfrüchten in der Kopfnote richtig entwickeln konnte. Mit diesem Parfüm musste man Geduld haben. Aufgetragen roch es erst irgendwie dunkel und verschwommen, bis sich schließlich eine sanfte Welle löste, die zu einem sinnlichen und eleganten Meisterwerk wurde, die sich dann nur schwer in eine Duftrichtung leicht einordnen ließ. In solchen Fällen wird die Duftrichtung anhand von Inhaltsstoffen festgelegt. Bei „Parure" einigten sich die meisten Nasen auf die Duftrichtung „Chypre".

5.2 Parfümerie ist nicht additiv und kein Platz zum Streiten

Die Zuordnung von Parfüms zu Gruppen ist auch deshalb nicht leicht, weil die Duftkonzentration eine Rolle spielt. Je nach Konzentration kann man denselben Duft auch anders erleben, wobei es ein erstaunliches Phänomen gibt: Höher konzentriert, also mehr Duftöl vermischt in Alkohol, bedeutet nicht unbedingt, auch besser, schwerer oder intensiver zu riechen. Parfümerie ist nicht additiv. So kann das höher konzentrierte Parfüm leichter riechen als derselbe Duft mit geringerer Konzentration. Auch kann das stärker konzentrierte Parfüm in sich zusammenfallen, bzw. es atmet nicht mehr, oder bestimmte Inhaltsstoffe treten plötzlich in den Vordergrund. Sie können den Geruch so verändern, dass der Eindruck erweckt wird, der Duft gehöre nun zu einer anderen Duftfamilie.

Parfüms sind eigenwillig. Aber das macht sie auch so interessant. Man kann und sollte sich auch nicht über sie streiten. Das legendäre „Cool Water" von Davidoff mit seinen gerade mal 16 Inhaltsstoffen roch bei seiner Einführung für viele unfertig. Man dachte, dass diese als „Sommerduft" bezeichnete Note für Herren den ersten Winter am Markt nicht überleben würde. Aber auch in der Parfümerie gilt: Totgesagte leben länger. Kein Wunder, denn in der Parfümerie bestand nie Einigkeit. Oft werden Kreationen wie die Arbeit eines Zahnarztes beurteilt. „Wer hat denn das gemacht?", heißt es dann. Selbst eher simple Themen, beispielsweise was in welcher Duftkonzentration als Eau de Parfum oder als Parfum gilt, lösen Diskussionen aus. Dennoch versuche ich im Folgenden, auf diesem Gebiet – auf das ich in ▶ Kap. 2 bereits im Detail eingegangen bin – nochmals etwas Klarheit zu schaffen:

- Frisch-grün-zitrische Noten gibt es häufig als sog. **Eau de Toilette** (EDT) in leichterer Konzentration mit 6 bis 8 % Duftöl (in Alkohol mit etwas Wasser), es gibt sie aber auch als Eau de Parfum (EDP) mit um die 10 bis 14 %.
- Bei **Eau de Cologne** liegt die Konzentration nur noch bei 3 bis 5 % Duftöl (in Alkohol mit etwas Wasser).
- Besonders leicht ist das **Körperspray** (Body Mist) mit einer Konzentration von um die 3 % Duftöl (in Alkohol mit etwas Wasser).

Die frisch-grün-zitrische Duftrichtung, vor allem in leichterer Konzentration, entwickelt sich am schnellsten, haftet allerdings nicht so lange, wenn ihr Fond nicht beispielsweise durch Hölzer verstärkt wird.

Im Unterschied dazu gibt es die reichhaltigeren und in Deutschland meistverkauften Duftkonzentrationen:
- **Eau de Parfum** (EDP) in einer Konzentration mit 10 bis 14 % Duftöl (in Alkohol mit etwas Wasser) sowie
- **Parfum** in einer Konzentration mit oft 15 bis 40 % Duftöl (in Alkohol mit etwas Wasser).

Für die Konzentrationsangaben von Parfüms wie EDP oder EDT gibt es übrigens keine gesetzlichen Vorschriften, da – wie bereits gesagt – viel Duftöl nicht unbedingt auch viel Riechen heißen muss. Wundern Sie sich deshalb nicht, wenn ein Duft in einer Konzentration von 8 % Duftöl bereits als Eau de Parfum angeboten wird.

5.3 Parfümdschungel: Wie man sich hineinriecht

- **Klassifikationssysteme, Duftfamilien bzw. Duftrichtungen**

Es gibt mittlerweile Apps für mobile Geräte, die einen Überblick über Duftfamilien bieten und sich deshalb gut für das systematische Kennenlernen der jeweiligen Parfüms in einer Parfümerie eignen. Dazu gehört beispielsweise die App „Symrise – Genealogie der feinen Düfte", die einen Überblick über die beliebtesten Parfüms – sowohl von heute als auch der vergangenen vier Jahrzehnte – bietet. Durch Gruppierung in feminine und maskuline Parfüms unterteilt in Duftfamilien mit Untergruppen finden Parfümliebhaber schnell und einfach umfangreiche Informationen, beispielsweise unter ▶ https://www.symrise.com/newsroom/article/the-symrise-genealogy-of-fine-fragrances-is-going-digital/.

Sehr detaillierte Informationen zu Duftgruppen und -einteilungen macht z. B. der bekannte australische Parfümsammler Michael Edwards, ferner finden sich detaillierte Duftfamilien unter ▶ www.fragrantica.com und ▶ www.fragrantica.de. Die englisch- und deutschsprachigen Internetseiten von Fragrantica sind zu einer Online-Enzyklopädie von Parfüms, einem Parfümmagazin und zu einer Gemeinschaft von Parfümliebhabern geworden. Seit Jahren bietet Fragrantica sog. nutzerorientierte Klassifikationssysteme („user-driven classification systems"), bei denen Verbraucher Parfüms aufgrund ihres Dufterlebens auch bewerten können. Die 2007 gegründete Webseite von Fragrantica erfasst über 60.000 Parfüms. Das englischsprachige System von Fragrantica unterscheidet sieben „Olfactory Groups" (Aromatic, Chypre, Citrus, Floral, Leather, Oriental, Woody), also Duftfamilien, die in bis zu sieben Untergruppen unterteilt werden. Außerdem wird für die Parfümbeispiele das Jahr der Markteinführung genannt. Diese Informationen geben auch andere Klassifizierungssysteme wie beispielsweise das von Symrise.

Man kann bei Fragrantica noch etwas detaillierter klassifizieren und sehen, welche Parfüms und wann sie auf welchen Markt kamen; zu welchen Kategorien (Designer, Farben) die Kreationen gehören; welche Marken oder Persönlichkeiten dahinterstehen; ob die Düfte für Frauen, Männer oder beide kreiert sind; für welche Jahreszeit und welchen Anlass sie von anderen Duftliebhabern empfohlen werden. Der Nutzer der Fragrantica-Website kann vielfach durch das Anklicken einzelner Parfümnamen gleich Flakon und Verpackung sowie eine Duftbeschreibung als visualisierte „Duftpyramide" mit Bildern von Inhaltsstoffen der Kopf-, Herz- und Basisnote aufrufen. Das gesamte System ist offen für Verbraucher. Sie können Bewertungen der Parfüms abgeben und eigene Kommentare posten. Ob es sich dabei auch immer nur um firmenunabhängige Personen handelt, sei dahingestellt.

Nutzerorientierte Klassifikationssysteme bieten Herstellern und Verbrauchern einen direkten und raschen Zugang zum Reich der Düfte. Allerdings besteht die Gefahr, dass man bei einer sehr detaillierten Klassifizierung mit vielen Untergruppen schnell den Überblick verliert.

In meinen Parfüm- & Parfümerie-Insider-Workshops bespreche ich Parfüms und ihre Bedeutung in verschieden Duftmärkten, wie ich es in ▶ Kap. 14 zeigen werde. Hier ein erster Überblick über die Duftrichtungen:

Duftrichtungen

Für Damennoten:
1. Chypre-ledrig
2. Frisch-grün-zitrisch/Aqua- & Ozon-Noten
3. Gourmand-fruchtig
4. Blumig-pudrig
5. Blumig-aldehydisch
6. Floriental
7. Orientalisch
8. Holzig-würzig

5.3 · Parfümdschungel: Wie man sich hineinriecht

Für Herrennoten:
1. Fougère
2. Frisch-grün-zitrisch/Aqua- & Ozon-Noten
3. Gourmand-fruchtig
4. Ledrig
5. Orientalisch
6. Holzig-würzig

Um einzelne Parfüms innerhalb der Duftrichtungen in ihrem Erleben und ihrer Wirkung noch besser zu beschreiben, wird zusätzlich zwischen den Tendenzen „leichter" und „gehaltvoller" unterschieden.

Sicherlich sind die acht Duftrichtungen für Damennoten und die sechs für Herren recht grob unterteilt. Allein die Duftrichtung „Chypre" kennt Parfüms die man für eine detailliertere Bestimmung, neben den eindeutigen Chypre Noten, wie wir sie noch besprechen werden, einer der folgenden Untergruppen zuordnen könnte:

Untergruppen von „Chypre"
— Chypre-fruchtig
— Chypre-orientalisch
— Chypre-blumig
— Chypre-holzig
— Chypre-ledrig
— Chypre-aromatisch
— Chypre-Fougère
— Chypre-Gourmand

Bei einer solch detaillierten Klassifikation geht aber schnell die Übersichtlichkeit verloren – vor allem, wenn man die Bedeutung einer Duftfamilie in einem Duftmarkt studieren will. Die Duftfamilie „Chypre" ist in vielen Märkten das kleinste Segment mit jährlich relativ wenigen Neuerscheinungen, und die Untergruppen wären dann für eine Übersicht über einen Duftmarkt nur spärlich besetzt.

Bei Blumen-Noten mit jährlich vielen Neuerscheinungen hingegen ist eine detaillierte Klassifikation sinnvoll.

Bei dieser Duftrichtung könnte man noch wie folgt unterteilen, wobei auch neue Duftfamilien entstehen:

Untergruppen von „Blumig"
— Blumig-pudrig
— Blumig-aldehydig
— Blumig-frisch
— Blumig-aquatisch
— Blumig-Gourmand
— Blumig-warm
— Blumig-orientalisch bzw. holzig/Moschus

Auch bei der Duftfamilie „Orientalisch" ist eine weitere Unterteilung sinnvoll, die auch neue Duftfamilien inspiriert:

Untergruppen von „Orientalisch"
— Orientalisch-holzig
— Orientalisch-würzig
— Orientalisch-Gourmand

Auch müsste man für eine detaillierte Analyse von Parfüms bzw. eines Duftmarkts „Gourmand" von „fruchtig" trennen, um z. B. zwischen den Duftfamilien „Fruchtigblumig" und „Fruchtig-Gourmand" unterscheiden zu können.

Entsprechend müsste man auch bei Zitrus weiter unterscheiden und in Duftfamilien wie „Zitrus-aromatisch" und „Zitrus-Gourmand" aufteilen.

- **Das Drei-Ebenen-Modell der Parfümdiagnostik**

Im Folgenden zeige ich einen Duftraum mit 16 Duftfamilien bzw. -richtungen, bevor wir die Wichtigsten einzeln im Detail unten besprechen:

> **Ein Duftraum mit 16 Duftfamilien**
> 1. Gourmand-fruchtig
> 2. Aromatisch-fruchtig
> 3. Aromatisch-frisch
> 4. Aquatisch-frisch
> 5. Zitrisch-frisch
> 6. Aquatisch-blumig
> 7. Blumig-frisch
> 8. Blumig-aldehydig-klar
> 9. Blumig-pudrig-balsamisch
> 10. Blumig-aldehydig-reich
> 11. Blumig-floriental
> 12. Milch/Milchmousse-Moschus
> 13. Orientalisch-warm
> 14. Holzig-erdig
> 15. Chypre-ledrig
> 16. Chypre-fruchtig

In diesen Duftraum mit 16 Duftrichtungen lassen sich Damen- und Herrenparfüms gemeinsam einordnen. Er ist mit drei Ebenen mehrdimensional, und ich möchte ihn Ihnen deshalb als **Drei-Ebenen-Modell** für die Parfümdiagnostik vorstellen. Um es gleich vorweg zu sagen: Parfüms können in diesem Modell nur auf einer Ebene liegen oder Charakteristiken von zwei oder drei Ebenen haben.

Die **Basisebene** (erste Ebene) basiert auf den vier Grund-Duftrichtungen:
– Gourmand-fruchtig,
– blumig-pudrig-balsamisch,
– orientalisch-warm und
– zitrisch-frisch.

Basisebene ist sie deshalb, weil sich auf dieser Ebene schon viele aktuelle Parfüms in unserem Kulturraum abbilden lassen, ferner, weil unser Geruchsgehirn diese vier Grund-Duftrichtungen kennt und sie mit spezifischen neuronalen Stimulationsbedürfnissen einzelner Gehirnregionen und ihrer Netzwerke verbunden sind.

Es gibt Parfüms, die auf dieser Ebene Charakteristiken von zwei Duftrichtungen, z. B. Gourmand-fruchtig mit zitrisch-frisch haben. Generell hat die Duftrichtung „Gourmand-fruchtig" in den letzten Jahren in vielen Duftmärkten (wie dem deutschen) an Bedeutung gewonnen und ist mittlerweile eine der tragenden Säulen der Parfümerie.

Darüber **(zweite Ebene)** liegt der Duftraum mit den vier Richtungen:
– aromatisch-frisch,
– blumig-frisch,
– blumig-floriental und
– Chypre-ledrig.

Auf dieser Ebene kann vor allem die große Duftfamilie „Blumig" noch weiter differenziert werden (frisch vs. warm). Auch werden hier mit „aromatisch-frisch" und „Chypre-ledrig" neue Duftrichtungen eingeführt, die für einzelne Duftmärkte besonders typisch sind. Die erste und zweite Ebene in Kombination zeigen aber auch Dufttrends etwa bei den zum Teil immer komplexer werdenden Chypre-Noten, wo „Chypre-ledrig" mit „Gourmand-fruchtig" kombiniert wird.

Auf der **dritten Ebene** können dann Parfüms noch weiter spezifiziert werden. Die acht Duftrichtungen der dritten Ebene sind:
– aromatisch-fruchtig,
– aquatisch-frisch,
– aquatisch-blumig,
– blumig-aldehydig-klar,
– blumig-aldehydig-reich,
– Milch/Milchmousse-Moschus,
– holzig-erdig und
– Chypre-fruchtig.

Von dieser Ebene profitieren vor allem Blumen-Noten, die entweder nur auf dieser Ebene beschrieben werden können oder aufgrund ihrer Komplexität auch Charakteristiken der ersten und/oder zweiten Ebene haben. Ideal für die Duftbeschreibung ist die dritte Ebene auch für viele Nischenparfüms, die z. B. „holzig-erdig" mit anderen Duftcharakteristiken verbinden.

Über die drei Ebenen mit insgesamt 16 Duftrichtungen lässt sich so recht genau ein sehr komplexes Parfüm in seinem Duft-

5.3 · Parfümdschungel: Wie man sich hineinriecht

ablauf bzw. -eindruck beschreiben. Vielfach reichen schon zwei Duftrichtungen auf einer Ebene, um etwa eine neue Parfümkreation zu „mappen" bzw. sie nach ihrem Duftcharakter mit bereits auf dem Markt vorhandenen Kreationen zu positionieren bzw. zu vergleichen. Das heißt, man kann mit diesem Klassifikationssystem besonders gut Parfüms beschreiben, die gleichzeitig in zwei oder mehre Duftfamilien als sog. „Crossover" fallen und sie so in ihrem Duftverlauf bzw. Duftdynamik festhalten. Dabei zeigt sich, dass die dritte und zweite Ebene nicht unbedingt die Kopfnote eines Parfüms widerspiegeln müssen. Die modere Parfümerie liebt auch die Überraschung, und damit können in einer Kreation, die man z. B. der Basisduftrichtung „Gourmand-fruchtig" zuordnet, in der aber auch Geruchsfacetten aus dem „Chypre-ledrigen" wie auch aus dem „aromatisch-fruchtigen" Bereich nach einer gewissen Zeit mitspielen, komplexe Crossovers festgehalten werden.

◘ Abb. 5.1 zeigt die Visualisierung eines selbstkreierten Crossover-Parfüms, wie ein Teilnehmer meiner Parfüm-Insider-Workshops seinen Duft erlebte. Das Beispiel macht deutlich, warum man ein komplexes Parfüm bei einer systematischen Duftbeschreibung, sprich „Parfümdiagnostik", besser auf verschieden Ebenen beschreibt, um seine Einzigartigkeit zu erkennen.

Ein gutes Beispiel für einen komplexen Crossover ist „Virgin Island Water" von Creed. Das Parfüm, das im Geruch an eine geeiste Kokosnuss erinnert, die in einem rauschenden Wildbach schwimmt, hat noch weitere Facetten, zu den auch eine leichte weiße Rum- wie auch eine Milch-Note gehören. Das Parfüm hat Basis-Charakteristiken der Duftfamilie „Gourmand-fruchtig" wie auch von „Aquatisch-frisch" mit deutlichen zitrischen Akkorden, zu denen sich zur Überraschung dann auch die erwähnte Rum- wie die Milch-Note dazugesellen.

◘ Abb. 5.2 zeigt die Visualisierung, wie sich „Virgin Island Water" auf der ersten Ebene positionieren lässt. Deutlich wird aber auch, dass sich der Duft erst auf der dritten Ebene (die hier nicht gezeigt wird) dann mit „aquatisch-frisch" und „Milch/Milchmousse-Moschus" in seiner Reichheit beschreiben lässt.

Um es noch genauer zu machen, kann man mit der Nummerierung der Richtungen, sprich des Geruchseindrucks, den zeitlichen Ablauf eines Parfüms noch zusätzlich beschreiben. Damit wird man dann auch der Einteilung in Kopf-, Herz- und Basis-Duftnote gerecht, wie sie traditionell als Duftpyramide visualisiert wird.

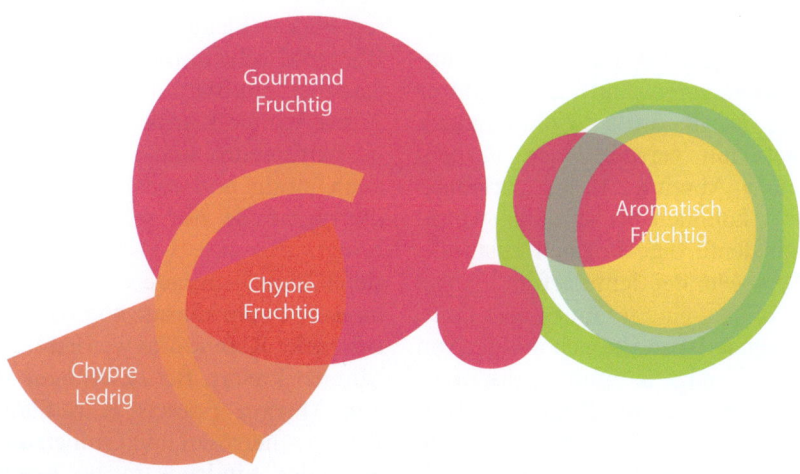

◘ Abb. 5.1 Crossover-Parfüm

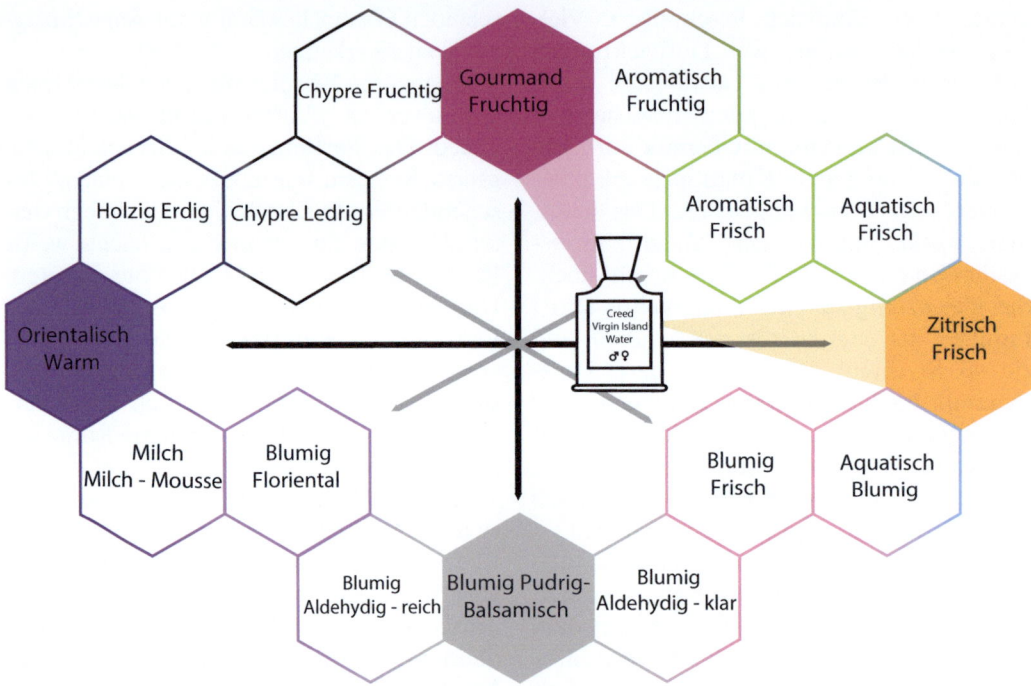

Abb. 5.2 „Virgin Island Water" von Creed im Duftraum mit 16 Duftrichtungen

- **Parfüm als Skulptur**

Sicher werden mir viele Parfümliebhaber zustimmen, dass die Dynamik, Neuheit und Einzigartigkeit eines Duftes durch eine Duftpyramide nur ansatzweise wiedergegeben werden kann. Anspruch der Feinparfümerie war es ja schon immer, neue Geruchseindrücke für Nasen zu erzeugen und damit auch für olfaktorische Überraschung zu sorgen. Wenn man Parfümliebhaber bittet, einen Duft als Skulptur zu gestalten (z. B. unter Zuhilfenahme von Knetsets mit verschiedenen Farben; siehe auch ▶ Abschn. 12.4, „Erlebnisparfümerie"), kommen oft sehr ungewöhnliche verschiedenfarbige Formen zustande. Hier drei Beispiele: Bei dem Parfüm „Angel Share" von Kilian, einem Gourmand-Duft, ist es eine Cognac-Note, die sich mit der von Zimt als kugelförmige Kopfnote präsentiert und in die Basisnote mit Praline, milchiger Vanille und Sandelholz zerfließt. Beim alkoholfreien cremigen Gourmand-Duft „Sandalsun" von Hermetica kann man das Parfüm in Form eines aufgeschäumten „Latte macchiato" beschreiben, der aus zwei bis drei verschiedenen Schichten besteht; die Schichten von Haselnuss und Vanille drehen sich dabei gemütlich über einer „hölzernen" Schicht. Das Herz des Gourmand-Parfüms „Lune Féline" von Atelier des Ors, in dessen Flakon kleine Stücke von 24-karätigem Blattgold schwimmen, riecht grünlich und assoziiert ein Blatt, das aus einer imaginären „Zimt-Vanille-Kardamom-Pflanze" wächst.

Parfümeure sind bei vielen Kreationen auch mutig und recht innovativ, was eine Duftpyramide nur schwer zum Ausdruck bringt, aber eine 3-D-Duftskulptur visualisieren kann – gerade wenn bekannte Duftbausteine zum Einsatz kommen. Hierzu drei Beispiele: Rosendüfte werden nur selten für Männer kreiert. Bei „L'Homme À la Rose" von Maison Francis Kurkdjian erzeugen Damaszenerrosen und Grapefruit einen derart hellen Eindruck in der Kopfnote, dass man sie als grün-leuchteten Sternenschweif modulieren möchte. Bei dem Parfüm „Body Paint" von Vilhelm erlebt man durch aufeinander raffiniert abgestimmte, aber bekannte vegetative Noten einen regelrechten Heiß-Kalt-Kontrast, der viel Inspiration für eine Parfümskulptur bietet, um die Energie von „Body Paint" zu visualisieren. Einen ähnlich großen Kontrast bietet „Colonia Futura" von Acqua di Parma. Man erwartet von der u. a. verwendeten Zitrone, Bergamotte und Grapefruit ein erfrischendes Tonikum. Rosa Pfeffer lässt aber auch regelrechte Hitzewellen aufkommen, die herrlich unerwartet in unserem Gehirn entstehen. Daraus entsteht eine Doppelskulptur, die sich verschiedenfarbig um sich selbst windet. Als Parfümliebhaber würde man sich deshalb wünschen, dass neue Düfte auch als Skulptur-Grafik vorgestellt werden, um Verwender noch neugieriger auf das Dufterlebnis zu machen und die Idee des Parfümeurs zu visualisieren.

■ **Duftpsychologisches Mapping im Marketing**

Wie Sie sehen, wird es mit den oben beschriebenen 16 Duftrichtungen schnell komplex und man kann mit zu vielen Duftrichtungen leicht die Übersicht verlieren, wenn man nicht über die Kenntnis und Nase eines Parfümeurs verfügt – vor allem, wenn man dann noch bei jeder Duftrichtung nach „leichter" und „gehaltvoller" unterscheidet.

Man hilft sich deshalb im Marketing mit kurzen Beschreibungen der einzelnen Duftrichtungen, um Parfüms in einem Duftraum zu positionieren.

Ferner können die Beschreibungen der Duftrichtungen durch die in Abb. 4.6 visualisierten Basis-Erlebensrichtungen noch zusätzlich verdeutlicht werden. So entsteht ein duftpsychologischer Raum mit 16 Duftrichtungen (◘ Abb. 5.3).

◘ Abb. 5.4 zeigt ein Beispiel, wie man einzelne Nischenparfüms (z. B. „Tannhäuser" von Drops Barcelona, „Enigma" von

◘ Abb. 5.3   a, b Duftpsychologischer Raum mit 16 Duftrichtungen

◘ Abb. 5.3 (Fortsetzung)

◘ Abb. 5.4 Duftpsychologischer Raum mit 16 Duftrichtungen und Nischenparfüm-Zuordnungen

Roja, „Tuberose in Blue" von Altaia, „Rose trombone" von L'Orchestre Parfum, „Leather forever" von DE Gabor, „Sublime Balkiss" von The Different Company, „Mimosa Tanneron" von Perris Monte Carlo, „1A-33" von Schwarzlose Berlin, „Voyage Onirique du Papillon" von Salvador Dali, „Sweet Rose" von Rosendo Mateau oder „Cardinal" von James Heelay) in diesem duftpsychologischen Raum positionieren bzw. mappen kann. Dargestellt ist ein zweidimensionaler Raum, dem die drei Duftebenen zugrunde liegen, die visualisiert (hier nur angedeutet) die Unterschiede zwischen den einzelnen Parfüms noch deutlicher herausstellen würden.

Im Marketing wünscht man sich manchmal für einen raschen Überblick einen Duftraum mit nur wenigen Basis-Richtungen – insbesondere, wenn man Parfüms von einer oder wenigen Marken miteinander vergleichen möchte. Hier ist ein Beispiel für einen Duftraum mit nur vier Duftrichtungen, denen man aber auch Damen- und Herrenparfüms zuordnen kann. Auch erlaubt dieser Duftraum die Darstellung von Crossover-Düften bzw. von Parfüms, die Charakteristiken von zwei Duftrichtungen in sich vereinen. Ferner kann man Parfüms eher als leicht oder gehaltvoll oder typischer bzw. weniger typisch für eine Duftrichtung positionieren, und zwar dadurch, dass typische Vertreter einer Duftrichtung mehr nach außen (ans Ende der Skala) positioniert werden. Ein Beispiel wäre „New York Nights" von Bond No. 9, das mehr Charakteristiken einer Gourmand-Note hat und deshalb weiter außen positioniert wäre als „Nolita" aus demselben Parfümhaus (◘ Abb. 5.5).

Wie Sie aber selbst sehen, sind vier Basis-Richtungen ein Minimum, um Parfüms noch aussagekräftig positionieren zu können. Insbesondere großen Duftfamilien wie „Blumig" wird man nicht mehr gerecht. Las-

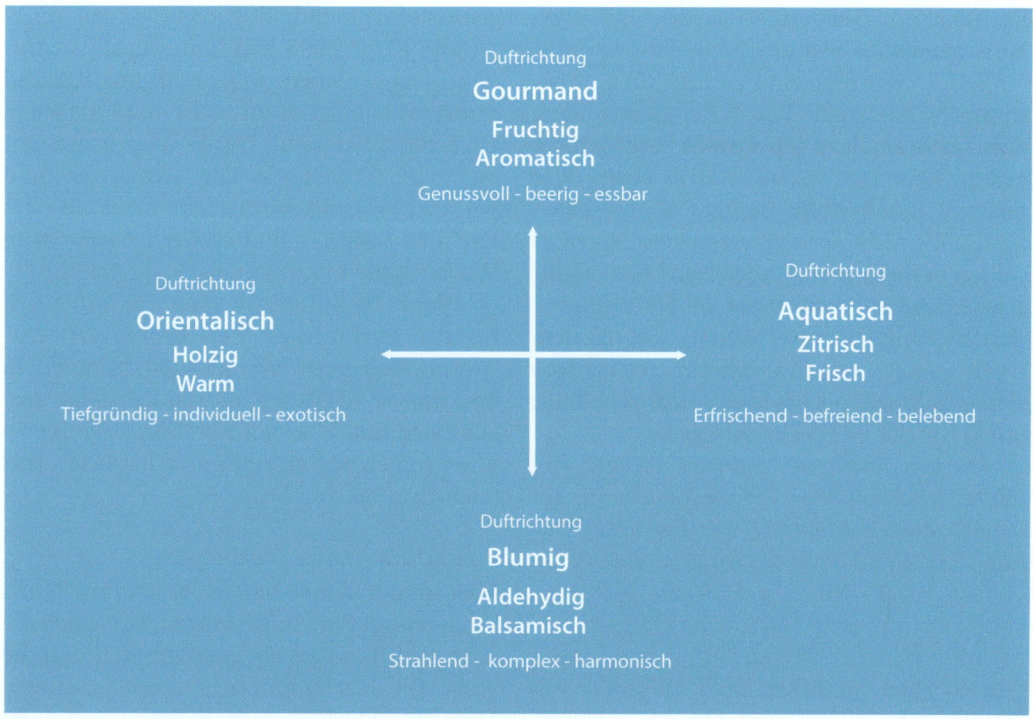

◘ Abb. 5.5 Duftraum mit vier Basis-Richtungen

sen Sie uns für ein detailliertes Besprechen von Duftfamilien an der Einteilung von acht Duftrichtungen für Damen- und von sechs für Herrennoten festhalten.

Bei meinen Parfüm-Workshops stelle ich die einzelnen Duftrichtungen mit bestimmten Damen- und Herrenparfüms vor. Bewusst zeige ich mehr etablierte, aber auch Trend-Parfüms. Ich konzentriere mich bei den Beispielen auch stärker auf einzelne Marken, um im Rahmen eines Duftmappings deren Strategie bzw. die ihres Portfolios zu zeigen. Doch bevor ich weiter unten die unterschiedlichen Duftrichtungen mit Parfümbeispielen konkret nenne, möchte ich Ihnen zunächst einige Tipps zum Einriechen geben.

- **Tipps für den Parfümkauf - wie man am besten reinschnuppert und Duftfamilien und ihre Parfums kennenlernt**

Pro Duftfamilie sollte man für sich drei bis vier Düfte entdecken, die man in jeder Fachparfümerie riechen kann. Einige Parfümerien bieten mittlerweile bereits um die 1000 Parfüms an, Tendenz steigend. Bei etwa 30 % handelt es sich um Neuheiten.

Selbst wenn man eine Vorliebe für eine bestimmte Duftfamilie hat, kann es passieren, dass einem ein dazu gehörendes Parfüm nicht gefällt. Das liegt daran, dass es einen oder mehrere Inhaltsstoffe besitzt, die für einen persönlich nicht positiv besetzt sind. Parfüms sollten deshalb immer zuerst auf dem Duftstreifen und erst danach auf der Haut getestet werden. Empfehlenswert ist es auch, mit dem Duft – wenn es die Zeit erlaubt – etwas spazieren zu gehen. Nichts übertrifft frische Luft, um Düfte richtig kennenzulernen.

Da man nur eine begrenzte Anzahl von Düften nacheinander fein riechen kann, gilt die Faustregel: Maximal vier bis sechs Parfüms testen und dann idealerweise eine Pause von 15 bis 20 Minuten einlegen. Natürlich kann eine trainierte Nase mehr Düfte hintereinander riechen als eine untrainierte. Auch gibt es Tage, an denen man aufgrund von Stress und Müdigkeit schlechter riechen kann. Außerdem hängt die Länge der Pause auch vom Geruchsumfeld ab. In manchen Parfümerien ist die Luft regelrecht duftgeschwängert. Grundsätzlich hilft es, zwischendurch an Kaffeebohnen zu riechen. Dann kann man im Allgemeinen nach ein paar Minuten das nächste Parfüm wieder besser unterscheiden. Zudem sollte man vor dem richtigen Riechen erst einmal an dem Parfüm schnuppern. So kann man bereits im Vorfeld die Düfte aussortieren, die nicht in Frage kommen.

Dabei sollte man nicht vergessen: Riechen ist für das Gehirn auch anstrengend, deshalb hat der erstgezeigte Duft auch immer einen Vorteil. Die Erfahrung zeigt, dass man sich selbst bei vier bis acht Düften – je nachdem, wie intensiv man sie riecht – trotz Pause schnell überriechen kann. Spätestens ab dem sechsten gerochenen Duft beginnt das Geruchshirn, regelrecht überfordert zu werden. Schließlich muss es bei jedem Duft mehr oder weniger bewusst einen kleinen Film ablaufen lassen. Die Folge: Man wird ungeduldig. In der Regel stellt sich zusätzlich noch ein Hungergefühl ein, und der Duftgenuss schlägt endgültig ins Gegenteil um.

Um Kopf, Herz und Fond eines Parfüms richtig zu genießen, sollte man pro Tag und pro Arm auf der Haut nicht mehr als einen oder maximal zwei Düfte, also insgesamt auf den Armen (in der Armbeuge und auf dem Handgelenk) nicht mehr als vier Parfüms testen – und das am besten zum Wochenende hin, wenn der Kopf freier ist.

Wer Fehlkäufe vermeiden will, sollte sich bei der Parfümwahl Zeit lassen. Oft entwickelt sich ein Duft nach 20 Minuten in eine andere Richtung, als die Kopfnote versprochen hat. Und der Fond bzw. die Basisnote zeigen ihren wahren Charakter erst nach zwei bis drei Stunden.

- **Parfüms hinter Duftfamilien**

Hier folgt nun eine Übersicht über die Duftfamilien mit Parfümbeispielen, wobei ich die acht Duftfamilien für Damennoten und die sechs für Herrennoten in ihren jeweiligen Duftcharakteristiken in ▶ Abschn. 5.4 im Detail bespreche.

Damendüfte

1. **CHYPRE-LEDRIG**
   Typische Beispiele:
   - Tendenz leichter: „Blackout" von Derek Lam, „212 Splash" von Carolina Herrera
   - Tendenz gehaltvoller: „Bleeker Street" von Bond No. 9, „Royal English Leather" von Creed

2. **FRISCH-GRÜN-ZITRISCH/AQUA- & OZON-NOTEN**
   Typische Beispiele :
   - Tendenz leichter: „Millésime Imperial" von Creed, „Sag Harbor" von Bond No. 9
   - Tendenz gehaltvoller: „Mint & Tonic" von Atkinsons, „High Line" von Bond No. 9

3. **GOURMAND-FRUCHTIG**
   Typische Beispiele:
   - Tendenz leichter: „Something Wild" von Derek Lam, „Virgin Island Water" von Creed (wie bereits besprochen eher ein Crossover-Duft)
   - Tendenz gehaltvoller: „New York Nights" von Bond No. 9, „Obscure Oud" von Phuong Dang

4. **BLUMIG-PUDRIG-BALSAMISCH**
   Typische Beispiele:
   - Tendenz leichter: „Warm Cotton" von Clean, „Très Chère" von Mizensir
   - Tendenz gehaltvoller: „Nolita" von Bond No. 9, „Rive Gauche" von Yves Saint Laurent

5. **BLUMIG-ALDEHYDISCH-STRAHLEND**
   Typische Beispiele:
   - Tendenz leichter: „Paris" von Yves Saint Laurent, „Vicolo Fiori" von Etro
   - Tendenz gehaltvoller: „Trésor" von Lancôme, „Stockholm" von Vilhelm

6. **FLORIENTAL**
   Typische Beispiele:
   - Tendenz leichter: „2am Kiss" von Derek Lam, „Narcisse" von Chloé
   - Tendenz gehaltvoller: „Heliotrope" von Etro, „Oscar de la Renta" von Oscar de la Renta

7. **ORIENTALISCH**
   Typische Beispiele:
   - Tendenz leichter: „Casmir" von Chopard, „Ambre D'Alexandrie" von Boucheron
   - Tendenz gehaltvoller: „Untamed Oud" von Phuong Dang, „Oud Save the Queen" von Atkinsons

8. **HOLZIG-WÜRZIG**
   Typische Beispiele:
   - Tendenz leichter: „Juniper Sling" von Penhaligon's, „Ideal Oud" von Mizensir
   - Tendenz gehaltvoller: „Santal de Mysore" von Serge Lutens

Herrendüfte

1. **FOUGÈRE**
   Typische Beispiele:
   - Tendenz leichter: „Weekend" von Burberry, „Silver Shadow Altitude" von Davidoff
   - Tendenz gehaltvoller: „Icon" von Alfred Dunhill, „Viking" von Creed

2. **FRISCH-GRÜN-ZITRISCH/ AQUA- & OZON-NOTEN**
   Typische Beispiele:
   - Tendenz leichter: „212 Men Splash" von Carolina Herrera, „Icon Racing" von Alfred Dunhill
   - Tendenz gehaltvoller: „Allure Homme Sport Cologne" von Chanel, „Himalaya" von Creed

3. **GOURMAND-FRUCHTIG**
   Typische Beispiele:
   - Tendenz leichter: „Remix" von Emporio Armani, „Jump" von Joop!
   - Tendenz gehaltvoller: „Pirates' Grand Reserve" von Atkinsons, „Fleur du Male" von Jean Paul Gaultier
4. **LEDRIG**
   Typische Beispiele:
   - Tendenz leichter: „Pure for Men" von Jil Sander, „Aventus" von Creed
   - Tendenz gehaltvoller: „Knize Ten" von Knize, „Avant-Garde" von Yohji Yamamoto
5. **ORIENTALISCH**
   Typische Beispiele:
   - Tendenz leichter: „For Him" von Narciso Rodriguez Musc, „Individuel" von Montblanc
   - Tendenz gehaltvoller: „Le Male" von Jean Paul Gaultier, „Colonia Ambra" von Acqua di Parma
6. **HOLZIG-WÜRZIG**
   Typische Beispiele:
   - Tendenz leichter: „Chrome" von Azzaro, „Bois du Portugal" von Creed
   - Tendenz gehaltvoller: „Davidoff Classic" von Davidoff, „Yohji Homme" von Yohji Yamamoto

5.4 Psychologie des Parfüms – die Duftfamilien aus Sicht eines Duftpsychologen

Im Folgenden werde ich zeigen, was Duftfamilien bzw. Duftrichtungen aus psychologischer, soziologischer und marketingorientierter Sicht so speziell macht. Um die Faszination der einzelnen Duftrichtungen in ihrem Wesen tiefer zu verstehen, werde ich sie idealtypisch beschreiben. Eine Analyse mithilfe von Idealtypen ist ein geläufiges Mittel in der sozialwissenschaftlichen Theoriebildung. Dabei bilden Idealtypen nicht unbedingt die Realität ab, kommen aber einem Phänomen näher. In diesem Zusammenhang nenne ich Parfümklassiker, aber auch Düfte aus der obigen Übersicht. Sie bringen die für die jeweilige Duftrichtung typische Psychologie hinter dem Dufterleben zum Ausdruck. Ich beginne dafür mit den „femininen" Duftrichtungen.

5.4.1 Feminine Duftrichtungen

- **Duftrichtung: CHYPRE-LEDRIG**

Traditionell sind **Chypre-Noten** für sich allein genommen feinherb-frisch-aromatisch interpretierte Duftnoten mit holzigen, zum Teil recht orientalischen (warm-sinnlichen) Anklängen im Unterbau. Modern interpretiert verfügen viele zunehmend über ledrige (erinnert oft an weiche Unisex-Lederhandschuhe wie auch an Ledersitze eines brandneuen Sportautos, aber auch etwas an Wacholder und damit an Gin) sowie über blumige (insbesondere Rosen- oder Jasmin-Akkorde), aber immer häufiger auch über Gourmand-Akkorde, z. B. mit Aprikose oder Walderdbeere, die der Duftrichtung neben Feinherbem auch etwas Fruchtiges geben. Sie versprühen seit 1917, als Francois Coty mit seinem von der Herrenparfümerie inspirierten Chypre-Parfüm eine ganze Duftfamilie ins Leben rief, unabhängige Weiblichkeit, Schwung und Selbstbewusstsein und gelten als die Duftrichtung der Emanzipation.

Seit Jahren erfreuen sich **Lederparfüms** wieder mehr an Beliebtheit, und man müsste sie eigentlich als eigene Duftrichtung führen. Duftpsychologisch kann man sie aber aufgrund ihres Charakters mit den klassischen Chypre-Noten vergleichen. Sie teilen mit ihnen eine gewisse „Ich-Stärke" und eine Aura weiblicher Unabhängigkeit. Mittlerweile werden Lederparfüms besonders von Nischenparfümmarken (meist kleinere Duftmarken mit limitierter Zahl an Verkaufsorten) auf den Markt gebracht, die sich an Klassikern wie „Royal English Leather" von Creed (1781), an „Tabac Blond" von Caron (1919) oder an „Cuir de Russie" von Chanel (1924) orientieren und Weiterentwicklungen anbieten, wie z. B. Rose & Cuir von Frederic Malle (2019).

Die heutigen Ledernoten kommen in Geruchsfacetten, die an Velours- über Wildleder bis hin zu exotischem Leder erinnern und durch frisch-würzige wie aromatische, holzige, rauchige, blumige und fruchtige, aber auch Tabak-Noten bereichert werden. Oft haben Lederdüfte noch den Hauch des Aristokratischen und verraten damit ihre Herkunft aus der Handschuhparfümerie des 16. Jahrhunderts, die sich nur Reiche als duftenden Modeartikel leisten konnten.

Aus der Handschuhparfümerie und der Parfümierung anderer Lederprodukte entstanden eigene Nuancen bzw. Beduftungsrichtungen. Bekannt ist z. B. das „Spanische Leder", das ledrig – blumig oder ledrigfruchtig duftet (z. B. „Spanish Leather" von Truefitt & Hill, 1814), wie auch das „Russische Leder", das eher an den etwas ledrigrauchigen Geruch von Militäruniformen wie in Kombination von ledrig-würzig-holzig an ungebändigte Natur (wie z. B. bei Knize Ten von Knize, seit 1925 erhältlich) erinnert.

Im Jahr 2020 gab es allein für Frauen 50 Düfte aus der Duftrichtung „Ledrig" auf dem Markt, weitere gut 500 Parfüms als Unisex-Düfte und knapp 300 für Männer kreierte. Die Duftfamilie „Chypre" nannte zur selben Zeit etwa 160 Düfte für Frauen, 180 für Männer und 270 als Unisex-Düfte.

Chypre-Düfte wie Lederparfüms nach feminin und maskulin zu unterscheiden macht nur bedingt Sinn, weil viele auf der Haut gerochen dann eine entsprechend mehr feminine oder mehr maskuline Ausstrahlung haben können. Beide Duftrichtungen wurden gerade auch für Frauen mit der Emanzipationsbewegung in der ersten Hälfte des 20. Jahrhunderts attraktiv. Frauen wollten nicht mehr nur nach den klassischen weiblichen Blumennoten riechen, und man begann, sich auch an der Herrenparfümerie zu orientieren, die dann die Damenparfümerie ab dem frühen 20. Jahrhundert beeinflusst hat.

Typische klassische Chypre-Duftbeispiele sind:
- Tendenz leichter: „Alliage" von Estée Lauder
- Tendenz gehaltvoller: „Miss Dior" von Dior, „Mitsouko" von Guerlain

Psychologisch gesehen sind die vielfach schon im Angeruch fein-herben Chypre-Noten für Frauen Erfolgsdüfte. Mehr oder weniger bewusst sucht deren Trägerin Erfolg und ist bereit, dafür Dinge konkret und mit Schwung anzugehen. Dank ihrer selbstbewussten, leistungsorientierten und kompetenten Aura sind Chypre-Noten bei Einstellungs- und Karrieregesprächen beliebt. Chypre ist vor allem bei Frauen im Trend, wenn sie bei wirtschaftlichen Problemen in einem Unternehmen gefragt sind und Zusammenhalt sowie Stabilität ausstrahlen sollen. Männer waren traditionell nie große Fans klassischer Chypre-Noten an Frauen, da diese ihnen dann zu unweiblich rochen. Doch je stärker sich eine Frau fühlen will oder muss und je stärker sie führen und eigene Ansprüche umsetzen will oder muss, desto mehr empfindet sie Chypre-Düfte, vor allem im Zusammenspiel mit Leder-Akkorden, für sich anziehend.

Seit den vergangenen 15 bis 20 Jahren kommen Chypre-Noten in Europa und Amerika wieder verstärkt auf den Markt. Interessant dabei ist, dass Stärke und Ausdruckskraft bei modernen Chypre-Parfüms für Damen etwas gebremst bzw. mehr versteckt sind. Die heutigen Noten sind raffinierter, subtiler und sexier geworden. So gefallen sie jetzt auch Männern. Das wurde durch Crossovers erreicht, eine Verbindung von Chypre mit Gourmand-Frucht-Noten oder mit samt-ledrigen Akkorden sowie einer Kombination mit sinnlich-, süß-pikanten und orientalischen Noten – z. B. bei „Miss

Dior Chérie" (EDT) von Christian Dior (2005) wie auch beim Eau de Parfum (2011) derselben Marke sowie bei „Gucci Guilty Absolute pour Femme" von Gucci (2018).

Duftpsychologisch oder besser: duftsoziologisch ausgedrückt, reflektieren die heutigen Chypre-Noten die komplexen Erfolgsansprüche beruflicher und familiärer Art an eine moderne Frau sowie deren Wunsch nach mehr Sinnlichkeit und Attraktivität.

- **Duftrichtung: FRISCH-GRÜN-ZITRISCH/ AQUA- & OZON-NOTEN**

Hierbei handelt es sich um zwei verschiedene, jedoch stark wesensverwandte Duftrichtungen. Diese lebendig-aufmunternderfrischenden Noten sind seit 1670, als die ungenießbare Zitrusfrucht **Bergamotte** aus Kalabrien eingeführt wurde, nicht mehr aus der modernen Parfümerie wegzudenken. Der Duft wurde durch Auspressen der Schalen der grünen Früchte gewonnen. Diese Arbeit wurde früher von Großfamilien verrichtet, da die Schalen von Hand ausgepresst werden mussten. Heute ist diese Duftfamilie weit verzweigt. Verschiedene Früchte wie Grapefruit, Orange, Zitrone oder Mandarine werden mit Blättern, Gräsern und Aqua- oder Ozon-Noten kombiniert.

Aqua- bzw. Ozon-Noten erinnern an Meerwasser und Seebrise und bringen oft durch Pflanzen wie Salbei, Rosmarin oder Lavendel mit anderen würzigen Noten eine aromatische Komponente in den Duft. Der aromatische Dufteindruck kann dann so dominant werden, dass eine eigene Duftrichtung entsteht: **„Aromatisch"**. Das ist besonders bei Herren-, aber auch bei Damenparfüms der Fall, wo das Aromatische mit Frisch-grün-zitrisch oder Aqua- & Ozon-Noten wiederum kombiniert wird, wie z. B. bei „Scilly Neroli" von Atkinsons (2016) oder bei „Wall Street" von Bond No. 9 (2004).

Als rein aromatische Düfte waren 2020 über 180 Parfüms allein für Frauen im Duftmarkt erhältlich. Über 450 weitere wurden als Unisex gelistet, z. B. „Blue Mediterraneo Foglie di Basilico" von Acqua di Parma (1999) oder „Eau Parfumée au Thé Bleu" von Bvlgari (2015).

Bei den frisch-grün-zitrischen Düften waren 2020 um die 250 Parfüms für Damen auf dem Markt, an Unisex-Düften knapp 500. Wenn man die Unisex-Düfte der Aqua- & Ozon-Noten einschließlich der aromatischen Noten noch dazuzählt, entsteht für Frauen und Männer eine regelrechte Großduftfamilie.

Typische Duftbeispiele für „Frisch-grünzitrisch" bzw. Aqua- & Ozon-Noten sind:
- Tendenz leichter: „Aqua Allegoria Herba Fresca" von Guerlain, „O-Zone" von Sergio Tacchini, „Eau Fraîche" von Bvlgari
- Tendenz gehaltvoller: „Concentré d'Orange Verte" und „Hermès Eau de Citron Noir" von Hermès

Psychologisch gesehen stehen Aqua- & Ozon-Noten für Durchatmen, weniger Belastungen haben und den Kopf freibekommen. Die frisch-grün-zitrischen Noten werden als Muntermacher geschätzt. Man will sich fit, sportlich und dynamisch erleben. Gleichzeitig möchte man neue Energie tanken, da man sich schnell verausgabt. Die leichten Parfüms dieser Doppelduftrichtung entsprechen besonders dem Bedürfnis nach Freiheit und Ungebundenheit sowie dem Wunsch, sich erfrischt, lebendig, aktiv und offen zu erleben. Dabei zieht diese mehr extravertierte Unisex-Duftrichtung vornehmlich etwas ungeduldige Personen an, was insbesondere für Männer gilt. Träger dieser Duftrichtung wollen lieber handeln, statt zu warten. Sie wollen nicht unnötig Zeit und Schwung verlieren. Menschen, die diese Stimmung häufig erleben und bei denen sie Teil der Persönlichkeit ist, nehmen ihr Leben eher tatkräftig selbst in die Hand, sie wollen lieber Fahrer als Beifahrer sein, lieben Freiraum und Unabhängigkeit.

Diesen Erlebenswunsch riecht man besonders bei den **aromatischen Zitrus-**

Duftnoten, die sich immer mehr als große eigenständige Duftfamilie aus dem Crossover beider Duftrichtungen etablieren und nicht erst seit Corona als Muntermacher im Homeoffice besonders im Trend liegen. 2020 konnte man bereits 280 Parfüms für Frauen, 670 für Männer und knapp 1000 Unisex-Düfte dieser Duftfamilie zuordnen, z. B. „Cactus Garden" von Louis Vuitton (2019), „Mugler Cologne Fly Away" von Mugler (2018), „4711 Acqua Colonia Green Tea & Bergamot (2020) und „Orangerie Venise" von Giorgio Armani (2019) oder „Orange De Bahia" von Boucheron (2019) wie auch „CK one Summer 2020" von Calvin Klein (2020), das zusätzlich noch eine salzige Aqua-Note hat.

- **Duftrichtung: GOURMAND-FRUCHTIG**

Auch hierbei handelt es sich um zwei verschiedene, jedoch stark wesensverwandte Duftrichtungen. Reine Gourmand-Parfüms sind Neulinge in der Parfümerie. Sie werden mittlerweile in einem großen Spektrum angeboten – von orientalisch-Gourmand bis Gourmand-fruchtig-leicht. In vielen Gourmand-Parfüms dominieren bekannte Duftaromen klassischer Desserts. Obwohl es Vanille-Düfte schon seit den 1970er-Jahren gibt, gilt das 1992 lancierte, von Schokolade unterlegte und nach Ananas riechende „Angel" von Thierry Mugler als erstes Beispiel für Gourmand-Parfüms. Die zweite Genussrichtung der Parfümerie wird als „fruchtig" charakterisiert und wird vor allem in den Varianten „fruchtig-blumig", „fruchtig-kulinarisch" sowie „fruchtig-exotisch" interpretiert. Sie erfreut sich besonders in Deutschland und den USA großer Beliebtheit. In der klassischen französischen Parfümerie wird „fruchtig" jedoch anderen Duftfamilien zugeordnet. Doch der Erfolg dieser Duftrichtung, der in den späten 1970er-Jahren mit „Valentino" begann und sich von den 1980er-Jahren bis heute mit „Liz Claiborne", „Calyx" und „Fruit Cake" von Demeter fortsetzt, rechtfertigt, „fruchtig" für sich allein, aber auch in Verbindung mit „Gourmand" in eine eigene Duftfamilie einzuordnen.

Insgesamt fielen 2020 bei Frauen 1400 Parfüms in das Trend-Duftspektrum „Gourmand-fruchtig", wobei diese Duftrichtung sich auch mit der blumigen bzw. blumig-fruchtigen etwas überschneidet. Einige Düfte gibt es, wie wir sehen werden, bereits auch für Männer, und über 300 können als Unisex bezeichnet werden.

Typische Duftbeispiele für „Gourmand-fruchtig" sind:
- Tendenz leichter: „Envy Me" von Gucci, „Ralph" von Ralph Lauren, DKNY von Donna Karan
- Tendenz gehaltvoller: „L'Eau Cheap and Chic" von Moschino, „L'Eau Jolie" von Lolita Lempicka

Psychologisch gesehen stehen fruchtige Düfte für Spaß, Lust, Spontanität und den mehr oder weniger bewussten Wunsch, aus Routine und Alltag auszubrechen sowie Fantasien auszuleben. Man möchte sich mit ihnen genussvoll in gute Laune versetzen, Lebensfreude versprühen und sich nicht auf irgendetwas festlegen müssen. In dieser Stimmung ist man experimentierfreudig, zuweilen auch etwas übermütig, da einem die Welt ohne Freude öde und traurig vorkommen würde. Dafür sprüht man sich vor allem die gehaltvollen, fruchtigen Gourmand-Noten dieser Duftrichtung auf. So will man die Stimmung heben und Stress reduzieren. Menschen, die diese Stimmung häufig erleben und bei denen sie Teil der Persönlichkeit ist, sind immer für eine Überraschung gut. Sie sollten dort leben, wo viel los ist – Hauptsache, es kommt keine Langeweile auf. Vielfach verrät schon der Name des Parfüms, wohin die Duftreise geht, z. B. bei „Amor Amor Love Festival" von Cacharel (2020), einem Duft mit schwarzer Johannisbeere, Coca Cola und Vanille. Bei „Red Cherry" von Castelbajac (2020) versprechen rote Beeren, Kirsche, Vanille und Praline sehr viel Duftvergnügen. Exotisches Kokosnusswasser olfaktorisch zu genießen verspricht „Clean Classic Summer Day" von Clean (2020). „La Petite Robe Noire Intense So Frenchy" von Guerlain (2020) setzt bei der olfaktorischen Verführung vor allem auf Zuckerwatte, Himbeeren und Rose.

- **Duftrichtung: BLUMIG**

Das florale Thema ist das Herzstück der Parfümerie. Dabei reicht das Spektrum, wie oben gesagt, von „blumig-frisch-fruchtig" über „blumig-aldehydisch" bis zu „blumig-pudrig-balsamisch" und schließlich zu „blumig-warm". Damit ist „Blumig" eine Großduftfamilie. Insgesamt gab es 2020 etwa 5200 blumige Parfüms für Frauen auf dem Markt. Knapp 40 Blumendüfte waren an Männer adressiert, und über 1500 lassen sich als Unisex-Düfte einordnen.

Um den unzähligen Kompositionen gerecht zu werden, sollte man sie zumindest in zwei Duftfamilien bei Damennoten aufteilen. So lassen sich auch aus psychologischer Sicht die unterschiedlichen floralen Vorlieben besser verstehen.

- ■ **Duftrichtung: BLUMIG-PUDRIG-BALSAMISCH**

Hierbei handelt es sich um zeitlos-moderne, eher warme und weiche Blumennoten. Trotz ihrer reichen und etwas narkotischen Ausprägung wirken sie nicht zu opulent. Klassiker dieser Duftrichtung sind die Parfüm-Blumenkinder der späten 1960er- und frühen 1970er-Jahre, denn etwas Flower-Power ist in allen zu riechen. Die neuen Parfüms dieser Duftrichtung sind ungemein sympathisch.

Typische Duftbeispiele sind:
— Tendenz leichter: „Climat" von Lancôme, „Skin" von Clean
— Tendenz gehaltvoller: „Chamade" von Guerlain, „Warm Cotton" von Clean

Man könnte denken, Blumen seien friedlich und stünden für freundliche Zuneigung. Psychologisch gesehen geht es bei dieser Duftrichtung aber um eine versteckte bzw. eine sehr stille Rebellion. Man will sich wohlfühlen, man selbst sein, bei sich sein, sich etwas abgrenzen, den eigenen Stil individuell leben und nicht im Fahrwasser der anderen mitschwimmen. Bei Menschen, die diese Stimmung häufig erleben und bei denen sie Teil der Persönlichkeit ist, besteht eigentlich das Bedürfnis, genau das Gegenteil von dem zu machen, was erwartet wird. Ihnen widerstreben Zwänge und Vorschriften. Im Grunde ihres Herzens lehnen sie eine rationale, nur leistungsbezogene Sicht der Welt ab. Das eigene Parfüm wird so zum Selbstschutz und Puffer zwischen der eigenen Welt und der der anderen – etwa wie eine schützende Kuscheljacke, in deren weiches Innenfutter man sich schmiegt. Es ist das Pudrige, typischerweise von weißem Moschus bei dieser Duftfamilie und ihren Parfüms, das vor allem im Nachgeruch diese Empfindungen auslöst. Bei „Ancestry in Paris" von Amway (2018) besteht der Duft beispielsweise aus einer Symphonie von Tuberose, die mit Ambra und weißem Moschus verschmilzt. Pudrigkeit, die eigene Haut für die Trägerin selbst menschlich-sympathisch riechen lässt, ist auch reichlich riechbar in „White Musk Flora" von The Body Shop (2019). „Delina" von Parfums de Marly (2017) gibt dem Hautgeruch mit Moschus, Cashmeran und Weihrauch Wärme, Wohlgefühl und mehr Tiefe – ideal, um sich bei sich selbst zu verstecken. Ein Klassiker des Blumig-pudrigen stammt aus dem Jahr 1954. Die 1950-er waren die Jahre der klassischen Frauenrolle und damit der stillen Revolution, bevor sie in späteren Jahrzehnten wieder lauter wurde. In die Zeit der stillen Revolution fällt der Launch von „White Rose Natural" von Shiseido (1954). Rose, Ylang-Ylang und Moschus bilden hier den Schutzschild zur Außenwelt.

- ■ **Duftrichtung: BLUMIG-ALDEHYDISCH-STRAHLEND**

Es war ein alter Traum der Parfümerie, Blumen noch mehr als im Sonnenschein zum Strahlen zu bringen. Mit der Entdeckung der Aldehyde wurde das möglich. Die Parfümgeschichte nennt den Parfümeur Pierre Armigeant als Ersten, der Aldehyde in einem Parfüm eingesetzt hat. „Rêve D'Or" von L.T. Piver in der Edition von 1905 sollte der Beginn des Siegeszuges für Aldehyde in Düften werden. Eines der ersten großen Parfüms mit der Strahlkraft der Aldehyde wurde von Ernest Beaux für Chanel kreiert und von ihm als fünfte Variante vorgestellt. Ob die hohe Dosis an Aldehyden in „Chanel No 5" auf einen Mischfehler zurückgeht, wie immer wieder gemunkelt wurde, ist schwer zu belegen. Tatsache ist: Im Jahr 2020 gab es für Damen ungefähr 350 Aldehyd-Parfüms auf dem Markt sowie etwa 70 Unisex-Düfte.

Parfümeure lieben die Duftvielfalt der Aldehyde. Sie kommen in unzähligen Duftvarianten bzw. in den unterschiedlichsten schillernden Farben daher, wie sie ein gutbestückter Malkasten hat. Man kann mit ihnen, wie im Angeruch von Chanel No 5, fast einen eisigen Dufteindruck kreieren, der an Schnee und Schneeschmelze erinnert, dem dann z. B. mit Jasmin kontrastreiche Sinnlichkeit gegenübergestellt wird. Man kann aber auch mit dem Aldehyd-Duftbaustein Melonal (ein Duftstoff des Parfümölherstellers Givaudan) die Assoziation von grüner Melone und Gurke entstehen lassen. Wenn Duftbausteine wie Adoxal (Givaudan) oder Farenal (Symrise) in der Kreation Verwendung finden, liegen plötzlich blumig-maritime Noten in der Luft. Bei Citronellal, einem aus Pflanzen gewonnenen Duftstoff, riecht es nach Zitronengras mit etwas Rose untermischt und bei Triplal, einem Duftbaustein des Parfümölherstellers IFF, hat man die Assoziation von grünem Gras. Und dann gibt es noch Aldehyde, die z. B. nach Mandarine, Zimt, Anis, Wachs, ja sogar nach Metall bzw. metallisch riechen. Also kein Wunder, dass Parfümeure die Palette der eigenwilligen Aldehyde so innig lieben.

Typische klassische Duftbeispiele bei Damennoten für „Blumig-aldehydisch" sind:
- Tendenz leichter: „Paris" von Yves Saint Laurent, „Super" von Estée Lauder
- Tendenz gehaltvoller: „Trésor" von Lancôme, „Madame Rochas" von Rochas

Psychologisch gesehen geht es bei dieser Duftrichtung um Selbstwerterhöhung und Anerkennung. Man will sich eleganter, exklusiver und stilvoller erleben. Es ist der Wunsch, sich mit kleinen Kostbarkeiten, deren Details andere leicht übersehen, zu umgeben. Man möchte sich und den Moment zelebrieren.

Menschen, die diese Stimmung häufig erleben und bei denen sie Teil der Persönlichkeit ist, fühlen sich besonders von Dingen angezogen, die zeitlose Schönheit und hochwertige Qualität verkörpern. Alles Laute und Kurzlebige wird abgelehnt. Entsprechend wird sowohl im privaten als auch beruflichen Bereich besonderer Wert auf Erfolg, Respekt und das aus eigener Kraft Erreichte gelegt.

Das Haus Chanel hat dieses Bedürfnis für die Liebhaber von Chanel No 5 erkannt. 2018 wurde zum ersten Mal seit seiner Lancierung im Jahr 1921 das Parfüm in einem neuen Flakon als „Chanel No 5 Parfum Red Edition" abgefüllt. Der rote Flakon kam als limitierte Sammleredition aus luxuriösem Baccarat-Kristall. Auch andere Parfümhäuser bringen besonders gern für die blumig-aldehydische Duftrichtung limitierte Parfümeditionen, z. B. „Iris Poudree Limited Edition 2018" von Frederic Malle. Bereits 2015 kam Lancôme mit seiner Version auf den Markt: „Climat L'Edition Mythique". Ein Sammelobjekt ist auch die Kollektion „Armani Prive Laque" von Giorgio Armani (2019) – ebenfalls ein Parfüm der Duftrichtung „Blumig-aldehydisch", und zwar für Frauen wie für Männer.

- **Duftrichtung: FLORIENTAL**

Ein Ur-Thema der Parfümerie ist die Verführung der Sinne – der eigenen Sinne sowie der Sinne anderer. Verführung kennt Leichtigkeit, Zärtlichkeit, Fantasie und hat ihr eigenes sinnliches Geheimnis. Dafür wurden Parfüms geschaffen, die – wie der Name sagt – im Grenzgebiet zwischen „floral" und „orientalisch" angesiedelt sind.

Es ist keine kleine Duftrichtung. Im Jahr 2020 konnte man 3400 Damenparfüms der

Duftrichtung „Blumig-orientalisch" zuordnen, ferner gab es rund 60 Herrendüfte und knapp 1500 Noten, die man als Unisex bezeichnen kann. Alle diese Düfte charakterisiert eine eher süße, sinnlich-warme und pudrige Basis, die gefühlvolle Geruchseindrücke vermitteln und entsprechend auf die Sinne wirken.

Da die Verführung der Sinne früher wohl erst mit dem späten Nachmittag begann, war der Name eines der ersten großen und noch heute erhältlichen Parfüms aus dieser Duftrichtung kein Zufall: „L'Heure Bleue" von Guerlain aus dem Jahre 1912.

Typische Duftbeispiele für „Floriental" bei Damen sind:
- Tendenz leichter: „Ombre Rose" von Jean-Charles Brosseau, „Narcisse" von Chloé
- Tendenz gehaltvoller: „Loulou" von Cacharel, „Oscar" von Oscar de la Renta

Psychologisch gesehen geht es bei den Florientalen, also der Kombination aus „blumig" und „orientalisch" bzw. den blumigwarmen Parfüms sowie den bereits oben besprochenen **Milch- bzw. Milchmousse-Duftnoten**, die mit ihrer oft leichten Süße auch wahre Seelentröster sind (ich werde das noch im Rahmen der Selbsttherapie mit Duft besprechen), um sinnliche Verwöhnung. Das Parfüm soll Seele und Sinne umschmeicheln und eine wohltuende, großzügige Wärme ausstrahlen, die innere Ruhe und Ausgeglichenheit verströmt. Es ist der Wunsch, sich gleichzeitig umsorgt zu fühlen und ungezwungen Träume sowie romantische Fantasien auszuleben.

Menschen, die diese Stimmung häufig erleben und bei denen sie Teil der Persönlichkeit ist, haben ein feines Gespür für Menschen und Situationen. Das zeigt sich meist in Tierliebe, Umweltbewusstsein und sozialem Denken sowie in der Ablehnung eines ausschließlich nüchternen und rationalen Standpunkts.

Das Dufterleben, das die Florientalen auslösen, kann sich noch steigern und ist dann gepaart mit etwas Nostalgie und sanfter Melancholie, bei der auch etwas Weltschmerz mit in der Luft liegt. Das Geheimnis vieler Damenparfüms der florientalischen Duftrichtung ist vor allem der verschmelzende Geruchseindruck dreier Inhaltsstoffe: Vanille, Ambra und Tonkabohne – die fast jeder Parfümeur als Basis, sozusagen als parfümistisches Fertigteil, zur Verfügung hat, um sie in seinen Parfüms als großen Sinnesschmeichler einsetzen zu können. Zumindest riechen die schmeichelnden Basen nach diesem Triumvirat bzw. haben es als Vorbild, auch wenn heute viele andere und weitere Inhaltsstoffe für den Geruchseindruck verwendet werden. „Casmir" von Chopard (1992) ist dafür ein gutes Beispiel. Die Basisnote besteht aus viel Vanille mit Tonkabohne und Ambra, die für zusätzliche Wärme und mehr Tiefe vom Parfümeur Michel Almairac noch mit Moschus, Patschuli und Sandelholz verstärkt wurde.

Die Duftstoffe Vanille und Ambra werde ich noch an späterer Stelle im Detail besprechen. Hier etwas Hintergrundinformation zur Tonkabohne. Was Tonka als Geruchsverstärker so attraktiv macht, ist ein pudrig-süßer, balsamartiger, warmer Dufteindruck. Tonka, der Baum mit der schwarzen Frucht der Tonkabohne, wächst vor allem in Südamerika und kam 1793 nach Frankreich, wo er kultiviert wurde. Die Tonkabohne ist nicht ganz unschuldig. Sie enthält das bedenkliche Kumarin, das in größeren Mengen eingenommen gesundheitsschädlich ist und heutzutage fast nur noch synthetisch Verwendung findet. Auch die Verarbeitung der Tonkabohne ist nicht ganz ohne: Bei der klassischen Verarbeitung liegen die Bohnen für 24 Stunden in Rum. Auch das macht die Bohne unwiderstehlich, vor allem als Aroma reißt sie nicht nur Feinschmecker zu Begeisterungsrufen hin. Die Verbindung aus Vanillegeschmack und etwas blumig-würzigem Rumaroma ergibt auch eine superbe Geruchskomposition. Kein Wunder, dass Tonka als Absolue in Parfüms wohlig-süße Sinnlichkeit mit einem Hauch von Erotik verströmt. In den 1980er-

Jahren kam das oben genannte „tonkaresierte" „Loulou" von Cacharel auf den Markt. Die Verpackung zeigt bis heute eine rote Blüte, die den Betrachter schon vor dem Riechen in einen tiefen tropischen Wald locken möchte. Etwas Verbotenes wie Gefährliches liegt in der Luft, dem man, wie der verbotenen Frucht, schlecht widerstehen kann. Das ist das Geheimnis der Florientalen. Was sinnlich verträumt beginnt, entwickelt sich, wie auch der oktogonale Flakon von „Loulou", der an Aladins Wunderlampe erinnert, komplex, tiefgründig und – wie gesagt – nicht ungefährlich. Im Märchen befiehlt die Prinzessin aus einer Laune heraus, dass Aladin sie ansehen sollte, was aber bei Todesstrafe verboten war und der er dann nur knapp entkommen konnte.

■ **Duftrichtung: ORIENTALISCH**
Der Orient, Geburtsort der Parfümerie, hat in verschiedenen Wellen immer wieder die Mode- und Duftwelt beeinflusst. 1910 war es der bekannte Pariser Designer Paul Poiret (1879–1944), der den orientalischen Stil wieder in Mode brachte. Inspiriert wurde er durch die Ballets Russes, eine innovative Tanzgruppe aus St. Petersburg, die 1909 das Stück Kleopatra in Paris aufführte. Die sinnlich-fantastischen Kostüme der Tänzerinnen und Tänzer faszinierten. Jeder Theaterabend war ein ausverkauftes Ereignis, und die Pariser Damenwelt begann sich „à l'orientale" zu kleiden, mit Turban, Federn und dunkel geschminktem Teint. Stars der Tanzgruppe waren Ida Rubinstein und der „Gott des Tanzes", Vaslav Nijinsky, die Frauen wie Männer in den Bann zogen, noch bevor ab 1925 Josephine Baker in Paris auf die Bühne trat.

Wie für Modeschöpfer typisch, war auch für Paul Poiret Mode gleich Parfümtrend. So wurde sein Parfüm „Chez Poiret" die finale Krönung seiner Kollektion. Das Parfüm selbst war von Guerlains ältestem und immer noch erhältlichem Duft „Jicky" aus dem Jahr 1889 beeinflusst, einem der ersten Damenparfüms (ursprünglich für männliche Nasen kreiert) mit synthetischen Inhaltsstoffen.

Im Jahr 2020 gab es knapp 650 Parfüms aus der orientalischen Duftrichtung für Frauen, etwa 330 für Männer und über 1800 Unisex-Düfte.

Typische Duftbeispiele der „Orientalen" bei Damennoten sind:
— Tendenz leichter: „Poison Girl" von Christian Dior, „Allure Sensuelle Parfum" von Chanel
— Tendenz gehaltvoller: „Cinnabar" von Estée Lauder, „Opium" von Yves Saint Laurent

Psychologisch gesehen geht es bei dieser Duftrichtung um Extravaganz, Individualismus und Innerlichkeit. Man sucht eine reiche, exotisch-tiefgründige und vielschichtige Welt, die einen zur Demonstration eines unverwechselbaren persönlichen Stils und zum Ausleben von künstlerischem Potenzial auffordert. Menschen, die diese Stimmung häufig erleben und bei denen sie Teil der Persönlichkeit ist, reflektieren viel, setzen sich mit Dingen tiefer auseinander und grenzen sich deshalb auch häufiger ab. Sie brauchen Privatsphäre und vor allem Freiraum. Die eigene Welt möchten sie eigentlich nur mit wenigen guten Freunden teilen.

Typisch für orientalische Parfüms ist ihre tiefe Wärme. Entsprechend wird warmriechendes Sandelholz gern mit anderen Hölzern kombiniert, wobei der Angeruch wie beim Klassiker „Shalimar" von Guerlain (1925) als großer Kontrast erscheint. In „Shalimar" riecht man zunächst etwas zitrisch-frisch Grünes, und umso größer ist dann die Überraschung, wenn es im Duftablauf immer tiefer in Richtung Wärme und Geheimnis mit Weihrauchgeruch geht. Das ist aber genau das Wesen der orientalischen Parfüms. Man will überraschen und faszinieren und spielt deshalb auf vielen Akkorden. Aus dem Kontrast von „frisch" und „warm" entsteht etwas Leidenschaftliches, Unverwechselbares und damit Starkes, eine „Femme fatale".

Die hat es schon zu allen Zeiten gegeben, und sie bot Frauen immer ein zweites oder eines der multiplen Ichs der Verwandlung, etwa zur dämonischen Verführerin, wie wir sie aus der Mythologie z. B. von Delia, Pandora, Helena oder den Sirenen kennen. Abgeschwächt und subtiler, aber mit faszinierendem Augenkontakt und modernem weiblichem Selbstbewusstsein war diese Art weiblicher Inszenierung besonders in der Stummfilmzeit der 1920er-Jahre „en vogue", einer Zeit, der auch „Shalimar" entstammt und die von Frauen wie Gloria Swanson inspiriert wurde.

Swanson war eine US-amerikanische Schauspielerin der Stummfilmära, sehr selbstbewusst und erfolgreich. Sie verdiente zu Beginn ihrer Filmkarriere 13,50 US-Dollar pro Woche und verhandelte dann ihre Gage auf wöchentlich 22.500 US-Dollar. Sie hatte auch ihre sehr eigenen Vorstellungen von Liebe und Ehe und war insgesamt sechsmal verheiratet.

Swanson war eine der glamourösesten Frauen und Stilikonen der 1920er-Jahre. Insbesondere weibliche Zuschauer waren fasziniert von den aufwendigen Kleidern der Swanson. Mit Rudolph Valentino, dem Inbegriff des südländischen Liebhabers, spielte sie 1924 in dem Stummfilmdrama „Beyond the Rocks". Der deutsche Titel lautete „Du sollst nicht begehren deines Nächsten Weib", was die Handlung auf den Punkt brachte. Am Narzissenduft ihres Parfüms wird Swanson in dem Drama erkannt. Der Name „Narzisse" stammt aus dem Griechischen („narcao") und bedeutet „narkotisch", was sich auf die Liebe, ja sogar auf die Selbstliebe bezieht. Es gibt Hunderte Arten von Narzissen. Sie spielen auch in den verschiedensten orientalischen Parfüms eine entscheidende olfaktorische Verführungsrolle, so auch in „Must de Cartier" von Cartier (1981), „Samsara Eau de Parfum" von Guerlain (1989), „Classique Eau de Parfum" von Jean Paul Gaultier (1996) und „Boudoir" von Vivienne Westwood (1998) wie auch in „Coco Noir" von Chanel (2012).

Wie heißt es so schön: Muss man sich selbst lieben, bevor man jemand anderen lieben kann. Dabei helfen die orientalischen Parfüms.

- **Duftrichtung: HOLZIG-WÜRZIG**

„Weiche und angenehme Düfte exotischer Hölzer harmonieren mit warmen, etwas bitteren Gewürzen wie Pfeffer, Gewürznelken, Muskat oder Zimt". Für viele Parfümästheten klingt diese Aussage sehr verlockend. Sie lieben natürliche Geruchseindrücke und Parfüms mit wenigen Inhaltsstoffen. Der Trend kommt ursprünglich aus der Aromatherapie. Doch man kann auch sagen, dass es sich bei „Holzig-würzig" um einen Dauertrend der Parfümerie seit ihrem Beginn vor etwa 9000 Jahren handelt.

In der modernen Parfümerie war die Duftrichtung „Holzig-würzig" ursprünglich der Herrenparfümerie vorbehalten – bis Frauen sie während des Zweiten Weltkriegs mit der Lancierung des natürlich-frisch-holzig riechenden Dufts „Replique" von Raphael im Jahr 1944 für sich entdeckten. Er war ein Bekenntnis zu klarliniger Realität und damit ein Gegenstück zu verträumten Blumennoten. 1976 kam der harmonische und unkomplizierte Duft „Jovan Woman" von Jovan mit tiefer holzig-würziger Wärme auf den Markt – fair im Preis und etwas sexy sowie elegant in der Wirkung. Denn Holz war während der 1970er-Jahre nicht nur bei der Einrichtung „in". Mittlerweile hat diese Duftrichtung Kultstatus. Frauen tragen heute ganz selbstverständlich Herrendüfte, die auf weiblicher Haut besonders faszinierend und außergewöhnlich riechen.

An Parfüms für Frauen gab es 2020 aus der Duftrichtung „Holzig-würzig" 60 Düfte, etwa 400 waren für Männer und über 560 waren Unisex.

Typische Duftbeispiele für „Holzig-würzig" für Frauen mit Unisex-Charakter sind:
- Tendenz leichter: „Juniper Sling" von Penhaligon's, „Nutmeg & Ginger" von Jo Malone

– Tendenz gehaltvoller: „Santal de Mysore" von Serge Lutens, „Sandalwood Absolute Oil" von Clive Christian

Psychologisch gesehen geht es bei dieser Duftrichtung um Reinigung der Sinne, Neuanfang und Fokussierung. Ihre Faszination liegt in einer subtilen Stärkung, hinter der mehr oder weniger bewusst der Wunsch steht, seinen Kraftort zu finden. Man hatte Stress und fühlt sich etwas ausgebrannt. Wer dies häufiger erlebt, baut auf innere Stärke und Stabilität, möchte in seinem eigenen Rhythmus ohne viel Versprechungen wachsen. Oder um es anders auszudrücken: „There isn't anything wrong with being uncomplicated."

5.4.2 „Maskuline" Duftrichtungen

Was charakterisiert die Duftfamilien bei Herrennoten?

Über 60.000 Parfüms gab es 2020 im Markt. Sie überlappen sich zunehmend, was die Aufteilung in Damen- und Herrennoten betrifft. Das zeigt sich dann auch bei den Duftfamilien. Entsprechend werden psychologische Profile des Damen- und Herrenduftmarktes immer ähnlicher. Einige Duftfamilien sind jedoch noch typisch für den Herrenduftmarkt, wie die Duftrichtung „Fougère". Aber auch bei dieser Duftrichtung kommen mehr und mehr Parfüms auf den Markt, die auch weibliche Duftverwender sehr gezielt ansprechen.

■ **Duftrichtung: FOUGÈRE**
Hierbei handelt es sich um aromatische, würzige, leicht moosige und krautige Düfte, die sich traditionell aus dem Geruchseindruck von Farnen ableiten, die eigentlich kaum riechen. Die meisten dieser Noten strahlen Bestimmtheit und Klarlinigkeit aus und vermitteln einen gepflegten, männlichen Eindruck. Sie werden leicht mit Erfolg, Leistungsbereitschaft und Stabilität assoziiert.

Typische Duftbeispiele sind:
– Tendenz leichter: „Weekend" von Burberry, „Silver Shadow Altitude" von Davidoff
– Tendenz gehaltvoller: „Nightflight" von Joop!, „Polo" von Ralph Lauren

In der Duftentwicklung, im Marketing und im Verkauf arbeitet man gern mit Zielgruppen, die über verschiedene soziodemografische Merkmale, aber auch über ihr Selbsterleben und ihre Erlebenswünsche definiert werden. Dabei handelt es sich, wie schon gesagt, um Idealtypen, die nicht unbedingt die Realität abbilden, aber einem Phänomen näherkommen. Das Phänomen von Fougère-Noten ist, dass sie seit Jahren nicht nur in Deutschland die Herrenparfümerie dominieren – auch wenn ihnen u. a. die orientalische Duftrichtung immer mal wieder den Rang abläuft.

Fougère-Düfte werden natürlich in Parfümerien, aber vielfach auch an anderen Verkaufsstellen wie in Herrenmodegeschäften angeboten. Dazu gehört beispielsweise der ZARA-Duft „Midsummer Collection Deep Fougère" für Männer, der seit 2017 erhältlich ist.

Welche Düfte Männer verwenden, wird stark von Frauen beeinflusst. Deshalb muss die Duftrichtung „Fougère" eine Männlichkeit ausdrücken, die – in unserem Fall – von deutschen Frauen (und das nicht nur) als attraktiv empfunden wird. So kann man den einzelnen Herrenduftrichtungen auch bestimmte Typenbeschreibungen ihrer Träger zuordnen. So kann man viele Liebhaber von Fougère- Noten als **tüchtige Pragmatiker** charakterisieren. Sie sehen sich in ihrem Selbst- und Idealselbstbild gern als verantwortungsbewusst, praktisch, organisiert, systematisch, effizient und lösungsorientiert. Die Psychologie würde diesen Persönlichkeitszug mit hoher Gewissenhaftigkeit umschreiben.

In einem idealtypischen Verwender von Fougère-Noten schlummert zumindest Erfolgs- und Leistungsbereitschaft. Er geht

Aufgaben gerne konkret, korrekt und systematisch an, ohne sich dabei zu verstecken. Und er teilt seinem Umfeld direkt mit, was er von ihm erwartet, um ein gemeinsames Ziel zu erreichen. Männer dieser Gruppe sind in der Regel sehr familienorientiert, pflegen Freundschaften und auch Vereinsleben. Sie packen zu, ohne lange zu fragen, und arbeiten verlässlich, ausdauernd und diszipliniert. Berufswahl und Hobbys liegen überwiegend in den Bereichen Konstruktion, Technik, Planung und Verwaltung. Seine Umwelt würde einen solchen Mann wie folgt beschreiben: „Er ist tüchtig, praktisch und organisiert. Er macht gerne Pläne, die er effizient und systematisch durchführt, arbeitet gerne flott, neigt aber dazu, sich zu viel aufzubürden. Hat er ein Ziel vor Augen hat, ist er nicht leicht davon abzubringen."

Sensorisch ziehen diesen Typ Mann besonders Qualität, Funktionalität, gute Lösung bzw. Handling an. Es ist ihm wichtig, dass sich etwas solide und kompakt anfühlt, dauerhaft und widerstandsfähig ist sowie das eigene Erleben nutzbringend bereichert. Besonders mag er Dinge mit Doppelnutzen, die ein gutes Preis-Leistungs-Verhältnis bieten. Insgesamt handelt es sich dabei um den Idealtypus des deutschen Mannes, aber natürlich auch von vielen Männern weltweit.

- **Duftrichtung: FRISCH-GRÜN-ZITRISCH/AQUA- & OZON-NOTEN**

Hierbei handelt es sich um anregend-belebende Noten, vor allem aus dem grün-pflanzlichen und dem zitrusfruchtigen Bereich, deren lebendig-aufmunternd-erfrischende Aura ich bereits bei den Damenparfüms beschrieben habe. Als frisch-grün-zitrische Herren- oder Unisex-Düfte strahlen sie aber noch etwas mehr Dynamik, Fitness und Aktivität aus.

Typische Duftbeispiele sind:
— Tendenz leichter: „212 Men Splash" von Carolina Herrera, „Connect for Us" von Esprit
— Tendenz gehaltvoller: „Allure Homme Sport Cologne" von Chanel, „Himalaya" von Creed

Der in der Herrenparfümerie dazu passende Idealtypus ist der **sportliche Dynamiker,** der sich in einigen Wesensmerkmalen mit dem tüchtigen Pragmatiker überschneidet. In seinem Selbst und Idealselbst ist der sportliche Dynamiker jedoch noch zielorientierter, aktiver und risikobereiter sowie mehr an Outdoor und Performance interessiert. Das zeigt sich besonders in der Aura der oben besprochenen **aromatischen Zitrus-Noten,** die sich in der Herrenparfümerie mit etwa 670 Düften im Jahr 2020 bereits zu einer eigenständigen Duftfamilie etabliert haben.

- **Duftrichtung: GOURMAND-FRUCHTIG**

Hierbei handelt es sich um lebhafte, spontane, genussvolle Duftnoten aus dem Fruchtig-Gourmand"-Spektrum. Als eigenständige Duftrichtung sind diese Noten auf dem Herrenduftmarkt relativ neu und in der Regel eher angedacht. Ihre transluzente Fruchtigkeit erinnert beispielsweise leicht an Mandarinen, wobei aber noch eine essbare Komponente wie Anklänge an ein Dessert durchschimmert. Aber es gibt seit einigen Jahren auch sehr gehaltvolle Gourmand-Noten für Männer, vielfach in Kombination mit orientalischen Holz-Noten. Dazu zählt beispielsweise der Duft „Pirates' Grand Reserve" von Atkinsons, der mit einem Rum-Akkord überrascht. Er erinnert an das ringförmige, französische Hefegebäck „Baba au Rhum". Streng genommen ist die Kreation von genussvollen Duftnoten ein uraltes Thema der Parfümerie. So steigerte man mit süßen Harz- und Honignoten bereits die Attraktivität der ersten Parfümkreationen. Nicht wenige Spitzenparfümeure unserer Zeit haben das übernommen und setzen bei ihren Kreationen gern etwas süßen Honigtabak ein, um die Anziehungskraft auf sowohl männliche als auch weibliche Nasen – sprich Gehirne – zu erhöhen.

Typische Duftbeispiele sind:
— Tendenz leichter: „Remix" von Emporio Armani, „Jump" von Joop!
— Tendenz gehaltvoller: „Pirates' Grand Reserve" von Atkinsons, „Fleur du Male" von Jean Paul Gaultier

Der in der Herrenparfümerie dazu passende Idealtypus ist der **spontane Multitasker**. In seinem Selbst und Idealselbst ist er modern, spontan und experimentierfreudig sowie an Trends und Neuheiten orientiert.

- **Duftrichtung: LEDRIG**

Hierbei handelt es sich um ausdrucksstarke Kompositionen, die überwiegend von Ledernoten mit würzig-ambriertem Fond dominiert werden.

Typische Duftbeispiele sind:
— Tendenz leichter: „Pure for Men" von Jil Sander, „Polo Black" von Ralph Lauren
— Tendenz gehaltvoller: „Knize Ten" von Knize, „Avant Garde" von Yohji Yamamoto

Der in der Herrenparfümerie dazu passende Idealtypus ist der **latente Freiheitskämpfer**. In seinem Idealselbst ist er selbstbestimmt, ich-stark sowie selbstbewusst mit Wunsch nach mehr Freiraum und Unabhängigkeit. Man könnte ihn sich mit schwarzer Lederjacke auf einem Motorrad auf der Route 66 vorstellen.

- **Duftrichtung: ORIENTALISCH**

Hierbei handelt es sich um extravagante, erotische, tiefgründige, individualistische Noten, die warm und sinnlich mit edlen Hölzern abgerundet sind und sich besonders beim Tragen auf der Haut entfalten.

Typische Duftbeispiele sind:
— Tendenz leichter: „Musc for Him" von Narciso Rodriguez", „Individuel" von Montblanc
— Tendenz gehaltvoller: „Le Male" von Jean Paul Gaultier, „Obsession for Men" von Calvin Klein

Der in der Herrenparfümerie dazu passende Idealtypus ist der **kreative Individualist**. In seinem Selbstbild sieht er sich als innovativ, unkonventionell, auf den eigenen Stil bezogen und künstlerisch orientiert.

- **Duftrichtung: HOLZIG-WÜRZIG**

Hierbei handelt es sich um kultivierte, distinguierte, private, klassisch-orientierte Noten überwiegend aus dem holzigen Duftspektrum.

Typische Duftbeispiele sind:
— Tendenz leichter: „Chrome" von Azzaro, „Bois du Portugal" von Creed
— Tendenz gehaltvoller: „Davidoff Classic" von Davidoff, „Yohji Homme" von Yohji Yamamoto

Holzig ist ein klassisches Thema der Herrenparfümerie. Es wird von Männern etwas anders assoziiert als von Frauen, die diese Duftrichtung tragen. Die Parfümerie kennt eine ganze Reihe von Holznoten wie etwa Sandelholz, Rosenholz, Agarholz oder Guajaholz. Sie schenken einem Parfüm Tiefe, aber auch Wärme. In der Regel geben Holznoten, wenn sie nicht zu würzig und nicht zu frisch interpretiert sind, einem Herrenduft eine gewisse Ruhe, Harmonie und Ausgeglichenheit – fast möchte man sagen: innere Souveränität. Ein Beispiel ist der Duftklassiker „Habit Rouge" von Guerlain als Eau de Toilette für Männer. Neben einem Frische-Akkord hat der Duft Rosenholz in der Kopfnote. In der Herznote kommt dann bereits Sandelholz mit etwas Würzigkeit zum Tragen, was sich weiter sehr harmonisch in der Basis mit Harzen und Mooseindrücken verbindet. Der Duft, der insgesamt warm, leicht und etwas würzig ist und Süße hat, gilt als elegant und unaufdringlich.

Den Idealtypus, den man dazu assoziieren könnte, ist der **feinfühlige Beschützer** – ein eleganter, unaufdringlicher Herr, der hilfsbereit, fair und rücksichtsvoll, aber auch sozial und umweltbewusst orientiert ist.

5.4.3 Nicht so leicht: Die Bestimmung von Zielgruppen im Marketing

Mit Idealtypen stößt man im Marketing allerdings schnell an Grenzen. Insider der Parfümindustrie beschäftigen sich deshalb intensiv mit folgenden Themen:

– Wie kann man beim Marketing Zielgruppen bestimmen?
– Wie kann man Wissen über Duftverwender gewinnen, das bei der Entwicklung eines neuen, faszinierenden Parfüms hilft?

Um planen, entwickeln und optimieren zu können, will das Marketing in der Parfümindustrie – wie in jeder Industrie – zunächst Verwender besser verstehen. In der Regel gibt es dabei mehr Fragen als Antworten. Typische Fragen des Parfümmarketings beziehen sich nicht nur auf Gründe für die Duftwahl – also darauf, wer die Verwender bestimmter Parfüms überhaupt sind und welche Merkmale sie haben –, sondern auch darauf, wie man sie gezielt ansprechen kann. Diese Erkenntnisse sind besonders für Parfümneuentwicklungen von Interesse, um einen Duft so zu positionieren, dass man als Marke neue Zielgruppen gewinnt. Oft will man aber auch ein bereits auf dem Markt befindliches Parfüm wiederbeleben und damit bestehende Zielgruppen wieder faszinieren sowie neue dazu gewinnen. In beiden Fällen reicht es nicht, nur soziodemografische Merkmale wie Alter und andere typische Merkmale von Verwendern zu bestimmen. Sicher weiß man, dass beispielsweise das Alter mit bestimmten Duftpräferenzen korreliert. Aber daraus lässt sich noch kein Duftkonzept ableiten, das man in der Werbung umsetzen könnte.

Marketing kann für die Entwicklung eines neuen Duftkonzepts gar nicht genug Wissen über Verwender sammeln. Mit diesem Wissen werden auch die Parfümeure bei der Kreation eines neuen Parfüms gebrieft, um die Nasen, also Gehirne, potenzieller Zielgruppen zu faszinieren.

Beim Wissensgewinn über Duftverwender hat man sich im Marketing traditionell auf Lifestyle-Vorlieben konzentriert und danach Verbraucher kategorisiert bzw. „geclustert", also Gruppen zugeordnet. Diese Methode brachte bis heute meistens nur einen gemischten Erfolg. So entstanden schnell Zielgruppen wie beispielsweise die Sportlichen, die besonders frisch-grün-zitrische bzw. Aqua- & Ozon-Noten als Parfüms bevorzugen sollen – ein für die Theorienbildung und die Arbeit mit Idealtypen erst einmal verständlicher Ansatz. Das Problem ist nur, dass die meisten Duftverwender – auch die sog. Sportlichen – in der Regel acht bis zwölf Düfte zu Hause in ihrer Duftbar haben, die zu verschiedenen Duftrichtungen gehören. Zwar kann man immer nach dem momentanen Lieblingsparfum fragen und so die Zugehörigkeit zu einer Zielgruppe ableiten. Oft erweist sich diese Zuordnung aber als instabil. Denn es gibt sowohl Duftverwender, die einen bestimmten Duft und damit eine Duftrichtung über eine lange Zeit ausschließlich tragen, als auch immer mehr Duftliebhaber, die ihr Parfüm und somit die Duftrichtung wie Musik je nach Stimmung wechseln. Das macht die Bestimmung von Zielgruppen im Marketing komplexer als gedacht und wurde von vielen Marketingverantwortlichen, die aus anderen Sparten kamen, zunächst unterschätzt.

Auch das Clustern nach Geschlecht hat sich für das Verständnis der Duftwahl bzw. für die Bestimmung von Zielgruppen nicht immer bewährt. Zwar beeinflusst dies – ebenso wie Alter und Einkommen – die Duftwahl und eignet sich für erste Ansätze zu Zielgruppenbestimmung, doch die Zusammenhänge bleiben auch verschwommen – allein deshalb, weil Frauen schon immer auch Herrendüfte getragen haben. Außerdem lässt sich nicht mehr klar unterscheiden, was maskulin oder feminin riechen soll. Immer mehr Duftverwender empfinden entsprechende Zuordnungen inzwischen sogar als veraltet.

Das Clustern nach Einkommensgruppen bringt einen ebenfalls nicht unbedingt den gewünschten Erkenntnissen näher. Sicher verzeichnen stationäre Parfümerien mehr finanzkräftige Kunden mit dem Durchschnittsalter „45+". Doch die statistische Auswertung dieser Kriterien gestaltet sich schwierig, da die Kunden traditioneller inhabergeführter Parfümerien eher eine große, homogene Zielgruppe bilden. Das heißt, es sind etwa 10 % der Bevölkerung, in der Regel die finanziell etwas besser Gestellten einer Stadt in der Altersgruppe „40+". Eine Analyse der Zielgruppen basierend auf Geschlecht, Alter und Einkommen dürfte sich deshalb eher für größere Ketten wie Douglas, Sephora oder dm lohnen, bei denen sich die Kunden im Durchschnitt heterogener zusammensetzen.

Auch im Bereich der Luxusparfüms wird es zunehmend schwieriger, nach Lifestyle- und Verwendervorlieben zu clustern – nicht nur, weil viele Luxusmarken mit Parfüm-Sondergrößen von beispielsweise nur 10 Millilitern den Einstieg in die Premium-Parfümerie erschwinglich machen, sondern auch, weil sich das Verständnis von Luxus für einen Teil der Kunden in der Parfümerie verändert hat. Sicher gibt es Kundengruppen, die Nischenparfüms im oberen Preissegment wählen. Doch das sagt nichts Wesentliches über die konkrete Duftwahl aus. Vielleicht ließe sich ein gewisser Zusammenhang daraus ableiten, dass in den vergangenen Jahren viele Nischenparfüms mit der Duftrichtung „Holzig" auf den Markt gekommen sind. So könnte man vermuten, dass die Vorliebe für solche Premium-Parfüms aus der Duftrichtung „Holzig" mit einer nicht mehr ganz jungen Zielgruppe mit höherem Einkommen korreliert. Dennoch wären diese Ergebnisse kaum geeignet, um dem Marketing ein tieferes Verständnis für Zielgruppen zu bieten.

Lifestyle- und Verwendervorlieben ändern sich auch. Nicht nur Millennials bewerten ein neues Parfüm zunehmend danach, was es für sie machen kann, wie es für sie wirkt. Damit erwarten sie mehr oder weniger bewusst ein Wirkparfüm, zu dem man eine Loyalität entwickelt, da es ein Erlebnis bietet, das man mit anderen teilen kann. Das hat den Effekt, dass Duftverwender lieber diese Art von Parfüm kaufen als etablierte und oft teure Luxusmarken, die häufig mit den Themen Elite, Reichsein und Ab-

grenzung spielen. Insbesondere entspricht das Reichsein nicht der Identität heutiger Millennials. Vielleicht ist es etwas, das man anstrebt, aber als Duft ist es nicht das, was man braucht, um beispielsweise fröhlich, spontan oder ausgelassen zu sein und um dieses Lebensgefühl mit anderen zu teilen.

Auch relativiert sich zunehmend der Luxusaspekt von immer mehr Duftmarken durch das Erweitern ihrer Distribution. So finden sich die gleichen Parfüms nicht nur im edlen Umfeld einer stationären Parfümerie, sondern auch als Sondergrößen in der lokalen Drogerie, ja selbst im Lebensmittelmarkt wieder. Auch können Marken gegen gesetzlich vorgegebene unverbindliche Verkaufspreise ihrer Parfüms nicht viel ausrichten, wenn autorisierte Händler mit entsprechendem Depotvertrag ihre Produkte 20 bis 30 % oder sogar noch günstiger in Online-Stores anbieten.

5.5 Parfümmacher – die Teams in der Duftindustrie

Wenn Verbraucher manchmal in Sekundenschnelle anhand der Kopfnote über Gefallen oder Nichtgefallen eines neuen Parfüm entscheiden, ist ihnen meist nicht bewusst, dass hinter jeder Duftentwicklung eine kleine Armada von Experten steht, die in der Regel zwischen 8 und 16 Monaten an dem Duft und seiner Lancierung gearbeitet hat. Es ist bei den größeren Markenherstellern meist ein Team aus folgenden Mitgliedern:
- **Parfümeur:** In der Regel werden zwei bis drei Parfümeure pro Parfümentwicklung gebrieft. Es gibt schätzungsweise 2000 trainierte Parfümeure weltweit, von denen ca. 50 in Deutschland arbeiten. In der Regel sind sie Angestellte von Duftlieferanten oder Dufthäusern/-herstellern.
- **Flakondesigner:** Meist unabhängige Firmen entwerfen den Flakon mit Kappe in 2-D und 3-D mit Angabe von technischen Maßen und stellen einen „Mo-

ckup", einen maßstabgetreuen Prototypen zu Präsentationszwecken bzw. Produktmuster, her.
- **Glas- und Kappenhersteller:** Sie entwickeln die technischen Daten für das Tooling bzw. Werkzeug. Schwerpunkt dabei ist die Glas-, sprich die Flakonherstellung, die sich für eine vollautomatische oder zumindest semiautomatische Abfüllung des Dufts in die Flasche eignet.
- **Verpackungsdesigner:** Sie entwickeln mit einer Druckerei Außen- und Innenverpackung eines Parfüms. Dabei wird mithilfe von Testandrucken die korrekte Wiedergabe der Farbverläufe geprüft sowie das Aussehen der Verpackung bei unterschiedlichen Lichtverhältnissen. Danach folgt die Druckabnahme.
- **R&D (Research & Development = Forschung & Entwicklung)/Labor:** Hierbei geht es um Duftstabilität und Entwicklung von Formulierungen für Zusatzprodukte eines Parfüms wie Duschgel oder Bodylotion. Formulierungen für Deos werden meist von unabhängigen Firmen übernommen.
- **Evaluation:** Dabei handelt es sich oft um ein zwei- bis sechsköpfiges Team von Experten für spezifische Duftmärkte, das vor allem bei der internationalen Lancierung eines Parfüms berät. Es ist für die Bewertung und Begutachtung eines Duftes zuständig, schlägt gemeinsam mit dem Parfümeur vor, wie ein neuer Duft kreiert werden – sprich riechen – soll, um Verbraucher unterschiedlicher Märkte und Regionen anzusprechen, und regt Duftoptimierungen aufgrund von Ergebnissen von Marktforschungstests an.
- **Marktforschung:** Hierbei geht es um Konzept- und Dufttests, Produkt- und Anzeigenakzeptanz bzw. Optimierung, Kaufintention, Markenimage, Zielgruppenbestimmung sowie Celebrity-Tracking – also ob und wie eine prominente Person ein Parfüm unterstützen bzw. für ihre Fans und andere Duftverwender attraktiv machen kann.
- **Marketing:** Diese Abteilung ist für Konzept- und Businessplan sowie für Kontrolle der Entwicklungs- und Herstellungskosten (sog. „Cost of Goods") zuständig, außerdem für Positionierungs-, Launch- und Rolloutstrategie, Briefing der Zulieferer einschließlich der Dufthäuser, die die Duftöle liefern, darüber hinaus für die Entwicklung von Marketingmaterialien wie Displays, Giftsets oder Samples, Koordination und Abstimmung mit der Geschäftsleitung sowie dem Lizenzgeber, beispielsweise einer Celebrity und ihrem Team.
- **PR bzw. PR-Agentur:** Entwicklung von Pressematerial, Durchführung von Presseveranstaltungen.
- **Media-Agentur:** Sie entwickelt gemeinsam mit dem Marketing on- und offline Kommunikations- und Werbestrategien wie beispielsweise Druckanzeigen und plant deren Schaltung.
- **Promotion-Abteilung/-Agentur:** Entwicklung und Koordination von Special Events und Promotion-Aktivitäten mit dem Handel.
- **Verkauf/Vertrieb:** Diese Abteilungen sind für die Präsentation eines neuen Duftes beim Handel, für Besprechungen über Konditionen und Bonusvereinbarungen zuständig. Bei bekannteren Parfümmarken und in größeren Ländern handelt es sich dabei um ein Team im Team. Es besteht aus Verkaufschefs und Bereichsleitern, die von lokalen Reiseassistenten unterstützt werden.
- **Trainer:** Sie schulen Mitarbeiter im Handel zu den Wesensmerkmalen eines Parfüms sowie zu dessen Inhaltsstoffen und erläutern die entsprechenden Zusatzprodukte. Dies wird oft auch von Reiseassistenten mitübernommen.

Dazu kommen Teams aus Produktion, Ladeneinrichtung und Dekoration, Materialeinkauf, Logistik, Lager und Finanzen,

Kundenservice, aus der Rechtsabteilung zur Anmeldung und zum Schutz der Markenrechte sowie unabhängige Berater für die unterschiedlichen oben angesprochenen Bereiche.

Zusätzlich wird – wie bei den meisten Firmen selbstverständlich – bei einer derartigen Menge an Mitarbeitern eine komplette Infrastruktur inklusive Geschäftsleitung, Personalabteilung, Rezeptionisten sowie nicht zuletzt Reinigungskräften benötigt.

Kein Wunder also, dass die Entwicklungskosten für Parfüms größerer Marken Millionenhöhe erreichen – und das bei der Gefahr, dass sich nur ein Bruchteil der Neulancierungen während der nächsten Jahre am Mark halten kann. Um das Risiko zu minimieren, haben die Markenhersteller eine Reihe von Methoden und Strategien entwickelt.

5.6 Duftevaluation – ein Kreativitätskiller? Wie man Parfüms mit hohem Potenzial entdeckt

Wie würden Sie vorgehen, wenn Sie ein Parfüm auf den Markt bringen wollten und Ihnen Ihre Parfümeure dafür drei sehr interessante Düfte zur Auswahl vorstellen würden?

Um diese Frage zu beantworten, könnten Sie natürlich Ihrem persönlichen Geschmack und Bauchgefühl folgend entscheiden oder Freunde und Kollegen befragen. Besser ist es allerdings, wenn sie sich einer Duftevaluation bedienen – vor allem, wenn Sie das Risiko klein halten wollen, finanziell viel auf dem Spiel steht und das finale Parfüm in unterschiedlichen Märkten und Ländern sehr gut ankommen soll. Sie würden dann eine regelrechte Duftmarktforschung für ihre drei Parfümkandidaten durchführen, um die Entscheidungssicherheit für alle am Projekt Beteiligten zu erhöhen. Dafür brauchen Sie ein weiteres Parfüm: eine Benchmark.

Eine Benchmark ist ein Vergleichs- und Referenzwert. Beim Benchmarking vergleichen Unternehmen ihre Leistungen mit denen ihrer besten Wettbewerber. Typisch ist der Vergleich der Akzeptanz eigener neuer Produkte mit bereits auf dem Markt erhältlichen Produkten, die sich gut verkaufen.

Benchmarks gelten deshalb bei der Marktforschung im Bereich der Parfümerie als besonders spannende Düfte. Im Blindtest gerochen, erzielen sie bei Verbrauchern eine sehr hohe Akzeptanz – warum, weiß man eigentlich nicht immer so genau. Möglicherweise, weil sie selbst im Blindtest vertraut und bekannt riechen, bereits beliebt sind, gelernte Assoziationen wachrufen und/oder dem aktuellen Geschmack entsprechen. Will man ein neues Parfüm auf den Markt bringen, wird es oft mit einer Benchmark aus einer bestimmten Duftrichtung verglichen. Große Duftmarken haben geheime Listen zu den aktuellen Benchmarks, gegen die ihre Parfümeure mit Neukreationen antreten müssen.

Die Duftmarktforschung ist eine Wissenschaft für sich und braucht viel Fingerspitzengefühl. Denn man muss immer aufpassen, dass durch den Abgleich von Duftakzeptanzen nicht die Kreativität und Individualität eines neuen Parfüms beschnitten werden. Andererseits aber geht es für große Duftmarken bei internationalen Parfümeinführungen um Investitionen von mehreren Millionen Euro. Um beim Testen eines Duftes ein möglichst aussagekräftiges Ergebnis zu erreichen, werden unterschiedlichste Verfahren ständig weiterentwickelt.

Eine beliebte Methode der Duftevaluation ist die Top-2-Box-Analyse. Sie zielt nicht auf die durchschnittliche Meinung aller Testpersonen zu einem Duft ab. Vielmehr will sie erfahren, wie viele den Duft im Blindtest als „Ich liebe ihn absolut" bzw. „Gefällt mir hervorragend" oder „Ich liebe ihn sehr" bzw. „Gefällt mir sehr gut" beispielsweise auf einer Siebener-Skala als die beiden höchstmöglichen positiven Aussagen bewerten. Dabei wird das Parfüm für eine bestimmte Zeit auf Duftstreifen und auf der Haut gerochen. In der Regel finden vier, manchmal sogar mehr als sechs Evaluationen statt: der Ersteindruck beim Aufsprühen und nach 5 bis 10 Minuten auf Duftstreifen, danach das gleiche auf der Haut und anschließend die Beurteilung der Herznote nach 20 Minuten auf der Haut. Dem folgt ebenfalls auf der Haut die Evaluation der Basisnote nach etwa 60 Minuten. Am nächsten Tag wird die Erinnerung an das Parfüm innerhalb eines Telefongesprächs bewertet. Dieses aufwendige Verfahren wird im Allgemeinen nur vorgenommen, wenn drei oder vier Parfümkandidaten bei einem vorausgegangenen Screening Kopf an Kopf lagen.

Wenn Top-2-Box-Scores von etwa 12 % der Testpersonen für einen Duft abgegeben werden, die nach bestimmten Kriterien als Parfümverwender (Zielgruppe) vorselektiert wurden, und man idealerweise im Blindtest noch die Benchmark schlägt, ist man mit dem getesteten Parfüm schon sehr zufrieden. Da macht es auch nichts, wenn gleichzeitig andere Verbraucher denselben Duft ablehnen. Ganz zufrieden mit einem Testkandidaten ist man besonders dann, wenn sich der Duft schon sehr gut auf dem Duftstreifen zeigt, dann aber in der Entwicklung für die Testpersonen immer besser wird. Um das zu entdecken, braucht es eine Duftbewertungsskala, die etwas feiner misst. Vor allem bei Duftevaluationen in den USA wird deshalb gern mit einer Neuner-Skala gearbeitet.

Es gibt viele weitere Techniken der Duftevaluation, wobei jeder Verantwortliche in der Marktforschung seine eigenen erprobten Methoden hat. Ich setze neben der Duftbewertung auf einer Skala auch gerne sog. projektive Testverfahren ein – allein schon deshalb, weil bei internationalen Dufttests US-Amerikanern die Worte „I love it" leichter über die Lippen kommen als Deutschen ein „Ich liebe es" oder ein „Gefällt mir sehr gut".

Projektive Testverfahren sind in der Regel eher sprachfrei, bzw. weniger vom Sprachvermögen der Testpersonen abhängig. Düfte werden dabei etwa momentanen Lieblingsfarben und entsprechenden Stimmungsbildern zugeordnet, die wiederum etwas über die Erlebenswünsche der Testteilnehmer aussagen.

Persönlich schätze ich auch die digitale Conjoint-Analyse. Hier können Testpersonen mit ihrem neuen Lieblingsduft, den sie blind gerochen und dann ausgewählt haben, kreativ online arbeiten. So wird ihnen angeboten, einen Flakon für das Parfüm auszuwählen und seine Farbe zu bestimmen. Gleiches gilt für die Verpackung inklusive Design und Namen. Dabei geht es oft weniger um die erbrachte künstlerische Leistung, sondern um den Grad der Leidenschaft, mit der eine Testperson für ihren neuen Duft ans Werk geht.

Die Marktforschung zur Duftwahl wird noch mehr bereichert, sobald gefühlserkennende Computer und Techniken die Emotionen von Testpersonen noch besser off- und online erkennen und bewerten können. Dafür gibt es bereits vielversprechende Ansätze wie etwa die Erkennung von Emotionen und Stimmungen über die Art der Mausbewegungen, der Augenbewegungen, des Gesichtsausdrucks oder der Sprachmelodie sowie durch die Bestimmung von Sprachgeschwindigkeiten und Tonhöhen und deren Abweichungen. Schon länger versucht man, mit physiologischen Testverfahren, die beispielsweise Hirnströme messen, auf den Seelenzustand zu schließen.

Am vielversprechendsten sind derzeit die bildgebenden Verfahren wie die Magnetresonanztomografie, die gerade in der Neuroparfümerie zu immer neuen Erkenntnissen führt. All das wird der Duftmarktforschung neue Möglichkeiten eröffnen. Sie dürfte, wie auch die gesamte Parfümerie, am Vorabend einer Revolution stehen.

Doch ist die Duftevaluation ein Kreativitätskiller? Und funktioniert Duftmarktforschung überhaupt? Für die Premium-Parfümerie sind dies wirklich berechtigte Fragen. Trotz aller Markforschungsmethoden fallen viele Parfüms bei den Verwendern durch. Die Flop-Rate ist vor allem bei Neueinführungen bislang nicht sonderlich gesunken. Für die meisten Premium-Parfümlancierungen werden zwar in der Regel verschiedene Düfte gescreent, aber aus Zeitdruck-, Kosten- und anderen Gründen finden eingehende Duftevaluationen oft nur ansatzweise statt. Die Marktforschung steht bei den Kreativen in der Parfümentwicklung auch im Verdacht, in Bezug auf die innovative Parfümerie ein Kreativitätskiller zu sein oder die Kreativität zumindest einzuschränken. Viele Parfümeure haben deshalb ein ambivalentes Verhältnis zur Evaluation ihrer Duftkreationen. Das führt oft zu kuriosen Situationen. So geben Parfümeure häufig nicht das ihrer Meinung nach kreativste Parfüm an die Evaluation weiter, sondern das, von dem sie das beste Testergebnis erwarten. Deshalb haben viele Parfümeure oft wahre Duftschätze in ihren Schubladen als Formulierungen liegen, die sie aber nur herausgeben, bzw. für jemand ausmischen, wenn sie wissen, dass ihr Duft, so wie er ist, für ein Projekt genommen wird.

Getestet wurde früher – wenn überhaupt – nur im kleinen Kreis. Verbrauchertests waren sogar als Kreativitätskiller verpönt. Ich erinnere mich noch an meine Anfangszeit bei dem Unternehmen Coty/Lancaster. Offiziell durften Düfte von Davidoff, Chopard, Jil Sander und Joop! mit Methoden der Marktforschung nie getestet werden. Dennoch wurde es heimlich vollumfänglich unterstützt, die Akzeptanz der jeweiligen Duftvorschläge in verschiedenen Märkten zu evaluieren und zu optimieren. Ich hatte also „backstage" einen Rieseneinfluss. Sicherlich war es auch mein oberstes Ziel, Parfümkreativität nicht einzuschränken.

So musste ich zwischen den Beteiligten, aber auch zwischen den Duftvorlieben der Märkte, mit Fingerspitzengefühl vermitteln. Das war nicht immer einfach, weil beispielsweise frisch nicht gleich frisch ist. So fand ich in den Märkten, in denen ein Duft lanciert werden sollte, vier bis fünf verschiedene Arten von Frische. Nur das Frischeverständnis in Deutschland in einem Parfüm abzubilden, hätte bedeutet, potenzielle spanische Duftverwender zu verlieren.

Das Ganze wurde noch dadurch verkompliziert, dass mit verschiedenen Frischearten in den einzelnen Märkten auch unterschiedliche Assoziationen von Farben, Stimmungen und Erlebenswünschen einhergehen. Das war und ist für die Duftwerbung und damit für Werbeagenturen von besonderem Interesse.

Über die Jahre entstand neben den oben erläuterten Evaluationsmethoden eine mehr tiefenpsychologisch orientierte Marktforschungs- und Produktentwicklungsmethode – also eine psychologische Methode für die Duftberatung in der Parfümerie, die vor allem Einblicke in die Erlebenswünsche von Kunden wie Verbrauchergruppen und die damit verbundenen ästhetischen Präferenzen wie Duft, Farbe und Form bietet. Diese Methode wurde als „Farbrosetten-Test" bzw. als „Color Rosette Test" und „Moodform-Test" bekannt. Ich komme auf diese Methode, die als psychologischer Dufttest auch viel über die individuelle Duftwahl verrät, noch an späterer Stelle zu sprechen und werde Sie bitten, einen duftpsychologischen Selbsttest zu machen, damit Sie die einzelnen Zusammenhänge für sich überprüfen können.

5.7 Parfüm-Flanker: Entertainment für ungeduldige Nasen

Jährlich kommen im deutschsprachigen Bereich etwa 2000 Parfüms auf den Markt. Davon schaffen es etwa 3 bis 5 %, sich über Jahre fest zu etablieren. Das liegt nicht unbedingt an der Marktforschung, sondern an verschiedenen anderen Gründen – wie beispielsweise an der Marke selbst oder an der Lancierungsstrategie. Vielfach beeinflussen zeitlich zu lang (Abstand zwischen zwei Duftlancierungen), aber meistens zu eng lancierte Duftneueinführungen das Interesse von Verbrauchern negativ. Das gilt besonders für zeitlich eng lancierte sog. Flanker. Dabei wird für einen neuen Duft der Flakon eines bereits auf dem Markt befindlichen Parfüms benutzt. Dieses unterscheidet sich von seinem Vorgänger nur teilweise in Farbe, Dekoration, Verpackung, Namen und Duft – manchmal sogar nur durch andere Duftnuance und einen neuen Namen.

Viele Duftmarken planen sogar nicht einmal, dass sich alle Neulancierungen lange im Markt halten. Typisch dafür sind gerade die Flanker. Sie sind als Teil einer Markenstrategie so konzipiert, dass sie mit limitiertem Entwicklungs- und entsprechend kleinem Marktforschungsbudget bestimmten Zielgruppen einen limitierten, temporären olfaktorischen Genuss bieten. Auf diese Weise können Flanker Parfümmarken erfolgreich neu beleben. Dazu gehören Sommereditionen großer Parfümklassiker. Bestes Beispiel dafür ist der Duftklassiker „Angel" des Parfümhauses Mugler mit seinem limitierten, von Sommerkreuzfahrten und fruchtigen Cocktailaromen inspirierten Sommerduft „Angel Eau Croisière" für die Saison 2019. Oft überraschen die nasenunterhaltenden Editionen in ihrem Lebenswillen und überstehen sogar weitere Saisons.

Auch bieten Flanker die Chance, Klassiker dem Zeitgeist, veränderten Duftvorlieben und neuen Verwendungswünschen wie beispielsweise einer leichteren Parfümierung anzupassen. Dabei hofft und plant man, dass sie sich als ein ergänzender, fester Bestandteil des Duftsortiments etablieren. Auch hierfür bietet Mugler ein gutes Beispiel. So wurde ebenfalls im Sommer 2019 ein neues, die Version aus dem Jahr 2011 ersetzendes „Angel Eau de Toilette" präsentiert. Dabei handelt es sich um eine jugendlichere, frische und fruchtige Interpretation des legendären Angel-Parfüms von 1992, das sich besonders in der Konzentration als Eau de Parfum weltweit einen Namen gemacht hatte.

Sicher haftet dem Image eines Flankers auch das Risiko an, dass dem neuen Parfüm Persönlichkeit und Einzigartigkeit abgesprochen werden. Jüngere Verbraucher stört das in der Regel nicht weiter – und andere ebenfalls immer weniger. Denn sie erwarten auch von ihren Lieblingsduftmarken regelmäßig Neues. Markenverantwortliche werden deshalb weiterhin – und sicherlich sogar verstärkt – Flanker setzen, allein schon aus wirtschaftlichen Gründen. Die Herstellungskosten für Flanker sind in der Regel um einiges geringer als die für einen neuen Duft. Man muss keinen neuen Flakon entwickeln, die im fünfstelligen Eurobereich liegenden Ausgaben für Design und Glasproduktionswerkzeug entfallen, der bisherige Flakon wird in der Regel für einen Flanker „nur" neu mit verändertem Namen und Grafik dekoriert, und das neue Parfüm wird anders eingefärbt. So lässt sich der finanzielle Verlust eines Flops leichter verschmerzen, wenn er eintreten sollte.

Flanker, die den Klassiker nicht im Umsatz beschädigen, sondern wieder auf ihn aufmerksam machen, sind ideal, um eine Marke beim Verbraucher im Bewusstsein präsent zu halten und Neukunden anzusprechen. Das gilt besonders für jüngere Verbrauchergruppen. Sie will man so beispielsweise an einen Klassiker heranführen, den sie bisher nur von der großen Schwester oder der Mutter kennen.

Stetige, relativ zeitnahe Parfümneueinführungen sind deshalb eine bewährte Strategie geworden, damit die Marke aktuell bleibt. Das gilt besonders, wenn man ungeduldige Verbrauchernasen als Zielgruppe hat – aber auch, weil man den Fanclub eines Parfümklassikers immer wieder neu für Duft und Marke begeistern will.

Auch das Verkaufsteam bzw. der Außendienst einer Marke lieben Flanker. Oft befürchtet man Nachteile für seine Marke, wenn Neulancierungen zu weit auseinander liegen. Man will keinen Regalplatz bzw. Regalpräsenz beim Händler, also in der stationären Parfümerie, verlieren und idealerweise weiterhin auf Augenhöhe für Kunden dekoriert bleiben. Auch weiß das Verkaufsteam: Wenn es dem Händler nichts Neues anzubieten hat, wird dies eine andere Marke tun. Denn der Händler selbst lebt von Duftneuheiten, die im Schnitt 30 % seines Verkaufs ausmachen. Und dazu gehören auch Flanker.

Dennoch muss man auf der Hut sein. Zu viele zu schnell aufeinanderfolgende Lancierungen können eine Parfümmarke verwässern – eine Abwärtsspirale, die eine Eigendynamik annimmt, die große Marken wie Hugo Boss kennen. Aus ihr kommt man nur schwer wieder heraus, weil Neues dann vom Verbraucher schnell übersehen wird. Umkehrt können schnell aufeinanderfolgende Lancierungen auch Teil einer nicht endenden Dufterfolgsgeschichte sein. „Bond No. 9" hat dies vorgemacht: Der gleiche Flakon wird immer wieder passend zum aktuellen Duftthema neu dekoriert. Es entsteht eine Flakon-Design-Sammler-Edition, von der wahre Liebhaber der Marke keines der vielen Parfüms in ihrer Kollektion missen wollen.

Die Lancierung eines neuen Parfüms braucht also Fingerspitzengefühl, aber auch Talent und Fähigkeit zur Selbstkritik. Ein neues Parfüm muss auch wirklich Neues bieten. Das wird in Zeiten des Entertainment-Marketings in der Hektik des Zeitdruckes schnell übersehen. Vor 30 Jahren konnte es drei bis vier Jahre dauern, bis eine große Marke ein neues Parfüm herausbrachte. Heute hat man vielfach den Eindruck, dass sich die Parfümerie in eine Unterhaltungsindustrie verwandelt hat. Teams, die an einem neuen Parfüm arbeiten, müssen immer schneller werden. Noch vor einigen Jahren wurden 18 Monate vom Startschuss bis zum Ausliefern eines neuen Parfüms als sportlich angesehen. Heute darf eine Entwicklung nur noch 12 oder sogar noch weniger Monate benötigen. Grund dafür ist auch die kurzlebige Anziehungskraft von Prominenten, sog. Celebrities, mit denen Marken Lizenzverträge abschließen, um unter deren Namen Parfüms zu vermarkten.

5.8 Parfümrezeptur: Erfolgreiche Inhaltsstoffe der Feinparfümerie

Parfümerie, besser gesagt Feinparfümerie, verstanden als die Kreation von Parfüms, ist die Kunst, verschiedene geruchliche Inhaltsstoffe zusammenzuführen und sie zu einem harmonischen Ganzen – manchmal auch bewusst zu deren Gegenteil – zusammenzufügen. Der reine Duftgenuss, in der Regel ohne weiteren Zusatznutzen oder funktionelle Anwendungsmöglichkeit, steht dabei im Vordergrund. Das heißt jedoch nicht, dass nicht auch andere Bereiche der Parfümerie wie die funktionale Parfümerie, beispielsweise bei der Beduftung von Shampoos und Reinigungsmitteln, kreativ sind. Ganz im Gegenteil: Manchmal ist es sogar schwerer, einen attraktiven Duft für etwas zu schaffen, das im Urzustand nicht gut riecht.

Meistens wird in der Feinparfümerie für Eau de Parfums (EDP) kreiert. Sie machen etwas mehr als 50 % aller feinen Düfte im Handel aus. Jeder Parfümeur hat bei der Kreation seine eigene Handschrift. Typischerweise erkennt man sie daran, welche Inhaltsstoffe er gern verwendet. Sie werden oft schon in ganzen Basen, also Kompositionen von verschiedenen Inhaltsstoffen, sozusagen als parfümistisches Fertigteil in Parfüms eingesetzt. Dabei spielen die Erfahrung des jeweiligen Parfümeurs, sein bisheriger Erfolg sowie das, was bei Zielgruppen, aber auch das, was bei anderen Parfümeuren ankommt, sowie der momentane Trend eine Rolle. Jeder Parfümeur hofft, dass die Forschung ihm für seine Kreationen neue Duftbausteine liefert, die er möglichst lang exklusiv einsetzen kann. Letztere sorgten in der gesamten Branche schon oft für völlig neue Dufteindrücke und für großen Ruhm der Parfümeure. Aber auch der Zufall spielt beim Einsatz von Inhaltsstoffen eine Rolle. Plötzlich riecht ein

Duft, der durch versehentliches Vermischen entstanden ist, überraschend gut.

Parfümeure greifen aber auch noch aus einem anderen Grund gerne auf bestimmte Inhaltsstoffe zurück. Man will es anderen so schwer wie möglich machen, den eigenen Duft zu kopieren. Parfüm-Fakes, also Fälschungen, stellen mittlerweile auch durch den Internethandel nicht nur für die Parfümerie ein großes Problem dar. Der Handel mit Parfümfälschungen nimmt ständig zu. Allein in Deutschland soll er einen Wert von mehreren Hundert Millionen haben. Oft sind die verwendeten Inhaltsstoffe auch aus gesundheitlicher Sicht fraglich. So kann ein Parfüm, das wie eines von Christian Dior aussieht, einen sehr hohen Anteil von Methanol enthalten. Das führt nicht nur zu Hautirritationen, sondern kann auch Augen und Nervensystem schädigen.

Um sicherzustellen, dass es sich um ein Original handelt, setzen Parfümeure bzw. Duftsteller auch unsichtbare Marker in ihren Parfüms ein, die aber nicht oder kaum zu riechen sind. Mit speziellen Methoden können sie dann als duftendes Copyright sichtbar gemacht werden. Immer öfter versehen Duftmarken auch ihre Parfümverpackungen mit möglichst unsichtbaren Codes, um sie vor dem sog. Graumarkt und damit vor dem Vertrieb durch nicht zugelassene Verkaufskanäle zu schützen. Durch den Code kann man identifizieren, welcher offizielle Händler in einen nicht zugelassenen Verkaufskanal wie z. B. Amazon liefert bzw. über solch einen Kanal die Ware auch vertreibt.

Neulinge der Parfümerie fragen immer, welche Inhaltsstoffe man zuerst kennenlernen sollte. Fast jeder Parfümeur hat dabei seine eigenen Vorlieben. So können schnell über 1000 Empfehlungen zusammenkommen. Erkenntnisse der Duftforschung zeigen jedoch, mit welchen Inhaltsstoffen, Duftnoten oder komplexeren Gebilden, sog. Duftakkorden, man sich vertraut machen oder für sich anriechen sollte. Dazu zählen Duftbausteine, die teilweise für den Erfolg internationaler Parfüms verantwortlich sind (Vasiliauskaite 2019). Für diese Erkenntnisse wurden in einer regelrechten Sisyphusarbeit Duftnoten untersucht, die sich in Tausenden Parfüms wiederfinden. Insgesamt wurden in einer Studie des britischen Physikers Vaiva Vasiliauskaite vom Imperial College in London 1047 verschiedene Noten in 10.599 Parfüms untersucht und von Duftverwendern in Hinblick auf ihre Attraktivität bewertet. Allerdings wurde dabei nicht auf Faktoren wie Alter, Geschlecht, Herkunft etc., die die Duftwahl beeinflussen, eingegangen.

Im Mittelpunkt der Studie standen Duftnoten populärer Damenparfüms wie „Light Blue"(D&G), „J'adore" (Dior), „Euphoria" (Calvin Klein), „Chanel No 5" (Chanel) und „Chloé" (Chloé). Was man zunächst fand, ist keine Überraschung. Die zehn meistverwendeten und populärsten Inhaltsstoffe sind keine Unbekannten in der Parfümerie. In ihrer Bedeutung abnehmend geordnet sind es: Moschus, Jasmin, Bergamotte, Sandelholz, Amber, Rose, Vanille, Zeder, Patschuli, Mandarine/Orange.

Es ist sicher eine Kunst, sich ausschließlich mit diesen Inhaltsstoffen von anderen Düften auf dem Markt zu unterscheiden. Deshalb ist es interessant zu erfahren, mit welchen Inhaltsstoffen besonders ein Unterschied im Duftcharakter erzielt werden kann. Das ist in der Tat mit vielen möglich, wobei aber fünf international gern verwendet werden: Anis, Iris, Orchidee, Bambus und Nelke.

Weiterhin ist interessant, wie einzelne Inhaltsstoffe in Kombination mit anderen als Duftakkorde erlebt werden. Besonderer Beliebtheit erfreuen sich u. a:
- Vanille, Eichenmoos (bzw. der nachgestellte Geruch von Eichenmoos)
- Ylang-Ylang, Aldehyde, Jasmin
- Amber, Moschus, Jasmin
- Maiglöckchen, Moschus, Jasmin

Aber auch die Kombination von Jasmin/Minze und Muschus/Vetiver/Vanille wirken sich sehr positiv auf Parfümbewertungen aus. Mit anderen Worten: Es lohnt sich, die aufgelisteten Inhaltsstoffe allein und in Kombination zu riechen, um in einem ersten Schritt die Grund-DNA vieler Parfüms kennenzulernen.

Sicherlich müssten diese Ergebnisse aus Verbraucherforschungen durch chemische Duftanalysen mit einer Gaschromatografie bewertet werden. Denn ob ein Duft wirklich die angegebenen Bestandteile enthält, lässt sich nur mittels eines Gaschromatogramms abschließend klären. Es gibt Aufschluss über die Bestandteile der verwendeten ätherischen Öle sowohl in qualitativer als auch in quantitativer Sicht. Dennoch sind subjektive Verbrauchereindrücke sehr aufschlussreich, und Duftprofis lesen auch mit Interesse die Kommentare zu Parfüms beispielsweise auf ▶ fragrantica.com oder in Blogs.

> **20 Inhaltsstoffe, die der mitteleuropäische Duftmarkt liebt**
> Bei meinen Parfüm- und Parfümerie-Insider-Workshops riechen wir 20 Inhaltsstoffe, die vor allem für den deutschen Duftmarkt die DNA vieler Damen- und Herrenparfüms bilden:
> 1. Schokolade
> 2. Vanille
> 3. Milchnote (karamellisiert mit/ohne weißen Moschus)
> 4. Bergamotte (ferner noch Grapefruit, Mandarine, Zitrone, Orange, Limette)
> 5. Rose
> 6. Jasmin
> 7. Ylang-Ylang
> 8. Maiglöckchen
> 9. Aldehyde
> 10. Amber (Ambroxan)
> 11. Oud
> 12. Lavendel
> 13. Vetiver
> 14. Zimtrindenöl
> 15. Cumarin (Tonkabohne)
> 16. Patschuli
> 17. Eichenmoos (bzw. der nachgestellte Geruch von Eichenmoos)
> 18. Myrrhe
> 19. Heliotropin
> 20. Cashmeran

5.9 Duftgeheimnisse von Inhaltsstoffen – Geruchsübung für schöneres Riechen

Bei meinen Workshops riechen wir jedoch nicht nur die in der Übersicht genannten 20 Inhaltsstoffe, wir ergründen auch ihre Geheimnisse aus verschiedenen Blickwickeln. Tatsächlich kommt jeder Inhaltsstoff mit einem kleinen Geheimnis, und es macht Spaß, ihn aus unterschiedlichen Perspektiven – sprich Geruchswinkeln – zu riechen. Dazu möchte ich mit zwei Beispielen, Oud und Amber, zu einer Geruchsübung anregen – die Sie natürlich auch mit den anderen oben genannten Inhaltsstoffen machen können –, um ihre verschiedenen Wirkungen auf sich und andere kennenzulernen. Oud und Amber als Inhaltsstoffe können Sie in unterschiedlicher Qualität über den stationären Fachhandel wie auch über das Internet beziehen.

■ **Oud**
Der aus einem pilzbefallenen Agarbaum bzw. aus seinem Holz gewonnene seltene Duftbaustein wurde erstmals in Indien in den hinduistischen Veden erwähnt, einem der ältesten erhaltenen Texte der Welt. Das Holz des Baumes wurde als „Holz der Götter" bezeichnet. Der daraus gewonnene Duftbaustein Oud ist das Geheimnis vieler exquisiter orientalischer Parfüms und entwickelte sich in unserem Kulturraum beginnend seit den 1970er-Jahren zu einem Trendduftstoff. Je nach Qualität liegt der Preis pro Liter für das aus den befallenen Bäumen gewonnene natürliche Öl zwischen 50.000 und

80.000 US-Dollar (2 ml als reines ätherisches Öl zum Kennenlernen werden im Handel je nach Qualität schon für um die 60 US-Dollar angeboten). Es gibt eigene „Agarwood" Konferenzen, die von buddhistischen Mönchen, Parfümeuren, Biologen und Sammlern besucht werden und Liebhaber des Holzes aus mehr als 30 Ländern anziehen. Heute sind Indonesien, Malaysia, Vietnam, Kambodscha, Thailand, Laos und Papua-Neuguinea die Hauptproduktionsländer von Oud, und Singapur gilt als Haupthandelszentrum. Ursprünglich waren es wohl die alten Ägypter, die die Hauptabnehmer waren und es aus Arabien, möglicherweise bereits aus Indien, direkt bezogen. Es wird vermutet, dass der Duftstoff bzw. das ätherische Öl bereits vor über 3000 Jahren vor allem bei Todesritualen für ein Weiterexistieren nach dem Tod, an das die alten Ägypter glaubten und auf das sie sich schon im diesseitigen Leben vorbereiteten, zum Einsatz kam (Nazis et al. 2018).

Nun zur Geruchsübung: Versuchen Sie, Oud aus den folgenden sechs Perspektiven „mitzuriechen". Ich fange mit der Beschreibung des Duftcharakters an. Dann riechen wir synästhetische Assoziationen. Darauf folgend beschreiben wir, wie der Inhaltsstoff wohl auf die Geschlechter wirkt, dann, womit man den Duftstoff vielleicht am besten mischen kann, und schließlich, wann er am besten getragen werden kann, z. B. am Abend. Viel Spaß bei dieser Art des schöneren Riechens!

— *Duftcharakter:*
Holzig- süß, mit leicht verbrannter-karamellisierter Note, die je nach Qualität auch einen leichten Honigtabak-Unterton haben kann. Achtung: Wer zu schnell riecht, dem Duft keine Zeit zur Entfaltung lässt, kann im ersten Moment einen stechenden Eindruck empfinden.

— *Synästhetische Assoziation:*
ein von der Sonne durchtränktes und etwas verwittertes eckiges, dunkles Holzstück, in das dunkelgrüne, violette und goldene arabische Gravuren mit kleinen Spitzen eingelassen sind.

— *Wie wirkt es auf mich (als Frau)?*
Reich, komplex und warm. Schon beim Auftragen fühlt man, wie sich der Tag sprichwörtlich in eine exotische Nacht verwandelt. Ein Abenteuer liegt in der Luft, das man selbst in der Hand hat und steuert. Je länger man riecht, desto mehr entstehen sinnliche Phantasien, die man spontan und unkonventionell ausleben möchte.

— *Wie wirkt es auf mein Gegenüber (Mann)?*
Zunächst maskulin oder unisex, assoziiert Stärke und Unabhängigkeit. Wenn Männer Oud aber auf weiblicher Haut riechen, drehen sich die Assoziationen um: Es wird eine geheimnisvoll-erotische Frau beschrieben, die entscheidet, was sie will. Oud entwickelt sich unter Körperwärme fast schon zum Elixier. Für viele riecht es latent nach „Liebe ungeduscht", was Fantasien beflügelt.

— *Womit am besten zu kombinieren?*
Mit Rose Absolut, dadurch wird es feminin-elegant und bekommt noch mehr Klasse.

— *Wann trage ich es am besten (als Frau)?*
Im Sommer, noch besser im Winter, am besten am späten Nachmittag oder abends. Zum Verführen tragen, denn im Oud liegt eine subtil-anziehende Kraft. Wenn eine Frau bei der Bewerbung für kreative Berufe zeigen will, dass einiges an künstlerischem Potenzial in ihr schlummert und sie auch das Zeug zum „Artdirector" hat, kann sie ein Oud-Parfüm auch schon morgens dezent einsetzen. Beispielsweise in der Kniekehle aufgetragen, entsteht über den Tag durch die Körperwärme eine raffinierte Aura.

— *Typische Parfüms mit dem Inhaltsstoff Oud:*
„Midnight Oud" von Juliette has a Gun, „Black Rose Oud" von Trish McEvoy, „Armani Privé Oud Royal" von Giorgio Armani, „Oud Save The Queen" von Atkinsons.

- **Amber**

Die Parfümerie kennt es als Ambergris. Schon die alten Hochkulturen schätzten das aus Walsekret gewonnene Öl. Ambergris ist ein seltenes Produkt, das im Verdauungstrakt des Pottwals als wachsartige Substanz produziert wird, vermutlich, um ihn vor Verletzungen seiner Lieblingsspeise, des Riesenkalmars mit seinem sehr harten Schnabel und seinen zehn Fangarmen, zu schützen. Vor allem den Schnabel, das einzige Hartteil des Kalmars, kann der Pottwal nicht verdauen, und er bleibt im Inneren des Magens erhalten, das vom ihm ausgeschieden wird.

Auch für den Menschen ist Ambergris zum Heilmittel geworden und wurde in unseren Breiten etwa seit 1000 Jahren als Gewürz eingesetzt. Ambergris kommt in verschiedenen Farben, Parfümeure schätzen den grauen. Sein Hauptinhaltsstoff ist das zunächst geruchlose Ambrein, das traditionell auch als Fixateur für die Parfümherstellung verwendet wurde. Durch Oxidation entsteht dann ein Wunder: Aus dem geruchlosen Stoff wird Ambrox, und das hat einen geradezu aphrodisierenden Geruch.

Heute wird Ambergris/Ambrox, wie übrigens auch Oud, meist naturidentisch interpretiert, um Ressourcen zu schonen. Das heißt, der Duft wird aus Aromastoffen nachgebaut, die chemisch weitgehend identisch sind, aber nicht alle aus natürlich vorkommenden Stoffen gewonnen sein müssen.

– *Duftcharakter:*
  Weich, trocken und warm, mit erdigen und tabakartigen Nuancen im Unterton. Über allem schwebt etwas Balsamisch-Süßes, das an menschliche Haut erinnert.

– *Synästhetische Assoziation:*
  Ein Parfümflakon, der an einen rotgoldenen, orientalisch verzierten Handschmeichler erinnert.

– *Wie wirkt es auf mich (als Frau)?*
  Sinnlich, gefühlvoll, entspannend. „1001 Nacht" liegt plötzlich in der Luft. Man fühlt sich wohl in seiner Haut und muss immer wieder an ihr riechen, was an der selbstaphrodisierenden Wirkung von Ambra liegt.

– *Wie wirkt es auf mein Gegenüber (Mann)?*
  Auf weiblicher Haut getragen, kommuniziert der Duftbaustein einen sinnlichen, harmonieliebenden Menschen, der Halt und Vertrauen geben kann. Für Männer kann der Geruch eine wahre Assoziationskette auslösen. Sie erleben die Trägerin als femininer und gefühlvoller, dabei sich selbst gleichzeitig als maskuliner, weil die Wärme und Weichheit der Duftausstrahlung unbewusst Beschützerinstinkte wachruft.

– *Mit was am besten zu kombinieren?*
  Mit Bourbon-Vanille verschmilzt Amber zu einem herrlichen Gourmand-Parfüm. Vanille gibt dem Amber einen Schuss Fröhlichkeit und macht es verspielt-verführerisch.

– *Wann trage ich es am besten (als Frau)?*
  Ab der zweiten Tageshälfte, wenn man sich privater, sinnlicher und attraktiver erleben möchte. Besonders anziehend wirkt Amber im Nacken aufgetragen, das macht die Trägerin betörend urweiblich.

– *Typische Parfüms mit dem Inhaltsstoff Amber:*
  „Ambra" von Etro, „Amber Absolute" von Tom Ford, „Fiore d'Ambra" von Profumum.

- **Riechen macht schnell sprachlos**

Wenn es Ihnen bei der Übung oben nicht ganz leicht gefallen ist, die Duftstoffe zu beschreiben, ist das völlig normal. Das Problem, warum beim Riechen von Parfüms so vieles subjektiv ist, dem persönlichen Eindruck eines jeden überlassen bleibt und einen manchmal einfach sprachlos macht, hat einen besonderen Grund: Wir hatten und haben in unserer Kultur und unserem Sprachraum vielfach noch kein oder zu wenig Interesse, eine eigene Sprachwelt für Gerüche zu entwickeln. Duftbeschreibungen lassen sich kaum vom Begriff für ein einzelnes konkretes Objekt, etwa „Zitrone", ableiten. Parfümeure verwenden vielmehr ein breites Spektrum von Ausdrücken wie animalisch, grün oder orientalisch. Sie stehen für einen Geruch, der aus mehreren Quellen stammen kann. Ehrlich gesagt ist unsere Duftsprache, gemessen an 10.000 Gerüchen, die man unterscheiden könnte, eher trivial.

Tatsächlich gibt es Kulturen, die in ihrer Duftsprache etwas weiter sind als wir. Wie die Maniq, ein Volk von Jägern und Sammlern im Süden Thailands, bei denen Gerüche mit abstrakten Ausdrücken, die sich allerdings nicht für andere Sinneseindrücke eignen, beschrieben werden (Wnuk und Majid 2014). Es hat viele Gründe, warum in unserem Kulturraum geringes Interesse an der Entwicklung einer Sprache der Düfte besteht. Sicherlich liegt es mit daran, dass bereits in der Antike männliche Meinungsmacher die Bedeutung des Geruchs für unser Erleben und unsere Lebensqualität unterschätzten. Dabei wurde der Geruchssinn als niederer, weniger wertvoller Sinn gesehen. So stellte die Forschung deshalb das Thema „Geruch" hinten an. Außerdem kam hinzu, dass Parfüms für die großen Philosophen, die ja alle männlich waren, immer etwas Anrüchiges anhaftete. Die lange an griechischer Philosophie und Kultur ausgerichteten deutschen Gelehrten übernahmen ungemindert Sichtweisen von Platon, Aristoteles und Co.

5.10 Parfümeurinnen: Die Parfümerie verdankt fast alles den Frauen

Lange Zeit blieb die Meinung der Frauen, der Hauptzielgruppe von Parfüms, fast unberücksichtigt. Und das, obwohl die Parfümerie und auch die größten Erfolge in ihrer Geschichte ihnen zu verdanken sind. Denn es ist weitgehend unbekannt, dass die Parfümindustrie seit ihrem Beginn von Frauen gelenkt wurde und auch immer noch wird. So haben zehn weibliche Nasen in den letzten Jahren über 700 weltweite Parfüm-Hits kreiert:

- **Ann Gottlieb** hat 38 sehr erfolgreiche Parfüms kreiert oder mitkreiert, u. a. „CK one".
- **Calice Becker** erschuf über 100 Top-Parfüms, z. B. „DKNY Delicious Ripe Raspberry".
- **Nathalie Feisthauer** kann auf über 45 von ihr geschaffene Parfüm-Hits zurückblicken, darunter „Versace Blonde".
- **Nathalie Lorson** hat über 166 Duftwerke erschaffen, z. B. „Cool Water Deep".
- **Mathilde Laurent** kreierte über 40 Parfüms, wie z. B. „Aqua Allegoria Herba Fresca".
- **Marie Salamagne:** Knapp 50 Parfüms tragen ihre Handschrift, z. B. „Amo Ferragamo".
- **Juliette Karagueuzoglou:** Über 35 Parfüms, z. B. für Coach oder Jimmy Choo, wurden bereits von ihr erschaffen.
- **Honorine Blanc** hat 70 Parfüms kreiert, z. B. „Black Opium".
- **Christine Nagel** gab über 120 Top-Parfüms ihr duftendes Leben, z. B. „Sì" von Giorgio Armani.
- **Sophia Grojsman** hat über 35 Weltparfüms erschaffen, z. B. Trésor von Lancôme.

Auch der Blick zurück in die Parfümgeschichte – wie ich es noch am ersten uns überlieferten Parfümeur und der regelrechten Duftbesessenheit ägyptischer Herrscher zeigen werde – verrät, welchen enormen Einfluss Frauen hatten. So hätte es ohne deren geschickten Einfluss nie die olfaktorische Supermacht Frankreich gegeben. Stattdessen wäre Italien ab dem früheren 16. Jahrhundert zur alleinigen Parfümmacht in der westlichen Welt aufgestiegen. Einer klugen Heirat war es aus französischer Sicht zu verdanken, dass das Epizentrum der Parfümerie von Italien nach Frankreich verlagert wurde. Grund für die Wende war, dass der spätere König Heinrich II. im Jahr 1533 von seinen Eltern mit Katharina von Medici – beide erst 14-jährig – verheiratet wurde. Bis dahin wurde duftender Genuss in Frankreich gern in Form kleiner duftender Beutel, „Coussines" genannt, oder auch z.B. in geformten Lehmflaschen, als „Ölselets" bekannt, angeboten.

Nur Wenige hatten wohl geahnt, was dann geschehen und für die Parfümerie ungeheuerlich lukrative Dimensionen annehmen sollte: Katharina von Medici führte die funktionale Parfümerie in Frankreich ein, die mit der Beduftung von Lederhandschuhen begann. Damit war sie in Mittel- wie in Nordeuropa eine der ersten, die außerhalb Italiens und des iberischen Raums wirtschaftlich auf diese Kunst in Europa setzte – noch bevor die damals gerade geborene Elisabeth I., die England zur Weltmacht führte, sie knapp 30 Jahre später dort auch einführte. Dazu hatte Katharina aus ihrer Heimat Toskana speziell duftende Handschuhe mitgebracht. Das dafür benutzte Parfüm überdeckte den unangenehmen Geruch von gegerbtem Leder viel besser als alles andere, was bisher auf dem Markt war. Um dieses Geheimnis zu bewahren, brachte Katharina ihren eigenen Florentiner Parfümeur Renato Bianco bzw. Rene de Florentin, wie er auch genannt wurde, sowie ihren Handschuhmacher mit nach Frankreich. Ihr persönlicher Parfümeur genoss zudem das Privileg, ein eigenes Geschäft in Paris eröffnen zu dürfen – anders als viele seiner Berufskollegen, die damals noch mit einem Bauchladen ihre Düfte anboten.

Katharinas Handschuhmacher gelang es, mit einem neuartigen Parfüm brillant den anhaltenden Geruch der Gerberei zu verbergen. Das Geschäft von Rene de Florentin entwickelte sich in Paris rasant, auch wenn er und Katharina nicht allein die Kunst der Handschuhparfümierung vorantrieben. So gab es neben der italienischen auch eine spanische Art, Handschuhe zu parfümieren.

Auch kannten einzelne Städte in Italien wie Venedig ihre eigenen Techniken der Lederbeduftung. Paris wurde dennoch zum Zentrum der funktionalen Parfümierung von Handschuhen. Ihre Idealparfümierung geht wahrscheinlich auf den Marquis Muzio Frangipani oder Don Cesare Frangipani zurück, beide Nachkommen einer alten römischen Familie, die während ihres Aufenthalts in Paris ein Parfüm auf der Basis von Bittermandeln entwickelten, mit dem man Handschuhe noch besser parfümieren konnte.

Die Geschichte geht noch weiter. Die bedufteten Handschuhe mussten so gut gerochen haben, dass dadurch Konditoren stimuliert wurden und Cremedesserts mit diesem herrlichen Mandelgeruch kreierten. So entstand wohl die beliebte Frangipani-Creme (frz. „Crème Frangipane") die heute noch als Füllmasse für Backwaren auf Mandelbasis Verwendung findet. Normalerweise wird die Parfümerie durch Trends aus dem Geschmacksstoffbereich, z. B. durch Eiscreme von geeisten Mandeln oder geeistem salzigem Karamell, inspiriert, was dann als Parfüm wie z. B. „Salt Caramel" von Shay & Blue als reiner olfaktorischer Genuss auf den Markt kommt. In diesem Fall jedoch war es umgekehrt.

In der Folge begann man im 16. Jahrhundert auch erfolgreich, andere mit starkem Eigengeruch behaftete Alltagsgegenstände, die schwerer einen Duft annehmen, zu beduften. Im Jahr 1656 wurde in Frankreich die Gesellschaft der Handschuhmacher- und Parfümeurmeister („Maître Gantiers et Parfumeurs") und damit die erste Vereinigung für die funktionale Parfümerie gegründet.

» *Und? Fühlen Sie sich nach diesem Kapitel schon als Parfüm- bzw. Parfümerie-Insider und angehender Duftpsychologe? Ja! Sie sind auf dem Weg dahin, und das folgende Kapitel wird Sie noch einen großen Schritt weiterbringen.*

Zusammenfassung

Wir sind in diesem Kapitel zunächst auf die Psychologie hinter Duftfamilien bzw. von Duftrichtungen eingegangen. In diesem Zusammenhang wurden verschiedene Dufträume für die Positionierung von Parfüms bzw. für das „Duftmapping" mit 4, 8 und 16 Duftrichtungen vorgestellt. Um Beispiele zu geben, wie man im Parfümmarketing Düfte zuordnet, wurden die Dufträume mit Marken- und Produktbeispielen visualisiert.

Ferner wurden Berufsgruppen vorgestellt, die an der Entwicklung und am Launch eines Parfüms auf Industrieseite arbeiten. Wer nicht ein Insider der Industrie ist, mag denken, dass ein Dufterfolg nur einem Parfümeur zu verdanken ist. Das ist sicherlich in einigen Fällen richtig. Meistens arbeiten Parfümeure aber in einem Team, und da kommen z. B. von der Evaluation oder vom Marketing oft wertvolle Anregungen, wie ein neuer Duft kreiert werden soll. In diesem Zusammenhang haben wir die Strategie einer spezifischen Art von Parfüm besprochen – den Flanker. Diese Art von Parfüms nimmt an Markbedeutung zu, und kaum eine Parfümmarke glaubt, auf sie verzichten zu können.

Zum Abschluss des Kapitels sind wir auf die Rolle der Frauen eingegangen, die die Parfümerie zu dem gemacht haben, was sie heute ist. So haben zehn weibliche Nasen in den letzten Jahren über 700 weltweite Parfüm-Hits kreiert.

Literatur

Nazis PS et al (2018) The scent of stress: evidence from the unique fragrance of agarwood. Front Plant Sci 2019; 10:840

Vasiliauskaite VE (2019) Social success of perfumes. PLoS ONE 14(7):e0218664

Wnuk E, Majid A (2014) Revisiting the limits of language: the odor lexicon of Maniq. Cognition 131:125–138

Insiderwissen Parfümindustrie und Handel

Welche Chancen die Parfümindustrie bietet und was man wissen sollte, bevor man ein Parfüm auf den Markt bringt

Inhaltsverzeichnis

6.1 Die Macher der Industrie – 146

6.2 Wie in Industrie und Handel für ein neues Parfüm kalkuliert wird – 148

6.3 Bereiche der Parfümerie: Feinparfümerie, funktionale Parfümerie, Aromatherapie – 154

6.4 Zur Situation des Parfümeriefachhandels – 158

6.5 Sie als Parfümeur/in – 160

Literatur – 162

© Der/die Autor(en), exklusiv lizenziert durch Springer-Verlag GmbH, DE, ein Teil von Springer Nature 2021
J. Mensing, *Schöner RIECHEN*, https://doi.org/10.1007/978-3-662-62726-6_6

Vielleicht haben Sie schon mal daran gedacht, Ihr eigenes Parfüm zu kreieren und auf den Markt zu bringen?

Selbst wenn Sie das nicht vorhaben, bietet dieses wie das nächste Kapitel eine Fundgrube von Erkenntnissen aus der Praxis. Social-Media-Plattformen eröffnen heute innovative Möglichkeiten, sich als Parfüm-Influencer mit einem Parfüm zu vermarkten. Um seinen Duft spannend zu bewerben, kann man viel von den erfolgreichsten Influencern lernen. Wer die Macher in der Parfümindustrie sind, welche Konditionen der Handel für die Listung eines Parfüms erwartet und wie man als Parfümeur mit seinem Duft seine Nische findet, verrät Ihnen zunächst dieses Kapitel.

6.1 Die Macher der Industrie

Erstaunlicherweise ist die Berufsbezeichnung „Parfümeur" gesetzlich nicht geschützt. Hunderttausende bezeichnen sich deshalb so – berechtigt oder nicht. Allerdings gibt es weltweit wohl nur um die 2000 professionell trainierte Parfümeure, die beispielsweise am ISIPCA (Institut supérieur international du parfum, de la cosmétique et de l'aromatique alimentaire), einer berufsbildenden Einrichtung auf dem Campus der Universität Versailles und Mitglied des Hochschulverbandes Université Paris-Seine, studiert haben (▶ https://www.isipca-school.com) oder eine der Schulen bzw. Ausbildungen namhafter Parfümhersteller wie beispielsweise die von Symrise oder die des Schweizer Unternehmens Givaudan – beide zählen zu den weltgrößten Produzenten von Aromen und Duftstoffen – besucht haben. Besonders die Ecole Givaudan in Paris gilt als eine der anspruchsvollsten Parfümerieschulen. Von Hunderten Bewerbern werden jedes Jahr nur ganz wenige für die vierjährige Ausbildung ausgewählt (▶ www.givaudan.com/fragrances/perfumery-school).

- **Die Ausbildung zum Parfümeur**

Der Beginn jeder Ausbildung zum Parfümeur wird oft mit Schreibenlernen verglichen. In den ersten Monaten müssen die angehenden Parfümeure etwa 500 Rohstoffe wie ein Alphabet erlernen, in der Regel 150 natürliche und 350 synthetische Stoffe. Sie kennen dann die chemische Zusammensetzung der Rohstoffe, und die angehenden Nasen können dann mit eigenen Worten und Bildern beschreiben, wie und was sie riechen. Im selben Schritt lernen sie auch Rohstoffe zu mischen, erst zwei, dann drei, vier und mehr, bis man es zu einer ganzen Rezep-

6.1 · Die Macher der Industrie

tur, sprich Parfüm, schafft, das gut zwischen 30 bis 60, aber auch wie „L'Air du Temps" 120 Inhaltsstoffe enthalten kann. Parallel lernt man, welche Duftvorlieben bestimmte Märkte haben und wie Duftklassiker, aber auch Parfümneuheiten parfümistisch aufgebaut sind. Teil der Ausbildung ist auch die Chromatographie (Verfahren zur chemischen Auftrennung von Stoffgemischen) zur Analyse und Herstellung von Düften mit ihrer Qualitätskontrolle.

Details zur Ausbildung zum Parfümeuer nennt auch der Deutsche Verband der Riechstoff-Hersteller e.V. (DVHR, ▶ http://duftstoffverband.de). Der DVRH ist Mitglied der International Fragrance Association (IFRA, ▶ http://www.ifraorg.org/), die eine wahre Fundgrube für Parfümliebhaber ist. Auch die IFRA bietet Ausbildungsplätze an. Daneben gibt es weitere Verbände, die Informationen zur Ausbildung geben, wie Cosmetics Europe – The Personal Care Association (▶ https://www.cosmeticseurope.eu/) und die International Association of the Soap, Detergent and Maintenance Product Industries (AISE, ▶ https://www.aise.eu/).

Neben Symrise und Givaudan bieten noch eine ganze Reihe von anderen Firmen (Parfüm- bzw. Riechstoffhersteller) eine qualitativ hochwertige Ausbildung zum Parfümeur an. Hier nur einige: Firmenich, IFF, Mane, Bell Flavors & Fragrances, Robertet Group und Takasago.

- **Parfümhersteller**

Professionell trainierte Parfümeure arbeiten überwiegend in Paris, Grasse, New York oder Genf für einen der folgenden Duftlieferanten, die auch als Dufthaus oder besser als Riechstoffhersteller oder Parfümhersteller, aber auch als Aromastoffhersteller bezeichnet werden. Sie sind kurz gesagt die Hersteller von Duft- und Nahrungszusatzstoffen.

Die „Big 4" aus dieser Gruppe vereinigen einen schon fast oligopolistischen Weltmarktumsatzanteil von nicht weniger als 70 % (2019) auf sich. Es sind die Firmen **Givaudan (25 %), IFF (18 %), Firmenich (15 %) und Symrise (12 %)**. Zusammen mit weiteren fünf Riechstoffhersteller liegen sogar rund 80 % der weltweiten Parfümherstellung in deren Händen. Bei ihnen sind fast alle Top-Parfümeure der Welt beschäftigt. Dabei handelt es sich um international operierende Firmen, die hauptsächlich von ihren Niederlassungen in Paris, Genf sowie New York aus die Duftwelt dominieren. Ihr Marktanteil wächst stetig. Leffingwell & Associates, ein Serviceunternehmen für die Industrie, bietet dazu ein Ranking mit jährlichen Updates an (▶ www.leffingwell.com).

Diese Gruppe von Parfümherstellern beeinflusst wesentlich aktuelle Dufttrends. In ihren großen Forschungseinrichtungen wird unermüdlich nach neuen Inhaltsstoffen, Techniken und Verfahren für die Parfümherstellung gesucht. Oft gehören kleinere Dufthersteller zu ihren Kunden und kaufen von ihnen Inhaltsstoffe, die sie für diesen Preis und in dieser Qualität nicht selbst herstellen können.

Mit ihrer Marktdominanz regulieren die „Big 4" vielfach auch den Zugang zu den für die Parfümherstellung benötigten Rohstoffen und entscheiden so direkt oder indirekt über den Preis der Inhaltsstoffe. Ganze Anbaugebiete für bestimmte Rosensorten arbeiten exklusiv für sie. Die auf etwa 30 Inhaltsstoffen basierenden Parfümkreationen werden dann als Parfümöl Mode- und Lifestyle-Marken wie Hugo Boss oder Duftlizenznehmern zum Kauf angeboten.

Der Preis für 1 kg Parfümöl für einen Premiumduft beginnt um die 100 Euro und kann sogar 300 Euro und mehr erreichen.

Meistens sind es unabhängige Abfüllunternehmen, die für die Duftherstellung das Parfümöl in Alkohol mit etwas Wasser in der gewünschten Konzentration ansetzen, es in Flakons füllen, verpacken und cellophanieren. Danach steht das fertige Parfüm in Umkartons im Lager zur Abholung bereit.

6.2 Wie in Industrie und Handel für ein neues Parfüm kalkuliert wird

Typischerweise entwickeln die meisten im internationalen Markt agierenden Markenparfümhersteller für die Lancierung eines neuen Duftes eine Launch- und Marktstrategie mit verschiedenen Businessplanszenarien. Diese enthalten einen sog. „Worst-Case- und Breakeven-Plan", aber auch verschiedene Kalkulationen, wie sich ein Parfüm, meistens auf drei Jahre hochgerechnet, in einem Markt entwickeln könnte.

Selbst wenn bei einer Parfümentwicklung zunächst die Leidenschaft für einen bestimmten Duft im Vordergrund stehen mag, kommt doch irgendwann der Moment, an dem gerechnet und für verschiedene Marktsituationen geplant werden muss. Parfüm und Parfümerie sind ein sehr strategisches Gewerbe, eine Tatsachen, die von Außenseitern und Neulingen in dieser Branche – insbesondere Celebrities, die ihren eigenen Duft auf den Markt bringen wollen – oft unterschätzt wird. Andererseits kommt es ohne Leidenschaft für Parfüms und für diese Branche nur zu Zufallserfolgen. Aber auch wer schon einmal Erfolg hatte, wird lernen, dass dieselbe Strategie sehr wahrscheinlich nicht ein zweites Mal funktionieren wird.

Mit zur ersten Phase einer Parfümneuentwicklung gehören die Erstellung eines Konzepts mit Positionierung sowie ein Gewinn- und Verlust-Plan (P&L – Profit-und-Loss-Plan), dem u. a. Verwaltungs-, Marketing- und sonstige Kosten wie auch die einzelnen Produktkosten (COGs – Cost of Goods), also die Herstellungskosten für das Parfüm selbst, zugrunde liegen.

Zu den Herstellungskosten zählen einzelne Teile des Parfüms wie der Preis für Duftöl, Pumpe, Kappe, Flakon, Dekoration und Verpackung sowie alle anfallenden Kosten von der Abfüllung bis zum fertigen, umverpackten Parfüm, das zur Abholung im Lager bereitsteht. Die richtige Kalkulation der Herstellungskosten eines Parfüms, das aus zahlreichen Einzelteilen besteht und verschiedene Lieferanten beschäftigt, ist zeitaufwendig, verlangt Erfahrung und auch Fingerspitzengefühl – wobei die Suche nach passenden Lieferanten besonders kompliziert ist. Sie müssen oft für ein Projekt mit zunächst kleineren Mengen an geplanten Parfümstückzahlen motiviert werden.

Der Erstauftrag für das Duftöl von „Cool Water", dem Eau-de-Toilette-Klassiker, bestand aus gerade einmal 300 kg. Takasago, das Dufthaus, für das damals der Parfümeur und „Cool Water"-Kreateur Pierre Bourdon arbeitete, war sich sogar nicht sicher, ob sein Kunde, der Markenparfümhersteller Lancaster/Coty, überhaupt das Potenzial zur Vermarktung des Parfüms besaß. Ohne die Intervention von Pierre Bourdon und die Bitten der Lancaster-Marketingverantwortlichen wäre der Duft „Cool Water" wohl an einen anderen Hersteller gegangen.

Auch andere Lieferanten erwarten größere Aufträge. So rechnen z. B. Flakon-, also Glas-, sowie Pumpen- und Kappenlieferanten gern mit einem Auftrag in einer Größenordnung von 30.000 bis 50.000 Stück aufwärts. Motivation braucht es auch bei der Vereinbarung der Lieferzeiten für Bestellungen und Nachbestellungen sowie für die zeitlich punktgenaue Anlieferung des Parfüms beim Abfüller, einer häufig unabhängigen Firma. Dabei wird das Duftöl schon früher angeliefert, weil es beispielsweise für die Abfüllung eines Eau de Parfum erst noch angesetzt werden muss. Verhandlungsgeschick wird aber auch benötigt, weil nicht nur viele Zulieferfirmen bestimmte Mindestabnahmemengen vorschreiben, es müssen auch größere Mengen auf Vorrat gekauft werden, um einen guten Preis zu erzielen. Dadurch entstehen oft zusätzliche Lagerkosten, die ebenfalls in die Kalkulation einfließen.

- **Servicepartner**

Zu Beginn einer neuen Parfümentwicklung steht man als Markenparfümhersteller auch vor der Entscheidung, ob man sich einen eigenen neuen Flakon leisten will oder auf eine bereits existierende Standardflasche zurückgreift. Entscheidet man sich für einen eigenen neuen Flakon, fallen nicht nur Design-, sondern auch Werkzeugkosten für die Glasherstellung an. Die Werkzeugkosten können schnell einen fünfstelligen Betrag erreichen, werden vom Glashersteller zusätzlich zum Flakonstückpreis berechnet und fließen in den Herstellungspreis mit ein.

Wer Zeit und Kosten sparen will, entscheidet sich für eine Standardflasche, die z. B. durch Farb- und andere Oberflächenbehandlungen individuell dem neuen Parfüm angepasst werden kann. Hierfür haben Flakonhersteller wie Heinz Glas im bayrischen Tettau, Verescence in Frankreich, Bormioli Luigi in Italien oder Stoelzle Glas in Österreich eigene Kataloge. Diese Flakonhersteller bieten wie Coverpla in Frankreich auch ein komplettes Servicepaket an, zu dem auch die Beschaffung von Parfümpumpen sowie Kappen gehört. Vielfach arbeitet man eng mit Verpackungsherstellern wie Edelman und Lohnabfüllern für Parfüms zusammen, sodass die einzelnen Entwicklungsschritte für den Auftraggeber effizient koordiniert werden können.

- **Messen für Entwicklung und Handel**

Eine der besten Messen in Europa für den Aufbau eines eigenen Lieferantennetzwerks für die Parfümherstellung ist die alljährlich im Herbst stattfindende Luxe Pack Monaco. Sie hat sich zum Ziel gesetzt, schwerpunktmäßig für die Parfüm- und Kosmetikindustrie Produzenten von Verpackungen und Verpackungsmaterialien aus der ganzen Welt unter einem Dach zusammenzubringen. Die Messe findet in der Regel parallel zur TFWA Cannes statt, einer auf Duty-free und Travel Retail spezialisierten Fachmesse. Sie zieht die Händler aus aller Welt an, die nach neuen Parfüm- und Kosmetikprodukten für ihre Märkte suchen. Was man als Parfüm gerade entwickelt, kann man also auch schon gleich zum internationalen Verkauf anbieten. Wem es als Markenparfümhersteller zeitlich zu knapp ist, Händlern in derselben Woche seine Produkte vorzustellen, dem seien die Exsence in Mailand und die Pitti Fraganze in Florenz empfohlen. Beide Messen ziehen vor allem Händler an, die am Vertrieb neuer Nischenparfüms Interesse haben.

- **Herstellungskosten**

Wie kalkulieren nun Industrie und Handel? Die reinen Herstellungskosten eines Parfüms großer Markenparfümhersteller liegen bei 8 bis 15 % des Verkaufspreises an den Endverbraucher bzw. werden entsprechend geplant. Kostet also ein Parfüm im Laden 100 Euro, sollten seine gesamten Herstellungskosten je nach Ausführung nicht 8 bis 15 Euro überschreiten. Mehr dürfen die Herstellungskosten für ein Parfüm auch nicht ausmachen, da weitere Kosten für Marketing, Promotion, Vertrieb und andere Bereiche anfallen.

Hat man die reinen Herstellungskosten ermittelt, weiß man umkehrt auch, was der Mindestverkaufspreis eines Parfüms an den Endverbraucher sein müsste, und kann die zu verkaufende Menge an Parfüms kalkulieren, um weitere Kosten nicht nur zu decken, sondern einen Gewinn zu erwirtschaften. Dafür muss man als Markenparfümhersteller aber wissen, wie der Parfümeriehandel, z. B. die stationäre, inhabergeführte Parfümerie, kalkuliert und was an zusätzlicher Marketing- und Promotion-Unterstützung erwartet wird.

Die meisten Markenparfümhersteller wie etwa COTY sind dabei in einer Mittelposition zwischen Zulieferfirmen und Handelspartnern. COTY hat seine Lieferanten wie die Dufthäuser bzw. Parfümhersteller oder Glashersteller, um seine Produkte entwickeln zu können, und liefert dann seine fertigen Parfüms an den Parfümeriehandel, also an die Parfümerien, die Endverbraucher beraten sowie Duft- und Kosmetikprodukte verkaufen.

Ändern sich die Einkaufspreise der Lieferanten oder will der Handel mehr Unterstützung für den Launch eines neuen Parfüms, kann einem Markenparfümhersteller schnell die ganze Budgetkalkulation aus dem Ruder laufen. Sicherlich gibt es einen zunehmenden Trend, dass Markenparfümhersteller ihre Duftprodukte direkt an Endverbraucher verkaufen, beispielsweise über eigene Online-Shops. Auch unterhalten einige Hersteller eigene stationäre Parfümeriegeschäfte. Ein Beispiel dafür ist Estée Lauder mit seiner Parfümmarke Jo Malone, die in eigenen Boutiquen angeboten wird.

- **Distributionspartner**

In der Regel findet der Parfümverkauf in Deutschland durch unabhängige Händler wie Douglas, Müller, dm, Rossmann oder Warenhäuser statt. Aber auch die traditionelle inhabergeführte Parfümerie spielt in Deutschland, Österreich und der Schweiz sowie in Italien nach wie vor eine große Rolle. Es gibt also unterschiedliche Distributionskanäle, über die ein Parfüm vermarktet werden kann – vorausgesetzt, ein Parfüm soll nicht nur über inhabergeführte Parfümerien bzw. deren einzelne Geschäfte/Türen angeboten werden. Viele inhabergeführte Parfümerien wie Wiedemann, Stephan, Cebulla, Becker, Pieper, Albrecht oder Schuback, die in Deutschland zusammen über etwa 2000 Türen verfügen, sind in Einkaufsgemeinschaften zusammengeschlossen. Die größte deutsche Gemeinschaft dieser Art ist die Beauty Alliance (YBPN) in Bielefeld mit 1100 Türen und 242 Mitgliedern (2020), gefolgt von der Wir-für-Sie-Gruppe in Mülheim-Kärlich.

Jede inhabergeführte Parfümerie, auch wenn sie zu einer Einkaufsgemeinschaft gehört, hat ihre eigenen Erwartungen und Erfahrungen für die erfolgreiche Lancierung eines neuen Parfüms. Auch wenn eine Einkaufsgemeinschaft für ihre Mitglieder gewisse Konditionen einheitlich vorgibt, müssen Markenparfümhersteller und Distributor mit den inhabergeführten Parfümerien einzeln verhandeln. Das gilt auch für die Nobilis Group in Wiesbaden, Deutschlands größten Parfümgroßhändler, der Parfümmarken verschiedener Hersteller anbietet. Nur große Gruppen wie Douglas oder Müller verfügen über einen Zentraleinkauf.

Die Parfümerielandschaft hierzulande erinnert etwas an das Heilige Römische Reich im 17. Jahrhundert, damals ein Flickenteppich aus 300 deutschen Staaten. Wer sich z. B. als Händler von Köln nach Königsberg aufmachte, musste noch im 19. Jahrhundert 80 Zollstationen passieren. Die etwa 2000 inhabergeführten Parfümeriegeschäfte, die leider immer weniger werden und zunehmend aus Altersgründen von großen Gruppen aufgekauft werden, haben viel zur Bereicherung der Parfümwelt beigetragen. Dazu gehört beispielsweise die Verbreitung von Nischenparfüms. Auch bieten sie kleineren Markenparfümherstellern eine Chance, mit ihren Düften auf den Markt zu kommen. Der Bundesverband Parfümerien e.V., Fachverband des Einzelhandels mit Parfüms und Kosmetik, unterstützt das zusätzlich.

Anlässlich der jährlichen, meist im Frühjahr stattfindenden Parfümerietagung öffnet eine Parfüm-Nischenmesse in Düsseldorf ihre Tore. Der Fokus liegt auf innovativen Parfümneuheiten. Eine Gruppe von inhabergeführten Parfümerien, die sich unter dem Namen „first in beauty" zusammengeschlossen haben, bietet oft als erste einem neuen Parfüm kleinerer Markenhersteller eine Chance, auf den Markt zu kommen.

6.2 · Wie in Industrie und Handel für ein neues Parfüm kalkuliert wird

- **Konditionen, Boni, Rabatte, Werbekostenzuschüsse …**

Mit welchen Konditionen kalkulieren nun eine inhabergeführte Parfümerie, eine international tätige Parfümerie-Filialkette wie Douglas und ein Großhändler, sprich Distributor, wie die Nobilis Group, wenn ein Markenparfümhersteller seine Produkte über sie vertreiben möchte? Einer inhabergeführten Parfümerie und einer Parfümerie-Filialkette mit Kundenberatung wird für die Listung der Produkte oft eine 40-prozentige Marge angeboten. In Deutschland entspricht das bei 19 % Mehrwertsteuer einem Faktor von 1,99, durch den der Verkaufspreis (VK) an Endverbraucher geteilt wird. Kostet also ein Premiumparfüm im Laden 149,00 Euro, kauft es die Parfümerie vom Hersteller für 74,87 Euro ein. Um diese Marge für den Händler attraktiv zu gestalten, wird oft seitens der Industrie ein am Einkaufswert (EK) umsatzorientierter Jahresbonus angeboten. Händler wie Douglas und große, in einem Gebiet bekannte Parfümerien erwarten dann bis zu 25 % Bonus vom Jahresumsatz ohne Mehrwertsteuer, den der Hersteller durch den Händler erzielt hat. Vielfach, vor allem bei kleineren Parfümerien, wird erst ab einem Mindestumsatz ein Bonus ausbezahlt.

Eine typische Bonusstaffel beginnt bei einem Jahresumsatz von 7500 Euro und wird mit 3 oder 5 % Bonus vergütet. Einige Parfümerien wie die der Beauty Alliance (YBPN) erwarten auch einen Rechnungsrabatt auf den Auftragswert. Der kann neben den in Deutschland üblichen 3 % Skonto bis zu 10 % ausmachen. In den sog. Jahresgesprächen zwischen Händler und Hersteller wird das gesamte Konditionspaket jeweils neu festgelegt. Dabei spielt es eine Rolle, ob ein Parfüm neu lanciert wird oder sich schon im Markt befindet. Nicht unüblich sind folgende Konditionsabsprachen:

- *Zahlungsziel:* 14 Tage 2 % Skonto, 28 Tage netto
- *Rechnungsrabatt:* 5 bis 10 % vom Auftragswert
- *Testmuster/freie Proben („Vial on card"):* 5 bis 15 % vom Auftragswert
- *Dekorationen:* Zweimal jährlich pro Parfümeriegeschäft/Tür mit Abrechnungsrate je nach Schaufenstergröße zwischen 70 und 120 Euro
- *Werbekostenzuschuss* (WKZ) z. B. für Mailings oder Anzeigen: 10 % vom Umsatz mit dem Händler
- *Marge:* 40 %
- *Bonus:* 20 % auf den erzielten EK-Umsatz
- *Mindestbestellwert:* 400 Euro pro Auftrag

Wer es sich als Markenparfümhersteller leisten kann – auch, um sich gegenüber Mitbewerbern attraktiver zu positionieren – offeriert dem Handel eine 50-prozentige Marge. Selbst diese wird im Vergleich zu anderen Sparten wie beispielsweise Mode oder Accessoires noch nicht als übermäßig hoch angesehen. Deshalb bieten stationäre Parfümerien gern noch modische Artikel und Haarschmuck an. Hier wird oft mit einer Marge von 100 % und mehr gerechnet. Inklusive Mehrwertsteuer kommt man in Deutschland bei einer 50-prozentigen Marge auf einen Faktor von 2,38.

Großhändler, sprich Distributoren, kalkulieren mit einer noch größeren Marge. Ihre Kunden sind die einzelnen Parfümerien in einer Region bzw. verschiedener Länder, mit denen sie jeweils Konditionsabsprachen treffen und dann für die Produkte eines Markenparfümherstellers Logistik, Versand und Rechnungsstellung übernehmen. Sie führen für die Marke und Produkte eines Herstellers noch verschiedene andere Leistungen aus. Dazu zählen beispielsweise PR und Influencer-Marketing sowie die Entwicklung von Werbe- und Promotion-Materialien. Außerdem verfügen die Großhändler über eine eigene Verkaufsmannschaft, die Einsätze und Trainings in einzelnen Parfümeriegeschäften/Türen durchführen kann.

In der Regel garantiert ein Distributor dem Hersteller einen jährlichen Mindestumsatz. Die Produkte holt er direkt vom Hersteller bzw. dessen Firma ab, übernimmt die Transportkosten und hält sie im eigenen Lager zum Weiterverkauf an Parfümerien bereit. Für diesen Service ist ein Faktor 5 vom VK-Preis nicht unüblich.

Der Parfümhandel und seine Industrie agieren äußerst strategisch, denn der Erfolg eines Parfüms hängt auch von der Entscheidung für den richtigen Distributionskanal, -partner und dessen Konditionen ab. Gerade bei Parfümneueinführungen erwartet der Handel im ersten Jahr noch zusätzliche Investitionen, ein sog. Overinvestment. Das kann schnell zu einer von neuen Markenparfümherstellern unterschätzten Kostendynamik führen. Hier ein Beispiel für einige der anfallenden Kosten:

Wenn der Verkaufspreis an Endverbraucher (VK) mit Mehrwertsteuer in Deutschland für ein Premium-Parfüm 149 Euro beträgt, kauft es die stationäre Parfümerie mit einer 50er-Marge, also für einen EK von 62,61 Euro (Faktor 2,38), von einem Markenparfümhersteller ein. Die Parfümmarke kalkuliert selbst mit 10 % Herstellungskosten, also in unserem Beispiel mit 14,90 Euro vom VK (149 Euro) für das fertige, abgefüllte und im Lager zur Abholung bereitgestellte Parfüm. In diesem Preis sind dann z. B. auch die Kosten des Parfümöls des Duftlieferanten enthalten sowie die Kosten für den Flakon mit Verpackung. Einmalige Extrakosten wie Werkzeuge für die Flakonentwicklung sind in der Regel auch mit einberechnet. In unserem Fall bleiben der Parfümmarke 47,71 Euro (62,61 Euro minus 14,90 Euro) pro Parfüm, um weitere Kosten für PR, Anzeigen, Verwaltung, Marketing und Promotion-Materialien wie freie Proben und Tester zu begleichen.

Parfümerien erwarten von einer Parfümmarke bei einer Neulancierung etwa 12 bis 15 % an freien Proben vom EK-Wert. Diese werden mit dem Erstauftrag und dann mit jeder Bestellung bzw. jedem Auftrag frei geliefert. Ist das Parfüm im Markt eingeführt, werden sicherlich die freien Proben reduziert. Pro Bestellung werden in der Regel um die 5 % vom EK-Wert an freien Proben mitgeliefert. Eine Parfümerie hat auch immer die Möglichkeit, zu einem Vorzugspreis (meist handelt es sich um den Selbstkostenpreis plus Bearbeitungsgebühr) zusätzliche Proben und Tester von der Parfümmarke zu kaufen. In Deutschland erwarten die Parfümerien ein Zahlungsziel von 28 Tagen mit 3 % Skonto. Vielfach fordern große Händler wie Douglas jedoch ein Zahlungsziel von 90 Tagen, was auf den Cashflow eines Herstellers drückt.

Große Parfümerien erwarten vielfach Rabatte auf jeden Auftrag, die oft bei 10 % liegen plus Erfolgsbonus am Ende des Geschäftsjahres. Der vom Händler verlangte Bonus kann bis zu 25 % vom EK-Preis nach Abzug des Rabatts betragen. Mit anderen Worten: Vom EK-Preis unseres Beispiels in Höhe von 62,61 Euro gehen dann bei einem Rechnungsrabatt von 10 % und 25-prozentigem Bonus insgesamt 32,5 % ab. Zusammen mit den 10 % Herstellungskosten macht das insgesamt über 40 % weitere Kosten aus. Noch nicht mitgerechnet sind Werbekostenzuschüsse (WKZ), z. B. für Anzeigen.

Einige Einkaufgemeinschaften wie die Beauty Alliance schließen für eine Parfümlancierung mit dem Hersteller Marketingvereinbarungen ab. Sie legen fest, dass für einen am Umsatzziel orientierten Betrag Anzeigen in eigenen Kundenmagazinen und Online-Portalen geschaltet werden müssen. Ferner muss vom Hersteller ein Grundbonus (in der Regel 2 bis 3 % vom Jahresumsatz), oft verbunden mit einem Steigerungsbonus für Serviceleistungen der Einkaufsgemeinschaft, entrichtet werden.

Schaufensterdekorationen werden überwiegend von einem Parfümeriegeschäft selbst entschieden und durch unabhängige Dekorateure, die dem Hersteller ihren Service in Rechnung stellen, durchgeführt. Die meisten Parfümerien wollen ihre Geschäfte mindestens zweimal im Jahr mit der Marke dekorieren und natürlich großflächig mit dem Launch eines neuen Parfüms. Für

6.2 · Wie in Industrie und Handel für ein neues Parfüm kalkuliert wird

Dekorationsmaterialien wie Schaustücke, Poster, also Window-Panels, die das Parfüm zeigen, können zusätzlich mit 40 bis 60 Euro veranschlagt werden. Bei beispielsweise 300 Parfümerietüren, in denen ein Parfüm lanciert wird, summiert sich das zu einem substanziellen Betrag. Einer Parfümmarke bleibt vom EK-Preis nicht viel zum Begleichen eigener, interner Kosten, geschweige denn zum Erwirtschaften eines Gewinns. Als Faustregel gilt deshalb, dass in den ersten ein bis zwei Jahren nach einem Parfüm-Launch nicht an eine schwarze Null zu denken ist.

Parfümmarken kalkulieren entsprechend den genannten Kosten oben, wie viele Parfüms sie an den Handel verkaufen müssen, damit in der Planung zumindest eine schwarze Null erreicht wird. Um die Kosten für ein neues Parfüm zu rechtfertigen, erwarten große Parfümmarken deshalb eine Mindeststückabnahme, wenn eine Parfümerie dieses neue Parfüm führen will. Typisch für eine Erstabnahme bzw. den Erstauftrag sind bei kleineren Parfümerien sechs und bei größeren Verkaufsstellen zwölf Parfüms und aufwärts in einer Größe, beispielsweise 50 ml.

- **Zahl der Verkaufsstellen bzw. der Türen**

Ein exklusives Premium-Parfüm wird in Deutschland in etwa 500 bis 1000 Parfümeriegeschäften geführt. Handelt es sich um ein exklusives Nischenparfüm, liegt die Distribution zu Beginn sogar unter 200, ja manchmal gerade bei 50 Verkaufsstellen im ersten Jahr. Es ist deshalb fast unmöglich, dass ein neulanciertes Nischenparfüm in den ersten Jahren die Betriebskosten des Markenparfümherstellers deckt. Nach meiner Erfahrung braucht es neben Glück, dem richtigen Händchen, guter Verhandlung und natürlich einem innovativen Parfümkonzept mit entsprechendem Duft einen sechsstelligen Betrag im mittleren Bereich, um sich im Markt professionell positionieren zu können. Sicher kann man wie einst Estée Lauder aus dem Rucksack heraus ein Parfüm- und Kosmetikimperium aufbauen.

Dafür braucht es aber Freunde, Gönner und Wohltäter, die als Business-Angels hinter einer neuen Marke stehen – und die es auch tatsächlich in unserer faszinierenden Branche gibt.

Speziell Deutschland ist ein interessanter Markt für ein neues Parfüm, wenn auch nicht ohne Risiko. Über alle Vertriebskanäle – vom Massenmarkt- bis zum Premium-Parfüm – werden etwa jährlich 2,2 Mrd. Euro für Düfte ausgeben. Auf den ersten Blick sieht das sehr gut aus, doch muss man bedenken, dass dabei jedes Jahr rund 2000 neue Parfüms ums Überleben kämpfen. Nur bis zu 5 % schaffen es ins nächste Jahr. Ein Großteil der neuen Düfte spielt deshalb, wie *markt intern*, das Brancheninformationsblatt für die Parfümerie und Kosmetik, berichtet, nicht einmal die Lancierungskosten ein. Diese 95 % der neuen Düfte werden zwar nicht gleich vom Markt genommen, aber es wird nicht mehr in sie investiert, sie werden kaum noch gezeigt und deshalb auch nicht mehr vom Handel nachbestellt. Sie haben den Krieg der Düfte verloren und geistern quasi als Parfümzombies willenlos umher. Das Parfümgeschäft unterliegt eben einem grausamen Überlebenskampf.

Das heißt allerdings nicht, dass jene Düfte, die den Kampf verlieren, schlecht sind – eher ist sogar oft das Gegenteil der Fall. Sie sind einzigartig, finden aber im Dschungel der Düfte nicht zu ihren Nasen. Es ist also verständlich, dass sich in den Reihen der meisten Parfümmarken – wie etwa COTY – allein schon aus Kostengründen keine eigenen Parfümeure finden und sie sich auch keine Abteilung leisten, in der Parfüms von Grund auf kreiert werden. Sie briefen vielmehr – wie beispielsweise für ihre Marken Jil Sander und Chopard – meist drei der oben genannten Duftlieferanten und lassen sich von ihnen Parfümvorschläge unterbreiten. Die Marketingabteilungen Jil Sander und Chopard, um am Beispiel zu bleiben, bitten dann meist um einige Überarbeitungen der vorgeschlagenen Duftkandidaten. Immerhin muss der finale Duft dem Lizenzgeber der Marke gefallen, zum Image, aber auch ins Portfolio bisheriger Parfüms passen. Denn den sich bereits gut verkaufenden Parfüms der eigenen Marken will man schließlich keine interne Konkurrenz machen.

- **In-House-Parfümeure**

Natürlich gibt es auch Marken, die sich bewusst den Luxus eines eigenen Parfümeurs – manchmal sogar mehrerer – leisten. Oft handelt es sich dabei um die Stars der Branche, die sich mit verschiedenen Parfümkreationen einen Namen gemacht haben. Dazu zählt Thierry Wasser, der 2008 zum In-House-Parfümeur von Guerlain ernannt wurde. Er hatte sich u. a mit „Hypnose" von Lancôme einen Namen gemacht und kreierte für Guerlain den Duft „La Petite Robe Noire". 2019 schafft es Olivier Polge, die Nase bei Chanel zu werden. Seine Erfahrungen mit Parfüm hat er poetisch in dem Youtube-Video „I Am A Nose" dokumentiert.

Wer als In-House-Parfümeur bei einer großen Marke wie Chanel, Dior, Guerlain, Hermès oder L'Oreal beschäftigt wird, hat das große Los gezogen.

Bei Chanel liegt der Arbeitsplatz in Grasse, mit regelmäßigen Besuchen in der Pariser Firmenzentrale in Paris. Zum Aufgabenbereich gehört auch das Management der etwa 50 bereits vorhandenen Chanel-Parfüms. Jedes zweite Jahr werden der Kollektion ein neues Parfüm oder einige Zusatzprodukte hinzugefügt. Natürlich steigert es auch das Image des Parfümeurs, dass weltweit alle 30 Sekunden der Duft „Chanel No 5" verkauft wird.

Im Jahr 1910 gründete die Modedesignerin Coco Chanel (1883–1971) das Modeimperium Chanel. 1921 brachte sie das Parfüm „Chanel No 5" auf den Markt. Heute (2020) ist das Unternehmen Chanel S.A.S. im Besitz der Brüder Alain und Gérard Wertheimer. Sie sind die Enkel von Pierre Wertheimer, einem einstigen Geschäftspartner von Coco Chanel. Jeder der beiden Brüder Wertheimer verfügt laut dem amerikanischen *Forbes Magazine* über ein Privatvermögen von 12,7 Mrd. US-Dollar (Stand November 2017). Sie zählen damit zu den reichsten Menschen Frankreichs.

Der In-House-Parfümeur der Marke Guerlain hat seinen Arbeitsplatz in Paris. Guerlain ist eines der ältesten Parfümhäuser der Welt. Von 1828 bis 1994 lag die Leitung des Unternehmens in den Händen der gleichnamigen Familie. Danach wurde es an die LVMH-Gruppe (Moet Hennessy – Louis Vuitton SE), den größten Luxuskonzern der Welt, verkauft. Besitzer ist der Franzose Bernard Arnault. In der vom Wirtschaftsjournal *Forbes Magazine* veröffentlichten Liste der reichsten Menschen der Welt wird sein Vermögen mit ca. 76 Mrd. US-Dollar angegeben, womit er Platz 4 belegt. Der Umsatz des Firmenimperiums mit rund 135.000 Mitarbeitern liegt jährlich bei um die 50 Mrd. US-Dollar (2019). Da das Unternehmen die Rechte an über 70 verschiedenen Marken hält, ist sein In-House-Parfümeur im Allgemeinen auch für die Düfte von Christian Dior, Givenchy, Acqua di Parma, Kenzo und Fendi mitverantwortlich.

6.3 Bereiche der Parfümerie: Feinparfümerie, funktionale Parfümerie, Aromatherapie

Das Spektrum der Parfümerie umfasst drei große Anwendungsbereiche. Dabei entfallen auf die Feinparfümerie ca. 21 % aller verkauften Duftprodukte. Dazu gehören Parfums, Eau de Parfums und Eau de Toilettes.

Klassischer Anspruch der **Feinparfümerie** ist die Kreation eines Parfüms für den persönlichen Duftgenuss eines Trägers, aber auch für seine positive Wirkung auf sein soziales Umfeld. Man könnte meinen, dass Feinparfümerie ein olfaktorisches „L'art pour l'art" ist und nur sich selbst genügen kann. Dem ist allerdings nicht so. Feinparfümerie ist strategische Parfümkreation, die verschiedenen Individualitäten, Selbstansprüchen und Marktmentalitäten gerecht werden muss, um erfolgreich zu sein. Parfümeure müssen deshalb nicht nur die viel gerühmten Nasen sein, sondern sie müssen auch über ein hohes Maß an emotionaler und sozialer Intelligenz kombiniert mit Ideenreichtum, Fantasie sowie fundiertem Parfümerie-, Trend-, Verbraucher- und Marktwissen verfügen – und das sogar für verschiedene Duftmärkte, falls ein Parfümeur international arbeiten will.

Sicherlich werden die meisten Parfüms geschaffen, um Persönlichkeit und damit Individualität eines Trägers zu unterstreichen. In der Feinparfümerie spielen aber auch Erlebenswünsche und Stimmungen eine Rolle, die der Träger ausleben möchte. Psychologen sprechen in diesem Zusammenhang vom Idealselbst – eben wie man sich selbst erleben möchte. Auch dem muss der Parfümeur Rechnung tragen. Das ist besonders bei der zunehmenden Zahl von Parfüms für große und kleine Berühmtheiten der Fall. Die Fans der Celebrities möchten sich ihren Stars näher fühlen. Damit dies olfaktorisch gelingt, müssen Parfümeure über ein detailliertes Briefing verfügen, wie die jeweilige Berühmtheit gesehen und erlebt wird. Sie müssen sich also regelrecht in eine andere Person einfühlen können, um sie olfaktorisch attraktiv für sich und die Fans zu beschreiben. Das setzt wiederum die Kenntnis voraus, was vor allem die Fans als Zielgruppe selbst als Parfüm attraktiv finden. Denn das neue Celebrity-Parfüm soll ja ein Hit auf dem Markt werden.

Von einem Parfümeur wird deshalb viel reziprokes Einfühlen, aber auch strategisches Arbeiten erwartet, um unterschiedlichen olfaktorischen Ansprüchen gerecht zu werden. Dabei muss der Parfümeur zusätzlich Dufttrends und typische Duftvorlieben einzelner Märkte berücksichtigen, in denen das Parfüm lanciert werden soll.

Die größte Herausforderung für die Feinparfümerie besteht allerdings darin, einen Duft zu kreieren, der gleichzeitig in den verschiedensten Ländern ankommt. Das wird zunehmend schwieriger. Innerhalb weniger Jahre hat sich der Markt grundlegend verändert. Zwischen 1999 und 2003 vollzog sich eine Bewegung, die die Duftmärkte heute charakterisiert. 1999 gab es noch globale Duftvorlieben. Pro Land waren es vier bis fünf Düfte, wie beispielsweise Allure, Trésor oder CK one, die sich über die Märkte hinweg als globale Parfüms in den Top-Charts präsentierten. Doch zwischen 1999 und 2003 nahm die nationale Duftindividualität deutlich zu. Seit 2003 gibt es in der Regel nur noch ein bis zwei Düfte – etwa Chanel No 5 –, die sich in den europäischen Ländern länger an der Spitze halten. Heute kann man sagen, dass die großen Länder ohne eigene, spezialisierte Feinparfümerie nicht mehr optimal bedient werden können.

Mit Frankreich, Spanien und Deutschland haben sich innerhalb Europas drei sehr eigene nationale Damenduftmärkte entwickelt. In Deutschland regieren seit 2003 stark „nationale" Duftvorlieben – zumindest bei Duftneueinführungen. Hierauf werde ich in ▶ Kap. 15 noch näher eingehen.

Die funktionale Parfümerie überlappt sich in vielerlei Hinsicht mit der Feinparfümerie, hat aber einen größeren Marktanteil. Sie umfasst die Beduftung zweier großer Bereiche:

1. **Personal Care** bzw. **Schönheitspflege** wie Gesichtspflege und dekorative Kosmetik (Make-up), Haarpflege (z. B. Shampoo) oder Körperpflege (z. B. Deodorant, Duschgel), wobei z. B. Shampoo und Duschgel die meistverwendeten Pflegeprodukte nicht nur deutscher Frauen sind.
2. **Home Care** bzw. **Haushaltspflege** wie Fabric Care bzw. Waschmittel (z. B. Wäscheweichspüler) oder Spülmittel (z. B. Geschirrspülmittel). Ferner fallen z. B. in diese Kategorie Autopflegemittel, Wohnraumpflegemittel und Raumdüfte; selbst Lederpflegemittel werden als eigene Untergruppe geführt. Die Industrieverbände der einzelnen Länder, wie der

IKW in Deutschland, geben auf ihren Webseiten aktuelle Auskünfte über die Marktbedeutung einzelner Kategorien der Schönheits- und Haushaltspflege zu Endverbraucherpreisen (▶ https://www.ikw.org/ikw/).

Duftpsychologisch gesehen ist die funktionale Parfümerie stärker auf psychophysische Wirkungen ausgerichtet. Ihr geht es in erster Linie um eine Steigerung des Körpergefühls, des Selbst- und Produkterlebens, der Motivation in Kombination mit einfacher/besserer/zufriedener Anwendung sowie um höhere Akzeptanz und Vermeidung von Unlust, beispielsweise durch das Maskieren bzw. Überdecken von Gerüchen.

Die Aromatherapie mit dem noch kleinsten Marktanteil der drei Anwendungsbereiche der Parfümerie ist ein schlafender Riese. Insider glauben, dass das Marktvolumen 2022 weltweit bei um die 12 Mrd. US-Dollar liegen könnte. In ihrer Wirkung zielt die Aromatherapie auf Gesundheit, Veränderung bzw. Steigerung der Befindlichkeit sowie auf Therapie und Heilung bestimmter Krankheiten und Zustände ab. Es geht um die Duftwirkung auf den Anwender, wobei psychosomatische Faktoren im Vordergrund stehen.

Beschäftigte sich die Forschung traditionell mit den Dimensionen „relaxed vs. aktiv", so sind inzwischen, wie bereits gesagt, neue dufttherapeutische Ziele hinzugekommen. Getreu dem Motto „Everything seen begins in a place that was first unseen" („Alles, was gesehen wird, beginnt an einem Ort, der zuerst unsichtbar war") wird Aromatherapie als Zusatzbehandlung für die Bereiche Gewichtsabnahme, Depression, Stress, Burn-out, innere Unruhe und Schmerzlinderung erforscht. Hinzu kommen die Diagnose und Behandlung klinischer Symptome wie Alzheimer sowie Schlaf-, Libido- und Konzentrationsstörungen. Weiter wird die Aromatherapie zur Steigerung und Verbesserung der Resilienz, der Achtsamkeit sowie der Glücksgefühle und Kreativität untersucht.

Mit all ihren Anwendungszielen ist der Aromatherapie der Durchbruch im klinischen Alltag bisher noch nicht geglückt. Ein Grund dafür dürfte sein, dass das Thema Aromatherapie, speziell der therapeutische Ansatz, in der medizinischen Ausbildung nur am Rand angesprochen wird. Obwohl Studierende der Medizin und Auszubildende in der Krankenpflege vielfach eine positive Einstellung zur ergänzenden und zur Alternativmedizin haben (Complementary and Alternative Medicine, CAM), findet sich noch wenig über Aromatherapie in ihren Lehrplänen (Pearson et al. 2019). Das liegt auch daran, dass ihre Wirkung, wie wir sie schon diskutiert haben, zwar mittlerweile für viele Therapieziele bestätigt wurde, aber die Effektivität der Aromatherapie im Vergleich zu klassischen medizinischen Interventionen noch bei den meisten Medizinern auf Skepsis stößt. Das betrifft auch andere Therapieformen wie Massage. Man beruft sich dabei gern auf vergleichende Pflegestudien, die aktuell zu dem Schluss kommen: „Im Vergleich zur üblichen Pflege … war der Nachweis der Wirksamkeit von Massage und Aromatherapie bei der Verringerung von Angstzuständen, Schmerzen und der Verbesserung der Lebensqualität nicht schlüssig", so beispielsweise Bridget Candy (Candy et al. 2019).

Aromatherapeuten lesen das sicherlich mit gemischten Gefühlen, denn viele Studien, die die Wirkung von aromatherapeutischen Behandlungen belegen, orientieren sich nicht oder nicht ausreichend an wissenschaftlichen Standards. Und das wird in der Medizin gefordert. Bei wissenschaftlichen Studien werden Testpersonen zufällig sog. Experimental- und Kontrollgruppen zugeordnet, d. h., die Probanden wissen nicht, ob sie das Treatment oder ein Placebo erhalten. Noch einen Schritt weiter gehen die sog. Doppelblindstudien, bei denen auch der Versuchsleiter während der Durchführung nicht weiß, welche Testperson zu welcher Gruppe gehört, um nicht ungewollt verbal oder nonverbal Einfluss zu nehmen und so das Studienergebnis zu verzerren.

Dennoch: Pflanzen wie das echte Johanniskraut (St. John's Wort) sind auch in der Medizin schon lange für ihre antidepressive und stimmungsaufhellende Wirkung bekannt. Es wird in der Anwendung u. a. als ätherisches Öl zum Inhalieren empfohlen. Gerade die Linderung von Depressionen ist ein Schwerpunkt der Aromatherapie. Weltweit sind Depressionen eines der größten Gesundheitsprobleme bzw. die am häufigsten auftretende psychische Störung. Nach Schätzungen sind weltweit 350 Millionen Menschen betroffen. Etwa 25 % der Frauen und 12 % der Männer leiden während ihres Lebens an mindestens einer depressiven Phase (Haller et al. 2019). Gelingt es der Aromatherapie, sich hierfür als Behandlungsansatz zu etablieren, wäre das gleichzeitig ihr Durchbruch im klinischen Alltag. Die Chancen der viele Milliarden Dollar schweren Industrie der ätherischen Öle stehen bei leichten bis mittleren Depressionen nicht schlecht. Das ist vor allem auch dem Johanniskraut zu verdanken.

Schon die alten Griechen und Römer nutzten Johanniskraut als Heilmittel, und im Mittelalter erkannte man bereits die positiven Auswirkungen auf die Psyche. Johanniskraut – der volkstümliche Name war Teufels- oder Hexenkraut – half „gegen den Schwindel und gegen die fürchterlichen melancholischen Gedanken" (Johann Hieronymus Kniphof - 1704-1763 - ein deutscher Arzt und Botaniker, in Botanica in originali, 18.Jh.). Ende des 19. Jahrhunderts geriet es allerdings fast in Vergessenheit. 1930 tauchte es kurz wieder auf, wurde sogar in einigen Arzneibüchern aufgenommen, verschwand dann aber in vielen Neuauflagen wieder, bis es Ende der 1970er-Jahre erneut auftauchte und seither z. B. im Deutschen Arzneimittelkodex vermerkt ist.

Johanniskraut ist als Antidepressivum bei leichten und mittleren Depressionen inzwischen gut dokumentiert. So kommt eine jüngere vergleichende Studie von Heidemarie Haller von der Universität Duisburg-Essen zu dem Schluss: „Bei Patienten mit leichter bis mittelschwerer Depression deuteten moderate Hinweise auf die Wirksamkeit von Johanniskraut gegenüber Placebo und seine Wirksamkeit im Vergleich gegenüber Standardantidepressiva zur Behandlung des Schweregrads und der Ansprechraten von Depressionen hin, während Johanniskraut signifikant weniger unerwünschte Ereignisse verursachte" (Haller et al. 2019). Auch legt die Studie nahe, dass die Kombination mit einer auf Achtsamkeit („mindfulness") basierenden kognitiven Therapie, wie ich sie noch an späterer Stelle besprechen werde, zur Vorbeugung eines Depressionsrückfalls besonders effizient ist. Sehr wirkungsvoll scheint hier die Kombination der Achtsamkeitstherapie mit Standardantidepressiva zu sein. Man kann auf weitere Studien gespannt sein, die kognitive Therapieansätze mit Aromatherapie bzw. unterstützender Dufttherapie kombinieren. Sicherlich wird man auch die Wirkung von Gesprächstherapie in Kombination mit unterstützender Dufttherapie untersuchen müssen. Kognitive Therapien laufen immer Gefahr, begründete äußere Bedingungen von seelischem Stress, wie es bei der Depression oft der Fall ist, weniger stark zu gewichten. Das kann dazu führen, dass äußere vorherrschende Zustände schnell legitimiert werden, wo eigentlich persönliche Empörung als Reaktion besser angebracht wäre.

Für die Aromatherapie bzw. die duftunterstützte Therapie stellt sich damit die Frage, bei welchem Gesundheitsproblem welche Psychotherapie bzw. Meditation in Kombination besonders effektiv ist. Eine jüngere Studie findet z. B., dass die Kombination von Aromatherapie mit Musiktherapie mit einer signifikanten Abnahme von Angst und Stress verbunden ist (Son et al. 2019).

Weitere erfolgversprechende Ansätze habe ich in ▶ Kap. 1 (Aromatherapie – wie ätherische Öle wirken) besprochen. Die Bestätigung ihrer Wirkung wird auch darüber entscheiden, welche Rolle Aromatherapie bzw. die duftunterstützte Therapie in der psychotherapeutischen Praxis spielen wird (Zimmermann 2017).

In der Vergangenheit waren es kleinere Firmen, die die ätherischen Öle lieferten.

Das hat sich längst geändert. Industriegiganten wie Cargill (USA), DSM (Holland), doTERRA (USA) und Young Living Essential Oils (USA) dominieren heute den Markt.

Aber auch große Duftzulieferer wie Givaudan (Schweiz) oder Mane SA (Frankreich) spielen bereits eine wesentliche Rolle in diesem Markt und unterhalten eigene Anbaufelder, beispielsweise für Lavendel. Mit zunehmender Marktbedeutung der Aromatherapie dürften die „Big 4" der Duftzulieferer wie eben Givaudan, aber auch IFF (die amerikanische Firma hat 2019 mit der Ernährungssparte des US-Riesen DuPont fusioniert), Firmenich (Schweiz) und Symrise (Deutschland) in diesem Anwendungsbereich der Parfümerie das Sagen haben und entsprechenden Einfluss auf Trends nehmen. Schon jetzt gehören Firmenich und Givaudan zu den Top-5 der Hersteller ätherischer Öle. Hier ein paar Beispiele, die nicht nur in der Aromatherapie Anwendung finden, sondern auch in der Feinparfümerie, der funktionalen Parfümerie (Reinigungs- und Waschmittel) sowie in der Nahrungsmittel- und Getränkeproduktion:

— Orangenöl
— Zitronenöl
— Limettenöl
— Pfefferminzöl
— Eukalyptusöl
— Jasminöl
— Salbeiöl
— Teebaumöl
— Rosmarinöl
— Lavendelöl
— Rosenöl

Aber auch Anis, Basilikum, Bergamotte, Ingwer, Minze, Kiefer, Kardamom, Zypresse, Kamille, Majoran, Mandarine, Neroli, Oregano, Sandelholz, Grapefruit, Thymian, Ylang-Ylang, Zeder, Zitronengras, Wacholder, Wintergrün und Zimt werden zu ätherischen Ölen verarbeitet.

Eigentlich müsste man noch auf einen Nachbarbereich der Parfümerie eingehen, den Anwendungsbereich **Mund- und Zahnpflege** und damit auf **Aromen** wie Mintaromen, wie sie dort eingesetzt werden. Denn die meisten Geschmacksstoffe bzw. Nahrungsaroma- und -zusatzstoffe werden auch gerochen. Doch das würde den Rahmen dieses Buches sprengen. Nur so viel: Der Umsatz von Duft- und Geschmacksstoffen ist fast gleich stark mit nur geringfügiger Produktdominanz von Nahrungsaroma- und -zusatzstoffen gegenüber Duftstoffen. Weltweit wächst der Gesamtmarkt im Schnitt jährlich (2017 bis 2019) um etwa 5 %, der der ätherischen Öle um etwa 8 %.

Erstaunlicherweise ist das Wachstum bei Duft- und Geschmacksstoffen fast fünfmal größer als die jährliche Zunahme der Weltbevölkerung. Düfte wie Geschmacksstoffe wecken eine enorme Begehrlichkeit und haben offenbar etwas von einer Droge. Das bedeutet für den Einzelnen: Duft und Aroma werden immer wichtiger.

6.4 Zur Situation des Parfümeriefachhandels

Eigentlich dürfte man annehmen, dass alle Verkaufskanäle von Parfüms an Endverbraucher von der positiven Entwicklung der großen Duftzulieferer profitieren müssten. Lassen Sie uns das für Deutschland an dieser Stelle genauer betrachten, auch wenn ich in Abschn. 13.1 darauf noch genauer eingehe.

Parfüm-Premiummarken wie beispielsweise Dior werden überwiegend im Parfümeriefachhandel, etwa bei Douglas, angeboten. Das gilt auch für Schönheitsmittel wie Pflege und Make-up. Innerhalb der großen Hauptabsatzkanäle für derartige Produkte zu Endverbraucherpreisen nahm der Parfümeriefachhandel in Deutschland im Jahr 2018 einen Marktanteil von etwa 16 % ein. Dabei ist, wie bereits erwähnt, die Beauty Alliance Group, eine Interessen- und Einkaufsgemeinschaft selbständiger

6.4 · Zur Situation des Parfümeriefachhandels

Parfümeriehändler, mit über 1100 Verkaufsstellen Marktführer in Deutschland, einer der größten Anbieter. Drogeriemärkte wie der Markführer dm oder Rossmann verbuchen im Bereich der Schönheitspflegemittel einen Marktanteil von rund 48 %. Sie haben sich hauptsächlich auf das mittlere Preissegment im Lifestyle- und Celebrity-Parfümmarkt spezialisiert. Hier stehen kleinere Eau-de-Parfum-Größen von 10 bis 40 ml im Vordergrund. Verbrauchermärkte ohne aufwendige Ladenausstattung und Warenpräsentation sowie mit nur minimaler Beratung verzeichnen einen Marktanteil von etwa 13 %. Discounter mit ihrem relativ schmalen und flachen Warensortiment liegen bei rund 9 %, ebenso Apotheken, die zunehmend Marken der Aromatherapie und medizinischen Hautpflege für sich entdecken. Die Schlusslichter bilden Kauf- und Warenhäuser mit rund 3 % und der Lebensmitteleinzelhandel mit nur etwa 1,2 %.

In den vergangenen 10 bis 15 Jahren hat sich in Deutschland der Parfümhandel stärker verändert, als vielen lieb ist. Viele kleinere, inhabergeführte Parfümerien sind verschwunden bzw. wurden von den großen Parfümerieketten übernommen. Die Zukunftsangst geht um. Der Drogeriemarkt um die Ecke hat vielen Parfümerien längst den Rang abgelaufen und kommt dem klassischen Parfümeriesortiment immer näher.

Doch die Angst hat noch andere Gründe. Pflegekompetenz hat sich vom Parfümeriefachhandel immer mehr in Richtung der Dermatologen und plastischen Chirurgen, der Apotheken, Drogerieketten und Reformhäuser sowie der Day- und Medspas verlagert bzw. muss mit ihnen geteilt werden. Duftkompetenz ging an Nischenparfümerien, Parfümerieketten und vor allem an Internetanbieter. Letztere stellen für die stationäre Parfümerie ein besonderes Problem dar. Die Kunden lassen sich dort zwar beraten, schnuppern die neuen Parfüms, doch kaufen dann online ein – oft sogar 30 % günstiger. Nicht anders sieht es beim preislich hart umkämpften Make-up-Markt aus, den sich die stationäre Parfümerie mit neu entstandenen, ausschließlich Make-up führenden Ketten wie Inglot, Kiko oder Mac Cosmetics teilen muss. Hinzu kommen noch die bereits erwähnten übrigen Distributionskanäle.

Kleinere stationäre Parfümerien werden manchmal nur von 20 Kunden pro Tag besucht. Liegt dann der durchschnittliche Verkaufspreis für ein Parfüm oder Beauty-Produkt bei 70 Euro, können die Geschäftskosten nicht mehr gedeckt werden. Auch werden die typischen Parfümeriekunden nicht jünger. Der klassische Parfümeriekunde ist über 45 Jahre alt, weiblich und gehört der guten bis gehobenen Mittelschicht an.

Ähnlich sieht es in den anderen mitteleuropäischen Ländern aus. Auch hier ist es die Kundin aus dem Bereich „45+" die in ihr eigenes Wohlgefühl investieren will. Davon profitieren nicht nur exklusive Pflegemarken, sondern auch der Duftmarkt.

In Frankreich werden jährlich rund 7 Millionen Liter feiner Düfte verkauft. Allein ein Drittel davon konsumiert die Zielgruppe „45+". Bei den edlen Duftklassikern ist ihr Anteil sogar noch wesentlich höher. Einige der Top-10-Prestigemarken verkaufen über 65 % ihrer Düfte an diese Altersgruppe – und das sowohl an Frauen als auch an Männer. Statistiken belegen ferner, dass sich diese Gruppe häufiger, sogar mehrmals am Tag parfümiert. Eigentlich müsste das für den stationären Parfümerie-Einzelhandel ein Grund zur Freude sein. Denn mit einer immer älter werdenden Bevölkerung wächst auch der Markanteil der über 45-Jährigen. Die Frage ist nur, ob es der stationären Parfümerie gelingt, die Töchter dieser Frauen für ihren Verkaufsort zu gewinnen. Darauf werde ich noch eingehen.

6.5 Sie als Parfümeur/in

Wenn Sie als Parfümeur/in arbeiten würden, wollten Sie dann in der sog. Feinparfümerie oder in der funktionalen Parfümerie bzw. Aromatherapie beschäftigt sein?

Wenn es rein nach Umsatz geht, bietet die funktionale Parfümerie den größten Broterwerb. Sind Ihnen persönliches Image und Bekanntheitsgrad sowie Prestige der Firma wichtig, dürfte Ihre Wahl wohl eher auf die Feinparfümerie fallen. Wenn Sie aber Unabhängigkeit schätzen, hätte ich weiter unten noch eine ganz andere Idee für Sie.

Es gibt Firmen, in denen man als Parfümeur sowohl in der Feinparfümerie als auch in der funktionalen Parfümerie arbeiten kann. Das ist der Fall bei einem hauseigenen Parfümeur der Firma L'Oréal im Pariser Norden. Hier geht es innerhalb der Feinparfümerie um Marken wie Lancôme und innerhalb der funktionalen Parfümerie beispielsweise um die Parfümierung von Haarpflegeprodukten. Nahezu alle Schönheitspflegeprodukte sind beduftet. Allein in Deutschland geben Verbraucher dafür laut IKW 2018 (► https://www.ikw.org/ikw/der-ikw/fakten-zahlen/marktzahlen/) knapp 14 Mrd. Euro jährlich aus. In den USA sind es über 80 Mrd. Dollar – Tendenz steigend (zumindest vor der Corona-Krise). In Deutschland stehen Haut-, Gesichts- und Haarpflegeprodukte an der Spitze der Schönheitspflege. Im Jahr 2018 gaben Verbraucher dafür 6,3 Mrd. Euro aus. Entsprechend der Marktbedeutung dieser Segmente haben die großen Duftlieferanten eigene Abteilungen, in denen Parfümeure an der Beduftung entsprechender Produkte arbeiten. Für dekorative Kosmetik, also Make-up, gaben deutsche Verbraucher 2018 rund 1,8 Mrd. Euro aus. Auch hier spielt die Parfümierung, beispielsweise bei Lippenstiften, eine große Rolle.

Im Verhältnis dazu ist in Deutschland der Marktanteil bei Damen- und Herrendüften relativ klein. Er lag 2018 mit einem Wert von knapp 1,5 Mrd. Euro bei nur etwas über 10 %, wobei zwei Drittel auf Damendüfte entfielen. In Frankreich beträgt der Anteil der Damen- und Herrendüfte an der gesamten Schönheitspflege etwa 20 %. Dabei ist in den nächsten Jahren nicht mit einem weiteren Anstieg des Anteils der Feinparfümerie zu rechnen. Es ist die funktionale Parfümerie, die für die größten Segmente der Schönheitspflege arbeitet. Sicher ist es die Feinparfümerie, in der die teuersten Parfümöle eingesetzt und verkauft werden. Die funktionale Parfümerie kalkuliert dagegen mit Duftölpreisen, die zum Teil unter 10 Euro pro Kilo liegen. Doch die Menge macht's.

Werfen wir noch einmal einen kurzen Blick auf das Unternehmen L'Oréal, den weltweit führenden Schönheitspflegehersteller und -anbieter. Mit Feinparfümeriemarken wie YSL, Giorgio Armani und funktional parfümierten Produkten beispielsweise aus der Haarpflege erzielt der Konzern einen Börsenwert von weit über 140 Mrd. US-Dollar. Der Konzern ist zum Teil noch im Besitz der Familie Bettencourt-Meyers. Françoise Bettencourt-Meyers gilt dank ihres Aktienanteils und eines Privatvermögens von 49,3 Mrd. Euro als reichste Frau der Welt.

Eine andere Möglichkeit besteht darin, als unabhängiger Parfümeur zu arbeiten. Das klassische Herz der französischen Parfümerie bildet nach wie vor die kleine Stadt Grasse mit ihrer Region. Mehr als 60 Parfümfirmen und etwa 120 professionell ausgebildete Parfümeure sind hier angesiedelt, wobei mir kein einziger arbeitsloser Parfümeur dort bekannt ist.

Eine Alternative zu Grasse bildet der US-Staat Florida mit zahlreichen kleinen Duftfirmen, die sich teilweise auf die funktionale Parfümierung anderer Produktkategorien spezialisiert haben und auch nach Südamerika und in die Karibik liefern. Parfümeure, die von Florida aus für verschiedene Märkte tätig sind, müssen über ein großes Wissen und Einfühlungsvermögen in Bezug auf verschiedene ethnische Gruppen sowie Marktmentalitäten mit ihren „Likes" und „Dislikes" verfügen. Dabei besteht die Möglichkeit, sich zunächst ausgehend vom lokalen Markt in einem weiteren Schritt langsam zu internationalisieren.

So gibt es beispielsweise in der Region von Miami Unternehmen, die sich auf die Lieblingsdufterinnerungen von Exilkubanern spezialisiert haben. Denn 1993 kamen besonders viele Kubaner nach Florida – wenn auch nicht immer ganz freiwillig. In der Folge wurde auch die Nase vom Heimweh befallen, und man sehnte sich nach Düften aus den eigenen Kindertagen. „Royal Violets" ist so ein Duft, den es bereits seit 1927 in Kuba gibt. Augustin Reyes, Urenkel des damaligen Parfümeurs, hat diese Kreation den Exilkubanern wiedergeschenkt. Dabei hat „Royal Violets" ein besonderes Geheimnis: Es ist fast ein spiritueller Babyduft, mit dem auch die Wäsche der Kleinen beduftet wird. Im tropischen Klima soll er zudem Ungeziefer und Unglück fernhalten.

Oft unterschätzt, aber eine sehr große Chance für Parfümeure ist die Beduftung von Haushaltsmitteln. Dazu zählen, wie oben erwähnt, in erster Linie Wasch-, Reinigungs- und Geschirrspülmittel, aber auch Raumdüfte, Weichspüler und sogar Auto- und Lederpflegemittel. In Europa gibt es jährlich über 36 Mrd. Waschmaschinenladungen, was 1130 Waschgängen pro Sekunde entspricht. Allein in Deutschland gaben Verbraucher in Jahr 2019 für Haushaltspflegemittel rund 4,8 Mrd. Euro aus. Rechnet man die Schönheitspflege hinzu, erzielte dieser Mark sogar einen Umsatz von knapp 19 Mrd. Euro.

Schauen wir uns einmal an, welche Möglichkeit ein Parfümeur hätte, wenn er beispielsweise in Florida in diesen Markt einsteigen wollte. Dabei ist zu beachten, dass vor allem organische und vegane Produkte weltweit auf dem Vormarsch sind. Ein Parfümeur könnte deshalb beispielsweise Düfte für ein organisches Waschmittel oder, wie es ein mit mir befreundeter Parfümeur gemacht hat, für vegane Bodenreiniger kreieren. Sie könnten den Geruch von „Florida Water" haben, einem Eau de Cologne, das 1808 von Robert I. Murray kreiert wurde und um das sich unzählige Mythen ranken. So soll der Duft etwa auf einen sagenumwobenen Jungbrunnen in Florida zurückgehen. Für ein nach „Florida Water" riechendes Produkt gäbe es also viel Material für ein sog. und von Verbrauchern besonders geliebtes Storytelling. Man hat erkannt, dass sich in unserem Zeitalter des digitalen Marketings Produkte mit emotionalen, faszinierenden Geschichten besonders gut bewerben und verkaufen lassen. „Florida Water" ist dafür ein gutes Beispiel, auch weil es verschiedene Zusatznutzen bietet. Die Wundergeschichten, die sich seit Jahren mit dem Duft verbinden, haben den Duft fast mit Weihwasser gleichgesetzt. In viktorianischen Anstandsbüchern wurde „Florida Water" als die Keuschheit unterstützend empfohlen, gleichzeitig warnte man vor der anrüchigen Wirkung schwerer Parfüms. Schließlich entwickelte es sich zu einem wohltuend beschützenden Mutter-Kind-Duft. Hilfreich war dabei der anziehende, leicht süßliche Geruch von Orangen, der u. a. mit einem Schuss Lavendel kombiniert wurde – zwei Duftnoten, die man aus der Aromatherapie kennt. Unterstützt wurde die Wirkung durch den durchsichtigen Flakon, der eher einem Fläschchen als einem Parfümbehälter ähnelte und durch den der zart aquagrün eingefärbte Duft schimmerte.

Haushaltspflegeprodukte mit spirituellem Anklang, aromatherapeutischem Zusatznutzen und Retro-Düften, ergänzt durch das Erzählen von Geschichten, lassen sich also durchaus modern und spannend vermarkten. Warum nenne ich dieses Beispiel? Oft kommen Trends der Feinparfümerie aus der funktionalen Parfümerie, aber auch aus anderen Bereichen wie der Geschmacksstoffindustrie. Denn die Parfümerie liebt Trends und braucht sie wie die Mode. Deshalb gibt es auch in der Parfümerie immer mehr als einen Trend, und man lässt auch gerne vergangene Trends wiederaufleben.

Daneben gibt es Anti-Trends, die ebenfalls ihre Zielgruppen haben. Parfümerie ist auch deshalb nie langweilig, weil es mit den neuen Jahreszeiten fast naturgemäß auch wieder neue Trends und Duftvorlieben gibt. Im nächsten Abschnitt werde ich noch näher auf das Thema „Trends in der Parfümerie" eingehen.

Auf eines einigen sich jedoch Insider der Duftindustrie schmunzelnd: Parfümerie war und ist immer sehr einfallsreich, manchmal sogar etwas frech. So kürt sie als Trend auch Altbekanntes, das sie als neuartig wieder ins Blickfeld rückt. Das funktioniert nur, weil man in der Parfümerie ein kurzes Gedächtnis hat (oder haben will) und Scheininnovationen und Trends, die gar keine waren, schnell vergibt. Es gibt jedoch auch Dauertrends oder, besser gesagt, Dauer-Retro-Trends wie beispielsweise „Royal Violets". Parfüms dieses Trends erinnern an oder beziehen sich auf nostalgische Duftformulierungen oder Aromen, die für jede Generation neu präsentiert werden. Veilchen-Noten sind dafür ein herrliches Beispiel.

Selbst wenn Sie, wie eingangs gesagt, nicht vorhaben, Parfümeurin oder Parfümeur zu werden oder Ihr eigenes Parfüm auf den Markt zu bringen – die aktuellen Insiderinformationen aus der Parfümindustrie und dem Handel sind doch hochinteressant, oder? Sollten Sie es aber doch vorhaben, dann ist ▶ Kap. 7 genau das Ihre, denn hier erfahren Sie „Step by Step", wie es modern, sprich digital funktioniert. Dazu gibt es jede Menge Tipps aus der Praxis und aus der Parfümgeschichte, wie man sich und sein Parfüm klug vermarkten kann.

Zusammenfassung

Selbst wenn man nicht im Sinn hat, Parfümeur zu werden bzw. in der faszinierenden, aber auch sehr strategisch ausgerichteten Parfümeriebranche tätig zu sein und z. B. ein eigenes Parfüm erfolgreich auf dem Markt zu lancieren, hat dieses Kapitel eine Menge aktueller Insiderinformationen aus der Parfümindustrie und dem Handel mit dem Leser geteilt, die für jeden, der Parfüms verwendet, recht spannend sein müssten. Besonders, wie in der Branche gerechnet und kalkuliert wird, was Konditionen und Margen betrifft und worauf man in Verhandlungen mit Industrie und Handel vorbereitet sein muss, ist ein gut gehütetes Geheimnis. Konkret ging es in diesem Kapitel um fünf große Themenbereiche:

- um die Marktdominanz der großen Parfümhersteller und deren Konsequenzen,
- darum, wie in Industrie und Handel für ein neues Parfüm kalkuliert wird,
- um die Bereiche der Parfümerie: Feinparfümerie, funktionale Parfümerie und Aromatherapie,
- um die Situation des Parfümeriefachhandels und
- um Sie als Parfümeur/in und die potenziellen Chancen in diesem Beruf.

Literatur

Candy B et al (2019) The effectiveness of aromatherapy, massage and reflexology in people with palliative care needs: a systematic review. Palliat Med 4(2):179–194

Haller H et al (2019) Complementary therapies for clinical depression: an overview of systematic reviews. BMJ Open 9(8):1

Pearson ACS et al (2019) Perspectives on the use of aromatherapy from clinicians attending an integrative medicine continuing education event. BMC Complement Altern Med 19:174

Son HK et al (2019) Effects of aromatherapy combined with music therapy on anxiety, stress, and fundamental nursing skills in nursing students: a randomized controlled trial. Int J Environ Res Public Health 16(21):4185

Zimmermann E (2017) Aromapflege für Sie: Mit ätherischen Ölen begleiten, trösten und stärken. Thieme, Trias

Duft online: Storytelling und digitale Vermarktung von Parfüms

Anregungen aus der Geschichte der Parfümerie für Duftpromotion und modernes Influencer-Marketing

Inhaltsverzeichnis

7.1 Retro-Dufttrends: Warum Veilchen unsterblich sind – 164

7.2 Beginn der Parfümerie: Duft mit Zusatznutzen – 166

7.3 Die erste Duftrevolution: Wie Entdeckungen die Parfümerie veränderten – 172

7.4 Digitales Parfümmarketing: Tipps der erfolgreichsten Influencer – 174

Literatur – 181

© Der/die Autor(en), exklusiv lizenziert durch Springer-Verlag GmbH, DE, ein Teil von Springer Nature 2021
J. Mensing, *Schöner RIECHEN*, https://doi.org/10.1007/978-3-662-62726-6_7

7.1 Retro-Dufttrends: Warum Veilchen unsterblich sind

Parfüms und Parfümerie leben vom Geschichtenerzählen, auf Neudeutsch: vom Storytelling. Genau genommen sind es, wie gesagt, emotionale Geschichten, die besonders begeistern. Ideal für das Storytelling und damit für das Parfüm-Influencer-Marketing sind Inhaltsstoffe von Parfüms wie ihre Trends, wenn sie entsprechend emotional kommuniziert werden. Die Geschichte des introvertierten, unschuldigen und schüchtern erscheinenden Veilchens ist dafür ein gutes Beispiel.

Pflanzen erscheinen uns umso sympathischer, wenn wir sie in ihren Gefühlen vermenschlichen, ihnen also unsere Empfindungen unterstellen. Der Schweizer Entwicklungspsychologe Jean Piaget (1896–1980) hat dies als „Animismus" bezeichnet. Kleinkinder glauben oft noch bis zum siebten Lebensjahr, dass Dinge wie auch Pflanzen genauso empfinden wie sie selbst. Diese Sichtweise löst bei Erwachsenen vielfach Sympathie und Schmunzeln aus. Wenn wir also vom introvertierten Veilchen sprechen, unterstellen wir Erwachsenen mit einem Augenzwinkern dieser Pflanze menschliches Erleben und in diesem Fall sogar ein Persönlichkeitsmerkmal. Dadurch kann ein persönlicher Bezug schneller hergestellt werden, und die Pflanze wird emotionaler gesehen. Übrigens: Die Unterscheidung zwischen extravertierten und introvertierten Menschen geht auf Carl Gustav Jung, einen Schweizer Psychiater, zurück. Introvertierte Menschen konzentrieren sich eher auf ein oft reiches Innenleben. Sie erscheinen ruhig und zurückhaltend. Auch verbringen sie ihre Zeit lieber alleine in ruhigen Umgebungen. Extravertierte Menschen sind dagegen eher nach außen orientiert und kommen in einem aktiven sozialen Umfeld in der Regel gut zurecht.

Die Geschichte der Parfümerie kennt bereits das Influencer-Marketing und gutes Storytelling. Generell kann man aus der Geschichte der Parfümerie viel lernen. So war nur gut zu riechen den Duftverwendern der alten Tage zu wenig und garantierte deshalb nicht den Erfolg von Parfüms. Sie erwarteten von ihrem Duft mehr – mindestens einen Zusatznutzen. Es stimmt aber auch, dass einige Parfüms, die scheinbar mit ganz normalen und oft unscheinbaren Pflanzenduftstoffen kreiert wurden, große Trends auslösten und ihren Parfümeuren reichlich kommerziellen Erfolg und Glück brachten. Wie war das möglich? Dieses Kapitel will Ihnen zeigen, dass Parfümthemen längst vergangener Tage nicht nur geschichtsinteressierte Duftliebhaber ansprechen, sie geben auch Anregung für die digitale Vermarktung von Parfüms heute.

7.1 · Retro-Dufttrends: Warum Veilchen unsterblich sind

Wird das reiche Innenleben von Introvertierten noch mit „schüchtern" und „unschuldig" kombiniert, wie in unserem Beispiel beim Veilchen, löst die Kombination zusätzliche Assoziationen von Schutzbedürfnis aus, was oft noch mit unfreiwillig isoliert, einsam und hilfesuchend verbunden wird. Schutzbedürftige Pflanzen sind die ideale emotionale Vorlage des Storytellings. Das Veilchen überrascht zudem mit verschiedenen gesundheitsförderlichen Wirkungen, und auch das macht sie zur stillen Trendpflanze der Parfümerie.

Bereits in der Antike wurde Wein mithilfe von Veilchenwurzel aromatisiert. Als Blume wurde das Veilchen schon sehr früh zu verschiedenen Anlässen als Dekoration in Form von Girlanden, Kränzchen oder Sträußchen verwendet. Dabei standen meist weibliches Erleben bzw. der Schutz von Frauen und Weiblichkeit im Vordergrund. Schon in der griechischen Mythologie trifft man auf das Veilchen. Zeus, der bei seinen Seitensprüngen sehr erfindungsreich zu Werke ging, verwandelte die schöne Nymphe Io in eine Kuh und bettete sie auf einer duftenden Veilchenwiese. Eine andere Schöne, die Tochter des Gottes Atlas, verwandelte er gar in ein Veilchen, um sie vor dem Sonnengott Helios zu verbergen. Seitdem lebt sie geschützt vor seinen Strahlen im Dickicht des Waldes. Auch in der Dichtung wurde das bescheidene Veilchen, oft als Symbol junger Liebe und Weiblichkeit, unzählige Male zitiert und besungen, beispielsweise in dem 1774 von Johann Wolfgang von Goethe verfassten Gedicht:

> **Das Veilchen**
> Ein Veilchen auf der Wiese stand, gebückt in sich und unbekannt; es war ein herzigs Veilchen.

Über 500 Veilchenarten weist die Botanik aus, die wichtigsten mit Blüte von romantisch-nostalgischem, leicht bläulichem bis intensivem Lila. Aus der Geschichte der Farben weiß man, dass dies ursprünglich sowohl maskuline als auch feminine Farben waren, die jedoch später immer mehr mit Weiblichkeit assoziiert wurden.

Als Blume wird das Veilchen an Beliebtheit wohl nur noch von der Rose übertroffen. Am wohlriechendsten ist das Märzveilchen, das nach langen Wintertagen die Seele geruchlich auf den Frühling einstimmt. Als Heilmittel wird der Pflanze ebenso viel Gutes nachgesagt, beispielsweise für die Augen, gegen Bronchitis und Magenverstimmung. Der griechische Arzt und Vater der Heilkunde Hippokrates (um 460 v. Chr. bis um 370 v. Chr.) benutzte Veilchen zur Behandlung von Kopfschmerzen und Sehstörungen. Außerdem verhieß der Anblick des ersten Veilchens im Frühjahr nach altem Aberglauben Glück. Ihm zu Ehren feierte man im antiken Griechenland und im alten Rom ausgelassene Feste. In der vorchristlichen Zeit verband man die Veilchenblüte mit dem Erwachen der Natur und somit mit Fruchtbarkeit und Weiblichkeit. Vielleicht auch deshalb wurde das Veilchen zum Symbol der Stadt Athen. Über tausend Jahre später empfiehlt Hildegard von Bingen (1098–1179) das Veilchen ebenfalls gegen Sehstörungen und Augentrübungen. Weitere tausend Jahre später kam die vorerst letzte Adelung der Pflanze: 2007 wurde sie zur Heilpflanze des Jahres gekürt.

Auch in der Parfümerie erreichte das Veilchen Großes. Darüber könnte man ein ganzes Buch schreiben, doch ich beschränke mich auf einige Beispiele: 1709 kam „Farina", ein Eau de Cologne für Frauen und Männer, auf den Markt. Der Duft, der offenbar von Italien, genau genommen von Venedig nach Köln gelangte, soll auch Goethe inspiriert haben. Dabei handelte es sich bereits um einen sehr modernen Veilchenduft, da die Pflanze mit anderen kombiniert wurde. „Der erste Hauch von erfrischender Bergamotte wird begleitet von zartem Jasmin- und Veilchenduft, abgerundet von warmem Sandelholz und Olibanum", lautete die Duftbeschreibung von „Farina". In der Folge brach ein regelrechter Veilchentrend aus. Hauptnutznießer waren Seifen- und Kerzenmacher, die Vorläufer der Parfümeure und Parfümerien. So ist Deutschlands wohl älteste Parfümerie, Boos in Andernach, vor über 300 Jahren aus einer Kerzenzieherei und Seifenmacherei entstanden. Legendär war bereits zu Beginn des Unternehmens seine Veilchenseife, die zu einem eigenständigen Veilchenparfüm weiterentwickelt wurde. Der berühmte in Andernach geborene amerikanische Schriftsteller Charles Bukowski (1920–1994) und seine Mutter zählten zu Liebhabern dieses Duftes.

Ein weiterer großer Veilchentrend geht auf den Duft „Violetta di Parma" zurück. Veilchen wurden hier – wie es im 19. Jahrhundert en vogue war – weiterhin zart und lieblich interpretiert. Das Parfüm von Borsari soll um 1870 auf den Markt gekommen sein. Die wiederentdeckte Duftformel gilt heute noch als Klassiker unter den Veilchendüften. Dass man mit Veilchen auch nicht nur für unserer Urgroßmütter, sondern auch für die heutige Zeit große Parfüms kreieren konnte, zeigte Guerlain. 1906 kam „Après L'Ondée", ein Eau de Toilette für Damen, auf den Markt. Es interpretiert Veilchen leicht blumig-pudrig und gibt den Dufteindruck „Nach dem Regenschauer" wieder, wie schon der Name des Parfüms sagt. „Après L'Ondée" regte andere Parfümeure an, sich dem Thema „Veilchen" zu widmen. So entstand auch der oben erwähnte Duft „Royal Violets".

Sind Veilchen unsterblich? Ja, absolut! Jetzt wird der Duft dieser Pflanze sogar wieder zunehmend von Männern entdeckt. „A Kiss from Violet" ist eines der jüngsten Beispiele. Gucci brachte das Parfüm 2019 für Frauen und Männer auf den Markt. Kreiert hat es kein geringerer als Alberto Morillas, der schon mit „Acqua di Giò" von Armani den Puls der Zeit getroffen hatte. Veilchen sind neben der Rose der wohl meist zelebrierte Retro-Duft bzw. Retro-Dufttrend der Parfümerie. Denn das scheinbar unschuldige, herzige Veilchen zieht immer wieder auch die ganz großen Parfümeure an. Goethes Gedicht beschreibt ein Veilchen, das sich wünscht, gepflückt zu werden. Ein etwas masochistischer Wunsch, könnte man denken. Aber anscheinend empfindet das Veilchen vor allem so bei Parfümeuren. Dort hat es die Chance, von allen Pflanzen wieder die Trendigste zu werden.

7.2 Beginn der Parfümerie: Duft mit Zusatznutzen

Die Geschichte der Parfümerie ist eine Fundgrube für modernes Storytelling. Lassen Sie uns deshalb noch einmal auf einzelne Bereiche ihrer Geschichte eingehen und sehen, ob wir Erkenntnisse aus den frühen Tagen der Parfümerie für die heutige Vermarktung von Parfüms gewinnen können. Zumindest will ich Sie mit Geschichten aus den Anfängen der Kreation schöner Düfte für ihr eigenes Storytelling inspirieren. Das erstaunliche ist, um es gleich an dieser Stelle zu sagen: Der Parfümerie in ihren Kindertagen war schöneres Riechen wichtig, aber etwas anderes noch mehr.

Sicherlich liegt viel aus den Anfängen der Parfümerie im Dunkeln, aber die Archäologie hat sich in den letzten Jahren immer stärker den Themen Geruch, Duft und Parfüm zugewandt und einige interessante Erkenntnisse gesammelt, die ich hier vorstellen möchte.

Zunächst: Wann immer auch die Parfümerie begann, sie war wohl in ihren Anfängen an mehr als „nur" an einem olfaktorischen Genuss interessiert. Sie war in ihren

7.2 · Beginn der Parfümerie: Duft mit Zusatznutzen

Kindertagen eher eine Frühform der funktionalen Parfümerie, in die die Anfänge der Feinparfümerie eingebunden waren. Man findet dank der Archäologie immer mehr Hinweise, dass die frühe Parfümerie bereits einen funktionalen Mehrfach- bzw. Zusatznutzen von Duftstoffen für verschiedene Bedürfnisse der Menschen entdeckte und dass dieser Aspekt in Parfüms wohl für sie mit am wichtigsten war. Das heißt, in der Frühzeit wie dann im Altertum waren wohlriechende Duftstoffe wie der Weihrauch wohl nie nur z. B. auf Räucherungen zur Huldigung der Götter beschränkt. Man hatte für die Lieblingsduftstoffe auch ganz andere Verwendungen – etwa als aromatische Stoffe, mit denen man Gerichte und Getränke oder verschiedene private wie öffentliche Räume parfümierte, aber besonders medizinisch-hygienische Anwendungen betrieb. Weihrauch ist dafür ein gutes Beispiel. Noch die römische Oberschicht nutzte den teuren Weihrauch mit seiner entzündungshemmenden Wirkung zur Zahnpflege. Er wurde gekaut und war wohl der erste luxuriöse Kaugummi, der dann geschluckt wurde, weil er auch gegen Entzündungen und Infekte im Magenbereich wirkte.

Sicher liebten die Menschen zu allen Zeiten Wohlgerüche, aber wir können annehmen, dass die ersten Parfümeure ihre Parfüms weitere Wirkungen versprechen ließen, die, wie gesagt, auch im medizinisch-hygienischen Anwendungsbereich lagen. Parfüms wie „Opium" oder „Shalimar" unserer Tage, die auf reinen Duftgenuss abzielen, wären als Parfüms in den alten Tagen sicher möglich gewesen, sie hätten sich aber nur gut über einen versprochenen Zusatznutzen wie gegen Rheuma und Gicht verkauft. Sicher waren Parfüms, wie ich noch in ▶ Kap. 15 besprechen werde, eine prestigeträchtige Ware, in deren Duftgenuss ganz überwiegend nur ein ausgewählter Kreis von Personen kam, die vor allem in und um einen Palast oder Tempel lebten. Parfüm bzw. ein solches zu tragen wie auch Räucherungen waren olfaktorischer Ausdruck von Macht, Göttlichkeit, Reichtum und Luxus und boten allein schon deshalb neben dem reinen Duftgenuss einen sozialen, aber auch einen medizinisch-hygienischen Mehrfachnutzen.

Tatsächlich ist die funktionale Parfümerie selbst heute noch vielfach ein regelrechtes Meisterwerk. Ein Beispiel wäre ein aktuelles Haarparfüm für Frauen, das verschiedene Anforderungen in sich vereint: eine momentan trendige Duftrichtung in leichter Konzentration aus dem Umfeld eleganter Damennoten, einen natürlichen Schutz gegen UV-Strahlen sowie einen Haar- und Kopfhaut-Repair-Komplex. Die letzteren beiden Funktionen sollen ebenfalls über den Geruch assoziiert werden – alles alkoholfrei. Hier wird funktionale Parfümerie zu Kunst, da sie olfaktorisch unterschiedliche Arten von Mehrfachnutzen ausdrücken soll.

Wie gesagt, schon seit Beginn der Parfümerie wurde von einem Duft ein Mehrfach- oder Zusatznutzen erwartet. Reiner Duftgenuss, wie wir ihn heute kennen, war also nicht das einzige Ziel der ersten Nasen. Denn Fein- und funktionale Parfümerie sowie Aromatherapie waren damals noch eins. So war es ganz verständlich, dass Duftkreationen eine Breitbandwirkung für möglichst viele Anwendungsbereiche hatten, auch wenn spezifische Duftnoten gern für bestimmte Orte und Anlässe zur Anwendung kamen. Ausgrabungen eines Teams des Deutschen Archäologischen Instituts in Tayma, einer bereits vor 3000 Jahren v. Chr. besiedelten Oase an der alten Weihrauchstraße im heutigen Saudi-Arabien, geben dazu interessante Hinweise. Offensichtlich wurden unterschiedliche Bereiche wie Tempel, Wohnhäuser, öffentliche Gebäude und Gräber unterschiedlich beduftet – ganz im Sinne einer modernen Raumbeduftung. Frankincense bzw. Weihrauch wurde wohl eher zur Beduftung luxuriöser Wohnräume und Tempel verwendet. Für die Beräucherung von Grabstätten verwandte man u. a. Myrrhe. Pistazie war wohl der Geruch von öffentlichen Gebäuden und Einrichtungen. Immer mehr kommen aus der Archäologie Hinweise, wie Düfte verwendet wurden und welche Bedeutung sie nicht nur in den alten Hochkulturen hatten. So gehen z. B. Dora Goldsmith, Ägyptologin an der Freien Universität Berlin, und ihre Kollegin Robyn Price von der University of California davon aus, dass der Geruchssinn absichtlich angesprochen wurde, um nicht nur den König oder die Königin vom Rest der Gesellschaft abzuheben und die besondere Stellung zu betonen, sondern dass durch Duft auch einzelnen Bereichen und Einrichtungen wie dem königlichen Gerichtshof eine spezifische Aura verliehen wurde, auch wenn nicht alle in der Gesellschaft Zugang zu allen Düften wie dem kostbar-göttlichen Weihrauch hatten.

So betrachtet war Parfümerie in ihren Anfängen gezielt eingesetzte, anspruchsvolle funktionale Parfümerie. Sie begann wahrscheinlich ansatzweise bereits in der Steinzeit aus der Erkenntnis über Pflanzen. So fand man, wie bereits erwähnt, in Südafrika 77.000 Jahre alte, aus Pflanzen hergestellte Betten, auf die aromatische Blätter gestreut waren. Bei genauer Betrachtung zeigte sich, dass diese Blätter sehr reich an insektiziden Chemikalien waren, also giftig für Insekten und deren Larven. Für diese Betten wurden als Grundmaterial Schilf und Blätter der Kap-Quitte verwendet. Letztere gehört zur Familie der Lorbeergewächse, mit denen man im Mittelalter aufgrund ihrer breiten medizinischen Anwendung versucht hatte, die Pest zu bekämpfen. Die Betten wurden anscheinend regelmäßig gewartet und erneuert, sprich, alte Betten wurden verbrannt. Parfümerie begann so vermutlich auch als Hilfe zur Selbsthilfe, um Lebensbedingungen vor allem in Bezug auf kleinste Plagegeister wie Flöhe und Läuse erträglicher zu machen. Mit den ersten Ansätzen funktionaler Parfümerie wollte man wohl mehr oder minder intensiven und großflächigen Juckreiz lindern, Kratzen und Hautausschläge vermeiden sowie das Immunsystem unterstützen.

- **Eine erste Renaissance in der Kunst in vorchristlicher Zeit – ausgelöst durch die Parfümerie?**

Hieroglyphen in ägyptischen Gräbern und Funde zeugen davon, dass Ägypter, aber auch Mesopotamier und Inder zwischen 6000 und 3000 v. Chr. anfingen, Parfüms in größerem Maß zu kreieren. Ein Grund dafür dürfte die wachsende Bevölkerung in den Städten gewesen sein. Archäologen haben, wie oben erwähnt, erste Siedlungen entdeckt, die bereits aus der Zeit von 10.000 v. Chr. stammen. Das Zusammenleben auf engem Raum, medizinisch-hygienische Gründe, die Bildung einer sich abgrenzenden und Genuss suchenden vermögenden Herrschaftsschicht sowie stetig wachsendes Wissen durch Handelsbeziehungen begünstigten diese Entwicklung. Schon um 3000 v. Chr. fand ein reger Handel vor allem zwischen Mesopotamien und Ägypten statt. Dabei hatte das Zweistromland einen großen Einfluss auf die ägyptische Kultur und sicher auch auf ihre Duftvorlieben.

Bislang nahm man an, dass die ersten Parfümeure Priester waren, die aromatische Hölzer und vor allem Harze für göttliche Opfergaben bzw. zur Beräucherung oder Ausräucherung während heiliger Rituale verwendeten. Inzwischen geht man jedoch eher davon aus, dass Frauen die Parfümerie vorantrieben. Dabei handelte es sich oft um Hausfrauen, die Gerichte mit Aromen sowohl gustatorisch als auch olfaktorisch bereicherten und die Botanik für Heilbehandlungen einsetzten. Außerdem wurden schon früh aromatische Stoffe der Umgebung für Rauch, Einreibungen, Öle und Salben zum Schutz gegen Mücken und anderes Ungeziefer wie Flöhe und Läuse eingesetzt. Besondere Faszination übten in diesem Zusammenhang Gewürze und Duftstoffe aus, die durch Expeditionen und Handel in die eigene Region kamen und noch besser rochen und wirkten als die heimischen Aromen. Da diese mitunter schwierig und teuer zu beschaffen waren, konnten sie sich nur eine kleine Be-

7.2 · Beginn der Parfümerie: Duft mit Zusatznutzen

völkerungsschicht wie Könige, Pharaonen, Höhergestellte und Priester leisten.

Ein Beispiel dafür ist die kostspielige traditionelle Abendräucherung im alten Ägypten, Kyphi genannt. Dabei wurde den Göttern mit einem aus 10 bis 30 duftenden Inhaltsstoffen bestehenden Opferweihrauch gehuldigt, was einer modernen Parfümformulierung schon sehr nahekommt. Weihrauch ist ein luftgetrocknetes Harz aus dem gleichnamigen Baum und war selbst für ägyptische Aristokraten nur schwer zu beschaffen. Dabei liebten die alten Ägypter die Harzperlen des Weihrauchs so sehr, dass sie diese „Schweiß der Götter" nannten.

Räucherungen dufteten nicht nur, sie wurden von den Bewohnern des Zweistromlandes, insbesondere in Flussnähe, als Reinigungs-, Konservierungs- und Gesundheitsmittel genutzt. So ließen sich auf diese Weise Insekten wie Mücken, Wespen, Fliegen und Motten vertreiben. Weihrauch sollte zudem die Gesundheit, wie gesagt z. B. als Zahnpflege, unterstützen und gegen entzündliche Zustände aller Art sowie Infektionen helfen. Dabei wurde er nicht nur von den alten Ägyptern, sondern gleichermaßen von der traditionellen indischen, persischen und chinesischen Medizin geschätzt. Die Opfergabe an die Götter erfüllte also einen zusätzlichen Zweck. Vermutlich geht die Verwendung bestimmter Duftstoffe bei heiligen Ritualen sogar auf persönlich erlebten Duftgenuss zurück, sicherlich aber auf bereits bekannte Wirkungen und Nutzen. Gleiches gilt für Pflegeprodukte der damaligen Zeit, die aus heutiger Sicht als regelrechte Crossover-Produkte bei Salben und Ölen Duft und Pflege kreativ vereinten.

Eine besondere Liebhaberin edler Duftstoffe und Pflege war die ägyptische Pharaonin Hatschepsut (um 1495–1459 v. Chr.), eine der mächtigsten Frauen der Weltgeschichte. So fand man nach rund 3500 Jahren einen ihr einst gehörenden, mit einem kleinen Lehmpfropfen verschlossenen Flakon mit Resten einer eingetrockneten Flüssigkeit. Zunächst nahm man an, dass es sich um ein Parfüm mit einem größeren Anteil Weihrauch, dem Lieblingsduft der Herrscherin, handelte. Doch es war ein Pflegeprodukt gegen Hautkrankheiten mit duftendem Palmöl, Muskatnussöl und Teer als wesentlichen Zutaten. Auf Teer hätte man aber besser verzichten sollen. Denn er enthält Benzpyren, einen hochgradig krebserregenden Stoff. Als 1903 die Mumie der Pharaonin entdeckt wurde, stellte man fest, dass sie an Krebs gelitten hatte – wahrscheinlich eine Nebenwirkung ihres Pflegeprodukts.

Die Ägypter, ermöglicht auch durch Expeditionen, die Pharao Sahure (etwa 2500 v. Chr.) beauftragte, importierten bereits seit dem 3. Jahrtausend v. Chr. Weihrauch wie andere Kostbarkeiten beispielsweise aus dem wohl am Horn von Afrika gelegenen Goldland Punt. Dabei handelte es sich um einen faszinierenden Handelsplatz an der vielfach verzweigten Weihrauchstraße, einer der ältesten Handelsrouten der Welt. Weihrauchliebhaber wie Hatschepsut unternahmen sogar eigene Expeditionen nach Punt. Per Schiff und Karawane brachte die Pharaonin von der Reise zahlreiche Weihrauchbäumchen mit, die sie um ihren Tempel anpflanzen ließ. Himmel und Erde sollten vom Weihrauchduft überfließen. Eigenen Weihrauch herzustellen zu können war nicht nur Luxus, sondern auch ein Ausdruck von Göttlichkeit, den Hatschepsut wie alle Pharaonen für sich beanspruchte. Wie gut es ihr während ihrer 20-jährigen Herrschaft gelang, ein eigenes Weihrauchparfüm herzustellen, ist leider nicht überliefert. Die Reise der Herrscherin ist der erste Beleg in der Geschichte der Parfümerie dafür, welche Mühen Duftliebhaber für das Erreichen ihrer olfaktorischen Genüsse auf sich nehmen.

Wie gesagt: Das Internationale Museum der Parfümerie in Cannes datiert die Geburtsstunde der Parfümerie aufgrund gefundener Behälter auf 7000 v. Chr. und nennt als Geburtsort den Nahen Osten. Genau weiß man es allerdings nicht, da die Behälter auch für andere Dinge benutzt werden konnten. Die ältesten Behälter waren aus Ton, wobei die Töpferei ursprünglich aus China stammt. In der chinesischen Provinz Hunan entdeckte man ein Lehmgefäß, das bereits vor 18.000 Jahren gebrannt wurde. Es könnte also gut sein, dass man in absehbarer Zeit die ältesten Parfüm- und Kosmetikbehälter in China finden wird, was der Geschichte der Parfümerie eine interessante Wendung geben könnte.

Im Gegensatz zu Ton wurde Glas viel später entdeckt. So werden die ersten in Ägypten und im östlichen Teil Mesopotamiens gefundenen Glasperlen der Zeit um 3500 v. Chr. zugeordnet. Um 3000 v. Chr. wurde in Zentralmesopotamien eine glasartige Schicht für Töpfe, Vasen und andere Behälter entwickelt. Um 1500 v. Chr. tauchten in Ägypten die ersten Glasflaschen auf, die man möglicherweise bereits als Flakons genutzt hat. Das Internationale Museum der Parfümerie geht außerdem davon aus, dass man etwa seit 4000 v. Chr. damit begann, vor allem Harze für rituelle Ausräucherungen in Rauchfässern oder Räucherpfannen einzusetzen. Wie auch immer Düfte dargereicht wurden – man hat immerhin einen Hinweis auf die Lieblingsduftnoten der damaligen Zeit, die auch noch heute eine Rolle in der Parfümerie spielen.

Auch die erste überlieferte Parfümeurin Tapputi setzte Harze ein. Sie kreierte um 1200 v. Chr. in Babylon Parfüms. Myrrhe und Kalmus in Kombination mit Harzen waren ihre bevorzugten Inhaltsstoffe. Tapputi war Geliebte, Oberaufseherin, Chemikerin und Parfümeurin des Harems am königlichen Palast. Sie war also schon damals eine moderne Frau mit verschiedenen Aufgaben und Pflichten. Ihre Parfüms sollen wahre Kunstwerke gewesen sein. Sicher waren die Techniken zum Einfangen von Düften damals noch limitiert, schließlich wusste man noch nichts vom Destillieren.

Düfte wurden wohl zu Beginn der Parfümerie in Fett oder mittels Kaltmazeration (mazerieren von lat. macerare = einweichen) etwa in Wasser, aber auch durch heißes Abkochen gewonnen, sicherlich am Anfang aber als ätherische Öle durch einfaches Auspressen von Pflanzen für die Duftherstellung gewonnen. Diese Geruchseindrücke erfreuten sich großer Beliebtheit, auch wenn sie bei Weitem nicht die Duftstärke und Brillanz heutiger Parfüms erreichten. Außerdem war die damals für die Parfümkreation zur Verfügung stehende Palette an Inhaltsstoffen sehr limitiert. Dennoch war Tapputi – wie auch ihre gegenwärtigen Kollegen – immer auf der Suche nach neuen Dufteindrücken bzw. Duftkreationen für verschiedene Zielgruppen und deren Bedürfnisse.

Nach heutigem Verständnis war Tapputi bereits eine Meisterin auf dem Gebiet der funktionalen Parfümerie. Ihre Parfüms mussten nicht nur gut riechen, sondern auch wirken. Vermutlich kann sie sogar als erste Feinparfümeurin bezeichnet werden. Immerhin verfügte sie über eine erstklassige Nase und großen Ideenreichtum beim Zusammenfügen von Duftinhaltsstoffen für ihre Kreationen. Ihrer Klientel dürfte sie einen für die damalige Zeit außergewöhnlichen Duftgenuss beschert haben, sonst wäre sie uns nicht als Parfümeurin überliefert. Auch dürfte sie – wie alle erfolgreichen Parfümeure – über das nötige strategische und reflexive Denken sowie über genügend Einfühlungsvermögen verfügt haben, um unterschiedliche Individualitäten mit ihren Erlebenswünschen und Bedürfnisse bedienen zu können.

Dies wirft eine spannende kunstgeschichtliche Frage auf. So wird ein bestimmtes künstlerisches Niveau auch durch den Wandel des Bewusstseins hin zur eigenen Individualität erklärt. Das lässt sich auch auf die Feinparfümerie übertragen. Möglicherweise fand die Entdeckung der „Individualität", wie sie gern kunstgeschichtlich mit der Renaissance verbunden wird, parfümgeschichtlich bereits vor 1200 v. Chr. statt. Denn die Kreation eines erfolgreichen Parfüms setzt eben ein entsprechendes Reflexionsniveau, Selbstbewusstsein, Wissen und Interesse am Experimentieren voraus. Sicher war mit dem Bewusstseinswandel in der Renaissance auch eine gewisse Loslösung des Menschen von absolutem Gottesanspruch verbunden. Dennoch, wenn man göttliche Loslösung, wie sie sicher um 1200 v. Chr. nicht gedacht werden konnte, einmal beiseitelässt, müsste man postulieren: Die Geburtsstunde der Parfümerie, speziell der Feinparfümerie, ist zumindest seit Tapputi auch die Geburtsstunde der Bewusstseinsentwicklung für eigene und fremde Individualität und deren Darstellung. Und das hieße, dass es bereits in vorchristlicher Zeit eine gewisse Form von Renaissance in der Kunst durch die Parfümerie gab.

Vielleicht waren wir Menschen auf olfaktorischer Ebene viel früher als in der Malerei in der Lage, Individualität zu erkennen, auszudrücken und als solche als Kunst zu erleben. Zumindest liegt ein erstes Verständnis von kollektiver und persönlicher Individualität vor. Man wollte etwas Edles, Wertvolles und Gutriechendes für die Gruppe erschaffen, aber auch für ganz bestimmte Personen, um ihre Aura zum Ausdruck zu bringen. Aber, wie oben ausgeführt, man musste durch Parfüms vor allem auch primäre Erwartungen von Gesundheit und Hygiene befriedigen. Diese Funktionen standen bei der Kreation im Vordergrund. Dennoch wurde bei der Duftkreation dem König oder den Höhergestellten als Individuen besonders Rechnung getragen, um sie von anderen abzuheben. Vermutlich gab es aber aufgrund ausgemachter Parfümliebhaber auch bereits Düfte, die speziell in Hinblick auf eine Identität, also die Einzigartigkeit eines Wesens, kreiert wurden. Zumindest kann man annehmen, dass die für sie kreierten Parfüms etwas Besonderes hatten und Ausdruck ihrer Person und Stellung waren.

Meine These lautet deshalb: Die Renaissance in der Kunst, insbesondere in der Malerei ab dem 14. Jahrhundert, hatte in der olfaktorischen Kunst ihren Vorläufer. Das wussten auch Zeitzeugen. So brachten Kreuzfahrer vom zweiten Kreuzzug (1147–1149) Parfüms, Parfümzutaten sowie Kreationstechniken aus Arabien mit, die der Duftherstellung im Abendland weit überlegen waren und sie von Grund auf neu inspirierten.

Die Verwendung von Myrrhe – nicht nur einer der liebsten Inhaltsstoffe Tapputis – verrät das Geheimnis und Wesen der damaligen Parfümerie und warum sie so attraktiv wurde, wie sie heute ist. Traditionell wurde nämlich Myrrhe auch als Aphrodisiakum verwendet. Frauen und Männer trugen sie als Parfüm, und Betten wurden vor dem Geschlechtsverkehr damit beträufelt. Gleichzeitig bot die Myrrhe noch einen weiteren Nutzen: Sie wirkt auf der Haut desinfizierend und beugt Entzündungen vor. Kalmus bringt noch einen weiteren Dreh ins Parfüm. Er hat eine herrlich erfrischende, weiche, würzige Note. Doch Tapputi schätzte ihn noch aus einem anderen Grund: Sein Wurzelextrakt war wegen seiner stimmungsaufhellenden Wirkung beliebt, der in leicht höheren Dosen sogar Halluzinationen verursacht. Parfüms waren also schon damals die schönste aller Drogen. Und sie vereinten vielfache Wirkungen in sich: Sie rochen gut, dienten der Steigerung des sinnlichen Vergnügens, waren Desinfektionsmittel, boten Stimmungsaufhellung und Sinnesrausch und wurden wegen ihrer Kostbarkeit zur Huldigung der Götter verwendet, was oft im Rauschzustand geschah. Das machte sie wiederum zu kostbaren Geschenken für alle, die einem wichtig waren und mit denen man das Erlebnis teilen wollte.

Auch in der neuen Welt hatten Parfümkreationen diese Gründe und boten ebenfalls Zusatznutzen. Die Indianer heilten u. a. mit Pflanzensud. Frisch zerriebene Blätter dienten als Wundpflaster. Tabaksaft half gegen Zecken und wurde auch zur Desinfektion von Wunden verwendet. Verschiedene Aromen dienten nicht nur medizinischen Heilungen, sie wurden auch als Aphrodisiakum eingesetzt.

Duftende Cremes aus Bienenwachs wurden als Salbe bei Verbrennungen und Insektenstichen verwendet. Sweet Leaf, ein aztekisches Süßkraut, diente mit seinem stark süßen und leicht moschusartigen Aroma der Steigerung sinnlichen Vergnügens und war gleichzeitig das bevorzugte Universalheilmittel von vielen Indianerstämmen in Zentralamerika.

Die amerikanischen Ureinwohner praktizierten auch rauchunterstützte, aromatherapeutische Anwendung mit Rauchschalen-Segensritualen. Ziel waren nicht nur die Regeneration, sondern auch die Reinigung von negativer Energie – sowohl emotional als auch geistig und körperlich. Dafür wurde ein Bündel spezieller getrockneter Kräuter, u. a. Salbei, angezündet, sodass ein aromatischer Rauch entstand, der in den zu reinigenden Bereich oder zu der betreffenden Person geweht wurde.

Hinter allen Wirkungen eines Parfüms, also einer Beduftung, steht die Möglichkeit zur Veränderung, zur Verwandlung. Das ist der Hauptgrund für den Erfolg der Parfümerie. Auch in alten Zeiten war Parfüm ein Transformationsangebot. Psychologisch ausgedrückt: Man versuchte mit dem Parfüm seinem Idealselbst, seinem Ideal-Erlebenswunsch bzw. seinem gesuchten Erleben, wie man sich jetzt mehr fühlen möchte, näherzukommen bzw. mit dem Göttlichen oder einem höheren Ich Kontakt aufzunehmen. Und das muss zumindest subjektiv oft gelungen sein.

Parfüm hatte damit von Anfang an eine psychotherapeutische Funktion. Denn die Psychologie weiß: Menschen sind umso glücklicher, je geringer sie die Distanz zu ihrem idealen Selbst erleben bzw. zwischen dem, wie sie sich im Moment fühlen und wie sie sich fühlen wollen. Bei größer empfundener Distanz fühlen sich Menschen gestresster und weniger glücklich. Das erklärt, warum ich als klinischer Psychologe Duftpsychologe wurde. Es war seit jeher das Bestreben der Parfümerie, dass sich Menschen durch Duft als besser und schöner erleben.

Myrrhe und Kalmus haben bis in die moderne Parfümerie ihre Attraktivität behalten. Kalmus findet sich z. B. in den Unisex-Düften „Extrait d'Atelier Maître Chausseur" und „Comme des Garçons Series 1 Leaves: Calamus", Myrrhe in den Unisex-Parfüms „La Myrrhe" von Serge Lutens und „Myrrhe Ardente" von Annick Goutal, das es noch vereinzelt im Markt gibt. Glücklich schätzen können sich alle Myrrhe-Liebhaber, wenn sie von Etro „Messe de Minuit" in den Händen halten. In der Basisnote dominieren Myrrhe, aber auch Weihrauch und Honig, die ältesten Parfüminhaltsstoffe der Welt.

Die Parfümkunst in Grasse ist aus gutem Grund zum Unesco-Weltkulturerbe ernannt worden. Selbst wenn sich im Laufe der Jahrtausende die Duftvorlieben geändert haben, sind die Inhaltsstoffe weitgehend gleich geblieben. Deshalb ist der weltweite Schutz von Feldern wichtig, auf denen wertvolle Duftpflanzen bzw. Blumen und Gewächse wachsen – selbst wenn einige von ihnen momentan nicht so en vogue sein sollten.

7.3 Die erste Duftrevolution: Wie Entdeckungen die Parfümerie veränderten

Die Parfümerie hat bislang zwei Revolutionen erlebt, die Dritte beginnt gerade. In diesem Abschnitt möchte ich von der ersten Revolution berichten: die Entdeckung der alkoholischen Parfümerie.

Weltweit bestanden die ersten Kreationen der Parfümerie aus zwar schön riechenden, doch eher festcremigen und harzigwachsigen Produkten. Gleichzeitig gab es bereits duftende ätherische Öle, die aus dem Öl der Pflanze, der Essenz, gepresst wurden. Erst wesentlich später wurde durch Destillation extrahiert, wie heute oft noch mit Dampf. Die archäologische Forschung datiert zwar die Entdeckung der Destillation auf vorchristliche Zeit, dennoch wird der andalusische Botaniker und Arzt Ibn al-Bayér (1197–1248 n. Chr.) urkundlich als erster im Zusammenhang mit dieser Methode zur Herstellung ätherischer Öle erwähnt. Sicher wurde sie schon früher zur

Destillation von Rosenblüten von einem persischen Arzt eingesetzt. Mittlerweile haben sich die Verwendung ätherischer bzw. essenzieller Öle zu einer gängigen therapeutischen Praxis und die Herstellung zu einer Industrie entwickelt. Ätherische Öle werden sowohl von Ärzten als auch von Heilpraktikern zur Stärkung der Gesundheit eingesetzt (Zimmerman 2017). Dabei ist ein fundiertes Anwendungswissen, beispielsweise in Bezug auf den Reinheitsgrad der Öle, erforderlich. Eine unsachgemäße Anwendung kann Schäden wie beispielsweise allergische Reaktionen und Hautreizungen verursachen. Im Zweifelsfall sollten ätherische Öle deshalb nicht unverdünnt direkt auf die Haut aufgetragen werden. Ich empfehle, sie vor Berührung mit der Haut zuerst auf einen Duft-, sprich Papierstreifen (es geht auch Kaffeefilterpapier) aufzutragen.

Die erste große olfaktorische Revolution in der Parfümerie fand durch die Verbindung von Duftölen mit Alkohol und etwas Wasser statt. Dies war die Stunde der Entdeckung der Parfüms, wie wir sie heute kennen. Die alkoholische Parfümerie wurde zu einer faszinierenden Kunst, und Parfümeure wurden zu wahren Künstlern. Denn die Wirkung der sich durch Alkohol schneller, brillanter und feiner verflüchtigenden Duftmoleküle war atemberaubend neu für den Geruchssinn. Nie wurden bis dahin Blumen und Pflanzen so rein und pur gerochen – wie eine stimmungsaufhellende, olfaktorische Symphonie. Von nun an stand die Parfümkreation selbst vor allen Zusatznutzen an erster Stelle.

Zwar kann einem bei zu schnellem Anriechen der Alkohol unangenehm in Nase und Kopf steigen, aber nichts anderes lässt eine Blüte so duften. Der persische Arzt Avicenna (980–1037) soll als Erster die Destillierung von Rosenblüten beherrscht haben. Er war somit wohl der erste wahre Meister des schönen Riechens, der mit seinen Kreationen die Seelen der Menschen verzaubern konnte. Sicherlich gab es bereits zuvor unbekannte Maîtres de Parfum, doch die offenbar im 7. Jahrhundert wiederentdeckte alkoholische Parfümerie (die Ägypter kannten Sie schon 400 v. Chr.) sorgte für eine neue Dimension des Riechens, die sofort für alle erlebbar wurde: den faszinierendsten aller Duftgenüsse, den man sich zum ganz persönlichen Lieblingsparfüm kreieren lassen konnte – vorausgesetzt, man konnte es sich leisten.

Es waren Italiener, die im 12. bis 14. Jahrhundert für die Kreation der schönsten Parfüms mit verschieden Alkoholarten experimentierten. Schnell erkannte man, dass die Alkoholsorte eine große Rolle beim Duftgenuss spielt. In Deutschland mussten Parfümeure ab 1807 noch mit Alkohol aus Zuckerrüben arbeiten, der schnell mal in die Nase stach. Parfümeure hierzulande entwickelten zwar verschiedene Techniken, um ihn etwas weicher zu machen, dennoch erkannten Nasen und Parfümliebhaber, welcher Alkohol für eine Kreation verwendet wurde, was bei dem großen Alkoholanteil in Parfüms kein Wunder ist. Hinzu kam, dass der Alkohol aus Zuckerrüben nicht so schnell verflog. Der Grund für den Siegeszug der Zuckerrübe in unseren Breiten war Napoleons Kontinentalsperre von 1807 bis 1813. Sie sorgte für ein Aufblühen der Rübenzuckerindustrie, die nach dem Aufheben der Sperrung durch den Import von billigerem Rohrzucker aus den Kolonien zunächst einbrach und danach staatlich unterstützt wurde. So entstand die erste Rübenzuckerfabrik der Welt in Schlesien.

In Deutschland wurde Agraralkohol schon seit langem unter staatlicher Aufsicht in landwirtschaftlichen Brennereien erzeugt, allerdings zunächst ohne den Gedanken an eine Verwendung in Parfüms. Frankreich hatte dagegen schon immer den besseren Alkohol für Parfüms. Er stammte aus Rohrzucker, Weizen oder Trauben bzw. wurde in L'Eau de Vie-Qualität aus Obst eingesetzt. Dieser Alkohol roch runder und schmeichelte mehr der Nase.

Mit durch die Destillation von Trauben gewonnenem Ethanol, also Alkohol, wurde wohl bereits zwischen dem 7. und 9. Jahrhundert in der arabischen Parfümerie experimentiert. Doch in den Augen mancher ist Alkohol eher ein Fluch als ein Segen. So gibt es bereits sehr gute alkoholfreie Parfümträger, beispielsweise von dem Schweizer Biochemiegiganten Lonza. Feine Nasen wollen jedoch beim Parfüm nicht auf Alkohol verzichten, auch wenn ihm das Risiko einer olfaktorischen Sensitivität bzw. Atemwegsreaktion nachgesagt wird. Die schwedische Wissenschaftlerin Eva Millqvist glaubt, dass Ethanol als Lösungsmittel bei empfindlichen Personen die Atemwegsreaktion verstärken kann, was zu allergischen Reaktionen führen kann.

Man sollte deshalb ein Parfüm immer auf einen Duftstreifen auftragen und immer erst schnuppern, bevor man intensiver riecht. Riechen braucht auch etwas Geduld und Entfernung von der Nase. Warten Sie etwa 30 Sekunden bis eine knappe Minute, bevor Sie an einem frisch auf einen Duftstreifen aufgetragen Duft riechen, damit der Alkohol etwas verfliegt. Schnuppern Sie an dem Duft auch erst in einer Entfernung von 30 Zentimetern zu ihrer Nase, bevor sie ihn näher an sich ranlassen. Ich empfehle ferner, bei duftunterstützten Therapien Düfte nur auf Duftstreifen zu riechen.

Zurück zu den mit Alkohol und anderen Lösungen experimentierenden Italienern. Sie wollten für die stetig wachsende Parfümindustrie die geeignetsten Parfümträger und Kreationstechniken finden. Für sie stand der beste Duftgenuss im Vordergrund. Dabei wurden sie von Parfümkreationstechniken und -zutaten inspiriert, die die Kreuzfahrer nach dem zweiten Kreuzzug (1147–1149) aus Arabien mitbrachten.

Im 14. Jahrhundert war es dann soweit. Dank einer italienischen Erfindung zur Duftherstellung kam ein Parfüm auf den Markt, das über 400 Jahre bis zum Verlorengehen seiner Rezeptur den Markt beherrschte und das bis heute längst verkaufte Parfüm ist: „Aqua Reginae Hungariae", „Ungarisches Wasser", wie man es heute noch nennt (Strassmann 2012). Es war das erste international vertriebene Parfüm, das alle Königshäuser in Europa olfaktorisch beherrschte. Dabei hatte es eine besonders klare alkoholische Lösung von 95 % Alkohol, die eigens für das Parfüm verwendet wurde. Heute würde man sagen, dass es sich um ein Eau de Cologne oder um ein sehr leichtes Eau de Toilette handelte. Das passte gut in den Trend der damaligen Zeit, weil es auf Einsteck- und Taschentücher gegeben werden konnte und beide Geschlechter gleichermaßen mit seinem Duft beglückte. Zu verdanken ist diese Kreation mit dem Hauptbestandteil Rosmarin, der Pflanze der ewigen Treue, Elisabeth von Polen, Königin von Ungarn (1326–1361). Leider ging die exakte Parfümrezeptur im 18. Jahrhundert verloren.

7.4 Digitales Parfümmarketing: Tipps der erfolgreichsten Influencer

■ **Das erste belegte Parfüm-Influencer-Marketing**

Elisabeth von Polen ist mit ihrem langlebigen Parfüm nicht nur die bislang erfolgreichste Parfümeurin aller Zeiten, sie war auch eine Meisterin ganz anderer Art: Als Erste setzte sie Influencer-Marketing als bewusste Verkaufsstrategie in der Parfümerie ein.

Französische Könige waren die offiziellen Meinungsmacher bzw. Influencer der damaligen Zeit. Doch wahre Meister auf diesem Gebiet waren die Damen am und um den Hof, die wussten, wie man den jeweiligen König für etwas gewinnen konnte. Heutzutage werden fast alle Trends durch digitale Mund-zu-Mund-Propaganda bzw. Meinungsmacher in den sozialen Medien lanciert und verbreitet. Dabei hat theoretisch jeder die Chance, Influencer zu werden. Ursprünglich war diese Beeinflussung jedoch überwiegend erfolgreichen Königen und Königinnen vorbehalten, zu denen besonders französische Monarchen zählen. Hierzu gehörte der einflussreiche Karl V. (1338–1380), auch der Weise genannt. Er gilt als der erste bekannte moderne französische Duftliebhaber. Außerdem glaubte er sein Leben lang, ein Parfüm entdeckt zu haben, das einen Megatrend in der Parfümerie auslöste. Es war aber wohl etwas anders: Elisabeth von Polen setzte alles daran, dass Karl ihr Parfüm entdeckte, und das gelang ihr so gut, dass er glaubte, er selbst habe diesen Duft aufgespürt.

Elisabeths Parfüm beruhte auf einer ungewöhnlich attraktiven Parfümformulierung. Es roch nicht nur außerordentlich gut, weshalb es sowieso jeder haben wollte, sondern ihm wurde durch einen befreundeten Mönch sogar Verjüngung und Heilwirkung bei Pest und Gicht nachgesagt. Dennoch gelang es der Monarchin nicht, ihr Familienparfüm erfolgreich zu vermarkten. Denn es gab einen mächtigen Konkurrenten: das extra für Karl V. kreierte Parfüm „Carmelite Water", das die ganze Aufmerksamkeit am französischen Hof auf sich zog. Elisabeth von Polen musste einen Plan entwickeln, um mit ihrem Parfüm in den Dunstkreis des Herrschers zu gelangen und ihn für ihren Duft zu gewinnen – möglichst so, dass er sich selbst für den Entdecker des Duftes hielt. Dabei sollte ihr ihre Tochter Elisabeth von Pommern (1347–1393), hübsch, für die damalige Zeit recht groß und wohlgestaltet, helfen. Sie musste Zugang zum direkten Umfeld Karls V. bekommen, damit er vermeintlich zufällig das Parfüm riechen und für sich als wesentlich passender und attraktiver empfinden sollte. Haupthindernis dabei waren die Damen am Hof, die eifersüchtig darüber wachten, dass niemand außer ihnen dem König zu nahe käme. Den Zugang zum Monarchen eröffnete eine Heirat: Elisabeth von Polen verheiratete ihre Tochter mit dem Bruder der Mutter Karls V., dem römisch-deutschen Kaiser Karl IV. Elisabeth von Pommern kam so in die Nähe Karls V., und der Plan ging auf. Der duftverliebte Monarch machte die Familienkreation „Aqua Reginae Hunga-riae" zum bis dahin größten Parfümerfolg Europas (Schwedt 2008). Der Duft wurde immer wieder – auch von Karl V. selbst – ein wenig weiterentwickelt. Obwohl die Originalformulierung verloren ging, gibt es den Duft noch heute in verschiedenen Versionen zu kaufen, die sich auf das Ur-Parfüm berufen, beispielsweise von Crabtree & Evelyn, wo es als „Hungary Water Eau de Cologne" angeboten wird.

- **Techniken und Methoden der modernen Influencer**

Die Geschichte der heutigen erfolgreichen Influencer der Parfümerie begann mit Michelle Phan auf Youtube im Mai 2007 (Phan 2014). Sie hatte sich als Beraterin bei einem Lancôme-Counter in Florida beworben und wurde abgelehnt. Danach begann sie, ihre Liebe und Leidenschaft für Make-up anderen über Youtube mitzuteilen. Als sog. „Beauty-Vloggerin" (Kombination aus Video und Blogging) erreichte sie in wenigen Jahren 8 Millionen Beauty-Fans. Schon sehr früh wurde Michelle vom französischen L'Oreal-Konzern gesponsert und präsentierte wie alle Beauty- und Fashion-Blogger in sog. Hauls ihre jüngst erstandenen Einkäufe, beriet ihre Follower und kürte ihre persönlichen Lieblingsprodukte. Daraus entwickelte sich ein Beruf, der Journalismus und Marketing kombiniert.

Als Influencer wird heute eine Person bezeichnet, die aufgrund ihrer Vertrauenswürdigkeit, ihres Wissens und ihrer medialen Präsenz als Meinungsführer vor allem über Internet bzw. digitales Marketing anderen Menschen Kaufentscheidungen abnimmt. So verhelfen Influencer Marken, Produkten und Serviceangeboten zum schnelleren Durchbruch. Damit sind sie Reichweitenmultiplikatoren und erzielen zusätzlich eine größere Testbereitschaft der Angebote (Backaler 2018; Prahl 2019).

Die erste Generation von Parfümerie-Influencern, die sich als Beauty-Vlogger einen Namen machten, wie beispielsweise Bethany Mota, Zoe Sugg und Ingrid Nilson, empfahlen in erster Linie Lieblings-Make-up-Produkte. Sie machten aber auch Entdeckungen, die sich sofort bei der Parfümberatung anwenden ließen. Top-Beauty-Vlogger veröffentlichen pro Woche durchschnittlich zwei Beiträge auf Youtube. Sie erkannten – vielleicht zunächst rein intuitiv – die DNA der Parfümerie. Hier dreht sich in erster Linie alles um die Themen Schönheit, Attraktivität und Steigerung des Wohlbefindens. Im zweiten Schritt erkannten sie, dass sie ihre Follower je nach Wochentag anders ansprechen mussten, da beispielsweise der Wohlfühlwunsch zum Wochenbeginn anders aussieht als zum Wochenende. Anders ausgedrückt: Je nach Wochentag braucht man zum Wohlfühlen andere Dinge, da man mehr oder weniger bewusst einen anderen Nutzen von der Schönheitspflege erwartet.

- Wohlfühlen am Montag und Dienstag heißt, mehr Sicherheit zu haben und zu wissen, dass man die richtigen Do-it-yourself-Beauty-Tools zur Verfügung hat, um zum Wochenbeginn richtig durchzustarten. Außerdem wird der Follower aufgebaut, und ihm wird Mut zugesprochen, beispielsweise so: „Ich möchte, dass ihr alle seht, wie schön ihr seid – mit und ohne Make-up."

Aus der Parfümeriepraxis ist bekannt, dass der Wochentag auch die Duftwahl beeinflusst. Kunden sind zum Wochenbeginn offener für fein-herbe Chypre- oder Ledernoten. Sie wirken wie ein Schutzschild, vermitteln eine Aura von Selbstsicherheit und Kompetenz, eben was man für Mitarbeiterbesprechungen braucht, die in vielen Betrieben am Montag stattfinden.

- Wohlfühlen am Donnerstag und Freitag bedeutet, Do-it-yourself-Tools zu besitzen, mit denen man Neues ausprobieren bzw. sich verwandeln kann, um genussversprechende Fantasien auszuleben. Die typische Botschaft der ersten Influencer lautete dementsprechend: „Werde die Person, die du sein willst.

Das Leben ist zu kurz, um nur einen Look zu haben, experimentiere! Finde alle Seiten von dir!" Donnerstags und freitags sind Parfümeriekunden viel eher bereit, neue Düfte auszuprobieren. Nicht umsonst finden viele Parfümneulancierungen donnerstags statt, dem Tag, an dem in der Regel auch die neuen Filme ins Kino kommen.

Die ersten modernen Influencer machten bei ihren meist höchstens dreiminütigen Kurzvideos noch eine weitere Entdeckung, die Verkaufsprofis ebenfalls bestätigen: Man fasziniert andere am besten, wenn man die Beratung auf den Kopf stellt, bzw. man fängt von hinten an, Kunden zu beraten. Ausgehend vom Verwendungs- und antizipierten Erlebenswunsch wird der Rückschluss auf die ideale Marke oder das ideale Produkt gezogen. Es wird sozusagen von der Zukunft aus in die Gegenwart beraten oder, psychologisch ausgedrückt, vom Idealselbst zum aktuellen Selbst. Im konkreten Fall wird beispielsweise vom Hautgefühl im anstehenden Urlaub auf das jetzige Hautgefühl geschlossen. Das wäre der Fall, wenn sich jemand für Sonnenschutz oder einen Sonnenduft interessiert, sich aber eigentlich auf eine Party mit Freunden unter freiem Himmel am Wochenende freut. Dieses antizipierte Wohlgefühl steht zunächst im Vordergrund – eine Erkenntnis, die die Werbung verändert hat. Stand beim klassischen Markenvideo noch das Produkt im Mittelpunkt, so ist es inzwischen der Erlebenswunsch. Auch orientieren sich Beauty-Vlogger-Videos nicht an den üblichen Werbespots, sondern wirken eher wie Empfehlungen von Freunden, die man auf verlinkten Webseiten als „Must-haves" kaufen kann.

Die erste Welle der Parfümerie-Influencer, die vor allem aus den USA und Großbritannien stammten, schwappte etwas zeitverzögert auch nach Deutschland über. Zu den bekanntesten Influencern der ersten Stunde zählten Daaruum, Ischtar Isik,

Bianca „Bibi" Heinicke und Sami Slimani, einer der ersten Männer der Branche.

Immer mehr Influencer wie Christophe Cervasel, Sylvie Ganter von Atelier Cologne oder Bibi kreierten in der Folgezeit eigene Parfüm- und Beautymarken. Viele sind zusätzlich gesuchte Markenmacher geworden, da sie spezifische Zielgruppen, insbesondere Neukunden, selbst mit einer relativ kleinen Anzahl an Followern erreichen. Influencer-Berühmtheit Bean (@beansiie), ein Teenager aus San Diego mit 75.000 Followern auf Instagram und Tumblr, schaffte es 2015, Willa, ein Social Commerce-Start-Up, zu einer gefragten Kosmetikmarke zu machen.

- **Trends des Influencer-Marketing im Bereich der Parfümerie**

Anfangs setzten Marken, Firmen und Parfümerien wie Sephora oder die Parfümerie Wiedemann in Bayern im Rahmen von „In-store Beauty Vlogging" eigene Mitarbeiter auf Instagram oder Youtube als Influencer ein, etwa unter dem Namen „Bavarian Beauty Gang". Gleichzeitig wurden externe Influencer, die bei Werbeagenturen beschäftigt waren, verpflichtet. Mittlerweile hat das Influencer-Marketing und damit auch die Anzahl der Influencer explosionsartig zugenommen, und mehrheitlich werden Influencer von Firmen für die Präsentation ihrer Produkte bezahlt (Knost u. Seeger 2020). Vor allem war die Entlohnung dann gut, wenn sie eine große Zahl von Follower hatten. In der Folge sollte das sog. Micro-Influencer-Marketing dem Verdacht auf Käuflichkeit entgegenwirken. Hier wird das Hauptaugenmerk nicht mehr auf die Zahl der Follower, sondern auf authentisches Expertentum in einem bestimmten Bereich gelegt (Schach u. Lommatzsch 2018).

Es ist von Vorteil, wenn der Meinungsmacher lokal vernetzt ist. Stationäre Parfümerien zählen täglich zwischen 20 und 200 Kunden, kleine Parfümerien oft nur um die 20 – Tendenz fallend. Da hilft dem Geschäft jeder Kunde, der durch einen Influencer geworben werden kann. Um eine größere Kundenzahl zu generieren, setzen viele stationäre Parfümerien inzwischen auf einen zusätzlichen Online-Shop. Bei vielen spielt dieser mittlerweile ein Drittel des Umsatzes ein.

Seit einigen Jahren bieten nun immer mehr Marken und Händler Kunden, die sie für Meinungsmacher halten, Partnerschaften an. Sie sollen außerhalb des Geschäfts als lokale Influencer wirken, anfangs digital, später in persönlichen Gesprächen, beispielsweise in einem Café. Ganz neu ist diese Idee nicht. Man denke nur an die vielen Avon-Beraterinnen vergangener Tage, die zu Hauspartys einluden und so den Direktvertrieb zum Erfolg führten. Der Direktvertrieb hat sich mittlerweile vielfach zum Social-Commerce- bzw. sozialen Verkaufsnetzwerk mit Influencer-Marketing entwickelt, bei dem der Influencer als selbstständiger Geschäftspartner eines Anbieters agiert und sein Umfeld bzw. seine Follower an seiner Kompensation mitprofitieren, getreu dem Motto „Wer teilt bzw. weiterempfiehlt, verdient mit".

- **Wie man sich als Marke selbst vermarkten kann: Tipps für das Parfüm-Vlogging**

Mittels Kurzvideos etwa auf Youtube kann man schnell und relativ einfach einen gewissen Bekanntheitsgrad als Beauty-Vlogger erreichen. Für das Vorstellen von Parfüms sind Kurzvideos von drei bis fünf Minuten ideal. Ein spannender Einstieg hilft, auch ungeduldige Zuschauer länger zu fesseln. Im Jahr 2019 wurden monatlich rund 30.000 neue Beauty-Videos hochgeladen, Tendenz steigend. Zu 98 % stammen sie von unabhängigen Filmemachern.

Auch bei einem Parfümvideo sagt ein Bild mehr als tausend Worte. Bilder sind Schnappschüsse fürs Gehirn, sie überwinden Sprachbarrieren, schaffen größere Viralität, werden häufiger kommentiert und geteilt. Videos werden sogar zwölfmal öfter geteilt als reine Text-Posts in Verbindung mit einem

Link. Deshalb ist Influencer-Marketing mit Beauty-Vlogging für die Online-Präsentation von Parfüms ideal.

Markenverantwortliche und Werbeagenturen staunen oft, mit welch einfachen Mitteln man Videos z. B. für Youtube produzieren kann und zum Beauty Vlogger wird. Facebook, Pinterest und Instagram eigenen sich für die Ankündigung und Bewerbung von Videos.

Für das Erstellen eines Videos benötigt man im Prinzip nur
- ein Tablet oder Smartphone, das gleichzeitig als Videokamera dient,
- einen Youtube-Account,
- Capture, ein Softwareprogramm für Videoproduktion und
- Grundkenntnisse in den Programmen iMovie (Apple) oder Movie Maker (Windows) zur Videobearbeitung.

Ein Video über Parfüms sollte bewusst nicht so perfekt wirken wie der Werbespot einer großen Marke. Wichtig ist, dass der Vlogger nicht nur gesehen, sondern auch gut gehört wird. Außerdem muss ein Parfüm-Vlogger authentisch und kompetent wirken sowie den Follower überraschen.

Für den Einstieg als Parfüm-Vlogger sollte man zunächst zwölf Videos von höchstens drei bis fünf Minuten produzieren, die zweimal wöchentlich als Fortsetzungsserie ins Netz gestellt werden. Nach sechs Wochen zeigt erfahrungsgemäß das Feedback, wie der neue Influencer beim Publikum ankommt.

Für jedes Video sollte ein kurzes Drehbuch erfasst werden, das festlegt, welche Parfüms gezeigt und welche Erklärungen dazu abgegeben werden. Außerdem sollten die Hintergrunddekoration und die Kleidung des Vloggers festgelegt werden. Für die Kameraführung und die Ausleuchtung kann man oft ein Familienmitglied oder jemanden aus dem Freundeskreis gewinnen. Perfekt sind dafür eine Digitalkamera mit HD-Videorecording und ein Stativ. Unbedingt sollte man in ein gutes externes Mikrophon investieren. Der Kameramann oder die Kamerafrau sollte auch immer kontrollieren, ob der Vlogger richtig in die Kamera blickt und im entscheidenden Moment Augenkontakt mit den Zuschauern hält. Das ist besonders wichtig, wenn etwas Positives über ein Parfüm gesagt wird. Es erhöht die Glaubwürdigkeit.

Alle Folgen sollten direkt hintereinander gefilmt werden – am besten an einem Wochenende, da dann die Geräuschkulisse von der Straße geringer ist. Denken Sie auch an unterschiedliche Formate. Das heißt, Ihr Video sollte auf allen Geräten aller Größen und Typen gleich gut aussehen und funktionieren. Deshalb sollten Sie ein Kamerasetting wählen, das mehr auf Close-ups ausgerichtet ist, aber noch etwas Hintergrund/Tiefe zeigt. So ist auch das Parfüm, das Sie jeweils besprechen, gut sichtbar. Bei der Aufnahme von Kurzvideos gilt auch die alte Regel: „Don't zoom, don't shake, don't swing" (nicht zoomen, nicht schütteln, nicht schwingen). Passende Musik gib es unter ▶ www.incompetech.com und ▶ www.danosongs.com.

Die fertigen Videos kann man mit Freunden mit entsprechenden Links z.B. auf Facebook teilen. Gemeinsam kommt man schnell auf 1000 Kontakte. Als Ankündigung eigenen sich auch bis zu 15 Sekunden lange Kurzversionen der Videos. Denken Sie daran, dass beim Drehen der Videos auch Bilder speziell hinter den Kulissen und von den Parfüms mit Dekoration gemacht werden sollten – idealerweise 30–50 Bilder, mit denen Sie dann auf Instagram, Facebook & Co zusätzliches Interesse für Ihr Parfüm-Vlogging wecken können.

Wichtig für den Erfolg eines Videos ist auch sein Titel. Er darf gerne emotional sein – vorausgesetzt, es hat eine Beziehung zum Vlogger selbst. So könnte eine Kurzvideoserie den Titel „Parfüms für Introvertierte" tragen. Eine der einzelnen Folge hätte dann vielleicht den Untertitel „Willkommen in der unschuldigen Welt der Veilchen".

Tipps

Wie man sich erfolgreich zur Marke entwickelt und sein eigenes Parfümvideo erstellt, sodass es spannend für Zuschauer wird

Hier fünf wesentliche Komponenten, die ich Ihnen für den Erfolg Ihres Beauty-Vlogging nennen möchte:

1. Zunächst nach dem Willkommen den aktuellen Anlass, den Grund bzw. das Warum für Ihr Video ansprechen. Das kann auf einen bestimmten Tag (Montag/Dienstag vs. Donnerstag/Freitag) ausgerichtet sein, der den Bezug zum Thema gleich verrät. Ideal schaffen Sie das in den ersten 10 bis 20 Sekunden, damit alle gespannt bleiben, wie Ihr Video weitergeht. Das heißt, in dieser Zeitspanne sollten Ihre Zuschauer schon eine Ahnung haben, was in den nächsten Minuten passiert und warum es erzählt wird. Ganz wichtig beim Willkommen ist der Augenkontakt.

   Als Anlass oder Warum könnten Sie z. B. die Woche nehmen, in der der „Pflanz-eine-Blume-Tag" gefeiert wird. Er findet immer im März statt, wenn auch das Duftveilchen blüht. Idealerweise wären Sie dann auch von blau-violetten Veilchen umgeben, was übrigens als Farbe, wie alle rotstichigen Töne im Web, sehr gut rüberkommt.

   Wird das Video am Montag/Dienstag ins Netz gestellt, könnte man erklären, was der Veilchenduft zum Wochenbeginn für einen tun kann. Wird das Video am Donnertag/Freitag ins Netz gestellt, könnte man z. B. über die Verwandlung sprechen, die man mit einem Veilchenduft erleben kann. Idealerweise zeigt man insgesamt zwei bis drei Parfüms von unterschiedlichen Marken (man hat sie vor sich stehen). Sie können aber auch nur ein Parfüm vorstellen, sagen aber gleich, dass Sie im nächsten Video auch noch andere Parfüms besprechen werden.

2. Um Authentizität zu vermitteln und Vertrauen beim Zuschauer zu wecken, empfiehlt es sich, das eigene persönliche „Warum" in die Ansprache einzubeziehen: wie man zu dem Duft gekommen ist und warum man ihn so liebt. Ideal ist, wenn Sie über freundlichen Augenkontakt und persönliches Erleben noch zusätzlich Kompetenz und Vertrauen kommunizieren. Sie könnten zum Beispiel berichten, wie Sie mit diesem Veilchenduft persönliches Glück fanden und deshalb mit anderen dieses Erlebnis teilen wollen. Übrigens: Versprecher im Video sind gar kein Problem. Das macht Sie sympathisch und authentisch.

3. Jetzt kommt der Moment, in dem sie Ihr Parfüm leidenschaftlich, aber nicht überzogen als persönlichen Gewinn und Genuss demonstrieren. Hierfür riechen Sie, stellvertretend für Ihre Zuschauer, am Parfüm, das Sie auf einen Duftstreifen aufsprühen. Besprechen Sie taktiles Erleben durch Berühren des Flakons bzw. nehmen Sie ihn in die Hand. Ferner zeigen Sie den Namen und die Verpackung des Parfüms. Jetzt können Sie auch ein paar andere Inhaltsstoffe des Parfüms nennen.

4. Nun kommt vielleicht die wichtigste Szene in Ihrem Parfümvideo: Wenn der Zuschauer möglicherweise zu antizipieren beginnt, wie das Video weitergehen könnte, machen und zeigen Sie Unerwartetes. Sie integrieren eine Überraschung in das Video, die in Erinnerung bleibt und so die digitale

Mund-zu-Mund-Propaganda für Ihr Video fördert, sodass das Beratungserlebnis verbal mit anderen geteilt wird. Beispielsweise lassen Sie etwas oder jemanden über den Duft mitentscheiden, der bislang noch gar nicht im Video vorkam. Es könnte ihre Katze oder ein anderer Vierbeiner sein.
5. Alle, denen Ihr Parfümvideo gefällt, wollen Sie natürlich wiedersehen. Kündigen Sie deshalb Ihre nächste Show an, wann Sie das Video ins Netz stellen und worüber Sie berichten werden.

Wenn Sie jetzt noch Ihr Drehbuch in drei bis fünf Minuten als Video umsetzen können und auch noch Augenkontakt mit Ihren Zuschauern aufnehmen, steht Ihnen als Parfüm-Vlogger nichts mehr im Wege.

Noch ein Letztes: Wählen Sie die Parfüms, die Sie zeigen möchten, gut aus. Ideal für Influencer-Marketing sind z. B:
- Parfüms im Trend
- Innovative Parfüms
- Duftende Entdeckungen, z. B. auf einer Reise
- Wiederentdeckungen bzw. schon längst vergessen geglaubte Duftschätze
- Keine Mainstream-Produkte
- Eigenmarken, Exklusivmarken, die man nicht in jeder Parfümerie findet
- Guter Einstiegspreis. Premium-Parfüms sind naturgemäß nicht günstig. Die Erfahrung zeigt: Für diese Parfüms benötigt man Sonder- oder Reisegrößen bereits unter 50 Euro
- Das Vorhandensein von Proben und Samples (für die vom Influencer beworbenen Produkte), die von Neukunden im Laden abgeholt werden können, die man aber wie das Parfüm selbst vielleicht auch auf einer Website bestellen kann
- Zum Abschluss das Wichtigste. Stellen Sie sicher, dass das von Ihnen gezeigte Parfüm bei Ihrer Zielgruppe auch eine gute „Conversion-Rate" hat. Darunter versteht man, wie viele Proben man z. B. für das Parfüm geben muss, bevor sich ein Kunde für den Duft entscheidet. Eine Duftprobe kostet den Handel etwa um 0,35 Euro. Jetzt können Sie selbst ausrechnen, wie viele kostenlose Proben man sich bei welcher Marge leisten kann, damit es sich noch rechnet. Wahrscheinlich kommen Sie dann zum selben Ergebnis wie viele im Duftmarketing: Sofern man nicht für ein Parfüm ein sog. „Overinvestment" machen möchte, um es bekannt zu machen, sind es etwa um die zwölf ausgegebene freie Proben pro verkauftem Parfüm, die man sich noch leisten kann.

Habe ich Sie neugierig gemacht, es selbst als Influencer bzw. als Parfüm-Vlogger zu probieren? Das würde ich mich sehr freuen, denn unsere Branche lebt von neuen Themen und Ansichten. Und an alle Quereinsteiger: Nur Mut! Oft lässt sich Wissen aus unterschiedlichen Branchen originell verbinden.

Zusammenfassung

Totgesagte leben länger, das gilt auch in der Parfümerie.

In diesem Kapitel wurde die Dynamik von Trends, insbesondere die von Retro-Trends bei Parfüminhaltsstoffen am Beispiel des Veilchens vorgestellt. Dann ging es um die erste Revolution der Parfümeriebranche: die Entdeckung der alkoholischen Parfümerie – alles mit dem Ziel, viel interessanten Stoff für das eigene Storytelling zusammenzustellen bzw. als Parfüm-Influencer zu faszinieren.

Im zweiten Teil des Kapitel besprachen wir dann, wie sich die Parfümerie beim digitalen Marketing von Parfüms in den letzten Jahren weiterentwickelt hat, und berichteten über bemerkenswerte Erkenntnisse von heutigen Influencern, wie man sich als Marke bzw. sein Parfüm speziell über Kurzvideos, bespielt auf Social-Media-Kanälen, erfolgreich vermarkten kann. Dafür wurden ganz konkrete Ideen und Tipps für die Erstellung und Dramaturgie von Kurzvideos gegeben. Ferner gab das Kapitel Hinweise, welche Parfüms sich besonders für die Online-Vermarktung eignen.

Literatur

Backaler J (2018) Digital influence: unleash the power of influencer marketing to accelerate your global business. Springer, Cham

Knost J, Seeger C (2020) Influencer-Marketing – Grundlagen, Strategie und Management. UVK, München

Phan M (2014) Make up: your life guide to beauty, style, and success – online and off. Harmony Books, New York

Prahl J (2019) Influencer – wie Online-Verkäufer das Internetshopping beeinflussen. Das Erste, (w) wie Wissen. Das Erste (NDR).Video verfügbar bis 11.11.2022

Schach A, Lommatzsch T (2018) Influencer Relations: Marketing und PR mit digitalen Meinungsführern. Springer Gabler, Wiesbaden

Schwedt G (2008) Betörende Düfte, sinnliche Aromen. Wiley, Weinheim

Strassmann R (2012) Duftheilkunde – Der Weg, Düften zu begegnen. Kräuterwissen – Klangreise – Wegzeichen. Hofstetten, St. Peterzell / SG

Zimmermann E (2017) Aromapflege für Sie: Mit ätherischen Ölen begleiten, trösten und stärken. Thieme, Trias

Große und kleine Momente der modernen Parfümerie

Von der Suche nach der blauen Blume und dem Atlantis der Parfümerie – wie die Parfümerie zu dem wurde, was sie heute ist

Inhaltsverzeichnis

8.1 Duft & Erotik bei Charles Baudelaire oder: Die Veränderung im Denken – 184

8.2 Der Pate der Parfümerie oder: Sind Parfüms unmoralisch? – 187

8.3 Parfüm & Poesie: Die deutsche Duftseele – 189

8.4 Parfüm & Image: Das Auf und Ab der Parfümerie – 192

8.5 Pheromone oder: Der aktuelle Stand der Suche nach dem Atlantis der Parfümerie – 194

8.6 Die zweite Duftrevolution: Wie Entdeckungen zum schöneren Riechen führten – 200

8.7 Parfüm & Selbst – Wirkungen auf das Ich oder: Die schönste aller Drogen? – 203

Literatur – 209

© Der/die Autor(en), exklusiv lizenziert durch Springer-Verlag GmbH, DE, ein Teil von Springer Nature 2021
J. Mensing, *Schöner RIECHEN*, https://doi.org/10.1007/978-3-662-62726-6_8

8.1 Duft & Erotik bei Charles Baudelaire oder: Die Veränderung im Denken

Von Charles Baudelaire, der in Paris lebte und vom urbanen Leben in seiner Stadt ganz wesentlich in seiner Dichtung beeinflusst wurde, ist bekannt, dass er auch ein Geruchsfanatiker war. Besonders Körperdüfte und Sexualgerüche spielten oft eine zentrale Rolle in seinen Gedichten. Seine Duftleidenschaft ging sogar so weit, dass er seine berühmte Gedichtsammlung „Les Fleurs du Mal" (zu Deutsch: „Die Blumen des Bösen" – wahrscheinlich hätte Baudelaire die Übersetzung „Die Blüten des Bösen" besser gefallen) mit parfümierter Tinte zu Papier brachte.

Viele seiner Gedichte, Duftempfindungen und -erinnerungen wurden von Jeanne Duval, Baudelaires exotischer Geliebten und Muse, inspiriert. Sie war Schauspielerin, Tänzerin und eine karibische Schönheit aus Haiti, die er „Vénus Noire" nannte. Ihr Einfluss zeigt sich etwa im Gedicht „Le Serpent qui danse" (Die Schlange, die tanzt), das Teil der Gedichtsammlung „Les Fleurs du Mal" ist. Von den über 100 Gedichten wurden mit der Veröffentlichung der Sammlung (etwa um 1857) gleich sechs wegen Gefährdung der Sittlichkeit verboten.

Dieses Kapitel muss ich mit einer Danksagung an Charles Baudelaire (1821–1867) beginnen. Er war nicht nur einer der größten französischen Lyriker, er gab auch Duft und Parfüm in der Literatur ab Mitte des 19. Jahrhunderts einen ganz anderen Stellenwert. Durch ihn wurde, nach einer langen Ära olfaktorischer Keuschheit, Geruch wieder in facettenreicher und purer Erotik gesucht, erlebt und genossen. Mit Baudelaire und seinen für die damalige Zeit sündig-unmoralischen wie sinnlich-provozierenden fantasievollen Gedichten wurden aber auch Parfümeure zu neuen Kreationen angeregt, die zur zweiten Revolution der Parfümerie führten. Man begann, mit artifiziellen, sprich synthetischen Duftstoffen für innovative Dufteindrücke zu experimentieren, wie man sie bis dahin in der Parfümerie nicht kannte.

Wenige ahnten damals, dass Charles Baudelaire mit den „Blumen des Bösen" bzw. seinen Imaginationen, die keine Kopie der Wirklichkeit waren, sondern Verwandlungen von Erscheinungen – beruhend auch auf perversen Szenen und provozierenden Bildern der menschlichen Fantasie – einer der bedeutendsten Lyriker nicht nur der französischen Sprache werden sollte (Miertsch 2005). Geahnt hat den ungewöhnlichen Rang des Werkes Victor Hugo, der 1857 an Baudelaire schrieb: „Ihre Fleurs du Mal strahlen und glänzen wie Sterne."

8.1 · Duft & Erotik bei Charles Baudelaire oder: Die Veränderung im Denken

Selbst in unseren Tagen werden Parfümeure noch von der Baudelaire'schen Dichtung für ihre Kreationen stimuliert. So hat die olfaktorische Interpretation seines Gedichts „Parfum Exotique" dem Eau de Parfum „Baudelaire" von BYREDO einen Duftcharakter von wild-exotischer und geheimnisvoll-betörender Anziehungskraft gegeben. Leder-Noten und schwarzer Pfeffer treiben sich dabei gegenseitig an. Auch bei den verschiedensten Vertonungen der Baudelaire'schen Gedichte liegt bis heute eine eigenartige Erotik in der Luft. Hier zwei Beispiele von Georges Chelon und Michael Mansour: ▶ https://www.youtube.com/watch?v=BO-Pya5G3P4, ▶ https://www.youtube.com/watch?v=5yRyMU-SA8qs.

> **Parfum Exotique**
> Quand, les deux yeux fermés, en un soir chaud d'automne, Je respire l'odeur de ton sein chaleureux, Je vois se dérouler des rivages heureux, Qu'éblouissent les feux d'un soleil monotone …
>
> Wenn sich mein auge schliesst an einem warmen herbstabend, Und deines heissen busens duft mich lezt, Dann bin ich in ein selig reich versetzt. An immer gleicher sonnenglut sich labend …[1]

Mit Baudelaire bekamen Duft und Parfüm einen ganz anderen Stellenwert in der Literatur. Beides wurde wichtig, konnte komplex und eben auch eindeutig erotisch und sündig und für die Sinne provozierend erlebt werden. Beginnend mit der zweiten Hälfte des 19. Jahrhunderts wurde das Thema dann literarisch auch von anderen in all seinen Facetten aufgegriffen. Bis dahin, so die französische Anthropologin Annick Le Guérer, spielten Duft und Parfüm literarisch keine besondere Rolle (Le Guérer 1992). Dies hat sich, um es dieser Stelle zu sagen, mittlerweile grundlegend geändert. Hans Rindisbacher bietet einen guten Überblick über die verschiedenen Zugänge in der Literatur zur Welt des Riechens (Rindisbacher 2015).

Sicher war die Verführungskraft von bestimmten Düften und Parfüms schon im Altertum und der Antike bekannt (Hurton 1994). So überschlugen sich, wie in Kap. 1 berichtet, die versprochenen Wirkungen der Myrrhe als Duftstoff, die so weit gingen, dass sich die Anziehungskräfte der Geschlechter sogar bis zum Inzest verstärken sollten. In der Literatur der Neuzeit, vor allem im Zeitabschnitt „Neueste Zeit", also ab 1789 mit Beginn der Romantik, wurde das persönliche Erleben von Erotik im Zusammenhang mit Duft und Parfüm dann aber in der Literatur nur recht vage angedeutet. Im naturmystischen Ansatz der Romantiker, wie wir es unten noch sehen werden, sind Duft und Parfüm ebenfalls nur Nebenerscheinungen. Düfte sind in der romantischen Literatur Teil einer eher fast unschuldig erlebten Natur (Le Guérer 1992), wohingegen Baudelaire das Artifizielle, das es nur in seiner Fantasie gab, der Natur vorzog (Flammersberger 2016).

Mit seiner Loslösung von einem naturmystischen Ansatz der Schönheit und Harmonie als höchstem Ziel hin zum fantasievollen Artifiziellen, das auch mit Dissonanz und Provokation spielen kann, war Baudelaire mit seiner Kunst ein Vorreiter seiner Zeit. Es lag ein Niedergang der Romantik in der Luft, der auch zum Bruch der modernen mit der, man könnte sagen: romantischen, an der Natur ausgerichteten Parfümerie werden sollte. Baudelaire war schon früh Teil einer Bewegung, die nun auch anderen Künsten ein Umdenken erlaubte.

Etwa zehn Jahre nach der Veröffentlichung von „Les Fleurs du Mal" wurden ab 1868 mit Cumarin und dann mit Vanillin die ersten synthetischen Duftstoffe entdeckt und entwickelt. Es sollte erst einmal das

---

1 Vom Autor übersetzt nach Vorlage von Guernes, ▶ https://christian-0-guernes.blogspot.com.

Ende der romantischen Parfümerie werden, die sich bis dahin mit ihren Düften an den Wohlgerüchen der Natur angelehnt hatte und das auch musste. Der Einsatz synthetischer Duftbausteine in Parfüms begann 1881 und revolutionierte, wie ich noch zeigen werde, die Parfümerie. Ausgelöst wurde sie vom Parfümeur Paul Parquet (1856–1916). Er kreierte ein völlig neues Herrenparfüm: „Fougère Royale" (Königlicher Farn). Bei diesem Parfüm setzte er als erster einen synthetischen Duftbaustein, nämlich Cumarin, ein. Dadurch entstand ein Dufteindruck, den es nicht in der Natur gab, sondern der allein durch seine Fantasie entstand. Paul Parquet wusste, was er tat. So soll er gesagt haben: „Wenn Gott Farnen einen Geruch mitgegeben hätte, so würden sie nach Fougère Royale duften."

Auch wenn das erste artifizielle Parfüm bzw. der erste Duft mit synthetischen Duftbausteinen, wobei auch natürliche in der Kreation Verwendung fanden, noch nichts sündig-provozierendes oder gar fantastisch-erotisches hatte, war doch der Anspruch der Moderne auch für die Parfümerie postuliert. Man wollte durch Artifizielles geruchlich eine neue Stimulanz erschaffen und sich damit von der Naturgebundenheit befreien. Das war ein revolutionärer Schritt, aber eigentlich auch ein alter Wunsch der Menschheit auf der Suche nach mehr Selbstbestimmung – etwa, um eine neue Sinnlichkeit, Erotik, Anziehungskraft oder einfach ein anderes Erleben zu testen, das den freien Gedanken oder der Fantasie entstammte. Durch das veränderte Denken der Parfümeure und die Möglichkeiten der neuen Inhaltsstoffe konnten nun auch Geschlechterstereotype überwunden und Duft, Sinnlichkeit und Erotik entsprechend für beide Geschlechter neu definiert werden.

1889 war die Parfümerie dann soweit, auch wenn es Baudelaire nicht mehr erlebte. Ein Parfüm reich an den artifiziellen Duftstoffen Cumarin und Vanillin wurde unter dem Namen „Jicky" von Guerlain auf den Markt gebracht. Der Duft, der wohl zunächst für moderne und experimentierfreudige Jünglinge gedacht war, wurde unverändert in der Rezeptur zum Parfüm der „Neuen Frau". Ein neues weibliches Bewusstsein, das sich beginnend in der zweiten Hälfte des 19. Jahrhunderts seine Emanzipation in ersten Großdemonstrationen erkämpfte (ich spreche noch darüber), hatte nun zum ersten Mal seinen eigenen Duft. Das Besondere war weniger, dass dieses Parfüm der Herrenparfümerie entstammte, sondern vielmehr, dass es einen Dufteindruck hatte, den es zwar in der Natur gab, aber nicht in dieser Stärke und mit dieser Vehemenz im Ausdruck. Schon allein das Bewusstsein, ein Parfüm mit synthetischen Duftbausteinen zu tragen, ließ die Trägerin sich als modern erleben. Das passte zum Zeitgeist und damit zu einer Frau, die ihre bislang zugeschriebene natürlich weibliche Rolle nun auch olfaktorisch abstreifen konnte.

Auf „Jicky" sollten, besonders mit der Entdeckung der synthetischen Aldehyde, andere Parfüms mit gleicher oder ähnlicher Philosophie folgen. Die Faszination zu Beginn des 20. Jahrhunderts für Aldehyde führte dann zu einer eigenen „artifiziellen Blumenduftrichtung" (Blumig-aldehydig), wofür das bereits besprochene Chanel No 5 ein Beispiel ist, auch wenn es viele natürliche Inhaltsstoffe enthält. Es kamen dann aber auch rein synthetische Düfte, die sicher Charles Baudelaire gut gefallen hätten. Das ist vermutlich für einige heutige Duftliebhaber nicht leicht nachzuvollziehen. Zu seiner Zeit glaubte Baudelaire aber mehr an das Moderne und zog deshalb das Artifizielle der Natur vor. Er fand die Natur eher hässlich mit ihrer positiven Trivialität, der er das Monster seiner Fantasie, wie er sagte, vorzog. Seine Inspiration war die Welt der pflanzenlosen Großstädte, die zwar für ihn auch hässlich waren, aber mit ihrem Asphalt, ihrer künstlichen Beleuchtung, ihren Steinschluchten, ihrer Einsamkeit im Menschengewimmel und vor allem mit ihren Sünden die Vorlage für seine Kunst waren.

■ **Der relative kurze Siegeszug der modernen Parfümerie**

Der Siegeszug des Artifiziellen, sprich synthetischer Duftstoffe, in der Parfümerie, sollte dann unhinterfragt „nur" etwas über hundert Jahre dauern. Mittlerweile ist, wie wir alle wissen, wiederum eine Veränderung im parfümistischen Denken eingetreten. Die postmoderne Parfümerie orientiert sich wieder an der Natur, aber nun an ihrer reinen und unbelasteten Form.

Schon die Naturromantik nahm Einfluss auf das heutige postmoderne Dufterleben, was ich am Beispiel des Einflusses der deutschen Romantik auf das aktuelle deutsche Dufterleben noch zeigen werde. Lassen Sie mich deshalb schon an dieser Stelle sagen: Auch wenn die Romantik noch nicht die Dufterotik eines Baudelaire mit seinen provozierenden Imaginationen kannte, war sie nicht unerotisch, denn Unschuld hat auch ihre Anziehungskraft. Die Romantik war aber für das Erleben und die persönliche Erfahrung mit Duft und Parfüm mehr ein Zwischenstadium. Man musste sich erst vom Einfluss vieler klassischer Philosophen und den strengen moralischen Vorgaben der Kirche lösen, um Duftgenuss beim Riechen in seiner ganzen Bandbreite erfahren zu können. Der Dank gebührt deshalb besonders Charles Baudelaire, denn lange galt der Geruchssinn als der „niedrigste" und „archaischste" der fünf menschlichen Sinne und wurde deshalb wie vieles, was nicht der Sitte entsprach, unterdrückt und verteufelt. Besonders die Kirche vertrat seit dem Mittelalter die Meinung, dass Gerüche und Düfte schnell der Frivolität dienen könnten – obwohl es immer eine Doppelmoral gab, denn Düfte und Parfüms waren oft nützliche Mittel zur Krankheitsbekämpfung, und der verachtete Geruchssinn verriet den Gesundheits- bzw. Krankheitszustand.

Nur wenige Menschen brachen bereits um die Mitte des 19. Jahrhunderts in der Öffentlichkeit mit antiquierten Vorstellungen und nahmen Nachteile für ihre Kunst gegen die herrschende Meinung und Sitte in Kauf. Das Bürgertum, bis dahin an die positiv-idealisierten Gedichte der Romantik gewöhnt, wenn auch die Ästhetik des Hässlichen schon in dieser Epoche vertreten war, reagierte wütend auf den Bruch der Tradition der Lyrik, wie sie Baudelaire mit seinen provozierenden Imaginationen einläutete (Flammersberger 2016). Wie gesagt: Am 7. Juli 1857 leitete die französische Staatsanwaltschaft eine Strafverfolgung wegen Beleidigung der öffentlichen Moral gegen Baudelaire ein, und er wurde zu einer saftigen Geldstrafe verurteilt. Sicher trugen auch andere Gedichte wie „Lesbos" oder „Femmes damnées" in der Sammlung von „Les Fleurs du Mal" dazu bei. Selbst sein Verleger wurde von der Staatsanwaltschaft nicht verschont und sah sich zur Flucht ins Exil nach Belgien gezwungen.

8.2 Der Pate der Parfümerie oder: Sind Parfüms unmoralisch?

Eine Reihe berühmter Philosophen haben sich – wenn auch meist abfällig – über die Wirkung von Düften geäußert. Ich spreche dabei vor allem von Platon, Aristoteles, Kant und Hegel. Ihre Überlegungen haben zu drei bedeutenden Fragen geführt, die noch bis in die Neuzeit diskutiert wurden:
— Sind Parfüms unmoralisch?
— Sind Düfte Nötigung?
— Ist Parfümerie Kunst?

Noch vor 30 Jahren erhielt eine Beschäftigung in der Duftindustrie nicht die Würdigung, die sie eigentlich verdient. Duft, Beauty und Intelligenz schienen nicht zusammenzupassen. Auch mein Doktorvater war erstaunt, als ich ihm mitteilte, dass ich mich für Parfüms und Parfümerie interessierte. Zwar war auch er von der Welt der schönen Düfte fasziniert, gleichzeitig hielt er eine Beschäftigung damit für wenig wissenschaftlich. Wahrscheinlich hatte auch er noch die Ansichten der großen Philosophen im Kopf.

Da Platon (428/427–348/347 v. Chr.) die exakte Klassifikation von Gerüchen als unmöglich ansah, teilte er sie in die Bereiche „angenehm" und „unangenehm" ein. Zu Letzterem zählte er Düfte und Gerüche, die fleischliche Begierden bzw. animalische Triebe wecken, und damit war man auch vielfach misstrauisch gegenüber Parfüms. Mit dieser Grenze zum Unmoralischen, die sicher nicht für alle Parfüms gilt, spielt die Duftwerbung bis heute.

Das Misstrauen gegenüber allem Animalischen schlug sich in der Folge auch in der Hierarchie der Sinne nieder. Aristoteles (384–322 v. Chr.) bewertete die fünf Sinne als wesentlich für den Erkenntnisgewinn, wobei er dem Sehen und Hören eine Vorrangstellung vor dem Riechen einräumte. Diese Sichtweise wurde lange Zeit auf die Einschätzung von Düften übertragen. Die Geringschätzung des Geruchssinns wurde noch durch die als göttliche Strafe erlebte Pest untermauert. Im Mittelalter glaubte man, dass sie auch durch Geruch übertragen werde.

Erst mit dem Beginn der Aufklärung im 17. Jahrhundert verlor die philosophische Beschäftigung mit den Sinnen allmählich ihren religiösen, moralischen und ethischen Impetus. Doch die Vorbehalte gegenüber Geruch und Düften blieben. Das ging so weit, dass beispielsweise im 18. Jahrhundert in England das Tragen von Parfüm für kurze Zeit verboten wurde. Immerhin sprach man damit dem Parfüm indirekt die Fähigkeit zu, dass es wirken konnte.

Erst der englische Mathematiker, Staatstheoretiker und Philosoph Thomas Hobbes (1588–1679) plädierte für die Gleichstellung der Sinne. „Wir können uns nichts denken, wenn es nicht zuvor ganz oder zum Teil in einem unserer Sinne erzeugt war" (*Leviathan*, 1. Kap., S. 11). Dennoch: Von philosophischer Betrachtung blieben selbst feine Düfte weitgehend ausgeschlossen.

Von Kant (1724–1804) wird gesagt, dass für ihn das Schöne keinen Geruch habe, und in seiner Ästhetik wird der Geruch – wie auch bei Hegel – nicht diskutiert. Duft ist für ihn ein Symbol der Unfreiheit. So schrieb er: „Geruch ist gleichsam ein Geschmack in der Ferne, und andere werden gezwungen, mit zu genießen, sie mögen wollen oder nicht, und darum ist er als der Freiheit zuwider weniger gesellig als der Geschmack, wo unter vielen Schüsseln und Bouteillen der Gast eine nach seiner Behaglichkeit wählen kann, ohne dass andere genötigt werden, davon mit zu genießen" (*Anthropologie in Pragmatischer Hinsicht*, S. 158).

Hegels (1770–1831) berühmter Ausspruch, dass der Geruchssinn mit den Interessen der Kunst und des Geistes nicht zu vereinbaren sei, traf die Parfümerie dann völlig ins Mark. Als Mann seiner Zeit sprach er ihr damit die Möglichkeit ab, eine Kunst zu sein. Immerhin ließ er sich ein Türchen mit der Aussage offen, dass die Nase eine ästhetische Haltung überhaupt nur dann einnehmen könne, wenn sie vom Verstand gelenkt werde und sich damit ihrer primären und naturgemäßen Funktion – nämlich des Riechens – entledige.

- **Nietzsche – der Pate der Parfümerie**

Mit Friedrich Nietzsche (1844–1900) kam die Wende. Nachträglich müsste man ihn zum „Godfather der Parfümerie" ernennen. Die indirekte Frage der Philosophie, ob Parfümerie überhaupt wissenschaftlich sein kann, erfährt durch ihn mehr als eine neue Richtung. Die Nase wird als delikatestes wissenschaftliches Beobachtungsinstrument entdeckt, über die bis Nietzsche noch kein Philosoph mit solcher Verehrung und Dankbarkeit gesprochen hat. Er erwählt die Nase sogar zu seinem schärfsten wissenschaftlichen Beobachtungsinstrument: „Es vermag noch Minimaldifferenzen der Bewegung zu konstatieren, die selbst das Spektroskop nicht konstatiert" (*Die „Vernunft" in der Philosophie* 2, KSA 6, S. 75 f.). Der Soziologe Jürgen Raab fasst Nietzsches Geruchsverständnis so zusammen: „Der Geruchssinn ist für Nietzsche der Sinn der Wahrheit, weil er nicht aus dem von den körperlichen Affekten losgelösten, vergeistigten und daher trügerischen Intellekt schöpft, sondern aus den sicheren Quellen des tierischen Instinkts" (Raab 1998).

Nietzsche verleiht der Nase als Organ zur intuitiven Erkenntnis von Wirklichkeit damit eine eigene Macht und Magie, ja sogar die Fähigkeit, elementare, nicht vergeistigte, wahre Kunst zu schaffen. Diese Kunst ist bei Nietzsche der Wissenschaft weit überlegen. Sie ist nämlich frei und nicht vom Establishment kontrolliert. Bei diesem Kunstverständnis gibt es eigentlich keinen Irrtum, nur ein Nebeneinander der unterschiedlichen Werke (Leistikow 2019). Das lässt sich auch auf Parfüms übertragen. Da sie von Nasen und damit von sicheren und freien Quellen ohne Beeinflussung erschaffen werden, haben sie das Recht, auch als Kunst anerkannt zu werden.

Die Parfümerie und ihre Kunst, das Parfüm, müssten sich bei Nietzsche dementsprechend auch nie rechtfertigen. Selbst wenn zuweilen leidenschaftlich darüber gestritten wird, was schön ist bzw. was schön riecht und was nicht, geht es in der Kunst ebenso wie in der Parfümerie nicht darum, Recht oder Unrecht zu haben (Leistikow 2019). Die freie Parfümerie ist damit das Gegenstück zur trügerischen Wahrheit, weil sie für sich nicht die Wissenschaft, in diesem Fall die Chemie, in Anspruch nimmt. Was schönes Riechen ist, liegt seit Nietzsche in der Nase des Betrachters. Selbst Schein, Illusion und Vieldeutigkeit sind für ihn daher keine negativen Dinge, wenn man sie einer Parfümkreation zuschreiben wollte. Diese können ebenfalls Ausdruck von Schönheit sein (Leistikow 2019). Sicherlich macht Nietzsche einen großen Rundumschlag und provoziert die Wissenschaften mit seiner Sehnsucht nach der „Verschrottung des Establishments" (Leistikow 2019). Geruch, Parfüm und die gesamte Parfümerie brauchten aber nach über 2000 Jahren Unterdrückung, die durch die Antike begann, eine gewaltige Stimme durch verschiedene männliche Meinungsmacher.

Stimmen für die Anerkennung der Nase und Faszination für Geruchswelten gab es schon vor Nietzsche, nur waren sie weniger stark zu hören. Eine regelrechte Image-Aufwertung kam durch die Romantik und ihre Geruchsforschung. Es war das Mystische in Düften, das die Menschen anzog. Mit ihnen konnte man eine eigene Welt entstehen lassen. Das passte gut zu einer Epoche, die sich zu Sagen- und Mythenwelten hingezogen fühlte und sinnliche Erlebnisse im Intuitivem, Geheimnisvollen und Göttlichen suchte. Vom Ende des 18. Jahrhunderts bis weit in das 19. Jahrhundert bildete das ein zentrales Thema in der Literatur, vor allem in der Prosa und Lyrik. Vor allem faszinierten „einsame Wanderer" wie Byron, Goethe, Shelley und Joseph Conrad. Direkt oder indirekt sprachen sie von Düften und Gerüchen, die Erinnerungen an vergangene Ereignisse, bestimmte Lokalitäten, Personen sowie die damit verbundenen Stimmungen und Emotionen wieder erwecken konnten. Das wiederum weckte das Interesse der Geruchsforschung.

8.3 Parfüm & Poesie: Die deutsche Duftseele

Es ist kaum bekannt, welche besondere Bedeutung Duft und Geruch in der deutschsprachigen Literatur, besonders in der Poesie, seit Jahrhunderten einnehmen. Bis heute beeinflusst deutsche Romantik im 18. und 19. Jahrhundert mit ihrem Naturbezug und Sehnsuchtsempfinden direkt bis indirekt unser olfaktorisches Empfinden. Die postmoderne Duftseele, insbesondere der Deutschen, will dabei der Natur so nah und rein wie nur möglich sein, und dies idealerweise ganz ohne synthetische Duftstoffe. Der aktuell große Trend in der Parfümerie, auch wenn sich der nächste Trend durch die Neuroparfümerie bereits abzeichnet, ist gewissermaßen die Wiedergeburt der Naturromantik des 18. und 19. Jahrhunderts und ihre Weiterentwicklung. Die postmoderne Parfümerie basiert auf einem gesteigerten Bewusstsein, dass die Natur vom Menschen geschützt und bewahrt werden muss, um ihre Zukunft und damit die Zukunft aller Lebewesen zu sichern. Dies beinhaltet eine ressourcenschonende Produktion mit ökonomischem, effizientem und verantwortlichem Naturumgang. Ein anspruchsvolles Ziel, an dem ständig gearbeitet werden muss, auch weil der weltweite Bedarf an Duftprodukten schneller steigt, als die Weltbevölkerung wächst. So kann allein die weltweite Ernte von jährlich etwa 1000 Tonnen echter Vanille den steigenden Bedarf schon lange nicht mehr decken. Die postmoderne Parfümerie stößt deshalb schon länger an ihre Grenzen und wird sich weiter zur „Pflanzenpeptidparfümerie" und zur Neuroparfümerie entwickeln, die vor allem auf biologisch und medizinisch wichtige und wirkende Moleküle beruhen. Ich werde Erkenntnisse der Peptidforschung mit Beispielen für die Parfümerie noch an späterer Stelle besprechen.

Die Romantik mit ihren Werken hat wesentlich zur Image-Aufwertung des Parfüms beigetragen. Darauf verweist der italienische Germanist Massimiliano De Villa (De Villa 2017) und nennt in diesem Zusammenhang Friedrich Gottlieb Klopstocks (1724–1803) Gedicht „Die Sommernacht" (*Oden*, Band 1, Leipzig 1798, S. 233–234.) ein naturpreisendes, aber in der Stimmung melancholisches Duftgedicht, geschrieben noch bevor die Epoche der Romantik für die Deutschen erst richtig begann. Doch es traf schon damals die naturromantische, leicht schwermütige Duftseele der Deutschen:

> **Die Sommernacht**
> Wenn der Schimmer von dem Monde nun herab
>   In die Wälder sich ergießt, und Gerüche
>   Mit den Düften von der Linde
>   In den Kühlungen wehn;
>   So umschatten mich Gedanken an das Grab
>
> Der Geliebten, und ich seh in dem Walde
>   Nur es dämmern, und es weht mir
>   Von der Blüthe nicht her.
> Ich genoß einst, o ihr Todten, es mit euch!
>   Wie umwehten uns der Duft und die Kühlung,
>   Wie verschönt warst von dem Monde,
>   Du o schöne Natur!

Goethes viel zitierter Anfang des Mignon-Liedes aus seinem Roman *Wilhelm Meisters Lehrjahre* (entstanden 1795/96), „Kennst du das Land, wo die Zitronen blüh'n …", ist ein vom Süden träumender Aufruf dieser Epoche. Die Sehnsucht nach der Region jenseits der Alpen mit ihrer Botanik wurde das große Grundthema im deutschen Duftmarkt. Über die Jahre hat sich die Sehnsucht der Deutschen noch weiter Richtung Süden bis in die Tropen verlagert, was sich in der großen Liebe für der Duftrichtung „Fruchtig" widerspiegelt. Nicht zufällig zeigte sich „Fruchtig" über die Jahre in verschiedenen Trends, die überwiegend mit dem Traum von Süden bzw. den Tropen spielten, was man besonders gut im sog. Masstige-Markt (Masse und Prestige) beobachten kann.

Heinrich von Ofterdingen (1772–1801) träumt in Novalis' Roman von einer blauen Blume, dem Sehnsuchtssymbol der Romantik schlechthin, und begibt sich auf die Suche nach ihr:

> » „Was ihn aber mit voller Macht anzog, war eine hohe, lichtblaue Blume, die zunächst an der Quelle stand und ihn mit ihren breiten, glänzenden Blättern berührte. Rund um sie her standen unzählige Blumen von allen Farben, und der köstlichste Geruch erfüllte die Luft" (Novalis 1978).

Romantische Fantasieblumennoten sind bis heute ein beliebtes Thema geblieben. Sie fallen meistens in die Duftrichtung „Floriental", seit Jahren zweitliebste Duftrichtung deutscher Frauen. Die bereits besprochenen Florientalen sind ein Dauertrend in Deutschland und kommen immer wieder in neuer Verwandlung auf den Duftmarkt.

„O frischer Duft, o neuer Klang!" schrieb Ludwig Uhland (1787–1862) in seinem Gedicht „Frühlingsglaube" aus dem Jahr 1812, das fast wie ein Slogan des deutschen Duftmarkts klingt. Wie gesagt: Rund 2000 neue Düfte kommen jährlich auf den deutschen, das Neue liebenden Markt. Etwa 30 % der Duftverwender entdecken jährlich einen neuen Duft, vornehmlich während der Frühlings- und Herbstmonate.

In dem zwischen 1805 und 1808 veröffentlichten Buch *Des Knaben Wunderhorn* von Clemens Brentano und Achim von Arnim werden Blumen bedacht, die morgen schon hinweggemäht werden – herrliche Naturromantik mit einer indirekten Steilvorlage für die Erhaltung der Natur und für den Wert und die Anerkennung natürlicher Düfte. Die Suche nach einem idyllischen Zufluchtsort, der in Naturlyrik schnell auch zum bedrohten Lebensraum von Pflanzen wird, ist heute besonders in Deutschland und da mehr denn je ein Dauerthema, nicht nur in der Aromatherapie.

Das Motiv des Waldes und der Bäume steht in der Naturlyrik besonders im Mittelpunkt. Das Gedicht von Joseph von Eichendorff (1788–1857) „Hörst du nicht die Bäume rauschen" ist eines der bekannteren. Bei Friedrich Hölderlin (1770–1843) sind es die Eichen, die als souveräne Individuen mystifiziert werden:

> **Die Eichenbäume**
>
> … Aber ihr, ihr Herrlichen! steht, wie ein Volk von Titanen
>   In der zahmeren Welt und gehört nur euch und dem Himmel,
>   Der euch nährt und erzog, und der Erde, die euch geboren.
>   Keiner von euch ist noch in die Schule der Menschen gegangen,

> Und ihr drängt euch fröhlich und frei, aus der kräftigen Wurzel,
>   Unter einander herauf und ergreift, wie der Adler die Beute,
>   Mit gewaltigem Arme den Raum, und gegen die Wolken …

Der Wald mit dem Herzschlag der Bäume hat es den Deutschen besonders angetan. Bestsellerautor Peter Wohlleben (Wohlleben 2019) spricht in seinem Buch *Das geheime Leben der Bäume* vom geheimen Band zwischen Mensch und Natur. Der Schriftsteller Elias Canetti (1905–1994) erklärte einmal: „In keinem modernen Land der Welt ist das Waldgefühl so lebendig geblieben wie in Deutschland" (Canetti 1992, S. 202).

Und wie ist es in der deutschen Parfümerie? Liegt da der Duft von Harz und Wald in der Luft? Ja, muss man sagen. Er ist durch die Nischenparfümerie in den letzten Jahren mit der Duftrichtung „Holz-Noten" zum Trend und zur Avantgarde geworden. Bei Nischenparfüms geht es um das Kreieren von Duftpersönlichkeiten, die nicht für eine breite Distribution geplant sind, sondern sich an wenige Kenner wenden. Sie werden nicht in Medien groß beworben, sondern im Rahmen einer Duftberatung vorgestellt. So wurde dieser „Harz-Holz-Wald-Trend" zuerst von kleinen Parfümboutiquen und Fachparfümerien aufgegriffen. Mittlerweile hat er sich zu einer stillen Macht in der deutschen Parfümlandschaft entwickelt. Psychologisch gesehen geht es bei dieser Duftrichtung um Reinigung der Sinne, Neuanfang und Fokussierung. Ihre Faszination liegt in einer subtilen Stärkung, hinter der mehr oder weniger der bewusste Wunsch steht, seinen Kraftort zu finden. Der liegt bei den Deutschen im Wald.

Der Erfolg der Nischenparfüms mit Holz-Noten hat nun bereits wieder zu größeren Anbietern geführt wie z. B. Penhaligon's, Jo Malone, Montale, Credo, Le Labo, M. Micallef, Amouage, Parfums de Rosine,

Byredo, Frederic Malle, Kilian und Serge Lutens. Alle bieten das holzige Thema als modernen Duftgenuss an.

8.4 Parfüm & Image: Das Auf und Ab der Parfümerie

Verschiedene Disziplinen widmeten sich im 17. und 18. Jahrhundert der Duftforschung, teilweise mit einem nahezu polizeiwissenschaftlichen Interesse, ohne dass Geruch jedoch sein ambivalentes Wesen abschütteln konnte und vielen sogar als gefährlich galt. So wurde noch im 19. Jahrhundert diskutiert und erforscht, ob und wie Gerüche Krankheiten übertragen würden. Dabei sah man vor allem eine Verbindung zwischen Geruch und Cholera. Obwohl Mediziner schließlich eine Verbindung von Gerüchen und Krankheiten ausschlossen, hielt der Großteil der Bevölkerung an der mittlerweile verworfenen Ansicht fest (Tullett 2019).

Außerdem konnte man bei der Bewertung eines Geruchs einen gruppendynamischen Zusammenschluss beobachten. Wer nicht zur Gruppe gehörte, stank angeblich. Medizin, Psychologie, Anthropologie, Ethnologie, und Geschichtswissenschaften kennen zahlreiche Beispiele für Geruchsstigmatisierung. Gerüche dienen der Klassifizierung und der Definition von Beziehungen. Aus Sicht der bürgerlichen Gesellschaft des 18. Jahrhunderts stank der Pöbel, während sich die Bourgeoisie parfümierte (Corbin 1984).

Schon immer diente die Nase der zwischenmenschlichen Spionage. So berichtet der Historiker Jonathan Reinharz (Reinharz 2014), dass sich einst europäische Christen beim Erkennen von Heiden auf ihre Nase verließen. Geruchsstigmatisierung fand auch auf politischer Ebene statt. So sagten im 18. Jahrhundert die anglikanischen Engländer ihren katholischen französischen Feinden Knoblauchgestank nach (Tullett 2019).

Mit Beginn des 20. Jahrhunderts nahm sich auch die damals noch junge Soziologie mit einer sporadischen Studie des Themas Geruch an. Zu dieser Bewegung sind auch die Ausführungen über das Riechen des Philosophen und Soziologen Georg Simmel (1858–1918) aus dem Jahr 1908 zu verstehen (Simmel 1992). Danach ebbte, mitbedingt durch den Ausbruch des Ersten Weltkriegs, das ohnehin immer schon instabile und hygienepolitisch ausgerichtete Interesse der Forschung am Geruch ab. Zu einem systematischen, unabhängigen und interdisziplinären Forschen kam es erst 1968 mit der Gründung des Monell Centers im amerikanischen Philadelphia. Über ein halbes Jahrhundert sollte es auch in der Soziologie dauern, bis die Gedanken Simmels in der Abhandlung *The Sociology of Odors* von Largey und Watson (Largey u. Watson 1972) aufgegriffen wurden. Neuere Beiträge zur sozialwissenschaftlichen Geruchsforschung liefern die Arbeiten einer Gruppe amerikanischer und kanadischer Anthropologen und Soziologen: Constance Classen, David Howes und Anthony Synnott (Classen et al. 1994).

■ **Die Imagewende für die Parfümerie**

Was genau zur Imagewende für Geruch, Parfüm und Parfümerie in unserem Kulturkreis führte und wann sich diese Wende bei dem Großteil der Bevölkerung vollzog, lässt sich rückblickend kaum bestimmen. Vieles kam zusammen. Sicherlich bewirkten Publikationen und vor allem neuartige Düfte der zweiten Parfümerierevolution im 19. und frühen 20. Jahrhundert ein Umdenken.

Erst im 20. Jahrhundert galten Düfte in unseren Breiten als schick. Sie passten zur modernen Emanzipationsbewegung der Frauen und somit auch zu den Diskussionen der Intellektuellen. Nach dem Ersten Weltkrieg präferierten Frauen innovative Herrenparfüms, sie wollten nicht mehr nach „Blümchen" riechen. So kam, dem Zeitgeist entsprechend, 1917 der Duft „Chypre" von Coty auf den Markt: ein lebendiges, kraftvolles Parfüm mit aromatisch, fein-herber grüner Kopfnote und fast rauem, heute aus Allergiegründen nicht mehr verwendetem Eichenmoos – insgesamt ein Damenparfüm mit deutlichen Anklängen an die Herrenparfümerie.

Das gestiegene Interesse an Geruch und Parfüm wurde schließlich durch Entdeckungen der neurobiologischen Geruchsforschung im 20. und 21. Jahrhundert weiter befruchtet. Neben reinen Fachbüchern zu Anwendungen und Methoden der Parfümerie fanden populäre kulturgeschichtliche Abhandlungen zum Umgang mit Düften und Gerüchen zunehmend Verbreitung. In diesem Zusammenhang wurden großartige Werke neu entdeckt, was wesentlich zur Imageaufwertung der Parfümerie beitrug. Hierzu zählt beispielsweise *Das Buch des Parfüms*, ein bibliophiles Werk über den Umgang verschiedener Kulturen mit Körperkosmetika von Eugene Rimmel (1820–1887), einem britischen Parfümeur und Mitbegründer der gleichnamigen Kosmetikfirma. Das Buch tauchte quasi aus der Versenkung auf und wurde 120 Jahre nach seinem ersten Erscheinen ab 1985 mehrfach neu aufgelegt (Rimmel 1988).

Als Pflichtlektüre gilt auch das Werk *Pesthauch und Blütenduft – Eine Geschichte des Geruchs* des französische Historikers Alain Corbin, eine sowohl akribische als auch quellenreiche Analyse und Beschreibung der hygienischen sowie olfaktorischen Situation und ihres Wandels in Paris von Mitte des 18. bis Ausgang des 19. Jahrhunderts (Corbin 1984). Sowohl Corbins vielbeachtete Abhandlung als auch Simmels Werk dienten Patrik Süskind als Vorlage für seinen historischen Roman *Das Parfüm* aus dem Jahr 1985 (Süskind 1985). Dieser Bestseller mit etwa 20 Millionen weltweit verkauften Exemplaren wurde in 49 Sprachen übersetzt. In dem Buch geht es um das krönende Parfüm, das seinen Träger so attraktiv wirken lässt, dass alle von ihm geblendet sind und er unbegrenzte Macht über Menschen erhält. Wie kein anderes Parfümbuch wurde der Roman in der Öffentlichkeit diskutiert und warf viele alte Fragen der Parfümerie wieder auf:

- Machen uns Parfüms attraktiver?
- Täuscht ein Parfüm etwas vor?
- Verschafft die Verwendung von Parfüms Vorteile?
- Wie muss ein Duft beschaffen sein, dass einen fast jeder ganz nah an sich heranlässt?
- Wie wirkt sich ein Duft auf die Schönheit und Attraktivität eines Menschen aus?

Die letzte Frage fällt in das Gebiet der psychologischen Ästhetikforschung. Schönheitsideale sind dem Wandel von Geschmack und Mode unterworfen. Seit gut 50 Jahren wird menschliche Schönheit systematisch erforscht. Zu Beginn glaubte man, dass Schönheit im Auge des Betrachters liege, doch schnell zeigten Studien, dass sich unterschiedliche Menschen durchaus in ihrem Schönheitsempfinden ähneln. Neben Attraktivität von Gesicht, Körper und Bewegung, dem sozialen Status, der Persönlichkeit sowie der Stimme wurden in den vergangenen Jahren auch Körpergeruch und Parfüm Forschungsthemen.

Zwei Entdeckungen sind dabei von besonderem Interesse:

- Zwar wird, solang es nicht in der Nase sticht und es keine Vorerfahrung gibt, fast ausschließlich gelernt, was schlecht zu riechen hat. Auch Ekel ist gelernt, aber die Grundlage zum Ekeln ist jedem Menschen angeboren. Es gibt umgekehrt reichlich angeborene ästhetische Duftpräferenzen. So ist beispielsweise genetisch festgelegt, was als attraktiver Hautgeruch beurteilt wird. Frauen bevorzugen von Natur aus den Hautgeruch von Männern, deren Immunsystem das eigene ergänzt und sich damit von ihm unterscheidet. Ich werde es noch besprechen. Da Düfte auf jeder Haut anders riechen, ist es die Kombination von Hautgeruch und Duft, die „schön" riechen lassen. Ein ideal schön riechendes Herrenparfüm verschmilzt entweder mit dem Hautgeruch des Trägers oder maskiert ihn perfekt. Forscher haben es hochgerechnet: Ein solcher Attraktivitätsduft müsste etwa 120 verschiedene Hautgerüche ergänzen oder maskieren, damit der Träger einen sicheren Vorteil hätte – für Patrik Süskinds Romanhelden Grenouille eine wohl lösbare Aufgabe. Die Hochrechnung basiert auf MHC-Komplementarität (Major Histocompatibility Complex) und umfasst eine Gruppe von Genen, die für körpereigene Antigene auf der Oberfläche von Körperzellen zuständig sind und immunologische Charakteristiken beeinflussen, die sich wiederum im Körpergeruch niederschlagen.

- Wie oben schon ausgeführt, ist der Geruchssinn als einziger Sinn direkt mit dem Emotionszentrum und dort vor allem mit der Amygdala verbunden. Sie spielt eine zentrale Rolle bei der emotionalen Bewertung und Wiedererkennung von Situationen, aber auch von Gesichtern bzw. der Deutung von Gesichtsausdrücken. Damit kommt ihr bei der visuellen Beurteilung und Empfindung von Schönheit eine wesentliche Bedeutung zu. Sie ist ferner unabdingbar für die Wahrnehmung jeglicher Form von Erregung, also affekt- oder lustbetonter Empfindungen. Wenn das Areal zusätzlich durch Düfte stimuliert wird, kann es als regelrechter emotionaler Verstärker wirken und entscheidet über den Grad von Attraktivität, Liebe, Zuneigung und Glücksgefühl. Im Zusammenspiel mit dem Hypothalamus und seinem Netzwerk kann dann Duft zusätzlich zur Dopaminausschüttung führen und damit zum „duftenden Glücksgefühl" werden. Zu welcher Reaktion eine Stimulierung führt, hängt davon ab, in welcher Stimmung man sich gerade befindet und wie man sich erleben möchte. Da bei Frauen die Amygdala stärker vernetzt ist als bei Männern, sie in der Regel auch besser riechen und ein angenehm-attraktiver Geruch an ein bis zum Glückgefühl reichendes Wohlfühlen gekoppelt sein kann, müssten richtig gewählte Düfte sie eigentlich schön machen – zumindest für sie selbst. Die Schauspielerin Audrey Hepburn (1929–1993) soll einmal gesagt haben: „I believe that happy girls are the prettiest girls" („Ich glaube, dass glückliche Mädchen die schönsten Mädchen sind"). Dabei hat sie sicher nicht an die Medien Geruch und Parfüm gedacht.

Vor allem jüngere Männer interessiert innerhalb der Parfümthemen die Antwort auf die Frage: „Wie muss ein Duft beschaffen sein, dass einen fast jeder ganz nah an sich heranlässt?" Um dieses Thema ranken sich viele Mythen, die zum gestiegenen Interesse an Geruch und Parfüm beigetragen haben.

8.5 Pheromone oder: Der aktuelle Stand der Suche nach dem Atlantis der Parfümerie

In diesem Abschnitt machen wir uns auf die Suche nach dem Atlantis der Parfümerie. Wir besprechen das oft kontrovers diskutierte Thema „Pheromone bei Menschen". Gleich zu Beginn möchte ich Sie deshalb fragen:

- **Gehören Sie zu den Pheromongläubigen oder -ungläubigen?**

Geruch beeinflusst unsere Partnerwahl, das ist unbestritten. Ich werde es noch besprechen. Nicht nur Körpergeruch wird in diesem Zusammenhang diskutiert, sondern auch chemische Signale, die überraschenderweise die sexuelle Erregung bei Männern verringern. So konnte gezeigt werden, dass der Geruch von weiblichen Tränen, die aus Traurigkeit vergossen wurden, diesen Prozess bei Männern auslösen (Berger et al. 2017) – eine Reaktion, die sich auch auf physiologischer Ebene zeigt, z. B. in einem niedrigeren Testosteronspiegel, in gleicher Weise aber auch in einer Verringerung der die sexuelle Stimulation steuernden Gehirnaktivitäten (Gelstein et al. 2011). Der Zellphysiologe Hanns Hatt von der Ruhr-Universität Bochum stellt in hierzu die Frage, ob man aus solchen Studien schließen kann, dass es auch bei Menschen eine Pheromonwirkung geben könnte, die sich vom klassischen Riechen unterscheidet.

In diesem Zusammenhang werden auch für Menschen Pheromone als Botenstoffe zur Informationsübertragung verstanden, die unbewusst wahrgenommen werden und fortpflanzungsbezogene physiologische Vorgänge oder entsprechendes Verhalten beeinflussen. Mit dieser Definition beginnt aber schon das Problem. Viele Forscher vermeiden den Begriff „Pheromon" zugunsten von „Chemosignal" (chemisches Signal) mit der Begründung, es könne kein allgemeiner Konsens hergestellt werden, wofür der Begriff Pheromon beim Menschen überhaupt steht. Dieses Problem hat man in populärwissenschaftlichen Beiträgen nicht. Pheromone werden hier als Auslöser für sexuelle Bereitschaft diskutiert, wie man es auch in der Tierwelt beobachten kann. Ob wir Menschen auch mit Pheromonen diese Bereitschaft kommunizieren, ist aktuell nicht belegt, hat aber eine geradezu fieberhafte Suche mit einer Vielzahl von Studien und Publikationen ausgelöst. Man hat zwar mittlerweile auch beim Menschen die Existenz von Pheromonrezeptoren entdeckt, die durch den Duftstoff Hedion, einen synthetischen Duftstoff mit blumigem Duft, aktiviert werden können, aber so richtig sicher, ob die Rezeptoren an sexueller Bereitschaft beteiligt sind, ist man sich nicht. Zumindest fand man heraus, dass Hedion einen Einfluss auf das menschliche Sexualverhalten hat, wenn auch keinen direkten, so doch vielleicht einen indirekten. In den Experimenten dazu reagierten Menschen unter dem Einfluss des Duftstoffs Hedion mit erhöhter Vertrauenswürdigkeit, wenn ihnen andere zuerst vertrauten (Berger et al. 2017), ganz nach dem Motto: „Wie du mir, so ich dir".

In der Tierwelt sind Pheromonzusammenhänge vielfach direkter. Oft kann ein Tier nicht anders, als sich mit der Paarung einverstanden zu zeigen, wenn es den ausgesandten Botenstoff wahrnimmt. Dieses Verhalten kann man natürlich auf den Menschen nicht übertragen, und auch deshalb wird nach dem aktuellen Stand der Forschung die Existenz von Pheromonen beim Menschen angezweifelt (Wyatt 2015). Das hören Pheromongläubige nicht gern, denn sie argumentieren, dass Menschen Säugetiere sind und es deshalb möglich ist, vielleicht sogar wahrscheinlich, dass wir Pheromone haben. Sicher laufen sie nicht so direkt ab wie oft im Tierreich, aber chemische Signale zeigen auch beim Menschen Wirkung, beispielsweise, wie wir noch sehen werden, dass Frauen von Männern als glücklicher und entspannter und damit als attraktiver wahrgenommen werden.

Den Begriff „Pheromon" gibt es seit 1959. Er wurde von einem deutsch-schweizerischen Biochemiker-Team in Umlauf gebracht. Von den drei Hautdrüsen (Schweiß-, Duft- und Talgdrüsen) sind es die Duftdrüsen, die sog. apokrinen Drüsen, auf die sich die Pheromonforschung konzentriert. Duftdrüsen sind nicht von Geburt aktiv, sie entwickeln sich mit der Pubertät. Sie befinden sich im Bereich der Achselhöhlen, der Brustwarzen und in der Leistenregion und schütten vor allem als Reaktion auf emotionale Reize wie Lust oder Angst, aber auch als Reaktion auf Sexualhormone Duftstoffe mit pheromonähnlicher Wirkung aus.

Für den Beweis des weit verbreiteten Glaubens, dass es menschliche Pheromone gibt, stützt man sich vor allem auf vier Steroidmoleküle (biologische Stoffe, die eine gewisse Nachricht bzw. Information an bestimmte Körperzellen vermitteln): Androstenon, Androstenol, Androstadienon (AND) und Estratetraenol (EST). Ob und wie diese vier Steroidmoleküle auf die sexuelle Bereitschaft von Menschen wirken, ist eine viel diskutierte Frage. Ich möchte die einzelnen Stoffe zunächst kurz besprechen, bevor wir uns der Pheromonforschung weiter zuwenden.

Androstenon ist ein Androgen (männliches Sexualhormon) und entsteht als chemisches Nebenprodukt beim Abbau von Androgenen. Es wird ihm eine maskulinisierende Wirkung und eine damit verbundene maskuline Attraktivität zugeschrieben. Androstenon wird hauptsächlich durch Schweißdrüsen der Achselhöhlen, besonders bei Männern, ausgeschieden. Es ist direkt verwandt mit dem Sexualhormon Testosteron. Pheromongläubige gehen davon aus, dass die Forschung Androstenon als eines der stärksten Pheromone für „sexuelle Anziehung" identifizieren wird.

Androstenol wurde zunächst aus Eberhoden gewonnen, bevor man es synthetisch herstellen konnte. Es kommt beim Menschen, wie Androstenon, in den Schweißdrüsen vor, aber auch im Urin und anderen Körperflüssigkeiten. Auch Androstenol ähnelt in seiner chemischen Struktur dem männlichen Sexualhormon Testosteron. Männer produzieren es durchschnittlich zwei- bis dreimal mehr als Frauen. Androstenol riecht leicht moschusartig. Als „Alpha-Androstenol" gewonnen ist es ein schwach nach Sandelholz riechender Stoff. Pheromongläubige gehen davon aus, dass die Forschung Androstenol als „Freundlichkeit" bzw. „Vertrauen" stiftendes Pheromon identifizieren wird.

Androstadienon (AND) ist ein Abbauprodukt von Testosteron und kommt im Männerschweiß, aber auch in der Samenflüssigkeit vor. Bislang sind keine Rezeptoren beim Menschen entdeckt worden, die AND erkennen können. Pheromongläubige geben aber die Hoffnung nicht auf, weil AND wohl Gehirnprozesse beeinflusst, die u. a. die Wahrnehmung von Gesichtern steuern. Dabei wird der Einfluss auf die Amygdala diskutiert.

Estratetraenol (EST) wurde erstmals in den 1960er-Jahren im Urin von Schwangeren im späten Stadium entdeckt. EST als Verbindung ähnelt Östrogenen. Vermutlich ist es auch im Achselschweiß vorhanden. Dem mutmaßlichen Hormon werden eine ganze Reihe von Wirkungen zugeschrieben, die sich auch bei Frauen selbst zeigen, u. a Einflüsse auf psychisch-emotionale Reaktionen. Beispielsweise wurde festgestellt, dass EST bei Frauen die Stimmung erhöht.

- **Das geheimnisvolle Organ**

Ursprünglich dachte man, dass die potenzielle Wirkung der chemischen Signale, die die sexuelle Bereitschaft kommunizieren sollen, mit einem geradezu geheimnisvollen Organ beginnt, dem vomeronasalen Organ (VON) bzw. dem Jacobson-Organ, das den Botenstoff erschnüffelt. Bis heute wird jedoch auch dessen Funktion für den Menschen vielfach angezweifelt. Dennoch: Es existiert in Form von winzigen Einbuchtungen auf beiden Seiten der Nasenscheidewand; dazu gleich mehr. Mittlerweile zeigt sich, dass sexuelle Bereitschaft in der Tierwelt auch ohne VON durch chemische Signale kommuniziert werden kann. Sie merken schon, das Thema „Pheromone" ist selbst in der Tierwelt komplexer als gedacht.

Lange glaubte man, dass dem Menschen das vomeronasale Organ fehlt. In der wissenschaftlichen Literatur sprach man deshalb immer wieder von einer „geruchlichen Devolution". Dem widersprechen die aktuellen Forschungsergebnisse. Sie gehen nicht davon aus, dass der Geruchssinn während der menschlichen Evolution abgenommen hat (Shepherd 2013). Ethnologen waren mit die Ersten, denen die auch heute noch geltende Bedeutung des Geruchssinns bei zwischenmenschlichen Beziehungen auffiel. So wiesen sie darauf hin, dass in einigen Kulturen, beispielsweise bei den Inuit, noch an der Hand gerochen werde, was sich in westlichen Zivilisationen zum Handkuss entwickelt hat.

Mitte der 1980er-Jahre wartete die Geruchsforschung mit einer Überraschung auf. Ein Team der US-amerikanischen Universität Utah wies die Existenz des vomeronasalen Organs beim erwachsenen Menschen nach und belegte seine Funktion. Bis zu diesem Zeitpunkt war man davon ausgegangen, dass es nur bei Säuglingen existiere und sich bei fortschreitender Entwicklung zurückbilde. Die Stimulierung des VNO zeigte jetzt einen interessanten Effekt: Erwachsene Testpersonen gaben an, nicht zu riechen, aber ein „warmes, vages Gefühl von Wohlbefinden" zu spüren. Diese Entdeckung beflügelte die Kommerzialisierung von Pheromonparfüms, die nicht unbedingt zum positiven Image der Parfümerie beigetragen haben, parallel wurden Pheromone zum Forschungsthema. Hier konzentrierte man sich zunächst auf die Wirkung von Androsteron (nicht zu verwechseln mit Androstenon) besonders auf Frauen. Aus dem Tierreich ist das Steroid Androsteron für seinen Einfluss auf das sexuelle Verhalten bekannt. Auch Menschen scheiden Androsteron aus, Männer um einiges mehr als Frauen. Es ist dem Männlichkeitshormon Testosteron ähnlich und sollte bei Frauen unbewusst wie ein Aphrodisiakum wirken, zumindest war das die These in den 1980ern. Eine weltweit durchgeführte Geruchsuntersuchung der National Geographic Society brachte 1986 eine erste Klärung seiner Wirkung auf Menschen. Über eine Million Duftkarten (sog. „Scratch and Sniff", die bei Reiben den Geruch freigeben) wurden zur Beurteilung ausgegeben, um den Duft von menschlichem Androsteron im Blindtest zu untersuchen. Die Ergebnisse waren ernüchternd. Androsteron wurde als einer der unattraktivsten Düfte bewertet, vor allem von Frauen. Dieses unerwartet negative Ergebnis der Pheromonwirkung warf andere prinzipielle Fragen auf: Kann es überhaupt objektive Untersuchungen zum Thema Pheromone bzw. zu Duftwirkungen, die auf sexuelle Bereitschaft abzielen, geben? Spielen bei dem Thema kommerzielle Interessen oder persönliche Faszinationen eine so große Rolle, dass so lange weitergeforscht wird, bis die gewünschten Daten vorliegen? Bei der Pheromonforschung kann man tatsächlich diesen Eindruck gewinnen. Sicherlich ist der Gedanke sehr verführerisch, Düfte oder Gerüche zu finden, mit denen man tatsächlich sein Gegenüber unbewusst manipulieren kann – jemanden zu mögen, zu respektieren, etwas für einen zu tun oder Bestimmtes von einem zu denken.

Trotz der negativen Ergebnisse der National-Geographic-Society-Studie wollten Pheromongläubige nicht aufgeben. Sie untersuchten weiter, und tatsächlich ließen sich bestimmte Wirkungen von androstenen Molekülen zeigen – z. B. auf die Stimmung, die physiologische Erregung, die visuelle Wahrnehmung wie auch auf die Gehirnaktivität (Savic u. Berglund 2010).

Bereits Anfang der 1970er-Jahre hatte Martha McClintock, eine amerikanische Psychologin, eine Beobachtung veröffentlicht, auf die sich immer wieder bezogen wurde. Es handelt sich um die Beschreibung des verblüffenden Phänomens, nach dem sich bei zusammenlebenden Frauen im gebärfähigen Alter der Menstruationszyklus angleicht. Die Pheromongläubigen warfen diesen Studien statistische und methodische Schwächen vor. Auch eine Wiederholung der Studie von 2009 in einem polnischen Studentenheim konnten die McClintock-Ergebnisse des Wellesley College in Massachusetts nicht bestätigen. Die Pheromongläubigen beriefen sich aber auf eine Studie von Geoffrey Miller von 2007. In dieser Studie wurde gezeigt, dass „Lapdancer" (Frauen, die in einer Bar vor Kunden in nächster Nähe und auf deren Schoß tanzen), die nicht die Pille verwendeten, kurz vor der Ovulation 50 % mehr Geld zugesteckt bekamen als eine Vergleichsgruppe. Miller räumte aber selbst ein, dass man die Ergebnisse unterschiedlich erklären könnte: etwa durch die Veränderung ihrer Persönlichkeit, ihres Tonfalls oder anderer körperlicher Merkmale. Für die Pheromongläubigen war diese Untersuchung wenigstens die Bestätigung einer uralten Erkenntnis: Männer beurteilen den Eigengeruch von Frauen kurz vor dem Eisprung am attraktivsten.

- **Warum die Pheromongläubigen sich auch gern auf Napoleon Bonaparte beziehen**

Das Forschungsinteresse richtete sich in der Folge u. a. auf sog. Kopuline, die streng genommen eigentlich keine Pheromone sind, die Frauen aber in Phasen des Zyklus abgeben. Deren Geruch soll Männer schon zu allen Zeiten angezogen haben, wohl auch Napoleon Bonaparte, der seiner Joséphine schrieb: „Nicht waschen – komme in drei Tagen."

Chemisch betrachtet bestehen Kopuline aus einem Gemisch kurzkettiger Fettsäuren. Man findet sie im weiblichen Vaginalsekret. Dort treten sie vermehrt während des Eisprungs auf. In einer bereits in der Mitte der 1990er-Jahre am Wiener Ludwig-Boltzmann-Institut durchgeführten Studie, deren Methodik und Ergebnisse aber inzwischen angezweifelt werden, ließ man junge Männer Kopuline erschnüffeln. Die Mischung wurde aber so verdünnt, dass die Testteilnehmer keine bewusste Geruchswahrnehmung hatten. Während des Riechens wurden die Männer gebeten, Portraitfotos verschiedener Frauen zu beurteilen. Vor und nach dem Riechen mussten die Testteilnehmer für die Messung des Testosteronspiegels eine Speichelprobe abgeben. Bei allen 66 Testpersonen wurde ein Testosteronanstieg verzeichnet, unabhängig davon, wie attraktiv die jeweilige Frau auf dem Foto eingestuft worden war. Auch wurde in den Augen der Männer die Attraktivität der Frauen ausgeglichen. Weniger attraktiv eingestufte Frauen wirkten jetzt attraktiver. Dem Einfluss von Kopulinen wurde damit eine Art chemische Bewusstseinsveränderung zugeschrieben. Nicht geklärt wurde dabei die Frage, wie Kopuline überhaupt wahrgenommen werden und welche Rolle das vomeronasale Organ dabei spielt. Denn laut jüngeren Forschungen an der Universität Dresden besitzen nur zwei Drittel aller Menschen dieses Relikt aus der Frühzeit. Demnach hätte man erwarten dürfen, dass nicht alle Männer aus der Wiener Untersuchung durch Kopuline stimuliert werden konnten – zumindest nicht, wenn die Stimulation über das vomeronasale Organ geht. Entsprechend wurde die Wiener Studie, die auf einer Diplomarbeit beruht (*Weibliche Pheromone – Wirkung und Rolle von synthetischen Kopulinen bei der versteckten Ovulation des Menschen*), die 1995 von Astrid Jütte eingereicht wurde, in der akademischen Welt mit gemischten Gefühlen aufgenommen. Die Ergebnisse, die im selben Jahr z. B. in der Zeitschrift der *Gynäkologische Geburtshilfliche Rundschau* (Grammer u. Jütte 1995) wieder publiziert wurden, waren dann aber für die Presse so spannend, dass sie wenig hinterfragt übernommen wurden und selbst aktuell immer wieder gern zitiert werden. Von vielen immer noch übersehen wird dabei eine Studie aus dem Jahr 2017 von Megan Williams und ihrer Kollegin Coren Apicella, beide von der Universität Pennsylvania, die an die Studie von Jütte angelehnt ist. Sie kommt, basierend auf der Untersuchung von 243 Männern, zu dem Schluss, dass Kopuline keinen Einfluss auf deren Sexualverhalten haben: „Wir fanden keine Hinweise darauf, dass Kopuline die sexuelle Motivation von Männern, die Bereitschaft zeigen, sexuelle Abenteuer einzugehen, … [oder] die Wahrnehmung weiblicher Attraktivität … beeinflusst" (Williams u. Apicella 2017; Williams u. Jacobson 2016). Mit anderen Worten: Die Beantwortung der Frage, ob Kopuline wie Pheromone wirken können, wird – vorsichtig gesagt – auch hier vertagt.

Ebenso brachten Untersuchungen zu Wirkungen zweier anderer, eingangs bereits erwähnter potenzieller menschlicher Pheromone, Androstadienon (AND) und Estratetraenol (EST), bislang keine einheitlichen Erkenntnisse (Chakkarath u. Weidemann 2018). AND wird als potenzielles männliches Pheromon diskutiert, EST als weibliches. AND und EST sollen zumindest beim jeweils anderen Geschlecht die Stimmung heben. Studien brachten aber auch deshalb noch kein eindeutiges Ergebnis, weil der Einfluss des Versuchsleiters eine Rolle zu spielen schien. Aktuelle Untersuchungen berichten allerdings, dass EST einen Einfluss auf die Wahrnehmung des emotionalen Zustands von Frauen durch Männer hat. Frauen werden als glücklicher und entspannter wahrgenommen (Ye et al. 2019). Ferner machte man in einer Studie die Beobachtung, dass EST die Wahrnehmung für emotionale Berührung steigert (Oren et al. 2019). Mit anderen Worten: Die Suche nach dem Atlantis der Parfümerie wird weitergehen.

- **Ein Schweizer Wissenschaftler bringt Licht in das Atlantis der Parfümerie**

Die Verwendung von Sexuallockstoffen als Inhaltsstoffe in Pheromonparfüms hat, wie gesagt dem Image der modernen Parfümerie geschadet. Speziell die Auslobung versprochener Wirkungen hat der Industrie immer wieder einen Anstrich von Scharlatanerie verliehen, vor allem auch, weil Düfte auf den Markt kamen, die in unabhängigen Tests nicht das hielten, was sie versprachen. Man kann deshalb dem Biologen und Schweizer Immunsystemforscher Claus Wedekind nicht genug danken, dass das Thema seit der Jahrtausendwende zumindest akademisch komplexer diskutiert wird. Die Bestätigung der Wirkung von Düften auf die menschliche sexuelle Anziehungskraft kam gesichert bislang eigentlich nur aus der Immunforschung, genauer gesagt aus der Organtransplantationsforschung. Unsere Zellen sind mit Proteinen bestückt, die dem Immunsystem helfen, sich als ein Selbst zu identifizieren. Zufällig wurde dabei Folgendes entdeckt: Weibliche Laborangestellte konnten Mäuse anhand ihres Geruchs verschiedenen Immunsystemgruppen zuordnen.

Claus Wedekind von der Universität Bern und Lausanne ging dem 1995 und 2005 auf den Grund. Wenn Frauen an Mäusen Unterschiede im Immunsystem riechen konnten, sollte das doch auch bei Männern möglich sein. Das war deshalb eine spannende Frage, weil man schon länger wusste, dass sich die Fruchtbarkeit bei unterschiedlichen Immunsystemen von Mann und Frau erhöht. Umgekehrt erhöht sich das Risiko einer Schwangerschaftskomplikation bei ähnlichen Immunsystemen der Partner.

Wedekind wendete die typische T-Shirt-Sniff-Untersuchung an. Die männlichen Testpersonen wurden gebeten, ein neutrales weißes T-Shirt über zwei Tage nicht zu wechseln, darin zu schlafen, kein Parfüm, Aftershave oder Deodorant zu verwenden, nichts Scharfes zu essen, nicht zu rauchen, nur Wasser zu trinken und auf Sex zu verzichten. Danach wurde das T-Shirt versiegelt und im Blindtest Frauen (100 Studentinnen) zur Beurteilung vorgelegt. Die Ergebnisse verbreiteten sich schnellstens. Frauen beurteilen den Körpergeruch von Männern mit unterschiedlichem Immunsystem als attraktiver („Riecht wie der Freund oder der Ex-Lover"). Bei zu starkem Körpergeruch ging der Effekt allerdings verloren.

Zusammenfassend kann man zum Thema Pheromone sagen: Die Verbindung von Körpergerüchen und sexueller Attraktion ist mittlerweile unbestritten. Ob man sie auch als entsprechende Duftbausteine in Parfüms nutzen kann, wird ein weiterhin viel diskutiertes und kontrovers geführtes Thema bleiben. Das bringt mich zurück zu der eingangs gestellten Frage: Gehören Sie nach dem Lesen dieses Abschnitts nun zu den Pheromongläubigen oder -ungläubigen?

8.6 Die zweite Duftrevolution: Wie Entdeckungen zum schöneren Riechen führten

Zunehmend mehr Duftverwender wünschen sich Parfüms aus rein natürlichen statt synthetischen Inhaltsstoffen. Dieser Trend hat sich in organischen oder veganen sowie in Bio-Parfüms niedergeschlagen. Von Ende des 19. bis weit ins 20. Jahrhundert war es genau umgekehrt: Synthetisch stand für Fortschritt, Innovation und Zukunft. Ein Grund dafür waren die zahlreichen chemischen Entdeckungen in der zweiten Hälfte des 19. Jahrhunderts, die den Welthandel veränderten.

Seit Jahrhunderten wurden der Zugang zu und der Handel von Aromen und Farben streng kontrolliert. Zu viel stand für die Handelskontors der die See beherrschenden Länder wie Spanien, Portugal und England auf dem Spiel. Man hatte sich mit dem Importmonopol eine goldene Nase verdient. Kein Wunder, dass im Binnenland nach Lösungen gesucht wurde. Vanille ist dafür ein gutes Beispiel.

Ursprünglich stammte die Gewürzvanille aus Mexiko und Mittelamerika. Sie war vor allem wegen ihres aromatischen Inhaltsstoffes Vanillin schon bei den Ureinwohnern Mexikos, den Azteken, als Gewürz sehr beliebt. Die spanischen Eroberer brachten sie schließlich nach Europa. Da sie zunächst nur in Mexiko wuchs, hielten die Spanier lange das Monopol an Vanille, die nach Safran zum zweitteuersten Gewürz der Welt wurde. Zwar bestand von Anfang an eine große Nachfrage, doch aufwendiger Anbau und Verarbeitung standen einer schnellen Lieferung entgegen. Außerdem gelang es zunächst nicht, Vanille in anderen Gebieten anzupflanzen, da man für die Bestäubung eine spezielle, ausschließlich in Mexiko und Zentralamerika vorkommende Bienen- und Kolibriarten brauchte. Erst 1837 gelang einem belgischen Botaniker und 1841 einem Plantagensklaven die künstliche Bestäubung.

Doch die künstliche Bestäubung löste nicht alle Probleme. Es blieb die lange Verarbeitung der Vanille. Ihre Früchte mussten blanchiert, also in Wasser erhitzt und anschließend wochenlang in der Sonne getrocknet werden. Danach kamen sie zum Ausreifen in Kisten, bevor sie ihr charakteristisches Aroma erlangten.

- **Sensationsnachricht für die Duftwelt aus einer deutschen Kleinstadt – nicht aus Paris**

Im Jahre 1874 kam die Sensationsnachricht aus einem Ort, den die Welt nicht kannte. In der damals nur 6000 Seelen zählenden Kleinstadt Holzminden im südlichen Niedersachen war dem deutschen Chemiker-Team Wilhelm Haarmann und Ferdinand Tiemann die synthetische Herstellung von Vanille gelungen. Im selben Jahr gründeten die beiden Haarmann's Vanillinfabrik. 1876 trat Karl Reimer als dritter Eigentümer dem Unternehmen bei. Er hatte entdeckt, wie man Vanillin noch effizienter und günstiger produzieren konnte. Die Firma hieß von nun an Haarmann & Reimer. Eine weitere Entdeckung Tiemanns steigerte die Rentabilität der Vanillinproduktion. Zwei Jahre später war es sogar möglich, Veilchenaroma künstlich herzustellen. Damit hatte man einen wahren Trend-Duftbaustein in der Hand, denn das Veilchen wird von fast jeder Generation wieder neu entdeckt. Übrigens wurde Haarmann & Reimer 1953 von der Bayer AG aufgekauft und ging 2003 in der Firma Symrise auf.

Die zweite Hälfte des 19. Jahrhunderts brachte auch auf anderen Gebieten der synthetischen Forschung Durchbrüche. 1856 wurde der erste synthetische Farbstoff, Mauvein bzw. Mauve, ein schwach rötliches Violett, entdeckt. 1878 gelang der vielleicht größte Erfolg auf dem Gebiet der Farben: die erste Vollsynthese von Indigo, dem tiefen Blau. Dem folgte zunächst ein erbitterter Wettstreit zwischen den Herstellern von natürlichem und synthetischem Indigo. Doch dank industrieller Syntheseverfahren konnte Indigo immer kostengünstiger und in noch spektakulärerem Blau produziert werden, sodass der Markt für natürliches Indigo schließlich zusammenbrach.

Die erste synthetische Herstellung eines Pflanzenstoffs, der mit Vanille die Parfümerie revolutionieren sollte, gelang 1868 mit Cumarin. Wie auch synthetische Vanille (Vanillin) konnte Cumarin ab 1876 industriell vermarktet werden. Der aus Tonkabohnen gewonnene Pflanzenstoff riecht hocharomatisch süß und erinnert im Aroma an Vanille und Waldmeister. Synthetisches Cumarin und Vanille waren ein Wunderwerk moderner Chemie und warteten eigentlich nur drauf, in einem Parfüm der Zukunft entdeckt zu werden.

Dabei fragte niemand, ob die Verwendung von Cumarin und Vanille – in welcher Form auch immer gewonnen – irgendwelche Gesundheitsrisiken nach sich ziehen würde. Erst 1954 wurde Cumarin als Aromastoff wegen toxischer Reaktionen in den USA verboten und später auch auf der anderen Seite des Atlantiks in seiner Höchstmenge als Inhaltsstoff beschränkt. Aber auch vom Genuss von Vanille, dem weltweiten Lieblingsaroma Nr. 1, in größeren Mengen wird heute abgeraten. Paracelsus brachte es schon im frühen 16. Jahrhundert auf den Punkt: „Alle Dinge sind ▶ Gift, und nichts ist ohne Gift; allein die Dosis macht's, dass ein Ding kein Gift sei."

■ **Die zweite Revolution in der Parfümerie durch Paul Parquet**

Mit dem Einsatz synthetischer Duftbausteine in Parfüms begann 1881 die zweite Parfümerierevolution. Ausgelöst wurde sie vom Parfümeur Paul Parquet (1856–1916), Miteigentümer des 1775 in Paris gegründeten Dufthauses Houbigant, das noch heute mit seinen Parfüms olfaktorisch begeistert. Monsieur Parquet war der langen Tradition seines Dufthauses und der französischen Parfümerie verpflichtet. Bereits während eines ganzen Jahrhunderts vor Parquets Zeit hatte Houbigant alles erreicht, was ein Dufthaus sich wünschen konnte. Zu seinen Kunden zählte angeblich sogar Marie-Antoinette (1755–1793), die später auf dem Schafott hingerichtete Königin der Franzosen. Auch ließ Napoleon ein spezielles Parfüm für Kaiserin Joséphine bei Houbigant kreieren.

Zur Zeit Parquets herrschte eine große Konkurrenz unter den Parfümeuren und Dufthäusern. Vor allem das vergleichsweise noch junge, 1828 gegründete aufstrebende Dufthaus Guerlain entwickelte sich immer mehr zu einer Dynastie und drohte Houbigant den Rang abzulaufen. Parquet musste handeln. Er konnte nicht mehr auf klassische französische Parfümerie setzen, sondern musste etwas Neues wagen. Dabei war ihm bewusst, dass nur ein revolutionärer Sprung in die Zukunft der Parfümerie das angestaubte Image seines Dufthauses beseitigen konnte. Mit diesen Überlegungen war Parquet nicht allein. Schon immer suchten Parfümeure nach neuen Inhaltsstoffen, um ein völlig neues Dufterlebnis zu erschaffen.

Parquets Entscheidung in dieser Situation sollte ihn in verschiedener Hinsicht zu einem der Größten in der Parfümeurskunst und zu einem Wegbereiter moderner Parfümerie machen. Er kreierte ein völlig neues Herrenparfüm: „Fougère Royale" (königlicher Farn). Bei diesem Parfüm setzte er als Erster einen synthetischen Duftbaustein, nämlich Cumarin, ein. Eigentlich hätte man diesen Duftstoff – wenn überhaupt – in einem Damenparfüm erwartet. Doch Parquet ging noch einen Schritt weiter: Er verlieh dem fast nach nichts riechenden Farn einen Geruch. „Fougère Royale" brach damit als erster Duft mit der Dominanz von Naturdüften und führte Fantasie-Noten ein. Auch das war vollkommen neu. Bislang hatten sich Parfümeure an die Geruchswelt der Natur gehalten. Parquet erfand für „nichtriechende Natur" einen Geruch – nicht irgendeinen, sondern einen Duft, der zu den meistimitierten gehören sollte und eine ganz neue Duftfamilie darstellte. Wie oben im Zusammenhang mit Charles Baudelaire schon erwähnt: Paul Parquet wusste, was er tat. So soll er gesagt haben: „Wenn Gott Farnen einen Geruch mitgegeben hätte, so würden sie nach Fougère Royale duften."

Parquets Fougère Royale wurde zum Begründer der Duftfamilie Fougère-Parfüms, bei der vor allem Lavendel, Bergamotte und Geranium zusammenspielen und die zur DNA der Herrenparfümerie geworden sind. Kaum ein Herrenduft wurde bis zu seinem Verschwinden vom Markt in den späten 1960er-Jahren öfter imitiert. Kein Wunder, dass er unlängst für jüngere Nasen wieder zum Leben erweckt wurde.

Allerdings erlebte Parquet nicht mehr, wie „Fougère Royale" auch die Damenparfümerie revolutionierte. Fraglich ist, ob „Chypre" von Coty, das 1917 und damit ein Jahr nach seinem Tod auf den Markt kam, davon beeinflusst wurde. Auch wenn beide Parfüms einige Inhaltsstoffe wie Bergamotte und Eichenmoos teilen, so hat „Chypre" sicher auch noch andere Duftfacetten. Dennoch: Die Duftphilosophie von „Chypre" mit ihrer Lebendigkeit und Kraft oder, anders ausdrückt, mit ihrer „rauen Schale und weichem Kern" verrät viel von der frischen Würzigkeit von „Fougère Royale". Mittlerweile, über hundert Jahre nach dem Tod Parquets, ist die Duftrichtung "Fougère" auch für Frauen gut vertreten und wird aktuell immer beliebter. Dazu zählen Düfte wie „Acqua di Colonia Fougère" von O Boticário, „Fougère" von L'acqua di Fioria, oder „E for Women Green Fougère" von Clive Christian.

■ Der erste Duft der Emanzipation

Allerdings erlebte Parquet noch, wie Guerlain seine Idee von synthetischem Cumarin übernahm. So war 1889 das Guerlain-Parfüm „Jicky", rund acht Jahre nach der Einführung von Fougère Royale, der erste Damenduft mit synthetischem Cumarin und Vanillin. Dabei kann man zwei sich kreuzende Duftfamilien riechen: „Orientalisch" und „Fougère". Ursprünglich war „Jicky" als Herrenparfüm kreiert und auf den Markt gebracht worden. Doch dann entdeckten nicht zufällig emanzipierte Französinnen das Parfüm für sich selbst. Schließlich waren sie die ersten Frauen in Europa, die ihre Rechte bei Petitionen, auf Versammlungen und auch auf den Barrikaden einforderten.

Als ein Höhepunkt der Frauenbewegung gilt die Pariser Kommune 1871, als Frauen auf den Barrikaden standen und Gleichheit forderten. 1880 organisierte Hubertine Auclert, Begründerin der Frauenstimmrechtsbewegung, mit Geschlechtsgenossinnen einen Steuerboykott: „Das Privileg, Steuern zu zahlen, überlassen wir den Männern, die über ihre Höhe im Parlament abstimmen können und sich das Vorrecht anmaßen, über den Staatsunterhalt zu bestimmen." Außerdem organisierte Hubertine Auclert einen Volkszählungsboykott mit dem Motto: „Wenn wir nichts zählen, warum zählt man uns?" Schließlich erlebte die Frauenbewegung eine weitere Steigerung mit den radikalen Suffragetten, die Anfang des 20. Jahrhunderts mit passivem Widerstand, Störungen offizieller Veranstaltungen sowie Hungerstreiks für ein allgemeines Frauenwahlrecht eintraten.

Mit der Zunahme der Frauenbewegung passten die klassisch weiblichen Duftnoten nicht mehr zum modernen Lebensgefühl vieler Frauen. Man wollte anders sein als seine Mutter. Das spiegelte sich auch in der Wahl von Parfüms wider, die wie „Jicky" eigentlich für den modernen Mann gedacht waren. Die Dufthersteller passten sich schnell den neuen Gegebenheiten an. So veränderte beispielsweise Jickys Parfümeuer Aimé Guerlain die Geschichte zu seinem Duft: Hatte er ihn ursprünglich seinem Neffen gewidmet, erklärte er angesichts der veränderten Verhältnisse, dass er ihn in Erinnerung an seine englische Freundin kreiert habe.

Guerlain hat Paul Parquet viel zu verdanken. Ungewollt gab dieser die Steilvorlage zu weiteren großen Parfüms mit synthetischen Duftbausteinen. Den Meilenstein für die sog. orientalische Duftfamilie setzte Guerlain 1925 mit „Shalimar". Hier strahlen das Herz und der Fond mit orientalisch-faszinierendem, lockendem Geheimnis, wozu auch synthetische Vanille (Vanillin) ihren Beitrag leistet.

Sicher wären auch andere Parfümeure irgendwann auf die Idee gekommen, die neuen synthetischen Aromen bzw. brillanten Wunderwerke der damaligen chemischen Industrie in ihren Duftkreationen einzusetzen. Denn es ist ein alter Traum der Parfümerie, Blumen noch mehr als im Schein der Sonne zum Strahlen zu bringen. 1921 war es dann so weit: Zum ersten Mal konnten Aldehyde, die neu entdeckten Lichtverstärker, in einem Duft großzügig eingesetzt werden. Chanel No 5 war geboren. Das meistgeschenkte Parfüm der Welt hat mit seiner synthetischen Brillanz eine ganze Duftfamilie beeinflusst.

Was Außenstehenden vielleicht nicht so bewusst ist: Ohne die Innovationen der chemischen Industrie würde es viele große Parfümklassiker nicht mehr geben. Dank synthetischer Duftbausteine ist es heute möglich, Parfümkunstwerke vergangener Tage neu und ohne animalische Inhaltsstoffe zu rekreieren. Sie waren früher üblicher Bestand vieler Parfüms, wie beispielsweise Zibet (Drüse der Zibetkatze), Amber (Ausscheidung des Pottwals), Moschus (Drüse am Bauch des Moschushirsches) und Castoreum (Sekret des Bibers). Sie sind heute glücklicherweise größtenteils verboten, kommen aber leider teilweise aus Zuchtbeständen noch immer zum Einsatz. Auch sind animalische Geruchsstoffe wie Amber unerschwinglich teuer geworden.

Ich möchte die Diskussion über natürliche oder synthetische Düfte hier nicht vertiefen. Es gibt für beide Seiten gute Argumente. Vielfach sind bei natürlichen Aromen jedoch die Grenzen des Wachstums erreicht. So kann die weltweite Ernte von jährlich etwa 1000 Tonnen echter Vanille den steigenden Bedarf schon lange nicht mehr decken. Hier ist dann der synthetische Duft die einzige Lösung.

8.7 Parfüm & Selbst – Wirkungen auf das Ich oder: Die schönste aller Drogen?

Man fragt sich nicht nur als Psychologe, warum moderne Menschen sich überhaupt parfümieren. Nur „zur Überdeckung unangenehmer Gerüche" dürfte Parfümliebhabern als Antwort kaum reichen. Was will man mit der Verwendung seines Lieblingsparfüms überhaupt erreichen? Aus benachbarten Disziplinen wie der Soziologie, Ästhetik, Medizin, Philosophie, Anthropologie, Ethnologie sowie der Geschichte und natürlich der Literatur gibt es eine Vielfalt von Beiträgen, die diese und ähnliche Fragen zu beantworten versuchen. In der Psychologie beschäftigen sich folgende Bereiche mit diesem Thema:

- Psychophysiologie: Sie studiert vor allem Prozessabläufe beim Riechen.
- Allgemeine Psychologie: Sie beschäftigt sich mit der Bedeutung der Duftwahrnehmung für die Lebensqualität, also für das allgemeine Befinden.
- Entwicklungspsychologie: Sie interessiert sich besonders für die Duftsozialisation sowie für angeborene und erlernte Duftpräferenzen.
- Sozialpsychologie: Sie konzentriert sich auf die Wirkung von Düften auf das soziale Umfeld.
- Psychologie ästhetischer Wahrnehmungen: Sie beurteilt die Faktoren von Duftvorlieben.
- Klinische Psychologie: Sie studiert die Auswirkungen des Verlusts des Geruchssinns sowie den Einsatz von Aromen für therapeutische Behandlungen.
- Persönlichkeitspsychologie: Sie gewährt Einblicke in die Faszination von Parfüms und Duftwahl. Innerhalb dieser Richtung gibt es verschiedene Schulen und Ansätze, u. a. die bereits erwähnte Selbstdiskrepanztheorie von Higgins (Higgins 1987). Ihr zufolge sind Menschen zufriedener, je geringer sie den Abstand von

ihrem aktuellen Selbst zu ihrem Idealselbst erleben. Man fühlt also, dass man dem näher kommt, was man sich wünscht. Idealerweise überlappt sich der Erlebenswunsch mit dem aktuellen Selbsterleben. Man will beispielsweise aktiver, fitter oder sportlicher werden und erreicht das auch.

Das „Ist-Erleben" und das „Ideal-Erleben" überlappen sich selten. Die Selbstdiskrepanztheorie behauptet deshalb auch nicht, dass der Idealzustand im „Jetzt" unbedingt erreicht werden muss. Für das persönliche Lebensglück reicht es vielmehr, wenn Erlebenswünsche greifbar werden und man sich ihnen näherkommend erlebt. Überträgt man diese Theorie auf die Parfümerie, kann man insbesondere Lieblingsparfüms und deren Duftrichtungen als Transformationsangebote für das momentane aktuelle Erleben und Selbst ansehen. Man versucht, sich mehr oder weniger bewusst einem gesuchten Idealselbst bzw. Idealerleben näher zu bringen (◘ Abb. 8.1).

Die perfekte Duftwahl ist demnach sowohl erlebnis- als auch zielorientiert. Sie hängt vom persönlichen Erlebenswunsch ab und wie man auf andere oder in einer Situation wirken möchte.

Generell kann man sagen: Mit Parfüms verkleinert man den Abstand zwischen dem, wie man sich aktuell erlebt, und dem, wie man sich jetzt bzw. in naher Zukunft mehr erleben möchte. Einfach gesagt geht es bei der Verwendung von Parfüms immer um Selbstoptimierung und -erhöhung, um Stimmungsaufhellung, -veränderung und -korrektur, verbunden mit dem erlebnis- und zielorientierten Wunsch, für sich und andere attraktiver zu werden. Das kann sich auf verschiedene Weise zeigen, beispielsweise durch die Anerkennung, die man erfährt, weil man als Erster ein Parfüm gefunden hat und trägt; weil es gut an einem riecht; weil man sich mit dem Parfüm wohlfühlt; weil es angenehme Erinnerungen auffrischt; weil es einem Glück und Erfolg bringt. Die persönlichen Gründe sind vielfältig.

Das widerspricht nicht der allgemeinen Sichtweise, dass ein Parfüm die Persönlichkeit seines Trägers unterstreichen soll. Viele Duftästheten behaupten sogar, dass sie sich ohne ihr Parfüm regelrecht nackt fühlen. Selbst wer lange Zeit nur ein bestimmtes Parfüm für alle Situationen verwendet, tut dies, um mit einem letzten, noch fehlenden Touch seinen Stil, seine Ausstrahlung bzw. Persönlichkeit zu komplementieren. Man inszeniert sich damit wieder neu und bringt sich dem gesuchten Selbstbild seiner Persönlichkeit näher. Das bestätigt die moderne Psychologie.

Persönlichkeit ist immer auch ein Prozess. Aus Sicht der Neuroparfümerie wird die Duftwahl immer noch zusätzlich durch die Suche einzelner Gehirnareale bzw. -regionen nach Stimulation beeinflusst. Man könnte sogar sagen: Parfüms sind ein willkommener Über- oder Unterstimulationsausgleich für bestimmte Gehirnregionen. Parfüms sind aber – zumindest derzeit – keine Drogen, die das Bewusstsein verändern oder Realität neu definieren. Aber sie können Prozesse beim Träger sowie in der Umwelt auslösen und sind deshalb mächtig.

- **Warum wir uns mit einem bestimmten Parfüm „beduften"**

Die Frage, warum wir uns mit einem speziellen Parfüm „beduften", warum gerade dieses uns fasziniert und gekauft wurde, ist weit schwieriger zu beantworten als die generelle Frage nach der Beduftung. Der letztendliche Einfluss möglicher Faktoren wie Klima, Jahreszeit, Geruch auf der Haut, momentane Stimmung, Preis, Tageszeit, Wochen-

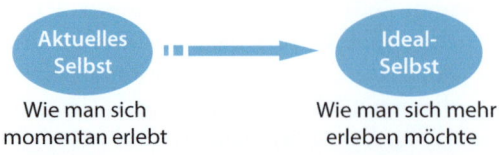

◘ Abb. 8.1 Aktuelles Selbst – Idealselbst

tag, Flakondesign, Image der Marke, Zufall, Einfluss der besten Freundin etc., ist nahezu unkalkulierbar, und doch sind alle diese Faktoren eng miteinander verwoben. Oft scheitert die Erklärung für die spezifische Wahl eines Parfüms und seiner Faszination auch an der Sprache. Es ist fast unmöglich, das auszudrücken, was ein Duft für einen ausmacht und wie man ihn erlebt. Oder man mag sich den wahren Grund für eine Duftwahl nicht eingestehen, möglicherweise weiß man einfach auch nicht, welches vorausgegangene, unbewusste Geruchserleben die Wahl beeinflusst hat.

Bis heute hängt es von der Eloquenz jedes einzelnen Duftliebhabers ab, die bei einigen äußerst brillant ist, um seine für sich schönste aller Drogen anderen zu beschreiben. Klassifizierungssysteme, die sog. Duftfamilien oder Duftrichtungen, wie ich sie bereits vorgestellt habe, sind zwar hilfreich, aber oft zu pauschal, um wirklich individuelles Dufterleben und das Warum des Tragens verständlich zu machen. Die Geschichte der Parfümerie hat einen langen Anlauf genommen, um eine Sprache zur Beschreibung von Düften zu entwickeln. Beim Geschmack war man da schon immer etwas weiter. So nannte bereits Aristoteles neben den vier Grundgeschmacksrichtungen sauer, süß, salzig und bitter zusätzlich noch herb, scharf und hart, im Sinne von harsch oder unangenehm. Er kam damit auf sieben Basisrichtungen. Auf die Welt der schönen Düfte übertragen reicht diese Anzahl natürlich nicht.

Carl von Linné (1707–1778), der große schwedische Botaniker und Pflanzensystematiker, beschäftigte sich mit der Dufttaxonomie im 18. Jahrhundert. Als Vorsteher einer großen Gartenanlage fand er die Muße, sein Hauptwerk, das *Systema naturae* (System der Natur), auszuarbeiten. Das Ergebnis für die Geruchsklassifizierung waren sieben Klassen: aromatisch, blumig, ambrosig (Moschus), lauchartig (Knoblauch), bockartig (Ziege), widerwärtig (faul), ekelerregend (übel). Diese Klassifizierung war in der Feinparfümerie nur bedingt anwendbar.

Der niederländische Physiologe Hendrik Zwaardemarker (1857–1930) unternahm um 1895 einen der bekanntesten Versuche der vergangenen 200 Jahre, Unsichtbares zu klassifizieren. Er entwickelte 30 Geruchsklassen. Erwähnenswert ist auch das von dem deutschen Psychologen Hans Henning (1885–1946) entwickelte Geruchsprisma für die dreidimensionale Darstellung von Düften. Die sechs Ecken des Prismas repräsentieren folgende sechs Duftklassen: faulig, fruchtig, harzig, brenzlig (angebrannt), würzig und blumig. Nach Hennings Theorie sollte jeder Geruch eine bestimmte Position in dem Prisma einnehmen. Doch damit konnte er die Fachwelt späterer Generationen nicht beeindrucken.

Erfolgreicher war in den 1960er- und 1970er-Jahren der britische Biochemiker John E. Amoore. Er schlug die Unterscheidung von Grundgerüchen wie ätherisch, kampfer- und moschusartig sowie blumig, minzig und faulig vor. Die Diskussion um die Anzahl von Grundgerüchen nahm damit aber kein Ende. Zu gern wollte man in der Parfümerie eine wissenschaftliche Theorie des Geruchs postulieren, vergleichbar mit der der visuellen Wahrnehmung und den Qualitäten der Grundfarben, bei denen sich Eindrücke systematisch ableiten lassen.

Beiträge zum Thema „Grundgerüche" kamen schon früher aus den unterschiedlichsten Gebieten. So berichtete der Ethnologe Claude Lévi-Strauss (1908–2009) in seinem 1985 erschienenem Buch *La Potière jalouse* (Die eifersüchtige Töpferin) von den südamerikanischen Suya-Indianern, die Menschen in vier Geruchsgruppen unterteilen: stark bzw. wildbretartig, scharf, fade und faulig.

Schon 1927 hatten die US-amerikanischen Chemiker Charlton Crocker und Lloyd F. Henderson vier reine Grundgerüche postuliert: blumig, sauer, brenzlig und ranzig. Alle anderen Düfte sollten laut ihrer Theorie als Mischformen in unterschiedlicher Stärke (1–9) davon abgeleitet werden können. So ergab sich für Rosenduft die Kennziffer 6432 und für Kaffeeduft die Kennziffer 7683.

William McCartney berichtet in *Olfaction and Odours* (McCartney 1968), dass schon viel früher, etwa um 1894 der Versuch unternommen wurde, ein auf chemischen Formeln aufbauendes Geruchsalphabet zu entwerfen. Für die Klassifizierung und auch für die Kreation schöner Düfte selbst stieß die Beschränkung auf wenige Grundgerüche oder Formeln immer schnell an Grenzen. Deshalb wurden die Parfümeure selbst aktiv. Auch hatte sich in der langen Kulturgeschichte der Parfümerie intern eine Art Fachsprache entwickelt, die traditionell sehr an bildlichen Ausdrücken oder Vergleichen angelehnt ist.

Der englische Aromenforscher Roger Harper, um nur einen zu nennen, stellte 1968 insgesamt 44 Duftklassen auf. Dazu zählen beispielsweise fruchtig, aromatisch, mandelartig, minzig, zitrusartig, süß, Vanille, seifenartig, metallisch, animalisch und blumig. Sie wurden zu einem offiziellen Sprachschatz für Parfümeure, um Inhaltsstoffe und Duftkreationen einheitlich zu beschreiben. Dennoch ist man für das Verständnis individueller Duftfaszinationen auf die Eloquenz der Verbraucher angewiesen. So findet sich auf der Website fragrantica.de eine gelungene Duftbeschreibung von der Bloggerin Aquaria zu dem Parfümklassiker „Chypre" von Coty:

„Ich habe lange gezögert, eine Review zu diesem Duft zu schreiben, aus Angst, dem Duft nicht gerecht zu werden. Aber, was soll's, ich bin keine Parfümexpertin, ich schreib jetzt einfach darüber, wie ich diesen Duft empfinde. Zunächst mal bin ich überrascht von der Lebendigkeit und Kraft dieses Duftes. Schon beim ersten Sprüher rieche ich kühles, raues Eichenmoos, das im weiteren Drydown durchgehend sehr prominent und kräftig erhalten bleibt. Anfangs bildet es den moosigen Untergrund für aromatisch grüne Zitrusnoten. Ich rieche eine grüne, herbe Bergamotte im Zusammenspiel mit herben Kräutern. Ein sehr kühler und grüner Eindruck, manchmal an der Grenze zu bitter, aber wunderschön frisch und voller Energie. Auch grünes, geschmeidiges Labdanum glaube ich zu riechen. Der Duft ist in diesem Stadium grün, krautig, mit einer kühlen, rauen Oberfläche. Ich sehe zerklüftete Felsen vor mir, aus deren Ritzen Moose und aromatische Gräser wachsen, über die kühler, rauer Wind streicht. So weit, so maskulin. Im Herzen bietet der Duft aber auch Wärme. Er wird unter der Moosschicht weicher und blumiger. Süßere und wärmere Töne von Jasmin und Rose machen sich breit, auf eine erdige und pudrige Iris gebettet. Zibet rieche ich ebenfalls, nicht aufdringlich, aber wahrnehmbar; es verleiht dem Duft Tiefe und animalische Wärme. Und schließlich scheint noch eine leicht pudrig-würzige Gartennelke mitzuspielen. Für mich riecht der Duft wie eine Märchenszene. Ich sehe eine ursprünglich idyllische Landschaft mit wunderschönen, hellen Blumen, die von einem missmutigen Zauberer verwunschen und darauf vollständig von kühlem Moos überwuchert wurde. Und dort warten die schlafenden Blumen geduldig, bis eine Nase kommt, um sie zu entdecken, an ihnen zu riechen und sie damit wieder zu erwecken. Dieser magische Prozess passierte im Drydown; die raue Oberfläche und der weiche Kern ergaben schließlich ein harmonisches Bild. Kurz gesagt: Ein beeindruckender Chypre, auf den ersten und zweiten Riecher nicht gefällig, er erfordert einiges an Riecharbeit, aber wenn man die Schönheit im Inneren dieses Duftes mal entdeckt hat, dann versteht man, warum er zu einem Referenzduft wurde."

Um individuelle Duftwahlen besser zu verstehen, sollte man aus duftpsychologischer Sicht noch zwischen „Privatdüften", die man mehr für sich und das eigene Selbst trägt, und „Sozialdüften", die man zu einem speziellen Anlass trägt, unterscheiden. Bei der ersten Gruppe ist die Duftentscheidung oft spontan und emotional darauf ausgerichtet, was man momentan für sich und die gegenwärtige Stimmung braucht, was einem gut tut, was man erleben will und was einem Genuss schenkt. Bei der zweiten Gruppe ist die Entscheidung eher kognitiver Natur. Man denkt mehr daran, wie der Duft von anderen erlebt wird, ob er zum Anlass passt und entsprechend ankommt. Natürlich kann ein Duft gleichzeitig Privat- und Sozialduft sein. Auch kann sich ein privates Parfümerleben mit der Freude auf einen sozialen Anlass überlappen. Es ist eben nicht immer leicht, zwischen diesen beiden Duftarten zu unterscheiden.

Die Duftpsychologie ist besonders an Parfüms interessiert, zu denen der Träger eine tiefe Verbindung verspürt, die in ihm etwas auslösen, die ihn berühren, die er für sich braucht, bevor er über die Akzeptanz des Duftes durch andere nachdenkt. In der eigenen Duftbar sind Privatparfüms meist in der Minderzahl. Nach ihrer Entdeckung werden sie getragen, bis man sie bewusst eine gewisse Zeit nicht mehr benutzt. Dabei handelt es sich um Düfte, die man immer wieder gerne nachkauft oder sich schenken lässt. Sie sind quasi zu einem Teil von einem selbst geworden. Solche Parfüms werden gegen alles verteidigt und dürfen nie verändert werden. Verschwinden sie aus dem Regal, gleicht das ihren Liebhabern einem Weltuntergang.

Diese Düfte dienen allein dem eigenen Ich. Ihr Geheimnis: Mit ihnen lebt man sein Idealselbst aus. Man genießt den Duft, auch wenn einem nicht richtig bewusst wird, wer man eigentlich ist bzw. sein sollte – Künstler, Modemacher, Designerin, Musiker, Filmstar, Spitzensportler oder Unternehmer. Manchmal hat man sogar den Eindruck, dass der Duft einen ins eigene Vorleben zurückführt, in dem man ägyptische Königin, Prinzessin, Freiherr, Abenteurer oder Weltumsegler gewesen sein könnte. Nur so kann man die Leidenschaft verstehen, mit der sich Parfümästheten auf Parfümblogs über Düfte austauschen und bestimmten Duftvorlieben von Berühmtheiten und Mächtigen aus der Geschichte huldigen. In der Art, wie sie sich mit dem Duft erleben, werden eigene Idealselbst-Ansprüche definiert. Diese orientieren sich in der Regel weniger an Persönlichkeiten aus der Vergangenheit, sondern an solchen aus der Gegenwart wie Stars aus Mode, Film, Musik und Entertainment.

Das Idealselbst als Instanz von Erlebenswünschen zeigt sich olfaktorisch auch bei Fernweh. So verbinden wir mit dem Geruch von Parfüms Erlebnisreisen, ferne Orte und Situationen – unabhängig davon, ob wir diese bereits gemacht bzw. erlebt haben oder ob wir sie einfach nur fantasieren. Gerade in Zeiten von Reisebeschränkungen wie bei Corona wurde das deutlich. Faszinierend dabei ist, dass Duftverwender oft ähnliche oder gleiche Assoziationen mit einem Parfüms haben. Hier fünf Beispiele:

- Der Geruch von tropischem Meer wird z. B. in „Marble Sea" (Atelier Oblique) von vielen auch nicht trainierten Nasen gerochen.
- Den Geruch von Strand einer am Meer liegenden südlichen Großstadt fängt für viele Duftverwender z. B. „California Dream" (Louis Vuitton) ein.
- Den Geruch eines mediterranen Segeltörns riechen Duftliebhaber z. B. in „Replica" (Martin Margiela).
- Den Duft von Sonnencreme am Swimmingpool wird von Sonnenanbetern z. B. in „Huile Prodigieuse" (Nuxe) gerochen.
- Der Geruch von Tropenwäldern, die man vielleicht nur vom Besuch heimischer Gewächshäuser kennt, wird z. B. von „A Chant for the Nymph" (Gucci) wiedergegeben.

Sicher unterstützen die Namensgebung und die Nennung von wesentlichen Inhaltsstoffen eines Parfüms das Ziel einer imaginären Fernreise. So verrät z. B. „Bal d'Afrique" (Byredo), wohin die Reise geht. Dennoch: Im Blindtest gerochen erzeugt der nach Zedernholz wie nach anderen exotischen Inhaltsstoffen riechende Duft Impressionen, die viele Duftliebhaber an Sahara und nordafrikanische Regionen erinnern, vor allem dann, wenn man den Wunsch hat, diese einmal selbst zu bereisen oder wiederzusehen. Mit andern Worten: Düfte helfen nicht nur dem eigenen Ich, sondern auch dem Ideal-Ich, vor allem in Zeiten, in denen man Wünsche und Bedürfnisse hat, sie aber nicht ausleben kann, z. B. weil der Urlaub ausfällt. Parfüms wirken so etwa gegen Fernweh, weil das Ideal-Ich mit ihnen zumindest in Gedanken in Urlaub reisen kann.

Der Fairness halber sei gesagt, dass man das Ideal-Ich nicht nur mit dem Geruch von Parfüms (etwa von Eau de Parfums oder Eau de Toilettes) auf Duftreise schicken kann, sondern auch z. B. mit dem von Duftkerzen. Auch alle anderen Arten von Raumdüften (wie Duftspender, Aromaduftlampen, Duftsteine, Diffuser oder Raumsprays) können als Stimmungsmacher dienen. Sie zielen nicht nur auf die geruchliche Verbesserung der häuslichen Aura ab, sie entführen auch in ferne Welten.

Wie gefällt Ihnen unsere gemeinsame Duftreise? Ist es nicht hochspannend, wie kontrovers das Thema „Pheromone bei Menschen" diskutiert wird oder wie es zum ersten Parfüm der Emanzipation kam? Letzteres zeigt, wie sich die Parfümerie sozialpolitischen Bewegungen und damit dem Zeitgeist angepasst hat bzw. sich ständig anpassen muss. In Kap. 15 werde ich noch weitere Einblicke anhand von interessanten Beispielen geben, speziell dazu, welche Entwicklungschancen Parfümeurinnen heute haben.

Zusammenfassung
In diesem Kapitel besprachen wir die zweite Revolution der Parfümerie und sahen, wie es zum ersten Duft der Emanzipation kam. Auch untersuchten wir das Auf und Ab der Parfümerie aus verschiedenen Blickwinkeln. So haben wir die bedeutende Rolle von Charles Baudelaire für die Entwicklung der modernen Parfümerie besprochen. Wir sahen aber auch, dass nicht wenige der berühmten klassischen Philosophen sich etwas abfällig über den Geruchssinn wie die Wirkung von Düften geäußert haben. Ich habe Sie deshalb mit dem „Godfather" der Parfümerie – Friedrich Nietzsche – bekannt gemacht, der sehr viel zur Imageaufwertung und Faszination des Geruchssinns wie des Riechens beigetragen hat. Zum positiven Image von Parfüm hat auch die Epoche der Romantik viel beigesteuert. Wir haben aber auch eine andere Seite der Parfümerie kennengelernt, die Duft und Geruch stigmatisiert, ausgrenzt und über das Olfaktorische ausspioniert.

Pheromone bei Menschen sind in der Forschung ein kontrovers diskutiertes Thema und haben ein Auf und Ab des Parfümerie-Images mit Parfüms, die nicht hielten, was sie versprachen, ausgelöst. Man hat zwar mittlerweile die Existenz von Pheromonrezeptoren auch beim Menschen entdeckt, die durch den Duftstoff Hedion (einen synthetischen Duftstoff mit blumigem Charakter) aktiviert werden können, aber so richtig sicher, ob die Rezeptoren an sexueller Bereitschaft beteiligt sind, ist man nicht. Sie können nun nach dem Lesen dieses Kapitels jeweils gute Argumente in die Waagschale werfen, warum Sie zu den Pheromongläubigen oder -ungläubigen gehören.

Literatur

Berger S et al (2017) Exposure to hedione increases reciprocity in humans. Front Behav Neurosci 11:79

Canetti E (1992) Masse und Macht. Claassen, München

Chakkarath P, Weidemann D (2018) Kulturpsychologische Gegenwartsdiagnosen: Bestandsaufnahmen zu Wissenschaft und Gesellschaft. Transcript, Bielefeld

Classen C, Howes D, Synnott A (1994) Aroma: The cultural history of smell. Routledge, New York

Corbin A (1984) Pesthauch und Blütenduft. Eine Geschichte des Geruchs. Wagenbach, Berlin

De Villa M (2017) "Who are you, incomprehensible you spirit" Perfume in nineteenth and twentieth-century German literature. In: Ciani Forza (Hrsg) Perfume and literature, the persistence of the ephemeral. Linea edizioni, Padua S. 179–198

Flammersberger T (2016) Baudelaire und die Moderne – Charles Baudelaire. Der Dichter der Modernität? Hausarbeit, Bayerische Julius-Maximilians-Universität Würzburg (Romanistik)

Gelstein S et al (2011) Human tears contain a chemosignal. Science 331(6014):226–230

Grammer K, Jütte A (1995) Der Krieg der Düfte – Bedeutung der Pheromone für die menschliche Reproduktion. Gynakol Geburtshilfliche Rundsch 37(1997):149–153

Higgins ET (1987) Self-discrepancy: a theory relating self and affect. Psychol Rev 94:319–340

Hurton A (1994) Erotik des Parfums. Fischer, Frankfurt

Largey GP, Watson DR (1972) The sociology of odours. Am J Sociol 77(6):1021–1034

Le Guérer A (1992) Die Macht der Gerüche. Eine Philosophie der Nase. Klett-Cotta, Stuttgart

Leistikow A (2019) Das Recht auf Schönheit – ein Plädoyer der Literatur. An Vio, Düsseldorf

McCartney W (1968) Olfaction and Odours: An Osphrésiological Essay. Springer, Berlin\Heidelberg

Miertsch B (2005) Parfum, donc souvenir? – Bedeutung und Einfluss von Geruch(ssinn) in ‚Le Flacon' und ‚Parfum Exotique' von C. Baudelaire (Fleurs du Mal). Studienarbeit, GRIN

Novalis (1978–1987) *Werke, Tagebücher und Briefe Friedrich von Hardenberg*, hrsg. von H. J. Mähl und Richard Samuel, München: Carl Hanser Bd. 1, S. 240

Oren C et al (2019) A scent of romance: human putative pheromone affects men's sexual cognition. Soc Cogn Affect Neurosci 14:719–726

Raab J (1998) Die soziale Konstruktion olfaktorischer Wahrnehmung. Eine Soziologie des Geruchs. Dissertation zur Erlangung des akademischen Grades des Doktors der Sozialwissenschaften an der Universität Konstanz

Reinarz J (2014) Past scents: historical perspectives on smell. University of Illinois Press, Urbana

Rimmel E (1988) Das Buch des Parfums. Die klassische Geschichte des Parfums und der Toilette. Ullstein, Berlin

Rindisbacher H (2015) What's this smell? Shifting worlds of olfactory perception. KulturPoetik 15(1):70–104. Vandenhoeck & Ruprecht

Savic I, Berglund H (2010) Androstenol – a steroid derived odor activates the hypothalamus in women. PLoS One 5(2):e8651

Shepherd G (2013) Neurogastronomy: how the brain creates flavor and why it matters. Columbia University Press, New York

Simmel G (1992) Soziologie. Untersuchungen über Formen der Vergesellschaftung. Suhrkamp, Frankfurt/M

Süskind P (1985) Das Parfum. Die Geschichte eines Mörders. Diogenes, Zürich

Tullett W (2019) The past stinks: a brief history of smells and social spaces: in the conversation newsletter (theconversation.com) published August 9, 2019. Boston

Williams M, Apicella C (2017) Synthetic copulin does not affect men's sexual behavior. Adapt Hum Behav Physiol 4:121–137. (2018)

Williams M, Jacobson A (2016) Effect of copulins on rating of female attractiveness, mate-guarding, and self-perceived sexual desirability. Evol Psychol 14(2):1–8

Wohlleben P (2019) Das geheime Band zwischen Mensch und Natur. Ludwig, München

Wyatt TD (2015) The search for human pheromones: the lost decades and the necessity of returning to first principles. Proc Biol Sci 282(1804):20142994

Ye Y, Zhuang Y et al (2019) Human chemosignals modulate emotional perception of biological motion in a sex-specific manner. Psychoneuroendocrinology 100:246–253

Auf dem Weg in die Zukunft des Riechens

Wie Duftstoffe das Gehirn zunehmend begeistern

Inhaltsverzeichnis

9.1 Geruchssuche: Dem Geruch in der Forschung schon lange auf der Spur – 212

9.2 Nobelpreis-Erkenntnis: Riechen wir (fast) alles doppelt? – 215

9.3 Bildgebendes Riechen: Der Startschuss für die Neuroparfümerie – 218

9.4 Die dritte Duftrevolution: „Vorabend" der Zukunft der Parfümerie – 225

9.5 Vielfache Gehirnbelebung am Beispiel der Breitbandwirkung von Zitrusaromen – 227

9.6 Neuro-Duftverkauf: Wie man das Gehirn für ein neues Parfüm begeistert – 229

Literatur – 232

© Der/die Autor(en), exklusiv lizenziert durch Springer-Verlag GmbH, DE, ein Teil von Springer Nature 2021
J. Mensing, *Schöner RIECHEN*, https://doi.org/10.1007/978-3-662-62726-6_9

speziell Duftendes wird dann Kunden oft zögerlich gezeigt, doch genau das suchen viele Duftliebhaber als Parfüm für sich.

Jetzt gibt es durch die Neuroparfümerie neue Erkenntnisse, wie man die Duftwahl für ein Win-win aller Beteiligten individueller, kundenbezogener und treffsicherer machen kann, aber auch dazu, wie Duftstoffe und Parfüms in Zukunft noch mehr faszinieren können und damit mehr Genuss bieten.

Lassen Sie mich aber zu Beginn dieses Kapitels zunächst einiges rekapitulieren und weitere Informationen geben, was die aktuelle Forschung über Duft und seine Verarbeitung im Gehirn herausgefunden hat. Wenn Ihnen die in ▶ Kap. 1 und ▶ Kap. 4 präsentierten Erkenntnisse der Neuroparfümerie bereits ausreichen, können Sie dieses Kapitel gut querlesen. Richtig spannend wird es dann wieder in ▶ Kap. 10, in dem es um die Dufttherapie geht.

Wissen Sie, wie man schon heute dem Gehirn ein wenig nachhelfen kann, um es für ein neues Parfüm zu begeistern?

Diese Frage hat einiges an Brisanz. Jährlich kommen etwa 2000 Parfüms neu auf den Markt – sicher nicht alle in der stationären Parfümerie, aber ständige Neulancierungen von Parfüms buhlen auch dort um die Gunst der Nutzer und warten darauf, als neuer Lieblingsduft von Kunden entdeckt zu werden.

Da die Verantwortlichen von Parfümmarken meist unter einem enormen Umsatzdruck stehen, brauchen sie einen Verbündeten, jemanden, der hilft, die Kaufentscheidung für ihr neues Parfüm zu begünstigen. Das ist traditionell der Händler. Aber auch er muss sicherstellen, dass seine Duftempfehlung von Erfolg gekrönt ist, und dafür wird oft ein Parfüm empfohlen, von dem man annimmt, dass es sich leichter verkauft. Zu

9.1 Geruchssuche: Dem Geruch in der Forschung schon lange auf der Spur

Die Entdeckung der Riechnerven und damit die erste Geruchsforschung wird Claudius Galenus (129–199 n. Chr.), einem in Pergamon (in der heutigen Türkei) beheimateten römischen Arzt, der auch Leibarzt des Kaisers Marcus Aurelius wurde, zugeschrieben. Erste Vermutungen über die Funktionsweise der Geruchswahrnehmung finden sich aber schon in dem Werk *De Rerum Natura* des römischen Dichters Titus Lucretius Carus (97–55 v. Chr.) Er ging davon aus, dass allerkleinste Teilchen durch Schlitze des Sinnesorgans mit angepasster Gestalt hindurchtreten können. Entsprechend sollen angenehm riechende Substanzen aus glatt-runden Partikeln, unangenehme, bitter-scharfe Gerüche jedoch aus kompakten und gebogenen Teilchen bestehen.

2000 Jahre sollte es dauern, bis Forscher entdeckten, dass nicht nur in der Nase, sondern auf vielen Körperorganen Geruchsrezeptoren sitzen (Hatt u. Dee 2012). Wie bereits erwähnt, fanden kürzlich Biochemiker des amerikanischen Monell-Instituts in Philadelphia, einer der Hochburgen für Duftforschung, heraus, dass sogar die Geschmackszellen auf der Zunge über Geruchsrezeptoren verfügen (Malik et al. 2019). Diese Erkenntnis ist dem zwölfjährigen Sohn des Wissenschaftlers Mehmet Ozdener zu verdanken, der darauf hingewiesen hatte, dass Schlangen ihre Zunge ausdehnen, um die Luft in ihrer Umgebung zu riechen. Heute lernt man im Biologieunterricht, vereinfacht gesagt, dass jedes Duftmolekül beim Einatmen auf die länglichen Riechzellen auf der Nasenschleimhaut trifft, in ein elektrisches Signal umgewandelt wird und dann in Sekundenschnelle auf den Nervenbahnen vor allem ins limbische System, unser Emotionszentrum, rast. Dort wird es als Erinnerungen im Langzeitgedächtnis abgespeichert und an bestimmte Gefühle mit Erinnerungen gekoppelt.

Da die olfaktorische Wahrnehmung selbst für Profis sehr komplex und lange nicht vollständig erforscht ist, sind sich Wissenschaftler beim Thema „Riechen" nicht immer ganz einig. Die meisten gehen aber davon aus, dass wir mindestens 400.000 verschiedene Duftnoten wahrnehmen können. Einige Forscher gehen theoretisch sogar von bis zu einer Billion aus. Dafür sorgen etwa 20 bis 30 Millionen Riechzellen. Auf jeden Fall kann man sagen, dass der Mensch mehr Duftnoten als Farben, Geschmacks- oder akustische Eindrücke wahrnehmen kann. Der Geruchssinn schlägt in der Wahrnehmungsleistung jeden anderen Sinn.

In der Praxis können allerdings nicht mehr als ein paar 1000 Duftnoten unterschieden und richtig benannt werden. Optimisten sprechen von 5000 bis 10.000 Gerüchen, wobei die Fehlerquote beim korrekten Benennen bei über 50 % liegt. Es ist unwahrscheinlich, dass auch nur annähernd so viele Duftnoten mit Gefühlen und Erinnerungen gekoppelt werden können. Denn vieles läuft beim Riechen im Schwellenbereich der Wahrnehmung und auch unbewusst ab. Riechen ist auch nicht statisch, sondern läuft wie ein bewegtes Bild, fast wie ein Kurzfilm ab. Gerüche sind elektronische Muster, und da sie in Schwingung sind, müssen die Areale des Riechens eine psychodynamische Decodierung leisten.

Auch macht das Gehirn einen Unterschied, ob uns die Düfte gefallen oder nicht (Rolls 2004). Je nachdem, ob wir nur schnuppern oder tatsächlich riechen, werden außerdem andere Areale im Gehirn stimuliert (Sobel et al.1998; Kareken et al. 2004). Die Geruchswahrnehmung ist auch von Mensch zu Mensch verschieden, was ihre Erforschung nicht einfacher macht. Sie hängt nicht nur von psychophysiologischen und anderen biologischen Unterschieden ab und wird stark von der persönlichen Duftsozialisation geprägt, sondern ist auch von Kultur, kulturspezifischem Wissen, Lebensraum und Sprache geprägt, die signifikante Auswirkungen haben (Ferdenzi et al. 2017).

Riechen selbst ist ein komplizierter, aber faszinierender Vorgang. Viele Fragen sind noch offen, bei denen man sich in der Forschung uneins ist – etwa, wie speziell die Umwandlung von einem chemischen Reiz (Duftmoleküle z. B. von einer gerochenen Blume, die die Rezeptoren in unserer Nase wahrnehmen) in elektrische Duftsignale passiert. Über diese Frage herrscht bereits seit 1996 ein Dauerstreit in der Forschung, der zum Teil nur noch für Insider verständlich ist. So entwickelte der Physiologie und Biophysiker Luca Turin eine Theorie, dass der Geruch der Substanzen auf den Frequenzen der Erschütterung ihrer Moleküle bzw. auf unterschiedlichen Schwingungsfrequenzen basiert und so zum elektrischen Duftsignal wird und nicht durch Formerkennung mittels Rezeptoren funktioniert (Turin 1996). Die Mehrheit der Duftforscher vertritt jedoch mittlerweile die Auffassung, dass das Gehirn durch Formerkennung der

Duftmoleküle riecht. Dennoch halten einige Physiker an der Theorie von Turin fest, da identisch aussehende Moleküle sehr unterschiedlich riechen und umgekehrt Moleküle mit sehr unterschiedlichen Strukturen ähnlich riechen können.

Beim Schreiben dieses Buches diskutierte die Forschung gerade folgende Auffassung: Gerüche werden ja über den Riechkolben (Bulbus olfactorius) zunächst direkt dem Cortex piriformis (engl. piriform cortex – PC) zugespielt. Der Bulbus olfactorius repräsentiert das primäre Riechzentrum und wird als eine Vorstülpung des Gehirns angesehen. Im piriformen Cortex, einem zum Riechsystem gehörender Großhirnrindenabschnitt, der zur äußeren Seite des Großhirns des Menschen zählt, wird die Stimulation durch Duftmoleküle, die mittlerweile von einem chemischen Reiz in elektrische Duftsignale umgewandelt wurden, in andere spezialisierte Gehirnregionen weitergegeben. Ich habe die vielfachen Funktionen des piriformen Cortex schon an verschiedenen Stellen geschildert. Hier noch ein paar zusätzliche Informationen.

Der piriforme Cortex ist eine phylogenetisch alte Struktur, die auch bei Reptilien, Amphibien und anderen Säugetieren vorkommt. Das kleine Areal liegt neben dem Temporallappen, auch Schläfenlappen genannt, wobei in der Anatomie mit „Schläfe" die Region knapp vor und direkt über den Ohren bezeichnet wird. Die aktuelle Forschung bescheinigt dem kleinen Areal eine große Wirkung auf andere Gehirnareale wie den Hippocampus. Dieser speichert komplexe Erinnerungen, kann aber vom piriformen Cortex direkt stimuliert werden. Unser Riechhirn beeinflusst also auch unser Gedächtnis und, wie schon erwähnt, sogar unsere Wahrnehmung. Scheinbar verarbeitet der piriforme Cortex auch das, was wir sehen, und kreiert eine Erwartung, wie ein Geruch wohl riechen wird. Dies hat einen Einfluss auf das tatsächliche Duftempfinden. Wie bereits verschiedentlich gesagt, gelangte man zu dieser Erkenntnis durch Untersuchungen mithilfe der funktionalen Magnetresonanztomografie (fMRT). Anhand von Fotos, die einen Menschen mit glücklichem, neutralem oder angeekeltem Gesichtsausdruck zeigten, wurden dieselben Gerüche unterschiedlich bewertet. Der piriforme Cortex scheint aber auch ein Archiv für Langzeiterinnerungen zu sein, was wiederum das tatsächliche Duftempfinden beeinflusst. Doch um als Archiv zu fungieren, muss der piriforme Cortex erst vom orbitofrontalen Cortex, dem Maître des Parfums, der die Sinne koordiniert und Sitz von Persönlichkeitseigenschaften und damit eine übergeordnete Hirnregion ist, durch ein Signal darüber informiert werden, dass ein Ereignis als Langzeiterinnerung abgespeichert werden soll. Mit anderen Worten: Was wir schließlich als konkreten Dufteindruck empfinden, wird durch visuelle Wahrnehmung wie die Vernetzung mit den anderen Sinnen, aber auch durch die Bedeutung der Erinnerung wie unser aktuelles Erleben und unsere Persönlichkeit beeinflusst bzw. regelrecht moduliert.

Ist das die Erklärung dafür, dass, wie neueste Studien zeigen, wir auch ohne den Bulbus olfactorius, also Teile des Riechhirns riechen können? Erzeugt unser Geruchshirn in Zusammenarbeit mit übergeordneten Hirnregionen viel öfter, als wir denken, einen Geruchseindruck, dem die vorausgegangene Stimulation durch bestimmte Duftmoleküle (z. B. einer bestimmten gerochenen Blume) so gar nicht zugrunde liegt?

Sicher weiß man schon lange: Der Geruch entsteht im Gehirn; dass jedoch das gesunde Hirn auch seinen eigenen Duft – losgelöst von einem olfaktorischen Input – erzeugen kann und das scheinbar viel häufiger tut, als es uns bewusst ist, ist eine neue Erkenntnis. Offensichtlich reicht es für einen Geruchseindruck aus, wenn das Gehirn irgendwie stimuliert wird oder aber sich selbst stimuliert, z. B. im Schlaf. Bislang dachte man immer, dass das Riechen von Gerüchen, die andere nun gar nicht riechen, wie beispielsweise einen deutlich lebensbedrohlichen Brandgeruch, ein Symptom der Psychopathologie ist und bei bestimmten Krankheiten wie der Schizophrenie auftritt. Auch wird, wie schon gesagt, als Phantosmie oder Phantomgeruch eine Geruchshalluzination genannt, die besonders vor epileptischen Anfällen auftritt. Nun legt die aktuelle Geruchsforschung nahe, dass auch das gesunde Gehirn seine eigene subjektive Geruchswelt aufbaut und sie sich selbst losgelöst von Input von außen ständig neu erschaffen kann. Man könnte damit sagen: Auch für das gesunde Gehirn ist ein gewisses Maß an „Geruchshalluzination" völlig normal, weil es auch ohne eine nachweisbare externe Reizgrundlage für sich einen Geruch erzeugen kann.

Sicherlich möchte ich damit nicht sagen, dass jeder die Dinge immer etwas anders riecht, allein schon deshalb, weil jede Person ihre eigene charakteristische und wiedererkennbare Atmung hat (Benchetrit 2000), die neben der individuellen emotional-kognitiven Verarbeitung des Geruchs sich auch auf das Riechen auswirkt. Wenn wirklich jeder in seiner eigenen Geruchswelt leben würde, wären auch Riechtests wie der University of Pennsylvania Smell Identification Test (UPSIT) für die breite Anwendung gar nicht möglich (Welge-Lüssen et al. 2002). Beim UPSIT sind auf einem Papierblock 40 Duftstoffe in Form von Mikrokapseln imprägniert, die freigekratzt werden müssen. Auf diese Weise wird der Duft freigesetzt und soll innerhalb von vier Antwortmöglichkeiten identifiziert werden. Auch wenn in diesem Test 40 Düfte im Multiple-Choice-Verfahren bewertet werden, kann man dagegen argumentieren, dass solche Geruchstests eher nur grobe olfaktorische Dysfunktionen, z. B. im Rahmen von Parkinson, identifizieren und damit die Unterschiede beim feinen Riechen nicht wirklich aufdecken können. In der Praxis der Duftberatung werden aber oft Unterschiede in der individuellen Duftwahrnehmung deutlich. Man ist dann fasziniert, wie unterschiedlich ein und derselbe Duft von Duftverwendern beschrieben und offensichtlich ihr Gehirn anders, nämlich sehr individuell, stimuliert wird. Das bringt uns noch einmal zu der Frage, wie Düfte überhaupt das Gehirn stimulieren.

9.2 Nobelpreis-Erkenntnis: Riechen wir (fast) alles doppelt?

Aktuelle Studien kommen nun zu einer weiteren überraschenden Erkenntnis. Vom piriformen Cortex aus werden die olfaktorischen Signale wohl über drei Regelkreise weitergeleitet (Olsen et al. 2012). In jedem Regelkreis gibt es eigene Gehirnareale und Netzwerke, die durch die Stimulation bestimmter Duftsignale neurobiologische und psychische Prozesse auslösen. Diese werden mit spezifischen Gefühlen und Erinnerungen sowie mit unserem Selbstbild, unseren Wünschen und Bedürfnissen sowie unseren Werten und sogar mit anderen Sinnen verbunden.

Dabei ist jedes Areal und Netzwerk für bestimmte Duftnoten besonders empfänglich. Die einzelnen Gehirnareale kennen, wie gesagt, Lieblingsaromen, von denen sie besonders gern stimuliert werden. Wenn das der letzte Stand der Duftforschung ist, stellt sich eine sehr spannende Frage, die man derzeit nicht von der Forschung beantwortet bekommt:

Woher weiß der piriforme Cortex, welchen Duft er in welchen Regelkreis gibt, bzw. woher weiß er, welches Gehirnareal welchen Duft zuerst riechen möchte, auch wenn es einen Regelkreis gibt, den er immer bedient?

Wie gesagt: Anscheinend ist der piriforme Cortex für die Geruchswahrnehmung noch viel entscheidender, als bisher angenommen. Er ist nicht nur eine Relaisstation, sondern scheint auch eine Art von Geruchsbewusstsein zu besitzen. Man kann es auch einfach so ausdrücken: Der piriforme Cortex ist wohl unser kleiner Mann in der Nase und unser Duftmanager.

Im Folgenden gebe ich einen Überblick über die drei Regelkreise in der Reihenfolge 3, 2, 1, weil der letzte der Schnellste ist. Gleichzeitig biete ich damit eine kurze Zusammenfassung mit Zusatzinformationen zu den bereits erklärten, für das Riechen wichtigen Gehirnregionen.

Im **Regelkreis 3** steht der orbitofrontale Cortex (OFC) im Mittelpunkt, verantwortlich für die bewusste Dufterkennung und damit für die Kategorisierung aller ihm zugeführten Gerüche. Er koordiniert also alle Geruchseindrücke und bringt sie in einen Gesamtzusammenhang, ohne den ein Parfümgenuss nicht möglich wäre. Ich habe den OFC bereits als den Maître des Parfums im Gehirn vorgestellt. Er koordiniert auch unsere Sinne und ist so verantwortlich für synästhetische und multisensorische Zusammenhänge. Deshalb können wir z. B. Farben oder Musik Duftempfindungen zuordnen. Auch wurde oben erklärt, dass im OFC Wertzusammenhänge erstellt werden, beispielsweise ob ein Parfüm seinen Preis wert ist. Als Sitz der Persönlichkeitseigenschaft Extraversion sind auch die Duftvorlieben dieses Areals mehr als verständlich. Schon länger weiß die Duftpsychologie, dass frische, zitrische Noten wie die Bergamotte besonders Extravertierte bzw. Personen mit entsprechenden Erlebenswünschen ansprechen. Das kann auch die Gehirnforschung bestätigen.

Im **Regelkreis 2**, dem sog. Papez-Kreis, steht der Hippocampus (Seepferdchen) im Mittelpunkt. Er ist besonders für Erinnerungsabspeicherung und damit für unser Langzeitgedächtnis und Lernen verantwortlich. Mit dem Hippocampus besitzen wir ein hervorragendes Geruchsgedächtnis (Gottfried 2006). So erinnern wir uns z. B. auch noch im hohen Erwachsenenalter an Düfte aus früher Kindheit und assoziieren diese mit Ereignissen und Gefühlen (Herz et al. 2004). Feind Nr. 1 des Hippocampus ist Stress. Chronischer Stress kann durch erhöhte Cortisolausschüttung dieses Areal zum Schrumpfen bringen, entsprechend verliert man immer mehr auch die Fähigkeit, Düfte beispielsweise einzelner Blumen richtig zu benennen. Klinische Studien belegen, dass diese Gehirnregion um bis zu 26 % ihrer ursprünglichen Größe schrumpfen kann (Sheline et al. 1999; Greenberg 2012). Verständlich, dass der Hippocampus Duftvorlieben hat, die Entspannung und Antistressprophylaxe bieten. Die Aromatherapie kennt schon länger eine ganze Reihe vielversprechender Duftnoten gegen Stress. Sie stammen überwiegend aus dem Blumen- und Blütenbereich wie Osmanthus, Zistrose, Rosen, Kamille und Lavendel.

Regelkreise 3 und 2 deuten damit auf spezifische Arten des erkennenden Riechens hin. Der erste erklärt, warum uns Düfte ganz direkt kognitiv ansprechen können. Der zweite zeigt die enge Verbindung von Duft, Lernen und Erinnerung bzw. Assoziationen.

Der **Regelkreis 1**, die sog. Mandelkern-Schleife, ist für Psychologen besonders faszinierend – zum einen, weil die Geruchswahrnehmung hier zunächst unbewusst beginnt und auch unbewusst bleiben kann, zum anderen, weil durch sie Gerüche Emotionen modulieren können. Das erklärt die mögliche emotionale Färbung eines Duftgenusses (Adolphs 2010). Im Mittelpunkt steht hier zunächst die bereits oft zitierte Amygdala (Mandelkern), verantwortlich für emotionale Bindung und die Fähigkeit, Gefühle zu zeigen. Über den emotionalen Weg Amygdala gelangen olfaktorische Signale entsprechend aufgeladen über den Hypothalamus – die sog. Kammer, die für Genuss- und Temperaturempfinden, aber auch für das Sexualverhalten verantwortlich ist – sowie über den Hippocampus schließlich auch in den orbitofrontalen Cortex.

Durch die Entdeckung der Regelkreise wird folgende spektakuläre These immer wahrscheinlicher: Wir riechen wohl das allermeiste zweimal. Und zwar zuerst unbewusst durch ein Anriechen oder Erschnuppern und anschließend durch das

9.2 · Nobelpreis-Erkenntnis: Riechen wir (fast) alles doppelt?

eigentliche Riechen bzw. Nachriechen, bei dem zumindest ein Teil der unbewusst wahrgenommenen Gerüche bewusst wird. Diese These verdanken wir dem Psychologen Daniel Kahneman, der – wie bereits erwähnt – 2002 den Nobelpreis erhielt. Er erkannte zwei Arten sensorischer Wahrnehmung:

- Das schnelle, instinktive und emotionale System 1 (Autopilot), u. a. durch die Amygdala gesteuert, ist unser ältestes Zentrum für Emotionen. Die eigentliche Aufgabe der Amygdala besteht darin, uns als Frühwarnsystem, sozusagen als Spion, vor Gefahren aus der Umwelt zu schützen. Man weiß aus der Wahrnehmungspsychologie, dass die Amygdala schon in 300 Millisekunden etwas aus der Umwelt scannen kann und uns alarmiert, wenn etwas nicht stimmt. Das alles läuft für uns zunächst im Schwellenbereich der Wahrnehmung ab. Wir kennen es dann als ein unterschwelliges Gefühl, dass etwas nicht stimmt.

Die Schnelligkeit der Amygdala beim Riechen erklärt sich dadurch, dass sie über ihren Regelkreis direkt und ohne Umleitung mit den Riechzellen auf der Nasenschleimhaut verbunden ist. Auch bei Gerüchen scheint sie – für uns unbewusst – eine Vorentscheidung zu treffen, was an andere Gehirnregionen weitergegeben wird bzw. weitergegeben werden soll und dann bewusst wird. Es muss also eine Art Geheimpakt zwischen dem piriformen Cortex und der Amygdala geben. Letzterer werden olfaktorische Signale wohl in der Regel fast immer zuerst zugespielt. Sicher gibt es, wie schon erwähnt, eine direkte Verbindung zwischen dem piriformen Cortex und dem orbitofrontalen Cortex. Vermutlich wird aber das instinktive und emotionale System der Amygdala schneller erreicht, worauf die unmittelbare Nachbarschaft zwischen dem piriformen Cortex und der Amygdala schließen lässt. Wir können damit annehmen, dass wir viel mehr riechen, als uns bewusst wird, und das im Millisekunden-Bereich. Dafür gibt es mittlerweile Belege. So können Frauen, wie gesagt, sehr schnell Unterschiede im Immunsystem von Männern riechen, was ihnen gar nicht bewusst werden muss und trotzdem Einfluss auf ihr Verhalten nehmen kann.

- Das langsamere, Dinge durchdenkende und logischere System 2 wird primär durch den orbitofrontalen Cortex gesteuert. Er verzögert bewusst, erkennt, analysiert, erlebt und riecht. Auf diese Weise trifft er Wertentscheidungen, die zur Duft- und Kaufentscheidung führen. In der Forschung ist man sich jedoch nicht sicher, welches System letztlich für die Kaufentscheidung verantwortlich ist. Sicher ist nur, dass die Amygdala über die emotionale Bedeutung entscheidet und so eine Kaufvorentscheidung trifft. Dabei ist sie aber nur auf den Lieblingsduft fokussiert. Er wird von ihr zentral wahrgenommen und erhält immer den emotionalen Vorzug. Was nach ihm präsentiert wird, hat es wesentlich schwerer, die Amygdala zu beeindrucken.

Diese Reaktion hat damit zu tun, wie unser Gehirn gern arbeitet. Es bevorzugt immer den schnellen, energiesparenden Weg und präferiert deshalb erst einmal – um beim Beispiel zu bleiben – das bisherige Lieblingsparfüm. Gehirnscans bestätigen das. Was Lieblingsparfüm/-produkt/-marke, in der Fachsprache First Choice Brand genannt, ist, wird intuitiv und sofort von der Amygdala entschieden bzw. von ihr (wieder-)erkannt.

Hat sich die Amygdala für ihren Liebling entschieden, drängt sie den orbitofrontalen Cortex (OFC) zu einer schnellen (Kauf-)Entscheidung. Das geschieht in der Regel unbewusst, wird dann zunächst halbbewusst im Schwellenbereich empfunden und schließlich bewusst erlebt. Dieses Erleben äußert sich beispielsweise als Angst, etwas nicht zu bekommen, zu verpassen, zu verlieren bzw. nicht zu gewinnen – alles, bevor der OFC sich bewusst entscheiden oder Alternativen aufzeigen kann.

Die Wahl des Lieblingsparfüms wird also sofort im intuitiven System 1 (Autopilot) getroffen. Auch wenn die Amygdala die Kaufvorentscheidung trifft, so hat die Gehirnforschung bewiesen, dass es letztlich der orbitofrontale Cortex ist, der entscheidet, ob man sich etwas leisten kann bzw. will. Der OFC, der alle unsere Sinne koordiniert und Wertentscheidungen trifft, hat dabei oft das folgende bereits erwähnte Problem: Die Amygdala, die sich bereits entschieden hat, drängt, da in ihr auch die Angst wächst, etwas zu verpassen. Es bleibt also die Frage: Wer trifft wirklich die Entscheidung?

9.3 Bildgebendes Riechen: Der Startschuss für die Neuroparfümerie

Die wirklichen Innovationen auf dem Gebiet der Geruchsforschung entstanden in den vergangenen Jahren durch Studien mit den neuen bildgebenden Untersuchungsverfahren in der Gehirnforschung, der sog. funktionellen Magnetresonanztomografie (fMRT). Mit ihr kann man, wie gesagt, dem Gehirn regelrecht beim Riechen zusehen. Das war der Startschuss für die Neuroparfümerie. Mit Beginn des 21. Jahrhunderts wurde diese Forschungsrichtung auch für die Parfümeriepraxis spannend, beispielsweise mit Studien zum Thema „Wo riechen wir was im Gehirn?". Beispiele für solche Forschungsaktivitäten sind die italienischen Teams um Laura Romoli (Romoli et al. 2012) von der Universität Triest mit Schwerpunkt auf Verbraucherforschung sowie um Faezeh Vedaei (Vedaei et al. 2016) vom Thomas Jefferson University Hospital in Philadelphia mit dem Spezialgebiet Neuroimaging.

Mittels fMRT kann gezeigt werden, dass einzelne Duftstoffe (Aromen) eine unterschiedliche kortikale Aktivierung aufweisen bzw. dass einzelne Aromen bestimmte zerebrale Regionen und ihre Netzwerke zuerst oder überhaupt nur diese stimulieren. Das hilft zu erkennen, wie beispielsweise Geruch und Emotion oder Dufterleben, Erinnerung und Selbstwahrnehmung zusammenhängen. Dabei handelt es sich um komplexere Prozesse, als man zu Beginn der Forschung erwartet hatte. So werden zwar die unterschiedlichsten Gehirnregionen aktiviert, doch ist längst nicht geklärt, welche Rolle sie zum Teil überhaupt spielen. Auch werden bereits vorhandene Annahmen über die Zuständigkeiten im Gehirn immer wieder durch neue Erkenntnisse relativiert. So zeigen aktuelle Studien, dass nicht nur der Hippocampus und die Amygdala Erinnerungen modulieren, sondern dass diese auch im Hypothalamus abgebildet werden (Hasan et al. 2019).

Mittlerweile ahnt man, welch unglaubliche Komplexität noch auf die Gehirnforschung wartet. Allein 30 verschiedene Areale, die zum Teil räumlich weit auseinander liegen, sind bei der Verarbeitung visueller Informationen, die vom Auge geliefert werden, involviert. Bislang fand man auch kein übergeordnetes Zentrum, das die verschiedenen visuellen Informationen miteinander vergleicht und koordiniert. Beim Duft ist man schon etwas weiter, auch wenn die Duftforschung zuweilen etwas stiefkindlich behandelt wird. Hier weiß man, dass es im Gehirn einen Maître des Parfums gibt, der Sinne koordiniert und so für synästhetische und multisensorische Zusammenhänge verantwortlich ist.

Als äußert schwierig hat sich für die Forschung die Suche nach dem Sitz unseres Bewusstseins sowie nach unserem Selbst herausgestellt – von der Suche nach der Seele ganz zu schweigen. Eigentlich ist das nicht sonderlich verwunderlich. Denn was Selbst, Bewusstsein und Seele überhaupt sind, wo sie ihren Sitz haben und woher sie kommen, ist seit Jahrtausenden eine der großen Fragen der Philosophie, aber auch eine der im Vergleich noch jungen Psycho-

9.3 · Bildgebendes Riechen: Der Startschuss für die Neuroparfümerie

logie. Mittlerweile kommen aus der Gehirnforschung, die ebenfalls das Zentrum des Selbst und des Bewusstseins sucht, fast resignierte Töne. Die gängige Meinung kann man so zusammenfassen: Es nicht anzunehmen, dass das Bewusstsein und das Selbst als die höchsten Instanzen des Gehirns von einem bestimmten Ort aus untergeordnete Bereiche steuern. Vielmehr ist davon auszugehen, dass es sich um ein Zusammenspiel unterschiedlichster Areale im Gehirn handelt.

Ursprünglich hatte man in der Forschung wohl gehofft, dass sich die klassische Einteilung von Gehirnarealen, die auf den deutschen Neuroanatomen und Psychiater Korbinian Brodmann (1868–1918) zurückgeht, als Blaupause für die Erforschung von Zusammenhängen eignen würde. Man hoffte, dass man hinter den 52 Feldern, mit denen die Anatomie die Großhirnrinde unterteilte, funktionelle Zusammenhänge finden würde. Auch eine weitere Unterteilung zwischen benachbarten Feldern, sodass dann beispielsweise auch die Brodmann-Areale 23a bzw. 23b entstanden, brachte nicht die gewünschten Einsichten.

Mittlerweile entdeckt man, dass für immer mehr Gehirnfunktionen räumlich weit auseinander liegende Gehirnareale zusammenarbeiten. In der Vergangenheit kam bei ihrer Benennung erschwerend hinzu, dass man sich nicht über den Verbund verschiedener Gehirnareale einig war. Was sollte beispielsweise zum limbischen System bzw. limbischen Assoziationssystem gehören? Nach Brodmann sind es die Areale 28 und 34. Lange war auch nicht klar, ob die Amygdala überhaupt dem limbischen System zugerechnet werden sollte. Bei Brodmann liegt sie im Areal 25. Deshalb wird für einen ersten Überblick das Großhirn zunächst in große Areale, sog. Lappen, aufgeteilt, bevor diese feiner differenziert werden.

Es würde nun den Rahmen des Buches sprengen, die heute in Neurostudien gängigen Namen detaillierter Gehirnregionen mit Abkürzungen wie vlPFC vorzustellen und ferner die Details mit letztem Stand von Neuroimaging-Studien zu besprechen, die geradezu explosionsartig zugenommen haben. Den interessierten Leser will ich deshalb auf sog. Metaanalysen verweisen wie die von Buhle und Kollegen (Buhle et al. 2014), in denen für bestimmte Themen die einzelnen Ergebnisse der Gehirnforschung im Detail analysiert werden. In diesen Fachartikeln werden die Gehirnregionen viel feiner differenziert und voneinander unterschieden, als ich es hier tun kann. So gibt es z. B. Unterscheidungen in dorsomedialen, dorsolateralen oder ventrolateralen präfrontalen Cortex (dmPFC, dlPFC, vlPFC), die neben der Amygdala für die Emotions- und zum Teil selbst für die Duftverarbeitung eine Rolle spielen. Auch müsste man auf geschlechtsspezifische Unterschiede eingehen und hier auf die Lateralisation des Gehirns bzw. auf die neuroanatomische Ungleichheit und funktionale Aufgabenteilung und Spezialisierung der Großhirnhemisphären, die zum Teil bei Männern und Frauen Unterschiede zeigen. Mein Interesse an der Gehirnforschung mit ihren vielen Detailerkenntnissen geht aber hier nur soweit, wie sie Entwicklungen der Parfümerie und damit der Neuroparfümerie betrifft. Um Gehirnregionen schnell zu lokalisieren und einen ersten Einblick in Funktionen zu erhalten, bieten Webseiten wie http://www.gehirn-atlas.de einen guten Überblick.

Zurück zu den vier großen Lappen des Großhirns, die wie folgt differenziert werden:
(1) Hinterhauptlappen (oder Okzipitallappen) mit vielen Einzelarealen, die für die Verarbeitung der visuellen Reize zusammenarbeiten. Dieser visuelle Cortex speichert als Bilder, was wir gesehen haben, z. B. eine von links kommende schwarze Katze.
(2) Scheitellappen (oder Parietallappen). Er schließt an den oberen Hinterhauptlappen an und ist u. a. für Aufmerksamkeitsprozesse, sensorische Empfindungen und Erinnerungen zuständig. Hauptauf-

gabe des darin liegenden somatosensorischen Cortex ist, gefühlte Erinnerungen zu speichern, die man z. B. bei der letzten Yoga-Übung erlebt hat.

Für den Zusammenhang von Duft, Persönlichkeit und Selbsterleben sind hauptsächlich die zwei größten Lappen, der Schläfen- oder Temporallappen und der Stirn- oder Frontallappen verantwortlich. Sie verfügen über einzelne Regionen, die hierbei besonders eng zusammenarbeiten.

(3) Der Schläfenlappen (oder Temporallappen) ist der zweitgrößte Lappen des Großhirns. Sein größter Teil befindet sich im Bereich über den Ohren sowie knapp vor ihnen, also Richtung Nase. Es ist also kein Zufall, dass in ihm u. a. die Hörrinde liegt und dass er für die Informationsverarbeitung von akustischen Reizen zuständig ist. Für die Neuroparfümerie ist der Temporallappen besonders spannend, nicht nur, weil hier auch die Riechbahn am Uncus (Haken) endet, sondern weil in ihm Duft, Emotion und Erinnerung verbunden werden. Beim Uncus handelt es sich um eine kleine Vorwölbung, die sich nach innen richtet und direkt über der Amygdala liegt, diese quasi einschließt. Damit beheimatet der Temporallappen auch den olfaktorischen Cortex mit sog. Rindenfeldern, von denen die primären Felder Informationen einer bestimmten Qualität wie Geruchswahrnehmungen verarbeiten bzw. weiterleiten.

Zum olfaktorischen Cortex zählt auch die Amygdala, die dem limbischen System zugerechnet wird. Das limbische System ist eigentlich keine anatomische, sondern eine funktionale Einheit. Die Anatomie sieht neben der Amygdala auch den Hippocampus im Temporallappen ansässig. Zum limbischen System gehört auch der Hypothalamus, der in der Anatomie vielfach eher dem Zwischenhirn zugerechnet wird. Das hat Gründe: Das limbische System wird in der Forschung schon länger als Einheit für Emotion, Antrieb, Erinnerung und Lernen vermutet. Dabei standen die Amygdala und der Hippocampus mit anliegenden Regionen immer stärker im Forschungsmittelpunkt. Der Hypothalamus, verantwortlich für Genuss- und Temperaturempfinden, aber auch für unser Sexualverhalten, wurde über die Zeit immer mehr in seiner Bedeutung entdeckt. Dazu gehört, dass er z. B. auch Erinnerungen abbilden kann.

Den Temporallappen, das Zentrum für die Verarbeitung und Speicherung von Gerüchen, aber auch von akustischen Reizen könnte man auch als Duft-Sound-Macher und -Speicher bezeichnen, allerdings müsste man noch das Wort „emotional" davorstellen und vom „emotionalen Duft-Sound-Macher und -Speicher" sprechen. Der Temporallappen verfügt über ein weit verzweigtes internes Kommunikationsnetzwerk und ist dort auch für die emotionale Bewertung von Gedächtnisinhalten zuständig. Ferner sind Regionen des Temporallappens in den Augen für die Gesichtserkennung bzw. für das Lesen verantwortlich und setzen diese Information mit emotional Erlebtem in Beziehung. Ohne diese könnte man auf Erfahrungen mit anderen nicht adäquat reagieren.

Der Temporallappen ist wiederum eng vernetzt mit der Insula, die ich bereits im Zusammenhang mit dem Suchtzentrum und der Vorliebe für Schokoladen-Noten vorgestellt habe. Die Insula liegt im Gehirn unter dem Temporallappen und wird von außen betrachtet durch ihn verdeckt. Die Insula wird zunehmend als eigener und somit fünfter Gehirnlappen betrachtet und ist beispielsweise in Zusammenarbeit mit Regionen des Temporallappens für ein Geruchserleben verantwortlich, das wir als Ekel empfinden. Die Hauptfunktion der Insula besteht in der Wahrnehmung und Reaktion auf das Körperinnere. So ist die Insula beispielsweise an der Wahrnehmung eines undefinierbaren, inneren Unruhegefühls beteiligt, das sich weiter zu stärkerem Herzklopfen sowie Angst oder Schmerz steigern kann. Die Insula scheint damit eine Rolle beim körperlichen Bewusstsein zu spielen, beispielsweise bei der emotionalen Beurteilung von Schmerzen sowie bei Wohl- und Unwohlgefühlen. Die Angst selbst hat ihren Sitz in der Amygdala, die im direkten Austausch mit der für unser emotionales Körpergefühl steuernden Insula steht. Das lässt eine spontane starke emotionale Wirkung von Gerüchen wesentlich besser verstehen, wenn Geruch plötzlich mit Angst, Ekel oder körperlichem Unwohlsein besetzt ist. Man darf auf noch kommende Forschungsergebnisse gespannt sein, wie genau die Amygdala und Insula nicht nur bei der Geruchsbewertung zusammenarbeiten bzw. sich ergänzen.

Düfte können, wie gesagt, auch unbewusst auf andere wirken. Grundsätzlich gilt, dass sie unbewusste, halbbewusste und bewusste Reaktionen bei unserer Körperlichkeit auslösen. Dabei kann es sogar passieren, dass ein unbewusst wahrgenommener Geruch dazu führt, dass wir auf eine Person mit körperlichem Desinteresse, Abneigung oder sogar Ekel reagieren. Umgekehrt gilt dasselbe: Aus uns unerklärlichen Gründen empfinden wir eine Person als körperlich anziehend und reagieren entsprechend positiv.

Diese Vorgänge können sich auch ohne den Einfluss eines Duftes vollziehen. Geruchserfahrungen aus der Vergangenheit, die durch den piriformen Cortex, die Amygdala und benachbarte Gehirnregionen wie den Hippocampus abgespeichert wurden, können – da über diese Regionen auch gleichzeitig die Gesichtserkennung läuft – sogar aus einer gewissen Entfernung zu einer Person eine körperliche Reaktion auslösen, obwohl man diese Person nicht geruchlich wahrnehmen kann. Gerüche und Parfüms können also indirekt auf unser körperliches Empfinden, unser körperliches Selbst wirken, selbst wenn sie in dieser Situation nicht gerochen werden können. Da Menschen ein sehr gutes Geruchsgedächtnis haben, reicht schon der kurze Anblick einer Person, mit der man in der Vergangenheit in Kontakt war, um positive oder negative körperliche Reaktion zu erleben. Dasselbe gilt auch für Objekte, weshalb bestimmte Objekte über eine erotische Anziehungskraft verfügen.

Die Tatsache, dass uns auch nicht bewusste oder im Schwellenbereich angesiedelte Duftreize beeinflussen können, ist zum Forschungsschwerpunkt des Duftmarketings geworden. Vor allem ist man, wie wir besprochen haben, an dem Wechselspiel mit anderen Sinnen (Berühren, Schmecken, Hören, Sehen) interessiert (Krishna 2010), was sicher auch ethische Fragen aufwerfen kann. In der Fachliteratur finden sich viele Beispiele, wie Gerüche für Verbraucher in Kombination mit anderem sensorischem Erleben komplex gesteuert eingesetzt werden, beispielsweise für bestimmte Zielgruppen, um diese zuerst olfaktorisch attraktiv anzusprechen.

Ein viel zitiertes Beispiel ist der Sneaker-Verkauf an Kinder. So hat man die Sohlen dieser Schuhe genussvoll essbar beduftet. Da Kinder in der Regel besser riechen als Erwachsene und beim Anprobieren näher an den Schuhen sind, erwartet man, dass die Kinder über das Geruchserlebnis körperlich positiv angesprochen werden. Der Anblick der glücklichen Kinder sorgt bei den Eltern für eine positive Sicht auf die Sneaker. Das Problem des Duftmarketings ist aber auch immer die Dosierung der Aromen und die Reaktionen verschiedener Zielgruppen auf einzelne Duftstoffe. Schnell kann dann ein Schuhgeschäft beispielsweise nach Bonbons riechen, was von Erwachsenen nicht mit Qualität assoziiert wird.

(4) Der Stirnlappen (oder Frontallappen) ist der Sitz des Maître des Parfums, also unsere Duftpersönlichkeit. Hier wird entschieden, ob ein Duft zu unserem Selbst passt und was er für unser Selbsterleben bewirkt. Damit wird ein Duft in einer Gehirnregion erlebt, die u. a. für Motorik und Sprachproduktion zuständig ist, aber auch für Humor, Bewusstsein und Persönlichkeit eine bedeutende Rolle spielt. Dem vordersten Teil des Frontallappens, dem präfrontalen Cortex, kommt dabei nicht nur beim Riechen eine besondere Bedeutung zu. Kurz zur Anatomie: Den präfrontalen Cortex kann man in einen orbitofrontalen (wie wir ihn schon besprochen haben), medialen und lateralen Anteil gliedern; der laterale präfrontale Cortex wird in dorsolaterale und ventrolaterale Bereiche unterteilt. Der präfrontale Cortex ist bei Menschen und anderen Primaten im Vergleich zu anderen Tierarten besonders groß und enthält spezielle Nervenzellen. Das dient oft als Erklärung, warum Selbstbewusstsein und Kontrolle der Gefühle in der menschlichen Evolution möglich waren. In dieser Region sowie im vorderen cingulaten Cortex (ACC) und anderen Regionen des präfrontalen Cortex (dorsolateraler präfrontaler cortex), die alle zum Frontallappen zählen, gibt es ganz besonders spezialisierte Neuronen, die sog. Spindelzellen. Sie werden auch nach dem Entdecker Economo-Neuronen genannt und mit dem Bewusstsein des eigenen Selbst sowie mit sozialer Intelligenz in Verbindung gebracht.

- **Zum Unterschied zwischen Duftaufmerksamkeit und Duftbewusst sein**

Bewusstsein ist ein komplexes Konzept. In der neurophysiologischen Forschung wird es von Aufmerksamkeit unterschieden. Beide Prozesse sind aber miteinander verflochten. Bewusstsein hat die Funktion, ein kontinuierliches Bild der Realität zu erstellen, z. B. die Einsicht, dass ein Parfüm immer sehr gut bei anderen ankommt. Aufmerksamkeit hat die Funktion, den Objekten des Denkens Relevanz zu erweisen, z. B. wie ein Parfüm jetzt ankommt. Das heißt, Bewusstsein und Aufmerksamkeit haben auch eine leicht versetzte Zeitlichkeit, wobei Aufmerksamkeit eher auf den Moment bezogen ist. Sicher kann auch das Bewusstsein momentbezogen sein, aber es baut dann auf vorausgegangenen Einsichten auf, auf die sich die Aufmerksamkeit nicht beziehen muss. Warum stelle ich den Unterschied heraus? Nach dem aktuellen Forschungsstand werden Bewusstsein und Aufmerksamkeit wohl unterschiedlichen Gehirnregionen, besser gesagt: Netzwerken zugeordnet (Nani et al. 2019), die nicht auf den Frontallappen beschränkt sind. In der Neuroparfümerie muss damit zwischen Duftaufmerksamkeit und Duftbewusstsein unterschieden werden. Wir können auf künftige Studien dazu gespannt sein. Wahrscheinlich wird die Neuroparfümerie für beide Arten der Duftwahrnehmung ihre bisherigen Annahmen erweitern müssen. Man könnte in diesem Zusammenhang erwarten, dass die Amygdala und ihr Netzwerk allein über Duftaufmerksamkeit entscheiden und Regionen im präfrontalen Cortex Duftbewusstsein steuern. Da die Amygdala zuerst riecht, würde dem Duftbewusstsein eine Duftaufmerksamkeit vorausgehen. Damit könnte die Amygdala mit ihrem emotionalen Netzwerk jederzeit unser Duftbewusstsein beeinflussen bzw. emotional einfärben. Nun wird für den oben besprochenen Regelkreis 3 auch eine direkte olfaktorische Verbindung zwischen dem piriformen Cortex und dem präfrontalen Cortex, genauer gesagt, zwischen dem piriformen Cortex und dem orbitofrontalen Cortex angenommen (Illig u. Wilson 2014), die übrigens auch reziprok verläuft. Der orbitofrontale Cortex, der Teil des Belohnungssystems ist und die multisensorische Verknüpfung zu anderen Sinnen schafft, könnte so ein Duftbewusstsein entwickeln, das sich ohne die direkte emotionale Färbung durch die Amygdala und ihr Netzwerk aufbaut. Das heißt auch, es könnte ein Duftbewusstsein sozusagen aus dem Blauen, ohne vorausgegangene Aufmerksamkeit, geben. Das ist sicherlich etwas hypothetisch, weil, wie wir besprochen haben, die Amygdala immer mitriecht und auch am schnellsten in der Geruchsverarbeitung ist. Dennoch: Die Amygdala entscheidet auch, was sie als Geruchseindruck weitergibt, und damit, ob sie einem Geruch überhaupt Aufmerksamkeit schenkt. Es ist also durchaus vorstellbar, dass nur der orbitofrontale Cortex eine Geruchsinformation vom piriformen Cortex zugespielt bekommt. Diese rein dem orbitofrontalen Cortex zugespielte Information könnte dann, was das Duftbewusstsein betrifft, eine eigene Qualität haben, etwa ein Duftbewusstsein, das mit Belohnung und Wert assoziiert ist und in anderen Sinnen aufgeht, ohne dass ihm eine besondere Aufmerksamkeit zukommt und es eine emotionale Affinität dazu gibt. Das wäre ein vom Verstand gelenktes Riechen, wo der Wert eines Parfüms oder von Inhaltsstoffen erkannt wird, was einen aber nicht wirklich emotional berührt.

Hegel (1770–1831) hat, wie wir bereits besprochen haben, in seiner Philosophie diese Art des Riechens gefordert, damit sie mit den Interessen der Kunst und des Geistes zu vereinbaren sei. Es ist ein Riechen geleitet durch den Verstand, dass sich seiner primär emotionalen Funktion entledigt. Das Endergebnis ist ein kognitives Duftbewusstsein – auch das hat die Natur ermöglicht.

In ihrer Ausbildung wird von angehenden Parfümeuren das dafür notwenige kognitive Riechen trainiert. Inwieweit da gelernt wird, die emotionalen Reaktionen der Amygdala und ihres Netzwerks auf Geruchseindrücke zu unterdrücken, ist sicher eine berechtigte Frage. Wie bei jeder Sozialisation bleibt etwas auf der Stecke oder wird verbogen. Parfümeure berichten nicht zufällig von einer Berufskrankheit. Sie üben ihren Beruf nach wie vor mit Leidenschaft aus, aber die spontane Begeisterung für gewisse Dufteindrücke geht verloren.

Lassen Sie mich kurz auf verschiedene Arten eingehen, wie man ein Parfüm riechen bzw. sich mit den Geruchseindrücken auseinandersetzen kann, bevor wir auf den präfrontalen Cortex zurückkommen.

- **Verschiedene Arten des Riechens**

Wie riechen nun Parfümeure im Vergleich zum duftliebenden Laien, oder: Warum lässt sich in der Spitzenparfümerie mit der Amygdala allein kein Parfüm kreieren?

Beim Riechen reicht das Spektrum von kognitiv-erkennend-systematisch-analytisch über assoziativ bis hin zu ganzheitlich-empfindend-subtil-emotional. Parfümeure werden in ihrer Ausbildung besonders darauf trainiert, erkennend-systematisch-analytisch und damit mit dem orbitofrontalen Cortex klassifizierend, also kognitiv, zu riechen. So kann der Verbraucher natürlich auch riechen, z. B. bei Zitrusnoten, die er erkennt. Beide riechen und erleben auch assoziativ (erinnert mich an ...), aber im Unterschied zum Profi riecht der duftliebende Laie in der Regel eher ganzheitlich und empfindet angenehm vs. unangenehm in einem subtilen emotionalen Geruchsumfeld.

Einige Parfümeure haben sich das ganzheitliche Riechen bewahrt, aber eine analytisch-kognitive, auf einzelne Inhaltsstoffe konzentrierte Duftschulung hat ihren Preis. Man ist nicht mehr ganz so hin und weg bei der Beurteilung von Düften als

Ganzes, weil man schnell Duftbausteine identifiziert, sie in der Gesamtkomposition bewertet und z. B. überlegt, welche anderen Inhaltsstoffe in welcher Qualität und Menge man eigentlich noch besser für die Komposition hätte verwenden können. Zwar gibt es Parfüms von anderen Parfümeuren, die man sehr schätzt und als Meilensteine in der Parfümerie anerkennt, aber oft distanziert man sich auch von der Konkurrenz, weil man seine eigene parfümistische Handschrift hat. Berechtigt oder unberechtigt findet man z. B. bestimmte Inhaltsstoffe als nicht passend oder falsch ausgewählt, als nicht wertig genug, als zu bekannt, linear, flach, unharmonisch, dominierend oder als mit zu wenig Persönlichkeit eingesetzt bzw. das Parfüm überladend, zu einfach oder nicht fertig komponiert. Vor allem, wenn Parfümeure ein Duftbriefing verlieren, d. h., wenn der Kunde, also der Markenhersteller, sich für einen anderen Duft entscheidet, ist die Klage natürlich groß. Was Parfümeure in Wirklichkeit mehr unterscheidet, ist ihr Stil, die Art, wie sie arbeiten, welche Duftbausteine sie gern bei Herren- oder Damennoten einsetzen, welche Duftfamilien und Anwendungsbereiche ihnen liegen, wie sie einen Duft für ein bestimmtes Thema interpretieren, welches Markt- und Produktwissen sie haben und, ganz wesentlich, welche Inhaltsstoffe sie für einen Duft einsetzen dürfen, um im Preisrahmen zu bleiben. Am schwierigsten für einen guten Parfümeur sind unspezifische Kundenbriefings mit internationalen Hoffnungen. Beispielsweise verlangt der Kunde ein junges, verträumtes Parfüm, das in verschiedenen Ländern ankommt und bestimmte Benchmarks – d. h. im Markt bereits existierende Düfte – in der Akzeptanz schlagen soll. Das muss der Parfümeur für sich erst einmal interpretieren und analysieren. Spielt das Thema am Strand, in der Blumenwiese, oder im Club? Entsprechend muss er Inhaltsstoffe auswählen, die in den einzelnen Ländern, aber auch bei der Alterszielgruppe geschätzt werden, die nicht nur zum Konzept passen, sondern in der Gesamtakzeptanz auch gegenüber den Benchmarks bestehen. Sie sehen: Da ist der orbitofrontale Cortex wie der gesamte präfrontale Cortex sehr beansprucht. Wenn nun noch Informationen über Flakondesign, Verpackungsfarbe und Werbung hinzukommen, die übrigens alle Parfümeure für ihre Arbeit gern als Inspiration haben, sind zusätzliche kortikal-visuelle Areale gefordert. Was ich damit sagen will: Mit der Amygdala bzw. dem Emotionszentrum allein ist auf diesem Level kein Parfüm zu kreieren.

- **Zurück zum präfrontalen Cortex**

Speziell eine Region des präfrontalen Cortex, der mediale präfrontale Cortex (mPFC), fasziniert zunehmend Klinische Psychologen wie Psychiater, aber auch Duftpsychologen. Wie wir bereits besprochen haben, nehmen verschiedene psychische Krankheiten Einfluss auf den Geruchssinn. Als eine der Hauptstrukturen für psychiatrische Störungen wird immer mehr der mediale präfrontale Cortex identifiziert, der neben dem Maître des Parfums liegt. Sicher kann man aufgrund der räumlichen Nähe nicht auf eine gegenseitige leichtere Wechselwirkung schließen, aber sie bietet sich an, weil bei vielen psychischen Erkrankungen auch immer der Geruchssinn zum Teil sehr stark betroffen ist.

Der mediale präfrontale Cortex wird mit Schizophrenie, Autismus, Depression, Zwangsstörungen, Angststörungen wie Phobien und posttraumatischem Stress bzw. posttraumatischen Belastungsstörungen in Verbindung gebracht (Marques et al. 2019). Alle diese Störungen, wie zum Teil schon berichtet, zeigen sich auch im Geruch bzw. nehmen Einfluss auf den Geruchssinn. Es kann zu Geruchshalluzinationen kommen, zu veränderter Geruchswahrnehmung und -störung, aber auch – wie bei starken Depressionen – zu einem völligen Erliegen des Interesses an olfaktorischen Reizen. Der mediale präfrontale Cortex hat auch vielfältige positive Funktionen, die er mitsteuert,

z. B. Emotionsregulierung, Verhaltensverstärkung, implizites assoziatives Lernen und Entscheidungsfindung – alles Funktionen, zu denen auch der Geruchssinn einen Beitrag liefert. Man kann deshalb auf künftige Forschungsergebnisse nur gespannt sein, die zeigen, welche weiteren Geheimnisse der Maître des Parfums im orbitofrontalen Cortex und sein Nachbar, der mediale präfrontale Cortex, teilen.

9.4 Die dritte Duftrevolution: „Vorabend" der Zukunft der Parfümerie

Studien mit bildgebenden Verfahren bieten der Parfümerie eine ganze Reihe neuer Chancen. So können Erfahrungen der Aromatherapie in Bezug auf die Wirkung bestimmter Duftstoffe auf das Gehirn eine physiologisch-visuelle Basis gegeben werden. Das führt zu detaillierteren Erkenntnissen darüber, wie und wo Duftreize auf verschiedene Bereiche des Gehirns wirken. Daraus lässt sich wiederum ableiten, welche Gehirnareale bzw. Netzwerke besonders offen dafür sind, von bestimmten Duftreizen stimuliert zu werden.

Letzteres interessiert vor allem Parfümeure. Sie haben für die Zukunft der Parfümerie sog. neue Wirkdüfte im Blick, die mehr können, als nur gut zu riechen. In ihnen finden sich dann Inhaltsstoffe, die die Faszination und Wirkung für das Erleben, aber auch für die Gesundheit, beispielsweise als Alzheimer-Prophylaxe, sowie generell für das psychische Wohlbefinden steigern sollen. Das große Stichwort dabei lautet „Mood & Health Modulation". Man wird Parfüms so immer gezielter entwickeln und feiner abstimmen können, um durch die Aktivierung bestimmter Gehirnzentren und ihrer Netzwerke ganz bestimmte psychophysische Kettenreaktionen auszulösen. Das gelingt teilweise bereits heute.

Diese Entwicklung birgt Risiken, die der Gesetzgeber im Auge behalten muss. Entsprechend gibt es Vorschriften, wie Parfüms überhaupt wirken dürfen. Dennoch: Es gibt Spielraum, und nicht nur die Dufttherapie wird davon profitieren und ein neues Niveau erreichen. Diese Entwicklung wird neben der Feinparfümerie in allen Anwendungsgebieten der Parfümerie – von Körperprodukten über Wasch- bis hin zu Putzmitteln – zu beobachten sein. Man stelle sich nur einmal einen Fußbodenreiniger vor, der nicht nur gut riecht, säubert und zum Wohlgefühl beiträgt, sondern zusätzlich noch gezielte Gesundheitsvorteile für alle im Haus Lebenden, einschließlich der Vierbeiner, mit sich bringt.

Bereits im 20. Jahrhundert wurden auf dem Gebiet der Duftwirkung zahlreiche Studien durchgeführt (Sowndhararajan u. Kim 2016). Dabei handelte es sich, wie berichtet, vielfach um EEG (Elektroenzephalografie)-Studien. Für diese Art der Untersuchungen, nämlich wie und wo Duftreize auf verschiedene Bereiche des Gehirns wirken, werden in der Regel an 21 bis 28 Punkten Spannungsschwankungen an der Kopfoberfläche gemessen. Bislang wurde eine Vielzahl von Inhaltsstoffen, die man aus der Parfümkreation und Aromatherapie kennt, auf ihre Wirkung untersucht. Dazu zählen, um nur einige zu nennen: Bergamotte, Jasmin, Lavendel, Rose, Ylang-Ylang, Sandelholz, Eukalyptus und Zimt. Bereits bei den ersten EEG-Untersuchungen zeigte sich, was dann durch fMRT Studien noch bestätigt wurde: Riechen ist weitaus komplexer, als vielfach angenommen wird. Dass, wie gesagt, die zwei Gehirnhemisphären (die rechte und die linke) unterschiedlich auf Duftreize reagieren, war anzunehmen. Doch es überraschte, dass einzelne Gehirnareale der jeweiligen Hemisphären, wie z. B. die rechte Amygdala oder die rechte Piriformis, offenbar für die Duftwahrnehmung eine größere Rolle spielen. Noch komplizierter wird es, ob nur geschnuppert oder richtig gerochen wird. Auch die Konzentration und die Dauer des Duftreizes spielen eine Rolle. Noch fehlt es nicht nur an Studien zur Wirkung einzelner Inhaltsstoffe auf das Gehirn, sondern auch zu Aromenkombinationen, wie sie in Parfüms enthalten sind.

Auch wenn die Neuroparfümerie bei der Erforschung der Duftwirkung auf das Gehirn erst am Anfang steht, befinden wir uns am Vorabend einer dritten Revolution in der Parfümerie. Parfümeure werden für ihre Arbeit ganz neue Tools erhalten. Momentan kreieren die meisten von ihnen die ersten Parfümformulierungen am Laptop, bevor diese im Labor gemischt werden. Der Computer nennt dabei u. a. Preis und Verfügbarkeit von Inhaltsstoffen. In Zukunft wird es Programme geben, mit denen sich Parfümkreationen gezielt für bestimmte Wirkungen, z. B. mehr Kuscheleffekt, optimieren lassen. Im Endstadium gibt der Parfümeur nur noch ein, wie ein Parfüm erlebt werden soll bzw. was es als Erleben auslösen will, welche Prophylaxe oder andere Wirkungen gewünscht werden. Das Programm kreiert dann, basierend auf den Erkenntnissen der Neuroparfümerie, den Duft allein.

Erste Ansätze für solche Programme gibt es bereits. Der IT-Konzern IBM entwickelte zusammen mit dem Dufthersteller Symrise die bereits vorgestellte künstliche Geruchsintelligenz Philyra, benannt nach der griechischen Göttin des Duftes, der Schönheit und der Heilung. Allein mit Philyra – also ohne menschliche Hilfe – wurden bereits erste Parfüms kreiert, wie in verschiedenen Tageszeitungen zu lesen war. Die Symrise-Parfümeure sind dafür dankbar. Bei der schier unendlichen Anzahl an Kombinationsmöglichkeiten von Inhaltsstoffen ist die menschliche Nase zeitlich schnell überfordert. So sind manche große Parfüms zufällig durch Mischfehler entstanden. Etwa 3500 Ausgangsstoffe kommen für eine Parfümkreation in Frage. Viele Düfte haben 60 und mehr Zutaten. Zusätzlich spielt die Dosierung eine Rolle. Außerdem könnte man noch regionale, nationale sowie weltweite Duftvorlieben, Anwendungsgebiete (Feinparfümerie oder funktionale Parfümerie, z. B. Duftentwicklung für ein Feuchtigkeitsshampoo) und andere Faktoren wie Zielgruppen und Benchmarks berücksichtigen. Die Symrise-Parfümeure haben für nur acht Grundsubstanzen die Anzahl möglicher Kombinationen berechnet: Es sind 40.320. Sie alle zu riechen und vor allem auszumischen, würde viel Zeit und ein kleines Vermögen kosten. Außerdem würde der Mischraum lahmgelegt.

Wohin Künstliche Intelligenz für die Parfümkreation führen wird, ist für Parfümeure heute schon absehbar. Sicher wird man die Nasen weiterhin brauchen, aber eher dafür, sicherzustellen, dass in der zunehmend virtuellen Welt der Parfümkreation keine (oder gerade) Mischfehler auftreten und die neue Duftintelligenz so lange vom Menschen lernt, bis sie ausgelernt hat. Das kann sehr schnell gehen, wie man von anderen Anwendungen weiß, beispielsweise bei der dynamischen Preisgestaltung mit lernfähigen Algorithmen im Online-Handel. In den nächsten Jahren könnte es bereits zum Abstieg eines Superstars, nämlich der Nase, kommen.

Wie oben erwähnt, kann die Neuroparfümerie durch bildgebende Verfahren bereits heute erste Anhaltspunkte dafür liefern, wie sich Parfüms zu Wirkparfüms optimieren lassen. Man kann mittels fMRT bereits sehr genau die Stärke kortikaler Reaktionen auf bestimmte externe Duftreize messen. In Kombination mit anderen Verfahren lässt sich dann sehen, welches Aroma bzw. welche Substanz in welcher Stärke besonders ideal ist, um ein Gehirnareal wie den Hypothalamus für eine bestimmte Ausschüttung von Hormonen zu stimulieren. Visualisieren lässt sich das über Durchblutungsänderungen, genauer gesagt, durch einen unterschiedlichen O_2-Gehalt im Blut, den sog. BOLD-Effekt. So lassen sich Aktivitäten in Hirnarealen sichtbar machen und auf Stoffwechselvorgänge zurückführen. Anders ausgedrückt: Bei der

Aktivierung entsprechender Areale kommt es zu einer Steigerung des Stoffwechsels, wodurch der aktivierte Bereich mit einer überproportionalen Erhöhung des Blutflusses bzw. mit einer lokalen Oxygenierung des Blutes reagiert. Das ist bei Messungen der entscheidende, die Signalintensität beeinflussende Parameter. Das eigene oxygenierte vs. desoxygenierte Blut wird zum Kontrastmittel, das die Unterschiede zeigt (Ogawa et al. 1990). Aus dem Vergleich zweier Zeitpunkte, z. B. im stimulierten Zustand einerseits sowie im Ruhezustand andererseits, kann man entsprechend sehen, wie stark oder schwach ein Duftstoff wirkt, welche direkte oder indirekte Wirkung er hat und diese mit weiteren Methoden absichern. Das bietet der Parfümerie spannende Aussichten, führt aber zu folgender brisanten Frage:

- **Wie stark dürfen Parfüms überhaupt wirken?**

Der Gesetzgeber nennt mehrere Inhaltsstoffe, die generell nicht oder nur auf Verschreibung (z. B. als Nasensprays) in „Duftapplikationen" enthalten sein dürfen. Dazu zählen insbesondere solche mit Allergen- bzw. Gesundheitsrisiken oder zu starkem körperlichen Einfluss, wie es z. B. bei Hormonen der Fall ist. Dennoch sind die Wirkungen einzelner Substanzen und Inhaltsstoffe speziell für Parfümeure hochinteressant, weil der Gesetzgeber bei Parfüms noch einen Graubereich akzeptiert. Das ist der Fall, wenn sie eine „schwach positive hormonartige oder hormonähnliche Wirkung" haben.

Dieses Thema ist aber noch nicht abgeschlossen. Es wird weiter diskutiert, was unter einer „hormonähnlichen Wirkung" zu verstehen ist. Wissenschaftler vertreten dazu unterschiedliche Meinungen. Sie spalten sich in zwei Lager: Apotheke vs. Parfümeriefachhandel (Parfümerien). Erstere hat in den vergangenen Jahren im Bereich der Kosmetik, insbesondere der Gesichtspflege, schon viele Marktanteile übernommen. Für den Parfümeriefachhandel steht deshalb viel auf dem Spiel. Man will vermeiden, dass eine neue innovative Kategorie von Parfüms, also Wirkparfüms, über Rezept exklusiv in Apotheken verkauft werden kann. Es geht also um viel Geld, aber auch um Image und Kompetenz.

Wissenschaftler, die dem Parfümeriefachhandel nahestehen – und das ist bislang die Mehrheit – argumentieren so: Man muss zwischen endokrin aktiven Substanzen und endokrinen Disruptoren unterscheiden. Endokrin aktive Substanzen wirken zwar ähnlich wie Hormone, doch der entscheidende Unterschied ist, dass nur bei endokrinen Disruptoren auch eine schädliche Wirkung bekannt ist. Ein endokrin aktiver Stoff kann zwar eine hormonartige oder -ähnliche Wirkung haben, diese muss aber nicht mit negativen Effekten für die menschliche Gesundheit verbunden sein. Dies zeigen viele Inhaltsstoffe in Lebensmitteln, wie z. B. bei Sojaprodukten oder Bier. Sie haben eine schwach endokrine Wirkung, aber keine nachteiligen Effekte.

Wir werden das Thema Wirkparfüm und die Konsequenzen noch an späterer Stelle besprechen. Zunächst jedoch ein unpolitisches Duftthema: die Breitbandwirkung von Zitrusaromen.

9.5 Vielfache Gehirnbelebung am Beispiel der Breitbandwirkung von Zitrusaromen

Wie bereits besprochen, sind der orbitofrontale Cortex (OFC) und seine Netzwerkregion der Sitz zweier Persönlichkeitsdimensionen: der Extraversion und der Gewissenhaftigkeit. Zudem agiert der OFC als Maître des Parfums. Auch seine Geruchsvorlieben sind durch die Forschung gut bestätigt. Er müsste zwar eigentlich neutral sein, da er für die Erkennung und Kategorisierung aller ihm zugeführten Düfte verantwortlich ist, wird aber durch frische, hell-klar-strahlende

Zitrusnoten – z. B. der Limette, Orange, Grapefruit und Mandarine – besonders gut stimuliert. Man spürt deshalb nicht zufällig, wenn einem beim Riechen von frischen Bergamotte-Noten geradezu der „Geist im Fronthirn" belebt wird, in dem der OFC seinen Sitz hat.

Man weiß aus der Duftpsychologie ferner, dass der Wunsch, sich aktiv, offen und dynamisch zu erleben, mit Parfüms aus der Duftrichtung "Frisch-grün-zitrisch" einhergeht. Bergamotte ist in dieser Duftrichtung der klassische Schlüsselbaustein. Vielleicht abgesehen von Schokolade und Vanille, wird kaum ein anderes Aroma von Männern und Frauen gleichermaßen so sehr im Geruch geschätzt wie die ungenießbare Zitrusfrucht Bergamotte. Die lebendige Spritzigkeit, die die Bergamotte der Kopfnote von Parfüms gibt, hat seit 1672, als der Duft zum ersten Mal aus Süditalien nach Frankreich und Deutschland eingeführt wurde, die Berühmten, Mächtigen und Extravertierten in Scharen angezogen. „Bergamotte-süchtig" waren z. B. Ludwig XV., seine Mätresse Madame Pompadour, Napoleon Bonaparte und auch Richard Wagner. Sie verwendeten Bergamottedüfte (wie "Aqua Admirabilis" oder das Eau de Cologne von John Maria Farina) gleich literweise.

Der Duft wurde dabei weniger gesprüht als vielmehr mit Vorliebe auf den Körper geschüttet. Die Gruppe der Mächtigen und Extravertierten hat mit ihren ungeduldigen Nasen, die sofortige Wirkung verlangten, bereits früh die Standards für erfrischend-belebende Bergamotte-Noten gesetzt. Sie gelten noch heute. Die gegenwärtige Generation von Bergamotte-Fans liebt die Mischung mit zusätzlicher Frische, beispielsweise durch Limette, Grapefruit, stimmungsaufhellende Mandarine, aber auch Kumquat, Aqua-Noten und grüne Pflanzen. Das verspricht einen komplexeren und länger anhaltenden „Wiederbelebungskick" und stellt neue Parfüms dieser Duftrichtung sofort auf den Prüfstand olfaktorischer Unsterblichkeit. Ob neue Parfüms dieser Duftfamilie gelungen sind, wird von den gnadenlosen „Bergamotte-Süchtigen" regelmäßig in Blogs diskutiert. Die meisten sind sich darüber einig, dass einer der noch erhältlichen „unsterblichen Klassiker" aus dieser Duftfamilie „Eau de Fleurs de Cédrat" von Guerlain (1920) ist.

Die Neuroparfümerie liefert nun das Verständnis, was Zitrusnoten so speziell macht und warum man geradezu süchtig nach ihnen werden kann. Sie haben nämlich eine raffinierte Breitbandwirkung auf den Neokortex und stimulieren vierfach (Romoli et al. 2012):

(1) Zitrusnoten wirken in Sekunden, leicht zeitlich versetzt, zuerst auf den rechten, mittleren okzipitalen Gyrus (im Okzipitallappen – Sehrinde) und lösen die bekannten, in der Erinnerung gespeicherten visuellen Assoziierungen an die Zitrusfrucht aus.

(2) Sie stimulieren dann den linken, postzentralen Gyrus (im Parietallappen). Er reagiert auf Berührung und Bewegung. Nicht umsonst werden Zitrusnoten gern körperlich und aktiv erlebt. Dieser Gehirnteil ist aber auch für das Erkennen von Formen und ihren Größen zuständig. Nicht zufällig erleben Synästhetiker – zu einem gewissen Grad sind es die meisten von uns – Zitrusnoten oft als mit unterschiedlicher Geschwindigkeit durch die Luft fliegende Dreiecke oder fliegende Untertassen.

(3) Sie wirken auf den linken mittleren frontalen Gyrus. Dieser ist u. a. zuständig für die Farbwahrnehmung. Deshalb sehen viele die Duftfamilie der Zitrus-Noten in leuchtendem Gelb, Orange, Rot, Hellgrün und Weiß.

(4) Gleichzeitig wird durch Zitrus-Noten der Gyrus frontalis superior stimuliert, der im Frontallappen der Sitz des präfrontalen und des orbitofrontalen Cortex ist und uns nun das Ganze auch olfaktorisch erleben lässt. Übrigens konnte auch gezeigt werden, dass eine Stimulation des Gyrus frontalis supe-

rior zum spontanen Lachen führen kann. Selbst leichte Stimulation führt noch zum Lächeln (Fried et al. 1998). Vielleicht liegt darin die oft beschriebene Gute-Laune-Wirkung von Zitrusnoten.

Die vierfache Gehirnbelegung, wenn man sie so nennen will, beginnt damit interessanterweise nicht mit dem Geruchseindruck, sondern startet – laienhaft ausgedrückt – von hinten nach vorne, mit visuellen Assoziationen, Form-, Berührungs-, Bewegungserleben und Farbeindrücken, bis der Geruchseindruck den OFC erreicht. Das ist der Ablauf feinster multisensorischer Unterhaltung in unserem Kopf.

■ **Der Anspruch an Duftstoffe und ihre Wirkung in der Zukunft**

Diese Erkenntnis, wie sich der Dufterlebensprozess, hier am Beispiel von Zitrusnoten entwickelt, gibt der Zukunft des Riechens und damit der Parfümerie einiges an Denkanstößen und Möglichkeiten. Duftreize bzw. Duftbausteine könnten so optimiert werden, dass sie jeweils eine optimale multisensorische Breitbandwirkung auf den Neokortex auslösen. Sie würden also daran gemessen, ob sie eine vielfache, z. B. wie Zitrusnoten eine vierfache, Wirkung auslösen und an der Wirkung beteiligte Gehirnregionen jeweils optimal stimulieren. Sicherlich spielt dabei die individuelle Geruchs- und Geschmackserinnerung von Aromen eine Rolle. Dennoch: Ein vielfacher Anspruch von Duftwirkung lässt sich auf populäre Duftnoten wie z. B. Schokolade oder Vanille gut anwenden. Auch würde sich zeigen lassen, welche spezifische Duftnote, z. B. eine bestimmte Schokoladen-Note, die beste Wirkung auf verschiedene Regionen des Gehirns hat. In Kombination mit Selbstbeschreibungen von Duftverwendern, wie sie einzelne Noten empfinden, könnten dann Duftbausteine sozusagen „multipsychosensorisch" bewertet werden. Tatsächlich ist eine entsprechende Erforschung der Wirkung von Duftbausteinen bereits seit Jahren hinter den Kulissen der Riechstoffindustrie im Gange. Ich werde im Zusammenhang mit der Besprechung einzelner Gehirnregionen noch darauf eingehen. Hier nur so viel: Die Zukunft des Riechens und der Parfümerie hat bereits begonnen. Ein Ziel ist die vielfache Gehirnbelebung.

9.6 Neuro-Duftverkauf: Wie man das Gehirn für ein neues Parfüm begeistert

Man weiß aus der Praxis der Duftberatung, dass der erstgerochene Duft, wenn er gefällt, die größere Wahrscheinlichkeit hat, auch gekauft zu werden. Das gilt sogar, wenn die später gezeigten Parfüms ebenfalls gefallen. Sicherlich trifft das erstgezeigte Parfüm auf eine „frische Nase". Dennoch aktuelle Erkenntnisse der Neuroparfümerie legen nahe: Die Amygdala kennt kein (Duft-)Ranking im Sinne von bestem Parfüm, zweitbestem etc. (Barden 2013). Gefällt das erste Parfüm, hat sich zumindest die Amygdala schon entschieden, auch wenn der orbitofrontale Cortex gern noch weiterriechen möchte. Generell hält die Amygdala aber am alten Lieblingsduft fest.

Will man die Amygdala für ein neues Parfüms begeistern, kann man sie bei der Duftpräsentation überlisten. Dafür koppelt man mittels Parfüm-Layering, also durch das übereinander Auftragen zweier Düfte, ein neues Parfüm mit dem bisherigen Lieblingsparfum. Entsteht aus der Kombination ein drittes Parfüm, das gefällt, ist die Wahrscheinlichkeit hoch, dass die Amygdala das neue Parfum auch als Lieblingsduft adoptiert. Dem orbitofrontalen Cortex, der den Wert beurteilt, gefällt es sowieso. Er gewinnt durch das neue Parfüm ein drittes, ganz individuelles Parfüm dazu und erhält drei Parfüms für den Preis von zwei. Für Verbraucher ist das eine interessante Möglichkeit, die eigene Duftbar neu zu entdecken bzw. Lieblingsdüfte weiter zu personalisieren.

Von den Erkenntnissen der Gehirnforschung profitieren aber auch Parfümindustrie und -handel wie beispielsweise Parfümerien. Denn neben den großen ringen auch unzählige mittlere und kleinere Dufthäuser in einem harten Konkurrenzkampf um die Gunst des Endverbrauchers. In Deutschland kommen, wie gesagt, jährlich 2000 neue Parfüms auf den Markt. Nur 5 % schaffen es bis ins nächste Jahr. Dabei spielt ein Großteil der Düfte nicht einmal die Lancierungskosten wieder ein (Leistikow 2019).

Die Entscheidung für ein Parfüm fällt letztlich im Laden. Die Marketingverantwortlichen der Parfümindustrie kennen deshalb folgende Situation nur zu gut: Bei der Markteinführung eines neuen Duftes wird zunächst kräftig die Werbetrommel gerührt – mit Erfolg. Doch sobald Marketing- und Promotion-Maßnahmen heruntergefahren werden, stellt sich eine gewisse Ernüchterung ein. Verbraucher und Handel nehmen das neue Parfüm nicht richtig an. Große Marken sind dann oft ratlos, da die Verbrauchertests doch vielversprechend waren. Wer schon länger und erfolgreich in der Branche tätig ist, reagiert auf das gemischte Ergebnis eher gelassen und hofft auf die nächste Duftlancierung. Manchmal werden auch, angetrieben vom Mutterkonzern, nochmals neue Maßnahmen zum Erreichen des gewünschten Erfolgs eingeleitet.

Wem jedoch beim ersten Anlauf der gewünschte Erfolg versagt blieb, kann sich für den zweiten Anlauf Tipps aus der Neuroparfümerie holen. Sie sind perfekt für die Anwendung in der stationären Parfümerie. Allerdings sollte man sie nicht dem Parfümeur und dem Lizenzgeber verraten, der über das Image einer Marke wacht.

Da die Verantwortlichen in Industrie und Handel meist unter einem enormen Umsatzdruck stehen, brauchen sie einen Verbündeten, jemanden, der hilft, die Kaufentscheidung für ihr Parfüm zu begünstigen. Das ist die Amygdala des Kunden. Sie nimmt im Gehirn eine Sonderstellung ein, indem sie eine erste Kaufvorentscheidung trifft. Und wenn die Amygdala etwas will, fällt es dem OFC schwer, Nein zu sagen. Bei der Amygdala stellt sich allerdings bei der Gewinnung für ein neues Parfüm ein anderes Problem: Sie reagiert wie ein Händler, der erklärt, "Ich habe schon genug Parfüms im Regal und brauche keine Neuen". Die Amygdala ist ausschließlich auf Lieblingsdüfte bzw. ihren aktuellen Lieblingsduft und damit auf ein Parfüm fokussiert, das sie bereits kennt und mit dem sie sich wohl fühlt. Höhere Gehirnregionen sind offen, Neues zu riechen, die Amygdala dagegen wählt das Vertraute. Sie ist sozusagen konservativ und entscheidet nach dem Motto „Was der Bauer nicht kennt, das …". Sie strebt nach Sicherheit und bekanntem Komfort und ist mit dem einmal gefundenen Lieblingsduft zufrieden. Diese Einstellung kann man bei der Duftberatung zum Überlisten der Amygdala nutzen.

Wenn man jemanden für einen neuen Duft begeistern oder sichergehen will, dass ein Parfümgeschenk ankommt oder in der Beratung durch Mitgabe einer Probe den Verkauf ankurbelt, sollte man die Person zunächst nach ihrem aktuellen Lieblingsparfüm fragen. Dieses stellt man dann gut sichtbar vor die Person hin, ohne sie daran riechen zu lassen. Für seine Amygdala, die bereits in Millisekunden optisch scannt, ist der Anblick sofort positiv, da er ihr vertraut ist. Jetzt stellt man das neu vorzustellende Parfüm aus Sicht der Person rechts neben das bisherige Lieblingsparfüm und sagt: „Ich möchte für Sie ein ganz persönliches Parfüm kreieren. Wir machen dafür ein kleines, duftendes Experiment." Dann sprüht man für seinen Kunden und sich, jeder erhält einen Duftstreifen – alternativ eignet sich zugeschnittenes Kaffeefilterpapier – zunächst den leichteren, frischeren und dann den schwereren Duft auf. Die leichteren Moleküle des frischeren Duftes verflüchtigen sich schneller und wollen durch die „schwereren" Duftmoleküle hindurch. Das macht die Mischung sofort interessant. Sprüht man dagegen den leichteren auf den schwereren Duft, riecht man oft, dass sich beide Parfüms schnell trennen und nicht richtig zu einem neuen Duft verbinden.

Für das erste Parfüm-Layering empfiehlt es sich, den Lieblingsduft im Verhältnis 2:1 auftragen. Also zweimal den Lieblingsduft auf den Duftstreifen aufsprühen, dann einmal das neue Parfüm. Die Amygdala des Kunden wird so sofort erkennen, dass ihr Lieblingsparfüm in der neuen Duftkreation mitschwingt. Zuerst sollte man selbst an dem Duftstreifen riechen. Möglicherweise muss das Duftverhältnis auch beispielsweise auf 1:1 oder 3:1 angepasst werden. Die Amygdala der anderen Person kann dabei sehr gut an den Augen ablesen, ob man auch selbst von der neuen Duftkreation begeistert ist. Deshalb sollten auch, bevor die Amygdala des anderen gerochen hat, keine Inhaltsstoffe genannt werden. Es würde sie nur ablenken. Jetzt überreicht man mit freundlichem, positivem Augenkontakt der anderen Person ihren Duftstreifen. Entsteht aus der Kombination ein drittes Parfüm, das gefällt, adoptiert die Amygdala des Gegenübers mit hoher Wahrscheinlichkeit das neue Parfüm auch als Lieblingsduft.

Das emotional besondere Erlebnis dabei ist, dass durch das Parfüm-Layering der Lieblingsduft des anderen personalisiert wird. Er besitzt jetzt ein ganz eigenes Parfüm, das es kein zweites Mal gibt. Das Erlebnis, Parfüms zu layern, kann als Event in einer Parfümerie jedem angeboten oder auch als Duft-Workshop zu Hause veranstaltet werden, bei dem jeder zum Parfümeur wird und neue und ältere Parfüms eine zweite Chance erhalten. Dabei handelt es sich häufig um wundervoll riechende Parfüms, die aber aufgrund des Namens, der Marke, des Flakons oder der Verpackung weniger ansprechend wirken. In einem solchen Fall bietet sich ein Blindriechtest an, bei dem nur der Lieblingsduft von Anfang an bekannt und sichtbar ist, während der Flakon des anderen Parfüms mit einer Banderole abgedeckt wird.

Gehören beide Düfte zur selben Richtung, kann man nach Belieben mit den Mischversuchen beginnen. Für das beste Mischverhältnis gibt es keine Regeln, außer dass die Amygdala ihren bisherigen Lieblingsduft im Parfüm-Layering erkennen muss und einem die Neukreation gefällt.

Für Damennoten habe ich oben die folgenden Duftrichtungen besprochen:
(1) **CHYPRE-LEDRIG**
(2) **FRISCH-GRÜN-ZITRISCH**
(3) **GOURMAND/FRUCHTIG**
(4) **BLUMIG-PUDRIG**
(5) **BLUMIG-ALDEHYDIC**
(6) **FLORIENTAL**
(7) **ORIENTALISCH**
(8) **HOLZIG-WÜRZIG**

Bei Herrennoten sind es:
(1) **FOUGERE**
(2) **FRISCH-GRÜN-ZITRISCH**
(3) **GOURMAND-FRUCHTIG**
(4) **LEDRIG**
(5) **ORIENTALISCH**
(6) **HOLZIG-WÜRZIG**

Hier meine Empfehlungen, welche Duftrichtungen sich beim Parfüm-Layern besonders gut mischen lassen.

Bei Damenparfüms:
– **ORIENTALISCHE** Duftnoten mit den leichteren Noten aus dem Spektrum **FRISCH-GRÜN-ZITRISCH.**
– **GOURMAND-FRUCHTIG** mit den oft leichteren **BLUMIGEN** Noten.
– **CHYPRE-LEDRIG** mit den oft etwas leichteren Noten **FRUCHTIG-GOURMAND.**
– **HOLZIG-WÜRZIG** mit den leichteren Noten aus der Duftfamilie **FRISCH-GRÜN-ZITRISCH.**
– **FLORIENTAL**, also warme Blütennoten, mit den meist schwereren Noten aus der Duftrichtung **CHYPRE-LEDRIG.**

Bei Herrenparfüms:
- **FOUGERE** kann man in der Regel mit allen anderen Duftrichtungen gut kombinieren.
- **FRISCH-GRÜN-ZITRISCH** mit schwereren Noten aus der Duftrichtung **ORIENTALISCH**.
- **GOURMAND-FRUCHTIG** mit **LEDRIG**.
- **HOLZIG-WÜRZIG** mit **FOUGERE** oder **FRISCH-GRÜN-ZITRISCH**.

Als Faustregel gilt in der Neuroparfümerie für das Gelingen und die Faszination einer Duftkreation: Sie muss ihren Träger auch innerlich berühren. Dann wirkt sie auf die Amygdala und das Emotionszentrum wohltuend und auf die Regionen der vorderen Großhirnrinde, wo Bewusstsein, Selbst und Persönlichkeit ihren Sitz haben, attraktiv.

Falls Sie dieses Kapitel wie angeboten quergelesen oder übersprungen haben, will ich Ihnen kurz seine Inhalte zusammenfassen ...

Zusammenfassung

Seit über 2000 Jahren ist man in der Forschung nun dem Geruch auf der Spur. Mittlerweile weiß man aus der Gehirnforschung bzw. der Neuroparfümerie um drei olfaktorische Regelkreise im Gehirn und zwei Arten sensorischer Wahrnehmung, die das Riechen, Parfüm und Wirkung beeinflussen. Wir haben ferner besprochen, wie Erkenntnisse der Neuroparfümerie im Moment die Zukunft der Parfümerie einläuten und zunehmend eine neue Kategorie von Parfüms ermöglichen: Wirkparfüms. Das große Stichwort dabei lautet: „Mood & Health Modulation". Diese Entwicklung birgt sicher auch Risiken, die der Gesetzgeber im Auge behalten muss. Die Kernfrage lautet deshalb: Wie stark dürfen Parfüms überhaupt wirken?

Durch die Neuroparfümerie kommt man aber auch immer mehr zu Erkenntnissen, was bestimmte Düfte wie z. B. Zitrusnoten so speziell macht und warum man geradezu „süchtig" nach ihnen werden kann. Sie haben nämlich eine raffinierte Breitbandwirkung auf den Neokortex und stimulieren vielfach. Diese Art der vielfachen Gehirnbelebung gibt Anregungen für die Erforschung und Anwendung von Duftbausteinen und damit auch für die Zukunft des Riechens und der Parfümerie.

Zum Abschluss des Kapitels habe ich basierend auf aktuellen Erkenntnissen der Neuroparfümerie Tipps für die Duftberatung gegeben: wie man das Gehirn für ein neues Parfüm begeistert bzw. da etwas nachhelfen kann.

Literatur

Adolphs R (2010) Social cognition: Feeling voices to recognize emotions. Curr Biol 20:R1071–R1072

Barden P (2013) Decoded – the science behind why we buy. Wiley, Phil Barden

Benchetrit G (2000) Breathing pattern in humans: diversity and individuality. Respir Physiol 122(2–3):123–129

Buhle JT et al (2014) Cognitive reappraisal of emotion: a meta-analysis of human neuroimaging studies. In: Cerebral Cortex, Bd 24, S 2981–2990

Ferdenzi C et al (2017) Individual differences in verbal and non-verbal affective responses to smells: influence of odor label across cultures. Chem Senses 42(1):37–46

Fried I et al (1998) Electric current stimulates laughter. Nature 391:650

Gottfried JA (2006) Smell: central nervous processing. Adv Otorhinolaryngol 63:44–69

Greenberg M (2012) How to prevent stress from shrinking your brain. Published on August 12, (The mindful self-express) in Psychology Today. Ongoing blog

Hasan MT et al (2019) A fear memory engram and its plasticity in the hypothalamic oxytocin system. Neuron 04:029

Hatt H, Dee R (2012) Das kleine Buch vom Riechen und Schmecken. Albrecht Klaus, München

Literatur

Herz RS, Eliassen J, Beland S, Souza T (2004) Neuroimaging evidence for the emotional potency of odor-evoked memory. Neuropsychologia 42:371–378

Illig KR, Wilson DA (2014) Olfactory cortex: comparative anatomy. In: Reference module in biomedical sciences. ScienceDirekt, Amsterdam

Kareken DA, Sabri M, Radnovich AJ, Claus E, Foresman B, Hector D, Hutchins GD (2004) Olfactory system activation from sniffing: effects in piriform and orbitofrontal cortex. Neuroimage 22(1):456–465

Krishna A (2010) Sensory marketing: research on the sensuality of products. Routledge, New York

Leistikow A (2019) Das Recht auf Schönheit – ein Plädoyer der Literatur. An Vio, Düsseldorf

Malik B et al (2019) Mammalian taste cells express functional olfactory receptors. Chem Senses 44(5):289–301

Marques, R.C. et al. (2019) Transcranial magnetic stimulation of the medial prefrontal cortex for psychiatric disorders: a systematic review. Braz J Psychiatry 41(5): 447–457

Nani A et al (2019) The neural correlates of consciousness and attention: two sister processes of the brain. Front Neurosci 13:1169

Ogawa S et al (1990) Brain magnetic resonance imaging with contrast dependent on blood oxygenation. Proc Natl Acad Sci USA 87:9868–9872

Olsen RK, Moses SN, Riggs L, Ryan JD (2012) The hippocampus supports multiple cognitive processes through relational binding and comparison. Front Hum Neurosci 6:146

Rolls ET (2004) The functions of the orbitofrontal cortex. Brain Cogn 55(1):11–29

Romoli L et al (2012) fMRI study of smell: perceptual, cognitive and semantic components of cortical elaboration of 3 familiar aromas – Lecture. German Research School for Simulation Sciences, Jülich

Sheline YL, Sanghavi M, Mintun MA et al (1999) Depression duration but not age predicts hippocampal volume loss in medically healthy women with recurrent major depression. J Neurosci 19:5034–5043

Sobel N, Prabhakaran V, Desmond JE, Glover GH, Goode RL, Sullivan EV, Gabrieli JD (1998) Sniffing and smelling: separate subsystems in the human olfactory cortex. Nature 392(6673):282–286

Sowndhararajan K, Kim S (2016) Influence of fragrances on human. Psychophysiological activity: with special reference to human electroencephalographic response. Sci Pharm 84(4):724–752. (School of Natural Resources and Environmental Sciences, Kangwon National University, Chuncheon 24341, Korea)

Turin L (1996) A spectroscopic mechanism for primary olfactory reception. Chem Senses 21(6):773–791

Vedaei F et al (2016) The human olfactory system: cortical brain mapping using fMRI. In Neuroradiology (in Press e16250). In: Iranian Journal of Radiology 14(2):e16250

Welge-Lüssen A et al (2002) Grundlagen, Methoden und Indikationen der objektiven Olfaktometrie. Laryngo-Rhino-Otologie 81:661–667

Dufttherapie: Düfte für mehr Lebensfreude

Die Arbeit mit Ur-Parfüms in der duftunterstützten Therapie – ein Blick in die Zukunft, was für die Steigerung des Wohlbefindens noch möglich wäre

Inhaltsverzeichnis

10.1 Dufttherapeutische Anwendung: Zwei Übungen zur Einführung – 236
10.1.1 „Duftflug" – Loslassen, Inspiration und Kreativität – 237
10.1.2 „Scented Power Posing" – Recharge für Geist und Körper – 238

10.2 Duftgenuss: Olfaktorisches Kuscheln „on demand" – 240

10.3 Duftender Anti-Stress: Wie und wo Duft im Gehirn gegen Stress wirkt – 243
10.3.1 Pflanzenpeptide mit Anti-Stress-Wirkung – 244
10.3.2 Der Run auf die Pflanzenpeptide – 245
10.3.3 Olfaktorische Tools zur Beurteilung der Befindlichkeit – 246

10.4 Selbsttherapie: Die Seele heilen und schöner riechen mit Ur-Parfüms – 249
10.4.1 Die Macht von Ur-Parfüms und ihre Kreation – 250
10.4.2 Die Kraft duftunterstützter liebevoller Blicke für die Selbsttherapie – 262
10.4.3 Duftunterstütztes Selbstcoaching: Übungsbeispiel „Die Kraft liebevoller Blicke" – 263

Literatur – 266

© Der/die Autor(en), exklusiv lizenziert durch Springer-Verlag GmbH, DE, ein Teil von Springer Nature 2021
J. Mensing, *Schöner RIECHEN*, https://doi.org/10.1007/978-3-662-62726-6_10

10.1 Dufttherapeutische Anwendung: Zwei Übungen zur Einführung

Bevor wir die aktuellen Erkenntnisse aus der Babyduftforschung besprechen und die therapeutische Macht von Ur-Parfüms im Selbstversuch erleben, möchte ich Sie mit zwei Übungen in das Thema „duftunterstützte Selbsttherapie" einführen und Ihnen noch weitere Hintergrundinformationen zur Wirkung von Düften und zur Dufttherapie geben.

Es gibt mittlerweile mehrere Studien, die belegen, dass z. B. Zitrus-Noten – wie übrigens auch Aqua- und frische Fougère-Noten – die Konzentration steigern. Einige behaupten sogar, dass man mit einer Zitrus-Raumbeduftung bei Schülern eine IQ-Steigerung feststellen könne. Mit Sicherheit kann man jedoch sagen, dass diese Duftrichtungen stimulierend auf den präfrontalen Cortex sowie auf den orbitofrontalen Cortex und deren Netzwerke wirken, die auch im Zusammenhang mit Persönlichkeitsdimensionen wie Gewissenhaftigkeit und Extraversion diskutiert werden. Gewissenhaftigkeit ist eine der fünf Hauptdimensionen des populären Big-Five-Persönlichkeitsmodells. Darunter versteht man die für beruflichen Erfolg besonders wichtigen Faktoren wie Selbstkontrolle, Verantwortungsgefühl, Genauigkeit, Zielstrebigkeit und Ausdauer sowie die Fähigkeit, zu planen und sich selbst zu organisieren. Extraversion sorgt für die nötige Dynamik und Aktivität. Alle Faktoren zusammen unterstützen das Selbstbewusstsein und den persönlichen Erfolg. Das lässt sich auch belegen. So zeigen Studien, dass sich ausgeprägte Gewissenhaftigkeit und Extraversion oft in einem höheren Gehalt und dem Erreichen von Führungspositionen niederschlagen.

Doch selbst bei größtem Willen und Verantwortungsgefühl können Hindernisse die Motivation, innere Kraft, Inspiration und Zielstrebigkeit schwächen. Oft kann man

Trailer

Interessieren Sie sich für neue Ansätze in der Dufttherapie? Wollen Sie Ihr eigener Dufttherapeut werden? Aktuelle Erkenntnisse aus der Babyduftforschung geben für die duftunterstützte Therapie Erwachsener sehr interessante Hinweise und bieten Anleitungen, wie man für sich wohltuend tätig werden kann.

Wäre es nicht toll, sein eigener Parfümeur zu sein, der ohne große Hilfsmittel Parfüms für den eigenen Duftgenuss kreieren kann? Und zwar nicht irgendwelche, sondern Ur-Parfüms, die wir als Menschen in unserer Entwicklung zuerst riechen und die eine besondere Wirkung auf uns haben? Und zu erfahren, welchen wohltuenden Einfluss spezifische Düfte auf bestimmte Bedürfnisse haben und welche Gehirnregionen daran beteiligt sind? Das sind nur einige der unglaublich spannenden Themen dieses Kapitels – einer der Höhepunkte unserer Reise durch die Duftwelt.

auch etwas nicht loslassen, was einem ständig im Kopf herumgeht. Darunter leiden Selbstbewusstsein und Kreativität. In einer solchen Situation braucht man etwas, das einen wieder aufbaut, aufatmen lässt, belebt und auf den eigenen Weg zurückbringt. Hierfür stelle ich zwei dufttherapeutische Übungen vor, die nicht länger als zehn Minuten dauern. Sie erscheinen einfach, sind es auch, aber man sollte ihre Wirkung bei mehrmaligem Wiederholen nicht unterschätzen. Die erste Übung basiert auf einer multisensorischen Reise, einem „Duftflug"; die andere Übung, „Scented Power Posing" (auf Deutsch etwa „duftende Kraftaufstellung"), verspricht, dass man über im Körper ausgelöste psychohormonelle Prozesse wieder zu innerer Kraft findet und sich als Gewinner fühlt.

10.1.1 „Duftflug" – Loslassen, Inspiration und Kreativität

Diese Dufttherapie ist vor allem für Personen gedacht, die verantwortungsvoll Dinge vorantreiben, bei denen aber momentan vielleicht durch zu viel Stress Inspiration und Kreativität auf der Strecke bleiben. Sie tut als multisensorische Installation von Duft, Farbe und Form besonders gut und lässt die Sinne für eine größere Wirkung verschmelzen, sodass man die Einheit der Sinne in ihrer Wirkung auf sich erleben kann. Um diese Einheit zu erleben, braucht man nur etwas Platz auf einem Tisch. Damit befindet man sich in guter Bauhaustradition, denn bereits Kandinsky (*Über das Geistige in der Kunst*, 1911) ließ mit synästhetischen Experimenten Farbe, Form, Textur, Klang und sogar Tanz für eine optimale Inspiration verschmelzen.

So geht's: Zuerst wählt man aus der Duftrichtung **FRISCH-GRÜN-ZITRISCH** einen Duft aus, der einem angenehm ist und belebt wirkt und den man mit Früchten dieser Richtung assoziieren kann. Anregungen für die Wahl findet man auf fragrantica.de und in einer Parfümerie mit Fachkompetenz. Dies ist besonders der Fall, wenn man von einem „Maître des Parfums" oder „Expert en Parfum" beraten wird. Beides sind Zusatzausbildungen, die der Handel seinen Mitarbeitern anbietet. Wenn möglich, sollte man sich organisch und vegan zertifizierte Naturnoten aus dieser Duftrichtung zeigen lassen. Sie sind für aromatherapeutische Anwendungen besonders ideal.

FRISCH-GRÜN-ZITRISCHE Noten gibt es meist in leichterer Konzentration als Eau de Toilette (EDT). Ferner gibt es diese Duftrichtung auch als noch leichteres Cologne und als Körperspray (Body Mist). Für diese Dufttherapie ist die Kopfnote eines sprudelnd-spritzigen Cologne besonders geeignet, die sich etwa innerhalb der ersten zehn Minuten nach dem Aufsprühen entwickelt. Viele Düfte aus der Richtung **FRISCH-GRÜN-ZITRISCH** in höherer Konzentration, z. B. als Extrême, können mit der Zeit etwas zu würzig werden.

Am schnellsten und wirkungsvollsten erreicht man neue Inspiration, wenn das Dufterlebnis mit anderen Sinneseindrücken verschmolzen wird, also der Duft mit Farbe, Formen, Musik und idealerweise zusätzlich taktil und gustatorisch unterstützt wird. Ferner weiß man aus der Kreativitätsforschung, dass die Kombination von Sinnesreizen in der Fantasie förderlich ist. Durch die Visualisierung beginnen dann beispielsweise gelbe, hellblaue, hellgrüne und türkisfarbene vor einem liegende Papierdreiecke wie Blätter im Wind zu fliegen. Dabei stellt man fest, dass die fliegenden Dreiecke **FRISCH-GRÜN-ZITRISCH** riechen. Wer das übt, wird Teil der Bewegung und fliegt in seiner Fantasie einfach mit. Wie Peter Pan fliegen zu können – selbst nur in der Fantasie – ist sehr inspirierend und außerdem stress- und sogar angstlösend. Hier nun Tipps für einen ersten „Duftflug" zu Hause oder am Arbeitsplatz:

- Der **FRISCH-GRÜN-ZITRISCHE** Duft sollte lichtgeschürzt und etwas kühl gelagert werden. Sollte die Luft im Büro etwas stickig sein oder sollten draußen

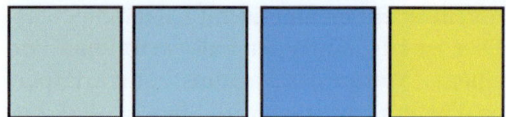

Abb. 10.1 Farbbeispiele

sommerliche Temperaturen herrschen, legt man den Flakon vorher kurz in eine Eisschale oder kühlt ihn im Kühlschrank etwas vor.
- Der Platz, an dem gerochen und der „Duftflug" begonnen wird, sollte in den Farben Türkis und Hellblau mit etwas Gelb dekoriert sein (◘ Abb. 10.1).

In der Farbpsychologie und Mythologie sind diese Töne auch die Farben des Wassers, der Räumlichkeit, der Unbeschwertheit, der Wiedergeburt und der Zukunft. Idealerweise hat man für die Dekoration in diesen Farben einige Gegenstände, Accessoires oder Skulpturen, mit denen man sich für seinen Flug in Stimmung bringen kann. Diese Farbenwelt lässt sich auch gut mit Bildern unterstützen, etwa mit Bildern von Wasser, in dem das Sonnenlicht funkelt.

Für die ersten Duftflüge empfehlen sich Videos, die aus der Vogelflugperspektive gefilmt wurden, insbesondere, wenn sie ein Raumgefühl vermitteln und südliche Gewässer zeigen. Solche findet man etwa auf Youtube, wie das Video „Fly Away to a Tropical Island!" (▶ https://www.youtube.com/watch?v=onOEns_MnC4). Meeresrauschen im Hintergrund unterstützt die Wirkung. Den besten Flug hat man natürlich mit einer 3-D-Brille.
- Nachdem man alles installiert und zwei bis drei Minuten bequem gesessen hat, sprüht oder träufelt man sich den Duft auf das Handgelenk oder besser auf einen Duftstreifen, sodass der Duft nicht durch den Geruch von Arm- und Uhrbändern oder Hand- und Körpercremes beeinflusst wird. Zuerst schnuppert man an dem Duft, dann erst riecht man ihn. Beim Riechen sollte auf eine entspannte Atmung, eben auf Bauchatmung wie beim Yoga, achten. Für das Riechen nimmt man sich etwa zehn Minuten Zeit. Dabei beginnt man mit dem Duftflug und lässt sich anfangs ca. eine Minute von einem Video inspirieren. Danach wird man selbst aktiv und integriert gedanklich die Früchte, die man bei dem Duft riecht, in das Bild. So schwimmt beispielsweise eine Zitrone, die man riecht, in blauem und türkisfarbenem Wasser, wie man es im Video sieht. In der Fantasie sieht man z. B. auch, wie leichte Wellen mit der Frucht spielen, wie sie auf einen südlichen Strand zutreibt und das Licht sich herrlich auf den Wellen und der Frucht spiegelt.

Zunächst ist es nicht ganz leicht, zwei Sinneseindrücke – einen, den man sieht, und einen, den man riecht – quasi in einem Film zu verbinden. Das gelingt aber bereits gut nach spätestens zwei Übungen. Und das Gehirn dankt für die erfrischende Entspannung mit neuer Inspiration und Kreativität. Ich empfehle einen Duftflug als Auszeit, wenn man sich mental ausgepowert fühlt. Anschließend hat der präfrontale Cortex einen gustatorischen Genuss als weitere Stimulation verdient. Wie wäre es mit einem Zitronensorbet?

10.1.2 „Scented Power Posing" – Recharge für Geist und Körper

Eine innerlich bestimmte Körperhaltung sorgt für die Ausstrahlung von Selbstvertrauen, Energie und Souveränität. Dabei ist ein erhöhter Testosteronspiegel vorteilhaft. Er bewirkt eine Körperhaltung, bei der man sich energetischer und erfolgreicher fühlt. Umgekehrt fanden die Psychologin Amy Cuddy und Kollegen von der Harvard Business School heraus, dass bestimmte Power-Posing-Übungen (Kraftaufstellungen) bei

Frauen und Männern in wenigen Minuten den Testosteronspiegel erhöhen und sich im Auftreten niederschlagen (Cuddy et al. 2013). Um auch den orbitofrontalen Cortex für mehr Extraversion zu stimulieren, wurden diese Übungen als „Scented Power Posing" von mir weiterentwickelt. Um einen maximalen Nutzen aus dieser Übung zu ziehen, braucht man nur vier Dinge:

- einen Raum, in den man sich für einige Minuten ungestört zurückziehen kann, um im Stehen, am besten vor einem großen Spiegel, die Übung zu machen,
- einen Duft aus der Duftrichtung **FRISCH-GRÜN-ZITRISCH**, der als ein „Pick-me-up" bzw. als Aufmunterer begeistert und den man auf einen Duftstreifen oder ein unparfümiertes Taschentuch aufträgt. Dieser Duft kann spritziger und zitrischer als das Duftflug-Parfüm sein,
- einen iPod etc. mit Kopfhörer, auf dem man eine bestimmte, von mir später noch genannte Musik laden und abspielen kann, und
- den Willen, die Übung mit Leidenschaft und Ernsthaftigkeit durchzuführen.

So geht „Scented Power Posing":
Stellen Sie sich aufrecht vor einen Spiegel. Machen Sie sich in stolzer Gewinnerpose so breit wie möglich: erhobenes Kinn, noch oben gestreckte Arme, Finger wie Mick Jagger beim Konzert zum Siegeszeichen (V) gespreizt.

Schnippen Sie zu Beginn ab und zu mit den Fingern im Rhythmus der Musik, die ich gleich vorstellen werde. Stehen Sie die ganze Zeit mit gestreckten Armen und wieder zum V-Zeichen gespreizten Fingern. Fühlen Sie sich wie ein Sprinter, der gerade als erster über die Ziellinie gelaufen ist und sich jetzt feiern lässt. Sagen Sie sich ein paarmal, dass Sie zu Recht gewonnen haben und weiter gewinnen werden („Du" – am besten sprechen Sie sich mit dem Vornamen oder Spitznamen an – „hast zu Recht gewonnen und wirst weiter gewinnen"). Genießen Sie dieses Gefühl. Übrigens: Nach oben gereckte Arme sind eine ganz natürliche, angeborene Siegerpose. Auch Blinde, die sie noch nie gesehen haben, reagieren so, wenn sie gewinnen. Machen Sie sich so breit wie möglich, Ihnen gehört der ganze Raum. Fühlen Sie sich stark, souverän und als Gewinner.

Nachdem Sie etwa 30 bis 60 Sekunden so stehen, schalten Sie die Musik ein. Ich empfehle Ihnen den Song „I Will Survive" von Gloria Gayner, den Sie auch mitsingen können. Wenn Sie im Geist siegreich ins Stadion einlaufen, passt auch ein Triumphchor wie z. B. das Finale von Beethovens Fantasie für Klavier, Chor und Orchester (▶ https://www.youtube.com/watch?v=FZCErVFMsmU). Der Chor singt etwa vier Minuten lang, die letzten drei Minuten sind besonders triumphal aufbauend. Für welche Musik auch immer Sie sich entscheiden – unterstützen Sie die Texte, indem Sie mit immer noch ausgestreckten Armen mehrfach wuchtig mit Siegeszeichen zustimmen.

Der ganze Song von Gloria Gayner dauert etwa fünf Minuten. Zur Hälfte des Songs, wie auch beim Chor, nehmen sie die Arme herunter und tragen Ihren „Pick-me-up"-Duft, z. B. das „Eau Sauvage"-Spray von Dior, auf einen Duftstreifen auf. Während der kommenden zwei bis drei Minuten sollten Sie diesen Duft erst schnuppern, dann riechen und mit der restlichen Musik hören. Wenn im Song das Saxophon einsetzt (oder im Chorgesang die Trommeln), geben Sie sich das Versprechen „Ich schaffe es", während Sie weiter riechen, aber immer eine Hand zum V-Zeichen nach oben strecken und dabei im Rhythmus der Musik auch ein paarmal vehement fuchteln. Nachdem die Musik ausgeklungen ist, riechen Sie noch etwas in Stille weiter und denken daran, was Sie schon alles im Leben erreicht haben. Zum Abschluss sagen Sie laut zu sich: „Ich bin stolz auf dich", was Sie auch gerne ein paarmal für sich wiederholen dürfen.

10.2 Duftgenuss: Olfaktorisches Kuscheln „on demand"

Licht ist Energie in Form von elektromagnetischer Strahlung, die wir je nach Wellenlänge als Farbe erleben. Der Hypothalamus ist erstaunlich sensibel für die unterschiedlichen Wellenlängen der Hauptfarben Blau und Rot. Das hat vor allem mit der Körpertemperatur zu tun. Aus der Farbtherapie weiß man: Erlebt der Hypothalamus den Körper als zu warm, bevorzugt er kurze Wellenlängen, die wir als kühle Farben im Blauspektrum erleben. Falls notwendig, wird dann das Schwitzen ausgelöst. Ist es zu kühl, ist der Hypothalamus dafür offen, mit längeren Wellenlängen stimuliert zu werden, die wir als warme Töne im Rotspektrum erleben. Reicht das nicht aus, werden die Muskeln zum Zittern gebracht, um richtig Wärme zu erzeugen.

Am Beispiel Farbe zeigt sich – wie wir es auch für den Geruch sehen –, dass der Hypothalamus und sein Netzwerk die Sinne strategisch für sich einsetzen, und das nicht nur auf rein physiologischer Ebene, sondern besonders aus unserer Sicht auch mit psychologischer Intension. Dabei ist er als oberste Steuerungszentrale der Hormonausschüttung überwiegend auf Ausgleich und Lebenserhaltung fokussiert, hat aber auch seine eigene Agenda.

Lassen Sie mich in diesem Zusammenhang noch einmal etwas detaillierter auf den Zusammenhang zwischen Duft und Belohnung eingehen, weil bestimmte Duftreize, die man mit „essbar" assoziiert, eine besondere, auch dufttherapeutische Wirkung auf das Gehirn haben. Ich werde Ihnen dazu in diesem Kapitel noch Ansätze für die Selbsttherapie mit Düften für mehr Lebensfreude vorstellen.

Der Hypothalamus ist, wie gesagt, Teil des dopaminergen Systems und damit des Belohnungssystems. In diesem Netzwerk entscheidet er mit über die Dopaminausschüttung und damit über die Entstehung der Emotion Freude, also des Gefühls von Belohnung und Genuss. Diese Gefühle entstehen schon deshalb, um es auf Badisch zu sagen, weil der Hypothalamus und sein Netzwerk „verschleckt" (vernascht) sind. Man denke nur an den Heißhunger auf Süßes während einer Diät oder die spätabendliche Suche nach Eiscreme oder Schokolade. Hier ist der Hypothalamus – wenn auch nicht allein – am Werk. Er ist Teil des Belohnungssystems, auch mesolimbisches System genannt, das aus einem neuronalen Netzwerk verschiedener Gehirnareale und Verschaltungen besteht. Korrekterweise müsste man von einer Vielzahl an Belohnungszentren sprechen, die in einem großen Schaltkreis miteinander verknüpft sind.

Olfaktorische Reize wie der Duft eines leckeren Stücks Sacher- oder Schokotorte können als Belohnungsreize auf das Gehirn wirken. Sie lassen dann das limbische System, zu dem der Hypothalamus gehört, und die Insula reagieren. Das wiederum regt Strukturen an, die im präfrontalen Cortex liegen. Das limbische System und die Insula generieren dabei einen regelrechten Drang. Der ist, nicht nur wenn es um Schokolade geht, mehr als verständlich.

Bildgebende Verfahren zeigten, dass wohl bei den meisten Menschen die Insula durch Schokoladenduft sowie durch süße Aromen, olfaktorisch und gustatorisch dargereicht, sehr gern stimuliert und aktiviert wird (Han et al. 2019). Der daraus entstehende emotionale Drang wird in der Großhirnrinde als bewusstes Verlangen erfasst. Sie gibt daraufhin Anweisung, das Verlangen zu stillen. Kommt man dem Ziel näher bzw. wird dem Drang nachgegeben, tritt das Mittelhirn in Aktion. Hier ist es besonders der Nucleus accumbens, in dem ein Glücksgefühl entsteht. In Kombination mit anderen Gehirnarealen wie der Amygdala, die die Erregung als lustbetonte Empfindungen verarbeiten, wird dann Dopamin ausgeschüttet.

Das Belohnungssystem wurde bereits im Jahr 1954 entdeckt. Man pflanzte Ratten zur

Reizung eine Elektrode ins Gehirn ein, die auf Knopfdruck leichte elektrische Ströme abgab. Diese konnten von den Tieren selbst ausgelöst werden und wurden offenbar als sehr genussvoll erlebt – sogar genussvoller als Nahrung, Denn alleingelassene Tiere stimulierten bis zur totalen Erschöpfung regelmäßig alle fünf Sekunden ihr Gehirn, wobei sie selbst Futter links liegen ließen.

Studien haben nun gezeigt, dass unter allen Belohnungsreizen Essen als der primäre und universellste anzusehen ist und entsprechend stark auf das Belohnungszentrum wirken kann. Dabei ist es anscheinend egal, ob der Stimulus gustatorisch, visuell oder olfaktorisch dargeboten wird (Frasnelli et al. 2015). Das ist für eine duftunterstützte Therapie mit Essensdüften, wie z. B. Milch-/Milchmousse-Noten eine ganz wesentliche Aussage, die wir in unserer therapeutischen Arbeit noch nützen wollen.

In diesem Zusammenhang wurden von Katharina Schoen (2018) von der Technischen Universität Dresden mit bildgebenden Verfahren Untersuchungen durchgeführt, um zu überprüfen, ob Düfte aus der Essenskategorie bzw. essensassoziierte Düfte im Vergleich zu Blumendüften Regionen des menschlichen Gehirns aktivieren, die man dem Belohnungszentrum zuordnen kann. Das wurde bestätigt. Da ferner das Belohnungssystem im Gehirn recht verzweigt ist, erwartet man auch eine breitere Aktivierung von Essens- als von Blumendüften. Auch hierfür gibt es Hinweise.

Eine Erkenntnis für die Selbsttherapie lautet also: Mit Düften aus der Duftrichtung „Gourmand" kann man das eigene Belohnungssystem aktivieren.

Außerdem belegten Studien, dass die als essbar gerochenen Düfte bei Hunger sich in ihrer Wirkung als Belohnungsreiz auf das Belohnungssystem noch potenzieren. Schließlich konnte man zeigen, dass das Belohnungssystem regelrechte Duftaffinitäten besitzt, die es besonders aktiviert. Zunächst konnte man nachweisen, dass eine in Düften empfundene Süße Regionen des Gehirns stärker aktiviert, die dem Belohnungsregelkreis angehören (Stice et al. 2013). Dann konnte man beobachten, dass Fruchtdüfte eine stärkere Aktivierung im Belohnungszentren hervorrufen (Frasnelli et al. 2015). Die Duftvorlieben des Belohnungssystems lassen sich damit als fruchtig-süß-essbar beschreiben, was die Gourmand-Duftrichtung typischerweise charakterisiert. Es ist also kein Zufall, dass der Hypothalamus, der für das Genussempfinden und Sexualverhalten verantwortlich ist, es geschmacklich und geruchlich etwas süßer und fruchtiger liebt. Süß und Rot sind angeborene Geschmacks- und Farbvorlieben. Sie lösen bei Säuglingen das lebenswichtige Saugverhalten aus. Speziell die Kombination süß-fruchtig-rot signalisiert nicht nur Menschen, dass etwas essbar ist.

Als Erwachsener distanziert man sich gern von zu süßen bzw. süß-fruchtigen Düften. Dennoch sind die sog. Gourmand-Düfte die mit am schnellsten wachsende Duftrichtung der letzten Jahre. Sie riechen zwar nicht immer süß, aber nach Dessert. Es ist der Geruch von bevorzugten, essbaren Aromen wie Karamell, Nougat, Sahne und Himbeere sowie vor allem der Duft der weltweit beliebtesten Aromen Schokolade und Vanille. Verständlicherweise interessieren und stimulieren besonders Gourmand-Noten wie in Schokoladenrichtung den Hypothalamus und sein „Belohnungs-Netzwerk". So wurde Schokolade in der Literatur schon immer eine luststeigernde Wirkung nachgesagt. Denn im Hypothalamus werden Sexualhormone wie Testosteron und östrogene Nervenzellen aktiviert, die für Libido und Erregung zuständig sind. Das alles wird durch die Glücksbotenstoffe Serotonin und Dopamin zusätzlich verstärkt. Dieser Vorgang wird ebenfalls durch Schokolade unterstützt. Sie enthält Tryptophan, das in Serotonin umgewandelt wird. Das erklärt das besondere Genussempfinden beim Verzehr von Schokolade.

Schokolade als gustatorisches Erlebnis ist sicher in der Letztwirkung als Stimulanz

Schokoladengerüchen überlegen, denn diese sind primär erlernt. Dennoch: Die enge Verbindung zwischen Hippocampus, unserem Langzeitgedächtnis, und dem Hypothalamus hat über die Zeit eine starke klassische Konditionierung à la Pawlow aufgebaut. So kann durch einen Duft eine bereits frühere angeborene oder automatische Reaktion auf ein Geschmackserlebnis und seine Wirkung erneut ausgelöst werden. Das lässt sich generell auch für die meisten Gourmand-Noten vermuten. Sie sind in der Lage – ebenso wie auch Musik und andere Sinnesgenüsse –, das Glückshormon Dopamin im Hypothalamus und seinem Netzwerk auszulösen.

Die Duftrichtung Gourmand hat offenbar eine größere Wirkung auf das Gehirn als bisher angenommen. Das belegen auch Erfahrungen aus der Praxis. Für alle, die eine Diät machen und Gourmand-Noten lieben, haben sie einen Zusatznutzen. Sie können den Hypothalamus bei Essanfällen bzw. Lust auf Süßes etwas im Zaum halten. So fällt das Abnehmen mit Gourmand-Noten leichter, auch weil dem Hypothalamus und seinem Netzwerk vorgegaukelt wird, dass noch ein essbarer Genuss folgt. Die Praxis hat außerdem gezeigt, dass Gourmand-Noten schmerzlindernd wirken und je nach Art ihrer Kreation einen durch den Hypothalamus mit seinem Belohnungssystem in Piña-Colada-Urlaubsstimmung bringen. Schmerzlidernd sind auch Milchnoten, wie wir aus der Babyforschung wissen und wie ich noch unten zeigen werde.

- **Olfaktorisches Kuscheln „on demand" mit Glücksgefühl**

Bei der Stimulation des Hypothalamus passiert aber noch mehr. Er schüttet auch die Hormone Vasopressin und Oxytocin aus. Vasopressin spielt bei der Wasserregulation des Körpers eine Rolle. Es aktiviert die Wasserrückresorption und verringert so z. B. den nächtlichen Harndrang; es verengt die Gefäße und wirkt blutdrucksteigernd; es reguliert die Körpertemperatur, nimmt Einfluss auf die sexuelle Erregung und den Antrieb; es ist an Gedächtnis- und Lernleistungen beteiligt und steuert zusammen mit Oxytocin Emotionen, die dann Auswirkungen auf das soziale Verhalten haben. Erst jüngst konnte belegt werden, dass insbesondere Oxytocin das weibliche Fürsorgeverhalten entscheidend beeinflusst.

Das Hormon Oxytocin unterstützt enge emotionale Bindungen zwischen Menschen, so beispielsweise zwischen Mutter und Säugling beim Stillen. Als Bindungshormon lässt es den eigenen Partner attraktiver wirken. Es fördert außerdem monogames Verhalten und gegenseitiges Vertrauen (Hurlemann et al. 2010). Kein Wunder, dass in den vergangenen Jahren in einigen Ländern mit Oxytocin oder Vasopressin angereicherte Duft- und Nasensprays auftauchten. Sie sind in der EU verboten, da hormonangereicherte Duftprodukte nicht in Parfümerien verkauft werden dürfen. Dennoch konnte man sie über ausländische Versandapotheken beziehen. Eine Wirkung wurde bereits für 15 Minuten nach dem Aufsprühen versprochen. Insidern sind auch geruchlose, reine Oxytocin-Sprays bekannt, die heimlich kurz vor Geschäftsbesprechungen oder dem erstem Date versprüht werden, um so mehr Vertrauen zu erreichen.

Vasopressin und Oxytocin haben auch ihre Kehrseiten. Zu viel Vasopressin hält zu viel Wasser zurück, der Natriumgehalt im Körper wird erhöht, was u. a. zu Lethargie führt. Oxytocin verstärkt offenbar Neid (warum, weiß man noch nicht), der aber auch etwas Beeindruckendes hat und deshalb für einen Geschäftsabschluss oder ein erstes Rendezvous von Vorteil sein kann, wenn die Person, der man gegenübersitzt, mit „erfolgreich" bzw. auch mit „von anderen begehrt" assoziiert wird. Zahlreiche Studien belegen inzwischen die Wirkung von Vasopressin und Oxytocin als Nasensprays. Oxytocin wird deshalb in dieser Form auch erfolgreich z. B. als Dufttherapie bei Autismus eingesetzt (Gordon et al. 2013).

Mehrere fMRT-Studien zeigen jedoch, dass Parfüms für einen Oxytocin-Effekt nicht mit dem Hormon angereichert werden müssen. Denn nicht nur bei körperlicher Berührung wird Oxytocin ausgeschüttet. Offenbar reicht dem Hypothalamus der Geruch warm-milchiger Haut, vor allem in Verbindung mit dem Duft bestimmter kulinarischer Noten wie Schokolade. Insider bestätigen, dass die Parfümindustrie mittels fMRT bereits an Aromamodulationen in dieser Richtung arbeitet und gute Resultate erzielt hat. Dabei wird untersucht, welche Moleküle die Milch-, Haut- und Schokoladengerüche entstehen lassen und in welcher Mischung sie den Hypothalamus für die Ausschüttung von Oxytocin besonders stimulieren.

Man geht aber noch einen Schritt weiter und setzt eine sog. Precursor-Technologie in Düften ein (Whitehouse 2019). Entwickelt wurde sie von Givaudan, einem der weltgrößten Parfümhersteller, der über hundert Parfümeure weltweit beschäftigt. Dabei wird ein sog. Duftstoffvorläufer, ein geruchsarmes Molekül, in das Parfüm implementiert. Es setzt bei bestimmten Auslösern wie Sauerstoff, Licht, Wasser, aber auch Körperwärme Duftstoffe frei. Dadurch kann man Parfüms timen, bestimmten Situationen anpassen und natürlich länger anhaltend machen. Besonders spannend ist, dass diese Technologie nicht nur bei Parfüms funktioniert, sondern auch bei anderen möglichen Anwendungsgebieten wie Körperprodukten, Wasch- und Putzmitteln. Das heißt – um beim Thema Oxytocin zu bleiben: Die Industrie ist auf dem besten Weg, uns überall „Kuscheln ‚on demand'" zu liefern, und das mit Glücksgefühl!

10.3 Duftender Anti-Stress: Wie und wo Duft im Gehirn gegen Stress wirkt

Nicht zufällig konnte man über die bildgebenden Untersuchungsverfahren (fMRT) zeigen, wie der Hippocampus und benachbarte Gehirnregionen besonders von Yoga, Meditation und Achtsamkeitstraining profitierten. Das wusste man schon früher. Deshalb gibt es in der Aromatherapie auch schon länger verschiedene Duftverschreibungen, um dem Hippocampus und seinem Netzwerk bei der Stressbewältigung zu helfen. Denn der größte Feind des Hippocampus ist, wie gesagt, Stress. Er lässt ihn laut klinischen Studien durch überhöhte Cortisolausschüttung um bis zu 26 % schrumpfen. Das führt zu größerer Vergesslichkeit und somit dazu, dass wir bei Problemen immer weniger auf unser Wissen zurückgreifen können. Das wirkt sich auch auf andere Gehirnareale wie die Amygdala und den OFC aus und führt zu negativer Selbstbewertung und zu Schlafstörungen. Da Tiefschlaf essenziell für Stressbewältigung ist, beginnt ein selbstzerstörender Kreislauf.

Klinische Studien belegten in den vergangenen Jahren die besondere Wirkung der Meditation auf die Bewältigung von Stress, innerer Unruhe und selbst Ängsten – und das sogar in Kombination mit Düften. Auf diese Weise werden Prozesse nicht nur gestoppt, sondern das Gehirn wird regelrecht neu aufgebaut. Man spricht dann von Neuroprogrammierung oder positiver Umprogrammierung des Gehirns (Bernhardt 2017). Die Verbindung von Psychotherapie und Meditation als auf Achtsamkeit basierender Stressreduktion hat sich hierfür als besonders effektiv erwiesen. Dieses Programm geht auf den Molekularbiologen John Kabat-Zinn (Kabat-Zinn 2006) zurück, der bereits in den späten 1970er-Jahren bei Meditationen mit sog. Duftlandschaften arbeitete. Die Erfolge seiner eigenen und von anderen weiterentwickelten Methode bei der Behandlung von Stress und Ängsten, ja sogar von Panikattacken, Depressionen und Schlafstörungen wurden mehrfach nachgewiesen (Seppala 2013; Stahl und Millstine 2013).

Auch die Aromatherapie kann mehrere Erfolge vermelden. Dabei werden verschiedene Duftnoten gegen Stress und innere

Unruhe eingesetzt. Einige, wie bereits erwähnt, wie Osmanthus, Cistrose, Rosenabsolue, Kamille und Lavendel kommen nicht zufällig aus dem Blumen- und Blütenbereich. Denn sie sprechen den Hippocampus und sein Netzwerk gezielt an. Der Hippocampus mit seinen komplexen Funktionen beschränkt seine Vorliebe aber nicht auf eine bestimmte Duftrichtung. Neben blumigen Noten wird er auch durch essbare Düfte aktiviert. Das ist nicht weiter verwunderlich, da er nicht nur Informationen über Stress erhält, sondern u. a. auch über körperliche Sättigung, und zusätzlich noch Teil des Belohnungssystems ist.

Der Hippocampus ist bekanntlich mitverantwortlich für das Speichern olfaktorischer Erinnerungen. Damit stellt sich die Frage, wie er Düfte lernt und kategorisiert, vor allem dann, wenn es sich z. B. um einen ihm noch unbekannten Blumenduft handelt. Wie gesagt, Studien belegen, dass der vorgeschaltete piriforme Cortex dem Hippocampus beim Riechen und Bewerten hilft. Der piriforme Cortex bietet dem Hippocampus und anderen an der Duftabspeicherung beteiligten Gehirnarealen weit mehr als eine sensorische Weiterleitung eines Dufteindrucks. Er informiert erst über emotionale, visuelle Informationen, bevor Gerüche wahrgenommen werden (Schulze et al. 2017). Der piriforme Cortex legt dem stressanfälligen Hippocampus also nahe, dass z. B. etwas, das wie eine kleine, weiße Blüte aussieht, auch so riecht und entspannt gerochen und erlebt werden kann. Mit anderen Worten: Der piriforme Cortex erzeugt Anleitungen, wie ein olfaktorischer Reiz erlebt und verarbeitet werden soll. So profitieren das gesamte Geruchssystem und auch der Hippocampus von den Informationen des visuellen Systems.

Durch die Zusammenarbeit des piriformen Cortex mit der Amygdala, die Reize emotional bewertet, ist ein Vorselektieren von Duftreizen nach ihrer potenziellen emotionalen Wirkung möglich – etwa von solchen, die dem Hippocampus Entspannung versprechen. Einfach gesagt, ist damit eine Duftsuche möglich, die dem Hippocampus z. B. ein entspanntes, relaxtes Gefühl verspricht. Interessanterweise unterstützt die Natur die Duftsuche, wenn ein Gefühl von Stress aufkommt, solange die Stimmung nicht in die Emotion Wut umgeschlagen ist. Hoenen et al. (2017) konnten in einer Studie zeigen, dass bei emotionalen und physiologischen Stressreaktionen eine Erhöhung von Cortisol mit einer besseren Geruchsidentifikationsleistung verbunden ist, während erhöhte Wut mit einer schlechteren Geruchsidentifikation einhergeht.

10.3.1 Pflanzenpeptide mit Anti-Stress-Wirkung

Die Neuroparfümerie und -biologie erweitern ständig das Wissen zur Stressbekämpfung, wobei Letztere dank neuer Verfahren besser Pflanzen extrahieren und potenzieren kann. Neue Inhaltsstoffe, speziell Pflanzenpeptide mit besonderen Wirkungen, sind Dauerlieblingsthemen in entsprechenden Fachzeitschriften. Ein noch junges Thema sind Hyperforin und Flavonoide, wie Biapigenin und Rutin als potente Pflanzenstoffe mit antistress- und antidepressiver Wirkung, die sich theoretisch gut hochpotenziert als bioaktive Wirkstoffe in Duftprodukte einbauen ließen.

Bereits länger bekannt ist Linalool, das u. a. in Lavendel vorkommt. Das *Journal of Agricultural and Food Chemistry* berichtete, dass Linalool bei Stress Blutwerte im Normalbereich hält und gleichzeitig die Aktivität von Genen, die in Stresssituationen übermäßig aktiv sind, reduziert (Nakamura et al. 2009).

In der klassischen Parfümerie kommen bioaktive Substanzen indirekt über ihre Pflanzen in Duftformulierungen. Dabei wird ihre Wirkung durch Herstellungsverfahren und Darreichungsformen, z. B. in alkoholischen Lösungen, zum Teil beschnitten.

Eigentlich sollen Parfüms den hauptsächlichen Duftgenuss beim Aufsprühen liefern, dabei könnten sie viel mehr als gut riechen und auch anders konzipiert sein, beispielsweise als köstlich duftende bioaktive alkoholfreie Wirkparfüms bzw. alkoholfreie organische Pflanzenpeptid-Duftpflege.

Es könnte eigentlich Parfümapplikationen für äußere und innere Anwendung geben. Schon die Römer benutzten Rosenwasser auf zweifache Weise: als wohlriechendes Parfüm für die äußere Anwendung und als Mundwasser für guten Atem. Hin und wieder liest man auch von der Idee einer Deo-Pille, die den Körpergeruch in Richtung Lieblingsparfüm verändern soll. Man kann weiter fantasieren und an einen Stressblockergeruch von innen denken.

Die Kosmetik ist auf diesem Gebiet bereits weiter. Sie liefert schon heute Beauty-Ergänzungen für Schönheit, Attraktivität. und Wohlfühlen zum Einnehmen. Die größten Aussichten auf Erfolg dürften im Parfümbereich Wohlfühlsets haben, die aus jeweils einem Produkt für innere und einem für äußere Anwendung bestehen, beispielsweise aus einem Parfüm und einem im Geruch dazu passenden Luxus-Wellness-Nasenspray. Aber auch hier spricht der Gesetzgeber ein Wörtchen mit: Nasensprays dürfen nur als Arzneimittel, die in die Nase eingebracht werden, in den Handel kommen. Dabei wird zwischen lokal wirksamen und systemisch wirksamen Nasensprays unterschieden. Meist spricht man bei dem Begriff „Nasenspray" von einem lokal wirksamen, beispielsweise abschwellenden Spray. Werden die Arzneistoffe über die Nasenschleimhaut resorbiert, handelt es sich um ein systemisch wirksames Spray, das auf den gesamten Körper wirkt.

Jetzt kommt der kritische Punkt: Laut EU-Gesetzgebung können Parfüms nur äußerlich aufgetragen werden. Das schließt ihre Verwendung als Nasensprays aus. Parfüms werden als Spray gesprüht, aufgetragen oder als Splash geschüttet sowie als „Solid-Parfüms" auf die Haut gecremt oder eingerieben. Sie können aber auch mit einem Stöpsel oder anderen Applikationen wie Roll-on oder Pipette, die man aus der Aromatherapie kennt, aufgetupft werden. Bei der Verwendung einer Pipette kann man selbst entscheiden, ob die Flüssigkeit vor, unter oder in die Nase kommt.

Hersteller von Sprühpumpen sorgen bereits für immer feinere Methoden der Parfümierung. So brachte der Parfümpumpenhersteller Rexam eine Sprühpumpe eigens für natürliche Inhaltsstoffe auf den Markt. Man könnte nun für eine neue Produktkategorie bioaktiver Wirkparfüms, die z. B. die Meditation unterstützen, Sprays mit Pipetten zu „Sprühpipetten" kombinieren. Der Verwender würde dann selbst entscheiden, wie bioaktive Wirkparfüms angewendet werden sollen.

Für den vollen sofortigen Wirkgenuss gibt es eine weitere Innovation. Die sog. „Scent-Burst-Technologie" und ihre Weiterentwicklungen ermöglichen, dass die für die Wirkung wichtigen Teile einer Kopfnote eines Duftes schon zu Beginn der Anwendung stärker herausgestellt werden. Das gibt einen besonderen Kick, aber auch Soforthilfe à la Notfalltropfen, wie man sie aus der Bachblütentherapie kennt.

10.3.2 Der Run auf die Pflanzenpeptide

Viel verspricht man sich von Pflanzenpeptiden, um einzelne Gehirnareale wie den Hippocampus zu unterstützen. Peptide sind aus Aminosäuren aufgebaute körpereigene Substanzen, die im menschlichen Organismus spezifische Reaktionen auslösen können und eine Vielzahl von Körperfunktionen beeinflussen. Mittlerweile ist ein regelrechter Run bei der Erforschung von Pflanzenpeptiden ausgebrochen. Einige wurden bereits als weiterentwickelte Wirkstoffe – wie z. B. Rubixyl©, ein von Seegras inspiriertes biomimetisches Peptid des

Duftherstellers Givaudan, das überwiegend aus Hexapeptide 48-HCI besteht – in ihrer überraschend guten Anti-Aging- und entzündungshemmenden Wirkung bei der Hautpflege bestätigt.

Vor einigen Jahren hatte man nun entdeckt, dass es nicht nur in der Haut, sondern u. a. auch im Riechkolben (Bulbus olfactorius) und in der dem Hippocampus vorgelagerten Amygdala eine sehr große Dichte sog. Delta-Opioid-Rezeptoren (DOR) gibt, die man über verwandte Pflanzenpeptide auch stimulieren kann. Werden diese Rezeptoren stimuliert, zeigt sich eine emotionale Reaktion, die die Pharmaindustrie bereits in Medikamenten als Stimmungsaufheller bei depressiven Zuständen nutzt. Die Patienten verspürten dabei außerdem Behaglichkeit und Wohlbefinden und erreichten schnell eine emotionale Verbesserung, sogar bei zusätzlich leichten Schmerzen (Broom et al. 2002; Navratilova et al. 2011). Eine umfassende Beschreibung der aktuellen Peptidforschung würde den Rahmen dieses Buches sprengen. Hinzu kommt, dass es nicht leicht zu beurteilen ist, inwieweit die einzelnen Entdeckungen wissenschaftlich abgesichert sind. So hat z. B. ein internationales Wissenschaftlerteam in einer afrikanischen Heilpflanze aus der Familie der Kaffeegewächse ein Peptid gefunden, Kalata B7, das Ähnlichkeit mit dem menschlichen Neuropeptidhormon Oxytocin aufweist (Koehbach et al. 2013), wie ich es oben besprochen habe.

Eine weitere Studie berichtet über eine Entdeckung bei einem Volksstamm in Zentralamerika. Im populären Duftinhaltsstoff Zimt gibt es nicht nur Zimtaldehyd, den Hauptbestandteil des stark aromatisch riechenden Zimtöls, sondern auch Epicatechin, einen vitaminähnlichen Pflanzenstoff, der auch in Kakao vorkommt. Er wird vom Volksstamm Kuna in Panama gegen Demenz eingesetzt, riecht aber nicht wirklich. Angeblich zeigen Untersuchungen, dass die beiden Moleküle das Potenzial haben, Alzheimer direkt anzugehen, die Krankheit wie mit einem biologischen Schutzschild zu stoppen und sogar vor ihrem Ausbruch zu schützen (George et al. 2013). In der Zwischenzeit ist es aber um die erhofften Erfolge dieser Moleküle bei Alzheimer wieder ruhig geworden.

Wie auch immer man die Ergebnisse bewertet – Tatsache ist, dass die Grundlagenforschung in der Duft- und Kosmetikindustrie derzeit für ihre Studien ganze „Peptid-Bibliotheken" für ihre Analysen aufbaut, um die Zukunft der Wirkduftkosmetik nicht zu verpassen.

Entsprechend hat sich in den vergangenen Jahren die Forschung zur Wirkung von Düften – insbesondere in Bezug auf Stress – weiterentwickelt und ist transdisziplinär geworden. Spezielle Tests der Kognitions- und Emotionspsychologie werden bei der neurobiologischen Duftforschung sowie bei der Duft- und Kosmetikproduktentwicklung eingesetzt. Mit der oben angesprochenen Peptid-Bibliothek, den bildgebenden Untersuchungsverfahren der Hirnforschung in Kombination mit psychologischen Tests wie etwa dem Trier Social Stress Test (TSST, Kirschbaum et al. 1993) kann jetzt beispielsweise analysiert werden, was unterschiedliche Stoffe bei Stress bewirken und ob Duft- und Kosmetikprodukte mit entsprechenden Inhaltsstoffen eine Antwort auf Stress und seine psychophysischen Prozesse wie stärkeres Schwitzen bieten.

> Als eine der ersten Firmen setzte das Hamburger Unternehmen Beiersdorf den TSST für die Entwicklung eines neuen Nivea-Deodorants ein.

10.3.3 Olfaktorische Tools zur Beurteilung der Befindlichkeit

Vielversprechend ist auch die Weiterentwicklung der sog. NIH-Toolbox, einer Testbatterie, die kognitive, sensorische, motorische und emotionale Funktionen bestimmt. Ein Team im Monell Center, weltweit eines der führenden Forschungsinstitute für Duft und Geschmack, hat die NIH-Toolbox um eine weitere Dimension bereichert. Sie kann nun auch zur Geruchsidentifikation eingesetzt werden (Dalton et al. 2013). Mit dem olfaktorischen Analysetool, das in weniger als fünf Minuten anhand von „Scratch and Sniff" bzw. Duftkarten, die auf Reiben den Geruch freigeben, steht nun ein kompletter multidimensionaler Test zu Verfügung, der für unterschiedlichste Fragen eingesetzt werden kann. NIH evaluiert u. a. erlebten Stress wie das Gefühl von Überforderung und unangenehme Gefühle wie Trauer und Ängstlichkeit.

Aus der Geruchsforschung ist bekannt, dass Frühstadien von Alzheimer und Parkinson mit der Beeinträchtigung des Geruchsempfindens einhergehen. Düfte werden deshalb für die Diagnose von Gesundheit und Wohlbefinden eingesetzt. Da die Fähigkeit, Gerüche zu identifizieren, individuell sehr verschieden ist und das Geruchsempfinden unter Stress und Belastung zudem weiter stark eingeschränkt ist, kann man mit NIH in Zukunft sog. Kreuzvalidierungen vornehmen. Man kann also in einem gewissen Rang bzw. mit einer gewissen Spannbreite bestimmen, was unter bestimmen psychischen Belastungen eine unbedenkliche Riechfunktionsbeeinträchtigung ist oder wo eine Dufttherapie bzw. eine andere Therapie bereits ratsam wird. Validierte klinische Riechtests werden dabei zusammen mit anderen Tests als Indikation für Dufttherapien eingesetzt, aber auch, um weitere Beeinträchtigungen wie Nasennebenhöhlenerkrankungen oder eine Anosmie, also einen Riechverlust bzw. eine hochgradige Minderung, auszuschließen.

Wie gesagt, etwa 3 bis 5 % der deutschen und sicher auch der weltweiten Bevölkerung leiden unter einer Anosmie. Sie wird beispielsweise durch Kopfverletzungen bei einem Unfall verursacht und kann selbst bei leichten Verletzungen zu einer und 15- bis 20-prozentigen Beeinträchtigung des Riechsinns führen. Das NIH-Dufttool, das man bereits bei Dreijährigen zur Bestimmung der Geruchsfähigkeit einsetzen kann, wäre auch als ein ständiges Serviceangebot im Parfümerie-Einzelhandel denkbar – denn wer wüsste nicht gerne, wie es um das eigene Riechen bestellt ist.

Alternativen zum NIH-Dufttool sind der UPSIT (University of Pennsylvania Smell Identification Test), der CCCRC-Test (Connecticut Chemosensory Clinical Research Centers) sowie Sniffin' Sticks. Dabei handelt es sich um vier etwa 14 cm lange Filzstifte, die mit 4 ml eines spezifischen Duftstoffs gefüllt sind. Sie werden etwa drei Sekunden unter beiden Nasenlöchern dargeboten. NIH in Kombination mit Sniffin' Sticks erlaubt eine sehr feine und umfassende Diagnose, in die man auch die Ergebnisse aus 16-stufigen Schwellentests mit einbeziehen kann.

Zur Schwellenbestimmung werden wiederholt auf- und absteigende Konzentrationen desselben Duftstoffes dargeboten. Dabei wird meist mit nach Rosen duftendem Phenylethylalkohol gearbeitet. Da Beeinträchtigungen des Geruchssinns Lebensqualität in Form von Geschmacks- und Duftgenuss, aber auch die Duftverwendung selbst sowie soziale Kontakte beispielsweise durch Überparfümierung beeinflussen und insbesondere frühzeitig auf mögliche Erkrankungen hinweisen können, müsste es für bestimmte Kreise der Bevölkerung von Interesse sein, zumindest einmal jährlich in ihrer Parfümerie einen Geruchscheck durchzuführen. Es würde sich also für den Handel lohnen, in diesen Service zu investieren.

▶ fMRT-Geräte und Wirkduftberater in der stationären Parfümerie

Die Geruchsdiagnose der Zukunft für Wellness und Gesundheitsprophylaxe wird aber noch viel mehr können. Als Technik existiert sie bereits. Forschung und Medizin arbeiten mit ihr. So hat sie sich mittlerweile zu einem wichtigen Verfahren in der bildgebenden klinischen Routinediagnostik entwickelt.

Für den Parfümerie-Einzelhandel ist sie gleich aus mehreren Gründen interessant. So werden ungefährliche und leicht anwendbare fMRT-Geräte für bildgebende Untersuchungsverfahren immer portabler und im Anschaffungspreis günstiger. Damit könnte der stationäre Handel in Kooperation mit einer Fachkraft eine ganz neue Duft- und Geruchsberatung anbieten: die Wirkduftberatung.

> Die Zukunft der Parfümerie und der duftunterstützten Therapie verlangt eine neue Ausbildung – die zum Wirkduftberater, mit der man mit Zusatzqualifikation zum geprüften Dufttherapeuten wird.

Die Zusammenarbeit mit Medizinern ist in der stationären Parfümerie schon heute üblich, beispielsweise wenn ein Schönheitschirurg Parfümeriekunden bei Pflegeabenden über Möglichkeiten von Unterspritzungen aufklärt. Ein Gewinn für beide, da sich für die Vor- und Nachbehandlung der Haut bzw. für die Verlängerung der Resultate schönheitschirurgischer Behandlungen Medizin und Parfümerie sehr gut ergänzen. Sicher braucht man für diese Zusatzberatung keine fMRT-Geräte.

Für einen anderen Bereich der stationären Parfümerie wäre ihr Einsatz aber sehr interessant und würde Kunden anziehen. Sicher müsste der Einsatz von fMRT-Geräten für eine breite Öffentlichkeit angepasst werden (Wang et al. 2013). Doch es ist keine Frage, diese unschädliche Methode ohne ionisierende Strahlung wird das Behandlungs- und Diagnoseangebot in Spas, Wellness- oder Duftkabinen wesentlich bereichern. Denn fMRT kann nicht nur zur Diagnose von Geruchserleben und Gedächtnis, also für Wellness und Gesundheitsprophylaxe, eingesetzt werden, sondern auch auf sehr spektakuläre und faszinierende Weise als bildgebende und somit wissenschaftliche Parfümberatung. Sie gibt Kunden Einblicke, welche spezifischen Düfte und Duftrichtungen die besten olfaktorisch induzierten Emotionen auslösen. Das dürfte vor allem ein jüngeres High-Tech-Publikum interessieren. Die Methode visualisiert das menschliche Gehirn außerdem mit großartigen, detailgenauen Abbildungen, die man als Ausdruck mit nach Hause nehmen oder über die sozialen Medien verbreiten kann. Sie beantwortet Fragen, welche Parfüms das Gehirn emotional optimal stimulieren und am besten für den eigenen Genuss und das persönliche Wohlbefinden sind. Man sieht, welche Prozesse die Lieblingsparfüms z. B. im Emotionszentrum auslösen und ob man durch das Mischen von Düften (Parfüm-Layering) ihren psychischen Effekt für sich selbst noch erhöhen kann.

Die bildgebende Duftberatung könnte dann gezielt Parfüms für spezifische Wirkungen vorschlagen, beispielsweise um sich mit einem individuell zugeschnittenen Meditationsduft entspannter zu erleben oder um die besten olfaktorischen Stimmungsaufheller für mehr Lebensfreude und Heiterkeit zu entdecken. Der Handel könnte damit eine neue Duftkategorie mit eigenem Regal anbieten: die Neuro-Parfüms.

Ich bin mir sicher, dass nicht nur Parfümästheten, sondern ganz neue Zielgruppen bei demjenigen, der die erste bildgebende Duftberatung anbieten wird, Schlange stehen werden. Gerade die stationäre Parfümerie, die sich immer um die Gewinnung von Neukunden bemüht, muss ihnen auch etwas Besonderes bieten, um sie zu halten. Den Verbänden schlage ich deshalb vor, für Parfümeriefachkräfte, die sich auf fMRT und auf olfaktorische Tools zur Beurteilung der Befindlichkeit spezialisieren möchten, eine anerkannte Zusatzausbildung zum Wirkduftberater und dann mit entsprechender Qualifikation die Ausbildung zum Dufttherapeuten anzubieten.

Mit der Ausbildung zum Wirkduftberater könnte man sich auch gleich für die Geruchsdiagnose innerhalb von Wellness und Gesundheitsprophylaxe bzw. auf Mood & Health Modulation qualifizieren. Diese Zusatzausbildungen könnten in die Ausbildung zum Duft- und Kosmetikexperten integriert werden. Die deutsche Parfümerie-Einzelhandelsgruppe „First in Beauty" bietet bereits in Zusammenarbeit mit dem Parfümerieverband, wie oben erwähnt eine Ausbildungen zum „Maître des Parfums" und sogar zum „Maître de Cosmétique" an. Eine Zusatzausbildung zum „Maître des Sciences de Parfums" und eventuell noch zum „Maître des Sciences de Cosmétique" dürfte den Parfümfachhandel noch wesentlich faszinierender machen.

Die ersten kostengünstigeren und tragbaren Geräte für olfaktorische fMRI-Untersuchungen sind schon seit ein paar Jahren im Versuchsstadium (Sezille et al. 2013). Sie müssten für die Parfümerie weiterentwickelt werden. Bisher waren MRI-Scanner selbst für viele Kliniken unerschwinglich. Einkaufsgemeinschaften wie die „Beauty Alliance", neben Douglas einer der größten Parfümanbieter in Deutschland, könnten allerdings für ihre oft mehr als 100 Parfümerien vertretenden Mitglieder eigene fMRI-Geräte für bildgebende Duftberatung, Wellness und Gesundheitsprophylaxe entwickeln. Denn für die Beratung in Kosmetik- oder in Duftkabinen wäre ein Ganzkörperscanner nicht unbedingt nötig.

Bei Wellness und Gesundheitsprophylaxe könnte mit Medizinern, aber auch mit Klinischen Psychologen kooperiert werden. Speziell beim Thema „Stress und Vorsorge" könnte die Zusammenarbeit z. B. mit Fitnessstudios, Meditations-, Yoga-, Pilates- oder Ayurvedaschulen bzw. deren Trainern die Parfümerie wesentlich bereichern. Damit stünde dem Erfolg der Neuroparfümerie in der Praxis, aber auch der Zukunft der stationären Parfümerie mit einem völlig neuen Angebot von Erlebnis-, Wellness- und Gesundheitsservice nichts mehr im Wege.

10.4 Selbsttherapie: Die Seele heilen und schöner riechen mit Ur-Parfüms

Bereits als Fötus hatte jeder Mensch ein erstes Geruchserlebnis, und zwar, als er das Fruchtwasser der eigenen Mutter roch. Dem folgte gleich nach der Geburt der Haut-Milch-Geruch der Mutter beim Stillen. Wir sind also bereits zu Beginn unserer Existenz mit zwei sehr positiven Geruchswelten in Kontakt gekommen. Da diese beiden Ur-Gerüche in ihrer Zusammensetzung komplex sind, müsste man eigentlich von Ur-Parfüms sprechen. Bei den für den Fötus gut riechenden Ur-Parfüms gibt es allerdings Variationen. Speziell Fruchtwasser riecht für jeden anders, weil der Eigengeruch der Mutter beispielsweise durch ihre Ernährung beeinflusst wird, aber auch, weil der Fötus in kleinen Mengen Urin in das Fruchtwasser abgibt. Jede der zwei Geruchswelten wird vom Fötus bzw. vom Neugeborenen nur unbewusst erlebt. Sie sind aber in der Regel bei unkompliziertem Schwangerschaftsverlauf, unkomplizierter Geburt und Stillen an positive psychische Empfindungen und Wirkungen gekoppelt. Die Ur-Parfüms haben auch eine eigene positiv stimulierende Wirkung auf das junge Gehirn und dort auf Delta-Opioid-Rezeptoren vor allem in der Amygdala.

Über die positive psychische Wirkung des zweiten Ur-Parfüms, des Haut-Milch-Geruchs beim Stillen, weiß die Forschung schon einiges, aber über den Effekt des ersten Ur-Parfüms, des Fruchtwassergeruchs, bislang nur wenig. Beim Neugeborenen ist der Geruch des Fruchtwassers bereits abgespeichert und kann von ihm gut erinnert werden. Er löst tiefe Wohlfühlreaktionen, ja fast Glücksgefühle aus. Das fand man heraus, als man Neugeborene den Geruch ihres Fruchtwassers erneut riechen ließ. Offenbar sind der eigene Fruchtwassergeruch sowie der Haut-Milch-Geruch ideal, um etwa Delta-Opioid-Rezeptoren in der Amygdala und im Bulbus olfactorius zu stimulieren. Dies führt bei Babys und auch bei Erwachsenen zu einem größeren Gefühl von Behaglichkeit und Wohlbefinden bis hin zur Stimmungsaufhellung.

Das Wiedererkennen des ersten Ur-Parfüms ist für die Geruchsforschung gut verständlich. Ungeborene haben bereits am Ende der Schwangerschaft ein voll funktionsfähiges Geruchshirn mit Amygdala und Hippocampus entwickelt, was dem Menschen ein phänomenales Geruchsgedächtnis verleiht. Es kann deshalb behauptet werden, dass man als Erwachsener den positiv erlebten Geruch seines ersten Ur-Parfüms tief in sich trägt. Das erklärt auch, warum die Vanille als Baustein des zweiten Ur-Parfüms, also des Haut-Milch-Geruchs, als Geruchs- und Geschmackserlebnis im späteren Lebensalter immer noch hochgeschätzt und als appetitanregend und insbesondere als warm und wohltuend empfunden wird. Übrigens ist Vanille, wie fast alle essbaren Aromen, mehr ein Geruchserlebnis. Wie bereits erwähnt, haben Biochemiker vom amerikanischen Monell-Institut in Philadelphia herausgefunden, dass selbst die Geschmackszellen auf der Zunge Geruchsrezeptoren haben, was wahrscheinlich den Geruchseindruck noch weiter intensiviert.

Weiter kann Folgendes behauptet werden: Duftkreationen, die an den individuell erlebten Geruch des Fruchtwassers und an den Haut-Milch-Geruch der Mutter angelehnt sind, sind für die meisten mit positiven psychischen Wirkungen in Form einer Art Ur-Wohl- und -glücksgefühl verbunden – vorausgesetzt, die Person hat keinen besonderen vorgeburtlichen, geburtlichen oder nachgeburtlichen Stress erlebt. Damit können Ur-Parfüms zu Ur-Wirkparfüms werden und von großem psychischem sowie psychosomatischem Nutzen sein. Man kann deshalb weiter annehmen, dass diese Ur-Wirkparfüms nicht nur positiv und beruhigend auf die eigene Amygdala wirken, sondern auch eine tiefe Ahnung von einer herrlich anderen Lebenswelt geben, da der erste Ur-Geruch vor allem in der Schwerelosigkeit des warmen und beschützenden Fruchtwassers gerochen wurde, sozusagen in einem Zustand, den nur wenige durch Meditation erfahren.

Man darf deshalb erwarten, dass durch eine mit Noten des ersten und zweiten Ur-Parfüms unterstützte Dufttherapie leichter ein tieferes und direkteres Meditationserlebnis erreicht werden kann. Ich denke hier z. B. an eine durch ein Ur-Wirkparfüm unterstützte Metta-Bhavana-Meditation. Der Erfolg der duftunterstützten Meditation wird sicherlich davon abhängen, wie gut die Rekreation des individuellen Fruchtwassergeruchs bzw. des Haut-Milch-Geruchs der Mutter gelingt.

10.4.1 Die Macht von Ur-Parfüms und ihre Kreation

Parfümeure können bei der Rekreation des Haut-Milch-Geruchs bereits auf Erfolge blicken. Einige im Handel erhältliche Parfüms aus der Duftrichtung Milch oder Milchmousse, z. B. „Fragrance Condensed Milk" von Demeter oder „London Sweet Milk" von Jo Malone, erzeugen einen gewissen entspannenden Wohlfühleffekt und können an früheste Kindheitserfahrungen erinnern. Kein Wunder, denn die meisten Parfüms aus dieser neuen Duftrichtung riechen warm, cremig und essbar. Sie sind mit süßen Vanille-, Laktose- und etwas moschusartigen Noten geladen, wie sie in der Muttermilch vorkommen. Der Milcheindruck ist dabei aber nur eine Illusion, weil Milch selbst für die Kreationen nicht verwendet wird.

Anspruchsvoller ist die Rekreation des Fruchtwassergeruchs. Dieser Duft ist in der Komposition individueller, weil er, wie gesagt, durch die Ernährung der Mutter und auch durch den Urin des Fötus stärker beeinflusst wird.

Im Folgenden stelle ich den Ur-Basisgeruch des Fruchtwassers in seinen

10.4 · Selbsttherapie: Die Seele heilen und schöner riechen mit Ur-Parfüms

Facetten vor und gebe eine Anleitung, wie man – auch wenn man kein Parfümeur ist und über die entsprechenden Inhaltsstoffe verfügt – ihm mit der Technik des Parfüm-Layerns näherkommen kann.

Ideal wäre sicher ein Fruchtwasser-Geruchsset mit den wesentlichen Inhaltsstoffen zum Selbermixen. Doch das gibt es wohl für Endverbraucher noch nicht. Bei der Kreation werden wir deshalb auf hochwertige Markenparfüms einzelner Duftrichtungen zurückgreifen. Sicher wären da alkoholfreie Bio-Parfüms, die an die Qualität von ätherischen Ölen angelehnt sind, die bessere Wahl. Aber in den für unser Experiment notwendigen Duftrichtungen ist diese Qualität von Parfüms in den meisten Parfümerien bislang nur sehr schwer zu bekommen. Um zum Parfümeur seiner eigenen Ur-Wirkparfüms zu werden, müssen wir deshalb Kompromisse eingehen. Es gilt noch etwas Weiteres zu bedenken.

Für die Rekreation des Fruchtwassergeruchs muss sich nämlich jeder von der eigenen Nase, sprich seiner Amygdala, seinem Hippocampus und seinem Hypothalamus, leiten lassen, um für sich zum erfolgreichen Privatparfümeur zu werden. Dabei wird es viele Versuche mit Irrtum geben. Auch wird der tatsächliche Basis-Urgeruch des Fruchtwassers sicherlich anders gerochen haben als seine Rekreation, schon allein deshalb, weil sich unsere Erinnerung sowie unsere Geschmacks- und Geruchsvorlieben über die Jahre verändert haben. Das ist ganz normal.

Aus selbsttherapeutischer Sicht ist das Wesentliche, worum es bei der Rekreation geht, eine olfaktorische Reise zu sich selbst, bei der man für sich aktiv wird und sich selbst zum Ziel nimmt. Scheinbar ist es eine Reise in die eigene Vergangenheit, aber nicht ausschließlich. Denn aktuelles Erleben und Erlebenswünsche begleiten einen auf der Reise zum tiefsten Selbst. Es geht also darum, Gerüchen und Duftkreationen auf die Spur zu kommen, die mehr können, als gut zu riechen. Sie sprechen einen ganz tief an, und man verbindet mit ihnen ein Wohlgefühl und sogar tiefes Glück, das man sogar aktuell erlebt. Sie sind deshalb hervorragend für die eigene Dufttherapie geeignet. Im besten Fall ist die Suche nach ihnen und ihr Entdecken sogar die Therapie selbst.

Meistens erlebt man Parfüms, die andere kreiert haben. Doch jetzt ist man selbst gefordert. Diese Duftreise in eigener Regie birgt nicht nur einen großen emotionalen Nutzen, sie regt auch kreativ und künstlerisch an. So kann es sein, dass man nach anfänglichen Schwierigkeiten an sich das Talent entdeckt, für sich und andere Ur-Parfüms oder, besser gesagt, Ur-Wirkparfüms kreieren zu können.

Doch die Tätigkeit des Privatparfümeurs für das eigene Geruchsgehirn hat noch einen weiteren Vorteil: Die Industrie arbeitet an intelligentem tragbarem Designschmuck mit regulierbarem Timer, der nach eigener Wahl kleine Duftmengen abgibt. Ein erster Schritt in diese Richtung ist z. B. der Prototyp des Mini-Aroma-Shooters, den man um den Hals hängt und mit beliebigem Parfüm füllt. Bislang steckt die Technik der tragbaren E-Scents noch in den Kinderschuhen. Sie könnte aber für die Selbsttherapie mit Duft sowie für alle Aromatherapiearten eine mobile Unabhängigkeit bieten. Ideal wäre, wenn man nicht nur auf vorgefertigte Duftkartuschen, sondern auf eigens für die Amygdala kreierte Wirkparfüms zurückgreifen könnte. Diese könnten dann diskret zur persönlichen Stimmungsveränderung, zur Stressprophylaxe sowie gegen innere Unruhe und Unsicherheit, aber auch zur Steigerung des Glücksgefühls angewendet werden.

- **Fruchtwasser: Erstes Riechen in wohltemperierter Schwerelosigkeit**

Als Forscher vor einigen Jahren herausfanden, dass bereits ungeborene Babys im Fruchtwasser ihrer Mütter riechen können, war das Interesse zunächst groß, allerdings ohne daraus Rückschlüsse für die Parfümerie und Dufttherapie zu ziehen. Fruchtwasser ist, wie gesagt, der erste Geruch, den Menschen wahrnehmen, es ist das Ur-Parfüm. Doch wie riecht es für einen Fötus? Benoist Schaal, wissenschaftlicher Leiter des Europäischen Zentrums für Geschmacksforschung in Dijon (Centre Européen des Sciences du Goût), und sein Team gehörten zu den Ersten, die dieser Frage nachgingen. Sie bestätigten, dass Fruchtwasser einen Basisgeruch hat, aber auch, dass es ein Geruchsspektrum bietet, das von der Ernährung der Mutter abhängt.

Natürlich empfiehlt die französische Forschergruppe jeder Mutter eine vielseitige Ernährung, damit das Ungeborene ein ganzes Spektrum an Geschmacks- und Duftnoten gleich zu Beginn und damit zur frühen Gewöhnung erleben kann. Schaal erklärt die Zusammenhänge so: „Was die Mutter isst, wird über die Plazenta an den Fötus übertragen, und der Fötus inhaliert ganz eindeutig Fruchtwasser. Das Fruchtwasser steht mit den Geruchsrezeptoren in Kontakt und wird ständig erneuert, liefert also auch immer neue Reize und stimuliert die Nase. Diese Information gelangt in das Gehirn des Fötus, wo sie sich einprägt, bis nach der Geburt. Und diese sehr frühe Geruchserfahrung beeinflusst das Essverhalten zum Zeitpunkt nach der Muttermilch, nämlich Vorlieben und Vielseitigkeit bei der Nahrungsauswahl" (Benoit Schaal in der ARD-Sendung „Stillen ist Dufte" vom 26.04.09).

Das erste Riechen findet für die meisten Ungeborenen in einem paradiesartigen Zustand statt. Denn bereits ab der vierten Schwangerschaftswoche wird der Fötus komplett von Fruchtwasser behütend umgeben. Das Fruchtwasser ermöglicht dem Fötus schwerelose Bewegungen. Mit zunehmender Gehirnentwicklung riecht er entsprechend in einem schwerelosen Zustand.

Gleichzeitig schützt das Fruchtwasser das Ungeborene vor Stößen und sorgt für eine gleichbleibend angenehme Umgebungstemperatur. Diese steigert sein Sicherheits- und Wohlgefühl bzw. sein Urvertrauen – vorausgesetzt, es treten später keine Komplikationen bei der Geburt auf.

Etwa ab der 14. Schwangerschaftswoche entsteht ein fast perfektes Gleichgewicht. Das Baby beginnt das Fruchtwasser zu trinken, das ständig nachgebildet wird. Ein Rest des Getrunkenen gelangt dann wieder in Form von fetalem Urin zurück ins Fruchtwasser. Natürlich weiß man nicht, was das Ungeborene als Fruchtwassergeruch genau wahrnimmt, da der Geruch von der Ernährung der Mutter mit abhängt. Dennoch gibt es einen ersten Ur-Geruch, den der Fötus wohl immer wieder durchriecht.

Laut Benoist Schaal riecht das erste wahrgenommene Parfüm recht komplex nach etwas Honig, Buttermilch und Karamell, aber auch nach Urin und leicht ranzigem Fett. Die beiden letzteren Faktoren geben dem Fruchtwassergeruch aus parfümistischer Sicht etwas leicht Animalisches. Speziell bei diesem Stichwort werden Parfümkenner aufhorchen. Denn seit Beginn der Parfümeriegeschichte wurden animalische Noten verwendet, um Düfte unwiderstehlich menschlich zu machen. Der beigefügte kleine, subtile Gestank machte sie für Menschen erst richtig sympathisch und anziehend. In der modernen Parfümerie sind inzwischen viele animalische Komponenten aus verschiedenen Gründen wie beispielsweise Tierschutz oder Allergiegefahr aus Düften entfernt worden. Dennoch es gibt eine magische Gruppe von Inhaltsstoffen, die man für die Kreation eines Ur-Wirkparfüms gezielt verwenden könnte.

Da in der Regel vom Fötus mit seiner sich zunehmend entwickelnden Amygdala das Umfeld im Fruchtwasser als sehr angenehm und behütet erlebt wird, dürfte das auch für den ersten Ur-Geruch gelten. Denn ab der 5. bis 7. Schwangerschaftswoche setzt die Entwicklung der für das emotionale Empfinden und Riechen zuständigen Amygdala und des Hypothalamus ein, der u. a. das Körper- und Genussempfinden steuert. Ab der 13. Woche beginnt die Entwicklung des Hippocampus, der mit der Amygdala und dem Hypothalamus unser Geruchsgedächtnis bildet. Von diesem Zeitpunkt an könnten der Ur-Geruch sowie andere Gerüche im Fruchtwasser gerochen abgespeichert werden. Man geht heute davon aus, dass Babys spätestens ab der 28. Schwangerschaftswoche sich an den Geruch des Fruchtwassers erinnern können. Denn von da an sind auch die Riechnerven funktionstüchtig.

- **Die therapeutische Macht der Ur-Parfüms**

Das Erleben des Ur-Parfüms findet zunächst unbewusst statt und bleibt es auch, weil sich das Gehirn sozusagen von unten nach oben entwickelt. Das Rückenmark, der Gehirnstamm und bestimmte limbische Strukturen wie die Amygdala funktionieren als erste. Ab dem 7. Schwangerschaftsmonat ist das kleine Gehirn biologisch fähig, sich an Urgerüche zu erinnern. So erkennen zwei bis vier Tage alte Neugeborene ihr eigenes Fruchtwasser sofort und wenden, wie Benoist Schaal beschrieben, ihr Köpfchen den damit getränkten Tüchern zu, fangen an zu saugen und stecken sich die Fäustchen in den Mund.

Der Geruch von Fruchtwasser zeigt dabei einen überraschend positiven psychischen Effekt. Das erste Ur-Parfüm ist noch effizienter als der Mutterbrust-Milch-Geruch, um Neugeborene zu beruhigen (Varendi et al. 1998). Die Effekte zeigen sich sogar bei Duftkonzentrationen, die unter der Geruchsschwelle von Erwachsenen liegen, d. h. die durch Erwachsene nicht wahrgenommen werden. Säuglinge können also feiner riechen als Erwachsene.

Sicherlich handelt es sich dabei um sehr primäre Abläufe, die sich wesentlich weniger explizit abspielen. Dennoch ist die positive psychische Wirkung des ersten Ur-Parfüms für die Geruchstherapie, möglicherweise selbst in der Wirkung auf Erwachsene, eine Sensation – allein schon deshalb, weil wir annehmen können, dass das erste Ur-Parfüm ein Leben lang tief in unserem Riechhirn mit abgespeichert ist, auch wenn es von vielen Folgegerüchen überlagert wird. Es gibt also mindestens einen Geruch, wahrscheinlich eher eine Kette von Gerüchen bzw. Duftstoffen oder – anders ausgedrückt – regelrechter Ur-Wirkparfüms, die auf psychisch-biologischer Ebene mit tiefen angenehmen Gefühlen von warmer, behüteter Schwerelosigkeit und Vertrauen verbunden sind und entsprechend Wirkung zeigen.

Eine Dufttherapie mit Ur-Wirkparfüms allein oder besonders in Kombination mit ganz bestimmten kognitiven Therapien müsste deshalb für bestimmte therapeutische Ziele wie z. B. für mehr Selbstvertrauen und innere Zufriedenheit klinisch belegbare Wirkung zeigen und sich entsprechend als ideal erweisen. Gleichzeitig liefert die Dufttherapie mit Ur-Wirkparfüms die Erklärung für ihre Wirkung, denn bei Therapien ist oft nicht ganz einsichtig, warum sie wirken oder im Einzelfall auch nicht.

Die Dufttherapie mit Ur-Wirkparfüms musste aber auch zu ganz neuen Chancen für die psychische Selbstfindung vor allem im Rahmen von bestimmten Meditationen führen, und dies vor allem aus zwei Gründen:

Zum einen liegen tief in uns aus vorgeburtlicher Zeit Gefühle, die z. B. auch die Metta-Bhavana-Meditation zum Ziel hat: eine warme, entspannte, nahezu schwerelose Atmosphäre zu schaffen, in der man sich willkommen und aufgehoben fühlt. Die typischen Wünsche, mit denen die Meditation mit Blick auf einen selbst beginnt, sind biologisch-emotional verankerte Wünsche, wie sie auch der Fötus so formulieren würde: „Möge ich sicher sein. Möge ich glücklich sein. Möge ich gesund sein. Möge ich geliebt sein. Möge ich mit Leichtigkeit leben."

Zum anderen gibt es für jeden einen ersten Ur-Duft oder ein erstes Ur-Parfüm, das aus vorgeburtlicher Zeit den Zugang zu biologisch-emotionalen Wünschen ermöglicht, da es mit den entsprechenden Gefühlen verbunden ist. So ein erstes Ur-Parfüm des Fruchtwassers müsste aus wissenschaftlicher Sicht für eine „Scented-Loving-Kindness" (vielleicht übersetzt als „duftende Liebenswürdigkeit" oder noch besser als „duftend liebende Güte") -Meditation ideal und hochwirksam sein, psychosomatisch sogar noch wirksamer als der bereits sehr emotionale Haut-Milch-Geruch der Mutter.

Die Entdeckung hochwirksamer Ur-Parfüms als möglicher Therapieansatz auch für Erwachsene kommt für die Dufttherapie zum richtigen Zeitpunkt. Immer mehr setzt sich in der Achtsamkeitsforschung die Auffassung durch, dass sich Duft für den anfänglichen Fokus einer Meditation bestens eignet – vor allem dann, wenn er komplex ist und man sich auf die unterschiedlichsten Facetten eines Geruchs konzentrieren kann.

- **Rekreation des Ur-Geruchs als Ur-Wirkparfüm**

Geschmack und Geruch des Fruchtwassers sind ein sehr komplexes Gemisch, das die Natur dem jungen Gehirn als Ur-Parfüm anbietet. Für Parfümeure riecht es, wie gesagt, nach Honig, Buttermilch und Karamell, aber auch nach Urin und leicht ranzigem Fett. Fruchtwasser, wissenschaftlich Amnionflüssigkeit genannt, ist in der Regel eine klare oder leicht milchige Flüssigkeit. Sie enthält u. a. Zucker, Eiweiße, Kalium, Natrium und Spurenelemente und – wie gesagt – etwas Urin.

Möglicherweise nehmen Föten, die über eine viel feinere Nase als Erwachsene verfügen, unbewusst den Basisgeruch des Fruchtwassers als eine Mischung dreier großer Duftkomponenten wahr: als einen sehr anziehenden, süßen, wohltuenden, leicht milchsahnigen ernährenden sowie vertrautbeschützenden, körperlich-animalischen Geruch, der durch die Ernährung der Mutter zusätzlich definiert wird.

Mit einem Selbstexperiment kann man versuchen, sich dem individuellen Fruchtwassergeruch so stark wie möglich zu nähern. Natürlich hat niemand eine Erinnerung an sein Fruchtwasser. Aber die Hauptbestandteile sind bekannt und führen die Nase vielleicht intuitiv und unbewusst auf die richtige Fährte. Für die Kreation des eigenen Ur-Wirkparfüms muss man sich von seiner Nase, also von seiner Amygdala, seinem Hypothalamus und Hippocampus, ohne Überlegungen einfach treiben lassen.

— Als Erstes lernt man die drei großen Duftkomponenten bzw. Duftrichtungen „Süß", „Milchsahnig" und „Körperlich-animalisch" des Fruchtwassers in unterschiedlicher Intensität und von verschiedenen Parfüms interpretiert kennen. Ideal wären, wie gesagt, alkoholfreie Bio-Parfüms, die an der Qualität von ätherischen Ölen angelehnt sind. Aber sie sind für unser Experiment in den notwendigen Duftrichtungen in den meisten Parfümerien bislang nur sehr schwer zu bekommen. So müssen wir Kompromisse machen und mit Markenparfüms arbeiten, die aber im Geruch sehr faszinierende Auswahlmöglichkeiten bieten.

— Als Zweites wählt man aus jeder Duftrichtung das Parfüm aus, das einem am meisten zusagt. Dabei muss das Parfüm rein emotional bewertet werden, also ob es ein tiefes Wohlgefühl oder eine innere Berührung auslöst. Dabei darf man sich nicht von Aspekten wie Flakon, Haptik, Farbe, Marke, Image, Name, Wert oder Duftbeschreibungen beeinflussen lassen. Denn sonst riecht man mit dem orbitofrontalen Cortex und damit mit höheren Gehirnregionen, die einen rein emotionalen Zugang zum Parfüm erschweren. Möglicherweise riecht man die verschiedenen Parfüms erst einmal blind und sortiert sie nach angenehm und weniger angenehm. Wenn man das für die jeweilige Duftrichtung angenehmste Parfüm gefunden hat, wird es auf einer Skala bewertet. Wichtig ist, sich Zeit zu nehmen und nicht mehr als drei bis vier Parfüms nacheinander zu riechen. Der orbitofrontal Cortex könnte zwar noch weiter riechen, doch die Amygdala empfindet zu viel Duft schnell als anstrengend. Zweck der Übung ist, mit der Amygdala in Kontakt zu treten, die bei

der Duftwahl eigentlich nur auf Lieblingsdüfte anspricht, zweit- oder drittbeste Düfte interessieren die älteste Region unseres Riechhirns und Emotionszentrums nicht – schon gar nicht, ob ein Parfüm zu Ihrer Persönlichkeit passt oder auch anderen gefallen könnte.
- Als Drittes werden die ausgewählten Parfüms durch Parfüm-Layering nach einem speziellen Schlüssel zu einem finalen Duft für die Kreation des persönlichen Ur-Wirkparfüms zusammengeführt. Dabei lassen sich die drei Duftrichtungen erstaunlich gut mischen. Dabei gilt für alle Geschlechter, dass nur jeder Mensch für sich persönlich beurteilen kann, wie gut die erste Kreation gelungen ist – ob das Ur-Wirkparfüm subtile Assoziationen und Empfindungen von Wärme, Geborgenheit, Wohlgefühl, Sicherheit sowie von Genuss, kombiniert mit einem leichten, schwebenden Glücksgefühl, auslöst. Das braucht Geduld, denn auch viele Parfümeure überarbeiten ihre Kreationen oft mehr als 30-mal, wobei sie oft nur das Verhältnis der einzelnen Inhaltsstoffe zueinander verändern. „Cool Water" z. B., ein Klassiker mit eigentlich nur 16 wesentlichen Duftbausteinen, wurde von dem großen Parfümeur Pierre Bourdon mehr als 20-mal überarbeitet, bis er für ihn stimmte. Deshalb ist es empfehlenswert, wenn man von den einzelnen Parfüms für das Layern des eigenen Ur-Wirkparfüms genügend Duftproben vorrätig hat. Auf jeden Fall benötigt man zahlreiche Duftstreifen, die man auch aus unbedufteten Kaffeefiltern zurechtschneiden kann. Im Unterschied zu professionellen Parfümeuren wird hier nicht mit einzelnen Duftbausteinen, sondern mit fertigen Markenparfüms gearbeitet. Da diese in Alkohol angesetzt sind, muss man immer ein wenig warten, bis sich dieser etwas verflüchtigt hat.

Im Folgenden gebe ich in vier Schritten eine praktische Anleitung zur Kreation des eigenen Ur-Wirkparfüms.
1. *Die richtige Süße für das eigene Ur-Wirkparfüm finden*

    Um die richtige Süße für das eigene Ur-Wirkparfüm herauszufinden, besucht man am besten eine Parfümerie. Dafür riecht man zunächst auf einem Duftstreifen die unten vorgeschlagenen Parfüms in der Kopfnote, die sich innerhalb der ersten zehn Minuten entwickelt. Dabei hält man den Duftstreifen zuerst eine halbe Armlänge von sich entfernt, dann eine viertel Armlänge und führt ihn schließlich bis zu einem Zentimeter an die Nase heran. So kann man am besten feststellen, welcher Süßegrad einem am angenehmsten ist. Dabei sollte man vor dem richtigen Riechen erst nur schnuppern. Wenn man den Duft aus dieser Richtung gefunden hat, der einem am meisten oder am ehesten emotional anspricht, evaluiert man das Parfüm auf einer Fünfer-Skala, die von 1 für „eher nicht" bis 5 für „begeistert" reicht. Hier die Details für die Bewertung.
- Riecht die Kopfnote eines Parfüms auf halber Armlängendistanz auf dem Duftstreifen schon intensiv genug bzw. will man den Duft gar nicht näher an seine Nase heranlassen, weil er einem nicht so zusagt oder zu intensiv ist, gibt man dem Parfüm eine 1.
- Reicht einem der Duft bei einer Entfernung von einer Viertel Armlänge bzw. ist er einem nicht unangenehm aber man will ihn nicht näher an sich heranlassen, gibt man ihm eine 2.
- Gefällt einem das Parfüm bzw. kann man nicht genug davon bekommen, gibt man ihm eine 3 für „gefällt mir", eine 4 „ich liebe den Duft" und eine 5 für „ich bin emotional begeistert". Dabei sollte man keine Duftrichtung überspringen bzw. sich für ein Par-

füm pro Duftrichtung für die finale Kreation entscheiden, da sich sonst die Komplexität des Fruchtwassergeruchs nicht wiedergeben lässt.

In der Parfümerie zeigt sich Süße am genussvollsten in Gourmand-Noten. Sie erinnern an essbare Köstlichkeiten wie Marzipan, Karamell, Honig, Schokolade, Kokosnuss, kandierte Früchte und andere Süßigkeiten. Hier die Parfümvorschläge zum Thema „Süße" für die Evaluation:
- „Heliotrope" von Etro für Frauen und Männer. Eine genussvoll-verwöhnende Gourmand-Süße, die an Mandel, Marzipan und Orangenblüte angelehnt ist und durch Vanille noch extra Wärme, Weichheit und Appetitliches bekommt.
- „Virgin Island Water" von Creed für Frauen und Männer. Eine leichte, aquatische Gourmand-Note mit frisch-süß interpretierter Kokosnuss, wie man sie sich in der Fantasie tropisch angehauchtes Fruchtwasser vorstellen könnte.
- „Miel & Vanille" (Honey & Vanilla) von L'Occitane en Provence für Frauen. Eine Gourmand-Note, die Honig, Karamell und Vanille mit etwas Zimt zelebriert.
- „New York Nights" von Bond No. 9 für Frauen und Männer. Ein Karamell-Smoothie für alle, die es etwas weniger süß mögen.

2. *Die richtige „Milchsahne" für das eigene Ur-Wirkparfüm finden*
Für die richtige „Milchsahne" eignen sich Parfüms der Duftrichtungen „Milch" und „Milchmousse". Hier meine Parfümvorschläge in unterschiedlichen Facetten, die ebenfalls auf einer Fünfer-Skala bewertet werden.
- „Matin Calin" von Comptoir Sud Pacifique für Frauen mit milchig-warmer, süß-vanillisierter Kopfnote.
- „DKNY Stories" von Donna Karan für Frauen. Leicht würzig-fruchtig im Angeruch mit vanillisierten, milchig-pudrigen Akkorden.
- „Condensed Milk" von Demeter Fragrance für Frauen und Männer. Ein milchig-vanillisierter Geruch, in dem ganz leicht etwas weißer Moschus als körperlicher Hauch mitschwingt.
- „London Sweet Milk" von Jo Malone für Frauen und Männer. Ein milchig-karamelliger Geruch mit Anklängen an Tee mit Milch.

3. *Den richtigen körperlich-animalischen Geruch für das eigene Ur-Wirkparfüm finden*
In der modernen Parfümerie werden viele animalische Duftstoffe tierischen Ursprungs, beispielsweise von der Zibetkatze oder vom Moschushirsch, nicht mehr verwendet. Zwar wird die Zibetkatze noch auf Farmen gezüchtet, doch sind freilebende Tiere, wie z. B. auch der Moschushirsch, geschützt. Aus ethischen und Umweltgründen werden diese Duftstoffe fast ausschließlich synthetisch hergestellt oder es wird auf natürlich nachgebaute Noten, die den Eindruck animalisch riechender Duftstoffe vermitteln, zurückgegriffen.

In der klassischen Parfümerie waren hauptsächlich Moschus, Ambergris, Zibetöl und Bibergeil die begehrtesten animalischen Duftstoffe. So ist z. B. Zibet ein sehr besonderer Stoff, der aus der Drüsentaschen der Zibetkatze gewonnen wurde und nach Katzenpipi riecht. Stark verdünnt wird er allerdings von Menschen als sehr angenehm und anziehend empfunden. Gleiches gilt für Moschus, der ursprünglich aus der Brunftdrüse des Moschushirschs stammte.

Mit Ambergris gibt es weiterhin einen natürlichen, animalischen Stoff, der von der Parfümerie heiß begehrt wird und entsprechend teuer ist. Er wird, wie gesagt, vom Pottwal ohne menschliches

Zutun einfach ausgeschieden. Schon in alten Hochkulturen wurde das seltene, aus Walsekret gewonnene Öl geschätzt. Der graue Ambra (Ambergris) wurde als Heilmittel und Gewürz eingesetzt. Heute wird auch Ambergris immer mehr naturidentisch interpretiert. Wir kennen es als Amber. In kleinem Mengen im Parfüm riecht er sinnlich, gefühlvoll und entspannend sowie gleichzeitig balsamisch-süß, was an menschliche Haut erinnert. Plötzlich liegt „1001 Nacht" in der Luft. Man fühlt sich wohl in seiner Haut und muss immer wieder an ihr riechen, was an der leicht aphrodisierenden Wirkung von Ambra liegt.

Ambra wird auch gern mit Oud kombiniert, um animalischen Gerüchen mehr Tiefe und Rundung zu geben. Der aus dem Agarbaum gewonnene seltene Duftbaustein wurde erstmals in den indischen Veden erwähnt, einem der ältesten erhaltenen Texte der Welt. Es ist das Geheimnis vieler exquisiter orientalischer Parfüms und einer der Trendduftstoffe der letzten Jahre überhaupt. Oud riecht holzig-süß, mit leicht verbrannt-karamellisierter Note, die je nach Qualität auch einen leichten Honigtabak-Unterton haben kann.

Hier die Parfümvorschläge zum körperlich-animalischen Thema. Auch wird wieder der für die finale Kreation des eigenen Ur-Wirkparfüms ausgewählte Duft auf einer Fünfer-Skala bewertet.

- „Amber Musc" von Narciso Rodriguez für Frauen. Eine balsamisch-ambrierte Kreation aus der Duftrichtung „Orientalisch", in der Moschus, Oud, Patschuli und Ambra mit Orangenblüte in der Kopfnote den Ton angegeben.
- „Ottoman Amber" von Merchant of Venice für Männer. Es ist ebenfalls balsamisch-ambriert mit einer vanillisierten Sandelholz-Note.
- „Peau de Soie"" von Starck für Frauen und Männer. Eine subtile, pudrig-holzige Kreation, die mit reichlich Moschus an etwas Animalisches erinnert, aber auch mit etwas dunkelgrün-pflanzlich Essbarem, einem Gemüseakkord gleich, kreiert ist.
- „Théros" von Ys-Uzac für Frauen und Männer. Eine wie nach Sommerhaut riechende, zärtliche Oud-Note, der Amber und Salz eine vertraute und angenehme Körperlichkeit geben.
- „Perfect Oud" von Mizensir für Frauen und Männer. Milde, dunkle Holzigkeit verbindet sich mit etwas animalischem Leder sowie mit etwas Würzig- und sogar Blumigkeit im Ersteindruck. Insgesamt sehr harmonisch und ausgeglichen, wie es die Handschrift von Alberto Morillas, dem Parfümeur hinter der Kreation, ist.

4. *Parfüm-Layering für das eigene Ur-Wirkparfüm*

Bis hierhin wurden insgesamt drei Parfüms ausgewählt, aus jeder Duftrichtung eins. Jedes Parfüms wurde auf einer Skala von 1 bis 5 bewertet. Für die Kreation des eigenen Ur-Wirkparfüms schlage ich folgende weitere Vorgehensweise vor:

Erfahrungsgemäß gelingt das Parfüm-Layern am besten, wenn man zuerst das frischere bzw. leichtere Parfüm auf den Duftstreifen aufsprüht und dann das gehaltvolle darüber. Das frischere Parfüm hat in der Regel sich schneller verflüchtigende Moleküle, die durch das gehaltvollere Parfüm quasi hindurch wollen. Dadurch entsteht oft ein überraschend interessanter Effekt.

Entsprechend der Bewertung des Parfüms auf der Skala wird wie folgt aufgesprüht:
- Bewertung mit „1": kaum und nur ganz kurz auf den Duftstreifen aufsprühen
- Bewertung mit „2": nur einmal kurz aufsprühen

- Bewertung mit „3": einmal aufsprühen
- Bewertung mit „4": zweimal aufsprühen
- Bewertung mit „5": dreimal aufsprühen

Hier ein Beispiel:

Am besten gefällt einem aus der Duftrichtung Süß „Virgin Island Water" von Creed, das auf der Skala mit „4" bewertet wurde. Aus der Gruppe „Milchsahne" wurde „Condensed Milk" von Demeter gewählt und mit „2" bewertet. Von den körperlich-animalischen Düften gefällt einem „Amber Musc" von Narciso Rodriguez am besten. Es wurde mit „3" bewertet. Jetzt trägt man die drei Parfüms folgendermaßen auf einem Duftstreifen auf:

Das leichteste der drei Parfüms, „Virgin Island Water", wird als erstes zweimal auf den Duftstreifen aufgetragen. Dann wird darüber einmal kurz „Condensed Milk" gesprüht, gefolgt von „Amber Musc", ebenfalls einmal. Der Duftstreifen ist jetzt von den drei Parfüms etwas durchnässt. Professionelle Parfümeure gehen deshalb anders vor, wenn sie auf der Suche nach neuen Kompositionen sind. Sie tauchen im Allgemeinen einzelne Duftstreifen in Fläschchen mit den jeweiligen Duftbasen, nachdem sie die Sprühpumpen abgenommen haben. Danach führen sie die drei Duftstreifen in unterschiedlichem Abstand gleichzeitig vor die Nase. So ist eine feinere Kombination der Düfte möglich.

Auch Laien können mit den Parfüms so vorgehen. Dann sollte man allerdings ein bis zwei Minuten mit dem Riechen warten, damit der Alkohol etwas verfliegt. Für Parfümeure ist jedoch das Riechen verschiedener Duftbasen leichter, da deren Geruch in der Regel schwächer konzentriert ist als ein fertig ausgemischtes Eau de Parfum. Deshalb ist es für trainierte Nasen kein Problem, sogar gleichzeitig an fünf Duftstreifen zu riechen.

Was der Laie aber mit professionellen Parfümeuren teilt, ist das Glück des Tüchtigen. Nicht selten spielt einem der Zufall in die Hände, und eine Kombination, an die man gar nicht gedacht und die man auch nicht geplant hat, erweist sich als Treffer.

Bei der Kreation des Ur-Wirkparfüms zählt für den Laien allein das eigene Duftempfinden. Er allein entscheidet, wie nah er mit seiner Kreation dem Ziel gekommen ist. Auf jeden Fall sollte das eigene Wirkparfüm erste subtile Assoziationen und Empfindungen von Wärme, Geborgenheit, Wohlgefühl, Sicherheit und idealerweise auch von Genuss in Kombination mit einem leichten, losgelösten Glücksgefühl bewirken. Jeder kleine Schritt in diese Richtung macht das eigene Ur-Wirkparfüm für die eigene Dufttherapie wertvoll.

▪ Der therapeutische Geruch von Mutterbrust und Muttermilch

Bei dem Versuch, sich dem Basisgeruch des eigenen Fruchtwassers zu nähern, kommt man auch mit den ersten Gerüchen als Neugeborenes in Kontakt. Beide überlappen sich in einigen Aspekten etwas, wobei beim Geruch des Stillens natürlich der Milch-Haut-Geruch und damit die Duftrichtungen „Milch" oder „Milchmousse" im Vordergrund stehen. Man kann davon ausgehen, dass dieser Geruchsmix beim Stillen im Geruchsgedächtnis noch viel präsenter sein muss und die Erinnerung an den Geruch des Fruchtwassers zunächst überlagert – insbesondere dann, wenn einem dieser Geruch auch als Kleinkind immer wieder begegnet ist, beispielsweise beim Stillen jüngerer Geschwister. Das ist aber auch der Fall, wenn man als Mutter selbst gestillt hat. Dann kann der Geruchsmix auch bewusst wahrgenommen, wieder aufgefrischt und abgespeichert werden. In der Regel gefallen einem dann besonders Parfüms aus der Milchrichtung. Das heißt: Wurden die Lebensphasen als Säugling, Kleinkind oder als Erwachsene beim Stillen positiv erlebt, ist diese Geruchswelt ebenfalls ein vielversprechender Ansatz für eine Dufttherapie. Man kann sie in ihrem psychischen Nutzen mit der vom Fötus erfahrenen Geruchswelt gleichsetzen.

Studien belegen, dass beim Stillen gemachte Erfahrungen sehr intensiv vor allem auf die Amygdala und benachbarte Gehirnregionen des Säuglings, aber auch auf die der Mutter wirken. Sicherlich muss der erste, nach der Geburt vom Säugling positiv erlebte Geruch eine ganz besondere Bedeutung und Anziehungskraft haben. Er ist als mächtig erlebt worden, da Neugeborene ja mit einer viel feineren Nase als Erwachsene ausgestattet sind. Wesentlich ist zudem, dass Säuglinge über eine angeborene, biologische Affinität für diese Geruchs- und Geschmackswelt verfügen. Dabei steht für den Säugling beim Stillen nicht das Geschmackserlebnis im Vordergrund steht, sondern zu 80 % die Geruchsempfindung.

Die Natur hilft zudem beim Geruchseindruck nach. Auf den Brustwarzen befinden sich beim Menschen zwischen 10 und 40 Duftdrüsen. Das Centre Européen des Sciences du Goût hat sogar festgestellt, dass verschiedene psychophysische Wirkungen von der Menge dieser Duftdrüsen abhängen. Babys von Müttern mit vielen Duftdrüsen entwickelten sich demnach besser, nahmen schneller zu und waren aktiver. Viel Mutterduft hilft also viel, und das gilt nicht nur für die Menge der Nahrungsaufnahme. Für Babys ist inzwischen nachgewiesen, dass der Geruchsmix von Mutterbrust und Muttermilch eine enorme psychotherapeutische Wirkung hat.

Eine Reihe von Untersuchungen kommt sogar zu dem Schluss, dass der zweite Ur-Geruch nicht nur psychisch entspannend, sondern sogar physiologisch im Sinne von schmerzlindernd wirkt. Er vermittelt mehr Behaglichkeit und Entspannung als allein der Geruch von Vanille, den die meisten Erwachsenen nach Schokolade am zweitmeisten schätzen (Porter und Winberg 1999; Badiee 2013; Wei und Tsao 2016; Neshat et al. 2016). Es ist damit nur zu gut verständlich, dass auch dieses Ur-Parfüm, der Geruch der Mutterbrust mit Muttermilch, von Babys als sehr präsent abgespeichert wird. So fand man heraus, dass er selbst nach dem Abstillen von Zweijährigen noch gut erinnert werden konnte.

Selbst Erwachsenen bleibt der Geruch der Mutterbrust mit Muttermilch zentral in Erinnerung. Sicherlich wird er von anderen Duftvorlieben überlagert oder unterdrückt, weil sich Duft- und Geschmacksvorlieben mit dem Alter ändern. So wird z. B. während der Duftsozialisation selbst leichter Schweißgeruch der Haut stigmatisiert, während ihn Säuglinge noch deutlicher und positiv wahrnehmen. Dennoch: Aus parfümistischer Sicht ist der Geruchsmix von Mutterbrust und Muttermilch, zu dem sich der Geruch von Babypflege gesellt, direkt und indirekt allgegenwärtig. Anders lassen sich die universelle Vorliebe Erwachsener und die damit einhergehenden Wohlfühlassoziationen durch weiße Moschusnoten nicht erklären. Sie riechen wie ein Teil des Geruchsmix. Weiße Moschusnoten stehen in der Parfümerie als Sammelbegriff für süß-cremig-pudrige Hautnoten mit einer leichten fruchtigen Frische. Parfümbeispiele dafür sind „Candy L'Eau" von Prada, „Eau d'été Flower" von Kenzo oder „Eau de Musc" von Narciso Rodriguez. Mehr noch: Ganze Duftrichtungen setzen auf diesen Duftbaustein und seine Assoziationen, insbesondere in der Herz- und Basis-Note. Dazu zählt die florientalische Duftrichtung mit Parfümklassikern wie „Ombre Rose" von Jean Charles Brosseau, „Le Bain" von Joop! oder „Coco Mademoiselle" von Chanel.

- **Bindungsdüfte**

Um den Dufteindruck von sinnlichem Wohlfühlen zu steigern, werden besonders gerne zusätzlich zum weißen Moschus Rosen, Jasmin und Lychee eingesetzt und zu einem sanften, gefühlvollen und leicht fruchtigen Dufterlebnis verschmolzen. Spätestens im Nachgeruch stellt sich bei diesen Kreationen ein mehr oder weniger bewusstes Gefühl persönlicher Behaglichkeit ein, die sich in emotionaler Selbstnähe und zwischenmenschlicher Nähe ausdrückt. Duftpsychologen bezeichnen deshalb diese Parfüms auch gern als Bindungsdüfte.

Die Attraktivität leicht milchiger Hautgerüche wird auf natürliche Weise gefördert, da beim Stillen sowohl bei der Mutter als auch beim Kind das Bindungshormon Oxytocin ausgeschüttet wird. Bei Säuglingen dauert außerdem bis zum Alter von einem Jahr die orale Phase an. Durch den Mund und die damit verbundene Nahrungsaufnahme beginnen zudem die libidinöse Entwicklung und das Empfinden von Lust. Das ist ein weiterer Grund, warum Babys Gerüche aus Haut und Muttermilch unwiderstehlich finden.

Aber auch Mütter kommen auf ihre Kosten. Der Geruch von Babys löst bei Müttern die Ausschüttung von Endorphinen, körpereigenen Botenstoffen, aus, die für Glücksgefühle und Wohlbefinden zuständig sind. Es ist deshalb kein Wunder, dass weltweit Hautduftnoten am wirkungsvollsten Wohlfühlen erzeugen. Studien belegen das. So fand der britische Duftehersteller QUEST (heute die Firma Givaudan) über EEG-Studien heraus, dass vor allem süße, moschusartige Düfte, wie sie in der Muttermilch vorkommen, kulturübergreifend einen merklich entspannenden Wohlfühleffekt selbst noch bei Erwachsenen erzeugen.

Basierend auf diesen Erkenntnissen kann man für die Kreation des eigenen Ur-Wirkparfüms folgenden Tipp geben: Um Assoziationen und Empfindungen von Geborgenheit und Wohlgefühl sowie von Genuss in Kombination mit einem leicht losgelösten Glücksgefühl zu steigern, sollten man mit einem höheren Milch- oder Milchmousse-Anteil experimentieren. So würde man vielleicht das aus dieser Duftrichtung gewählte und mit 4 oder 5 bewertete Parfüm gleich zwei- oder dreimal aufsprühen, um es in der Kreation seines eigenen Ur-Wirkparfüms noch präsenter machen. Vielleicht kommt man aber auch zu dem Schluss, dass dieses Parfüm nicht den gewünschten Effekt bietet und man lieber einen anderen Duft einsetzen würde. Da diese Duftrichtung aber von zentraler Bedeutung für das eigene Ur-Wirkparfüm ist, nenne ich noch zehn weitere Parfüms:

- „Lait Concentré" von Chabaud Maison de Parfum für Frauen
- „Tome 1 La Pureté" von Zadig & Voltaire für Frauen und Männer
- „Plus Plus Feminine" von Diesel für Frauen
- „Dent de Lait" von Serge Lutens für Frauen und Männer
- „Good Girl Gone Bad Extreme" von Kilian für Frauen
- „Jeux de Peau" von Serge Lutens für Frauen und Männer
- „Dulce de Leche" von Demeter Fragrance für Frauen und Männer
- „Mirror Collection – Dis Moi, Miroir" von Thierry Mugler für Frauen
- „Sultan Gâteau d'Or" von M. Micallef für Frauen
- „Something Sweet" von Lise Watier für Frauen

Löst das eigene Ur-Wirkparfüm beim Riechen leichte Gänsehaut bzw. ein schönes Wohlgefühl aus, hat man ein großartiges Therapiewerkzeug für sich entwickelt. Mit der Kreation des eigenen Ur-Wirkparfüm hat man also in sich selbst investiert, und zwar sowohl zeitlich als auch finanziell. Das ist nicht immer leicht. Denn im Allgemeinen fühlt man sich für alles Mögliche verantwortlich, nur nicht für das eigene Wohlergehen. Man glaubt, keine Zeit für sich selbst zu haben, und stellt die eigenen Interessen hinten an. Oft hat man sogar, wenn man sich mal Zeit für sich selbst nimmt und etwas für sich selbst ausgibt, ein schlechtes Gewissen. Macht man es dennoch, zeigt das oft eine gewisse Dringlichkeit an. Möglicherweise hat man zunehmend das Bedürfnis verspürt, mehr für sich tun und dem Alltag etwas zu entkommen, weil man all der Verantwortung, dem Druck und dem Stress nicht mehr gewachsen war und nicht einmal Anerkennung für das Geleistete er-

10.4 · Selbsttherapie: Die Seele heilen und schöner riechen mit Ur-Parfüms

hielt. Ganz zu schweigen von der Berücksichtigung der eigenen Gefühle und Bedürfnisse durch andere.

Mit dem eigenen Ur-Wirkparfüm kann man wieder mehr innere Kraft, Selbstvertrauen, Wohlgefühl und Lebensfreude erreichen. Innerhalb einer begleitenden Therapie beeinflusst es olfaktorisch positiv direkt und gleichzeitig größtenteils unbewusst über die Amygdala, den Hippocampus sowie den Hypothalamus das seelische und körperliche Befinden. Diese Dufttherapie mit zahlreichen Elementen eines duftunterstützten Selbstcoachings ist vor allem wirksam, wenn sie sich auf bestimmte, weiter unten genannte emotionale Wünsche und Ziele konzentriert. Einige sind für den Einstieg bewusst nicht zu groß, unerreichbar oder zu spezifisch formuliert. Möglicherweise waren einige dieser Ziele sogar der Grund, warum man sein eigenes Ur-Wirkparfüms kreiert hat.

Meiner Erfahrung nach lassen sich bei folgenden Themenbereichen Ur-Wirkparfüms beispielsweise im Rahmen von Übungen mit duftunterstützten Blicken, wie ich sie noch zeigen werde, gewinnbringend einsetzen. Dabei kann natürlich eine duftunterstützte Selbsttherapie alle unten genannten Themen nicht gleichzeitig angehen. Konzentriert man sich in der Arbeit aber auf ein Thema, dann beeinflusst es auch andere Bereiche positiv. Dazu gehört:

- Sich in sich wohler zu fühlen.
- Mehr Gelassenheit und Zuversicht für sich zu entwickeln.
- Mehr innere Kraft in sich zu spüren.
- Mehr Fröhlichkeit und Genuss zu erleben.
- Mehr Selbstvertrauen zu gewinnen.
- Mehr innere Leichtigkeit aufzubauen.
- Mehr Zufriedenheit zu erfahren.
- Sich zu vertrauen.
- Sich zu vergeben.
- Sich sympathischer und attraktiver zu finden.
- Sich gegenüber anderen fröhlich und mit Verständnis zu zeigen.
- Gewinnender für sich und andere zu werden.

Bei der Kreation des eigenen Ur-Wirkparfüms war einem vielleicht trotz der damit verbundenen Neugier gar nicht bewusst, dass man einem inneren Bedürfnis folgte, mit einer Zeit im eigenen Leben wieder in Kontakt zu kommen, von der man sich eine positive Auswirkung auf die Gegenwart versprach. So hat man bereits bei der Kreation des eigenen Ur-Wirkparfüms gespürt, wie gut einem einzelne Elemente geruchlich getan haben. Wahrscheinlich gingen einem dabei Fantasien und Gefühle durch den Kopf, die man so oder ähnlich als Baby und Kleinkind erlebt oder wohl erlebt hat. Vielleicht hat man auch ein vages Gefühl dafür bekommen, dass es eine leichtere Zeit im eigenen Leben gab – eine Zeit mit wesentlich mehr Geborgenheit, Vertrauen und Wohlgefühl, als man es jetzt als Erwachsener verspürt.

Löst bei einem das eigene Ur-Wirkparfum positive Gefühle aus, ist dies ein möglicher Hinweis darauf, dass man sich als Fötus, als Baby und vielleicht sogar noch als Kleinkind gut gefühlt hat. Wahrscheinlich wurde man während dieser Zeit umsorgt und geliebt. Möglicherweise ist dieses Gefühl später auf dem Weg zum Erwachsensein verloren gegangen. Das kann aber nur jeder für sich selbst beurteilen.

Insgesamt kann man sagen: Reagiert man positiv auf das eigene Ur-Wirkparfüm, gab es sehr wahrscheinlich einmal eine angenehme Zeit – selbst wenn man sich als Erwachsener derzeit nicht so wohl in der eigenen Haut fühlt und negative Erfahrungen gemacht hat, die einen weiterhin belasten. Diese gute Zeit ist einem eher nicht oder nicht voll bewusst, vielleicht weiß man auch nur durch Erzählungen von ihr. Aber es gibt keinen Grund zu glauben, dass diese gute

Zeit nicht wiederkommen könnte. Selbst wenn man davon überzeugt ist, dass es im frühen Leben keine oder zu wenige positive Erfahrungen gab, liegt das nur daran, dass diese Erfahrungen im Unterbewussten nur schwer zugänglich sind. Doch sie warten nur darauf, wieder Kraft, Selbstvertrauen und Zufriedenheit zu geben. Mithilfe des eigenen Ur-Wirkparfüms findet man am ehesten Zugang zu diesen unbewusst oder weniger bewusst positiven Gefühlen und Erfahrungen. Die Amygdala als tiefstes Zentrum für Emotion hat sie zusammen mit dem Hippocampus und Hypothalamus abgespeichert. Das eigene Ur-Wirkparfüm ist deshalb ein ganz persönliches Glücksmedium, das einem mit der guten Zeit verbindet, sie sozusagen wieder aufleben lässt.

10.4.2 Die Kraft duftunterstützter liebevoller Blicke für die Selbsttherapie

Die Psychotherapie kennt Möglichkeiten der Behandlung, von denen ich aus eigener Erfahrung weiß, dass sie gewinnbringend mit einer Dufttherapie bzw. duftunterstützten Techniken bereichert werden können. Ich möchte das am Beispiel der Affirmation in Kombination mit Ur-Wirkparfüms zeigen. Unter Affirmation versteht man einen selbstbejahenden Satz, den man immer wieder zu sich selbst sagt, um Gedanken sozusagen umzuprogrammieren (z. B. „Du wirst es ab jetzt leichter haben, jeden Tag mehr und mehr").

Die Effizenz von Affirmationen ist in der therapeutischen Praxis nicht unumstritten, aber der wechselseitige Zusammenhang von Denken, Fühlen und Handeln wird in der Psychotherapie durchweg anerkannt. Wer sich für eine solche Therapie, die auf Affirmationen basiert, entscheidet, sollte jedoch nicht skeptisch sein, was die Wirkung seiner autosuggestiven Selbstdialoge betrifft. Dr. Marcel Wilhelm von der Abteilung Klinische Psychologie und Psychotherapie der Philipps-Universität Marburg fordert deshalb seine Therapieteilnehmer gleich zu Beginn der ersten Übungen auf, Positives zu erwarten: Dann sieht man es auch und bekommt leichter mit, dass es besser geworden ist. Sonst übersieht man schnell das Positive, weil man auf das Negative fokussiert ist.

Noch eine weitere Erkenntnis aus der Therapie- und Emotionsforschung: In Experimenten wurde herausgefunden, dass Menschen, die sich selbst mit Du oder, besser noch, mit dem eigenen vertrauten (Vor-)Namen ansprechen, in emotionalen, stresshaltigen Situationen entspannter sind (Moser et al. 2017). Ferner zeigten Untersuchungen mithilfe von EEG und MRT, dass Selbstgespräche in der dritten Person wirkungsvoller für die Aufarbeitung und Neubewertung emotionaler Inhalte sind. Das könnte seinen Grund darin haben, dass die Verwendung des eigenen Namens – weil einerseits vertraut, andererseits etwas selbstdistanziert – die Amygdalaaktivität verringert und das Gehirn dadurch insgesamt weniger Energie für die emotionale Bearbeitung der Dinge braucht. Die Zusammenhänge sind noch etwas unklar, weil viele Gehirnregionen an der Bewertung und Neubewertung von emotionalen Inhalten beteiligt sind. Es lässt sich für Selbstgespräche zur Beeinflussung des eigenen seelischen und körperlichen Befindens aber postulieren, dass die therapeutische Wirkung größer ist, wenn man sich mit „Du" – besser noch mit dem vertrauten Namen oder Spitznamen – anspricht statt mit „Ich".

Affirmationen werden besonders zur Steigerung des Selbstbewusstseins, z. B. zur Überwindung von Selbstzweifeln, aber auch zur Steigerung der Stimmung eingesetzt, sozusagen als Stimmungsmodulation und für ein gesteigertes Wohlbefinden, und hier vor allem als „Tool" zur Selbsttherapie. Sie sind gewissermaßen eine Autosuggestion, die sich aus dem Wort „Selbstbeeinflussung" ableitet. Unter Autosuggestion wird ein Prozess verstanden, mit dem eine Person

10.4 · Selbsttherapie: Die Seele heilen und schöner riechen mit Ur-Parfüms

Automatismen aufbaut, ja geradezu trainiert, an etwas zu glauben, bis diese nahezu unbewusst ablaufen. Selbstaffirmationen sind in diesem Zusammenhang eine selbstinduzierte Beeinflussung der Psyche, bei der mentale Visualisierungen (Imagination) oft zusätzlich die Wirkung erhöhen. Auch wird der Erfolg umso wahrscheinlicher, je öfter sie wiederholt werden.

Es gibt Lebensphasen, in denen man Selbstzweifel hat und verunsichert ist, ob man eigene Wünsche und Bedürfnisse anderen gegenüber überhaupt artikulieren sollte, aber auch, ob man selbstgesteckte Ziele überhaupt erreichen kann. Ebenso gibt es Phasen, in denen man einen sog. Durchhänger hat, die Stimmung bedrückt ist und man sich in seiner Haut nicht wohl fühlt. In all diesen Fällen braucht man jemanden, der einem gut zuspricht, vor allem, wenn man sich allein fühlt; der einem Mut macht, einen wieder aufbaut, aber auch zum Schmunzeln, ja sogar wieder zum Lachen bringt. Das ist ein wesentliches Ziel „duftunterstützter liebevoller Blicke" (Petzhold 1995). Als Dufttherapie sind „duftunterstützte liebevolle Blicke", wie ich sie nun vorstelle, besonders für all diejenigen gedacht, die im Moment nur sich selbst haben. Es ist deshalb auch keine Therapie mit Therapeuten im eigentlichen Sinne. Es ist ein therapeutisches Selbstcoaching mit Unterstützung von Elementen der Autosuggestion und Affirmation, beruhend auf einer Dufttherapie.

Autosuggestion wie Affirmation, also selbstbejahende Sätze, die man sich immer und immer wieder selbst sagt und ins Bewusstsein ruft, werden in der Psychologie zum Teil in ihrer therapeutischen Wirkung verkannt. Sicher liegt es auch daran, dass es Belege dafür gibt, dass Autosuggestion mit Affirmationen bei Menschen mit einem geringen Selbstvertrauen sogar einen negativen Effekt haben können. Denn letztlich lassen selbstbejahende Aussagen die eigene Situation mehr oder weniger bewusst noch verzweifelter erscheinen, weil man kein oder kaum ein positives Erleben in diesem Zusammenhang kennt. Ich denke aber, dass sich für die Selbsttherapie mit Ur-Wirkparfüms, in der ja die Düfte schon bei der Kreation selbst und im Anschluss daran als positiv erlebt werden, dieser Effekt der Verschlechterung des Zustandes bei geringem Selbstvertrauen nur höchst selten zeigt. Dass Autosuggestion mit Affirmation bei Menschen mit mäßig starkem bis sehr starkem Selbstvertrauen eine gewinnende Methode ist, Zufriedenheit und das Vertrauen in sich selbst zu erhöhen, soll hier nur noch der Vollständigkeit halber erwähnt werden. Nicht umsonst nutzen vor allem Sportler und Sportlerinnen diese Form des inneren Dialoges sehr erfolgreich, beispielsweise um negative Gedanken auszublenden und sich positiv auf einen Wettkampf einzustimmen.

10.4.3 Duftunterstütztes Selbstcoaching: Übungsbeispiel „Die Kraft liebevoller Blicke"

Dieses Übungsbeispiel dient der Stimmungsaufhellung bzw. einer positiven Stimmungsmodulation und hat das Ziel, sich aus Selbstzweifel zu befreien, sich selbst zu stärken und lebensfrohe Gefühle durch die Kraft liebevoller Blicke wieder zu entdecken.

Für diese Übung benötigen Sie einen Spiegel, vor dem Sie gut sitzen können und Ihr Gesicht, besonders Ihre Augen, zentral sehen. Suchen Sie dafür einen Raum, in dem Sie ungestört sind, der ein warmes Licht und wenig Außengeräusche hat und in dem Sie mit sich selbst ungestört sprechen können. Wenn Sie es einrichten können, wiederholen Sie die Übung an den folgenden Tagen für je 20 Minuten. Bis man eine Affirmation wirklich verinnerlicht hat, braucht es einige Zeit, aber Sie können bereits nach drei bis vier Tagen die ersten positiven Ergebnisse für sich erwarten. Der erste Übungstag ist aber oft der schwerste. Zwar hilft das positive Erleben des eigenen Ur-Wirkparfüms, aber es können sich Zweifel wie auch alte destruktive Denkgewohnheiten immer mal wieder aufbäumen, bevor sie von den neuen, selbstbejahenden Gedanken ersetzt werden.

Am Übungstag nehmen Sie Ihr Ur-Wirkparfüm bzw. besprühen den Duftstreifen damit und setzen sich, ohne daran zu riechen, bequem vor den Spiegel, sodass Sie Ihr Gesicht gut im Blick haben. Sie können in einem Sessel sitzen, in Meditationshaltung auf dem Boden oder auf einem Kissen.

Beginnen Sie die Übung wie folgt:

Atmen Sie etwa drei Minuten ganz entspannt und fühlen Sie, wie sich Ihr Bauch hebt und senkt. Spüren Sie, wie Sie in der Nase Ihren Atem fühlen können. Erleben Sie, wie es sich anfühlt, ein- und auszuatmen. Dabei halten Sie die Augen geschlossen.

Wenn Sie etwas zur Ruhe gekommen sind, beginnen Sie, an Ihrem Ur-Wirkparfüm mit geschlossenen Augen zuerst zu schnuppern und dann zu riechen. Sie sollten Ihre Kreation als angenehm und vertraut empfinden, und der Duft sollte Sie weiter entspannen. In Ihrem Ur-Wirkparfüm entdecken Sie aber jetzt noch eine weitere Nuance: Es riecht auch nach glücklichem Baby und nach Kuscheln. Während Sie riechen, sehen Sie in Ihrer Fantasie ein Baby, dem es richtig gutgeht. Es möchte mit Ihnen spielen, strampelt begeistert vor sich hin, strahlt Sie dabei an und streckt die Arme nach Ihnen aus. Alternativ, wenn es Ihnen schwerfällt, ein glückliches Baby zu visualisieren, können Sie auch an ein Tierbaby denken, z. B. an einen jungen Hund oder an eine Katze. Das Tierbaby sieht Sie mit treuherzigen Blicken sanft und zutraulich an. Ganz offensichtlich möchte es mit Ihnen kuscheln.

Ziel beider Fantasien ist es, bei sich einen liebevoll-warmen, unkritischen Blick auszulösen. Das ist manchmal nicht ganz leicht, weil man sich im Spiegel schnell auf Dinge konzentriert, die einem an sich nicht so gefallen. Deshalb nehmen Sie sich die Zeit, die Sie brauchen, um durch Babyfantasien einen liebevoll-warmen Blick für sich zu gewinnen, mit dem Sie sich dann selbst betrachten. Riechen Sie, um die Fantasien zu intensivieren, immer wieder an Ihrem Ur-Wirkparfüm. Wenn Sie denken, dass Sie diesen Blick haben, schauen Sie sich im Spiegel in Ihre Augen, mit der Freundlichkeit, als wenn Sie sich selbst als Baby betrachten würden, und sprechen Sie sich dann mit den Beispielen unten an.

Bei einer Autosuggestion und Affirmation lauten die wichtigsten Regeln:
- Nehmen Sie sich und die Übung ernst und konzentrieren Sie sich nur auf sich selbst.
- Sprechen Sie klar und deutlich sowie im Präsens, denn das spricht das Gehirn für einen positiven inneren Dialog am meisten an.

Als generelle Regel für alle autosuggestiven Selbstdialoge gilt ferner:
- Benutzen Sie nicht den Konjunktiv wie „hätte", „wäre" oder „sollte".
- Vermeiden Sie auch Verneinungen, denn die sind für das Gehirn schwer zu verstehen und wirken entsprechend weniger.
- Sprechen Sie so mit sich, wie Sie wünschen, dass auch Außenstehende mit Ihnen reden: Zollen Sie sich selbst gebührenden Respekt, Wertschätzung und Anerkennung.
- Versuchen Sie, so gut es geht, in Ihrem Selbstdialog Selbstvertrauen auszustrahlen und sprachlich zum Ausdruck zu bringen. Unterdrücken Sie besonders während der Übungen alle Selbstzweifel und jegliches Zögern.
- Führen Sie den innerlichen Dialog nicht verbissen, sondern lächeln Sie innerlich, weil Sie sich jetzt eine Auszeit gönnen und Sie wissen, dass Gutes und Positives Ihnen zufließt.

Hier Beispiele für Affirmationen, die Sie bitte für sich personalisieren:

- „(Vorname/Spitzname), Du, ich passe auf dich auf."
- „(Vorname/Spitzname), Du kannst mir vertrauen."
- „(Vorname/Spitzname), Du schaffst das!"

Lösen die Affirmationen, die Sie sich geben, beim Riechen und beim Blick in den Spiegel ein vertrautes und positives Gefühl aus, sind Sie in Ihrer Selbsttherapie auf einem guten Weg.

Zum Abschluss einer Übung lassen Sie Ihr Baby oder Kleinkind in Gedanken lächeln und aus purem Wohlgefühl und Lebensfreude jauchzen und mit den Armen wedeln bzw. lassen Sie in Gedanken Ihr Tierbaby Vertrauen, Verspieltheit und Laute der Freude zeigen. Vielleicht können Sie bereits mitlächeln oder sich mitfreuen und entsprechende Laute selbst erzeugen – und so spontan befreite wie lebensfrohe und glückliche Gefühle und Gedanken erleben. Damit sind die ersten Schritte zu mehr Selbstbejahung und Stimmungsmodulation getan. Das heißt, die Kraft duftunterstützter liebevoller Blicke beginnt für Sie – und damit auf andere – zu wirken.

Lassen Sie mich zum Abschluss dieses Abschnitts noch einmal der Frage nachgehen, warum liebevolle Blicke, die man anderen schenkt, für einen selbst wie für andere so wertvoll sind. Ich habe oben gezeigt, dass die Amygdala in den Augen liest. Der liebevolle Blick entspannt sie. Das kann so weit gehen, dass es regelrecht zu einem vorzeitigen Stopp von Unstimmigkeiten, Misstrauen, Aggression und Wut kommen kann. Sicherlich nicht immer, aber dem liebevollen Blick eines Menschen kann man sich nur schwer entziehen. Ganz sicher hilft er bei vielen unnötigen Unstimmigkeiten zwischen Menschen. Was Sie für sich durch die duftunterstützten Übungen als zunehmend positives und entspannendes Selbstgefühl erleben können, zeigt sich für andere, nämlich dass Sie mehr Selbstzufriedenheit, Sicherheit und innere Freude ausstrahlen.

Dadurch gewinnen Sie automatisch mehr Sympathie, auch weil Sie beginnen, in Situationen souveräner zu reagieren, aber auch mehr lächeln. Studien belegen: Lachen ist ansteckend, denn ein glücklicher Partner erhöht die Wahrscheinlichkeit, selbst glücklich zu sein, um knapp 10 %. Bei gut gelaunten Mitmenschen liegt die Wahrscheinlichkeit, dass die eigene Stimmung profitiert, sogar bei mehr als 30 % (Fowler und Christakis 2009).

Ich sprach oben über die richtige Länge des Blickkontakts. In der Länge und darin, wer wie blickt, liegt das eigentliche Geheimnis der Kraft liebevoller Blicke. Es kommt aber auch darauf an, wer damit beginnt, den Blick zu schenken, bzw. von wem er ausgeht. Darüber liegen der Sozialpsychologie reichlich Erkenntnisse vor. Aus einer gut belegten Theorie (Stereotype Content Model) wissen wir, dass Menschen u. a. dann besonders gut ankommen, wenn sie auf eine Person treffen, die von sich glaubt, einen höheren Status zu haben. Dabei konkurrieren sie zwar nicht mit dieser Person, jedoch strahlen sie gleichzeitig mehr Kompetenz und menschliche Wärme aus. Auch weiß man aus der Persönlichkeitspsychologie, dass Menschen, die z. B. extravertiert-aktiv sind bzw. sich so geben, im sozialen Kontakt bereits nach wenigen Sekunden vom Gegenüber viel wahrscheinlicher auch so erlebt und auch schneller als positiv beurteilt werden als andere. Bei passivem Verhalten neigt der Betrachter dagegen dazu, eine Person, auch wenn diese Wärme und Kompetenz ausstrahlt, niedriger einzuschätzen. Entsprechend wird ein liebevoller Blick im Kontext bewertet. In Kombination mit passivem Verhalten kann er schnell als nett, aber wenig kompetent interpretiert werden. Das Gegenüber fühlt: Die Person braucht mich. In Kombination mit aktivem Verhalten, selbstbewusstem und kompetentem Auftritt hingegen wirkt der Blick noch attraktiver. Das Gegenüber fühlt: Die Person schätzt mich. Besonders durch die Ausstrahlung von innerer Kraft und Souveränität bei gleichzeitig aktivem Verhalten wird ein liebevoller Blick zu einem unerwarteten Geschenk, das man gar nicht erwartet. Das kann dazu führen, dass das Gegenüber sich nicht nur geschätzt, sondern auch geehrt fühlt. Tatsächlich belegt die sozialpsychologische Forschung: Der beste Weg, um Einfluss auf andere für Führungsansprüche zu gewinnen, ist gezeigte Aktivität mit einer Ausstrahlung von innerer Kraft und Souveränität, vor allem in Kombination mit Kompetenz und menschlicher Wärme (Vertrauenswürdigkeit und Freundlichkeit) (Cuddy et al. 2013).

» *Eigentlich hatte ich mir schon überlegt, das Kapitel zu kürzen, doch die vielen neuen Erkenntnisse zur Duft- und Selbsttherapie wollte ich einfach mit Ihnen teilen.*

Zusammenfassung

Als Einstieg in das Thema „duftunterstützte Therapie" haben wir zwei Übungen besprochen, wie man die Duftrichtung „Frisch-grün-zitrisch" für sich dufttherapeutisch nutzen kann. Die eine Übung basiert auf einer multisensorischen Inspiration zur Kreativitätssteigerung und nennt sich „Duftflug", die andere basiert auf einer körperlichen und geistigen Übung für neue innere Kraft und heißt „Scented Power Posing". Anschließend sind wir aktuellen Erkenntnissen aus der Babyduftforschung für Erwachsene nachgegangen, die der duftunterstützten Selbsttherapie neue und wertvolle Impulse gegeben haben. Wir haben in diesem Zusammenhang die Selbsttherapie mit Ur-Parfüms bzw. mit Ur-Wirkparfüms besprochen und Anleitungen gegeben, wie man sie für sich selbst kreieren und einsetzen kann. Ur-Parfüms sind die ersten Düfte, die der Mensch in seiner Entwicklung riecht. Klinische Forschungen bestätigen ihre große positive psychische Wirkung bei Säuglingen, die sogar zur Schmerzlinderung führt. Wir postulieren, dass diese Dufterfahrung selbst noch bei Erwachsenen unbewusst präsent ist und für die Dufttherapie aktiviert werden kann. Für die Zukunft der Parfümerie, die noch mehr Wellness bieten möchte, verspricht man sich vor allem viel von Pflanzenpeptiden, um einzelne Gehirnareale z. B. gegen Stress und seine Auswirkungen zu unterstützen.

Literatur

Badiee Z (2013) The calming effect of maternal breast milk odor on premature infants. Pediatr Neonatol 54(5):322–325

Bernhardt K (2017) Panikattacken und andere Angststörungen loswerden: Wie die Hirnforschung hilft, Angst und Panik für immer zu besiegen. Ariston, München

Broom DC et al (2002) Behavioral effects of delta-opioid receptor agonists: potential antidepressants? Jpn J Pharmacol 90(1):1–6

Cuddy A, Kohut M, Neffinger J (2013) Connect, then lead. Harv Bus Rev 91(7/8):54–61

Dalton P, Doty RL, Murphy C, Frank R et al (2013) Olfactory assessment using the NIH toolbox. Neurology 12:80

Fowler JH, Christakis NA (2009) The dynamic spread of happiness in a large social network. Br Med J 337(768):a2338

Frasnelli J et al (2015) Food-related odors and the reward circuit: functional MRI. Chemosens Percept 8:192–200

George R, Lew J, Graves D (2013) Interaction of cinnamaldehyde and epicatechin with tau: implications of beneficial effects in modulating Alzheimer's disease pathogenesis. J Alzheimers Dis 36(1):21

Gordon I et al (2013) Oxytocin enhances brain function in children with autism. PNAS 110(52):20953–20958

Han P et al (2019) Sensitivity to sweetness correlates to elevated reward brain responses to sweet and high-fat food odors in young healthy volunteers. NeuroImage 208:116413

Hoenen M, Wolf OT, Pause BM (2017) The impact of stress on odor perception. Perception 46(3–4):366–376

Hurlemann R et al (2010) Oxytocin enhances amygdala-dependent, socially reinforced learning and emotional empathy in humans. J Neurosci 30(14):4999–5007

Literatur

Kabat-Zinn J (2006) Coming to our senses: healing ourselves and the world through mindfulness. Paperback – deckle edge. Hachette Books, New York

Kirschbaum C, Pirke KM, Hellhammer DH (1993) The 'trier social stress test' – a tool for investigating psychobiological stress responses in a laboratory setting. Neuropsychobiology 28(1–2):76–81

Koehbach J et al (2013) Oxytocic plant cyclotides as templates for peptide G protein-coupled receptor ligand design. Proc Natl Acad Sci U S A. https://doi.org/10.1073/pnas

Moser J et al (2017) Third-person self-talk facilitates emotion regulation without engaging cognitive control: Converging evidence from ERP and fMRI. Nat Sci Rep 7:4519

Nakamura A et al (2009) Stress repression in restrained rats by (R)-(−)-linalool inhalation and gene expression profiling of their whole blood cells. J Agric Food Chem 57(12):5480–5485

Navratilova E, Hruby VJ, Porreca F (2011) Delta opioid receptor function. In: The opiate receptors. The receptors. Springer, Totowa, S 307–339

Neshat H et al (2016) Effects of breast milk and vanilla odors on premature neonate's heart rate and blood oxygen saturation during and after venipuncture. Pediatr Neonatol 57(3):225–231

Petzhold HG (1995) Psychotherapie & Babyforschung. Band 2: Die Kraft liebevoller Blicke. Säuglingsbeobachtungen revolutionieren die Psychotherapie. Junfermann, Paderborn, Innovative Psychotherapie und Humanwissenschaften 56

Porter R, Winberg J (1999) Unique salience of maternal breast odors for newborn infants. Neurosci Biobehav Rev 23(3):439–449

Schoen K (2018) Gegenüberstellung von Essensdüften und Blumendüften im Hinblick auf ihre Verarbeitung im mesolimbischen System – eine fMRT-Studie. Dissertationsschrift der Medizinischen Fakultät Carl Gustav Carus der Technischen Universität Dresden

Schulze P et al (2017) Preprocessing of emotional visual information in the human piriform cortex. Sci Rep 7:9191

Seppala ME (2013) 20 scientific reasons to start meditating today. Published on September 11, (Feeling it) in Psychology Today

Sezille C, Messaoudi B, Bertrand A, Joussain P, Thévenet M, Bensafi M (2013) A portable experimental apparatus for human olfactory fMRI experiments. J Neurosci Methods 218(1):29–38

Stahl B, Millstine W (2013) Calming the rush of panic: a mindfulness-based stress reduction guide to freeing yourself from panic attacks & living a vital life. New Harbinger Publications, Oakland

Stice E, Burger KS, Yokum S (2013) Relative ability of fat and sugar tastes to activate reward, gustatory, and somatosensory regions. Am J Clin Nutr 98:1377–1384

Varendi H et al (1998) Soothing effect of amniotic fluid smell in newborn infants. Early Hum Dev 51(1):47–55

Wang J, Sun X, Yang Q (2013) Methods for olfactory fMRI studies: implication of respiration. Hum Brain Mapp. https://doi.org/10.1002/hbm.22425

Wei Y, Tsao P (2016) Effects of breast milk and vanilla odors on premature neonates' heart rate and blood oxygen saturation during and after Venipuncture. Pediatr Neonatol 57(6):548

Whitehouse L (2019) Givaudan launches new sustainable fragrance precursors: In cosmetics design-Europe 07.02.2019

Verkaufspsychologie der Duftberatung

Entspannung im Unbewussten für schöneres Riechen. Wie man Wohlgefühl und Zufriedenheit von Kunden und Beratern steigert, aber auch ganz allgemein im mitmenschlichen Kontakt

Inhaltsverzeichnis

11.1 Das Epizentrum für Erfolg und zwischenmenschlichen Kontakt – 270

11.2 Zunächst Freund oder Feind – auch in der Duftberatung – 272

11.3 Die Formel: Wie man die Amygdala des anderen gewinnt – 277

Literatur – 282

© Der/die Autor(en), exklusiv lizenziert durch Springer-Verlag GmbH, DE, ein Teil von Springer Nature 2021
J. Mensing, *Schöner RIECHEN*, https://doi.org/10.1007/978-3-662-62726-6_11

Trailer

In diesem Kapitel geht es darum, wie man Menschen für sich gewinnt, und das spielt natürlich gerade in Belastungssituationen eine Rolle.

Damit stellt sich eine zentrale Frage: Warum sind einige Menschen in der Beratung und im Verkauf so viel erfolgreicher als andere und gewinnen Kunden leichter für sich?

In diesem Kapitel werde ich Ihnen viele Information aus der Neuroparfümerie und der Psychologie geben, wie sich der zwischenmenschliche Kontakt verbessern lässt, aber auch, wie man Menschen für sich gewinnen kann. Dazu werden Sie eine Formel für Beratung und Verkauf finden, die sich in der Praxis der Parfümerie bewährt hat.

Mit diesem Wissen sind Sie dann gut gewappnet für ▶ Kap. 12, in dem ich Ihnen die Erlebnisparfümerie vorstelle, wie man das Dufterleben noch faszinierender macht.

11.1 Das Epizentrum für Erfolg und zwischenmenschlichen Kontakt

Die Amygdala, der Mandelkern, ist eines der faszinierendsten Areale in unserem Emotionszentrum, dem limbischen System. Sie spielt nicht nur für das emotionale Duftempfinden eine besondere Rolle, sondern entscheidet auch über unsere Gefühlswelt und sozialen Fähigkeiten, wie erfolgreich wir im Umgang mit anderen Menschen sind, wie ausgeprägt unsere intuitive emotionale Intelligenz ist und wie wir mit ihr umgehen können. Neuste Ergebnisse der Neurobiologie und Bindungsforschung bringen immer mehr Zusammenhänge ans Licht, die über Zufriedenheit, Erfolg und den Verlauf zwischenmenschlicher Kommunikation entscheiden.

Warum ist es für manche Menschen einfach, bei einer Begrüßung eine herzliche Umarmung anzunehmen, während andere sich wie erstarrt zurückziehen? Wenn wir einer Person erstmals begegnen – warum lächeln uns manche Menschen an und kommen aktiv auf uns zu, während andere ihren Blick abwenden und sich zurückziehen? Warum sind einige Menschen in der Beratung und im Verkauf so viel erfolgreicher als andere und gewinnen Kunden leichter für sich? Forscher wie Stephen Porges von der Universität Illinois in Chicago sind solchen Fragen nachgegangen und kamen unabhängig voneinander zu dem Schluss, dass der Grund in der Amygdala und ihren benachbarten Nervensystemen zu finden ist.

Für Psychologen ist die Beratungs- und Verkaufssituation im stationären Handel besonders spannend. Hier kann sehr schnell gesehen werden, wie sich Erkenntnisse aus der sozialpsychologischen und nun auch aus der neurobiologischen Forschung in der Praxis bewähren. Dafür bildet die stationäre Parfümerie ein besonders interessantes Terrain, da emotionale Waren größtenteils innerhalb eines direkten Kontakts angeboten werden. Entsprechend steht die moderne Hirnforschung mit vielen

11.1 · Das Epizentrum für Erfolg und zwischenmenschlichen Kontakt

spannenden neuen Erkenntnissen über die Amygdala im Mittelpunkt moderner Verkaufspsychologie. Denn die Amygdala hat einen großen Einfluss auf den Erstkontakt sowie auf das Wohlfühlen von Kunde und Berater. Wie wichtig gerade Wohlfühlen in der stationären Parfümerie ist und von Kunden auch erwartet wird, habe ich in ▶ Abschn. 4.1 und den daran anschließenden Abschnitten besprochen.

Die aktuellen Erkenntnisse über die Amygdala relativieren einige Aspekte der klassischen Verkaufspsychologie in ihrer Bedeutung. Etwa typische Fragen die gar nicht so wichtig sind wie angenommen. Dazu gehören mit der Begrüßung des Kunden beispielsweise von offener Körperhaltung unterstützte sog. offene Fragen wie „Kann ich Ihnen helfen?" oder „Wonach suchen Sie?", auch, wenn man sicher wissen will, wie man dem Kunden helfen kann. Denn es ist die Amygdala, die ganz wesentlich über den Erfolg der Duftberatung entscheidet, bevor das erste Wort gesprochen ist. Und dabei verlässt sie sich besonders beim Ersteindruck weniger auf Fragen, Antworten oder sogar auf die Körperhaltung. Denn sie riecht und spürt für uns unbewusst nicht nur sehr fein, sondern sie ist auch eine sehr genaue Beobachterin, ja geradezu eine vortreffliche Spionin, der Unstimmigkeiten vor allem im Blick und Gesichtsausdruck nicht entgehen. Für einen selbst unbewusst, kann sie innerhalb von Millisekunden in den Augen anderer lesen. Deshalb ist die Amygdala speziell in neuen Situationen – besonders bei neuen Sozialkontakten und bei der Bewertung sowie Entwicklung des ersten Eindrucks – quasi in ständiger Alarmbereitschaft bzw. auf der Hut. Die Natur hat sie ursprünglich als olfaktorisches Frühwarnsystem geschaffen. Da uns Menschen das Riechen auf Distanz allerdings etwas abhandengekommen ist, wird unser Frühwarnsystem zunächst visuell gesteuert. Das gilt besonders für die Wachsamkeit beim Kontakt mit Unbekanntem oder weniger Bekanntem und für die erhöhte Aufmerksamkeit der Amygdala bezogen auf die Weiterentwicklung einer Situation.

Das gilt natürlich auch für die Verkaufssituation, besonders beim Kontakt mit Neukunden – aber nicht nur da. Selbst wenn der Kunde ein bekannter Stammkunde ist und man glaubt, sich gut zu kennen, kann die Amygdala jederzeit schon bei kleinen von ihr wahrgenommenen Unstimmigkeiten anspringen. Das läuft in der Regel zunächst unbewusst ab, bis sich ein Bauchgefühl meldet. Es signalisiert, dass etwas nicht stimmen könnte. Bis dahin glaubten Kunde und Berater, dass die Situation eigentlich der Erwartung entsprechend normal sei.

Ein klassisches Beispiel dafür, was der Amygdala überhaupt nicht gefällt und was sie dazu veranlasst, höhere Gehirnareale und unser Nervensystem zu warnen, ist beispielsweise eine positive Aussage ohne Augenkontakt zu einem Parfüm. Dasselbe gilt, wenn der Augenkontakt zu kurz war und nur eine Sekunde oder weniger gedauert hat oder ununterbrochen mit über 20 Sekunden zu lang war.

Sozialpsychologische Studien an der Universität Freiburg belegen, dass das von der Amygdala in Zusammenarbeit mit dem Nervensystem erzeugte vage Bauchgefühl oft zu Recht besteht. Die Forscher untersuchten zunächst den Effekt von zu langem Augenkontakt und fanden heraus, dass er sich negativ auf das Urteil insbesondere skeptischer Kunden auswirkt. Dieser Kundentyp versteift sich bei zu langem Augenkontakt regelrecht in seiner Meinung. Die Wissenschaftler fanden ferner heraus: Log ein Berater, bestand er unbewusst auf zu viel Augenkontakt und entlarvte sich dadurch.

Kann also zu langer Augenkontakt in einer Verkaufssituation schädlich sein? Die Forschung bejaht dies eindeutig, allein schon deshalb, weil die Amygdala skeptischer Kunden besonders auf der Hut ist. Deshalb empfiehlt die moderne, auf neurowissenschaftlichen Erkenntnissen beruhende Verkaufspsychologie, bei Produktauslobungen besonders bei diesem Kundentyp sowie bei Neukunden sparsamer mit dem Blickkontakt umzugehen. Konkret heißt das: Ist man sich als Berater nicht sicher, wie der Kunde – speziell, wenn er skeptisch erscheint – generell zum Thema steht, sollte der Augenkontakt lieber langsam aufgebaut werden. Besser anfangs den Augenkontakt auf zwei bis drei Sekunden reduzieren und einmal mehr auf den Mund des Kunden schauen. Erst nach einem positiven Feedback den direkten Augenkontakt von jeweils sieben bis zehn Sekunden suchen.

Kann ein zu kurzer Augenkontakt in der Beratung auch schädlich sein? Wie muss der Augenkontakt sein, damit er gewinnend ist, bzw. was sind die schlimmsten Fehler? Man kann die Amygdala seines Gegenübers schon allein dadurch beruhigen, dass die Länge des Augenkontakts stimmt. Das lässt sich üben, wobei es für die richtige Dauer kulturelle Unterschiede gibt. In unserem Kulturraum wird ein direkter Augenkontakt von sieben bis zehn Sekunden pro Blick als positiv empfunden. Sind mehrere Personen am Gespräch beteiligt, wird ein wechselnder Augenkontakt von drei bis fünf Sekunden Länge pro Teilnehmer als angenehm erlebt. Jeder fühlt sich dabei gleichermaßen bedeutend.

Es gibt Länder und Kulturen in Asien, Arabien und der Karibik, in denen ein sieben bis zehn Sekunden dauernder direkter Augenkontakt bereits als zu lang empfunden wird. Hier empfiehlt sich eine Zeitspanne von drei bis fünf Sekunden. Auch wird Augenkontakt weniger häufig eingesetzt, da er nicht in allen Situationen als höflich bzw. positiv erlebt wird.

Die Wahrnehmungspsychologie zeigt, dass es auch in Europa und in den USA Unterschiede gibt. Franzosen bevorzugen eine Augenkontaktlänge von etwa sieben Sekunden, Amerikaner von knapp zehn, nur in Deutschland darf er bis zu zwölf Sekunden andauern. Was darüber hinausgeht, wird als zunehmend dominant empfunden. Wer den Augenkontakt in unserer Kultur länger als zwölf Sekunden hält, gibt schon durch die Augen zu verstehen, wer der Boss ist bzw. wer sich im Recht sieht. Tatsächlich zeigen eine Reihe sozialwissenschaftlicher Studien, dass Führungspersonen in Besprechungen und bei Einstellungen über längeren Augenkontakt ihren Status kommunizieren.

Die meisten Menschen erleben einen längeren Augenkontakt als stressig. Dadurch kann es schnell zu einer Erhöhung des Cortisolspiegels kommen, also zur vermehrten Ausschüttung von Stresshormonen. Dadurch verliert man Souveränität, Kraft und Energie, die für eine erfolgreiche Verhandlungssituation nötig sind.

Ist der Augenkontakt zu kurz, kann das schnell als Desinteresse an der anderen Person bzw. an der Beratung interpretiert werden. Auch damit kann ein Status kommuniziert werden, im Sinne von: Man hat es nicht nötig; man ist nicht zuständig; man will jemanden loswerden.

Unabhängig von der Frage, wie lange ein Blickkontakt idealerweise sein sollte, ist in unserem Kulturkreis Folgendes wichtig: Nie über ein Produkt sprechen, ohne Augenkontakt aufzunehmen. Andernfalls wird die Amygdala des Kunden das als unstimmig empfinden. Studien zeigen, dass Verkäufer, die Augenkontakt vermeiden, bei der Erläuterung von Produktvorteilen zwei widersprüchliche Botschaften senden:
1. Eine verbale Botschaft, die den Nutzen erklärt.
2. Eine nonverbale Botschaft, die den Nutzen neutralisiert.

11.2 Zunächst Freund oder Feind – auch in der Duftberatung

Für den Ersteindruck scannt die Amygdala automatisch zuerst Blick und Gesichtsausdruck und danach die Person in ihrem Umfeld. Bei diesem Scan kennt sie nur Grobkategorien, die aber den ganzen folgenden Kontakt beeinflussen. Wie oft haben wir schon gehört: Der Ersteindruck ist entscheidend, und wir sollten deshalb, um ein positives Ergebnis zu erzielen, auf Stimme,

11.2 · Zunächst Freund oder Feind – auch in der Duftberatung

Körpersprache, Auftreten und Kleidung achten. Dem wird sicherlich niemand widersprechen. Doch fand die Gehirnforschung inzwischen heraus, was beim Ersteindruck genau passiert.

Traditionell ging man davon aus, dass der Ersteindruck innerhalb von drei bis fünf Sekunden entsteht und uns dann als Eindruck bewusst wird. Tatsächlich scannt die Amygdala für uns unbewusst in Zusammenarbeit mit der „Fusiform Face Area" (FFA) – einer Gehirnwindung, die an eine Spindel erinnert, die für das Erkennen von Gesichtern notwendig ist – innerhalb von Millisekunden. Dabei muss uns nicht bewusst werden, was die Amygdala am anderen registriert. Worauf fokussiert sich die Amygdala zuerst? Sie macht sofort – gerade auch zu Beginn einer Duftberatung auf Seiten des Beraters wie des Kunden – drei emotionale Einordnungen in folgender Reihenfolge:
- Freund vs. Feind,
- attraktiv vs. unattraktiv,
- indifferent.

Die emotionalen, unbewussten Reaktionen der Amygdala könnte man wie folgt beschreiben:
- **Freund**: potenzieller Freund – keine Gefahr – Kontakt aufbauen bzw. halten – hat meine Interessen im Sinn.
- **Attraktiv**: Person für sich gewinnen – ins Zeug legen.
- **Indifferent**: Kenne ich nicht – aufpassen – könnte aber auch eine Bereicherung sein.
- **Unattraktiv**: Person auf Distanz halten – schnell loswerden.
- **Feind**: Potenzieller Aggressor – Alarmbereitschaft – hat nicht meine Interessen im Sinn.

Selbst wenn beide Seiten nach dem Erstkontakt ein gutes Gefühl haben, bleibt die Amygdala als Gesprächspartner, sozusagen als zwischenmenschlicher Sensor für emotionalen Input, weiterhin aktiv. Denn erfahrungsgemäß können Gefühle schnell umschlagen, und aus Freundschaft kann schnell Misstrauen und dann Feindschaft werden. Oft ist es aber weit weniger dramatisch, aber von ebenso negativer Auswirkung auf die Beratungssituation. Die Amygdala schaltet in der Einstufung von attraktiv auf unattraktiv und damit auf „schnell loswerden" um.

In der Menschheitsgeschichte war es überlebenswichtig, eine eigene, gut funktionierende Spionin zu haben. Insbesondere, wenn sich zwei Fremde in einsamer Wildnis begegneten, konnte keiner wissen, was der andere im Schild führte. Man musste deshalb vorsichtig sein. Die Amygdala wurde also hauptsächlich für lebenswichtige physische Entscheidungen erschaffen. Dazu zählen z. B. Flucht bzw. das Empfinden von Gefahr. Im Vergleich zu unseren Vorfahren sind wir modernen Menschen aber viel häufiger in sozialem Kontakt mit anderen. Dabei geht es meistens nicht um physisch Lebenswichtiges, sondern um ein rein psychisches Befinden.

Wir treffen täglich zwischen 80 und 100 Entscheidungen, bei denen die Amygdala mehr oder weniger stark involviert ist. Obwohl diese Entscheidungen sie nicht wirklich interessieren, geht sie trotzdem automatisch in „Habacht-Modus". Schließlich weiß man nie, wie sich die Dinge entwickeln könnten. Das strengt die Amygdala an, was wir auch emotional spüren. Das heißt: Wir unterfordern sie in ihrer Fähigkeit, da es selten um lebenswichtige Entscheidungen geht. Gleichzeitig überfordern wir sie durch die Vielzahl der Entscheidungen. Denn die meisten Probleme haben sich nach drei Tagen von selbst erledigt. Doch das lässt sich im Einzelfall nicht vorhersehen. Deshalb ist die Amygdala heute zuallererst eine konstant überbeanspruchte Aufpassinstanz für psychische Sicherheit und emotionales Wohlbefinden. Die Amygdala ist zusammen mit dem autonomen Nervensystem eigentlich biologisch nur auf drei Fragen ausrichtet:
- Fühlen wir uns sicher?
- Spüren wir eine Gefahr?
- Ist eine Bedrohung im Raum? (Porges 2003).

■ Augenscanning

Bei der Bestimmung von Sicherheit, Gefahr und Bedrohung geht die Amygdala sehr schlau vor. Sie liest heimlich und zunächst von einem selbst und anderen nicht bewusst wahrgenommen extrem schnell in Gesichtern, insbesondere in den Augen. Dabei sind für sie alle Arten von direktem und indirektem Augenkontakt sowie das „Innere des Auges" wie die Größe der Pupillen interessant, da die Augen den Zustand und kommende Reaktionen schon im Voraus verraten.

Diese Wahrnehmungsfähigkeit lässt sich trainieren. Pokerspieler werden das gerne bestätigen. Es würde den Rahmen des Buches sprengen, alle Arten von Augenkontakt und Blickmerkmalen im Detail zu besprechen, deshalb hier nur eine Aufzählung der wichtigsten:

— Häufig fängt es mit Veränderungen der Blickrichtung im Gespräch an, die man durch das Weiße im Auge, die sog. Sclera, gut erkennt. Die Sclera ist beim Menschen dreimal so groß wie bei vielen anderen Primaten.
— Dauer und Dominanz des Blickkontakts.
— Häufigkeit der Blickbewegungen. Dazu zählt ein nicht erwiderter, ausweichender oder leerer Blick bzw. wie jemand schaut.
— Blinzeln, rascher Lidschlag, langsamer Lidschlag, Lidzucken, das auf Erschöpfung, Stress und Müdigkeit hindeutet, Zwinkern und Zucken mit den Augenbrauen.
— Ob man dem Blick standhalten kann bzw. ob man ihn vermeidet, ob man kurze Blicke auf sich selbst wirft oder schnelle Blicke auf den anderen.
— Situationsangepasster Blick z. B. bei der Begrüßung; erwartender, Aussage unterstützender direkter Blick bei einer Präsentation oder Ansprache; sozial erwarteter Blick z. B. als Zeichen von Empathie.

Die Amygdala merkt alles: weit aufgerissene Augen, zu kleinen Schlitzen verengte Augen oder geschwollene Augenlider. Am erstaunlichsten ist, dass sie beim Augenscanning vor allem Informationen zum Inneren des Auges gewinnt. Sie ist dabei eigentlich unbeeindruckt von der Augenfarbe, solange diese nicht untypisch ist oder etwas anderes gelernt wurde.

Die Amygdala ist vielmehr auf biologisch angelegte Warnmuster fokussiert, die durch spezifische Lebenserfahrungen noch verstärkt werden. Die Klinische Psychologie und die Medizin müssen ihr da in vielem Recht geben. So registriert die Amygdala u. a. folgende Aspekte:

— **Veränderungen der Pupillengröße:** Geweitete Pupillen können Zeichen für aktuelle oder zukünftige Schwierigkeiten sein, beispielsweise durch Drogenkonsum. Andererseits können geweitete Pupillen auch als attraktiv empfunden werden, weil sie einem Schönheitsideal entsprechen.
— **Größere bzw. hervortretende Augen:** Im Laufe des Lebens lernt man, dass diese Merkmale z. B. auf erhöhten Blutdruck, Herzrasen, Reizbarkeit und andere Symptome hinweisen können. Vor allem reizbare Menschen behält die Amygdala besonders gut im Auge.
— **Gerötete Augen:** Sie treten bei Erschöpfung, Schmerzen oder Erkältung auf. Hier verhält sich die Amygdala vorsichtig, weil es ihr auch darum geht, das eigene Immunsystem zu schützen.
— **Atypische Farben bzw. Verfärbungen der Iris:** Mediziner wissen, dass ein potenzieller Herzinfarkt oder Schlaganfall sich schon früh in den Augen andeutet. Sie wissen beispielsweise um die Bedeutung des weißgelben Rings um die Iris, der auf Störungen im Fettstoffwechsel mit erhöhten Cholesterin- und Triglyceridwerten hindeutet und das Herzinfarktrisiko erhöht. Das weiß die Amygdala natürlich nicht so explizit. Dennoch ist ihr erst einmal Untypisches suspekt.
— **Das Licht im Auge:** Die Amygdala interessiert sich besonders für zwei Lichtarten. Zum einen handelt es sich dabei um ein

helles, fast schrilles Licht, ein sog. Schrecklicht. Es entsteht, wenn bei erhöhter Aufmerksamkeit, Furcht oder Angst sowie körperlicher Aggression das Nervensystem aktiviert ist. Dabei erweitert es über zwei Muskeln die Pupillen. Das führt dazu, dass mehr Licht ins Auge gelangt. Die Natur hat das wahrscheinlich deshalb so geregelt, damit mehr von der Umwelt wahrgenommen werden kann, vielleicht aber auch, um Emotionen anzuzeigen. Denn mehr Licht in den Augen wirkt für die Amygdala anderer wie ein Warnsignal. Es gibt aber auch ein warmes Augenlicht, das der Amygdala Sicherheit vermittelt und aus dem sich Sympathie, Empathie und Liebe herauslesen lassen. Diesem Blick kommt in der Therapie, in der zwischenmenschlichen Beziehung sowie insbesondere bei der Verkaufsberatung im Zusammenhang mit emotionalen Produkten eine wesentliche Bedeutung zu. Ich habe über diese Art des Blicks bereits oben gesprochen, als wir die große Kraft liebevoller Blicke im Rahmen einer Dufttherapie herausstellten. Wir werden diese Art von Blick in seiner Bedeutung unten noch weiter besprechen.

Zusammenfassend lässt sich sagen: Die Amygdala reagiert am stärksten, wenn sie durch veränderte Pupillengröße Schrecklicht als Aggression, Furcht oder Angst sowie Dominanz im Blick verspürt. Um Gefahr zu vermeiden, ist sie entsprechend aufmerksam auf die Augenpartie und da zuerst auf das Innere im Auge des Gegenübers fixiert (Pessoa 2013).

Augenscanning mit daraus erwachsender Erkenntnis ist keine Entdeckung der Neuzeit, man berichtete darüber schon im Altertum. „Sobald du in reine, leuchtende Augen siehst, wisse, dass solche Augen die Redlichkeit des Besitzers zeigen", schrieb der Athener Philosoph Polemon um 300 v. Chr.

Auch reine, leuchtende Augen und ihre Farbe führen zu Fehlschlüssen. So berichten Urkunden aus dem 9. Jahrhundert, dass es trotz Lösegeld zu fürchterlich gewalttätigen Raubzügen der Wikinger im Rheinland kam, die man aufgrund ihrer blauen Augen und ihres blondes Haar eigentlich für Engel halten konnte. Nur ihr Lächeln passte nicht, wenn sie plötzlich ihr unter der Kleidung verborgenes Kurzschwert zogen. Da war es dann trotz Warnung der Amygdala für viele zu spät.

- **Die Amygdala entspannt mit echtem Lächeln**

Mit der Fähigkeit zum Augenscanning verfügt die Amygdala gleichzeitig über ein Zeitgefühl. Es bestimmt, was zu lang oder zu kurz ist. Das gilt auch für die Einschätzung eines Lächelns. Um für die Amygdala überzeugend zu wirken, sollte das Lächeln zu Beginn eines Kontakts mindestens sechs Sekunden dauern, drei Sekunden für den Aufbau des Lächelns und weitere drei Sekunden, um es zum Ausdruck zu bringen. Wichtig ist dabei für die Amygdala, dass sich das Lächeln in Augenfältchen zeigt. Neue Studien belegen: Wer sich Augenfältchen z. B. durch Kollagen- oder Hyaluronsäureinjektionen glätten lässt, macht es der Amygdala des anderen schwerer zu erkennen, ob es sich um ein echtes Lächeln handelt oder nicht, bis hin zur Fehleinschätzung. Beim Lächeln spielt außerdem die Körperhaltung eine Rolle. Das beste Lächeln wird von einer leichten Schräghaltung des Kopfes und einer einladenden Geste begleitet.

Mit der Amygdala bewusst zu sehen, kann man, wie erwähnt, erlernen. Einige bringen es dabei sehr weit, beispielsweise Gedankenleser und Mentalisten. Vor allem, wenn der andere schon etwas müde ist, lässt sich recht gut in Augen und Gesicht lesen. Das nutzen Verhandlungsstrategen bei Gesprächen bis tief in die Nacht aus. Der ehemalige deutsche Außenminister Hans-Dietrich Genscher war dafür bekannt, dass er die besten Verhandlungsergebnisse nach Mitternacht erzielte. Er hatte Sitzfleisch und war ein sehr guter Augenbeobachter.

Wie die Amygdala analysiert und sich verteidigt

Die Meldungen von der Amygdala zum Großhirn sind aufgrund ihrer zentralen Position im Gehirn um ein Vielfaches schneller als vom Großhirn zur Amygdala. Indem die Amygdala blitzschnell reagiert, bevor es zum rationalen Erkennen bzw. Bewerten kommt, lernt das Gehirn eher, auf Gefahren und Unstimmigkeiten zu reagieren. Bisher gibt es meines Wissens noch keine Untersuchungen darüber, bei wem die Amygdala stärker aktiviert wird: beim Kunden beim Betreten des Geschäfts oder bei der Fachkraft beim Zugehen auf den Kunden. Ich vermute, dass dies beim Kunden der Fall sein dürfte. Denn die Amygdala der Fachkraft ist mehr mit ihrem Umfeld vertraut und deshalb weniger wachsam als die des Kunden. Umgekehrt ist es natürlich der Fall, wenn ein Kunde einen Laden betritt, um sich zu beschweren.

Die Amygdala des Kunden meldet während einer Beratung oder eines Verkaufs selten große Emotionen wie Ärger oder Konflikte, sondern eher falsch verstandene Fragen und Bemerkungen sowie vor allem kleine Unstimmigkeiten, die auf unbeabsichtigt gezeigte Blicke, Gefühle und Reaktionen des Verkäufers zurückzuführen sind und einen Geschäftsabschluss verhindern oder schwieriger machen können.

Wie erkennt die Amygdala Unstimmigkeiten bei feineren Empfindungen, die quasi latent im Raum schweben? Die Antwort ist überraschend, weil sie an das systematische Vorgehen eines Computerprogramms erinnert. Wenn die Amygdala in den Augen liest und die nächste Reaktion antizipiert, vergleicht sie das mit drei Daten: was jemand jetzt gerade macht bzw. gesagt hat, was er vorher gemacht hat und wie er sich in der Vergangenheit verhalten hat. Dann entscheidet die Amygdala zusammen mit dem autonomen Nervensystem: Ergibt das Sinn, ist das stimmig? Das heißt: Die Amygdala und das autonome Nervensystem leben und analysieren in vier Zeiten:

1. nächster Moment (nahe Zukunft),
2. was gerade passiert ist (nähere Vergangenheit),
3. was schon passiert ist (vergangene Erfahrung),
4. was im Augenblick passiert (Gegenwart).

Reicht ihr für die nahe Zukunft und die Beurteilung der Gegenwart die Information aus den Augen nicht, scannt die Amygdala gleichzeitig noch das Gesicht (Pessoa 2013).

Das geschieht alles innerhalb von Millisekunden. Die Amygdala wird hyperaktiv, wenn sie Ambivalenz im Gesamtzusammenhang entdeckt. Wir spüren das – wenn überhaupt – als anfänglich vage leichte innere Unruhe. Zwischen dem Gefühl, sich im Moment noch gut und sicher zu fühlen, und den Reaktionen, die den nächsten Moment andeuten, stimmt etwas nicht. Erfahrungen aus der näheren und weiter zurückliegenden Vergangenheit können das zusätzlich intensivieren. Das löst ein neurobiologisch gesteuertes System aus. Auch wenn uns das kognitiv nicht bewusst ist, hat unser Körper bereits eine Sequenz von Prozessen gestartet, die zu adaptivem Verteidigungsverhalten führen können. Stephen Porges (2003), Professor für Psychiatrie, hat dafür die Polyvagal-Theorie entwickelt), die diese Prozesse erklärt.

Auf die Verkaufssituation übertragen sind es auf Seiten des Kunden vier typische Verteidigungsreaktionen, die ganz plötzlich eintreten können und die jeder von sich selbst kennt, weil sie in unserer Biologie tief verankert sind:

1. Die erste Reaktion ist *Vorsicht*. Sie beginnt mit Zeitgewinnen, erst einmal abwarten, sich zurückhalten bzw. zurückziehen, was z. B. durch „Ich muss es mir noch mal überlegen" kommuniziert wird, oft in Kombination mit spontan eintretendem Kaufdesinteresse.
2. Die zweite Reaktion ist *Kampf*, z. B. als latente oder offene Arroganz, Beschwerde,

Ins-Wort-fallen oder umfassendes kritisches Hinterfragen.
3. Die dritte Reaktion ist *Flucht*. Sie beginnt meistens mit Ungeduld, keine Zeit mehr zu haben bzw. den Laden vorzeitig zu verlassen. Sie zeigt sich aber auch, wenn sich der Kunde scheinbar ohne Grund einer anderen Person bzw. einem anderen Produkt zuwendet.
4. Die vierte Reaktion ist *Starre*. Der Kunde ist z. B. kaum oder nicht mehr ansprechbar, wirkt leidenschaftslos und unkommunikativ oder stellt sich einfach stur.

Menschen unterscheiden sich in ihrem adaptiven Verteidigungsverhalten bzw. darin, wie gut die Amygdala und das autonome Nervensystem für sie arbeiten. Einige können das Stadium der Vorsicht länger aushalten, andere regieren gleich mit Kampf, Flucht oder sogar mit plötzlicher Starre. Der Grund liegt sicher in Lebenserfahrungen, die man als Erwachsener macht. Viele Entwicklungspsychologen und Psychoanalytiker führen diese Reaktionen aber insbesondere auch auf frühkindliches, gelerntes Erleben zurück. Bereits Säuglinge brauchen soziale Kontaktstrategien und müssen sie entwickeln, wenn auf neurobiologischer Ebene Unstimmigkeiten gemeldet werden. Dazu zählen Wohlfühlen und Vertrauen während des Stillens bei gleichzeitigem Stresserleben, weil z. B. die Eltern unter Zeitdruck stehen. Doch nur wenn der Säugling sich generell sicher fühlt, ist er in der Lage, Kontaktstrategien zu erlernen, wenn einmal nicht alles nach Wunsch läuft und Unangenehmes in der Luft liegt.

Nur das Gefühl von Sicherheit lässt die Amygdala und das Nervensystem gestärkt reifen, damit man nicht in unnötige Überreaktionen verfällt und gelassen bleiben kann. Das Gefühl prinzipieller Sicherheit ist also alles entscheidend – nicht nur, wie man eine Situation biologisch-nerval verarbeitet bzw. wie der Körper sie einschätzt, sondern ob man kontaktstiftendes, prosoziales Verhalten in schwieriger gewordenen Situationen wieder neu unterstützen kann. Ein mit der Amygdala eng verbundener Nerv, der sog. myelinisierte (schnell leitende) Vagus, hilft dabei. Er fördert Gelassenheit, indem er den Einfluss des sympathischen Nervensystems auf das Herz hemmt. Dadurch wirkt er sozusagen als Stopper und beugt unnötigen Überreaktionen in einer sozialen Situation vor. Dazu zählt beispielsweise eine durch Erhöhung des Herzschlags, die sich in einer stärkeren Herzkontraktionen und flachem Atmen äußert.

11.3 Die Formel: Wie man die Amygdala des anderen gewinnt

In der Verkaufsberatung stellt sich eine zentrale Frage: Wie kann ich die Amygdala meines Gegenübers für mich gewinnen bzw. wiedergewinnen?

Bei Verkaufstrainings wird auf die Bedeutung von Kompetenz, Wissen, Ansprache, Art der Fragen, Wille, Eigenmotivation, Selbstpräsentation, Lächeln, Körperhaltung, Gesten, Stimme und Aussehen hingewiesen. Das alles stimmt, ist aber nur die halbe Wahrheit. Bei allen gut gemeinten Ratschlägen bleibt eine wesentliche Erkenntnis unberücksichtigt. Sie wurde in der Therapieforschung in den 1990er-Jahren entdeckt und ist das Geheimnis großer Therapeuten. Dennoch kann sie von jedem erlernt werden, was die aktuelle Emotions- und neurobiologische Forschung bestätigt. Es ist die Kraft liebevoller, im richtigen Moment eingesetzter Blicke (Petzhold 1995). Es kommt aber noch etwas anderes hinzu, was das Ganze in Kombination potenziert: Man muss die Amygdala gleichzeitig mit einer unerwarteten Belohnung, sprich mit einer Gewinnaussicht, positiv überraschen.

Neben dem adaptiven Verteidigungsverhalten zeigt die Amygdala eine weitere neurobiologische Ur-Reaktion: Sie hat Angst, etwas zu verlieren oder nicht zu bekommen. Die Amygdala schlägt also sofort Alarm, wenn eine Situation droht, in der es etwas zu verlieren gibt. Man kann es auch umgekehrt sagen: Wenn es Menschen irgendwie möglich ist, wollen sie gewinnen und auf keinen Fall verlieren. Man muss der Amygdala also einen Gewinn in Aussicht stellen, und der muss aus dem Moment kommen und unerwartet sein.

Dazu schlage ich folgenden Selbsttest vor:

Stellen Sie sich vor, Sie suchen in Ihrer Parfümerie nach einer Anti-Aging-Pflege und geben in der Beratung zu verstehen, dass Sie nicht mehr als 50 Euro ausgeben wollen. Welche Information spricht Sie nun mehr an?

A1. Die Beraterin sagt Ihnen, dass Sie 20 Euro sparen könnten, da es ein entsprechendes Pflegeprodukt gibt, das Folgendes bietet ...

A2. Die Beraterin sagt Ihnen, dass die veranschlagten 50 Euro für Sie von Nachteil wären. Würden Sie 20 Euro mehr ausgeben, erhielten Sie ein Pflegeprodukt mit folgenden zusätzlichen Effekten und würden dadurch etwas gewinnen: ...

Welche Aussage spricht die Amygdala besser an? Beide Aussagen können die Amygdala von Kunden positiv ansprechen, aber nur, wenn sie als Gewinn erlebt werden. Entscheidend dabei ist, ob man sich beim Sparen bzw. Schnäppchenkauf wirklich emotional wohl fühlt. Vor allem die Parfümerie, die Produkte anbietet, die an Emotionen, Stimmungswünsche und Identität gekoppelt sind, hat für Sparer Tücken. Wenn es Menschen irgendwie möglich ist, wollen sie ja gewinnen und auf keinen Fall verlieren oder weniger als möglich bekommen.

Sparen funktioniert für die Amygdala dann, wenn es als Gewinn erlebt wird. Entsteht beim Sparen aber das fade Gefühl von Verlust oder der Eindruck, weniger zu bekommen als man eigentlich möchte, meldet sich die Amygdala. Wer es sich finanziell irgendwie leisten kann, wird deshalb Aussage A2 attraktiver finden, bei der ein Gewinn garantiert wird.

Bei A1 hängt das Gewinngefühl vom Vertrauen in die Kompetenz der Fachkraft ab. In beiden Fällen ist also das vermittelte Gefühl für Gewinn wesentlich. Bestenfalls gibt es für die Amygdala in jeder Situation eine Gewinngarantie, d. h. etwas, das sie begeistert.

Die Formel, um die Amygdala des anderen zu gewinnen bzw. wiederzugewinnen, lautet also:

> Echtes Lächeln plus die Kraft liebevoller Blicke plus unerwartete Gewinnaussicht.

Aber auch diese Formel lässt sich noch steigern. Um sich wohlfühlen zu können, muss man Vertrauen und Sicherheit haben, in den richtigen Händen zu sein. Außerdem muss man das Gefühl haben, dass auf einen ganz persönlich eingegangen wird und dass am besten während der gesamten Situation Freude und fast schon Glücksgefühle aufkommen. In der Beratungssituation geht das vermittelte Gefühl von Vertrauen und Sicherheit auch mit Kompetenz und Ehrlichkeit einher. Der Kunde muss den Eindruck gewinnen, dass seine Interessen im Vordergrund stehen. Das gilt natürlich auch für andere Lebensbereiche.

» *Können Sie Ihr persönliches „Warum" nennen?*

Wie kann man der Amygdala schon beim Erstkontakt Ehrlichkeit und Kompetenz vermitteln, ohne den anderen mit Fachwissen zu erschlagen? Das gelingt durch das Prinzip des goldenen Kreises. Man entdeckte es, als man der Frage nachging, was inspirierende Führungspersönlichkeiten gemeinsam haben. Der Unterschied liegt im Dreierschritt „Warum – Wie – Was".

Die Amygdala im Dialog mit höheren Gehirnregionen interessiert sich zuerst dafür, warum ein Mensch etwas macht, und erst dann für das „Wie" und noch später für das „Was", nämlich was jemand anbietet. Menschen, die zuerst das „Warum" kommunizieren, schaffen mit ihrem Selbstanspruch Vertrauen. Ihnen werden Kompetenz, uneigennütziges Interesse und damit potenziell mehr Ehrlichkeit unterstellt. Am Beginn einer Anti-Aging-Beratung könnte man folgenden Warum-Satz sagen:

> „Ich glaube, dass jeder Mensch auf seine ganz eigene Art schön ist. Er verdient deshalb eine Pflege, die das zum Ausdruck bringt."

Auf die Parfümberatung übertragen könnte man sagen:

> „Parfüms riechen auf jeder Haut etwas anders. Mir ist es deshalb wichtig, Düfte zu finden, die ihren Träger wirklich faszinieren und für ihn wirken."

Bei meinen Seminaren und Vorträgen bitte ich die Teilnehmer deshalb gleich zu Beginn, einige ihrer Warum-Überzeugungen aufzuschreiben. Je kürzer, desto besser. Es können auch Halbsätze sein, die man schon kurz nach der Begrüßung in das Gespräch einfließen lässt.

Wenn man mich nach meinem persönlichen „Warum" fragt und mir 30 Sekunden Zeit gibt, sage ich in der Regel mit einer gewissen Leidenschaft folgende zwei Sätze:

> „Mich als Klinischen Psychologen hat das Geheimnis der Parfümerie mit ihrer Möglichkeit zur Transformation durch Parfüms schon immer fasziniert. Ich will Menschen zeigen, dass sie sich mit Parfüms, die wie für sie gemacht sind, neu erleben können. Sie können für sich und andere attraktiver werden und mehr Freude und Glück finden. Sie verdienen es."

Das wird sicherlich nicht jeder sofort ganz verstehen, aber darauf kommt es auch nicht an. Wichtig ist nur, dass man hört und fühlt, dass ich eine Mission habe und dass ab jetzt mein Gegenüber im Mittelpunkt steht: Denn er oder sie verdient es.

Die erweiterte Formel um die Amygdala des anderen zu gewinnen heißt nun:

> Echtes Lächeln plus Kraft liebevoller Blicke plus „Warum" plus unerwartete Gewinnaussicht.

Je nachdem, wie man das „Warum" verlängert, kann man schon in der Gesprächseröffnung einen Gewinn andeuten.

Noch etwas ist speziell für die Gesprächseröffnung wichtig. Aus der Emotionspsychologie weiß man, dass Menschen, die sich immer sympathischer finden, unbewusst beginnen, ihre Bewegungsabläufe zu synchronisieren. Neigt sich einer im Gespräch vor, macht es auch der andere. Vereinfacht auf die Verkaufssituation übertragen, heißt das: Um als Berater beim Kunden Sympathie aufzubauen, hilft es, sich auch seiner Bewegungsdynamik anzupassen. Als Faustregel gilt: Bewegt sich der Kunde schnell auf mich zu, gehe ich, wenn möglich, mit fast der identischer Schrittdynamik auf ihn zu oder gebe mit einem schnellen Zeichen zu verstehen, dass ich gleich für ihn da sein werde. Entsprechendes gilt bei einer langsamen Näherung. Macht der Kunde die berühmte Rechtskurve und schleicht an einem Regal entlang, halte ich mich erst einmal zurück, bis er (Augen-)Kontakt aufnimmt.

Die Beratung könnte basierend auf der erweiterten Formel dann so beginnen:
— Der Kunde kommt herein.
— Der Berater zeigt echtes Lächeln, geht dabei auf den Kunden in fast gleicher Geschwindigkeit wie dieser auf ihn zu und begrüßt ihn mit der Kraft liebevoller Blicke.
— Der Kunde nennt seinen Wunsch (z. B. das Finden eines neuen Parfüms für sich). Der Berater lässt sein „Warum" ins Gespräch einfließen.
— Um eine unerwartete Gewinnaussicht anzubieten, könnte der Berater z. B. auf einen Dufttest zeigen und sagen: „Es gibt einen Zusammenhang zwischen Farb- und Parfümvorlieben. Hier sehen Sie

verschiedene farbige Formen. Sagen Sie mir, welche Sie im Moment am meisten anzieht. Ich stelle Ihnen dann vier dazugehörige Parfüms zur Auswahl vor und sage Ihnen, was die Farbpsychologie dazu verrät. Dann nenne ich Ihnen die wertvollen Inhaltsstoffe der einzelnen Parfümkreationen."
(Ich werde Ihnen einen entsprechenden Dufttest noch an späterer Stelle im Buch vorstellen.)

Wenn der Kunde Interesse an einem Duft zeigt, nachdem er ihn erst auf einem Duftstreifen und dann auf seiner Haut gerochen hat, kann der Berater das Gefühl von Gewinn und Vorfreude auf das Parfüm noch dadurch steigern, indem er dem Kunden den Flakon mit Originalkappe in die Hand gibt. Das erhöht oft den Wert des Dargebotenen, weil in den vergangenen Jahren ein Trend zu hochwertigeren Verschlüssen stattfand, die ein wertvolles taktiles Erleben bieten. Die Kunst ist aber, das Parfüm nicht einfach in die Hand zu geben, sondern gleichzeitig den persönlichen Gewinn von Genuss, Anziehungskraft und Freude mit positiver Leichtigkeit anzusprechen bzw. mit dem Kunden zu teilen. Deshalb sollten erst an diesem Punkt die Inhaltsstoffe genannt werden. Man stellt also Glück und Genuss zum Anfassen vor, was auch sinnlich-erotisch erlebt werden kann. Wie weit man damit gehen kann, hängt natürlich vom Kunden ab. Im Zweifelsfall ist Zurückhaltung der beste Rat, damit der Kunde für sich in Ruhe entscheiden kann.

Neben olfaktorischer und taktiler Anziehungskraft kann man für die Kaufentscheidung auch immer auf einen Zusatznutzen des Parfüms verweisen. Damit gewinnt man mehr rational entscheidende Gehirnareale wie den orbitofrontalen Cortex. Zusatznutzen können für ein Parfüm vielfältig sein und werden von der generellen Duftrichtung beeinflusst.

So kann ein Parfüm in folgenden Situationen zusätzlich ideal sein:

- bei einem Vorstellungs- oder Teamgespräch, weil es – typisch für Chypre-Noten – Selbstbewusstsein und Verantwortungsgefühl ausstrahlt,
- bei einer Party, weil es – typisch für frisch-fruchtige Gourmand-Noten – Lebensfreude vermittelt,
- bei einem Flirt, weil es – typisch für leicht beschwingte Blumennoten – die Dinge offenlässt,
- beim Wunsch zu verführen, weil besonders orientalische Noten mit dem Hautgeruch verschmelzen,
- beim Wunsch zu kuscheln, weil die sog. „Florientals" zum Träumen einladen,
- beim Versuch, Vertrauen zu erwecken, weil viele Holz- und Naturnoten innere Harmonie ausstrahlen,
- beim Besuch des Fitnessstudios, weil grün-frische Noten, besonders leicht gekühlt, neue Energie bringen,
- beim Wunsch abzunehmen, weil Gourmand-Noten dem Gehirn vorgaukeln, dass es etwas zum Naschen gibt und man so Heißhungerattacken besser übersteht,
- bei nicht so guter Laune, weil besonders Gourmand-Noten dem Gehirn mehr Lebensfreude und Spaß vermitteln,
- bei der Notwendigkeit von mehr Konzentration und Kreativität, weil zitrische Frische das Gehirn neu belebt,
- am Wochenbeginn, weil Aqua- und grüne Pflanzen-Noten einen natürlichen Kickstart geben,
- am Wochenende, weil pudrige Blumen-Noten und besonders weiße Blüten einen so herrlich abschalten und entspannen lassen.

Die erweiterte Formel mit sechs Tipps, um die Amygdala von anderen für sich zu gewinnen lautet nun:

> Echtes Lächeln plus Synchronisierung der Bewegung plus Kraft liebevoller Blicke plus „Warum" plus unerwartete Gewinnaussicht plus Zusatznutzen.

11.3 · Die Formel: Wie man die Amygdala des anderen gewinnt

Sicher gibt es noch weitere Techniken, aber ich möchte an dieser Stelle noch einen wirkungsvollen siebten Tipp nennen, den ich schon angesprochen habe: Verknappung.

- **Verknappung**

Wenn man das Gefühl hat, trotz Verknappung noch etwas ergattern zu können, wird nicht nur die Amygdala, sondern auch das Belohnungssystem, der Nucleus accumbens, mit Vorfreude aktiviert. Letzteres liegt über der Amygdala. In ihm befinden sich Dopaminrezeptoren vom Typ D2, deren Stimulation eine Vorfreude mit Glücksgefühl auslöst. Wenn man bei der Beratung für mehr Vorfreude und Glücksgefühl eine künstliche Verknappung erzeugt, hat das sicherlich einen unangenehmen Beigeschmack. Verkaufspsychologisch gesehen handelt es sich dabei aber um ein sehr effizientes Werkzeug, um vor allem am Ende einer Beratung einen emotionalen Höhepunkt wie beim Schauen eines spannenden Films zu erreichen.

In einer Verkaufssituation könnte das so aussehen: Einem Kunden werden einige herrliche Parfüms vorgestellt, wobei er sich in eines davon verliebt hat und es gerne kaufen möchte. Es ist egal, ob er bereits den Preis kennt oder nicht. Da die Beratung mit einem Tester mit Kappe erfolgt, kann der Verkäufer es so einrichten, dass der Kunde nicht sieht und deshalb auch nicht weiß, wie viele Exemplare dieses neuen Lieblingsdufts noch vorrätig sind. Er wird in seiner Wahl bestätigt und gleichzeitig auf eine Verknappung hingewiesen, beispielsweise mit folgenden Worten:

> „Dieses spezielle Parfüm riecht wirklich herrlich auf Ihrer Haut. Wir haben dieses Parfüm nicht immer auf Vorrat, aber ich kann es für Sie bestellen. Doch lassen Sie mich erst noch einmal nachsehen, ob ich nicht noch eins bei uns hinten in unserer Parfüm-Schatztruhe habe."

Kommt der Verkäufer aus dem Lager zurück und überreicht dem Kunden freudig das noch letzte vorrätige Parfüm, kann man sich gut dessen Vorfreude und Erleichterung vorstellen.

> *War Ihnen dieses Kapitel nützlich? Ich denke, auch wenn man nicht in der Beratung tätig ist, sind vor allem die aktuellen Erkenntnisse über die richtige Länge und den richtigen Einsatz des Augenkontakts hilfreich. Man möchte doch in der Regel sein Gegenüber für sich gewinnen.*

Zusammenfassung

Wir sind in diesem Kapitel vor allem der Frage nachgegangen, warum einige Menschen in der Beratung und im Verkauf so viel erfolgreicher sind, speziell, warum sie Kunden leichter für sich gewinnen können. Wir haben in diesem Zusammenhang gesehen, dass Kenntnisse über die Amygdala wesentlich sind, insbesondere für alle, die in einer Parfümerie beratend tätig sind und erfolgreich einen Service oder Produkte anbieten wollen. Über die Amygdala laufen nicht nur Prozesse, die die Duft- und Kaufentscheidung mitentscheiden, sondern von dort aus wird auch unbewusstes Erleben und damit die zwischenmenschliche Interaktion gesteuert.

Das führte uns zu der Frage, wie man nicht nur die Amygdala des Kunden, sondern auch seine eigene als Berater positiv beeinflussen kann, um damit in der Parfümberatung das Wohlfühlerlebnis für beide zu steigen. Wir konnten zeigen, dass dafür der richtige Augenkontakt wesentlich ist, auch weil die Amygdala zunächst für uns unbewusst in den Gesichtern liest. Wir besprachen ferner, wie die Amygdala auf Verlust bzw. Verknappung und Gewinnaussicht reagiert und welche Konsequenzen das in der Duftberatung haben kann. Wir sahen auch, welche positiven Auswirkungen ein an passender Stelle eingebrachtes „Warum" (warum man in der Parfümerie arbeitet bzw. berät) in der Duftberatung hat. Dies führt zu einer Formel für die Duftberatung, die sich in der Praxis bewährt hat.

Literatur

Pessoa L (2013) The cognitive-emotional brain, from interactions to integration. The MIT Press, Cambridge, MA

Petzhold HG (1995) Psychotherapie & Babyforschung. Band 2: Die Kraft liebevoller Blicke. Säuglingsbeobachtungen revolutionieren die Psychotherapie. Innovative Psychotherapie und Humanwissenschaften 56. Junfermann, Paderborn

Porges SW (2003) The polyvagal theory: phylogenetic contributions to social behavior. Physiol Behav 79(3):503–513

Willkommen in der Erlebnisparfümerie

Unerwartetes Riechen oder: Wie man Parfüms in der Praxis noch faszinierender für sich und andere macht

Inhaltsverzeichnis

12.1	Mythen im Duftverkauf: Wie man zum Duftpsychologen wird – 284	
12.2	Psychologische Duftwahl – das etwas andere Erleben von Parfüms – 287	
12.3	Neuropsychologischer Dufttest: Erlebenswünsche und Parfümvorlieben – 294	
12.3.1	Moodform-Test© – Testanleitung & Lösungen – 294	
12.3.2	Der Moodform-Test© als Duft- und Pflege-Guide für Frauen: Lösungen aus Erst- und Zweitwahl – 296	
12.4	Erlebnisparfümerie: Praxis und Methoden für mehr Parfümbegeisterung – 302	
12.4.1	Tanzen und Riechen – 302	
12.4.2	Ziele, Schritte und Beispiele für die Erlebnisparfümerie – 303	
12.4.3	Die Welt der Parfüms immer wieder neu entdecken – 311	
	Literatur – 314	

© Der/die Autor(en), exklusiv lizenziert durch Springer-Verlag GmbH, DE, ein Teil von Springer Nature 2021
J. Mensing, *Schöner RIECHEN*, https://doi.org/10.1007/978-3-662-62726-6_12

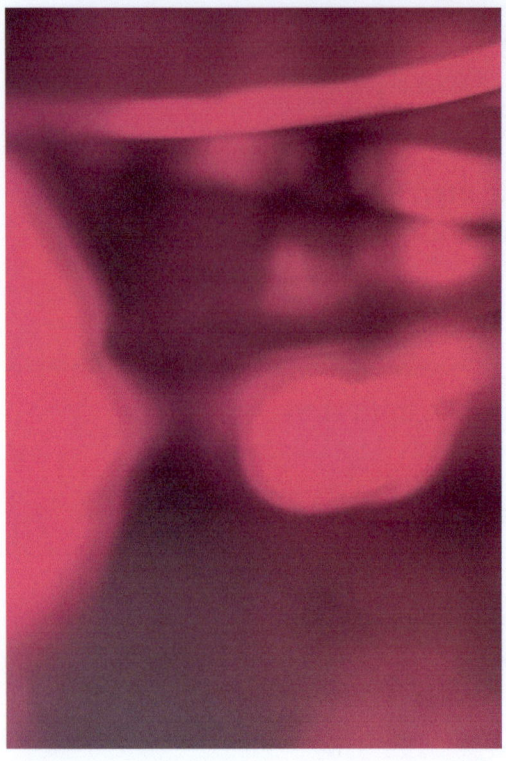

Geschäft eher weniger glücklich wieder verließ. Dies gab mir zu denken, wie man beim Kunden und auch für sich als Berater eine Erlebnissteigerung herbeiführen konnte, und ich entdeckte, dass Überraschung bzw. unerwartetes Riechen eine ganz wesentliche Rolle bei der Kundenzufriedenheit und der Parfümberatung spielt.

Das war der erste Schritt zur Erlebnisparfümerie mit psychologischen Dufttests, die auf dem Zusammenhang von Duft, Farbe und Selbsterleben basieren und dem Kunden innerhalb von Sekunden zum Teil unerwartete Parfüms zum Riechen empfehlen. Damit Sie diese Zusammenhänge für sich selbst überprüfen können, wartet in diesem Kapitel ein neuropsychologischer Dufttest auf Sie. Ich bin überzeugt, er wird Ihnen Spaß machen!

12.1 Mythen im Duftverkauf: Wie man zum Duftpsychologen wird

Trailer

Als Psychologiestudent hatte ich die Möglichkeit, in einer Parfümerie meiner Universitätsstadt meine ersten Praxiserfahrungen in der Parfümberatung zu sammeln. Als Quereinsteiger war ich zum Teil völlig überrascht, wie Düfte beraten wurden. Sicher gab es damals schon gutes „Storytelling", etwa, was die Inspiration für die Kreation einzelner Düfte betraf, aber Parfüms wurde durch die Art der Verkaufsberatung auch unabsichtlich viel Faszination genommen.

Zunächst war ich als Anfänger in der Parfümerie sicherlich höflich und vertraute den Erfahrungen der Kollegen, doch ich realisierte bald, dass die Dramaturgie der Duftberatung vielfach nicht stimmte. Der Kunde war am Anfang der Duftberatung freudig gespannt, erlebte dann aber mit zunehmender Zeit keine Erlebnissteigerung mehr, und es gab Fälle, in denen der Kunde regelrecht ungeduldig wurde und das

Meine Karriere als Duftpsychologe begann vor gut 35 Jahren. Als Student der Psychologie hatte ich folgendes Schlüsselerlebnis: Ich wollte in einer Parfümerie meiner Universitätsstadt ein Duftgeschenk für eine Freundin kaufen. Die Verkäuferin eröffnete den Dialog mit einer klassischen W-Frage: „Wie kann ich Ihnen helfen?" W-Fragen bilden bis heute einen Ausbildungsteil verkaufspsychologischer Lehrgänge. Sie haben sicher ihre Berechtigung bei Kunden, die stark unter Zeitdruck stehen bzw. wissen, was sie wollen. Doch wie immer auch eine klassische W-Frage lauten mag, beim Kunden löst sie keine großen Erwartungen aus, ganz zu schweigen von Vorfreude oder Neugier auf das Einkaufserlebnis. Noch schlimmer: Selbst gut gestellte W-Fragen sind der Killer von Einzigartigkeit, bezogen auf den Berater, das Geschäft und auch auf den Kunden. Der hat bereits tausendmal alle möglichen W-Fragen gehört und ahnt

12.1 · Mythen im Duftverkauf: Wie man zum Duftpsychologen wird

schon, wie es nach diesem Erstkontakt weitergehen wird.

Ich erklärte also damals, dass ich einen Damenduft als Geschenk suchte. Dann passierte etwas für mich völlig Unerwartetes: Die Verkäuferin fragte mich nach der Haarfarbe meiner Freundin. Das war für mich besonders erstaunlich, da ich im Physiologiekurs innerhalb meines Studiums gelernt hatte, dass der Geruchssinn eng mit dem Emotionszentrum, dem limbischen System, verbunden ist und Dufterleben auch durch psychobiologische Faktoren beeinflusst wird. Dazu zählen beispielsweise die Persönlichkeit des Parfümbenutzers, der Eigengeruch und die Beschaffenheit seiner Haut, seine Geruchssozialisation bzw. wie Düfte und ihre Inhaltsstoffe von ihm gelernt und assoziiert wurden sowie Klima und soziokulturelle Faktoren. Verdutzt fragte ich, wie denn wohl Haarfarbe und Duftwahl zusammenhingen. Das wurde mir so erklärt: „Frauen mit blonden Haaren lieben leichte, blumige Düfte, Frauen mit schwarzen Haaren orientalische, reichere Noten, Frauen mit braunen Haaren schwer-blumige und Frauen mit roten Haaren chyprige Parfüms, also fein-herbe Duftnoten."

Ich fragte, ob diese Methode auch klappen würde, wenn sich Frauen die Haare umfärben. Zur Beantwortung der Frage wurde die Ladenbesitzerin geholt, was der Beginn einer langen Freundschaft wurde. Ich wiederholte meine an der Universität gelernten Zusammenhänge von Duft und Emotion und wurde eingeladen, mich vom Erfolg einer auf Haarfarben basierenden Duftverkaufstypologie selbst zu überzeugen. Das geschah über mehrere Tage hinweg. Das Ergebnis: Es gab es keinen signifikanten Zusammenhang zwischen Parfümwahl und Haarfarbe – mit einer Ausnahme: Rothaarige Frauen zeigten tatsächlich eine größere Affinität für Parfüms aus der Familie der Chypre-Düfte. Genauer gesagt: Nicht mehr ganz junge Rothaarige mit heller Haut und Sommersprossen. Fragte man sie nach ihrer Duftpräferenz, so zeigte sich, dass die Haarfarbe dabei nur eine indirekte Rolle spielte. Ausschlaggebend war vielmehr neben dem Geruch eine bessere Haftung des Parfüms auf der Haut.

Als ich die Ergebnisse meiner kleinen Studie dem Verkaufspersonal der Parfümerie vorstellte, brach für diese eine kleine Welt zusammen – obwohl sie faktisch schon immer erlebt hatten, dass es keinen Zusammenhang zwischen Duftpräferenz und Haarfarbe gab. Man bat sogar die Inhaberin der Parfümerie, weiterhin auf dieser Basis die Kundinnen bei der Duftwahl beraten zu dürfen. Schließlich habe man keine anderen Anhaltspunkte außer der schon zuvor verwendeten Duftrichtung. Ich entwickelte deshalb schnell eine neue Parfümberatungsmethode, die auf dem Zusammenhang von Farb- und Duftvorlieben gründete. Sie wurde als Farbrosettentest (Color Rosette Test) bekannt, der dann auch in der Parfümindustrie Anklang fand. Dass es dazu kam, habe ich der Besitzerin der damaligen Parfümerie in Freiburg zu verdanken. Denn sie bat mich, die Zusammenhänge von Duft, Emotion und Persönlichkeit dem damaligen Geschäftsführer des Pariser Dufthauses Guerlain vorzustellen.

■ **Erste tiefenpsychologische Analyse der Duftwahl**

Als mittlerweile Klinischer Psychologe erhielt ich von Guerlain den Forschungsauftrag, Duftvorlieben psychologisch auf den Grund zu gehen. Die Zusammenarbeit mit einem Psychologen war nicht nur für Guerlain, sondern für die gesamte Parfümerie ein Novum. Guerlain wollte damals die Verwenderinnen des Parfüms „Shalimar" besser verstehen. Somit war „Shalimar" der erste Duft, der psychologisch durchleuchtet wurde. Vorher waren dazu nur die üblichen soziodemografischen Daten der Verwender wie Altersgruppen, Einkommen etc. bekannt. Was die besondere Faszination dieses Klassikers aus der orientalischen Duftfamilie ausmachte, war jedoch die Psychologie hinter dieser Duftwahl, die konnte bis dahin niemand erklären. Deshalb war man unsicher, wie man das bereits 1925 kreierte Parfüm für bereits bestehende, aber auch für neue Verwendergruppen optimieren und attraktiver gestalten könnte. Anfangs ging ich davon aus, dass man die spezifischen psychologischen Kriterien der Shalimar-Verwenderinnen mit verschiedenen Persönlichkeitstests wie dem Freiburger Persönlichkeitsinventar (FPI) oder dem Eysenck-Persönlichkeits-Inventar (EPI) würde erkennen können. Doch das gestaltete sich schwierig. So konnte ich mit meinen Kollegen an der Universität Freiburg höchstens leichte statistische Trends feststellen. Die Verwendung von „Shalimar" korrelierte leicht negativ mit emotionaler Labilität oder, positiv ausgedrückt, mit emotionaler Stärke und Selbstsicherheit. Einige andere im Blindtest ermittelte Duftpräferenzen der Kontrollgruppe aus dem frisch-zitrischen Bereich („Eau de Lancôme") korrelierten schwach mit Extraversion, also offen und aktiv zu sein.

Wesentlich stärker waren die Zusammenhänge zwischen ermittelten Farb- und Duftpräferenzen. Ich ließ unsere Duftverwenderinnen, bevor wir ihre angegebenen Parfümvorlieben im Blindtest überprüften, einen Farbtest ausfüllen. Dabei handelte es sich um eine Kurzform des Farbpyramiden-Tests von Melcher. Versuchspersonen, die z. B. die Stimulationsfarben Rot-Grün-Gelb bevorzugten, zeigten höchste Präferenzen für Düfte aus der frisch-zitrischen Duftfamilie. Das violette und dunkelblaue Farbspektrum korrelierte hoch mit „Shalimar". So kamen wir dem Zusammenhang von Duft, Farbe und Stimmung auf die Spur.

Das Psychologische Institut der Universität Freiburg war einst eine Hochburg der Farbpsychologie. Das zahlte sich nun aus. Was letztlich den Durchbruch brachte, waren die tiefenpsychologisch orientierten Gespräche nach den Tests, die meine Kollegen und ich mit unseren Versuchspersonen und den Parfümeriemitarbeitern führten. Letztere waren uns bei der Rekrutierung der Duftverwenderinnen behilflich. Wir ahnten, dass der Duftwahl möglicherweise weitere Faktoren zugrunde lagen, die über Selbstbeschreibungen („So bin ich: ja – nein") bei Paper-und-Pencil-Persönlichkeitstests (bzw. Papier-Bleistift-Tests) hinausgehen. Wir erkannten, dass die Duftwahl an das Idealselbst, seine Erlebenswünsche („So würde ich gerne sein") und Stimmungsbedürfnisse („So möchte ich mich fühlen") gekoppelt sein musste. Damit standen wir vor folgenden Fragen:

- Was ist das Idealselbst, wie operiert es, nach welchen Kriterien trifft es olfaktorisch-ästhetische Duftwahlentscheidungen, und wie kann man es empirisch als Persönlichkeitsinstanz erfassen?
- Welche Aspekte des Idealselbst, von Erlebenswünschen und Stimmungen sind überhaupt für die Parfümerie, für die Entwicklung und das Marketing von Parfüms relevant?

Vor 30 Jahren waren das weder in der Psychologie noch in der Parfümerie oder im Bereich der Duftentwicklung noch im Marketing selbstverständliche Fragen. Zusammenhänge zwischen Duft und Stimmung wurden zwar seit Jahrhunderten in der Poesie beschrieben, in der psychologischen Forschung aber erst in den letzten zwei Jahrzehnten systematisch untersucht. Zwar wurde in der Parfümerie die Bedeutung der Stimmung bei der Duftwahl schon immer anerkannt, aber ohne einen nennenswerten Einfluss auf die Verkaufsberatung.

Für das Verkaufstraining wurden Kundentypen wie z. B. „die Sportliche" beschrieben. Meistens aber orientierte man sich in der Beratung an äußeren Merkmalen wie der Haarfarbe und schloss daraus auf Duftpräferenzen. Wem dieser Ansatz zu unsicher war, empfahl einfach nur die neusten Düfte oder stellte, von der Duftfamilie des Lieblingsduftes ausgehend, ein ähnliches Parfüm vor. So wurden Klassiker wie etwa „Shalimar" immer weniger vorgeschlagen.

Stattdessen konzentrierte man sich der Einfachheit halber auf Neuheiten. Es war deshalb nur konsequent, für die Beratung in der Parfümerie einen psychologischen Dufttest zu entwickeln, quasi einen schnellen Führer zu den Idealdüften. Dieser Führer für Damennoten wurde als Farbrosetten-Test© bekannt und erstmals in den späten 1980er-Jahren veröffentlicht (Mensing und Beck 1988). Dabei handelte es sich um einen der ersten Dufttests, die im Handel und in der Industrie eingesetzt wurden.

Der Farbrosetten-Test basiert auf dem Zusammenhang von Duft, Farbe und Selbsterleben. Dabei sind für die Duftpsychologie, wie bereits erwähnt, acht Duftfamilien/Duftrichtungen der Damen- und sechs der Herrenparfümerie von besonderem Interesse. Jede Richtung wird durch eine eigene Psychologie der Gefühle und Wünsche charakterisiert. Vier bis fünf Duftrichtungen für Männer und Frauen werden vom Gehirn als solche erkannt, da sie offenbar Stimulationsbedürfnissen spezifischer Gehirnregionen zugeordnet werden können. Auf diesen Erkenntnissen werden weitere Forschungen der Neuroparfümerie aufbauen bzw. sie im Detail überprüfen. Dabei fällt es schwer, einzelne Parfüms diesen Duftfamilien zuzuordnen und ihre Rolle bei der Verbindung von Duft und Gehirn zu erforschen. Denn immer mehr Parfüms tragen sog. Crossover-Merkmale aus unterschiedlichen Duftfamilien. Auch weiß man noch zu wenig darüber, wie das Gehirn einzelne Inhaltsstoffe in einer Gesamtkreation wahrnimmt. Bislang wurden vorwiegend Einzelaromen aus Duftrichtungen analysiert.

12.2 Psychologische Duftwahl – das etwas andere Erleben von Parfüms

Für die Duftberatung hat sich der Moodform-Test© in der Praxis der Parfümerie bewährt. Sicherlich beansprucht dieser Test nicht, ein exaktes Tool im streng wissenschaftlichen Sinn zu sein, auch wenn nicht ganz auf die in der Psychologie gängigen Kriterien für die Testentwicklung verzichtet wurden. Dennoch haben Farbtests, zu denen auch der Moodform-Test gehört, von der empirischen Psychologie zum Teil berechtigte Kritik erfahren. Auch gibt es, wie oben besprochen, bei der Parfümwahl eine Vielzahl von Faktoren, wie z. B. Assoziationen und Erinnerungen an Parfüms und ihre Inhaltsstoffe, die Einfluss auf das Testergebnis nehmen und es beeinflussen können. Bei der Komplexität der möglichen Einflussfaktoren ist es deshalb eher erstaunlich, dass sich der Moodform-Test als schneller Führer in der Praxis der Parfümerie bewähren konnte. Damit ist aber nicht gesagt, dass er als Test auch tatsächlich das misst, was er zu messen vorgibt. Man kann speziell bei psychologischen Tests, insbesondere bei Farbtests, nie ausschließen – auch wenn sie gut zu funktionieren erscheinen –, dass andere Zusammenhänge über Ergebnis und Erfolg entscheiden, als man annimmt. Zum Thema Farbe und Test gleich mehr.

Der Moodform-Test basiert auf den Erkenntnissen der Neuroparfümerie und besonders der Form-, Farb- und Duftpsychologie, deren Zusammenhänge mit momentanen Erlebenswünschen jeder für sich persönlich schnell überprüfen kann. Beim Moodform-Test handelt es sich um einen psychologischen Duft- und Pflegetest, der in der Kurzform für Frauen aus fünf Farbformen mit 15 Lösungen besteht. Dabei werden jeweils drei Parfüms und drei Pflegeprodukte passend zu den Erlebenswünschen empfohlen.

Beim Moodform-Test geht es um die Beantwortung folgender Fragen:
- Mit welcher Duftrichtung fühlt man sich jetzt besonders wohl?
- Welche Parfüms und Pflegeprodukte passen zu den jeweiligen Erlebenswünschen?
- Welches Gehirnareal (Hypothalamus, Hippocampus, Amygdala, orbitofrontaler Cortex bzw. präfrontaler Cortex) ist

momentan besonders offen für eine olfaktorische Stimulation? Die Antwort lässt sich aus den oben geschilderten Erkenntnissen der Neuroparfümerie in Bezug auf die Duftvorlieben einzelner Gehirnareale indirekt ableiten.

Der Moodform-Test kann also bei einer Duft-und Pflegeberatung zeigen, was einen jetzt insbesondere olfaktorisch anzieht und was als psychisches Erleben mehr gesucht wird. Damit kann man auch vorsichtig postulieren, welche Gehirnareale offen für Duftstimulation sind. Natürlich funktioniert in der Psychologie nichts hundertprozentig. Das soll es auch nicht. Denn Menschen sind zu komplex, und das Dufterleben ist zu subjektiv. Dennoch bietet der Moodform-Test eine gute Beratungsgrundlage für die Praxis. Die Ergebnisse können mit dem Kunden vertieft und weiter besprochen werden. Damit ist der Moodform-Test ein gutes Werkzeug für die Erlebnisparfümerie.

Hier die Testfragen, die Lösungen folgen an späterer Stelle:

> » *Welche der fünf Moodformen (Farbformen) spricht Sie im Moment am meisten an? Suchen Sie noch eine zweite Farbform aus, die Ihnen auch zusagt. Sie können auch dieselbe Moodform zweimal wählen (◨ Abb. 12.1).*

Doch erst noch einmal zurück zu den Dufttests. Mittlerweile kommen in der Beratungspraxis mehrere zum Einsatz. Mit ihrer Hilfe wird versucht, dem Kunden ein besonders persönliches Parfümerlebnis zu bieten. So werden über sog. Moodboards (Bildcollagen), also Vorlieben für bestimmte Stimmungs- oder Lifestyle-Bilder, Rückschlüsse auf Duftvorlieben gezogen. Besonders in der Parfümwerbung visualisieren Anzeigen Erlebenswünsche und eignen sich durch den Grad ihrer Anziehung bereits als eine Art Selbsttest.

Moodboards, die verschiedene Stimmungen wie romantisches, abenteuerliches oder urbanes Erleben widerspiegeln, werden auch gern für die Entwicklung eines neuen Parfüms eingesetzt. Mit ihrer Hilfe wird der gewünschte Geruchseindruck bzw. die Aura eines Duftes beschrieben oder assoziiert. Immer hat die Farbgebung der Bilder einen großen Einfluss auf den Betrachter und die damit einhergehenden Duftassoziationen. Ich persönlich setze gerne wie bei dem oben gezeigten Test Farben und Formen ein. Sie führen in der Duftberatung zu überraschenden Ergebnissen, da die Lösung im Gegensatz zu bildhaften Darstellungen nicht bereits im Voraus leicht zu erraten ist. So gibt es vor allem zwischen Farbe und Duft interessante Zusammenhänge.

▪ Farbe, Duft und Selbsterleben

Der Zusammenhang von Farbe, Duft und Selbsterleben ist gut bestätigt (Schifferstein und Tanudjaja 2004; Tamura et al. 2018). Man kann sogar eine Duftrichtung nur mit Farben visualisieren und das damit verbundene Selbsterleben ausdrücken. Das macht Farb-Dufttests möglich. Zwar können auch Bilder oder Moodboards die Visualisierung einer Duftrichtung gut unterstützen. Dabei führen aufeinander abgestimmte Bilder und Düfte zu klareren und lebendigeren inneren Bildern. Das be-

◨ Abb. 12.1 Die fünf Moodformen (Farbformen)

stätigen auch Untersuchungen der Markenkommunikation (Rempel 2006). Bilder und Moodboards bergen bei einem Dufttest jedoch das Risiko, aufgrund persönlicher Erinnerungen, kulturspezifischer Einflüsse oder sozialer Erwünschtheit weitere Assoziationen auszulösen und das Testergebnis zu verfälschen. Das wäre beispielsweise bei der Abbildung eines romantischen Paars bei Sonnenuntergang der Fall.

Um weitere Assoziationen auszuschließen, arbeiten viele Psychologen bei spezifischen Themen gerne mit sog. projektiven Tests wie den standardisierten Tintenklecksen des Rorschachtests. Dazu gehören auch klassische psychologische Farbtests wie der Farbpyramiden-Test nach Max Pfister, der Lüscher-Farbtest sowie das jüngst entwickelte „Manchester Colour Wheel", bei denen keine richtigen und falschen Antworten nahegelegt werden. Auch arbeiten viele projektive Tests mit offenen Fragen oder Impulsen.

Sicherlich gibt es auch berechtigte Kritik vor allem an den klassischen projektiven Testverfahren, speziell an psychologischen Farbtests, z. B. aufgrund der Mehrfachbedeutung einzelner Farben (Sorokowski et al. 2014). Oft wird die Auswertung klassischer projektiver Tests deshalb mehr als eine Kunst denn als eine wissenschaftliche Methode angesehen. Dennoch: Der enge Zusammenhang zwischen Duft und Farbe macht sie – vorausgesetzt, es liegen keine Farbsehschwäche, Anosmie (Geruchsblindheit), Hyperosmie (Überempfindlichkeit gegenüber Duftstoffen) oder Hyposmie (reduzierter Riechsinn) vor – als projektiven Test für die Parfümerie und da besonders zur Bestimmung von Duftvorlieben interessant. Denn die Testperson kann schnell für sich prüfen, ob ihr entsprechende Duftempfehlungen auch tatsächlich zusagen. Der typische Parfümliebhaber dürfte außerdem kaum zu den 5 % der Bevölkerung gehören, die an einer nahezu kompletten Geruchsblindheit leiden, oder zu den 20 % mit reduziertem Riechsinn (Hatt und Dee 2012).

Der oben erwähnte Zusammenhang von Farbe, Duft und Selbsterleben erlaubt, einen psychologischen Farb-Dufttest zu entwickeln. Für meinen ersten Dufttest, den Farbrosetten-Test©, habe ich bereits in anderen Publikationen beschrieben, wie man bei einer solchen Farb-Dufttestentwicklung vorgeht, wie man einen projektiven Test bestmöglich nach wissenschaftlichen Vorgaben validiert, damit er auch das misst, was er vorgibt, und außerdem den Ansprüchen nach Reliabilität (Zuverlässigkeit der Ergebnisse) genügt (Mensing und Beck 1988).

Mit nach wissenschaftlichen Kriterien entwickelten psychologischen Tests – dazu zählen auch einige projektive Tests – kann man für ein Thema einen guten ersten Einblick gewinnen und das Ergebnis als Beratungsgrundlage nehmen. Das gilt auch für Farbtests, vor allem, wenn sie auf neueren Erkenntnissen der Farbforschung beruhen. Bei der Entwicklung und Anwendung psychologischer Tests rechnet man gern mit statistischen Wahrscheinlichkeiten, dem sog. Signifikanzniveau bzw. der Irrtumswahrscheinlichkeit. Sie zeigen auch an, wie wahrscheinlich es ist, dass man eine Annahme ablehnen muss. Als sehr gut gilt, wenn man bei nur 5 % der Fälle „falsch" liegt bzw. von einer Annahme abweicht. Eine Irrtumswahrscheinlichkeit von 10 % wird in den Sozialwissenschaften noch als akzeptabel angesehen.

Bei psychologischen Farb-Dufttests muss man aber mit einer noch größeren Nichttrefferrate rechnen. So weiß man nie ohne exakte Prüfung, ob die Testperson möglicherweise leicht farbenblind ist. Sicherlich gibt es dafür auch Prüfverfahren, die vor oder nach Farbtests angewandt werden können. Bei Männern kann man davon ausgehen, dass 8 bis 10 % Probleme beim richtigen Erkennen von Farben haben.

Bei Düften gilt es, noch einen weiteren Punkt zu beachten: Sie sind mit der Duftsozialisation bzw. entsprechenden Erinnerungen verbunden. Sie sorgen dafür, dass Parfüms individuell anders erlebt werden können. So kann beispielsweise ein bestimmter Blumenduft oder ein nach Rosen riechendes Parfüm die Erinnerung an eine Person wecken, die man als unangenehm erlebt hatte. Ältere Farbtests leiden außerdem aufgrund ihrer Anwendungsart und Aussagen oft an erheblichen methodischen und Image-Problemen. So schloss man von Einzelfarbwahlen auf die Persönlichkeit und rechnete die Testperson einfach z. B. einem Rot-Typ zu. Das kann schon allein deshalb nicht funktionieren, weil eine Einzelfarbe wie Rot zu viele unterschiedliche Bedeutungen hat. Farbtests wurden deshalb oft nur halbherzig gemacht oder zunächst nur ausprobiert.

Dennoch spricht vieles für Farb-Dufttests. Sie können nach neuen Erkenntnissen der Farbpsychologie, der Duftpsychologie und sogar der Neuroparfümerie entwickelt werden. Außerdem steht die Parfümberatung vor folgendem Problem: In der Regel lässt die Duftwahrnehmung bereits bei vier bis sechs gerochenen Parfüms nach. Farb-Dufttests bieten deshalb eine erste gute Orientierung und überlasten eher nicht die Nase mit Düften, die sie gar nicht riechen will.

Dabei ist die Zuordnung von Farbe und Duft nicht eindimensional. Man kann einen Duft nicht nur einer Farbe zuordnen, selbst wenn man in der Parfümerie von Grünnoten spricht. Parfüms sind zu komplex, um nur durch eine Farbe repräsentiert zu werden. Auch wird eine Farbe mit mehreren Gefühlen assoziiert (Rot ist mit Liebe, aber z. B. auch mit Gefahr und damit mit Angst verbunden). Um Parfüms und Gefühle auszudrücken, sind deshalb Farbgruppen besser geeignet. Sie können sowohl Duft- als auch Gefühlsrichtungen gezielter abbilden.

Farben sind wie Düfte und Gefühle immer in Bewegung. Sie sind elektromagnetische Strahlungen des sichtbaren Bereichs des Lichts, dessen Wellenlängen sich ca. zwischen 750 nm (Rot) und 380 nm (Violett) bewegen. Selbst wenn jede Farbe einer spezifischen Wellenlänge entspricht, steht keine Farbe für sich allein. Die Wirkung jeder Farbe wird von ihrem Kontext bestimmt, der ihr eine andere Bedeutung geben kann. So kann, wie gesagt, Rot für Gefahr, Blut und Liebe stehen. Farbgruppen, bei denen verschiedene Wellenlängen zusammenwirken, sind deshalb weniger kontextabhängig und können eine Bedeutungs- und Erlebensrichtung besser umschreiben. So wird man die Farbkombination Rot-Magenta-Rosé eher in Richtung Liebe deuten, als sie mit Blut in Verbindung zu bringen. Drei bis vier Einzelfarben in Kombination reichen deshalb oft schon aus, um eine pauschale Duftrichtung besser zu visualisieren. Darauf baut das Color Mood Grid©, ein weiterer Schnelltest zur Bestimmung von Erlebens- und Duftrichtungen, auf (◘ Abb. 12.2).

Die Wahl von zusammenliegenden Farbgruppen bzw. -richtungen gibt dabei einen ersten Hinweis auf assoziierte Erlebens- und Duftrichtungen. ◘ Abb. 12.3 gibt ein Beispiel für acht in ▶ Kap. 5 besprochene Duftrichtungen bei Damennoten.

Mit dem Color Mood Grid© lässt sich auch ein komplexes Parfümmapping durchführen. Dabei wird gezeigt, wie sich Parfüms voneinander abgrenzen. So wird das Duftmarketing von Konzeptideen bis z. B. zur Farbgebung der Verpackung für neue

◘ Abb. 12.2 Color Mood Grid©

12.2 · Psychologische Duftwahl – das etwas andere Erleben von Parfüms

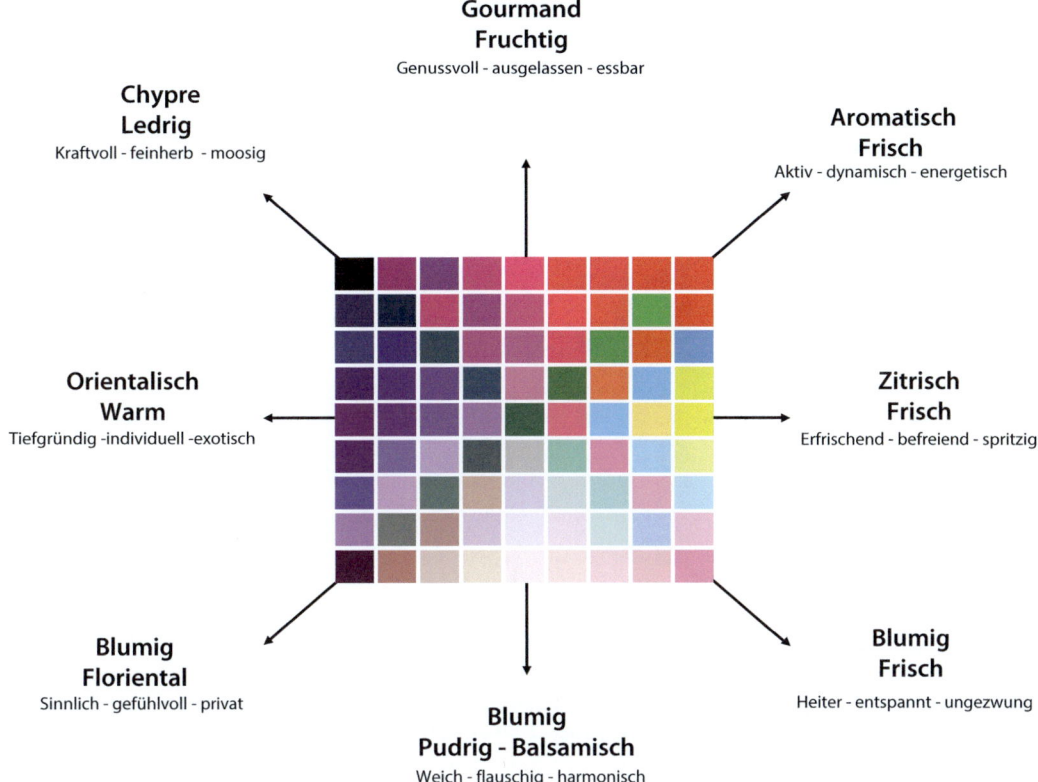

○ Abb. 12.3   Color Mood Grid© mit 8 Erlebens- und Duftrichtungen für Damennoten

Parfüms unterstützt und die Positionierung einer Marke ergänzt. ○ Abb. 12.4 zeigt ein Beispiel für das Color Mood Grid©, dem 16 Duftrichtungen für Herren- und Damennoten zugeordnet sind.

Mood-Grids sind auch ein Hilfsmittel in der psychologischen Forschung. Sie werden auch für die Erfolgsevaluation von Therapien und die Beobachtung psychischer Veränderungen eingesetzt (Parkinson et al. 1996). Dabei kommen zwei Mood-Grids – ein Double Mood Grid© (○ Abb. 12.5) – zum Einsatz.

Bei den Mood-Grids wird man zunächst gebeten, zu beschreiben, wie man sich im Moment fühlt („Aktuelles Selbst"), und dann, wie man sich noch mehr fühlen möchte („Idealselbst"):

1. „Bitte beschreiben Sie, wie Sie sich in diesem Moment fühlen."

Man markiert dabei eine weiße Zelle, die das am besten umschreibt. Ferner kann man die Intensität auf einer Vierer-Skala beschreiben. Dabei ist innen die Stärke „1" (schwach ausgeprägt) und außen die Stärke „4" (sehr stark ausgeprägt).

2. „Bitte beschreiben Sie, wie Sie sich noch mehr fühlen wollen, wenn Sie eine Veränderung Ihres Erlebens suchen."

Wie in 1. wird entsprechend markiert. Dabei stehen jeweils 8 Erlebensdimensionen zur Selbstbeschreibung zur Auswahl.

Aus dem Vergleich der zwei Mood-Grids kann dann basierend auf Intensität (Skala 1–4, Markierung innen vs. außen) und Erlebensrichtung auf eine prinzipielle „Überlappung" (gleiche Erlebensrichtung) mit gleicher oder

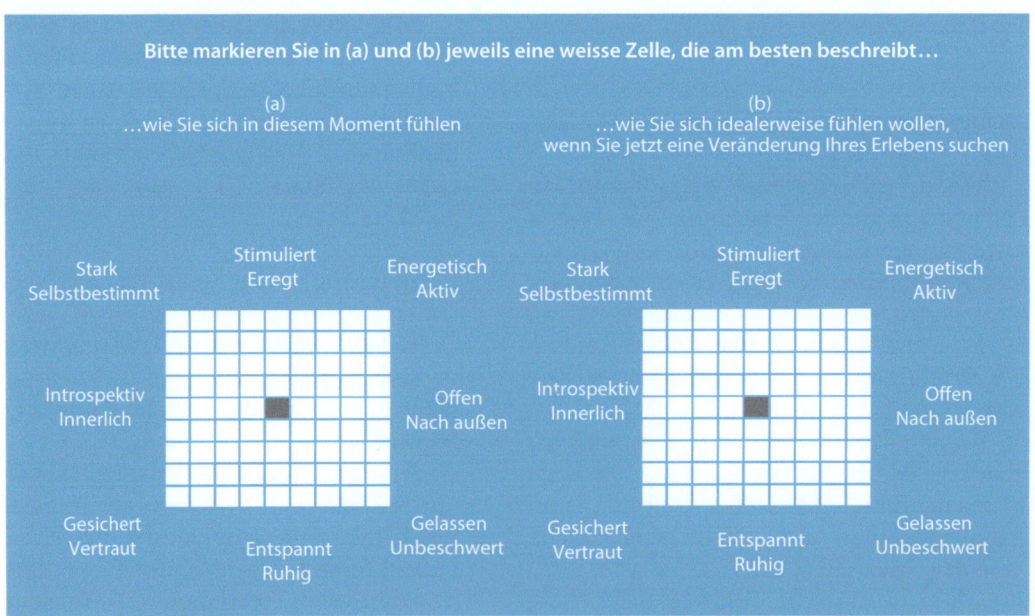

◘ Abb. 12.4 Color Mood Grid© mit 16 Duftrichtungen für Damen- und Herrennoten

◘ Abb. 12.5 Double Mood Grid©

12.2 · Psychologische Duftwahl – das etwas andere Erleben von Parfüms

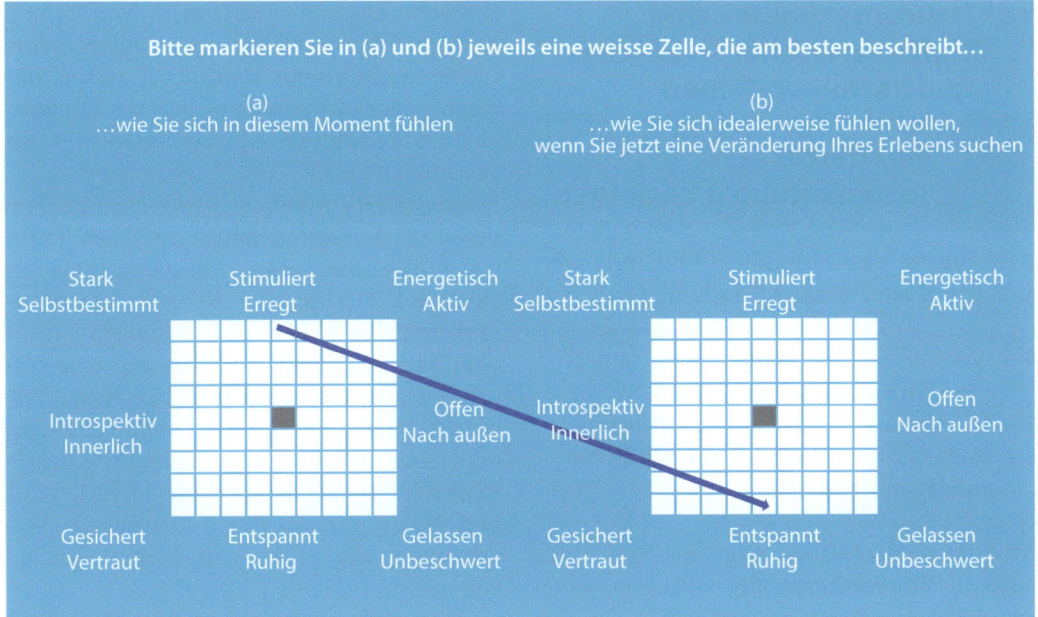

Abb. 12.6 Double Mood Grid© mit „Mismatches"

unterschiedlicher Intensität sowie auf „Fehlpaarungen" (Mismatches bzw. unterschiedlich gesuchte Erlebensrichtungen) mit gleicher oder unterschiedlicher erlebter bzw. gesuchter Intensität geschlossen werden (Abb. 12.6). Damit lassen sich mögliche Diskrepanzen zwischen „aktuellem Selbst" und „Idealselbst" visualisieren und in der psychologischen Forschung ansprechen (Higgins 1987).

- **Farbe und Form**

Man kann bei einem Dufttest die Erlebens- und Duftwünsche noch genauer verdeutlichen, wenn man Farben durch Formgebung in ihrer Wirkung zusätzlich unterstützt. Die Zusammenhänge von Farbe und Form waren ein Lieblingsprojekt des Malers Wassily Kandinsky. Farbe in Form wurde duftpsychologisch im Moodform-Test© umgesetzt, der bereits oben beantwortet werden konnte. Er zeigt den Zusammenhang zwischen Vorlieben für Duftrichtungen und Wohlfühlen. Die Kurzform des Tests besteht, wie gesagt, aus fünf Farbsymbolen, die erweiterte Version aus acht Symbolen. Man soll das momentan attraktivste und zweitattraktivste Symbol auswählen. Dabei steht bewusst der Moment im Vordergrund. Parfüm ist schließlich auch ein Transformationsangebot an die aktuelle Stimmung, eben wie sich jemand im augenblicklichen Moment erleben möchte. Deshalb wird nicht nach generellen Lieblingsfarben gefragt, sondern nach Farben bzw. Farbsymbolen, die einen im Moment anziehen. Das sollte eine spontane Entscheidung sein. Ob die Farben einem stehen würden oder ob sie zusammenpassen, ist für einen Farb-Dufttest wie den Moodform-Test irrelevant.

12.3 Neuropsychologischer Dufttest: Erlebenswünsche und Parfümvorlieben

12.3.1 Moodform-Test© – Testanleitung & Lösungen

Die Fragen des Moodform-Dufttests werden hier noch einmal wiederholt:

> Welches der fünf Farbsymbole, sprich Moodform-Farbformen, spricht Sie im Moment am meisten an und welches als zweites? Sie können dieselbe Farbform auch zweimal wählen.

Der Moodform-Test zeigt als sog. projektives Testverfahren die aktuellen, auch psychischen Erlebenswünsche eines Kunden und was ihn als Parfüm, besser gesagt, als Duftrichtung anzieht. Er verrät Stimulationsbedürfnisse einzelner Gehirnregionen und ihrer Netzwerke (wie z. B. die Suche des orbitofrontalen Cortex nach zitrischer Frische oder des Hippocampus nach entspannenden Blumen- und Blüten-Noten) und fungiert so als angewandte Neuroparfümerie bei der Duftberatung.

Die einzelnen Farbformen wurden so entwickelt, dass sie durch Form- und Farbgebung jeweils eine eigene Dynamik widerspiegeln. In die Entwicklung des Moodform-Tests, der eine Weiterentwicklung des Farbrosetten-Tests ist, flossen Duft- und farbpsychologische Erkenntnisse ein. Auch wurden Zusammenhänge zwischen Farbe und Form berücksichtigt, wie sie von Wassily Kandinsky und Johannes Itten beschrieben wurden. So werden beispielsweise Violett der Ellipse, Gelb und Grün dem Dreieck zugeordnet.

In der Farbtheorie wird immer wieder betont, dass Farben in Formen den Menschen mit energetischen, aber auch mit psychischen Zusammenhängen in Verbindung bringen. Farbschwingungen haben ihre eigene energetische Kraft, sie wirken anregend oder hemmend auf unseren Organismus und werden so auch vom Gehirn wahrgenommen.

In der Duftpsychologe gibt es außerdem bewährte Zusammenhänge zwischen Farb- und Duftwahlen, etwa, dass die Vorliebe für violette Farbtöne mit größerer Akzeptanz für orientalische bzw. Hautnoten einhergeht oder dass grün-gelbe Farbtöne auf eine größere Neigung zu frisch-zitrischen Noten verweisen. Aus diesen Zusammenhängen kann man einen gewissen, wenn auch vorsichtigen Rückschluss ziehen, welche Gehirnareale und Netzwerke bei der gemeinsamen Verarbeitung von Farb- und Formreizen involviert sind.

Sicherlich stellt der orbitofrontale Cortex (OFC) multisensorische Zusammenhänge z. B. zwischen Duft- und Farbeindrücken her. Aber man vermutet, dass gut 40 % des menschlichen Gehirns am Sehen beteiligt sind. Man weiß auch, dass die Wahrnehmung von Farbe und Form im Gehirn erst bei der Verarbeitung zusammengesetzt werden. Durch die enge Verbindung des OFC mit anderen Gehirnarealen wie der Amygdala lässt sich vermuten, dass bestimme Reize quasi in der Rückkopplung dann spezifische Areale stimulieren. Wie gesagt, gibt es erste Annahmen für diese Zusammenhänge, deren Bestätigung jedoch noch durch weitere umfassende Forschungen erbracht werden muss. Damit will ich allerdings nicht den Moodform-Test in Frage stellen. Denn oft funktionieren Tests, selbst wenn später die Zusammenhänge anders erklärt werden müssen.

Im Folgenden erkläre ich die emotionalen Dynamiken der hier von links nach rechts angeordneten einzelnen Moodformen:

12.3 · Neuropsychologischer Dufttest: Erlebenswünsche und Parfümvorlieben

- Die **violette Spirale** ist die geschlossenste Form und soll tiefes innerliches Wohlfühlen und Vertrauen zu sich selbst symbolisieren – ein Prozess, den wir mit der Amygdala assoziieren, um das Furchtnetzwerk zu beruhigen. Aus der Spirale, die sich nach unten, aber auch nach oben (außen) drehen kann, kann eine Dynamik mit einer Reihe von Erlebenswünschen entstehen:

    Sich individueller, extravaganter und reflektierter zu fühlen, eigene Kreativität und Potenziale zu entdecken bzw. wiederzuentdecken, sein Ich zu erleben bzw. sich mehr selbst zu fühlen. Sich sinnlicher und attraktiver zu erleben. Neue Erfahrungen zu sammeln und dabei in andere Welten einzutauchen.

    Duftrichtung: Die Skala reicht von florientalischen Noten (warm-blumig) wie warmen Hautnoten bis zu gehaltvollen, orientalischen Parfüms.

    Im System der bereits erwähnten Big-Five-Persönlichkeitsdimensionen visualisiert die violette Spirale am ehesten die Selbstbeschreibung „Offenheit für (Selbst-)Erfahrung" Eine empirische Analyse möglicher Zusammenhänge steht aber noch aus.

- Die **rosa Blume** ist die gefühlvollste Form und soll Entspannung und innere Ruhe visualisieren – ein Prozess, den wir mit dem Hippocampus assoziieren und dem Versuch, das Stressnetzwerk zu beruhigen. Aus der blumigen Form wachsen bestimmte Erlebenswünsche:

    Sich mehr geborgen und harmonisch zu erleben, dabei natürlich zu sein. Mehr innere Ruhe, Komfort und Vertrauen zu finden und dabei weniger Stress zu haben. Für den Neustart die Seelenbatterie wieder aufzuladen oder einfach die Seele baumeln zu lassen.

    Duftrichtung: Die Skala reicht von leichten Blumen-Noten wie weißen Tee-Noten bis zu Relax- und Clean-Noten, die an Frischgewaschenes erinnern.

    Im System der Big-Five-Persönlichkeitsdimensionen visualisiert die rosa Blume am ehesten die Selbstbeschreibung „Freundlichkeit bzw. soziale Verträglichkeit".

- Das **blaue Quadrat** ist die pragmatischste und selbstbewussteste Form. Sie visualisiert Leistungsorientiertheit und Ich-Stärke und kann mit dem präfrontalen Cortex assoziiert werden. Die verwendeten Farben und Formen visualisieren spezifische Erlebenswünsche:

    Sich noch erfolgreicher, verantwortlicher und dabei gewissenhaft zu erleben. Mehr belohnt und anerkannt zu werden. Sich selbst noch zu steigern, Erreichtes zu genießen und sich Dinge leisten zu können.

    Duftrichtung: Die Skala reicht bei Herren von frischen Aqua-Noten bis zu aromatisch-würzigen, moosigen und krautigen Düften, insbesondere Fougère-Noten. Bei Damen reicht die Skala von strahlenden Blumennoten, insbesondere aus dem Aldehyd-Spektrum, bis zu reich-eleganten, aber auch ausdrucksstarken blumigen Chypre-Noten.

    Im System der Big-Five-Persönlichkeitsdimensionen visualisiert das blaue Quadrat am ehesten die Selbstbeschreibung „Gewissenhaftigkeit".

- Das **aufpoppende Ei** ist die fröhlichste und ausgelassenste Form. Sie visualisiert Spaß und Lebensfreude und kann mit dem Hypothalamus und dem Genussnetzwerk assoziiert werden. In ihrer Dynamik verweisen Farbe und Form auf weitere Erlebenswünsche:

  Mehr verwöhnt zu werden. Mehr Genuss, Spaß und Abwechslung zu haben. Sich zu verlieben bzw. neu zu verlieben. Spontane Dinge wie Reisen zu unternehmen. Routine zu vermeiden und lieber etwas Neues auszuprobieren.

  Duftrichtung: Die Skala reicht von frischen Frucht-Noten bis zu reichhaltigen Gourmand-Noten, die an klassische Desserts und Süßigkeiten erinnern.

  Im System der Big-Five-Persönlichkeitsdimensionen visualisiert das aufpoppende Ei am ehesten die Selbstbeschreibung „Extraversion" in Kombination mit „Sensation Seeking" – die Suche nach Abwechslung und neuen Erlebnissen.

- Das **fliegende Dreieck** ist Ausdruck von Bewegung, davon, Freiraum zu haben und aktiv zu sein. Dieses typisch extravertierte Erleben kann mit dem orbitofrontalen Cortex assoziiert werden. In ihrer Dynamik sind Farbe und Form mit spezifischen Erlebenswünschen verbunden:

  Suche nach Begeisterung und Gewinn. Mehr selbstverantwortlich und uneingeschränkt zu sein. Rasch und schnell Entscheidungen zu treffen bzw. entscheidungs- und risikofreudig zu sein. Dinge entschlossen, zielstrebig anzugehen und mit Effizienz zu erreichen.

  Duftrichtung: Die Skala reicht von frisch-grünen Blattnoten wie Minze bis zu kühl-spritzigen Zitrus-Noten, inspiriert von Bergamotte, Grapefruit, Mandarine, Zitrone, Orange oder auch Limette und anderen Noten.

  Im System der Big-Five-Persönlichkeitsdimensionen visualisiert das fliegende Dreieck am ehesten die Selbstbeschreibung „Extraversion" in Kombination mit „Offenheit für neue Erfahrungen".

12.3.2 Der Moodform-Test© als Duft- und Pflege-Guide für Frauen: Lösungen aus Erst- und Zweitwahl

Nun zu den einzelnen Moodform-Lösungen, die aus der Erst- und Zweitwahl bestehen. Dabei kann man eine Farbform auch zweimal wählen. Bei der Kurzform des Testes spielt es keine Rolle, welche Farbform man zuerst wählt. Insgesamt gibt es bei der Kurzform dieses Dufttests 15 Lösungen für Frauen. Bei jeder Lösung habe ich neben Duftvorschlägen auch passende Vorschläge für Pflegeprodukte bzw. für das den empfohlenen Düften entsprechende Pflegeerleben vorgeschlagen. Sie müssen sicherlich von Zeit zu Zeit ergänzt und aktualisiert werden. Damit kann der Moodform-Test, wenn er bei der Duftberatung eingesetzt wird, auch für gezielte Beratung und das Sampeln von Pflegeprodukte genutzt werden. Sicher geht das auch umgekehrt.

Zwar spielen bei der Pflege immer auch Hautbedürfnis und Hautzustand eine Rolle, aber Produktwirkung, -erwartung und -anwendung hängen auch von Erlebenswünschen ab. Außerdem gibt es immer mehr Pflegemarken und Produkte, die sich mit intelligenter Technologie auf Pflegebedürfnisse der Haut selbst einstellen. Man kann also bei der Pflege wie beim Duft eine Wohlfühlberatung vornehmen, die stärker auf psychologische Erlebenswünsche fokussiert ist.

Bei jeder Lösung findet man unter „Was jetzt wichtig ist und mehr gesucht wird" kurze psychologische Schlagwörter zum Ergebnis, die man am besten mit seinen eigenen Worten mitteilt, bevor man die jeweils genannten drei Parfüms vor dem Kunden aufbaut und mit ihm riecht. Entsprechend sollte man bei einem Pflegetest verfahren.

12.3 · Neuropsychologischer Dufttest: Erlebenswünsche und Parfümvorlieben

Hier nun die Lösungsmatrix für die Moodformen mit den Einzellösungen darunter. Dabei spielt es, wie bereits erwähnt, bei dieser Kurzform des Tests keine Rolle, welche Farbform zuerst gewählt wurde:

Erst- oder Zweitwahl		Lösung
Violette Spirale	Violette Spirale	1
Violette Spirale	Rosa Blume	2
Violette Spirale	Blaues Quadrat	3
Violette Spirale	Aufpoppendes Ei	4
Violette Spirale	Fliegendes Dreieck	5
Rosa Blume	Rosa Blume	6
Rosa Blume	Blaues Quadrat	7
Rosa Blume	Aufpoppendes Ei	8
Rosa Blume	Fliegendes Dreieck	9
Blaues Quadrat	Blaues Quadrat	10
Blaues Quadrat	Aufpoppendes Ei	11
Blaues Quadrat	Fliegendes Dreieck	12
Aufpoppendes Ei	Aufpoppendes Ei	13
Aufpoppendes Ei	Fliegendes Dreieck	14
Fliegendes Dreieck	Fliegendes Dreieck	15

Einzellösungen

1. Lösung:
„**Violette Spirale**" mit „**violetter Spirale**"
Was jetzt wichtig ist und mehr gesucht wird:
— Sich selbst individueller und tiefgründiger erleben.
— Mehr persönliche Freiheit und eigene Interessen zu verfolgen.
— Mehr Kreativität und künstlerische Interessen auszuleben.

Orientalische Düfte sind ideal, um sich diesem Idealerleben näherzubringen:
— „Alien" von Thierry Mugler
— „Silver Rain" von La Prairie
— „Shalimar" von Guerlain

— Die Idealpflege muss sich persönlich auf die Haut einstellen. Dabei müssen Produkte als Multitalente wirken:
  – „Le Privilège Base Traitante" von Rivoli
  – „Oil Absolue" von Filorga
  – „Pep Start Exfoliating Cleanser" von Clinique

2. Lösung:
„**Violette Spirale**" mit „**rosa Blume**"
Was jetzt wichtig ist und mehr gesucht wird:
— Sich mehr verwöhnen zu lassen.
— Eine exotische Welt voller Geheimnisse zu entdecken.
— Mehr Gefühle und sinnliche Momente zu erleben.

Die Duftrichtung „**Floriental-oriental**" vereint warme Blütennoten, seltene Früchte und vibrierende Holznoten:
— „My Name" von Trussardi
— „Angel Muse" von Thierry Mugler
— „Secret Obsession" von Calvin Klein
— Die Idealpflege muss mit einmaliger Textur und sinnlichem Duft verwöhnen und entspannen:
  – „Oil Therapy Körperlotion" von Biotherm
  – „Aroma Pflege" von Clarins
  – „SOS Comfort Balm Mask" von Clarins

3. Lösung:
„**Violette Spirale**" mit „**blauem Quadrat**"
Was jetzt wichtig ist und mehr gesucht wird:
— Mehr Extravaganz und Exklusivität zu erleben.

- Den eigenen persönlichen Stil zu bereichern und ihn zu zeigen.
- Mehr innere Kraft in sich zu spüren.
- Kostbares und Hochwertiges zu entdecken, wo andere es übersehen.

Die Duftrichtung „**Chypre-oriental**" hat eine selbstbewusste und exquisite Ausstrahlung:
- „Coco Noir" von Chanel
- „Chypre Rouge" von Serge Lutens
- „Want" von Dsquared
- Die Idealpflege muss die Haut als kostbar und qualitativ hochwertig erleben und sie als eine rundum Hochleistungspflege perfekt ernähren:
    - „Deep Comfort Hand Cream" von Clarins
    - „Absolue Precious Cells" von Lancôme
    - „Cellular Swiss Ice Crystal Augenpflege" von La Prairie

4. Lösung:
„**Violette Spirale**" mit „**aufpoppendem Ei**"
Was jetzt wichtig ist und mehr gesucht wird:
- Mehr Lebensfreude und Spaß zu haben.
- Genussvoll die Sinne des Idealpartners und die eigenen zu verwöhnen.
- Mehr Fantasien und luxuriöse Träume auszuleben.

Die Duftrichtung „**Gourmand**" ist überaus genussvoll und lädt zum Verführen der Sinne ein:
- „Poison Girl" von Dior
- „Si Lolita" von Lolita Lempicka
- „Classique" von Jean-Paul Gaultier
- Die Idealpflege muss die Haut verwöhnen und gleichzeitig unterstützen:
    - „Ibuki Gentle Cleanser" von Shiseido

- „Émulsion Ré-équilibrante" von Rivoli
- „Silky Peeling Powder" von Kanebo

5. Lösung:
„**Violette Spirale**" mit „**fliegendem Dreieck**"
Was jetzt wichtig ist und mehr gesucht wird:
- Offener in alle Richtungen und ungebunden zu sein.
- Manchmal aktiv zu sein, manchmal auch in die eigene Welt zurückzukehren.
- Mehr Leidenschaft zu zeigen und seine Rechte einzufordern.

Die Duftrichtung „**Frische-oriental**" vereint in einer faszinierenden Duftrichtung Frische und Wärme:
- „Aromatic Elixir" von Clinique
- „Cologne" von Thierry Mugler
- „Olympéa Aqua" von Paco Rabanne
- Die Idealpflege bereitet die Haut nachts perfekt auf den nächsten Tag vor, pflegt und regeneriert sie bis in die Tiefe:
    - „Sleep and Peel Cream" von Filorga
    - „L'Eau de Nuit" von Rivoli
    - „Botanical Detox Cure Night" von Sisley

6. Lösung:
„**Rosa Blume**" mit „**rosa Blume**"
Was jetzt wichtig ist und mehr gesucht wird:
- Mehr Ruhe, Harmonie und Balance zu finden.
- Mehr Unterstützung zu erleben und weniger Druck von anderen zu haben.
- Mehr Aufmerksamkeit und Zärtlichkeit zu erleben von Menschen, die einem wichtig sind.

Die Duftrichtung „**Floriental**" bietet die schönsten romantischen Blütennoten, die mit feinen Fruchtnoten der Seele mehr als guttun:
- „Donna" von Valentino
- „Jeanne Lanvin" von Lanvin
- „La Femme" von Prada
- Die Idealpflege versorgt die Haut optimal und schenkt gleichzeitig ein sinnlich-relaxendes Erlebnis:
    - „Pflegeölbad" von Kneipp
    - „Skin Meditation" von Declaré
    - „Hydra Zen" von Lancôme

7. *Lösung:*
„Rosa Blume" mit **„blauem Quadrat"**
Was jetzt wichtig ist und mehr gesucht wird:
- Mehr Feinfühligkeit und Stil von anderen zu erfahren.
- Mehr Privatsphäre und weniger Hektik zu haben.
- Mehr Eleganz, Luxus und Schönes zu erleben.

Delikate Blumen-Noten aus der Duftrichtung „**Floral-floral**" verzaubern mit reichem sowie pudrigem Herz und Fond:
- „Delicate Rose" von Trussardi
- „Summer" von Kenzo
- „Coco Mademoiselle" von Chanel
- Die Idealpflege muss hochwertig rein und frei von Mineralölen und Parabenen sein. Sie pflegt nicht nur sichtbar, sondern baut die Haut auch von innen auf:
    - „Le Regard Crème Lissante" von Rivoli
    - „Black Rose Mask" von Sisley
    - „Blue Therapy Serum" von Biotherm

8. *Lösung*:
„Rosa Blume" mit **„aufpoppendem Ei"**
Was jetzt wichtig ist und mehr gesucht wird:

- Einfach mal spontan verwöhnt zu werden.
- Mit jemandem zu flirten, um die eigene Attraktivität zu testen.
- Mehr Lebensfreude zu haben und mit Menschen zu sein, die einem zum Lachen bringen.

Die Duftfamilie „**Fruchtig-floriental**" riecht wie ein Sommerflirt – animierend und lebenslustig, aber auch nach sinnlichem Genuss:
- „Miss Dior Absolutely Blooming" von Dior
- „Trésor in Love" von Lancôme
- „Womanity Eau Pour Elles" von Thierry Mugler
- Die Idealpflege wirkt sofort und macht attraktiv für jede Situation und Jahreszeit:
    - „Mission Perfect Serum" von Clarins
    - „BB Perfect Cream" von Filorga
    - „Total Eye Revitalizer" von Biotherm

9. *Lösung*:
„Rosa Blume" mit **„fliegendem Dreieck"**
Was jetzt wichtig ist und mehr gesucht wird:
- Steigerung von Wohlempfinden und neue Lebenskraft zu gewinnen haben nun die Priorität.
- Sich gesund und vital zu erleben.
- Neue Energie und mehr jugendlichen Schwung zu haben.

Die Duftfamilie „**Frisch-blumig**" hat viele Düfte, die das Wohlbefinden steigern und positiv auf Geist, Körper und Seele wirken:
- „Eau Vitaminée" von Biotherm
- „Olympéa Aqua" von Paco Rabanne
- „Donna Aqua" von Valentino
- Die Idealpflege baut auf für einen Neustart, schützt vor schädlichen

Umwelteinflüssen und bereitet die Haut auf alles vor, was kommt:
- „The Renewal Oil" von La Mer
- „Le Visage Mousse Nettoyante" von Rivoli
- „Gesichtsspray Skin Meditation" von Declaré

10. Lösung:

„**Blaues Quadrat**" mit „**blauem Quadrat**"

Was jetzt wichtig ist und mehr gesucht wird:
- Sich mehr zu gönnen, sich einfach etwas Gutes zu tun, um sich für Erreichtes zu belohnen.
- Mehr Respekt und verdiente Anerkennung für die eigene Leistung zu bekommen.
- Mehr in sich und den persönlichen Stil zu investieren und nicht nur an andere zu denken.

Die Duftfamilie „**Blumig-aldehydig**" hat ihren Namen von strahlend-wertvollen Kopfnoten edler Parfüms, die mit viel Blütenreinheit und Glanz brillieren:
- „J'adore" von Dior
- „Cristalle" von Chanel
- „Calèche" von Hermès
- Die Idealpflege ist ein kleines Team aus Spitzenprodukten, um die Haut individuell zu versorgen:
  - „Prime Renewing Pack" von Valmont
  - „Replenishing Body Cream" von Shiseido
  - „Skin Caviar Eye Lift Augenserum" von La Prairie

11. Lösung:

„**Blaues Quadrat**" mit „**aufpoppendem Ei**"

Was jetzt wichtig ist und mehr gesucht wird:
- Sich von Zwängen und Festgefahrenem zu lösen.

- Auch mal einen Neuanfang zu erwägen und loslassen zu können.
- Mehr Freude im Leben zu haben und die Dinge auch mal mit Humor zu sehen.

Die Duftfamilie „**Blumig-fruchtig**" fördert ein positives Lebensgefühl und fordert auch auf, mehr zu genießen:
- „Chance Eau Vive" von Chanel
- „Miss Dior Chérie" von Dior
- „Gabrielle" von Chanel
- Die Idealpflege besteht aus intelligenten Anti-Aging-Produkten, die sich auf die persönlichen Bedürfnisse der Haut einstellen:
  - „Masqué Réparateur" von Rivoli
  - „Wonder Mud Maske" von Biotherm
  - „Power Infusing Concentrate" von Shiseido

12. Lösung:

„**Blaues Quadrat**" mit „**fliegendem Dreieck**"

Was jetzt wichtig ist und mehr gesucht wird:
- Mehr Schwung ins eigene Leben zu bringen.
- Mehr Energie für neue Projekte zu gewinnen.
- Sich selbst zu motivieren, Ziele zu erreichen und der Verantwortung gerecht zu werden.

Die Duftrichtung „**Frisch-Chypre**" kommt mit viel innerem Willen, versprüht Kraft für Neues und unterstützt die Motivation:
- „Miss Dior" von Dior
- „Donna" von Trussardi
- „Calyx" von Clinique
- Die Idealpflege sind innovative und intelligente Muntermacher, die die Haut Tag und Nacht rasch mit allem versorgen, was sie benötigt – schnell und effektiv:

- „Hydro Energy" von Declaré
- „Scrub & Mask" von Filorga
- „Advanced Night Repair" von Estée Lauder

13. *Lösung*:
„Aufpoppendes Ei" mit **„aufpoppendem Ei"**
Was jetzt wichtig ist und mehr gesucht wird:
- Mehr Abwechslung, Spontaneität und Spaß zu erleben und zusammen zu genießen.
- Einfach mal die Dinge auf den Kopf zu stellen und sie anders zu sehen.
- Sich zu verlieben bzw. neu zu verlieben.
- Routine zu vermeiden und lieber etwas Neues auszuprobieren.

Die Duftrichtung „**Gourmand-fruchtig**" bietet spontane Glücksgefühle mit vielen Fantasien und Überraschungen:
- „Lady Million" von Paco Rabanne
- „Fuel for Life Unlimited" von Diesel
- „Chance Eau Tendre" von Chanel
- Die Idealpflege ist Genuss und Wirkung in einem. Idealerweise kommt sie als To-go-Produkt:
  - „Lip Sugar Scrub and Glow" von Dior
  - „Bio Performance Glow Revival" von Shiseido
  - „Mini Glow Drops" von Dr. Barbara Sturm

14. *Lösung*:
„Aufpoppendes Ei" mit **„fliegendem Dreieck"**
Was jetzt wichtig ist und mehr gesucht wird:
- Mit Neuem zu experimentieren und auch etwas zu provozieren.
- Sich mehr zuzutrauen und auch mal etwas zu riskieren.
- Einfach mal auszubrechen und neue Erfahrungen zu sammeln.

- Unter Menschen zu sein, die gute Laune und keine Trübsal verbreiten.

Die Duftrichtung „**Fruchtig-frisch**" regt an, inspiriert und sorgt den ganzen Tag für ein Gute-Laune-Gefühl:
- „Aqua Allegoria Pamplelune" von Guerlain
- „Orange Tonic" von Azzaro
- „Un Jardin Sur le Nil" von Hermès
- Die Idealpflege muss nicht nur viel Feuchtigkeit spenden, sie muss auch Schönheit von innen und außen bieten:
  - „Hydra-Hyal Ultra Plumping Serum" von Filorga
  - „Le Visage Sérum Lumière" von Rivoli
  - „Timeblock Vital Aging Nutrition" von Swiss Biologie

15. *Lösung*:
„Fliegendes Dreieck" mit **„fliegendem Dreieck"**
Was jetzt wichtig ist und mehr gesucht wird:
- Mehr Sport und Fitness zu leben und sich auch mit anderen etwas zu messen.
- Für sich aktiv zu sein, eigene Ziele zu erreichen und nicht auf andere warten zu müssen.
- Mehr selbstverantwortlich und frei zu sein, um durchatmen zu können.

Die Duftrichtung „**Grün-Zitrus**" beschwingt, stimuliert, regeneriert und setzt für sich ein erfrischendes Lebenszeichen:
- „Escale à Portofino" von Dior
- „Energizing Fragrance" von Shiseido
- „Chance Eau Fraîche" von Chanel
- Die Idealpflege muss belebend sein und schon beim Auftragen neue Energie versprühen. Ideal sind Produkte, die sich kombinieren lassen:
  - „Pep Start" von Clinique
  - „Énergie de Vie" von Lancôme
  - „L'Eau de Jour" von Rivoli

12.4 Erlebnisparfümerie: Praxis und Methoden für mehr Parfümbegeisterung

Sicher kann man nicht allen Kunden und in allen Beratungssituationen eine Erlebnisparfümerie anbieten, wie ich sie im Folgenden beschreibe. Es braucht als Duftberater Einfühlungsvermögen, ob und welche Methoden der Erlebnisparfümerie zum Einsatz kommen. Ein Kunde, der offensichtlich unter Zeitdruck gezielt nach einem Parfüm fragt, wird es als unpassend empfinden, wenn man ihn mit – aus seiner Sicht – zeitraubenden Methoden der Erlebnisparfümerie konfrontiert. Auch hängt es von regionalen, mentalen und persönlichkeitsspezifischen Besonderheiten ab, ob man einen Kunden auf diese Weise ansprechen kann.

Sicher riskiert man auch mit Methoden der Erlebnisparfümerie, dass sich bei manchen Kunden zunächst eine gewisse Irritation einstellt. Deshalb empfehle ich allen in der Parfümberatungspraxis, sich bei den von mir vorgestellten Methoden auf ihr Bauchgefühl zu verlassen. Es wird ihnen signalisieren, was bei einem Kunden möglich ist und ankommen könnte.

Wer dagegen auf die Erlebnisparfümerie und ihre Methoden verzichtet, läuft Gefahr, sich mit seiner Beratung nicht ausreichend von Mitbewerbern abzugrenzen und für Kunden austauschbar zu werden. Die Anwendung der Erlebnisparfümerie macht eine Parfümerie einzigartig. Hat ein Kunde diesen Service einmal erlebt, wird er gerne wiederkommen – im Idealfall sogar, wenn er denselben Duft woanders günstiger erstehen könnte. Mehr noch: Die Wahrscheinlichkeit ist sogar recht groß, dass er diese Parfümerie weiterempfiehlt und sie so Neukunden generieren kann.

12.4.1 Tanzen und Riechen

- **Dufttanzen**

Eine Methode der Erlebnisparfümerie ist das Dufttanzen. Für eine Parfümerie dürfte das ein etwas ungewöhnlicher Vorschlag sein, nicht jedoch für eine Überraschungsparty oder einen Abend- bzw. Kundenevent mit persönlichem Parfümtest.

Die Botenstoffe Serotonin und vor allem Dopamin gelten als Glückshormone. Dabei wird, wie schon gesagt, die Dopaminausschüttung über den Hypothalamus und sein Netzwerk gesteuert, das u. a. für die Libido entscheidend ist und eng mit dem Geruchssinn kommuniziert. Dopamin vermittelt viele positive Gefühlserlebnisse, die man als belohnend und stimmungsaufhellend für die Psyche wahrnimmt. Umgekehrt werden Motivationslosigkeit, Stimmungstief und -schwankungen mit einem niedrigen Dopaminlevel in Zusammenhang gebracht.

Erkenntnisse der Neuroparfümerie beweisen, dass man mit auf Erlebenswünschen abgestimmten Düften in Kombination mit anderen sensorischen Reizen auf ganz natürliche und gesunde Weise den Dopaminlevel erhöhen kann. Beispiele solcher Erlebenswünsche sind:

- Sich aktiver und dynamischer zu fühlen.
- Entspannter und stressfreier zu sein.
- Sich sinnlich, attraktiv und rundum wohl zu fühlen.
- Mehr Spaß und Lebensfreude zu haben.

Am schnellsten erreicht man die optimale Erhöhung des Dopaminlevels, wenn ein spezifischer Erlebenswunsch mit koordinierten Sinneseindrücken regelrecht verschmolzen wird. Beispielsweise wenn der Wunsch, mehr Spaß und Lebensfreude zu erleben, durch passende Farbeindrücke, Musik, Tanz sowie gustatorisch und olfaktorisch mit ausgewählten Duftnoten unterstützt wird. Hierfür sind Parfüms aus der Duftrichtung „Gourmand" ideal. Ein Beispiel für diese Duftrichtung ist „New York Nights" von Bond No. 9 mit einer gesalzenen Karamell-Note.

Tanzen spielt bei der Steigerung des Dufterlebens eine besondere Rolle, denn Tanzen führt zu einer vermehrter Serotoninausschüttung (Christensen und Chang

2018). Deshalb haben professionelle Tänzer im Durchschnitt einen höheren Serotoninlevel, aber auch bei Gelegenheitstänzern zeigen sich schon Effekte. Vor allem ein sehr schneller Tanz mit Hüpfen, Springen und Lachen setzt sofort reichlich Serotonin frei. Machen Sie den Selbsttest: Tanzen Sie z. B. zu dem Song „Cotton Eye Joe" von Rednex oder zu anderen Versionen (▶ https://www.youtube.com/watch?v=mOYZaiDZ7BM).

- **Wer häufig tanzt, kann besser riechen**

Dass Tanzen Stress abbaut, weiß man schon lange. Auch dass er erfolgreich bei Therapien gegen Depression und für mehr Lebensqualität bei Parkinson eingesetzt wird. Dass Tanzen aber das Riechen fördert, ist relativ neu. Tanzen, wie alle Formen körperlicher Bewegung, unterstützt nicht nur die Fähigkeit zu riechen, sondern sorgt auch dafür, die Geruchswahrnehmung bis ins hohe Alter fit zu halten.

Mehrere Studien verweisen auf einen direkten Zusammenhang zwischen körperlicher Betätigung und verbessertem Riechen. Selbst wenn der Effekt nicht immer sofort eintritt, zeigen die Studien doch, dass sich der Geruchssinn bei längerem Körpertraining verbessert. Man kann deshalb behaupten: Wer häufig tanzt, kann besser riechen und bewahrt sich diese Fähigkeit länger. Warum das so ist, weiß die Neuroparfümerie noch nicht so genau. Tanzen scheint aber auch – neben Gehirnarealen, die für die Motorik verantwortlich sind – den Hippocampus, das Geruchsgedächtnis, zu stimulieren. Dadurch werden offenbar Geruchseindrücke lebendiger und lassen sich leichter abgerufen. Tanzen stimuliert aber auch den orbitofrontalen Cortex, u. a. Sitz des multisensorischen Erlebens und wichtiger Teile der Persönlichkeit. Neuere Studien zeigen ferner, dass das Synchronisieren von Bewegungen mit Beats sowohl das Ohr als auch das Gehirn anspricht. Tanz und Musik bilden zusammen einen regelrechten Doppelgenuss. Die dadurch erzielte größere Wirkung sorgt für eine deutliche Verbesserung der Geruchsfähigkeit.

- **Emotionen und Stimmungen von Düften ausdrücken**

Duft lässt sich überraschend gut und kreativ in Tanz ausdrücken. Die holländische Kunsthistorikerin und Kuratorin Caro Verbeek bestätigt das. In ihrem Artikel „Dancing Scent and Aromatizing Movement – Hackathon Conclusions" (die Zusammenfassung eines mehrtätigen Events zum Thema Tanz, Bewegung und Duft) beschreibt sie, wie etwas Faszinierendes geschah, als sie Teilnehmer des Riechworkshops aufforderte, einzelne Düfte durch Gesten, Formen und Bewegungen auszudrücken. Die Teilnehmer zögerten nicht, mit Fingern, Händen, Armen und manchmal sogar mit dem ganzen Körper sehr ausdrucksstarke Bewegungen zu machen. Verbeek (2018) schreibt: „Bewegung ermöglicht uns, Emotionen auszudrücken. In der Tat eine ganze Reihe von Emotionen. Denn genau das tun Parfüms. Sie erzählen eine ganze Geschichte."

Verbeeks Versuch zeigt aber auch, dass man keine besondere kinästhetische Intelligenz besitzen muss, um die Emotionen und Stimmungen eines Parfüms zu tanzen bzw. zum Ausdruck zu bringen. Beim Dufterleben gibt es kein „richtig" oder „falsch". Und das gilt auch für das Dufttanzen. Sicher wird ein erfahrener Tänzer mit Kenntnissen der Parfümerie einzelne Duftrichtungen Tanzstilen zuordnen wollen. So könnte man Parfüms der Duftrichtung „Gourmand" sowie deren typische Inhaltsstoffe mit Emotion und Stimmung durch Figuren lateinamerikanischer Tänze wie Tango, Bachata und Merengue visualisieren.

12.4.2 Ziele, Schritte und Beispiele für die Erlebnisparfümerie

Die Erlebnisparfümerie hat das generelle Ziel, in der stationären Parfümerie Vorfreude und Neugierde auf die Beratung und dann während der Erlebnisberatung eine angenehme, unerwartet positive Spannung zu erzeugen, die sich bis zur Faszination beim Kunden steigern kann. Duft, aber auch Pflege und Make-up sollen positive Erlebnisse, ja sogar Glücksgefühle beim Kunden auslösen, von denen auch der Berater profitiert. Das lässt sich nicht allein durch die Präsentation wie durch Form, Farbe und Material des Designs der Produkte erreichen. Trendforscher, Marktinsider, aber auch immer mehr Händler haben erkannt, dass der Kunde nicht mehr in erster Linie nur ein Produkt oder einen Service, sondern ein positives Erlebnis kauft. Dabei kommt der psychologischen Technik, den Kunden mit Unerwartetem positiv zu überraschen, eine besondere Bedeutung bei der Beratungssituation zu.

Aus der Verkaufspsychologie weiß man, dass man Kunden vor allem mit einem unerwarteten positiven Erlebnis fasziniert und an sich bindet. Wem das gelingt, der hat schon heute im Handel die Nase vorn. Das gilt besonders für die Offline-Parfümerie, die durch moderne Erlebnisberatung ihren Unterschied zum Online-Vertrieb ausspielen kann. Im Folgenden stelle ich einen generellen Ablauf für die Erlebnissteigerung in der Parfümerie vor, den man auf andere Branchen und Produktbereiche übertragen kann.

1. Schritt der Erlebnisparfümerie: Durch Neugierde und Spannung Vorfreude erzeugen

■ ■ **„Welttag des Tanzes" als Cross-Promotion**
Um beim Beispiel „Dufttanzen" zu bleiben, könnte man z. B. anlässlich des „Welttags des Tanzes" im April in die Parfümerie oder einen anderen Ort zu einer Party mit Parfümtest einladen, bei der auch Nichttänzer etwas Feines zum Riechen und Naschen bekommen. Das wäre ein idealer Anlass, um Neukunden zu gewinnen, aber auch, um für Stammkunden weiterhin attraktiv zu bleiben. Dafür könnte man sich mit einer lokalen Tanzschule zusammentun und sogar periodisch Dufttanzabende in etwas kleinerem Rahmen anbieten. Im Sinne einer Cross-Promotion können sich so Parfümerie und Tanzschule gegenseitig bewerben. So könnte jeder Tanzschüler einen Rabatt auf ein Parfüm bekommen und jeder Kunde, der z. B. ein Parfüm aus der Richtung „Gourmand" kauft, einen Voucher der Tanzschule für das Erlernen lateinamerikanischer Tänze erhalten. Statt nur abends könnte auch tagsüber – beispielsweise an den geschäftlich ruhigen Montagen – zum Dufttanzen in die Parfümerie eingeladen werden. Man stelle sich nur die Neugier der Passanten vor, die Kunden in der Parfümerie tanzen sehen. Bei schönem Wetter könnte das Dufttanzen sogar nach draußen verlegt werden und zu einer Zuschaueransammlung führen. Hierfür empfehle ich das Musikvideo des Songs „Brave" von Sara Bareilles (▶ https://www.youtube.com/watch?v=QUQsqBqxoR4).

Etwas Mut gehört zur Erlebnisparfümerie schon dazu, aber auch eine Kamera, damit es offiziell wirkt und man das Video später online stellen kann.

2. Schritt: Überraschung und Unerwartetes bieten

■ ■ **Selbsttests als Eisbrecher**
Im Idealfall erfährt jeder in dieser Beratungsphase etwas über sich selbst, z. B. durch den Moodform-Test. Ziel jedes Dufttests ist es, über Erlebenswünsche auf mögliche Parfümvorlieben zu schließen. So könnte man – um wieder beim Beispiel Dufttanzen zu bleiben – auch einen Tanztest mit zum Ergebnis passendem Parfüm anbieten. Anregungen dafür findet man unter ▶ https://www.testedich.de/quiz21/quiz/1159113050/, Welcher-Tanz-passt-zu-dir. Zwar verfügen Dufttests nicht über eine hundertprozentige Trefferquote, doch sie lösen interessante Gespräche aus und eignen sich bestens für die Werbung – über Mailings, im Schaufenster oder einer Menütafel

12.4 · Erlebnisparfümerie: Praxis und Methoden für mehr Parfümbegeisterung

am Eingang: „Diese Woche Dufttanzen – was Ihr Lieblingstanz über Ihre Parfümvorlieben aussagt." Natürlich muss kein Kunde an einem Test teilnehmen. Wer für ein bestimmtes Parfüm in den Laden kommt, kann natürlich gleich losriechen. Dennoch: Vor dem Riechen des Parfüms noch weiter Neugierde mit persönlicher Erwartung aufzubauen erhöht die Spannung.

■■ **Positive Irritation**
Dufttests wie Beratungstools aller Art und ganz besonders unerwartete Kundenansprachen erzeugen nicht nur Neugierde, sondern auch ein Moment positiver Irritation. Künstler setzen sie oft bei Ausstellungen ein, um Besucher am „Durchlaufen" zu hindern. Diese Irritationen bewirken, dass man zunächst etwas verdutzt ist, aber dann die Aufmerksamkeit steigert.

Beim Betreten eines Geschäfts erwartet man mehr oder weniger bewusst die üblichen Fragen und hört deshalb oft gar nicht mehr richtig hin – was umgekehrt auch für den Verkäufer gilt. Er glaubt schon zu wissen, was der Kunde will. Dieses „Aneinander-Vorbeireden" hat schon den amerikanischen Soziologen Talcott Parsons (1902–1979) fasziniert. Er antwortete als Besucher gern auf die übliche Begrüßungsfloskel des Gastgebers: „Entschuldigen Sie bitte, dass ich zu spät bin. Ich musste noch meine Schwiegermutter umbringen." Vielfach war dann die Antwort: „Das macht gar nichts, kommen Sie nur herein." Es verging immer eine ganze Weile, bis der Gastgeber nachfragte: „Das haben Sie aber doch nicht wirklich getan, oder?"

Eine Irritation, die auch eine Form der Überraschung ist, arbeitet also im Kopf. Sie schafft es in der Regel, dass mit etwas Verzögerung reagiert wird. Das ist genau das, was man braucht, wenn ein Kunde keine Zeit hat, Gelegenheits- oder Zufallskunde, Neukunde oder noch Nichtkunde ist. So kann man ihn für die eigene Parfümerie gewinnen und ihn auch zum nächsten Dufttanzen einladen.

■■ **Kunden, besonders Neukunden und Nichtkunden verblüffen**
Beste Kunden für Überraschungen sind Neukunden und vor allem Nichtkunden, die nur in das Geschäft kommen, um beispielsweise Münzen für die Parkuhr zu wechseln. Eine Antwort auf Fragen oder Bitten des Kunden könnte etwa so aussehen – schließlich hat man nichts zu verlieren:

„Das mache ich gleich. Übrigens, anlässlich des ‚Welttags des Tanzes' zeigen wir heute Parfüms zu verschiedenen Tanzstilen. Welcher Tanzstil sagt Ihnen am meisten zu? Lieben Sie lateinamerikanische Tänze wie Tango oder Merengue (dabei deutet man eine Tanzbewegung an)? Dann zeige ich Ihnen Parfüms, die dazu passen. Hier sind die Münzen für die Parkuhr." Selbst wenn der Kunde dankend ablehnt, wird er das Beratungsangebot im Kopf behalten und erkennen, dass diese Parfümerie anders ist. Und vielleicht wird er das Erlebte weitererzählen, was wiederum eine schöne Werbung ist.

Unter ▶ www.kleiner-kalender.de findet man viele weitere Anlässe, mit denen man bei der Parfümberatung im Rahmen einer Promotion oder eines Events überraschen kann. Im Folgenden nenne ich zwei weitere Beispiele, mit denen ich gute Erfahrungen gemacht habe:

■■ **Der Welt-Schildkröten-Tag**
Dieser Tag eignet sich besonders gut für ein Event an einem Wochenende. Schließlich träumen die meisten freitags davon, am Wochenende zu entspannen, zu regenerieren und die Sinne zu verwöhnen. Psychologisch gesehen geht es um die Kunst des Nichtstuns, die Kunst, in sich selbst zu Hause zu sein, sich zurückzuziehen, Kräfte zu sammelt und Ruhe zu bewahren. Da man das immer wieder lernen muss, lässt man sich dazu auch gerne beraten.

Um die Duftberatung mit einer positiven Irritation zu beginnen, könnte man beispielsweise sagen: „Ruhe und Gelassenheit – das sind die Geheimnisse der Schildkröte, die mit ihrer Lebensweise zufrieden bis zu 250 Jahre alt werden kann. In unserer schnelllebigen und hektischen Welt sollten wir uns Menschen dies zu Herzen nehmen! Willkommen zum Welt-Schildkröten-Tag (-Woche) mit den schönsten Parfüms zum Relaxen, um wieder Ruhe und Gelassenheit zu finden."

Wenn das jemand mit seinen eigenen Worten sagt, werden ihm 90 % der Kunden, aber auch alle Freunde verbal oder nonverbal zustimmen. Sie werden dankbar für jeden Tipp zur Wochenendentspannung sein und auch gerne noch etwas mehr über Schildkröten hören, während man passende Parfüms zum Welt-Schildkröten-Tag bereits auf einem Display aufgebaut hat: herrlichste Relax-Düfte der Parfümerie oder aus der eigenen Duftbar.

■■ **Zum „Tag des Grundgesetzes"**
Selbst der „Tag des Grundgesetzes" ist ideal, um eine positive Irritation in der Duftberatung zu schaffen und nicht ganz leicht zu verkaufende Parfüms zu promoten:

„1949 verkündet, besagt Artikel 5: Jeder hat das Recht, seine Meinung in Wort, Schrift und Bild frei zu äußern, das gilt auch für Parfüms. Wir zeigen heute extravagante Düfte, die seit der Einführung des Grundgesetzes die Sinne stimuliert haben, aber auch konträr diskutiert wurden. Damals wie heute gehört immer etwas Mut dazu, seinen Stil zu zeigen."

Dabei zeigt man auf ein Display mit vier bis maximal sechs ausgefallenen Parfüms. Mehr Düfte würden bei der Entscheidung das Gehirn des Kunden unter Stress setzen.

■■ **Erlebnisdisplay für das Besondere**
Man erklärt Kunden oder Freunden – falls man bei sich zu Hause zum Riechen oder Diskutieren animieren will –, dass es in der Erlebnisparfümerie immer wieder neue Displays zu verschiedenen Themen mit einer Duftinstallation geben wird. Dabei sollte man ein oder mehrere Displays für aktuelle Themen und Besonderes präsentieren, wobei man immer darauf achten sollte, dass einen das gewählte Thema auch selbst berührt. Dabei sollte man sich in seiner Parfümerie nicht mit Displays von Marken bzw. Firmen zustellen lassen, sodass kein Platz mehr für das eigene Erlebnisdisplay bleiben würde.

Ideal als Display sind elegante Boden-Tester-Aufsteller in Blickzone – stabil und groß genug (etwa B 40 cm × H 154 cm × T 40 cm), um die Parfüms mit einigen passenden Dingen zu dekorieren. Passend zu den genannten Beispielen könnte es eine Ausgabe des Grundgesetzes oder ein Buch über das Tanzen oder über Schildkröten sein. Diese Dekoration kann man auch für das Schaufenster oder als Nachtdekoration hinter der Türe verwenden. Vor den Eingang sollte man mit einer Tafel auf die Promotion aufmerksam machen. Im Geschäft kann man außerdem eine Tischstaffelei verwenden, das dem Display einen zusätzlichen kreativen Anstrich verleiht. Dieser wird noch weiter erhöht, wenn die Einladungen zu der Veranstaltung handschriftlich verfasst werden.

Das Display sollte ein fester Bestandteil der Parfümerie in der Nähe des Eingangs sein. So kann man den Kunden gleich beim Betreten des Geschäfts in ein Gespräch verwickeln und ihm erklären, dass auf dem Display immer wieder neue Parfüms zu unterschiedlichsten Anlässen dekoriert werden. Dabei sollten die Parfüms von verschiedenen Herstellern sein. Das zeugt von Kennerschaft und Kompetenz in der Parfümerie.

■■ **Marmeladenexperiment**
Eine häufig gestellte Frage lautet: Was verkauft sich besser und spricht emotional mehr an – eine große oder eine gezielte Auswahl? Prof. Sheena Iyengar von der Columbia Business School machte beim sog. Marmeladenexperiment eine überraschende Entdeckung. Ein Delikatessengeschäft in ihrem alten Wohnort bot 300 verschiedene Olivenölsorten und fast so viele Marmela-

den an. Bei dem Experiment konnten Kunden an bestimmten Tagen 24 Marmeladen und an anderen Tagen nur 6 Sorten testen. Das Ergebnis: Kunden, die aus 24 Sorten wählen durften, kauften fast 30 % weniger als solche, die nur 6 Sorten testeten.

Zwar wurden die Kunden von dem größeren Angebot zunächst stärker angelockt, erlebten dann aber offensichtlich das Entscheiden als emotional anstrengend. Sie schätzen die Auswahl, waren ihr letztendlich jedoch nicht gewachsen. Der Erfolg eines kleineren Sortiments braucht jedoch eine Zusatzinformation: Der Kunde muss wissen, dass seine Auswahlmöglichkeiten theoretisch viel größer sind. Der stationäre Handel ist deshalb gut beraten, wenn er beispielsweise über das Schaufester auf Stickern auf eine große Auswahlmöglichkeit hinweist: „Wir führen 1001 herrliche Parfüms." Auf dem „Probiertisch" im Laden sollte jedoch nur eine Vorauswahl von vier bis sechs Produkten angeboten werden.

Um das Gehirn, insbesondere die Amygdala, immer wieder neu zu interessieren, sollten Parfüms themenbezogen im Besuchsrhythmus der Kunden immer wieder neu zusammengestellt werden. Die Amygdala ist an der Gegenwart orientiert. Für sie ist es weniger interessant, dass z. B. in zwei Wochen Ostern ist. Im Vordergrund steht ihr momentanes Erleben. Sicher kann man beide Aspekte bei der Kundenansprache kombinieren. So wird der Tagesbezug hergestellt, ohne den Geschenkkauf zu vergessen.

▪▪ Das Display als Schatzinsel

Die Neuroparfümerie gibt einen weiteren Tipp, wie das Display für Kunden noch attraktiver wird. Die Amygdala ist gern nach „Mini-Must-haves" (kleine Dinge, die man haben muss) auf Schatzsuche. Sie will ja auch nichts verpassen. Damit habe ich schon verraten, wie man Parfüms noch gezielter und emotional faszinierender präsentieren kann.

Die Kaufhausgruppe Nordstrom machte es in den USA als eine der Ersten vor, wie man besonders die Amygdala der Kunden anspricht und fasziniert. Man ist weniger auf Markenpräsenz fokussiert, sondern stellt das einzelne Produkt bzw. das Produkterleben in den Vordergrund. Den Kunden helfen dabei eigene Beauty-Concierges, um in jeder Kategorie – beispielsweise bei Mascaras – das Beste zu finden. Dabei werden in speziellen Trend-Zonen bzw. auf gekennzeichneten Displays die neuesten Beauty-Trends der Saison von verschiedenen Marken vorgestellt, wobei die Zahl der ausgestellten Produkte pro Kategorie wiederum auf vier bis sechs beschränkt ist.

Parfüms werden hierfür in kleinen Größen, sozusagen als Handschmeichler, vorgestellt. Mehr und mehr Markenhersteller produzieren deshalb eigene Editionen in der Größe zwischen 15 und 25 ml. Sicherlich hat die Corona-Pandemie vieles verändert, was den Service für Kunden und die Kaufhausgruppen selbst betrifft, als viele Türen schließen mussten. Dennoch, die kleineren Parfümgrößen könnten ein Langzeitgewinner der Pandemie sein.

Seit Jahren führen auch Drogeriemärkte kleine Größen – nicht nur, um dem Portemonnaie ihrer Zielgruppen Rechnung zu tragen. Das Zauberwort heißt „Mini-Must-haves", wie man sie auch aus den Überraschungssendungen von Beauty-Boxen kennt.

Der Beauty-Concierge, der bei Nordstrom zumindest vor Corona beriet, achtete aber auch darauf, dass Kunden die „Mini-Must-haves" auf eigene Faust erkunden, sozusagen ihre eigene Schatzsuche betreiben konnten. So wurde eine spielerische Atmosphäre mit Überraschungsmöglichkeiten geschaffen, wobei man als glücklicher Schatzsucher die kleinen Kostbarkeiten auf dem Display auch alle anfassen darf und das Ganze in einem möglichst glamourösen Launch-Ambiente stattfindet. Sicher wird diese Art von taktilem Erlebnis nach der Pandemie wieder angeboten werden. Was zugenommen hat, ist das sog. Unboxing (Auspacken). Zur Steigerung der Vorfreude auf die Schatzsuche gibt es vielfach zuerst das Unboxing. Über die sozialen Medien wird dann gezeigt, wie das neue Mini-Must-have-Parfüm einer Marke ankommt und ausgepackt wird, und es wird zum Mitentdecken vor Ort bzw. online eingeladen.

Das Ganze steigert dann durch „visuelles Storytelling", also Geschichtenerzählen, unterstützt durch Bilder, die Vorfreude, damit der Kunde schon in etwa weiß, was es als Nächstes bei der eigenen Schatzsuche im Geschäft zu entdecken gibt.

Das bringt uns zu einem weiteren faszinierenden Phänomen: Wenn einem etwas gefällt, will man mehr darüber erfahren, vor allem, wenn man es schon gekauft hat. Sozusagen als Bestätigung, dass der Kauf richtig war.

Dem Kunden seine Entscheidung nochmals durch weiteres Storytelling zu bestätigen, ist wesentlich, damit das Beratungserlebnis präsent bleibt. Um auf den Jahrestag der Schildkröte zurückzukommen, könnten Sie auf der Türschwelle beim Verabschieden sagen, sofern der Kunde beim Stichwort „Schildkröte" eine positive Reaktion zu Beginn der Beratung gezeigt hat:

„Sie haben sich für ein wunderbares Parfüm zum Relaxen entschieden und werden sich damit richtig wohlfühlen. Übrigens, Schildkröten gehören zum Außergewöhnlichsten, was das Tierreich jemals hervorgebracht hat! Welches andere Tier schafft es beispielsweise schon so alt zu werden und in aller Ruhe oft mehr als 3000 km weit durch die Weltmeere zu paddeln? Schildkröten wissen sehr genau, wie man sich schützt und wann es wichtig ist, sich zurückzuziehen – immerhin konnten sie dadurch über Jahrmillionen überleben."

Mit diesen Nachsätzen, die auf das Erlebensgefühl des gekauften Parfüms abstimmen, erreichen Sie noch etwas sehr Wichtiges: Sie kommunizieren, dass Sie den Kunden nicht einfach nur als Käufer sehen, sondern dass er Ihnen auch als Mensch wichtig ist, weil Sie sich Zeit nehmen und Informationen geben, die über das gekaufte Parfüm hinausgehen.

■ 3. Schritt: Das Riechen

Wichtig: Zuerst sollte der Verkäufer an dem besprühten Duftstreifen selbst riechen, um das Parfüm und seine Intensität zu prüfen. Viele Parfümeure wedeln dabei leicht mit dem Duftstreifen und riechen erst einmal selbst, bevor sie ihn übergeben, damit sich auch der Alkohol etwas verflüchtigt. Das ist auch eine Geste, um das Parfüm für das Riechen des Kunden vorzubereiten, und vermittelt Expertise, wie wir sie von einem Sommelier kennen, der zunächst selbst vorkostet. Wie man gemeinsam mit dem Kunden riecht, habe ich schon in ▶ Kap. 11 und an anderer Stelle besprochen. Wie gesagt, vor dem und beim Riechen nicht die einzelnen Inhaltsstoffe, zumindest nicht in detaillierter Aufzählung Kopf-, Herz- und Basisnote nennen, das lenkt ab und birgt auch das Risiko, dass der Kunde nicht auf alle Inhaltsstoffe positiv reagiert. Besser zuerst das Dufterlebnis pauschal in Bildern beschreiben, die jeden ansprechen, z. B. „wie ein tropischer Wasserfall, in dem sich das Sonnenlicht spiegelt" oder „wie ein herrlicher Sommerabend mit Sonnenuntergang". Bevor man Inhaltsstoffe im Detail anspricht, sollte man den Flakon mit Kappe zeigen, um den orbitofrontalen Cortex von seiner Wertigkeit zu überzeugen. Dafür sollte man dem Kunden nach dem Duftstreifen gleich den Flakon in die Hand geben. Wird er länger gehalten, ist es ein Zeichen, dass der Duft gefällt.

■ 4. Schritt: Beginn des interaktiven Teils nach Gefallen des Dufts im Angeruch und in der Kopfnote

Kunden oder Gäste eines Events können und sollen mit dem gezeigten Parfüm selbst aktiv werden – vorausgesetzt, es sagt zu. Die kreative Arbeit mit einem Parfüm, das gefällt, macht das Dufterlebnis persönlicher und fördert die Identifikation („mein Parfüm").

Gefällt der erste Duft nicht, werden die weiteren Parfüms gezeigt. Auch wenn das erste Parfüm bereits sehr gut angekommen ist, wollen Kunden in der Regel weiter riechen, und sie erwarten, dass mindestens drei Düfte gezeigt werden. Um ein Ermüden der Nase zu vermeiden, sollten höchstens sechs Parfüms gezeigt werden. Zwar macht das Riechen an Kaffeebohnen die Nase frei, dennoch kostet das Riechen für das Gehirn Energie. Wie gesagt, man ermüdet beim Riechen schnell und wird etwas hungrig.

Für den interaktiven Teil gibt es verschiedene Techniken und Methoden, die sich sehr positiv auf die weitere Duftwahrnehmung auswirken. Wichtig ist, dass der Kunde dabei Spaß hat. Sonst sollte man diesen Teil der Promotion oder des Events besser überspringen. Hier einige Beispiele, wie die Duftwahrnehmung von Parfüms, die gefallen, noch mehr intensiviert wird.

▪▪ Duftmalen als Event

Duftmalen eignet sich besonders als Event am Parfümerie-Counter. Dafür werden Wachsmalstifte oder auswaschbare Fingerfarben in etwa 16 verschiedenen Farben mit je einem Pinsel verteilt, die der Kunde auf Blätter eines A4-Blocks auftragen kann. Mit folgenden Farben lassen sich Düfte besonders gut beschreiben, wobei jeweils drei bis vier Farben auszuwählen sind: Violett, Lila, Rosa, Pink, Dunkel- und Hellblau, Dunkel- und Hellgrün, Gelb, Sand, Weiß, Schwarz, Grau, Rot, Türkis und Orange. Die Kunden werden dann gebeten, zunächst die Kopfnote und anschließend vielleicht noch die sich etwa zehn Minuten nach dem Auftragen entfaltende Herznote zu malen bzw. farblich und – wenn gewollt – in Formen zum Ausdruck zu bringen. Gefällt der Duft, kann er dabei auch auf die Haut aufgetragen werden. Dem Kunden wird nach der Duftberatung und Besprechung zum Erleben des Parfüms das Gemälde mitgegeben. Gut ist es, wenn er dieses signiert. Das erhöht die Identifikation mit dem Parfüm weiter. Dafür eignen sich silber- oder goldmetallfarbene Stifte, die dem Bild noch einen Touch zusätzlicher künstlerischer Wertigkeit verleihen. Sollte das Bild noch nicht ganz getrocknet sein, kann der Kunde es auch später abholen.

Ich persönlich biete Kunden gern eine Duft-Farbberatung. Sie dauert etwa drei bis fünf Minuten. Dabei bringe ich meine farbpsychologischen Kenntnisse mit ein, die das Dufterlebnis noch weiter erklären. Um die Neugierde des Kunden und seine Überraschung zu steigern, bitte ich ihn als erstes, von den 16 oben genannten Farben drei bis vier Lieblingsfarben auszuwählen und damit ein Bild zu malen. Dann gebe ich eine farbpsychologische Analyse und empfehle zu den entstandenen Kunstwerken gezielt drei bis vier Parfüms verschiedener Marken, die ich vor dem Kunden aufbaue und an denen ich ihn riechen lasse. Anschließend biete ich dem Kunden an, gemeinsam mit ihm aus den zwei besten Düften mittels Parfüm-Layering sein ganz persönliches Parfüm zu kreieren. Das ist für den Kunden ein besonderer Moment. Er erlebt die Kreation seines eigenen Parfüms, das nur er trägt und das er durch unterschiedliches Auftragen der einzelnen Düfte immer weiter seinen Bedürfnissen und seinem Duftempfinden anpassen kann. Übrigens: Wachsmalstifte und Fingerfarben, die man mit einem Pinsel auftragen kann, erinnern an die Kindheit und wirken stresslösend. Sie sind ideal für Kunden, die nach einer anstrengenden Woche Entspannung suchen.

Im Rahmen meiner duft- und farbpsychologischen Events („Seele braucht Duft") habe ich folgende Erfahrungen gemacht:

- Markenübergreifende Promotions sind attraktiver, erfolgreicher und ziehen mehr Kunden an, da sie vom Verbraucher als neutral erlebt werden. Kunden wollen eine Beratung, die auf ihre Bedürfnisse zugeschnitten ist. Das gelingt mit Duftmarken unterschiedlicher Firmen.

- Kunden suchen einen ganz persönlichen Duft, der nicht nur gut riecht, sondern auch für sie wirkt. Bei der Duftberatung muss man unterscheiden, was der Kunde will, beispielsweise um seine Persönlichkeit zu unterstreichen, und was er braucht, damit er sich gut fühlt und attraktiv wirkt. Mehr und mehr Kunden suchen unbewusst ein wohlriechendes, ganz persönliches Wirkparfüm. Sie wollen ein persönliches Erlebnis mit Wirkung kaufen. Der Duft wird dabei zur schönsten aller Drogen. Es ist zunehmend kaufentscheidend, gleich am Beginn der Duftberatung zu erkennen, was der Kunde braucht und was er für sich als Erlebnis sucht.
- Kunden lieben nachvollziehbare psychologische, insbesondere neurowissenschaftliche Duft-Selbsttests, die ihnen Einblicke geben, welches Parfüm für sie am besten wirkt und was sie an Duft brauchen, um sich attraktiver und wohler zu fühlen. Ferner muss sich der Kunde bei den Tests selbst aktiv erleben, wie es beispielsweise beim Test mit den Lieblingsfarben der Fall ist. Idealerweise kann er die Testergebnisse mit nach Hause nehmen.
- Kunden wollen bei der Duftwahl selbst aktiv sein und ein persönliches Parfüm für sich kreieren. Damit sind sie sehr offen und neugierig in Bezug auf das Parfüm-Layering und kaufen oft zwei Parfüms statt einem. Die Möglichkeit, ein individuelles Parfüm zu erhalten, ist für den Kunden von großer Attraktivität. Sich selbst als Parfümeur zu erleben, steigert wesentlich sein Kauferlebnis.
- Kunden empfehlen ein Event gern Freunden weiter. Events, die in einem zeitnahen Abstand von drei bis sechs Wochen an demselben Ort stattfinden oder gleich zu Anfang als Doppelevent angekündigt werden, sind meist gut besucht.
- Es gibt einen Eventablauf, der schnell das Interesse vieler Kunden weckt und sie sogar bewegt, in einer Schlange länger zu warten, bis sie an der Reihe sind. Dabei steigert die Warteschlange sogar noch die Attraktivität des Events.

Hier der Ablauf einer Promotion, die mit vier Personen als Event-Workshop für bis zu 100 Kunden durchgeführt werden kann. Das Event fand anlässlich der deutschen „Duftstars 2019" (eine Veranstaltung, bei der die besten Parfüms des Jahres prämiert werden) mit dem Kaufhaus Breuninger in Düsseldorf statt.

Als Einladung zum Event erhielten die Kunden folgende Information:

> **Neuroparfümerie**
> Ein Duftpsychologe erklärt die Wirkung und Welt von Parfüms mit den bahnbrechenden Erkenntnissen der Gehirnforschung.
> Ein Vortrag und Workshop mit psychologischem Dufttest und der Möglichkeit, sein eigenes Parfüm zu kreieren.
> Entdecken Sie mit einem neuropsychologischen Selbsttest die Stimulationsbedürfnisse einzelner Gehirnregionen wie die Zusammenhänge von Parfüm, Persönlichkeit und Stimmungen.
> Werden Sie zu Ihrem eigenen Parfümeur und kreieren Sie Düfte, die zu wohlriechenden persönlichen Wirkparfüms werden, mit denen Sie Lebensfreude, Selbstsicherheit und Attraktivität für sich und für andere steigern, denn Seele braucht Duft.

Am Eventabend selbst fand Folgendes satt:
1. Einführung mit Vortrag und Selbsttest (20 Minuten)
    Rund 100 Kunden erschienen zu dem abendlichen Event. Nach einer Einführung in die Neuroparfümerie wurde von allen Teilnehmenden während des

Vortrags ein Selbsttest (neuropsychologischer Duftfarbtest) gemacht. Danach wurden im Rahmen des Vortrags allen die einzelnen Lösungen vorgestellt. Schließlich wurde den Teilnehmern Parfüm-Layern als Ergebnis des Selbsttests erklärt, und es wurden Tipps für das beste Mischen des eigenen Parfüms gegeben.

2. Duftmalen und Parfüm-Selbstlayering
Die Teilnehmenden konnten an verschiedenen Stationen im Rahmen eines Workshops selbst aktiv werden oder auf den Vortragenden für eine Einzelanalyse und Beratung warten. Wer selbst gleich aktiv werden wollte, konnte mit seinen Lieblingsfarben ein Bild malen, das dann olfaktorisch interpretiert und Duftrichtungen zugeordnet wurde. Dieses Angebot nahmen die meisten wahr. Passend zu den im Vortrag genannten einzelnen Lösungen standen auf Tischen Parfümtester in Gruppen und nach Duftfamilien geordnet. Die Teilnehmer konnten damit ihr eigenes Parfüm-Layering durchführen. Der Vortragende stand mit drei Helfern beratend zur Seite.

■■ **Duftgestalt, Duftskulptur, Parfümmodulation**
Für dieses Event verteilt man Knete in verschiedenen Farben und bittet die Teilnehmer, zunächst die Kopfnote – falls die Zeit reicht, auch noch die Herznote – eines gelayerten Parfüms zu gestalten. Dafür eignen sich besonders gut Knetsets mit 24 Farben sowie mit Spachtel oder anderen Teilen. Es ist spannend zu beobachten, wie die Teilnehmer ihr neues Parfüm erleben bzw. farblich und als Form gestalten.
Bei einem anderen Event – idealerweise mit acht bis zwölf Teilnehmern – kann man sein neues Parfüm als Skulptur darstellen. Alternativ zu Knete kann man Modelliermasse verwenden, die ohne Ofenhitze trocknet. Anschließend kann das Rohkunstwerk noch durch Bohren, Schleifen, Sägen oder Bemalen weiterbearbeitet werden – übrigens auch ein Spaß für Männer. Die entstandenen Skulpturen können in der eigenen Parfümerie ausgestellt oder über Social Media geteilt werden. Über diese unabhängige PR-Form dürfte möglicherweise sogar die lokale Presse berichten.

■■ **Scent of Rhythm**
Bei dieser Event-Form bittet man die Teilnehmer, per eigenem IPod oder Laptop die passende Musik zum durch Parfüm-Layering entstandenen Duftkunstwerk zusammenzustellen. Das lässt sich zu einem Duftfilm ausbauen, bei dem eine oder mehrere Schlüsselszenen die Stimmung des neuen Parfüms beschreiben. Aus der Parfümmodulation entstehen so multisensorische Kunstwerke.

■■ **Dancing Scent**
Bei diesem Event drücken die Teilnehmer, wie gesagt, ihr individuelles Dufterlebnis beim Parfüm-Layern durch Gesten, Bewegungen und Tanz aus. Bei jeder einzelnen Vorstellung riechen die Zuschauer den betreffenden Duft. Dabei sollten die einzelnen Tanzdarbietungen nicht zu kurz sein. Eine Dauer von etwa drei Minuten hat sich bewährt. So wird durch die freudvolle Kombination körperlicher Aktivität mit Sinnesreizen die Ausschüttung der Glückshormone Serotonin und Dopamin erreicht.

12.4.3 Die Welt der Parfüms immer wieder neu entdecken

Die Erlebnisparfümerie wird besonders attraktiv, wenn sie in einen erweiterten künstlerischen Zusammenhang eingebunden wird. Ausstellungen, die eine sinnlich-kreative Reise zeitgenössischer Düfte anbieten, werden in der Regel gut besucht und ziehen Zielgruppen an, die man gerne für die stationäre Parfümerie interessieren würde. Beispielhaft dafür war 2017 die im Londoner Somerset

House stattfindende Ausstellung „A Sensory Journey Through Contemporary Scent" mit Installationen von zehn Parfüms sowie Events und Workshops, etwa mit dem Parfümeur und Klangkünstler Paul Schütze. Ziel war es, sich von Düften neu inspirieren zu lassen. Dabei standen weniger bekannte, sondern eher experimentelle Kreationen von Nischenparfüms im Vordergrund. Die Ausstellung mit diesen weniger bekannten Parfüms wurde ein Erfolg. Daraus lässt sich schließen, dass viele Duftverwender das steigende Bedürfnis verspüren, Parfüm als einzigartiges und experimentelles Kunstwerk – wie beim Parfüm-Layering – zu erleben.

» *Strategisches Glücks-Sampeln*

Verbraucher werden besonders von Gewinnchancen angezogen. Im Folgenden gebe ich einige Tipps, wie man mit einer Promotion ohne große Marketingkosten Neukunden anziehen und begeistern kann.

Es gibt Geschenkboxen und auch Schatzkisten in allen Farben und Größen. Für diese Aktion braucht man einen Würfel sowie Geschenkboxen/Schatzkisten in Violett-Lila, Rosé-Tönen, Dunkelblau, Pink-Tönen und Rot-Gelb, den Basisfarben der oben vorgestellten Moodformen (Farbformen), oder Boxen mit neutralweißem Grund, auf die diese Moodformen aufgedruckt sind.

Als Einladung zu dieser Promotion kann man auf eine Tafel schreiben:

> **Entdecken Sie Ihr Glücksparfüm!**
> In einer der Schatzkisten wartet ein ganz spezielles Duftgeschenk mit persönlicher Glücksbotschaft auf Sie.
> Es könnte Ihr neues Lieblingsparfüm werden, mit dem Sie sich und andere verzaubern.
> Welche der fünf Schatzkisten bringt Ihnen Glück?
> Würfeln Sie Ihre Glückszahl und öffnen Sie dann die Schatzkiste, die Sie im Moment farblich am meisten anspricht."

In jeder der fünf verschiedenfarbigen Schatzkisten sind jeweils sechs verschiedene Parfümproben (Duftviolen), die von 1 bis 6 durchnummeriert sind und zur Duftrichtung der Schatzkiste passen (siehe Moodform-Test). So können mit fünf Schatzkisten 30 Parfüms gleichzeitig beworben werden. Idealerweise hängt an jeder Parfümprobe eine kleine Glücksbotschaft, ähnlich wie in Glückskeksen. Zur Inspiration für Glücksbotschaften können Sätze aus den Moodform-Lösungstexten dienen – „Was jetzt wichtig ist."

Um Kosten zu sparen, finden die Kunden in den Schatzkisten nur eine Glücksbotschaft. Sie kommt mit einem Duftvorschlag, der auf einem Duftstreifen gedruckt ist. Für die Duftberatung muss dann nur das jeweilige Parfüm auf den Duftstreifen aufgesprüht werden.

Zum Glücksduft sollte gleich ein zweites Parfüm gezeigt werden, das sich auch zum Layern für einen persönlichen Duft eignet.

» *Faszination des nicht schönen Riechens*

Erlebnisparfümerie kann auch eine Einladung sein, anders zu riechen. Duftgenuss ist komplex und nicht nur auf das schöne Riechen, wie wir es kennen, beschränkt. Das liegt auch an dem das Gesicht durchziehenden und für die Geruchswahrnehmung wichtigen Trigeminusnerv. Er kann für sehr überraschende, verwirrende Wirkungen und Duftgenüsse sorgen, aber auch für olfaktorische Empörung.

Der Trigeminusnerv ist auch als Niesnerv gekannt. So reagiert man z. B. auf plötzliches helles Licht mit noch unerklärlichem, mehrmaligem Niesen, weil es in der Nase kribbelt oder kitzelt und man sich zusätzlich meist noch die Augen reiben muss. Das gleiche Gefühl in der Nase kommt aber auch beim Riechen vor. Der Trigeminus leitet Berührungsreize, aber auch Schmerzen zum Gehirn. Er kann ferner Temperaturen messen, und man kann mit ihm sogar riechen – und das in einem gewissem Rahmen nicht einmal ungern. Denn das, was der Trigeminusnerv meistens empfindet, genießen wir auch: ein bisschen kühlend, wärmend, prickelnd, scharf, ätzend oder beißend. Nicht zufällig wirken Eukalyptus und Menthol, beispielsweise als Minze, sowie Ingwer oder Pfeffer in Parfüms auch über diesen Nerv. Mit ihm kann man Dinge mit zusätzlicher Wirkung riechen und empfinden, was über das übliche „angenehm vs. unangenehm" hinausgeht und uns trotz oder gerade wegen des leichten Prickelns Freude bereitet. „Selbst, wenn jemand völlig geruchsblind ist, kann man mit entsprechenden Duftstoffen den Nervus trigeminus stimulieren" (Hatt und Dee 2012). Das heißt: Man kann noch immer eine Art Duftgenuss erleben, selbst wenn dieser nicht mehr im Normalbereich des Riechens liegt und allein auf Dauer als unbefriedigend empfunden wird.

Das als Trigeminus-Riechen bekannte Phänomen lässt sich weiter ins Spezielle steigern, wenn der Geruch zusätzlich etwas stechend Ekeliges hat. Das, was wir als Ekel empfinden, wurde bei der Duftsozialisation – beispielsweise beim Toilettentraining – erlernt. Wenn der Geruch darüber hinaus etwas Stechendes an sich hat, wird nicht nur das Geruchsgedächtnis, sondern auch der Trigeminusnerv aktiviert. Das kennt man als Kombination, beispielsweise bei abgestandenen, eklig-stechenden Uringerüchen. Hier kommen gelernter Ekel und angeborene Aversion gegen Stechendes sehr typisch zusammen.

Interessanterweise sind es gerade die provozierendsten Gerüche, die die Geschichte der Parfümerie kennt. Ihre Wirkung in Düften ist legendär und hat in großen Parfüms wie „Jicky" oder „Shalimar" – wenn auch etwas versteckt – immer mitgespielt. Das inzwischen für die Parfümherstellung verbotene Sekret der Zibetkatze, das sehr animalisch, recht urinös und sogar vergoren riecht, ist dafür ein klassisches Beispiel. In Reinform riecht es eigentlich eklig-stinkend, aber in der Verdünnung hat es eine merkwürdige Genussfaszination, bei der im Gehirn Kaskaden von Assoziationen in unterschiedlichsten Facetten ablaufen. Bildgebende Untersuchungsverfahren zeigen, dass beim Riechen von stechend eklig-stinkenden Stoffen gleich verschiedene Areale aktiviert werden, da sich das Gehirn offensichtlich gar nicht beruhigen kann.

Mit diesen Duftimpressionen liebt zuweilen auch die Kunst zu spielen, da diese Art von Gerüchen schnell Grenzen überschreitet und man sich von ihnen nur schwer distanzieren kann. Diese Gerüche lassen sich vom Gehirn kaum disziplinieren. Zwar kann man sich an sie gewöhnen, aber sie sind übergriffig, da kurzfristig und in Intervallen immer wieder gerochen ein Entziehen schwerfällt. Unterschwellig weiß man, dass sie etwas mit dem eigenem Selbst zu tun haben, mit der eigenen Menschwerdung, mit der mühsamen Entwicklung zur ästhetischen Persönlichkeit. Dennoch sie sind Teil von einem selbst. Man kann sie schlecht ablehnen. Sigmund Freud ging sogar so weit, dass er sagte, dass Kinder in der analen Phase (2.–3. Lebensjahr) auf ihre Ausscheidungen stolz sind und sie als Geschenk an die Eltern erleben. Das Ausscheiden ist damit auch Ausdruck von Anpassung, wie das Zurückhalten ein Ausdruck von Trotz ist. Das destruktive der Analität findet sich auch in Vulgärausdrücken wieder, z. B. als „Schiss", „Beschiss", „auf etwas scheißen", aber auch im „Anschiss" (Helle 2019).

Kunst, die mit diesen Gerüchen spielt, wird dadurch sehr emotional und ursprünglich. Es entsteht ein ambivalenter Genuss in den Facetten zwischen Anziehendem und Ekel, mit denen der französische Geruchskünstler und Parfümeur Christophe Laudamiel gern spielt. Seine Arbeiten rufen olfaktorisch vielfältige Assoziationen hervor, z. B. zwischen Meer, Alkohol, Holz, Uringerüchen und Haut, und präsentierten einen sehr facettenreichen Genuss, bei dem einfache Bewertungen wie „angenehm" oder „unangenehm" nicht mehr passen wollen, da Gestank Teil des Genusserlebens wird.

> *Haben Sie durch dieses Kapitel Lust bekommen, Ihr Lieblingsparfüm z. B. durch Tanz oder Malerei zum Ausdruck zu bringen? Das würde mich sehr freuen, und allein deshalb hätte sich dieses Kapitel doch schon gelohnt.*

Zusammenfassung

Wir sind in diesem Kapitel der Frage nachgegangen, wie man dem Kunden vor allem in der stationären Parfümerie eine Erlebnissteigerung bieten kann, und haben in diesem Zusammenhang Tools und Methoden der Erlebnisparfümerie für mehr Parfümbegeisterung in der Beratungspraxis besprochen.

Die Erlebnisparfümerie hat das generelle Ziel, zunächst Neugierde und Vorfreude auf das Kennenlernen von Parfüms zu erzeugen, die dann zu einer angenehmen, unerwartet positiven, aber auch spannenden Beratung führt, die sich bis zur Faszination steigern kann. An Tools haben wir hierfür z. B. psychologische Duftberatungsmethoden kennengelernt wie den Moodform-Test©, mit dem sich der Leser selbst testen konnte. Der Test basiert auf Erkenntnissen der Neuroparfümerie, der Farb- und Duftpsychologie und Zusammenhängen mit Erlebenswünschen. Eine Methode, um Parfüms intensiver und origineller zu erleben, ist Dufttanzen, aber es gibt auch spezielle Anlässe wie den Welt-Schildkröten-Tag(-Woche), zu denen man dem Kunden die schönsten Parfüms zum Relaxen, um wieder Ruhe und Gelassenheit zu erleben, auf einem Erlebnisdisplay vorstellen kann. Ferner besprachen wir als Methoden der Erlebnisparfümerie die Schatzinsel, Duftmalen, die Duft-Farbberatung wie auch Strategisches Glücks-Sampeln.

Literatur

Christensen JF, Chang DS (2018) Tanzen ist die beste Medizin: Warum es uns gesünder, klüger und glücklicher macht. Rowohlt, Reinbek

Hatt H, Dee R (2012) Das kleine Buch vom Riechen und Schmecken. Albrecht Klaus, München

Helle M (2019) Psychotherapie. Springer, Berlin

Higgins ET (1987) Self-discrepancy: a theory relating self and affect. Psychol Rev 94:319–340

Mensing J, Beck C (1988) The psychology of fragrance selection. In: Van Toller S, Dodd GH (Hrsg) Perfumery: the psychology and biology of fragrance. Chapman & Hall, London, S 185–204

Parkinson B et al (1996) Changing moods: the psychology of mood and mood regulation. Addison Wesley Longman, New York

Rempel J (2006) Olfaktorische Reize in der Markenkommunikation: Theoretische Grundlagen und empirische Erkenntnisse zum Einsatz von Düften. Springer, Wiesbaden

Schifferstein HNJ, Tanudjaja I (2004) Visualising fragrances through colours: The mediating role of emotions. Perception 33(10):1249–1266

Sorokowski P et al (2014) Color studies in applied psychology and social sciences: an overview. Polish J Appl Psychol 12(2):9

Tamura K et al (2018) Olfactory modulation of colour working memory: how does citrus-like smell influence the memory of orange colour? PLoS ONE 13(9):e0203876

Verbeek C (2018) Dancing Scent and Aromatizing Movement. Hackathon Conclusions. Mediamatic Art centre, Amsterdam

Stationäre Parfümerie im Wandel

Willkommen beim Rennen um die stationäre Parfümerie von morgen

Inhaltsverzeichnis

13.1 Elefantenrennen: Der Wettstreit um den „Verkaufsort Parfüm" von morgen – 316
13.1.1 Kernkompetenzen der stationären Parfümerie – 316
13.1.2 Die Rolle von Drogeriemärkten, Apotheken und Lebensmittelhandel – 318

13.2 Stationäre Parfümerie im Wandel: Entwicklungen & Trends – 321
13.2.1 Ausgezeichnete Lebensmittelmärkte als Vorbilder – 321
13.2.2 Neue Beauty-Welten: Mehr und mehr Parfümerien rüsten auf – 322
13.2.3 Der Trend zum „Face-to-Face"-Wohlfühltreffpunkt – 326

13.3 Verkaufsort Parfümerie: Methoden und Strategien zur Gewinnung von (Neu-)Kunden – 328
13.3.1 Zielgruppen der Parfümerie von morgen – 328
13.3.2 Ladenbau – 329

Literatur – 331

© Der/die Autor(en), exklusiv lizenziert durch Springer-Verlag GmbH, DE, ein Teil von Springer Nature 2021
J. Mensing, *Schöner RIECHEN*, https://doi.org/10.1007/978-3-662-62726-6_13

13.1 Elefantenrennen: Der Wettstreit um den „Verkaufsort Parfüm" von morgen

Die Zukunft der stationären, inhabergeführten Parfümerie ist nicht nur in Deutschland ein meist pessimistisch diskutiertes Dauerthema. Dabei geht es in erster Linie um die Auswirkungen des E-Commerce und insbesondere der Parfümerie-Onlineshops auf die Umsatzentwicklung der stationären Parfümerie mit den Hauptgebieten Duft, Körperpflege und dekorativer Kosmetik (Make-up). Sorgen bereitet aber auch die wachsende Bedeutung von Drogeriemärkten, Apotheken, Lebensmittelhändlern, aber auch Discountern. Sie haben sich in den vergangenen Jahren immer stärker dem Kernsortiment und Service der Parfümerie angenähert. Deshalb wird jetzt dringend nach Strategien der Positionierung gesucht. Vor allem für den mittelständischen Parfümeriefachhandel, der von der prestigeträchtigen mittel- und höherpreisigen Kosmetik lebt, steht viel auf dem Spiel.

Der Gesamtmarkt aller in Deutschland verkauften Schönheitsmittel hat im Corona Jahr 2020 etwas über 14 Mrd. Euro erreicht. Dazu gehören Damen- und Herrendüfte, Haut- und Gesichtspflegemittel, dekorative Kosmetik, Mund- und Zahnpflegemittel, Bade- und Duschzusätze, Deodorants, Seifen, Rasierpflege sowie sonstige Schönheitspflegeprodukte. Von diesem Gesamtumsatz profitieren die stationären, meistens inhabergeführten Parfümerien nur wenig, wenn überhaupt. Sie verfügen zwar über Kernkompetenzen, aber diese bieten in differenzierter Form auch Mitbewerber aus anderen Branchen, die stetig aufholen.

Trailer
Besonders in den stationären Parfümerien geht die Zukunftsangst um.

Viele Händler äußern sich pessimistisch, wenn man sie fragt, ob sie als Fachhandel weiter existieren können. Sicherlich gibt es heute für die klassische Parfümerie sehr viele Mitbewerber – nicht nur online –, die versuchen, in den Premium-Parfümmarkt einzudringen, aber man muss auch fragen: „Haben Verbraucher neue Bedürfnisse, die die klassische stationäre Parfümerie nicht oder noch nicht abdeckt?" Wie wir in diesem Kapitel sehen werden, verändert sich momentan das Verbraucherverhalten auch in der Parfümerie rasant. Für die Zukunft des Parfümerieeinzelhandels ist es deshalb wichtiger denn je, zu verstehen und darauf zu reagieren, wie Kunden sich bereits heute erleben möchten und welche Erlebenswünsche zunehmen. Das bringt uns auch zum Thema Ladenbau, wie eine stationäre Parfümerie auch gestaltet werden könnte.

13.1.1 Kernkompetenzen der stationären Parfümerie

Kernkompetenz 1 der Parfümerie ist **Schönheit.** Das war lange ihr Alleinstellungsmerkmal – Friseure, Spas, Medical Spas, Schönheitschirurgen und andere Schönheitsanbieter einmal ausgenommen. Inzwischen verbinden immer mehr Verbraucher Schönheit vor allem auch mit Drogeriemärkten, die seit Jahren viel größere Zuwachsraten aufweisen und im Vergleich zur Parfümerie bei Schönheitsmitteln eine dominierende Position eingenommen haben. Auch Lebensmittelhandel und Apotheken haben bei dieser Kernkompetenz zugelegt – wenn auch noch in geringem Maße. Die Kompetenz der pflegenden Kosmetik wird natürlich wesentlich vom Schönheitsimage bestimmt. Dekorative Kosmetik und Parfüms zielen zusätzlich noch auf **Attraktivität** ab, die vor allem bei der Duftwahl eine Rolle spielt.

Kernkompetenz 2 der Parfümerie ist **kompetente Beratung.** Allerdings schneiden Apotheken in diesem Bereich durch die Kombination von Gesundheit und Vertrauen wesentlich besser ab. Parfümerien wird inzwischen nur noch genauso viel oder wenig Vertrauen entgegengebracht wie Discountern. Drogeriemärkte und der Lebensmittelhandel erfreuen sich sogar eines größeren Vertrauens.

Kernkompetenz 3 der Parfümerie ist das **Wohlfühlen,** wobei die Drogeriemärkte hier stark aufholen. Wohlfühlen ist eng mit dem Beratungserleben verbunden. Dennoch es ist erstaunlich, wie wenig Wohlfühlen von den Parfümerien als wesentlicher Imageträger erkannt wird. So ist dieser Bereich bei der Kundenansprache kaum in die Ausbildung der Parfümeriemitarbeiter integriert. Auch ist seine Umsetzung beim Ladendesign nur ansatzweise zu sehen. Eine Ausnahme bilden in Deutschland offenbar die "first in beauty"-Parfümerien, die in ihrem Kundenmagazin dieses Thema aufgegriffen haben (Pilatus 2020).

Kernkompetenz 4 der Parfümerie sind **gute Marken.** Auch hier holt der Drogeriemarkt aus Sicht der Verbraucher langsam auf, wobei die Apotheken bei dieser Imageeinschätzung etwas zurückliegen. Gewinner bei dieser Kernkompetenz ist der Lebensmittelhandel, mit dem besonders häufig entsprechende Marken assoziiert werden. Aus Sicht der Parfümerie und des Lebensmittelhandels steht damit in Hinblick auf ein gutes Markenimage einer Überlappung von Schönheit und Nahrung wie bei Beauty Food nichts im Weg.

Kernkompetenz 5 der Parfümerie ist **Qualität.** Hier hat die Parfümerie gegenüber Drogeriemärkten und Apotheken noch die Nase vorn, kann aber vom besseren Image des Lebensmittelhandels noch etwas lernen. Er wird noch stärker mit guter Qualität assoziiert, vor allem in Kombination mit Genuss, Bio, Frische und Authentizität.

Discounter stehen momentan noch für günstige Preise und Sonderangebote, werden aber dem Lebensmittelhandel mit seinen Supermärkten immer ähnlicher. Tatsächlich beginnen die Grenzen der einzelnen Distributionskanäle mehr und mehr zu verschwimmen.

Nun stellen sich folgende Fragen: Wird die stationäre Parfümerie, wie wir sie kennen, als Fachgeschäft überleben? Haben Verbraucher neue Bedürfnisse, die die klassische Parfümerie nicht mehr abdeckt?

Die Übernahme stationärer, insbesondere inhabergeführter Parfümerien durch große Parfümeriegruppen hat nicht nur aus Altersgründen der Besitzer in Deutschland schon länger begonnen. Kunden verändern sich in ihren Wünschen und Bedürfnissen. In einigen Ländern wie beispielsweise in den USA sind klassische Parfümerien schon länger marktunbedeutend. Dort ging der Trend schon früh zu Mehrfilialbetrieben. Nicht nur für den Parfümerie-Einzelhandel sieht die Verbraucherforschung auch in Deutschland einen zunehmenden Trend: Kunden, denen mehrere Absatzkanäle parallele Angebote bieten, sind nicht nur zufriedener und ausgabefreudiger, sondern gehen auch häufiger einkaufen.

Tatsächlich verändert sich momentan das Verbraucherverhalten rasant. Für die Zukunft des Parfümerieeinzelhandels ist es deshalb wichtiger denn je zu verstehen, wie

Kunden sich erleben möchten und welche Bedürfnisse, Erlebenswünsche sowie Gewohnheiten zunehmen – vor allem aber, was sie fasziniert, wie man sie an sich bindet und wie man sich entsprechend positionieren muss. Unter Berücksichtigung dieser Punkte kommt man als Händler zu folgendem einfachem Schluss: Beim Rennen um die Parfümerie von morgen geht es für den Handel gar nicht um off- oder online, sondern darum, wie man Kunden faszinieren kann und – egal wie, wann und wo sie einkaufen – wie dem Geschäft der Umsatz nicht verloren geht.

Greg Wasson, ehemaliger Präsident von Walgreens USA, eine Drogeriekette und weltweit einer der größten Drogeriehändler, bringt das auf den Punkt: „Dem Unternehmen ist es egal, wo der Kunde einkauft, so lange es bei Walgreens ist – im Geschäft, per App, online, wo, wann und wie immer er einkaufen will." Mit seinen über 9000 Geschäften und seinem Anteil an der vor allem auch in England agierenden Walgreens Boots Alliance unternimmt Walgreens seit Jahren sehr viel, um keinen potenziellen Kunden zu verlieren. Dafür hat man Beratung, Service und Sortiment in den Geschäften über Jahre hinweg ausgeweitet. Das gleiche gilt für den Mitkonkurrenten CVS mit etwa 10.000 Geschäften, der ebenfalls primär in die Kundenberatung investiert hat.

Von Vorteil ist dabei die große Zahl der stationären, bequem erreichbaren Geschäfte. Doch im Internetzeitalter kommt noch etwas anderes hinzu. Die beiden großen Duft- und Kosmetikhändler sprechen den „Omnichannel-Verbraucher", also den Kunden mit Präferenz für den channelübergreifenden Einkauf, schon länger an. Entsprechend gibt es bei Walgreens neben Parfümerie- und Drogerieartikeln auch Apothekenprodukte sowie einen Lebensmittelbereich. Man zieht damit Verbraucher an, denen Produkte, Service und Informationen verschiedenster Warenkategorien auf Mausklick sofort zur Verfügung stehen. In einigen Walgreen-Boots-Märkten wird sogar zweimal am Tag geliefert. Mehrfilialbetriebe erreichen den Kunden nicht nur zeitsparender, sondern liefern ihm auch ein zunehmend spannenderes und anregenderes Einkaufserlebnis als der traditionelle Einzelhändler.

Sicher wird es in Deutschland weiterhin eine potenzielle, jedoch im Durchschnitt immer ältere Kundschaft für den Parfümerie-Einzelhändler geben. Auch schätzt besonders der europäische Verbraucher Fachgeschäfte in seinen Innenstädten, die – wie einzelne Städte erleben mussten – gegen die Verödung oder ein austauschbares Shopping-Erlebnis wesentlich helfen. Dennoch einiges – insbesondere, was den Kundenservice betrifft – kann man von den Strategien amerikanischer Drogeriemärkte lernen, was dann beispielsweise zum „Parfümtaxi" geführt hat, das mit der Corona-Pandemie von einigen stationären Parfümerien eingeführt wurde.

Auch die Drogeriemärkte hierzulande haben während der letzten Jahre ihre Face-to-Face-Kundenberatung intensiviert. Das gilt für das Drogeriehandelsunternehmen Müller, den Drogeriemarktführer dm, Rossmann als zweitgrößte Drogeriemarktkette Deutschlands sowie für die Parfümeriegruppe Douglas. Alle zusammen haben den stationären inhabergeführten Parfümerien sehr zugesetzt – auch weil sie eine jüngere Klientel ansprechen können.

13.1.2 Die Rolle von Drogeriemärkten, Apotheken und Lebensmittelhandel

- **Drogeriemärkte positionieren sich immer mehr auch als Parfümerie**

In den vergangenen Jahren haben die Drogeriemärkte in Deutschland ihr Sortiment strategisch in Richtung Parfümerie und Reformhaus ausgeweitet. Gleichzeitig nähern sie sich mit Versandapotheken dem Apothekenmarkt. Das tat nicht nur ihrem Image gut, sie entwickelten sich dadurch – wie der

Marktführer dm – zu attraktiven Mehrfilialbetrieben. dm kooperiert seit 2013 mit der Schweizer Versandapotheke „Zur Rose". Sie ist, laut eigener Aussage, europaweit führend im Arzneimittelversand und bietet in über 1600 Filialen in Deutschland einen Pick-up-Service bzw. Abholservice von Medikamenten an. Mit einem Umsatz von rund 33 Mrd. Euro ist Deutschland der größte Medikamentenmarkt Europas – vor Frankreich und Italien.

Im Wettkampf um die deutsche Parfümerie von morgen sind das Gesundheitsimage und das größere Vertrauen, das man mit Apotheken verbindet, spielentscheidend. Mit zunehmendem Alter der Bevölkerung gewinnen generell mit Gesundheit assoziierte Geschäfte an Bedeutung. Apotheken haben in Bezug auf das Gesundheitsimage einen fast nicht aufzuholenden Vorsprung. Ihnen wird wesentlich mehr Vertrauen entgegengebracht als Parfümerien.

Wer in den Augen der Verbraucher Gesundheit und Vertrauen in Kombination mit Schönheit, Attraktivität und Wohlfühlen anbieten kann und es schafft, entsprechend kompetent zu neuen, innovativen Duft- und Pflegeprodukten zu beraten, hat die Parfümerie von morgen fast schon in der Hand.

Drogeriemärkte sind da bereits auf einem sehr guten Weg, denn für sie hat sich die Anlehnung an Apotheken schon allein aus Imagegründen bereits gelohnt. So ist das Gesundheitsimage der Drogerien um einiges besser als das der Parfümerie. Abgesehen von Bio-Läden und Reformhäusern werden in Deutschland, bezogen auf große Einkaufsorte, nur Drogerien und Apotheken mit Gesundheit assoziiert. Der traditionelle Lebensmittelhandel bzw. Super- und Verbrauchermärkte sowie Discounter haben auf diesem Gebiet den größten Nachholbedarf.

- **Apotheken und der Run zur Naturkosmetik**

Nur Insider wissen, welche Rolle auch in Deutschland Apotheken mit ihrem Image von Gesundheit und Vertrauen in der Parfümerie von morgen spielen könnten. Die beiden zu den weltgrößten Kosmetikhändlern zählenden Unternehmen Walgreens und CVS sind in erster Linie Apotheken. Vor allem mit nichtverschreibungspflichtigen Arzneimitteln wie Erkältungsprodukten lassen sich gute Umsätze generieren. So führen allein schon Erkältungsprodukte Kunden in die Geschäfte, die dann auch noch Drogeriewaren und Parfümerieartikel kaufen. Deshalb muss man fragen: Warum werden in Deutschland nicht die Apotheken zu den Parfümerien von morgen?

Um die Gesundheit der deutschen Bevölkerung zu schützen, wacht der Gesetzgeber besonders über Apotheken. So kann ein Apotheker nur vier stationäre Läden besitzen, sich selbst nur für bestimmte Zeit in seiner Apotheke vertreten lassen, und sogar sein Profit ist festgeschrieben. Daran wird sich auch länger nichts ändern. Bislang vertraten alle Bundesregierungen die Auffassung, dass eine inhabergeführte Apotheke mit freiberuflich tätigen Apothekerinnen und Apothekern auf der Grundlage hoher professioneller Standards am besten die ordnungsgemäße Arzneimittelversorgung der Bevölkerung gewährleistet.

Zwar kann man über Kooperationen, Lizenzen, Beratungsabgaben und sonstige Serviceleistungen, beispielsweise bei Mietverträgen, quasi Apothekenketten aufbauen und unterhalten, an die auch Parfümerien angeschlossen werden können. Dennoch müssen laut Gesetzgeber die einzelnen Apotheker offiziell unabhängig sein. Apotheker, die sich beispielsweise wie Pluspunkt (eine Apothekenkooperation) zur Kooperation zusammenschließen, stehen quasi als Franchisekonzept schnell mal unter Beschuss.

Verschiedene Aspekte erschweren die Situation zusätzlich. So sind deutschen Apothekern eine ganze Reihe lukrativer, in den USA oder in Großbritannien üblicher Zusatzleistungen wie Impfungen untersagt. Ein heißes Thema ist auch der Verkauf von Werbeflächen bzw. die Unterstützungen oder Rückvergütungen seitens der Pharmahersteller für Werbung, Dekoration und Platzierung, wie sie vergleichbar von Duft- und Kosmetikherstellern für die Parfümerie geleistet werden. Sie könnten als Patientenbeeinflussung bewertet werden.

Kein Wunder, dass während der vergangenen Jahre die Zahl der stationären Apotheken in Deutschland gesunken ist und es in Deutschland im Jahr 2020 schon über 3000 (Internet-)Versandapotheken gab. Sie gehören allerdings nicht zu in Deutschland zugelassenen Apotheken, sondern operieren direkt und indirekt von einem ausländischen Sitz aus, beispielsweise aus den Niederlanden oder der Schweiz. Die unternehmerische Lage deutscher Apotheker gestaltet sich deshalb zunehmend schwierig. Apotheken und Parfümerien als Mehrfilialbetriebe dürften in den kommenden Jahren deshalb kaum eine nennenswerte Rolle im Markt spielen.

Wären die deutschen Apotheker vom Gesetzgeber weniger eingeschränkt und hätten sie eine andere Einstellung zu Duft und Kosmetik, deren Premium-Marken und damit verbundene Serviceangebote sie vielfach zwar als Image-Aufwertung, doch weniger als Umsatzpotenzial sehen, hätte die Zukunft der Parfümerie in Deutschland eine andere Dynamik. Mit der nächsten Generation von Pflege, Beauty von außen und innen – beispielsweise durch Schönheit von innen heraus unterstützende Beauty-Food-Nahrungsergänzungsmittel – bietet sich der Apotheke die Chance, sich im Healthcare-Zukunftsmarkt mit dem Image von Gesundheit, Schönheit, Attraktivität und Innovation noch stärker zu positionieren.

In einem Kosmetiksegment schlägt sich die Überlappung von Gesundheit und Schönheit schon sehr deutlich nieder: in der Naturkosmetik. Apotheken und Drogeriemärkte sind gerade dabei, diesen Bereich stärker an sich zu binden.

Allein 2018 wurde hier eine jährliche Umsatzsteigerung von bis zu 7 % verzeichnet, und über eine Million neue Käuferinnen und Käufer wurden angesprochen. Damit stellt die Naturkosmetik in Deutschland während der vergangenen Jahre ein besonderes Phänomen dar. Sie stieg zur Perle des Handels auf. Dabei zieht sie nicht nur jüngere Zielgruppen an, sondern bietet auch unterschiedliche Möglichkeiten der Positionierung: von preisgünstig bis Premium/Luxus. Ein weiteres Plus: Neue Entdeckungen auf dem Gebiet der Inhaltsstoffe machten Naturkosmetik noch wirkungsvoller und spezieller. Damit eröffnen sich auch neue Kosmetiksegmente, beispielsweise vegane High-Tech-Kosmetik bzw. eine neue Generation von Duftwirkkosmetik. Sie könnten nadelfreie Alternativen zu Einspritzungen auf dem Gebiet der Schönheitschirurgie bieten – möglicherweise sogar in Kombination von Wohlfühlen und Relaxen, wie man es aus der Aromatherapie kennt.

- **Der Lebensmittelhandel und das Rennen um die Parfümerien von morgen**

Der Lebensmittelhandel beobachtet aufmerksam die Drogeriemärkte. Vor allem sieht er, wie sie den staatlich geschützten Apothekenmarkt in Deutschland unterwandern und sich auch immer mehr den Parfümerien nähern. Für die beiden Marktführer Edeka und Rewe ist der Apothekenmarkt nicht neu. Rewe experimentierte bereits mit der Versandapotheke DocMorris. Als jedoch der Druck durch die Apothekerlobby zu groß wurde, zog man sich erst einmal wieder zurück. Der zur Edeka-Gruppe gehörende Discounter Netto kooperierte mit der holländischen Versandapotheke Almedica, bis diese Insolvenz anmelden musste. In den vergangenen Jahren zeigte sich, dass sich auch der Lebensmittelhandel im Healthcare-Zukunftsmarkt mit dem Image von Gesundheit, Schönheit, Attraktivität und Innovation stärker positionieren will.

Der Lebensmittelhandel mit seinen Supermärkten hat eine tiefgreifende Veränderung erfahren. Supermärkte gewinnen seit einigen Jahren Designerpreise für die „Kunst des Einkaufens". Denn man hat die Bedeutung des Ambientes für die Kauflust erkannt. Als Konsequenz begannen Supermärkte für Produktwirkung und -erleben, sich mehr und mehr wie Luxusmarken zu präsentieren.

In der Folge wurde eifrig umdekoriert. Um visuell das Wohlgefühl der Kunden zu steigern, wurden Regale verstellt und angepasst, schmale Bezahltische lösten wuchtige Kassen ab; statt in langen Schlangen anzustehen, werden Kunden wie im Abflugterminal von Mitarbeitern höflich zu einem freien Kollegen geschickt; oder aber man checkt an Selbstbedienungskassen sogar alleine aus.

Trotz dieser Neuerungen stellt sich die Frage: Wäre ein Kunde auch bereit, edle Parfümmarken wie Creed und Bond No. 9 oder Luxuspflege von La Prairie bei Edeka und Co. zu kaufen? Oder vegane Duftwirkkosmetik aus dem Frischeregal? Möglicherweise noch nicht. Allerdings gibt es immer mehr Lebensmittelgeschäfte, die innen und außen wie Designertempel wirken und ihre Drogerieabteilung stark aufgewertet haben.

13.2 Stationäre Parfümerie im Wandel: Entwicklungen & Trends

13.2.1 Ausgezeichnete Lebensmittelmärkte als Vorbilder

Zwei Lebensmittelgeschäfte haben schon länger Designer-Preise gewonnen – ein Signal dafür, in welche Richtung diese Branche sich insgesamt entwickelt. Sie zeigen aber auch, wie eine Parfümerie im 21. Jahrhundert ihre Warengruppen präsentieren sowie Einkaufserlebnis und -spaß steigern könnte. Es handelt sich dabei um die Coop-Filiale in Novoli (Florenz) und um „Hiebers Frische Center" in Bad Krozingen nahe Freiburg. Sie wurden in New York mit dem „Euroshop Retail-Design-Preis" als Supermärkte des Jahres ausgezeichnet und haben in ihrer Branche viele Nachahmer gefunden.

Die 2500 Quadratmeter große Coop-Filiale überrascht mit dem Eindruck einer Markthalle – allerdings ohne ein buntes Durcheinander, sondern mit einem an intelligent-minimalistischem Genuss orientiertem Einkaufserlebnis, das frisch, gepflegt und sauber wirkt. Das wird vor allem durch die eindrucksvolle Wareninszenierung bei den Frischeinseln erreicht. Die dominierenden Farben sind hierbei Beige und Grau. Große Glasflächen, kombiniert mit Materialien einer gemütlichen italienischen Küche, schaffen eine gleichzeitig warme und moderne Atmosphäre. Das Ganze wird mit frischen regionalen Produkten von höchster Qualität unterstrichen. Dazu kommt luxuriös viel Platz. Niemand muss sich an vollgestopften Regalen vorbeidrücken – ähnlich der Kulisse eines fiktiven Supermarkts, die Chanel für die Präsentation seiner Wintermode 2014 wählte.

In dieser Coop-Filiale ist alles logisch angeordnet. Man kreiert quasi im Vorbeischlendern sein nächstes Menü und erhält Informationen zur Verfeinerung der eigenen Küche. Die Mitarbeiter sind in frischem Weiß gekleidet und erinnern an Köche oder kulinarische Experten. Einzelne Stopps sorgen auf witzige und geistreiche Art für Inspirationen zu neuen kulinarischen Kombinationen und Entdeckungen. Die Nachbarschaft des Universitätscampus passt zu dieser Art des entspannten Findens, Entdeckens und Erforschens. Nicht zufällig gehören ein Café und ein Restaurant zu diesem Einkaufsparadies. Bequemes Parken ist selbstverständlich. Alles ist am Kundenkomfort orientiert. Man geht sogar noch einen Schritt weiter: Einladende Aufenthaltsbereiche bieten Platz für Verkostungen, Seminare und Kundenevents.

Weitere Inspirationen für eine Parfümerie der Zukunft bietet mit über 2000 Quadratmetern auch „Hiebers Frische Center" im Kurstädtchen Bad Krozingen. Als erster Edeka-Markt wurde das Center bereits 2013 mit dem Euroshop Retail-Design-Preis als Supermarkt des Jahres ausgezeichnet. Auch von außen besticht das Geschäft mit einem neuen Designkonzept und ungewöhnlich eleganter Architektur wie einer um 15 Grad geneigten mattschwarz lackierten Außenwand.

Auch der Innenraum wartet mit Überraschungen auf. Alles dreht sich um die Schaffung von Warenwelten, in denen Produkte als ein harmonisches Ganzes wirken sollen und durch spezielle Materialien, Beleuchtung sowie Bodenbeläge in Szene gesetzt werden. Minimalistische Strichzeichnungen und schwarz-weiße Schriftzüge auf den Rückwänden identifizieren jede Abteilung.

„Erst lernen, dann kaufen" lautet das Motto. Entsprechend geben „Lehrtafeln", die gleichzeitig als Design-Element dienen, Informationen zu den einzelnen Produktbereichen. Da die Nachfrage nach frischen, gekühlten Produkten ständig steigt, hat Hieber die Kühlregale mit eleganten Holzrahmen ausgestattet, in denen z. B. Smoothies sofort auffallen. Die Drogerieabteilung in der Ladenmitte leuchtet blau-violett-silbern wie ein Raumschiff.

Dabei wollen Hieber und Coop in Novoli aber auch sozialer Treffpunkt für ihre Kunden sein. Per Kassenzettel und über die kleinen Bildschirme der Bedientheken-Waagen werden geschäftseigene Veranstaltungen wie Kochkurse, Weinproben oder Marktführungen angekündigt.

Um Kunden einzubeziehen und noch mehr an das Geschäft zu binden, wurde ein Kundenrat geschaffen, der ständig Anregungen zu Angebotserweiterungen und Ladengestaltung gibt, aber auch die Umweltrichtlinien im Auge behält.

Schließlich gibt es noch ein eigenes „Gütesiegel", das den Selbstanspruch kommuniziert. Besondere Bedeutung misst Hieber den Standards der eigenen Mitarbeiter bei. Sie mögen zwar nicht zu den bestverdienenden der Branche zählen, profitieren jedoch von flexibler Arbeitsplanung, Aufenthaltsraum mit Internetanschluss und Terrasse, ständiger Weiterbildung sowie geräumigen, poppig tapezierten Umkleidekabinen mit Kronleuchtern. All das soll die Motivation der Mitarbeiter fördern.

13.2.2 Neue Beauty-Welten: Mehr und mehr Parfümerien rüsten auf

Mittlerweile zeigen bereits einige stationäre Parfümerien – darunter der Douglas PRO Store in Hamburg-Eppendorf –, wie man sich künftig allgemein besser aufstellen könnte sowie welcher Service und welche Produkte angeboten werden müssten. Der Fokus liegt dabei weiterhin meist auf Hautpflege und dekorativer Kosmetik. Allerdings hat man erkannt, dass dem vom Expertenwissen abhängigen Beratungsniveau in Bezug auf Innovationsprodukte und dem damit einhergehenden Service eine größere Bedeutung eingeräumt werden müsste.

In diesem Zusammenhang wird bereits seit längerem im Bereich der Pflegekabinen aufgerüstet. Sie können vor allem im Unterschied zu Internet-Shops mit besonderen Verwöhnerlebnissen punkten. Man ist aber auch zu einer außerordentlich wichtigen Erkenntnis gelangt: Parfümerien müssen auch bekannte Produkte der Apothekenkosmetik führen wie beispielsweise die bekannte Marke La Roche-Posay. Mit speziellen Produkten gegen Hautirritationen und -problemen steigert die Parfümerie ihr Gesundheitsimage und gewinnt an Vertrauen. Das sollte durch Fachkräfte mit pharmazeutischem Wissen unterstützt werden. Auch entsteht vielfach gerade eine Erlebnisparfümerie die Angebote offeriert, wie man sie bislang nur mit den Praxen für Plastische Chirurgie und Ästhetische Dermatologie verbindet. Bereits 2018 prüfte die Parfümerie Douglas, ob es möglich sei Behandlungen z.B mit Botox in Filialen anzubieten. Das war nicht einfach zu realisieren, schon aus dem Grund, weil eine Botox Unterspritzung in Deutschland (im Gegensatz zu den USA) nur von einem Arzt (und da auch nicht von einem Zahnarzt) durchgeführt werden kann. Bei Hyaluron-Injektionen kann diese noch durch einen Heilpraktiker verabreicht werden. Mittlerweile arbeiten einige Parfümerien mit Ärzten und Heilpraktikern zusammen. Der Trend geht dabei zu Fachärzten aus den Bereichen Plastische Chirurgie oder Ästhetischen Dermatologie, die wie Moll, Just & Peek in Frankfurt am Main mit Expertenwissen und umfassender Aufklärung für einen Eingriff auch in der stationären Parfümerie beraten und Unterspritzungen dort selber durchführen. Mit anderen Worten, viele Parfümerien realisierten nun, dass ihre Kunden sich zusätzliche und neue Service- und Erlebnisangebote wünschen. Die zu erfüllen gibt den Parfümerien jetzt die Chance, ihre Kernkompetenzen zu erweitern: Das Erlebnis von „Medical Beautytainment", um für mehr Lebensfreude und Glücksgefühle der Kunden vor allem ihren Wunschlook zu verwirklichen. Das geht mit seriösen und konkreten Angeboten medizinischer Ästhetik einher und forciert sich als Trend, weil sich zunehmend mehr Kunden deutlich jünger fühlen, als ihr äußeres Erscheinungsbild ihnen vorgibt und entsprechend nach Lösungen verlangen. Daraus entsteht, wie gesagt, gerade eine Erlebnisparfümerie die auch Angebote offeriert, wie man sie bislang nur mit den Praxen für Plastische Chirurgie und Ästhetische Dermatologie verbindet.

Das Sortiment vieler Parfümerien wird auch ständig durch Spezialpflegemarken besonders auch für die Haut über 50 erweitert, von denen eine Vielzahl bislang noch gar nicht auf dem deutschen Markt vertreten sind bzw. waren. In diesem Rahmen kann für Kunden mit dem Einsatz von Künstlicher Intelligenz live vor Ort eine personalisierte Gesichtscreme hergestellt werden.

Parfümerien können sich gegen die potenzielle Übermacht des Lebensmittelhandels positionieren, indem sie – wie bereits schon die Apotheken – verstärkt auf Beauty Food setzen. Dabei handelt es sich um Nahrungsergänzungsmittel, die vor allem für schönere und attraktivere Haut, Haar und Nägel sorgen sollen. Sie werden als Drink, Pulver oder sogar als Kaubonbon, beispielsweise in Form leckerer Gummibärchen, angeboten. Letztere sollen mit ihrem hohen Vitamingehalt vor dünnem oder stumpfem Haar und sogar vor Haarausfall schützen.

- **Die stationäre Parfümerie von morgen: Ein Zentrum der Frische**

Das Versprechen und Erleben von Frische löst bei jedem eine faszinierende psychologische Assoziationskette aus. Denn Frische wird zunächst mehr oder weniger bewusst mit Reinheit, Sauberkeit und Hygiene, aber auch mit psychischer Reinigung und persönlichem Neuanfang, guter Luft und letztendlich mit Gesundheit verbunden. Frische ist deshalb nicht nur persönlich, sondern auch sozial erwünscht.

Wer Frische verspricht, verspricht auch Ehrlichkeit, Vernunft, Zuverlässigkeit, Qualität, Unberührtheit, Unbeflecktheit, Ehre, Gewissen, Anstand, Moral, ja sogar Jugendlichkeit. Darüber hinaus wird Frische auch mit neu, Wohlbefinden, Zufriedenheit, Sympathie und vor allem mit Anerkennung assoziiert wird. Wahrgenommen wird sie als belebend, erfrischend, spritzig, aufmunternd, stärkend, stimulierend, erquickend, vitalisierend, als Klarheit, Glanz, Sauberkeit und insbesondere als Duft. Nicht frisch wirken in diesem Zusammenhang die Farbe Grau, Trockenheit, Verstaubtes, Klebrig-Schmieriges, Speckiges und natürlich Gestank, aber auch Muffig- und Stickigkeit. Letzteres ist besonders ein Problem von Kosmetikabteilungen nicht nur alter Kaufhäuser. Insbesondere ungenügende Lüftungsmöglichkeiten vermindern bei der Duftberatung ein Frischeerlebnis.

Der Lebensmittelhandel hat die perfekte Inszenierung von Frische vorgemacht. Das damit verbundene Erlebnis des Kunden regt alle Sinne an – taktil, visuell, olfaktorisch und gustatorisch. Im Folgenden zeige ich an einigen Beispielen, was die stationäre Parfü-

merie von den Frischetrends des Lebensmittelhandels übernehmen könnte:
- Die Inszenierung von gesunder Frische mit Produkten, die z. B. aus einem edlen Frischeregal angeboten werden. Übertragen auf die Parfümerie könnten das spezielle Smoothies für die Schönheit von Innen sein, aber auch gekühlte Eau de Toilettes, etwa aus der Duftrichtung Zitrusnoten. Die Parfümerie könnte regelrecht ein Tempel für diese zunehmende Zielgruppe werden, die Säfte, Smoothies und Superfood-Shots regelmäßig konsumiert. Vor allem grüne Getränke dieser Art versprechen Schönheit von innen durch Entgiftung, Fettverbrennung und Stärkung des Immunsystems. Dabei kommen neue trendige und wertvolle Vitalstoffe zum Einsatz: Algen wie die entgiftende Chlorella bzw. die den Stoffwechsel anregende Spirulina, Umweltgifte abbauende Goji-Beeren oder die entzündungshemmenden gemahlenen Substanzen aus der Pflanze Lucuma, auch „Gold der Inka" genannt. Mit Beauty und Gesundheit aus dem Frischeregal einer Wellness-Parfümerie könnte man auch jüngere Zielgruppen ansprechen.
- Die Assoziation von reinem, purem und gesundem Genuss, indem man vor einem weiß gekachelten Hintergrund Beauty-Food-Nahrungsergänzungsmittel im Zusammenhang mit Kochrezepten präsentiert, die besonders auch Wohlriechendes versprechen.
- Multisensorische Installationen auf Präsentationsinseln, bei denen Parfüminhaltsstoffe wie Kumquats oder Minze auf Eis angerichtet und dann gerochen oder verzehrt werden können.
- Grüne Wände als naturbezogene, edle Präsentationen beispielsweise mit verschiedenen feuchtigkeitsspendenden Orchideen. Kleine beschriftete Tafeln geben an, in welchen Parfüms die Pflanzen zu finden sind.
- Frische-Stände, -regale und -tische mit neu auf den Markt gekommenen bzw. neu im Sortiment geführten Parfüms, Pflegeprodukten und dekorativer Kosmetik.
- Kreativbereiche für Kunden mit verschiedenen Parfüms und Duftbausteinen wie einer Duftorgel, mit der Parfümeure arbeiten. Hier könnte sich der Kunde unter Anleitung eines Experten mit Parfüm-Layering selbst ein neues Parfüm kreieren. Alternativ kann dazu auf Lehrtafeln eine Anleitung gegeben werden.
- Ständig wechselnde visualisierte Informationen zu einzelnen Produktbereichen und Themen. Beispiel: Rosen, die als Parfüminhaltsstoff dienen, werden früh morgens gepflückt, um sie in bester Qualität frisch für die Parfümherstellung zu gewinnen.
- Sozialer Treffpunkt mit Café und Seminar bzw. Event-Möglichkeiten, bei denen z. B. Parfümliebhaber neue, belebende Kontakte schließen können.
- Anbieten, dass man als Mitglied des Kundenrats das Sortiment bzw. die Listung neuer Marken beeinflussen kann.

Eigen-, regionale und Indie-Marken (unabhängige, meist noch junge Parfüm-, Make-up- und Kosmetikmarken) gewinnen zunehmend auch in der Parfümerie an Bedeutung.

Der Trend zum gehobenen Supermarkt zeigt sich mittlerweile auch bei Discountern – und das nicht nur bei Aldi in London, wo man wie mit Aldi local versucht, neue Wege zu gehen. Ein gutes Beispiel dafür ist auch Lidl in Deutschland. Der Discounter unternimmt große Anstrengungen, mehr dem Image eines Supermarktes zu entsprechen.

Beide Branchen, Supermarkt und Discounter, sind wesentlich selbstbewusster geworden. So ist der Umsatz von Eigenmarken in den vergangenen Jahren durchweg gestiegen, während der von Markenprodukten gesunken ist. Das passt zum internationalen Trend, Produkte ohne Markennamen zu konsumieren. In der Schweiz und Spanien belief sich in den vergangenen Jahren der

Anteil von Eigenmarken an allen verkauften Produkten auf 53 bzw. 51 %.

Die große Mehrheit der Deutschen glaubt inzwischen, dass es keinen großen qualitativen Unterschied zwischen Marken und Eigenmarken gibt. Das war vor wenigen Jahren noch nicht der Fall. Die alten Einteilungen "Marke = wertvoll" und "Eigenmarke = billig" gelten nicht mehr. Bislang ging man davon aus, dass Kunden aus Sparsamkeitsgründen zu Eigenmarken griffen. In Supermärkten werden aber mittlerweile auch mit dem Namen des Händlers versehene Luxuslebensmittel, Bio-Frischeprodukte und Spezialitäten verkauft. So bietet beispielsweise Rewe als Spezialität die Eigenmarke „Rewe frei von" mit unterschiedlichen gluten- und laktosefreien Produkten an.

Auch wenn damit noch nicht das große Geschäft zu machen ist, bindet es doch den Kunden, insbesondere Familien, an den Händler. Dafür reicht es schon, wenn nur ein Familienmitglied Allergiker ist. Die Wahrscheinlich ist recht groß, dass auch alle übrigen Einkäufe in diesem Supermarkt getätigt werden. Oft entwickeln sich solche Eigenmarken sogar zu einer bestimmten Art des Lebensstils und somit zu Imageträgern, da sie als gesünder angesehen werden.

Auch regionale Produkte von lokalen kleineren Herstellern wie z. B. Schwarzwaldmilch oder Eier von einem bestimmten Bauern sind die Gewinner. Sie werden als frischer und vor allem als authentisch bewertet. Man schenkt ihnen mehr Vertrauen, weil man sie auch als limitiert und qualitativ hochwertiger assoziiert.

Alles läuft inzwischen darauf hinaus, dass Eigenmarken und das lokale Sortiment in näherer Zukunft im ersten Schritt als qualitativ gleichwertig und im zweiten Schritt im Vergleich zu bekannten Marken vom Verbraucher vielleicht sogar als qualitativ besser angesehen werden. Das wäre dann der endgültige Siegeszug der Premium-Eigenmarken verschiedenster Art und unterschiedlichster Branchen im Supermarkt, aber auch der Startschuss für die rasche Deflation großer, etablierter Marken z. B. aus der Parfümerie.

- **Indie-Marken**

Nicht zufällig experimentiert die Parfümerie Douglas verstärkt mit Indie-Marken. Dabei handelt es sich, wie gesagt, meist um junge, inhaber- oder gründergeführte Kosmetikmarken ohne Anbindung an große Konzerne. 2019 verkündete Tina Müller, CEO der Douglas Group, auf einer vom Parfümerieverband organisierten Tagung den zahlreichen anwesenden Besitzern inhabergeführter Parfümerien, dass der Absatz von Indie-Brands seit 2012 dreimal schneller gewachsen sei als der Umsatz etablierter Marken. Mittlerweile haben große Marken wie Estée Lauder auf die neuen Bewegungen im Markt reagiert und kaufen verstärkt Indie-Marken, darunter beispielsweise „too faced" mit der Bestseller-Mascara „Better Than Sex". Ursprünglich war die gute Laune machende Marke in Deutschland nur online bei Amazon erhältlich. Dann griffen Douglas und Sephora zu und entdeckten, wieviel Spaß Kunden die persönliche Makeup-Beratung mit dieser Marke bereitete. Noch bleibt abzuwarten, ob sich Indie-Marken über Jahre hinweg weiterentwickeln oder ob es sich bei ihnen nur um einen kurzen Trend handelt. Dennoch: Mit Indie-Marken steht eine Parfümerie immer auf der Gewinnerseite, da man Kunden ständig etwas Neues bieten muss. Für den Handel gilt es, gut abzuwägen, wie man die Investitionen zwischen großen Marken und kleinen Indie-Brands klug aufteilt.

Für den mittel- und höherpreisig kaufenden Parfümeriekunden könnte zudem bereits innerhalb der nächsten Jahre der Lebensmittelhandel – insbesondere auf dem Gebiet der Pflegeprodukte – attraktiv werden. Bereits heute steht diese Branche in den Imagebereichen Genuss, Frische, Bio und Authentizität konkurrenzlos da. Bei den Imagebereichen Vertrauen und Sicherheit ist sie zudem näher an die Apotheken gerückt.

- **Premium-Naturkosmetik als Eigenmarke frisch aus dem Kühlregal**

Zusätzlich wird der Lebensmittelhandel auch auf dem Gebiet der Gesundheit mit Versandapotheken und Naturkosmetik aufholen. Denn der Verbraucher honoriert schon seit längerem die großen Auswahlmöglichkeiten, die gute Qualität und den günstigen Preis von Markenprodukten. Allerdings wird diese Branche noch nicht mit den Bereichen Schönheit und Beratung – vor allem im mittel- und höherpreisigen Kosmetiksegment – assoziiert. Das kann sich aber schnell ändern, wenn Lebensmittelhändler Premium-Naturkosmetik als Eigenmarke frisch aus dem Kühlregal anbieten und Kunden von Spezialisten für innere und äußere Schönheit beraten werden – natürlich in Verbindung mit passenden kulinarischen Rezepten. Die Luxus-Edekas der Zukunft werden also alles haben, um mittel- und höherpreisig kaufende Parfümeriekunden anzuziehen. Aber bieten sie auch Wohlgefühl?

13.2.3 Der Trend zum „Face-to-Face"-Wohlfühltreffpunkt

Momentan entwickelt sich der gehobene Lebensmittelmarkt zum sozialen „Face-to-Face"-Wohlfühltreffpunkt. Des Weiteren ist hier der Trend zum Erlebnisrestaurant zu beobachten. Die Speisen werden vor den Augen des Gastes nicht nur zum Mitnehmen, sondern zum Essen vor Ort kreiert wird. Die elegante Kombination aus Supermarkt und Gastronomie soll Kunden inspirieren und zusammenbringen. Die Entwicklung des Lebensmittelmarkts zum sozialen Treffpunkt hat zwar in den vergangenen Jahren mit frisch zubereiteten Pizzen, Nudelgerichten, Sandwiches und Desserts etwas holprig begonnen. Aber es handelt sich dabei um den besten Schachzug, den Supermärkte derzeit überhaupt haben machen können: das Angebot von Orten, an denen sich Menschen wohlfühlen, wird immer wichtiger.

- **Strategische Chancen der stationären Parfümerie: Welche Rolle spielt die „Face-to-Face"-Beratung?**

Der Wunsch nach einer persönlichen Duft- und Kosmetikberatung – auch bezogen auf kosmetische Behandlungen – nimmt zu. Parfümerien mit Beauty-Kabine können das bestätigen. „Face to face" gilt als ein sich verstärkender Wohlfühl- und Wellnesstrend. Warum? Wer in der Lebensberatung tätig ist, weiß, dass bei vielen mit zunehmendem Alter die Stimmung langsam sinkt. Das gilt nicht nur für Zeitarbeiter und Arbeitssuchende, sondern vor allem für Vollzeitbeschäftigte in der privaten Industrie. Gleichzeitig wächst das Gefühl, allein und ohne wirkliche Freunde zu sein. Studien belegen, dass das Internet mit seinen sozialen Medien dieses Isolationsgefühl noch verstärkt. Die vorgetäuschte Vernetzung entwickelt sich schnell zum persönlichen Exil, wie es folgendes Gedicht von R. Chandra (Chandra 2013) beschreibt:

> *I am all over the internet, but nowhere to be found.*
> *Cyberian exile is complete and profound.*
> *"Connected" to everyone, but alone at my screen –*
> *I'm dissolving into a Silicon dream.*

Natürlich haben das Internet und die sozialen Medien wie Instagram, Pinterest, Facebook oder Twitter auch viele positive Seiten und werden wie der gesamte E-Commerce weiter an Bedeutung zunehmen. Das bietet dem stationären Parfümeriefachhandel nicht nur Nachteile, sondern auch ungeahnte Vorteile – und zwar nicht nur in Bezug auf Duftliebhaber-Blogs, mit denen man sich über Parfümerie und Kosmetikprodukte informiert. Auch wenn es auf den ersten Blick unglaublich erscheint, fördern die sozialen Netzwerke sogar die soziale Bedeutung der stationären Geschäfte. Das ist dem Handel allerdings noch wenig bewusst.

Bis etwa 2016/17 war man davon ausgegangen, dass das Internet die Lebensbasis vieler stationärer Geschäfte zerstören würde, was zum Teil auch eingetreten ist. Die Zukunft wird aber auch zeigen: In Wirklichkeit brauchen sich beide gegenseitig. Mittelfristig wird das Internet sogar die stationären Geschäfte mehr brauchen, denn in der Bequemlichkeit des Internets liegt eine Gefahr. Man verliert sich und isoliert sich selbst relativ schnell, wie es die Corona-Pandemie gezeigt hat, auch wenn man es gar nicht wollte. Man verlernt in der Isolation schnell, ein Freund im wirklichen Leben zu sein. Die Psychologie weiß das schon lange und empfiehlt deshalb immer den direkten, persönlichen Kontakt. Denn ein Freund, mit dem man sich im wirklichen Leben trifft, ist emotional wesentlich wertvoller als der übers Internet.

Besonders ideal ist es, Zeit in realen kleinen Gruppen zu verbringen (Nef 2008). Bereits drei gute Freunde in physischem Kontakt sind wesentlich bedeutsamer für das eigene Wohlfühlen als viele im Netz. Untersuchungen zeigen ferner, dass wirkliche Freunde – verglichen mit eher anonymen aus dem Netz – meist höhere moralische und ethische Werte haben sowie mehr zum Glück und zur Zufriedenheit beitragen. Internet-Beziehungen zeitigen zudem eine Reihe negativer Nebeneffekte. So entsteht beispielsweise bei Facebook und Twitter schnell versteckter Neid. Oder man verstellt sich mit dem Ziel, Anerkennung und Weiterempfehlungen zu erhalten. Dieses Phänomen ist besonders bei jüngeren Bloggern zu beobachten.

Um die eigene Stimmung zu heben, um sich besser zu fühlen, verabredet man sich also besser mit Freunden für einen entspannten Abend, zu einer gemeinsamen Shoppingtour oder einen Riechausflug in eine Parfümerie. Zwischendurch kann man zusammen einen Kaffee trinken gehen und anschließend die Seele baumeln lassen. Man weiß, was einen erwartet, und kann sich lange darauf freuen – und es dann genießen, wenn es soweit ist.

Diese Art kleiner Glücksgefühle ist ansteckend. Denn ein glücklicher Partner erhöht die Wahrscheinlichkeit, selbst glücklich zu sein, um knapp 10 %. Die Wahrscheinlichkeit, dass die eigene Stimmung von gut gelaunten Freunden, Kollegen und Nachbarn profitiert, liegt sogar bei über 30 % (Fowler und Christakis 2009). Umkehrt ziehen einen die Klagen von Kollegen, beispielsweise über Burn-out, auch selbst runter. Persönliche Schönheits-, Attraktivitäts- und Wohlfühlberatung sind der große soziale Beitrag und die strategische Chance der stationären Parfümerie. Diese Funktionen werden künftig noch weiter an Bedeutung gewinnen.

Wenn man die Beobachtungen zu Stimmungssteigerungen auf den Parfümeriefachhandel überträgt, müssten dessen Kunden gleich doppelt profitieren:

- Erstens durch das Warenangebot selbst, da Parfüms und Kosmetik direkt auf die Persönlichkeit des Verwenders, die Steigerung seiner Stimmung, persönliche Attraktivität und Schönheit sowie das Erleben von individuellem Genuss und Wohlempfinden abzielen.
- Zweitens durch die Fachkraft, von deren ansteckender guter Laune der Kunde in der persönlichen Beratung profitiert. Denn diese positive Stimmung färbt, wie gesagt, immerhin zu rund 30 % auf den Kunden ab.

Das alles lässt den Schluss zu, dass auch in Zukunft die stationäre Wohlfühlparfümerie mit ihrer persönlichen Beratung gefragt sein wird. Die soziale Funktion als Ort der persönlichen Begegnung, an der man sich vertrauensvoll in die Augen sehen kann, und die fachliche Kompetenz der stationären Parfümerie werden sogar noch an Wert gewinnen – insbesondere, je mehr das Internet mit seinen vielen sozialen Netzwerken als persönliches Exil erlebt wird. Mittel- und höherpreisig kaufende Kunden dürften gerne bereit sein, für eine individuelle Wohlfühlberatung zu zahlen.

13.3 Verkaufsort Parfümerie: Methoden und Strategien zur Gewinnung von (Neu-) Kunden

13.3.1 Zielgruppen der Parfümerie von morgen

Lassen sie mich zum Abschluss dieses Themas auf einige Zielgruppen aufmerksam machen und fragen, ob wir deren Geschmack, wie eine Parfümerie auszusehen hat und was sie bietet, auch richtig treffen. Ich will der Frage nachgehen, ob die Parfümerie, wie wir sie kennen, allein schon von Ladenbau und genereller Aufmachung für diese Gruppen ein idealer Wohlfühlort ist. Vielleicht übersehen Ladenbauer, die meistens männlich sind, etwas, das sich bestimmte Kunden eigentlich wünschen.

Zunächst möchte ich über die jüngste Zielgruppe der Parfümerie sprechen und Ihnen ein paar Tipps geben, wie man sie für die Parfümerie gewinnt, aber auch, was sie einer Parfümerie bieten können und wie man mit ihnen im Kontakt bleibt.

- Jugendliche sind heute die Style-Berater ihrer Eltern und häufig sogar ihrer Großeltern. Sie haben einen großen Einfluss bei der Wahl von Düften, Make-up und Pflege. Selbst wenn die Eltern bereits Stammkunden sind, tragen die Kinder wesentlich zum Erhalt des Images einer Parfümerie bei. Eine stationäre Parfümerie sollte sich deshalb besonders um den Kontakt zu 15- bis 17-Jährigen bemühen und ihnen periodisch Teen-Workshops zu Düften, Make-up und Pflege anbieten und sie dann auch für Praktika gewinnen.
- Bereits 12-Jährige sind heute sozial vernetzt. Mit den Apps auf ihren Smartphones verfügen sie über mobile Meisterwerke der Kommunikation. Das gilt vor allem für eine spontane Gruppen- und Meinungsbildung. So können für jeden Anlass Gruppenchats gebildet werden, in denen sich schnell über 30 Personen zusammenfinden. Als mobile Parfümerie kann man bei Veranstaltungen Duftschnupperkurse anbieten, bei denen man das eigene Riechvermögen testen kann – etwa wie bei Aufnahmeprüfungen für die Ausbildung zum Parfümeur, wo man die Ähnlichkeiten dreier Düfte herausfinden oder einfach Düfte im Blindtest erkennen muss. Auch eignen sich für das Heranführen an die Parfümerie einige Tools und Methoden der Erlebnisparfümerie, etwa Düfte durch Knete als Skulptur zu gestalten, wie ich es in ▶ Kap. 12 vorgestellt habe. Natürlich kann jeder etwas für seine „Nasenleistung" gewinnen. Auch werden die Kunstwerke ausgestellt bzw. über die sozialen Netzwerke durch die Parfümerie verbreitet.
- Bei Neueinstellungen sollte geprüft werden, wie aktiv die mögliche künftige Mitarbeiterin in den sozialen Netzwerken wie Facebook oder Instagram ist. Außerdem sollte man schauen, wie diese Person kommuniziert, wie sie sich online darstellt, ob sie Videos von sich hochlädt und wie viele Follower sie hat.
- Der jüngeren Zielgruppe sollte viel Zeit gegeben werden, um sich im Geschäft selbst umzuschauen. Teens gefällt es nicht, wenn man ihnen etwas aufdrängen will und sie den Eindruck gewinnen, dass ein wesentlich Älterer ihnen etwas verkaufen will.
- Das aktuell dominierende Lebensgefühl, bzw. der durch Corona entstandene neue Erlebnishunger mit dem Wunsch nach neuer Abwechslung, Spontanität und Genuss schlägt sich auch im Dufttrend "Gourmand-fruchtig" nieder. Diese Genussdüfte sollten deshalb außerhalb oder direkt am Eingang des Geschäfts zum Selbsttesten angeboten werden. Sie

üben in Verbindung mit Musikvideos besonders auf jüngere Zielgruppen eine magnetische Wirkung aus. Auch für die in ▶ Kap. 7 besprochenen Duftmailings bzw. für die digitale Vermarktung von Parfüms eignet sich die Duftrichtung "Gourmand-fruchtig" besonders, vor allem, wenn man die Duftvorlieben von potenziellen Neukunden noch nicht kennt.

- Als Food-Lifestyle-Trend hat sich bewusste Ernährung mit regionaltypischer, aber auch exotischer Besonderheit in Kombination mit Gesundheit und Fitness herauskristallisiert. Das zeigt sich auch an den zahlreichen Säften, die sich in den Kühlregalen finden. Den Trend zum Saft könnte auch die Parfümerie mit einem Frische- bzw. Kühlregal umsetzen. An bestimmten Tagen könnten dann Stamm- und Neukunden zu einer „Vegan Happy Beauty Hour" eingeladen werden, wobei dann auch ein Bezug zu ausgewählten Duftstoffen hergestellt werden kann.
- Im Zukunftsmarkt Health & Beauty gibt es einen Trend zu Spezialprodukten, die das spezifische Gesundheitsbedürfnis „frei von" ansprechen. So ist bereits jeder fünfte Verbraucher an Produkten interessiert, die frei von bestimmten Inhaltsstoffen sind und sich deshalb seiner Meinung nach besser für sensible Haut eignen. Man könnte in der eigenen Parfümerie auch eine spezielle „frei von"-Zone einrichten.

Im Allgemeinen wird davon ausgegangen, dass die Lage eines Geschäftes für seinen Erfolg entscheidend ist. Aber wäre es nicht auch möglich, dass eine stationäre Parfümerie in einer 2B- oder Dreier-Lage wie beispielsweise in einer Scheune außerhalb des Randbereichs und trotz geringer Laufkundschaft reüssiert? Starbucks hat das mit einem Flagship-Store in Seattle erfolgreich probiert. Nicht nur, dass für die Kunden die relativ teuren Parkgebühren entfallen, es wurde auch eine Gourmet-Caféwelt geschaffen, die zu erleben sich lohnt. Es handelt sich um eine Rösterei in dem perfekt renovierten Gebäude eines Autohändlers aus den 1920er-Jahren.

Die neue Leitlinie lässt sich so umschreiben: Wenn die Menschen nicht mehr wegen der Fußgängerzone zu Starbucks kommen, müssen sie in Zukunft eben wegen Starbucks kommen. Das lässt sich auch auf einige verwaiste deutsche Innenstädte übertragen. So sollte sich die genannte Starbucks-Filiale seit ihrer Eröffnung im Dezember 2014 zu einem wichtigen Treffpunkt für Kunden entwickeln. Das darf dann auch gerne eine 2B-Lage sein, die über genügend Parkplätze verfügt und mit öffentlichen Transportmitteln gut erreichbar ist. Die Größe dieses Cafés erlaubte nicht nur eine Markthalle ähnlich der bereits erwähnten Coop-Niederlassung im italienischen Novoli, sondern auch die Installation einer kompletten Röstanlage als Schauobjekt.

Bei einer vergleichsweise großen Parfümerie könnten ein oder mehrere beleuchtete, gigantische Parfümflakons als Blickfang dienen. Außerdem bestünde die Möglichkeit, ganz besondere persönliche Zusatzservices anzubieten. So könnte vor den Augen der Kunden etwas Handgemachtes entstehen, etwa eine für spezielle Hautbedürfnisse formulierte Bespoke-Kosmetik (z. B. als personalisierte Hautpflege). Oder man richtet einen Arbeitsplatz für einen Parfümeur ein, der vor den Augen der Kunden ihr eigenes Parfüm kreiert.

13.3.2 Ladenbau

Das bringt uns zum Thema Ladenbau, wie eine stationäre Parfümerie auch gestaltet werden könnte.

Wie man eine Duft-und Kosmetikwelt einrichten könnte, ist bei Ladenbauern ein viel diskutiertes Thema. Die Diskussion hängt auch davon ab, ob der Ladenbauer ein Mann oder eine Frau ist. Zu klarer, einheitlicher

Formensprache neigen viele Männer – minimalistisch dekoriert, mit Verzicht auf Buntheit zugunsten der Farben Schwarz, Weiß, Chrom, die eher den Geist des Bauhausstils in sich tragen. Das gefällt sicher auch vielen Frauen. Sie haben aber, wenn es um einen Laden, sprich einen Raum geht, in dem man sich wohlfühlt, Zusatzwünsche, die oft mit einer minimalistischen Dekoration nicht so ganz vereinbar sind. Es ist der Wunsch zu stöbern, zu dekorieren, stylen, träumen, staunen, vertrauen, Schönes für alle Sinne zu entdecken. Das spricht Frauen aller Altersgruppen an. Es gibt Zeitschriften und Magazine wie *Landlust*, die allein von über 3 Millionen, überwiegend Frauen, gelesen werden. Das Augenmerk von *Landlust* liegt auf Wohlfühlen, Entspannung, Entschleunigung, Achtsamkeit, das Besondere im Verborgenen suchen. Die Ansprache ist durchgängig eine liebevoll-emotional-wertschätzende Haltung.

In den letzten drei Jahren wurde *Landlust* von mindestens 20 ähnlichen Magazinen wie *Landhaus* kopiert. Man könnte glauben, dass die nach britischem Vorbild gemachten Lifestyle-Zeitschriften aus dem Wohn- und Gartenbereich überwiegend eine klassische Zielgruppe – die gut situierte und kaufkräftige, „naturverbundene, wertkonservative Leserin" mit hoher Marken- und Qualitätsorientierung ansprechen. Nicht nur. Als LOHAS hat man schon vor Jahren eine Konsumentengruppe beschrieben, die sich mit „grünen" Wertvorstellungen für Umweltthemen, aber auch Gesundheit und Politik einsetzt. Es ist sicher nicht falsch zu sagen, dass dies häufig die Mütter waren, deren Kinder sich jetzt für „Fridays for Future" einsetzen. Mit diesen Bewegungen ist in den letzten drei Jahrzehnten ein Designtrend immer mehr gewachsen, dem eine regelrechte Dekolust und authentische Wohlfühlatmosphäre zugrunde liegt: Shabby Chic.

Erfunden haben soll den Designtrend Rachel Ashwell, die in ihrem Laden in Kalifornien mit Shabby Chic einen kreativen Flohmarkt-Look zeigte. Daraus hat sich ein Ladenkonzept entwickelt, das durch unvollkommene Eleganz besticht, zum Stöbern und Entdecken geradezu auffordert. Es regt vor allem Frauen zu eigener Kreativität und Gestaltung an. Bei Shabby Chic ist jede Frau sofort Deko-Expertin – sie kann mit einfachen Elementen schön dekorieren und vor allem eine liebevoll-heile, nostalgisch-werthaltige und entspannend-authentische Wohlfühlatmosphäre schaffen. Shabby Chic & Dekolust bedeutet Wohnen und Garten zum Träumen und Selbermachen. Man kann Dinge neu entdecken, sie immer wieder anders für drinnen und draußen dekorieren. Nichts geht verloren, alles hat seinen Wert.

Shabby Chic & Dekolust ist einfach, aber wie gesagt auch elegant und bietet endlose individuelle Ausdrucksmöglichkeiten, die ergänzt, in Szene gesetzt und gesammelt werden können. Shabby Chic kann als Laden alt und modern oder alles in einem sein. Dekolust braucht Platz, offene Räume mit Überraschung und Einzigartigkeit im Sortiment. Ideal ist eine authentische Kulisse – alte Lager, Scheunen, Fabriken, Gartenhäuser etc. Als Parfümerie von morgen könnte es eine "Garden Parfümerie Café & Juice Bar" sein, ein Ort, wo man sich mit Freunden treffen kann. Diese Garden Parfümerie Café & Juice Bar hat auch die Duft- und Beauty-Tools der Parfümerie von morgen. Das ist kein Widerspruch, weil zwei aktuell rasch wachsende und sich mehr und mehr vermischende Zielgruppen (digital Kreative und urbane Trendsetter) Gesundheitsbewusstsein und Nachhaltigkeit mit Technik- und Naturbezogenheit, Individualität und Gemeinsinn kombinieren und alles zusammen auch als Genuss zelebrieren. So kann es in der Garden Parfümerie Café & Juice Bar die neusten ausgefallenen Hightech-Beratungstools geben – etwa das schon erwähnte SniffPhone, aber auch ModiFace, ein Tool, das erlaubt, Make-up-Produkte von verschiedenen Marken im Vergleich zu testen, aber auch zu sehen, wie ein Pflegeprodukt in den nächsten Wochen für einen wirken kann, indem es beispielsweise die Frage beantwortet, wie man z. B. mit 40 % weniger Falten um die Augenpartien aussieht. Oder man kann sich dem Plastic Surgery Simulator unterziehen und erleben, wie man nach einem schönheitschirurgischen Eingriff aussehen könnte, ob man das überhaupt will und nicht besser auf zertifizierte natürlich vegane Wirkkosmetik zurückgreift als effektvolle Alternative zur Schönheitschirurgie. Ferner stehen interaktive Programme zu den Themen Beauty, Ernährung und Gesundheit zur Verfügung sowie Kochkurse. Man wird aber auch eigene Wirkparfüms kreieren und damit Geruchsscans machen können, um anhand eines persönlichen Ausdrucks zu sehen, wie ein neuer Lieblingsduft bei sich und seinem Partner im Gehirn wirkt.

» *Dieses Kapitel war sicherlich etwas für Insider des Fachhandels, aber Sie kennen jetzt einige der möglichen Gründe, wenn Ihre Parfümerie vor Ort vielleicht schließen muss. Wenn Sie das lesen, wird sich in unserer schnelllebigen Zeit – hoffentlich – wieder einiges zum Guten verändert haben. Aber denken Sie daran: Es liegt an unseren Einkaufsgewohnheiten, ob das Kulturgut Parfüm auch weiterhin in stationären inhabergeführten Parfümerien erhältlich sein wird.*

Zusammenfassung

Das Kapitel begann mit der prinzipiellen Frage: Haben Zielgruppen, die die stationäre Parfümerie ansprechen möchte, andere, zusätzliche, neue Bedürfnisse, die nicht oder nur teilweise abgedeckt werden? Dem nachzugehen ist deshalb von Bedeutung, weil ein Wettstreit um den „Verkaufsort Parfüm" ausgebrochen ist. Nicht nur Parfümerie-Onlineshops bereiten der stationären Parfümerie Sorgen, auch die wachsende Bedeutung von Drogeriemärkten, Apotheken, selbst von Lebensmittelhändlern. Sie alle haben sich in den vergangenen Jahren stärker dem Kernsortiment und Service der Parfümerie angenähert.

Vor diesem Hintergrund hat dieses Kapitel Inspirationen für eine Parfümerie der Zukunft gegeben, verbunden mit konkreten Tipps, wie man sich besser, sprich attraktiver aufstellen und auch Neukunden gewinnen kann. So wurde u. a. vorgeschlagen, das Sortiment der Parfümerie von morgen zu erweitern und z. B. als Zentrum der Frische Verwöhnerlebnisse für die Schönheit von innen und außen zu bieten – etwa mit Premium-Naturkosmetik und Beauty-Drinks aus dem Kühlregal. Ferner wurde auf das Thema Ladenbau eingegangen bzw. darauf, wie man eine Duft-und Kosmetikwelt einrichten kann, damit sie als Wohlfühltreffpunkt und Ort ansteckender guter Laune inspiriert.

Literatur

Chandra R (2013) I have met the internet and it is not us. Hashtag heroes and internet convos. Psychology Today, Published on December 26, 2013 in The Pacific Heart

Fowler JH, Christakis NA (2009) The dynamic spread of happiness in a large social network. Br Med J 337(768):a2338

Nef – New Economics Foundation (2008) Five ways to well-being. The foresight project on mental capital and wellbeing. Government Office for Science UK

Pilatus C (2020) Bewegung, Flow, im Fluss sein. Essence 2020 – first in beauty Kundenmagazin

Parfümtrends, internationale Duftvorlieben und Mentalitäten

Duftvorlieben einzelner Märkte im Vergleich

Inhaltsverzeichnis

14.1 Die Evaluation von Duftvorlieben – 334
14.1.1 Charakteristiken des deutschen Damenduftmarktes – 335
14.1.2 Parfümtrends oder: Wie ein Duft- und Trendcoach denkt – 338

14.2 Wie sich der deutsche Damenduftmarkt von anderen Märkten unterscheidet – 340
14.2.1 Duftvorlieben in Spanien – 340
14.2.2 Duftvorlieben in Italien – 342
14.2.3 Duftvorlieben in Frankreich – 342
14.2.4 Duftvorlieben in England und den USA – 344

14.3 Duftmentalität: Die Rose im angelsächsischen Kulturraum – 346

14.4 Globale vs. nationale Dufttrends – 348

Literatur – 350

© Der/die Autor(en), exklusiv lizenziert durch Springer-Verlag GmbH, DE, ein Teil von Springer Nature 2021
J. Mensing, *Schöner RIECHEN*, https://doi.org/10.1007/978-3-662-62726-6_14

Trailer

In diesem Kapitel will ich Ihnen Parfümtrends, sowie, man könnte fast sagen, Dauer-Dufttrends einzelner Duftmärkte, also Länder vorstellen und zeigen, wie sie sich vom deutschen Damenduftmarkt unterscheiden. Tatsächlich gibt es große Unterschiede zwischen den Märkten. Einzelne Duftrichtungen, aber auch Inhaltsstoffe haben eine unterschiedliche Bedeutung und werden in einem anderen Kontext gerochen. Was einen als Duftpsychologen besonders fasziniert, ist, wie stark Duftvorlieben in den Mentalitäten einzelner Länder verwurzelt sind und sich über Generationen von Duftliebhabern immer wieder zeigen.

Sicher lässt sich das mit der Duftsozialisation erklären. Aber irgendwie hat man immer das Gefühl, es müsste noch andere Gründe geben, die langfristige nationale Duftvorlieben erklären. Sollten etwa Erklärungsmodelle des Schweizer Psychoanalytikers Carl Gustav Jung und des französischen Philosophen und Soziologen Maurice Halbwachs, die ein kollektives Unbewusstes postulierten, auch für die nationale Duftwahl relevant sein und etwa die Vorliebe des englischen Damenduftmarktes, der besonders Blumendüfte und da vor allem den von Rosen seit Generationen liebt, erklären können? Nach dieser Theorie der Psychoanalyse werden im unbewussten kollektiven Gedächtnis historische Situationen und Erinnerungen z. B. von nationaler Größe einzelner sozialer Gruppen und Gesellschaften abgespeichert. Ein Beispiel wäre der Sieg Englands unter Queen Elisabeth I. gegen die spanische Armada im Jahr 1588, einer der größten militärischen Siege in der englischen Geschichte. Die Legende berichtet, dass Queen Elisabeth I., die jungfräuliche englische Königin, in einer Wolke von verschwenderischem Rosenduft ihre Schlachten in dieser olfaktorischen Aura geschlagen haben soll. Das Königliche der Rose wurde in der Folge vom englischen Königshaus immer wieder neu belebt. So soll Elisabeth II. nach dem siegreichen Zweiten Weltkrieg und bei der Hochzeit mit Prinz Philip (1947) mit Rosenduft umhüllt gewesen sein. Erfolg, Sieg und Jungfräulichkeit sind seitdem Attribute der englischen Rose. Ich bin sicher, dieses Kapitel werden Sie als Parfümliebhaber, der gern auch mal über den Tellerrand „riecht", mit Interesse lesen.

14.1 Die Evaluation von Duftvorlieben

Verschiedene Marktforschungsfirmen wie Euromonitor international (▶ www.euromonitor.com/fragrances), Hitlisten von großen Parfümgruppen wie Douglas sowie Wirtschaftsdaten von Verlagen, z. B. von markt intern, bieten regelmäßigen Einblick in die bestverkauften Parfüms einzelner Händler, Segmente und Länder. In der Regel werden die aktuellen Top-10 bei Herren-

14.1 · Die Evaluation von Duftvorlieben

und Damendüften angegeben, aber es gibt auch Hitlisten mit den Top-100 der bestverkauften Parfüms übers Jahr in einem Land.

Wenn die Statistiken von verschiedenen aufeinander folgenden Monaten und Jahren vorliegen, ist es interessant zu sehen, welche spezifischen Parfüms über einen Zeitraum in einzelnen Duftmärkten dominieren. Ich persönlich gehe für eine tiefere Analyse gern vom aktuellen Jahr drei und mehr Jahre zurück. Man kann dann z. B. gut sehen, welche Damenparfüms in den Top-Charts in einzelnen Ländern zu regelrechten Kultklassikern wurden bzw. sind, ferner, inwieweit ein Kultklassiker eines Landes wie „Dolce & Gabbana light blue" in Deutschland auch in anderen Ländern dominiert oder eher ein nationales, landesspezifisches Erfolgsphänomen ist. Basierend auf diesen Vergleichsstudien kann man dann folgenden Fragen nachgehen:

– Wie unterscheidet sich der deutsche Duftmarkt von anderen Märkten?
– Gibt es bei Düften Trends, die sich ähnlich wie in der Mode global zeigen?
– Werden die Märkte immer mehr von nationalen Präferenzen bestimmt?

Die Beantwortung dieser Fragen verraten dann, wie ich gleich an einem Beispiel zeigen werde, viel über die DNA eines Duftmarktes und sagen duftpsychologisch einiges über seine Verbraucher aus.

14.1.1 Charakteristiken des deutschen Damenduftmarktes

Wie gesagt, bieten einige Statistiken auch einen monatlichen Vergleich, und man kann daraus über verschiedene Jahre aufkommende jahreszeitliche Parfümtrends ableiten. So ist das 1989 auf den Markt gekommene „Jil Sander Sun" zum Dauerhit im deutschen sommerlichen Damenduftmarkt geworden – ja, in den letzten Jahren auch zu einem regelrechten Winterhit. Im Februar 2020 lag das Parfüm bei den Top-10 der aktuellen Duft-Besteller von Douglas auf Platz 4. „Jil Sander Sun" gibt es zwar auch in anderen Ländern, aber speziell in Deutschland ist es zu einem regelrechten Kultklassiker geworden, weil das Parfüm aus der Duftrichtung „Orientalisch-blumig" immer wieder in den deutschen Topcharts zu finden war. Riecht man die Facetten von „Jil Sander Sun", kann man auch zu einem anderen Schluss beim Dufteindruck kommen. Das Parfüm stellt sich eher als Crossover zweier Duftfamilien vor: Gourmand-fruchtige Akzente spielen mit einer florientalischen Sinnlichkeit. Es ist eine Mischung, die vor allem deutsche Duftverwenderinnen olfaktorisch anspricht.

Lassen Sie mich zunächst auf den florientalischen Teil, also auf den orientalisch-blumigen Eindruck von „Jil Sander Sun" eingehen. Bei der Duftvorliebe „Floriental" steht die Suche nach Geborgenheit, Zärtlichkeit und Harmonie im Vordergrund. Man möchte sich in seiner Haut mehr wohlfühlen. Diese Duftrichtung mit ihrer subtilen Wärme, die sie ausstrahlt, ist geradezu dafür gemacht, gefühlvoll und sanft mit dem Eigengeruch der Haut zu verschmelzen.

Tatsächlich schätzen die Duftverwenderinnen von „Jil Sander Sun", dass das Parfüm auf der Haut nach Sommer und sonnendurchtränkter Haut riecht und entsprechende Erinnerungen auslöst. Indirekt sehnt man sich damit auch nach Menschen, die warmherzig sind, die Gefühle und das eigene Wohlergehen berücksichtigen. Es entsteht daraus der Wunsch, Gefühle und Gedanken zu teilen, sich gleichzeitig umsorgt zu fühlen und ungezwungen Träume und romantische Fantasien auszuleben. Mit anderen Worten: Diese Duftstimmung durchströmt viel Sinnlichkeit, spricht aber auch von Rückzug aus einer hektischen und rationalen Welt. Das Ganze kann sich im Erleben noch steigern und ist dann gepaart mit etwas Nostalgie und sanfter Melancholie, wo auch etwas Weltschmerz mit in der Luft liegt.

Ich würde diese Stimmung nicht als typisch deutsch bezeichnen, weil sie auch andere Kulturen wie die portugiesische mit „Saudade" kennen. Dennoch, der emotionale Rückzug in eine eigene Welt voll von Fantasie und Romantik, insbesondere in das Reich der Natur, ist vor allem Deutschen nicht unbekannt.

Heinrich von Ofterdingen (1772–1801) träumt, wie oben berichtet, in Novalis' Roman von einer blauen Blume, dem Sehnsuchtssymbol der deutschen Romantik schlechthin, und geht dann auf die Suche nach ihr:

> „Was ihn aber mit voller Macht anzog, war eine hohe, lichtblaue Blume, die zunächst an der Quelle stand und ihn mit ihren breiten, glänzenden Blättern berührte. Rund um sie her standen unzählige Blumen von allen Farben, und der köstlichste Geruch erfüllte die Luft."

Romantische Fantasieblumennoten sind bis heute ein beliebtes Thema der deutschen Parfümerie geblieben. Sie fallen meistens in die Duftrichtung „Floriental" – seit Jahren die zweitliebste Duftrichtung von Deutschlands Frauen.

Die vom französischen Parfümeur Pierre Bourdon kreierte Note trifft offensichtlich allein schon mit ihrer Fruchtigkeit im Angeruch (aus afrikanischen Orangenblüten, Bergamotte, Amalfizitronen und schwarzer Johannisbeere) perfekt sommerliche wie winterliche Erlebenswünsche vieler deutscher weiblicher und sicher auch männlicher Duftfans. Auch die Herznote, die nach Ylang-Ylang, Heliotrop und Rose riecht, in Kombination mit der Basisnote (Ambra, Vanille und Tonkabohne und der legendären Pierre-Bourdon-Kautabaksüße), die viele Elemente der Duftrichtung „Gourmand" hat, begeistert deutsche Frauen. Von den Verbraucherinnen, die „Jil Sander Sun" das ganze Jahr benutzen, hört man oft, dass es ein Duft ist, der warme, in der Sonne gebräunte Haut in einem Flakon eingefangen hat. Ganz offensichtlich löst das Parfüm vor allem in Deutschland, einem der Länder mit der größten Reise- und Wanderlust, den Ruf nach dem Süden über die Alpen und sicherlich im Winter auch nach weiter Ferne aus. Die Sehnsucht nach dem sonnigen Süden, aber auch der Traum von tropischen und exotischen Regionen und damit die Suche nach Orten mit mehr Lebensfreude, wo man glückliche und sinnliche Fantasien ausleben kann, ist wiederum fest verwurzelt in der deutschen Psyche. Dem Einfluss der deutschen Romantik vom Ende des 18. Jahrhunderts bis weit in das 19. Jahrhundert auf das deutsche Dufterleben bin ich ja schon in ▶ Kap. 8 nachgegangen. Künstler, Denker und Dichter wie Wolfgang von Goethe (1749–1832) haben die magische Anziehungskraft des Südens begeistert und sehnsuchtsvoll in Reiseberichten und Gedichte immer wieder beschrieben. Goethes viel zitierte Eröffnung im Mignon (etwa um 1795/96) ist ein vom Süden träumender Aufruf dieser Epoche, der heute noch seine Wirkung hat.

> „Kennst du das Land, wo die Zitronen blühn, Im dunkeln Laub die Goldorangen glühn, Ein sanfter Wind vom blauen Himmel weht, Die Myrte still und hoch der Lorbeer steht? Kennst du es wohl? Dahin! Dahin möcht' ich mit dir, O mein Geliebter, ziehn."

Um es an dieser Stelle schon vorwegzunehmen: Keiner der großen Duftmärkte dieser Welt liebt „Gourmand-fruchtig" so sehr wie der deutsche, vor allem nicht in Kombination mit dem Verwöhngefühl der Florientals, die das Fruchtige romantischzärtlich, fast nostalgisch interpretieren. Es gab Jahre im deutschen Damenduftmarkt, einschließlich Massenmarkt, in denen über 30 % der lancierten Düfte der Duftfamilie „Gourmand-fruchtig" und über 25 % der Neueinführungen den Florientalen zugerechnet werden konnten. Aktuell kann man sagen: Über 50 % der deutschen Duftverwenderinnen liebt das Parfümspektrum

14.1 · Die Evaluation von Duftvorlieben

„Gourmand-fruchtig-florientalisch". Man muss sich deshalb vor allem als Duftpsychologe fragen, was diese Großduftfamilie für Parfümverwenderinnen so attraktiv macht. Sind Parfüms dieser Richtung Stimmungsaufheller und gleichzeitig Seelentröster für Duftverwenderinnen, die sich innig nach dem sonnigen Süden, nach Orten mit mehr Lebensfreude sehnen?

Wie schon in ▶ Abschn. 5.4 besprochen, steht bei der Duftvorliebe „Gourmand-fruchtig" die Suche nach mehr Spaß, Abwechslung, Spontanität und vor allem nach Genuss im Vordergrund. Es ist der Wunsch nach mehr Lebensfreude, Leichtigkeit des Seins, Optimismus und Humor. Man möchte frei und verspielt sein, sich verwöhnen lassen, Fantasien ausleben, spontan Ideen umsetzen und auch ein wenig provozieren. Es sind vorrangig Urlaubswünsche und -fantasien, bei denen man alles zusammen und auf einmal ausleben will, aus dem Alltag ausbrechen möchte, weil man einen chronischen psychischen Nachholbedarf nach dieser Art des Selbsterlebens hat.

Große und kleine Berühmtheiten (Celebrities) führen dieses Idealerleben vor allem jüngeren Zielgruppen als selbstverständlich, quasi als normalen täglichen Anspruch vor. Soziologen beobachten deshalb schon seit Jahren ein erstaunliches Phänomen: Das Idealerleben – Spaß zu haben, fröhlich, spontan, ausgelassen zu sein und ein wenig zu provozieren, dabei mehr zu genießen und verwöhnt zu werden – ist zum latenten Dauer-Selbstanspruch geworden, nach dem Motto: So muss es sein, das muss ich haben!

Kommuniziert wird dieser Selbstanspruch vor allem in der Duftvorliebe „Gourmand-fruchtig", aber auch in der Musik, z. B. von Katy Perry in ihren Musikvideos wie „This Is How We Do", und auch in ihrem Album *Witness* mit Songs wie „Bon Appétit" geht es um genussvolle Verführung. Auch bei ihren eigenen Parfüms, die Katy Perry auf den Markt brachte, blieb sie ihrem Motto treu: „I'm just having a lot of fun." Bei ihrem Duft „Spring Reign" (2015), um nur eines ihrer zahlreichen Parfüms zu nennen, wird „Fruchtig" als frech-sexy-genussvoll interpretiert. In Anlehnung an ihr Musikvideo zu „This is how we do" kann man sagen: Der Duft gleicht einer „twerking Eistüte", die genussvoll mit provozierenden Hüftbewegungen tanzt. Auch Katy Perrys neuere Parfüms wie „Indi Visible" (2018) setzen mit viel Vanille, Kokosnuss und Rum den Genusstrend fort.

Keine andere Duftfamilie wie „Gourmand-fruchtig" wird seit Jahren in Deutschland so oft mit Neulancierungen bedacht. Mal sind Duftneuheiten angelehnt an die Gerüche mediterraner Früchte, dann wieder an exotisch tropische Fantasiegenüsse oder eine Mischung aus beiden. Mehr und mehr Parfümmarken bieten vor allem den Sonnenhungrigen nördlich der Alpen einen heiteren südlich duftenden Garten köstlicher Früchte. Die „Dolce & Gabbana Fruit Collection", die 2020 auf den Markt kam, ist nur ein Beispiel.

Auch der Herrenduftmarkt in Deutschland kennt die Duftvorliebe „Gourmand-fruchtig". Allerdings ist er im Vergleich zu den Damenparfüms dieser Duftrichtung ein kleiner Markt, wenn auch im Wachsen begriffen. Immerhin gab es bereits 2017 über 200 reine Gourmand-fruchtige Herrendüfte auf dem Markt, und ihre Zahl hat seitdem deutlich zugenommen. Ein Beispiel ist, wie schon genannt, „Pirates' Grand Reserve" von Atkinsons, das mit einem Rum-Akkord überrascht und an das ringförmige, französische Hefegebäck „Baba au Rhum" erinnert. Bei Gourmand-fruchtigen Unisex-Noten ist in den letzten Jahren ein richtiger Trend entstanden. Beispiele sind „Lychee & White Mint" aus der Serie „4711 Acqua Colonia" oder „Pomegranate & Eucalyptus" aus derselben Linie; beide Düfte sind für Frauen wie Männer kreiert.

Über 1500 Düfte sind aktuell im deutschen Duftmarkt aus der Duftrichtung „Gourmand-fruchtig Unisex" erhältlich, und das mit steigender Tendenz. Zur besseren Übersicht wird diese Duftrichtung

mittlerweile sowohl für Damen-, Herren- und Unisex-Noten in etliche Untergruppen aufgeteilt:
- Orientalisch-Gourmand/Vanille
- Zitrus-Gourmand
- Chypre-fruchtig
- Aromatisch-fruchtig
- Blumig-fruchtig
- Blumig-fruchtig-Gourmand
- Fruchtig-holzig
- Fruchtig-frisch
- Sparkling-Gourmand
- Fruchtig-floriental

Man kann sagen, dass in den letzten Jahren vor allem in Deutschland, aber auch in den USA, die Anzahl der Parfüms aus der Gourmand-fruchtigen Richtung enorm gewachsen ist.

Das bringt uns zum Thema „Dufttrends" und zur Frage, welche Duftrichtung „Gourmand-fruchtig" ablösen wird bzw. welche neuen Facetten von „Gourmand-fruchtig" in den nächsten Jahren an Bedeutung gewinnen werden.

14.1.2 Parfümtrends oder: Wie ein Duft- und Trendcoach denkt

Längst sind die Zeiten vorbei, in denen die Parfümerie nur *einen* großen Dufttrend kannte. Heute gibt es viele Dufttrends gleichzeitig und sogar regelrechte Anti-Trends. Was sich nicht verändert hat, ist der Einfluss des Zeitgeistes auf die Parfümerie und damit der psychosozialen Faktoren, gesellschaftlichen Ereignisse und Entwicklungen. So gewannen mit Beginn der Covid-19-Pandemie in 2020 vor allem drei Duftrichtungen an Akzeptanz:
- Leichte, natürlich-beruhigende, blumige und Pflanzen-Noten, die die Fantasie anregen und in der Pandemie den besonders stressgeplagten Hippocampus und sein Netzwerk entspannen.
- Zitrisch-aromatische Noten, die die Konzentrationsfähigkeit im Homeoffice erhalten oder, besser noch, steigern und der persönlichen Stimmung einen extravertierten „Frische-Kick" geben.
- Gourmand-Noten, die an Nachspeisen und Süßigkeiten erinnern. Sie sprechen im Gehirn besonders den Hypothalamus und sein Netzwerk an. Dieser Bereich ist verantwortlich für Wohlbefinden, Belohnungs- und kleine Glücksgefühle. Auch helfen Gourmand-Noten gegen „Naschattacken".

Oft war es aber der reine Zufall, der die Parfümerie mit neuen Duftbausteinen bzw. Dufteindrücken bereicherte, die sich dann als Trend niederschlugen. Dass diese Duftbausteine in ihrer Innovation für die Parfümerie erkannt wurden und daraufhin einen Siegeszug feierten, dazu trug stets der Einfluss durch den Zeitgeist bei. Sicherlich spielten dabei jedoch auch kommerzielle Gesichtspunkte eine nicht unwesentliche Rolle, beispielsweise wenn sich ein bestimmtes Parfüm oder ein Geruchseindruck günstiger herstellen ließ.

Dennoch sind viele neue Geruchseindrücke erst durch langjährige gezielte Forschungen entstanden. Zum Teil waren sie für andere Branchen entwickelt worden, fanden dann aber auch in der Parfümerie Anwendung. So ist der Dufteindruck „kühl" auch in der Geschmacksstoffindustrie von Interesse. Genauso wie in der Duftbranche haben hier Zeitgeist, gesellschaftliche Ereignisse sowie Innovationen Einfluss auf die Intensität der Forschungsaktivitäten.

1963 flog Walentina Terschlowa als erste Frau ins All. Das stimulierte die Parfümerie; man suchte vermehrt nach ungewöhnlichen, modernen Duftnoten für Frauen. Entsprechend hat der Geruch von Metall, Stahl, Eis, Schnee und Kühle damals die Parfümerie der Zukunft inspiriert.

Mit bestimmten Aldehyden (z. B. C-10) wie dem Rosenoxid (ein Molekül aus dem Rosenöl) und Lavendel kam man diesem

14.1 · Die Evaluation von Duftvorlieben

Dufteindruck ab den 1960er- und 1970er-Jahren immer näher. Parfümliebhaber der Duftrichtung „Metall" sind heute schon gespannt darauf, wie es mit der olfaktorischen Reise ins Weltall weitergeht. Hier einige der im Handel erhältlichen Parfüms zu diesem Thema mit Erscheinungsjahr:
- 1991: „Dreams" von O Boticário
- 1998: „Odeur 53" von Comme des Garçons
- 2017: „Methaldone" von Aether
- 2019: „Metallique" von Tom Ford

Doch zurück zu den Trends. Meistens zeigen sich Veränderungen von Stilrichtungen zuerst in der Mode und in der Musik, bevor sie sich in Dufttrends widerspiegeln. In meiner Tätigkeit als Trendcoach der Parfümeure achte ich besonders auf die Veränderung, sprich die zunehmende oder abnehmende Akzeptanz von Musikrichtungen. Dabei ist interessant zu sehen, wie sich z. B. die Zahl von „Views" auf Youtube verändert. Hier ein aktuelles Beispiel:

Seit zwei, drei Jahren bekommt der Musikstil „Sexy Female Rap" zunehmend mehr „Views". Im Oktober 2020 hatte z. B. das Video von Cardi B – WAP feat. Megan Thee Stallion auf Youtube 268 Millionen „Views". Im Mai 2021 erreichte das Video knapp 400 Millionen „Views". Als Duftcoach, der vielen Stars (wie Janet Jackson oder Naomi Campbell) bei der Duftentwicklung beratend zur Seite stand und steht, frage ich mich automatisch, wie ein Parfüm der Rapperinnen Cardi. B oder Doja Cat für die Zielgruppen riechen muss bzw. welche Duftrichtung „Sexy Female Rap" widerspiegelt. In Diskussionen mit Parfümeuren und bei Dufttests mit Zielgruppen könnte man zu dem Schluss kommen, dass es eine Weiterentwicklung der Duftrichtung „Gourmand-fruchtig" braucht, und zwar mit Elementen der Duftrichtung „Orientalisch-ledrig". Dabei liegen auch folgende Beobachtungen zugrunde: „Gourmand-fruchtig" steht für die Suche nach Spaß, Abwechslung, Spontanität und vor allem nach Genuss. Der Duftrichtung fehlt aber etwas die „Ich-Stärke". Zudem ist sie für die Zielgruppe vielfach zu brav interpretiert, weil es in vielen weiblichen Rap-Songs um „Female Empowerment" geht, was kontrovers und sexy vorgetragen wird. Man kann es auch so sagen: Viele Parfüms der Duftrichtung „Gourmand-fruchtig", vor allem mit der Tendenz „Blumig", wirken den heutigen Teenagern zu alt und riechen ihnen zu unschuldig. Pop, der in „Gourmand-fruchtig" typischerweise sein Pendant fand, war bis gut vor einem Jahr genauso wie Katy Perrys Sound allgegenwärtig, doch mit Corona und sozialpolitischen Ereignissen kam es jetzt bei Teenagern zu einer Pause des reinen Pops.

Musik- wie Parfümtrends sind im stetigen Wandel. Sicher lieben einzelne Duftmärkte spezifische Duftrichtungen als Dauertrend, wie wir noch sehen werden. Einzelne Duftrichtungen jedoch verändern sich bzw. werden neu interpretiert. Ich erwarte deshalb, dass der große Dufttrend der letzten Jahre, „Gourmand-fruchtig" mit Ausrichtung „Blumig", den man mit Parfüms der Popstars wie Rihanna oder Katy Perry verbindet, eine rappende Schwester bekommen wird. Auch Popmusik entwickelt sich sicher weiter und wird sozialrelevanter – und man kann prognostizieren, dass auch Pop-Rap noch deutlicher an Bedeutung zunehmen wird.

Was die olfaktorische Umsetzung von Rap betrifft, gibt es schon seit 2019/20 Duftkreationen, die dem durch die Musik zum Ausdruck gebrachten Lebensgefühl schon recht nahekommen. Parfümeure begannen, „Gourmand-fruchtig" sehr innovativ mit „Orientalisch-ledrig" zu kombinieren und damit mehr essbare Erotik in ihre Düfte zu implementieren. Wahrscheinlich waren die ersten Parfüms dieser Art nicht auf die Kernzielgruppen des Rap ausgerichtet, aber sie dienen als gute Vorlage für künftige Weiterentwicklungen, so z. B. „Tobacco Mandarin" von Byredo, das 2020 auf den Markt kam. Das Parfüm für Frauen wie Männer kann als „orientalisch-holzig mit fruchtigen Gourmand-Akzenten" beschrieben werden. Gut integriert sind eine Leder-Note, die immer etwas mitschwingt, und Tabakblätter, die dem Ganzen eine gewisse sexy „Ich-Stärke" geben. Gut möglich, dass eine parfümistische Weiterentwicklung von „Tobacco Mandarin" mit mehr Leder, etwas rauchigen Impressionen und verspielten Früchten aufwarten wird und eine neue Duftrichtung inspiriert: „Gourmand-fruchtig-ledrig".

14.2 Wie sich der deutsche Damenduftmarkt von anderen Märkten unterscheidet

Welche Duftvorlieben haben nun einzelne Länder? Ich möchte der Frage bei den Damennoten nachgehen. Für einen besseren internationalen Überblick wurden die acht in ▶ Kap. 5 vorgestellten Duftfamilien auf sechs reduziert und für den internationalen Vergleich wie folgt benannt:
1. **Chypre** (Chypre-ledrig)
2. **Citrus-Green** (Frisch-grün-zitrisch/Aqua- & Ozon-Noten)
3. **Fruity** (Gourmand-fruchtig)
4. **Floral-Aldeydic** (Blumig-aldehydisch)
5. **Floriental**
6. **Oriental** (Orientalisch)

Sicherlich ist das eine sehr grobe Einteilung. Für den Vergleich spezifischer Länder macht man sie normalerweise im Marketing detaillierter und analysiert auch Parfüms die als Crossover in zwei oder mehre Duftfamilien fallen (siehe ▶ Abschn. 5.3). Dennoch gibt diese Lösung schon einen sehr guten Einblick in die einzelnen Duftmärkte.

14.2.1 Duftvorlieben in Spanien

Im spanischen Duftmarkt dominieren zwei im Vergleich zu Deutschland andere Duftfamilien für Damen: frisch-grüne und blumige Noten. Viele Parfüms sind Crossovers mit Elementen beider Duftrichtungen.

Aus psychologischer Sicht beschreibt die Kombination eine beschwingt-lebendig-natürliche, eher am klassischen weiblichen Ideal orientierte Femininität. Traditionell spielen leichte, frisch-saubere bis energetisierende Düfte, die mit ihrer Natürlichkeit auf olfaktorische Provokationen verzichten, im spanischen Duftmarkt eine große Rolle. Beispiele sind „Aqua Lavanda", „Agua Fresca", aber besonders auch „Aire" und „Aqua de Loewe". Wenn man die einzelnen Parfüms im spanischen Markt aus den Topcharts (Top-100) über mehrere Jahre (2016–2019) Duftfamilien zuordnet, zeigt sich diese typische Charakteristik:

Mit einem Markanteil von um die 27 % und 26 % dominieren die Duftfamilien „Frisch-grün-zitrisch/Aqua- & Ozonnoten" sowie „Blumig" überwiegend aus dem aldehydischen Bereich. Die Duftfamilien „Floriental" und „Gourmand-fruchtig" kommen je auf etwa 15 % Markanteil. Weniger Marktbedeutung haben orientalische (8 %) und Chypre-Noten (5 %). Sicher, wenn man nur die Parfüms aus den Top-25 für ein spezifisches Jahr analysiert, zeigen sich andere Gewichtungen. Analysiert über mehrere Jahre auf der Basis Top-100 ist die Marktbedeutung von „Frisch-grün Aqua" und „Blumig" schon sehr charakteristisch für die DNA des spanischen Duftmarktes.

◘ Abb. 14.1 und 14.2 zeigen den deutschen und den spanischen Damenduftmarkt im Vergleich.

Auf einer Weltkarte der Düfte liegt der spanische Duftmarkt näher an Südamerika als an Deutschland. Im Vergleich liegt der deutsche Duftmarkt eher weiter östlich in Richtung Polen und baltische Staaten (siehe ◘ Abb. 14.7). Die olfaktorische Nähe zu Südamerika lässt sich für den spanischen Duftmarkt, speziell für die Aqua-Noten, sicher auch mit den klimatischen Verhältnissen begründen. Frisch-grün-zitrische Aqua- bzw. Wasser-Duftnoten sind die ideale Erfrischung an heißen Tagen. Duftpsycho-

14.2 · Wie sich der deutsche Damenduftmarkt von anderen Märkten…

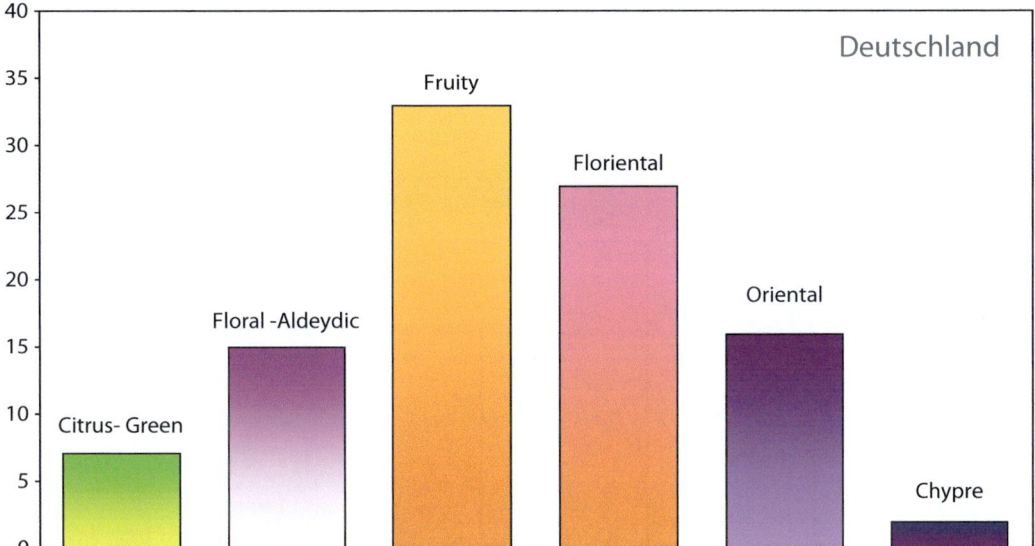

☐ **Abb. 14.1** Damennoten: Marktanteil von Duftfamilien in Deutschland

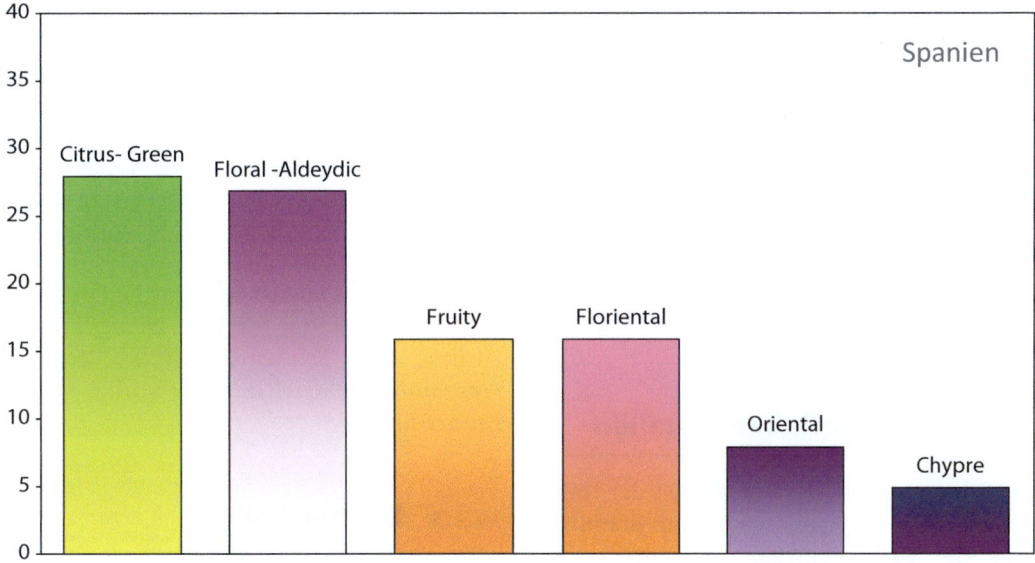

☐ **Abb. 14.2** Damennoten: Marktanteil von Duftfamilien in Spanien

logisch, wie in ▶ Kap. 5 bei der Psychologie der Duftfamilien besprochen, bietet diese Unisex-Duftrichtung allerdings noch mehr. Sie steht für Neubeginn, das Bedürfnis nach Freiheit und Ungebundenheit und natürlich für den Wunsch, sich erfrischt, lebendig, aktiv und offen zu erleben. Dahinter steht ein Lebensgefühl, das für die Spanier bis zur Entdeckung und Eroberung der Neuen Welt und weiter zurückreicht und eng mit ihrer Kulturgeschichte verbunden ist. So war der Aufbruch in die neue Welt, als die kolonia-

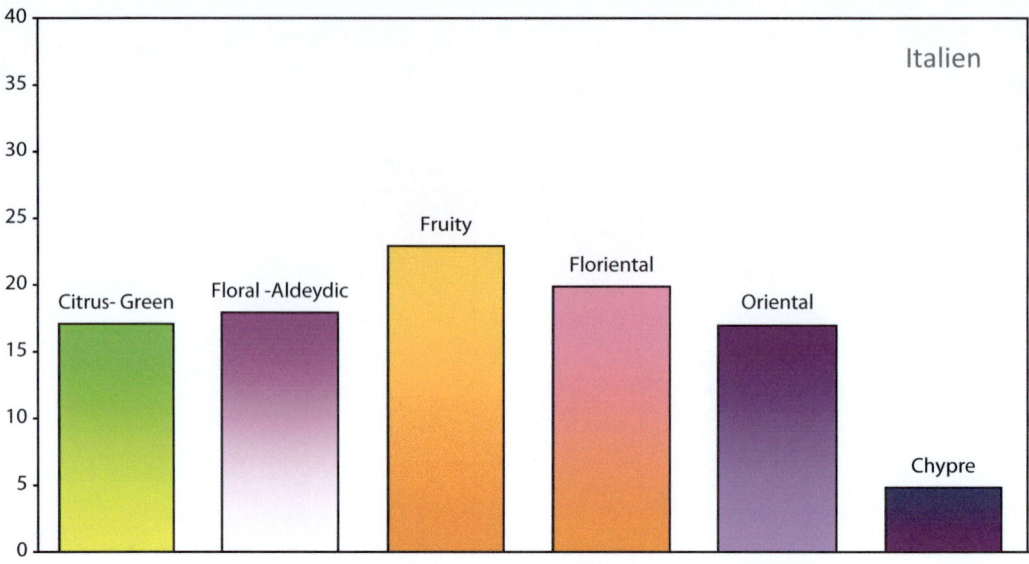

● Abb. 14.3   Damennoten: Marktanteil von Duftfamilien in Italien

len Eroberer im frühen 16. Jahrhundert erwartungsvoll die Meere durchquerten, um das sagenhafte Goldland „Eldorado" zu suchen, für die Gesellschaft prägend. Aber die Spanier waren auch auf der Suche nach einem Jungbrunnen, einem Wasser mit zauberhaft regenerativen Kräften. „Aqua" war damit schon immer etwas Besonderes für die Spanier. Es war ein duftendes Lebens- und Schönheitselixier, das die Parfümeure dem spanischen Hof literweise lieferten.

14.2.2 Duftvorlieben in Italien

Von den großen Duftmärkten ist der italienische der ausgeglichenste und liberalste, was die Bedeutung der einzelnen Duftfamilien betrifft. Auf der Weltkarte der Düfte liegt Italien deshalb mitten in Europa (siehe ● Abb. 14.7). Ordnet man wie für Spanien die Top-100 italienischer Parfüms über mehrere Jahre hinweg Duftfamilien zu, zeigt sich fast eine homogene Verteilung.

„Gourmand-fruchtig" hat leicht die Nase vorn mit einem Marktanteil von etwa 23 %, gefolgt von „Floriental" mit etwa 20 %. „Blumig", überwiegend aus dem aldehydischen Bereich, sowie die Duftfamilie „Oriental" kommen auf etwa 18 %. „Frischgrün-zitrisch/Aqua- & Ozon-Noten" liegen bei etwa 16 %. Nur die Duftfamilie „Chypre" ist etwas abgeschlagen mit einem Marktanteil bei Damennoten von knapp 5 % (● Abb. 14.3).

Ich komme gleich auf die Gründe der Duftvorlieben der italienischen Frauen zurück, doch betrachten wir im nächsten Abschnitt zunächst die Duftvorlieben der Französinnen.

14.2.3 Duftvorlieben in Frankreich

Anders als in Deutschland sind Frucht-Gourmand-Noten in Frankreich das zweitkleinste Segment. Interessanterweise sehen viele französische Parfümeure „Fruity" gar nicht als eigene Duftfamilie an, sondern splitten es auf in „Fruchtig-Floral" oder „Fruchtig-Floriental". Ebenso wird oft

14.2 · Wie sich der deutsche Damenduftmarkt von anderen Märkten...

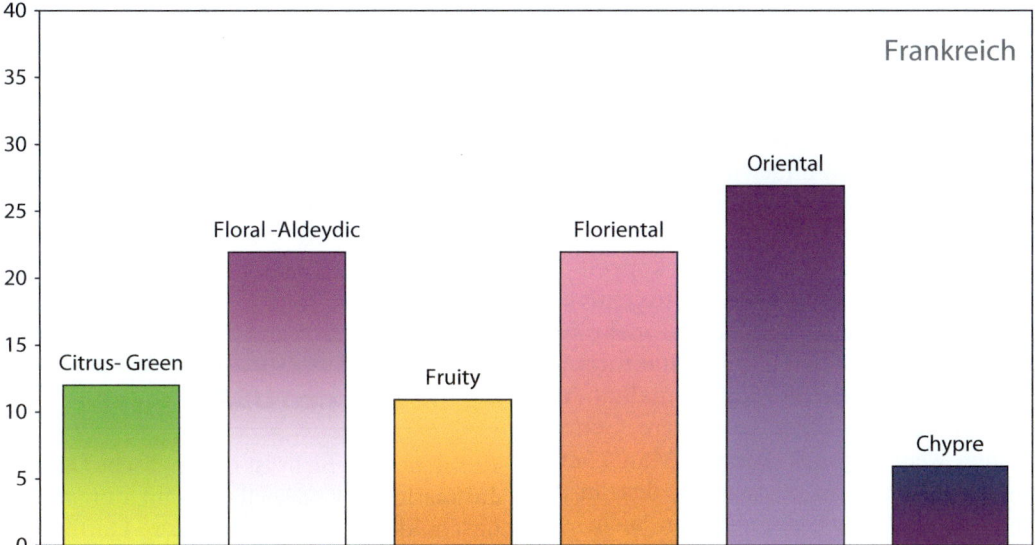

◘ **Abb. 14.4** Damennoten: Marktanteil von Duftfamilien in Frankreich

noch „Gourmand" nicht als eigene Duftrichtung gesehen, sondern anderen olfaktorischen Verbindungen wie orientalischen Noten zugeordnet. Tatsächlich ist die orientalische Duftrichtung eine der großen Charakteristiken des französischen Marktes. Über die Jahre gesehen liegt ihr Anteil bei etwa 27 % am gesamten Duftmarkt. Zweitwichtigste Duftfamilie sind die Florientalen, die über die Jahre gesehen etwa 23 % des Duftmarktes ausmachen, gefolgt von den blumig-aldehydischen mit fast derselben Marktbedeutung (◘ Abb. 14.4).

Auf der Weltkarte der Düfte liegt Frankreich mit der Duftpräferenz „Orientalisch" eher im Indischen Ozean, bzw. Paul Gauguin grüßt von Tahiti aus dem Pazifik mit einem Blumenarrangement aus „Floral-Orientalisch/Florientalisch". Könnte es sein, dass sich in den großen Duftvorlieben der Franzosen alte koloniale Ansprüche bzw. heutige Überseegebiete wie Martinique, Réunion oder Bora Bora mit ihrer magisch-exotischen Schönheit widerspiegeln? Bei den Deutschen ist es, wie gesagt, die Sehnsucht nach dem Süden jenseits der Alpen und nach fernen Ländern, die sich in ihrer Liebe für „Gourmand-fruchtig" ausdrückt. Französische Nasen gehen da noch einen Schritt weiter und wollen faszinierend extravagante und vor allem exotisch-geheimnisvoll-magische Tiefe in ihren Parfüms entdecken. Das bieten floral-orientalische Parfüms, die vielfach – und das nicht zufällig – auch mit der Namengebung für sich werben, wie z. B. „Magie Noire".

Doch nochmals zurück zu Italien. Im italienischen Duftmarkt der Damennoten, der sich durch die Ausgeglichenheit verschiedener Duftrichtungen der unterschiedlichsten Regionen auf der Weltkarte der Düfte auszeichnet, spiegelt sich die einstige Großmacht wieder, genauer gesagt: die von römischen Nasen, die es sich in ihren besten Tagen leisten konnten, nur das Beste aus aller Welt zu beschaffen und so eine Geruchsoffenheit genussvoll ausleben konnten. Man muss sich ernsthaft fragen, ob sich Duftvorlieben einzelner Kulturen bis in ihre glorreiche Geschichte zurückverfolgen lassen und ob das damalige Lebensgefühl sogar heutige Duftvorlieben bzw. die

Art und Weise der Duftverwendung noch beeinflussen. Dieser Gedanke ist sicherlich sehr spekulativ. Lassen Sie ihn uns aber einmal weiterverfolgen: Da unser Geruchssinn nicht nur auf Erlerntes reagiert, sondern zugleich konservativ, unbewusst und genetisch vorprogrammiert ist, könnte es sein, dass er auch an emotionale Momente der jeweiligen nationalen Geschichte gekoppelt ist. Das heißt, dass Eindrücke, Sehnsüchte und große Geschehnisse einer Kultur mehr oder weniger bewusst auch auf olfaktorischer Ebene, sozusagen als Duftmentalität, mit bestimmten Vorlieben an spätere Generationen weitergegeben werden. Man könnte in diesem Rahmen postulieren, dass in der nationalen Geruchssozialisation nicht nur gelernt wird, was schlecht zu riechen hat, sondern sich im Gehirn auch Träume und Motive aus der jeweiligen Kulturgeschichte wiederfinden, die so emotional beladen sind, dass sie auch olfaktorisch als Prädisposition weitergegeben werden.

- **Gibt es ein kollektives olfaktorisches Unterbewusstes?**

Wenn dem so wäre, wäre das Konzept des kollektiven Unbewussten des Psychiaters Carl Gustav Jung (1875–1961) auch für die Parfümerie von Interesse. Vielleicht noch besser greift für die Parfümerie das Konzept des französischen Philosophen und Soziologen Maurice Halbwachs (1877–1945). Dieser spricht von unbewussten kollektiven Gedächtnissen und orientiert sich eher an konkreten historischen Situationen und Erinnerungen einzelner sozialer Gruppen und Gesellschaften. Auf die Parfümerie übertragen könnte man dann fragen, ob man sich auch ein kollektives olfaktorisches Unterbewusstes bzw. ein kollektives olfaktorisches Gedächtnis vorstellen kann, das durch die Kulturgeschichte einer Nation gespeist wird. Wie auch immer, internationale Duftmärkte kennen typische nationale Marktmentalitäten, die so stark und dauerhaft sind, dass man sie nicht allein über die nationale Geruchssozialisation erklären sollte.

Auf die mögliche Existenz eines kollektiven olfaktorischen Unterbewussten lässt sich auch in anderen Duftmärkten schließen, wie ich im folgenden Abschnitt zeigen werde.

14.2.4 Duftvorlieben in England und den USA

Aus deutscher Sicht ist der **englische Damenduftmarkt** sehr speziell. In ihm dominieren unschuldige Blumen aus der Duftfamilie „Blumig-aldehydisch". Über die Jahre hat diese Duftfamilie einen Marktanteil von etwa 27 %. „Fruchtig" kommt besonders in Kombination mit leicht „Gourmand-fruchtig" sowie als „Blumig-fruchtig" vor. Wenn man Düfte hinzuzählt, die man sowohl als leicht wie gehaltvoll den Gourmand-fruchtigen, wie den Blumig-fruchtigen Noten zuordnen kann, ist Fruity mit 25 % die zweitgrößte Gruppe. Auf dem dritten Platz bei den Duftfamilien mit einem Marktanteil im englischen Duftmarkt bei Damennoten von in der Regel 17 % kommen warme Blumennoten, die in die Duftrichtung „Floriental" fallen. „Blumig" erscheint also im Park- und Gartenland England in den verschiedensten Ausprägungen und dominiert den Markt. Im Schnitt über die Jahre mit weniger als 14 % kommen „Frisch-grün-zitrisch/Aqua- & Ozon" vor, gefolgt von orientalischen Noten mit etwa 12 % und abgeschlagen die extravaganten Chypre-Noten mit um die 5 % Marktanteil (◘ Abb. 14.5).

Fast dasselbe gilt für den **nordamerikanischen Damenduftmarkt**, wo das florale, sprich blumige Thema sogar mit etwa 29 % über die Jahre noch etwas stärker dominiert als im englischen (◘ Abb. 14.6).

14.2 · Wie sich der deutsche Damenduftmarkt von anderen Märkten…

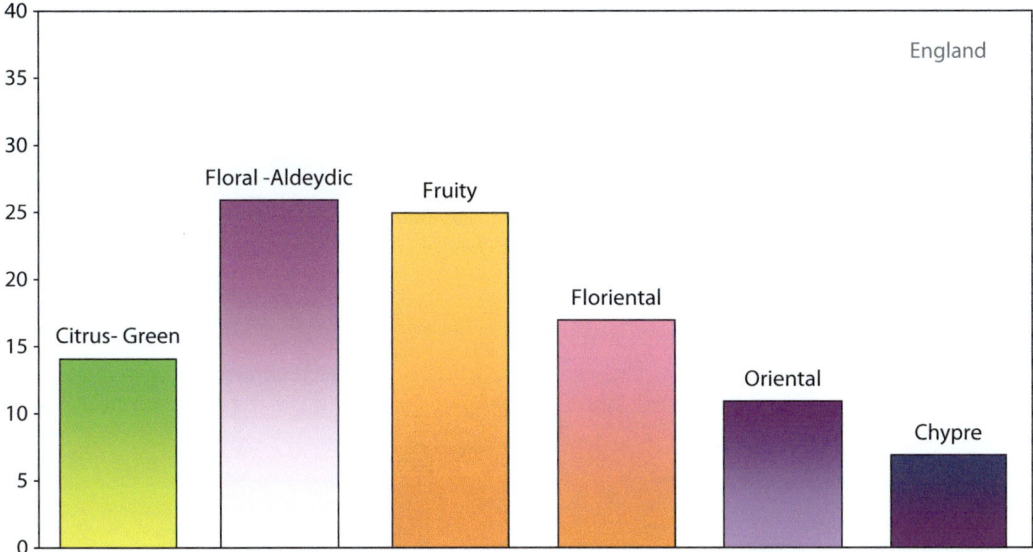

Abb. 14.5 Damennoten: Marktanteil von Duftfamilien in England

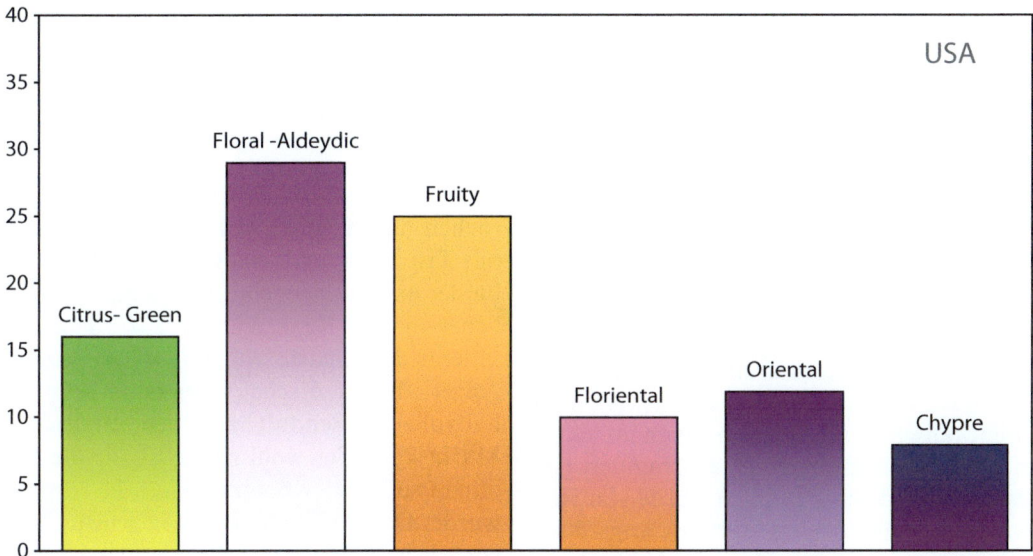

Abb. 14.6 Damennoten: Marktanteil von Duftfamilien in den USA

England und die USA sind ein blumiger Geschwistermarkt, und ihre enge Verbindung und gemeinsame Geschichte drückt sich auch olfaktorisch aus (Abb. 14.7).

Wie lässt sich die Dominanz des Blumigen in beiden Märkten erklären? Sicher liegt man nicht falsch, wenn man das über Jahrhunderte gewachsene englische Frauenideal in die Analyse mit einbezieht.

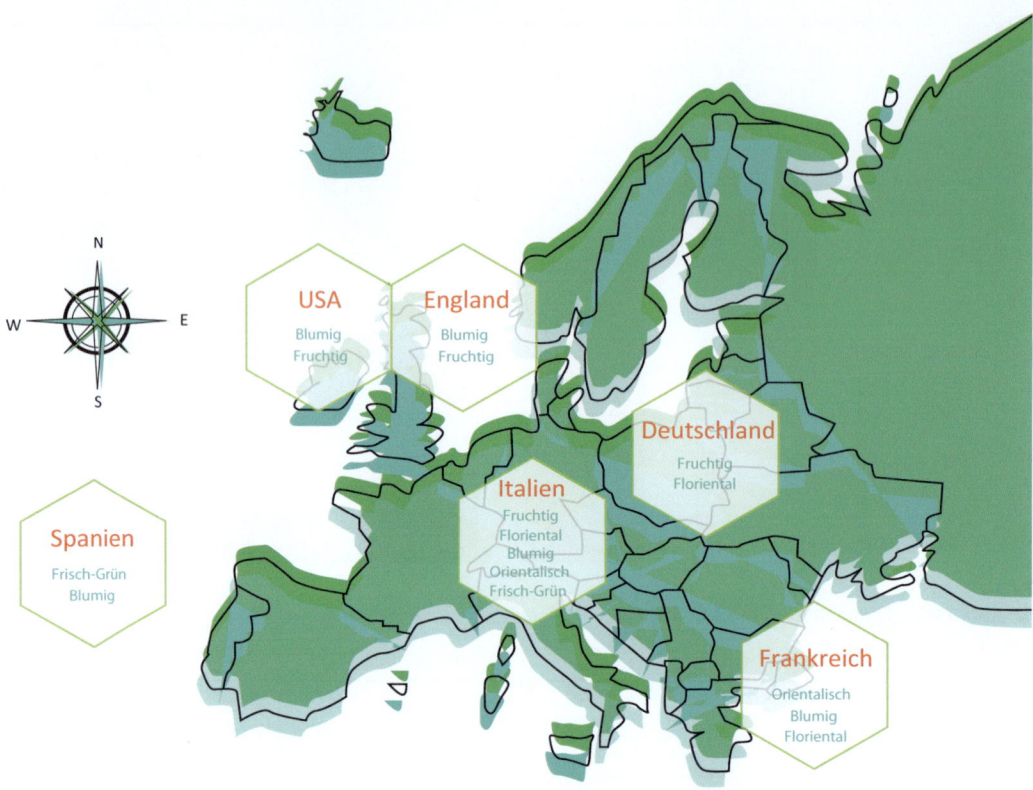

◘ Abb. 14.7   Damennoten: Kleine Weltkarte der Duftmärkte

14.3 Duftmentalität: Die Rose im angelsächsischen Kulturraum

Immer wieder gab es in der Geschichte des Parfüms Versuche, es als Teufelswerk und unmoralisch zu verdammen. Auch im viktorianischen England des 19. Jahrhundert gab es solche Versuche. Vielfach wurde von Historikern Prüderie als Grund angeführt. Übersehen wird aber, dass die Viktorianer einen ausgiebigen Sauberkeitsfimmel hatten. Der war mehr als notwendig, weil vor allen die großen Städte wie London dreckig waren. Ausländer wunderten sich, wie man als Wohlhabender in einer mit Dreck, Exkrementen, Ruß und Staub bedeckten Stadt überhaupt leben konnte. Blumennoten, vor allem der Geruch von Rose, mussten vor diesem Hintergrund fast paradiesisch gerochen haben, auch weil speziell Rose sich mit fast allen anderen Gerüchen gut verbindet und unangenehm Riechendes erträglicher macht. Kein Wunder also, dass mit „Fleurs de Bulgarie" von Creed 1845 ein im Angeruch erst frischer, aber dann sehr gehaltvoller Rosenduft auf den englischen Markt kam, der wohl zunächst für die Bedürfnisse der Königin Victoria kreiert wurde. Das Parfümhaus Creed wurde 1760 von einem Schneider in London gegründet. Besser belegt als Beispiel für die Bedeutung der Rose zur damaligen Zeit ist „White Rose" von Floris, das wohl noch früher, etwa um 1800, auf den Markt gebracht wurde. Das Parfümhaus Floris wurde 1730 ebenfalls in London gegründet und ist noch heute im Familienbesitz.

Sicher kamen zur Überdeckung unangenehmer Gerüche bzw. zum Beduften auch

14.3 · Duftmentalität: Die Rose im angelsächsischen Kulturraum

andere Blumen und Pflanzen wie Lavendel zum Einsatz, aber Rose war bereits in viktorianischer Zeit Teil nationaler Identität.

Die Rose soll schon in frühen Hochkulturen als Symbol für die Liebe gegolten haben. Sicher begann der Siegeszug der Rose im Abendland, als man mit der weißen Rose die Reinheit der Jungfrau Maria verband. Die Rose wurde nicht nur Blickfang gotischer Kathedralen, sondern wurde auch vom Adel eingesetzt – wie beim englischen Haus Lancaster, das die rote Rose im Wappen führt. Das Adelshaus York nahm sich als Wappen die weiße Rose. Nach den Kriegen beider, die auch als Rosenkriege in die Geschichte eingingen, entstand aus der roten und weißen Rose die Tudor-Rose mit ihren roten und weißen Blütenblättern.

Über Rosen, ihre Geschichte, ihren Duft und ihre aromatherapeutische Wirkung ist viel geschrieben worden (Kremp 2013), was aber im Detail den Rahmen dieses Buches sprengen würde. Ich möchte mich hier auf die Bedeutung der Rose in England beschränken. Die Tudor-Rose ist bis heute das Symbol Englands geblieben. Es hat sich im Wappen des Vereinigten Königreichs, aber auch im Wappen Kanadas verewigt. Das United States Army Institute of Heraldry zeigt die Tudor-Rose ebenfalls in seinem Wappen. Das Institut unterstützt die United States Army und geht auf einen Erlass von 1919 von Präsident Woodrow Wilson zurück, des 28. Präsidenten der Vereinigten Staaten (1913–1921). So eng verbindet die Rose aus der Tudorzeit noch heute beide Nationen. Die Rose wird deshalb von Engländern nicht einfach als Blume gesehen, sondern sie verkörpert Stärke, wenn auch subtile, hinter der eine erfolgreiche Königsdynastie mit Tradition und Aura steht. Das legt nahe, dass die Rose von Engländern anders als z. B. von Deutschen wahrgenommen wird. Sie riecht speziell für Engländer auch nach starker, selbstbewusster und erfolgreicher Weiblichkeit. Das hat Gründe, die bis in das 16. Jahrhundert und da auf eine Frau aus dem Hause Tudor zurückgehen.

Die Legende berichtet, dass Queen Elisabeth I. (1533–1603), die jungfräuliche englische Königin, ihre Schlachten in einer persönlichen olfaktorischen Aura duftender Rosen geschlagen haben soll. Elisabeths Sieg Englands gegen die spanische Armada im Jahr 1588 wurde einer der größten militärischen Erfolge in der englischen Geschichte. Bereits als Kind wurde Elisabeth als sehr intelligent, als sprachbegabt und vor allem als schlau beschrieben. Männer, die sie begehrten, ließ Elisabeth wohl in einer attraktiven Rosenduftwolke zappeln. Ein Opfer war der französische Prinz François-Hercule de Valois, den sie „Frosch" nannte. Sie tanzte zwar mit ihm, und er witterte Erfolg, sie ließ ihn aber warten, bis er schließlich demotiviert abreiste. Elisabeth war als junge Königin zwar keine Schönheit im landläufigen Sinn, konnte aber viele Männer mit Humor, Charme und Schlagfertigkeit faszinieren. Auch war sie eine begeisterte Musikerin, die in jeder Hinsicht Genuss liebte. Es war Elisabeth, die als eine der ersten Vanille auf den europäischen Kontinent brachte und ihre Gerichte damit anreichern ließ. Schon früh entdeckte sie ihre Liebe zu Parfüms und schönen Düften. So liebte sie Rosenwasser-Dampfbäder, kombiniert mit weiteren Parfüms und aromatischen Kräutern. Elisabeth war eben nicht nur Rosenliebhaberin – es wird berichtet, dass sie auch andere Blumen wie viele weitere parfümistische Inhaltsstoffe schätzte. Für ihre persönlichen Parfümkreationen holte sie extra venezianische Parfümeure nach England.

Speziell aber der Rose verlieh Elisabeth sowohl als Symbol wie auch olfaktorisch eine eigene weibliche Prägung. Durch sie haben die Engländer die Rose, deren Aura sich dann auch auf andere Blumen übertrug, als königlich weiblich, aber auch als königlich stark, erfolgreich und intelligent assoziiert. Man kann nun fragen, ob diese Assoziationen, wenn ich sie richtig deute, bis heute subtil durch die englische Duftsozialisation weitergegeben werden oder ob nicht Teile des „Rosen-Erlebens" im kollektiven olfaktorischen Gedächtnis abgespeichert sind. Wie auch immer, speziell die Rose ist in England ganz offensichtlich mehr als eine Blume. Sie ist königlich weiblich und dabei sehr komplex. Das gilt auch für die viel zitierte „English Rose", die mehr ist als ein natürlich attraktives Mädchen bzw. eine Frau mit sehr hellem Teint. Sie hat auch die Kraft und Fähigkeit, ihr Familienempire geistreich, schlagfertig und erfolgreich zusammenzuhalten und Großes in ihrem Lebensraum zu bewirken. Das Königliche der Rose wird dabei für den englischen Damenduftmarkt auch immer wieder in größeren Abständen neu belebt. So soll Elisabeth II. die „Weiße Rose" von Floris bei ihrer Hochzeit 1947 mit Prinz Philip getragen haben.

14.4 Globale vs. nationale Dufttrends

Zurück zu den beiden noch nicht beantworteten Fragen:
1. Gibt es bei Düften Trends, die sich ähnlich wie in der Mode global zeigen?
2. Werden die Märkte immer mehr von nationalen Präferenzen bestimmt?

Um es gleich vorwegzunehmen: Es gibt natürlich auch bei Düften Trends, die sich global zeigen. Denken Sie nur an den oben erwähnten aktuellen Siegeszug der Duftfamilie „Gourmand-fruchtig" über die Duftrichtung „Blumig", der sich mehr oder weniger stark in vielen Duftmärkten zeigt, auch wenn einzelne Länder und Regionen, wie wir sahen, typische eigene Duftvorlieben haben. Auch gibt es Trends bei Inhaltsstoffen. Wenn man die Märkte genauer betrachtet, kommt man zur folgenden verblüffenden Feststellung:
Globalität nimmt zu, aber auch nationale Duftindividualität!
Wie ist das möglich?
Wir haben in vielen europäischen Ländern einen geteilten Duftmarkt, in dem vor allem zwei Zielgruppen dominieren, die Parfüms auch oft aus unterschiedlichen Verkaufskanälen bzw. Verkaufsorten beziehen:
- Erstens aus der **klassisch stationären inhabergeführten Parfümerie** mit Kunden „45+" mit dem Wunsch, sich durch Duftindividualität mit Nischenparfüms und Premium-Duftklassikern abzugrenzen. Diese Kundengruppe bezieht Parfüms sowohl on- wie offline, ist aber traditionell sehr an persönlicher Beratung interessiert. Der Händler neigt dazu, Düfte vorzuschlagen, die nur bei ihm bzw. nur schwer online erhältlich sind. Das führt dazu, dass in der Duftberatung gern Parfüms gezeigt werden, die eher nicht global und auf nationale, ja sogar auf regionale Duftvorlieben abgestimmt sind. Selbst beim Thema „Gourmand-fruchtig" gibt es z. B. in Deutschland je nach Region leicht unterschiedliche Duftpräferenzen: in Norddeutschland dominiert „Frisch-fruchtig-Gourmand", im Berliner Raum sind es eher fruchtig-florientalische Noten. Im Westen der Republik wird die Kombination „Floriental-Gourmand" besonders geschätzt und in Bayern „Fruchtig-Gourmand". Bei regionalen Duftvorlieben spielen sicher neben Mentalität und Duftsozialisation auch Ernährungsgewohnheiten bzw. Geschmacksvorlieben, aber natürlich auch das Klima eine Rolle. Man denke nur an die Begeisterung für süßen Senf in oder für das oft vergleichsweise süßere, also weniger herbe Bier Bayerns. Besonders der Einfluss von Klima und Luft schlägt sich selbst in den unterschiedlichen Breiten Deutschlands nieder. Chanel No 5 riecht auf den Straßen in Hamburg etwas anders als in München. Wie oft erging es mir, dass ich Parfüms nach Deutschland mitbrachte, die in Paris, das noch von der atlantischen Meeresluft erreicht wird, herrlich rochen, bei mir in Südbaden aber lange nicht die Klasse entwickelten. In Südbaden haben wir zwar

14.4 · Globale vs. nationale Dufttrends

seltener Föhn, einen warmen, trockenen Fallwind, als in Bayern, aber oft eine Inversionswetterlage, bei der die oberen Luftschichten wärmer sind als die unteren – mit dem Effekt, dass derselbe Duft in den sonnigen Höhenlagen des Schwarzwaldes leicht anders riecht, z. B. mehr fruchtig, als unten im nebligen Tal.

- Zweitens aus **Drogerie- und Parfümeriemärkten bzw. Parfümerieketten** mit vergleichsweise jüngeren Kunden, vielfach im Alter von zwischen 16 und 34 Jahren, die mehr den Wunsch haben, Teil einer Gruppe zu sein und Erfahrungen und Erleben offen zu teilen bzw. Produkte und Marken weiterzuempfehlen. Oft gibt es in diesen Geschäften fast nur noch Selbstbedienung. Der Händler setzt dann gern auf Duftmarken, die bereits „vorverkauft" sind, die man also aus der Werbung kennt. Und das sind, wenn auch nicht immer, oft internationale Parfüms mit hoher Markenbekanntheit. Sicher setzen auch mehr Drogerie- und Parfümeriemärkte bzw. -ketten auf die oben beschriebenen Indie-Marken und führen auch national bekannte Duftmarken in ihrem Sortiment. Dennoch spielt der Verkaufsort eine wichtige Rolle dabei, ob das Angebot an Düften bzw. Marken auf Globalität oder auf nationale Duftindividualität ausgerichtet ist.

Wie bereits erwähnt, vollzog sich zwischen 1999 und 2003 ein Wandel, der schließlich dazu beitrug, dass sich die beiden Verkaufsorte – inhabergeführte Parfümerie und Parfümerieketten – stillschweigend auseinander entwickelten. Sicher gab es, wie wir schon besprochen haben, immer schon nationale Duftvorlieben, aber um die Jahrtausendwende dominierten noch viele globale Parfüms den Markt. Denen musste auch die inhabergeführte Parfümerie Rechnung tragen und sie im Sortiment führen. Pro Land waren es mindestens vier bis fünf globale Düfte, in Deutschland oft sieben bis acht Parfüms. Beispiele sind „Allure", „Trésor" oder „CK one", die über die Märkte hinweg die jeweiligen Listen der Top-10-Parfüms fast in der ganzen Welt dominierten. Diese Parfüms musste man also als Fachgeschäft vorrätig haben, wollte man als Premium-Parfümerie eine Rolle in seinem Ort spielen. Ab 2003 nahm dann die nationale Duftindividualität in fast allen europäischen Duftmärkten Schritt für Schritt zu. Zunächst waren es Düfte lokaler Designer sowie Düfte nationaler Berühmtheiten, die vermehrt auf den eigenen Märkten lanciert wurden. Parfüms von nationalen Celebrities gab es zwar schon immer. Man denke nur an die Parfüms von Jil Sander und Wolfgang Joop, die bereits in den 1980ern auf den deutschen Markt kamen. Dann entdeckten um 2004/2005 edle inhabergeführte Parfümerien die „Nischendüfte" für sich, der Name war noch nicht geboren. Die konnten zwar auch globale Verbreitung haben und Designerdüfte bzw. Düfte von kleinen und großen Berühmtheiten sein, meistens waren es aber Liebhaberdüfte aus kleinen Produktionen, die nicht den Anspruch auf globale Verbreitung erhoben und sich auf weniger als 50 Verkaufsstellen z. B. in Deutschland beschränkten. Nationale Nischenparfüms waren dann die konsequente Weiterentwicklung im Nischenduftmarkt. Einer, der den Trend schon früh erkannte, war der Parfümeur und Wahlberliner Geza Schoen, der 2006 quasi im Alleingang „Molecule 01" von escentric molecules auf den deutschen Duftmarkt brachte.

Sich mit einem Duft als Signatur abzuheben, lag und liegt besonders bei Zielgruppen, die die inhabergeführte Parfümerie ansprechen, im Trend. Nischenparfüms aus kleinen lokalen Manufakturen waren und sind dafür ideal. Der Träger will privates Dufterleben, für sich schön riechen und nicht von allen im Umfeld wahrgenommen werden. Der Trend zum Nischenparfüm hat in der Folge dann noch eine Weiterentwicklung erfahren, wobei dieser neue Trend nicht auf globale oder nationale Düfte beschränkt ist: Parfüm-Layern, die aktuell persönlichste Methode, um für sich olfaktorisch immer wieder Neues und Ausgefallenes als ganz eigenes Wirkparfüm zu kreieren, um so schöner zu riechen plus sich zu erleben.

» *Jetzt haben Sie das vorletzte Kapitel des Buches gelesen, und ich hoffe, es hat Ihnen bislang Freude gemacht. Zum Ende des Buches in ▶ Kap. 15 möchte ich Ihnen noch erläutern, wie und wo die moderne Parfümerie entstanden ist und welche Rolle die Pest dabei gespielt hat – hier werden Sie noch einmal Überraschendes erfahren.*

Zusammenfassung

Am Beispiel bevorzugter Duftrichtungen bei Damennoten haben wir gezeigt, dass zum Teil recht große Unterschiede zwischen den einzelnen Parfümmärkten bestehen. So sind der deutsche und der französische Duftmarkt recht unterschiedlich, während Spanien viele Gemeinsamkeiten mit dem südamerikanischen Markt hat. Italien liegt auf einer Weltkarte der Düfte bzw. der Duftmärkte in der Mitte Europas; England und die USA hingegen sind ein Geschwistermarkt, in dem die blumige Duftrichtung dominiert.

Im Hinblick auf die Unterschiede von Duftrichtungen und Vorlieben für einzelne Parfüminhaltsstoffe lässt sich viel durch eine Duftsozialisation erklären. Aber auch psychoanalytische Erklärungsmodelle könnten eine Rolle spielen. Nach C.G. Jung sind in einem unbewussten kollektiven Gedächtnis historische Situationen und Erinnerungen z. B. von der nationalen Größe einzelner sozialer Gruppen bzw. Meinungsmachern abgespeichert, die auch an Dufterleben bzw. Dufterinnerungen gekoppelt sein könnten.

Werden Duftmärkte immer mehr von nationalen Präferenzen bestimmt? Nein, es gibt einen globalen und einen nationalen Dufttrend.

Literatur

Kremp D (2013) Majestät Rose. Rosenduft – der Liebe Lust – die Geheimnisse der Königin der Blume. Engelsdorfer, Leipzig

Die Entstehung des modernen Parfümeurs

Wie und wo der moderne Parfümeur entstanden ist, wie einzelne Parfümeure zur Luxusmarke werden konnten und welche Entwicklungschancen Parfümeurinnen haben – ein Nachwort

Inhaltsverzeichnis

15.1 Wie und wo der moderne Parfümeur entstanden ist – 352

15.2 Wie einzelne Parfümeure zur Luxusmarke werden konnten – 355

15.3 Welche Entwicklungschancen Parfümeurinnen haben – 357

Literatur – 359

© Der/die Autor(en), exklusiv lizenziert durch Springer-Verlag GmbH, DE, ein Teil von Springer Nature 2021
J. Mensing, *Schöner RIECHEN*, https://doi.org/10.1007/978-3-662-62726-6_15

Seit einigen Jahren ist der Parfümeur selbst zum Forschungsgegenstand geworden. Daraus ist eine Künstlersozialgeschichte der kreativen Nasen entstanden, die die Parfümerie bereichert und erfrischt, weil man sich sonst gern auf Fragen der olfaktorischen Wahrnehmung und der Wirkung von Düften konzentriert. Den Parfümeur als Forschungsgegenstand näher zu beleuchten trägt, wie ich an einigen Beispielen zeigen werde, zu einem besseren Gesamtverständnis der Parfümerie bei und verdeutlicht u. a. deren Entwicklung zur modernen Parfümerie von heute. Bei der Erforschung des Parfümeurs interessiert vor allem sein sich veränderndes Berufs- und Selbstbild, aber auch seine Rolle und Stellung in der Gesellschaft. Interessant ist dabei hauptsächlich die Zeitspanne zwischen Renaissance und Gegenwart. Die Präsentation der Ergebnisse findet im Rahmen von Symposien statt wie beispielsweise im Oktober 2021 im Palace of Versailles Research Center, zu dem das Parfümhaus Guerlain und die Universität Lyon Branchenexperten einladen (Camus u. Wicky 2020). Außenstehende wird das neu erwachte Forschungsinteresse dennoch etwas verwundern – nicht aber, wenn man weiß, welch großen Einfluss die jeweilige politische, wirtschaftliche und soziale Lage auf Parfümeure und ihre Arbeit haben.

15.1 Wie und wo der moderne Parfümeur entstanden ist

Wie wir in ▶ Kap. 1 Kapitel besprochen haben, sind einige Namen von Parfümeuren schon aus dem Altertum und der Antike bekannt. Aufgrund ihrer Fähigkeiten müssen sie eine gewichtige Rolle in der damaligen Gesellschaft gespielt haben, was anhand der ersten uns überlieferten Parfümeurin Tapputi deutlich wird. Tapputi-Belatekallim kreierte ihre Parfüms um 1200 v. Chr. in Babylon und war von Haus aus Chemikerin. In den Genuss ihrer den individuellen Status und die Rolle berücksichtigenden Kreationen kamen in erster Linie der Herrscher, sein Harem, aber auch höhergestellte und einflussreiche Personen, die am und um den Palast lebten. Noch viel mehr ist den Parfümhistorikern über die Rolle der Parfümeure seit Beginn der Renaissance in Italien bekannt, insbesondere über Parfümeure in den Städten Venedig und Florenz und deren Bedeutung für die sich entwickelnde moderne alkoholische Parfümerie der westlichen Welt. Zu deren Aufbau haben sie nach dem Zerfall des Römischen Reichs und nach der Wiederentdeckung der großartigen Duftwelt des Orients, Afrikas und Asiens durch Kreuzfahrer sowie durch den Aromen- bzw. Gewürzhandel ganz wesentlich beigetragen. Überlieferungen von römischen und griechischen Praktiken waren hier natürlich ebenfalls sehr hilfreich. Welche großen Auswirkungen die alkoholische Parfümerie auf das Dufterleben hatte, habe ich bereits im ▶ Abschn. 7.3 besprochen.

15.1 · Wie und wo der moderne Parfümeur entstanden ist

Die Renaissance in Italien brachte aber auch eine zunehmende Veränderung im Berufs- und Selbstbild der kreativen Nasen mit sich, besonders in Venedig (Messinis 2017). Mehr und mehr wurden Parfümeure ab dieser Epoche als selbstständige – wenn auch als von Herrschern und Auftraggebern nicht unabhängige – Künstler und Händler gesehen, die ihre Parfüms nicht nur kreieren, sondern auch herstellen und an breitere Bevölkerungskreise verkaufen konnten (Gobet u. Le Gall 2011). Wenn man die Duftherstellung bis in die Bronzezeit zurückverfolgt, war das deutlich anders. Die Parfümherstellung war an den Palast gebunden und wurde dort auch kontrolliert. Parfüm selbst war eine prestigeträchtige Ware, in deren Genuss ganz überwiegend nur die kamen, die, wie gesagt, in und um den Palast lebten. Man geht heute sogar davon aus, dass die Parfümverwendung selbst auf einen sehr kleinen Personenkreis, nämlich auf die Herrscherfamilie und die Ranghöchsten, begrenzt blieb. Entsprechend war Parfüm olfaktorischer Ausdruck von Macht, Reichtum und Luxus. Ein Beispiel dafür ist auch die überlieferte Parfümverwendung am mykenischen Königshof von Pylos (Griechenland) um 1200 v. Chr. (Murphy 2012).

Man kann sich fragen, warum gerade Venedig für die Entwicklung der modernen Parfümerie die größte Rolle spielte und warum die Lagunenstadt im 14. Jahrhundert das erste Zentrum des europäischen Parfüms wurde. Da es unter Parfümhistorikern unterschiedliche Meinungen darüber gibt, welche italienische Stadt für die moderne Parfümerie die größere Rolle spielte, will ich zur Beantwortung der Frage kurz auf die Geschichte der modernen Parfümerie und die Situation ihrer damaligen Parfümeure eingehen.

Florenz war durch das Mäzenatentum der Adelsfamilie Medici, die ihr Geld anfänglich in der Textilbranche machte, für Künstler und neue künstlerische wie modische Entwicklungen sehr offen. Insbesondere Katharina von Medici hatte es die Parfümerie angetan. Ihre Parfümeure waren im frühen 16. Jahrhundert besonders in der damals modernen Handschuhparfümierung, für die sie sehr innovative und attraktive Duftnoten kreierten, sehr erfolgreich. Im ▶ Abschn. 5.10 habe ich dazu Hintergrundinformationen gegeben. Katharina selbst bzw. ihre Parfümeure wie René Bianchi (Renato Bianco, auch bekannt als Maître René oder René le Florentin), die von ihrer Gunst abhängig waren – auch wenn sie zum Teil schon eigene Parfümeriegeschäfte hatten –, haben die französische funktionale Parfümerie wesentlich beeinflusst.

Dennoch will ich mich auf die Entwicklung der Parfümerie in Venedig konzentrieren, die durch zurückkehrende Kreuzritter und Handelsbeziehungen mit der Duftwelt des Orients, Afrikas und Asiens noch vor Florenz mit dieser in Berührung kam. Venezianische Händler und Parfümeure hatten als Erste persönliche Einblicke in die Parfümherstellung des Orients sowie direkten Kontakt zu den damals wichtigen Handelsorten von Duftstoffen in Vorderasien und Nordafrika.

Waren es in Florenz zu Beginn dominikanische Mönche, die etwa seit dem 13. Jahrhundert Mixturen wie das schon zu Römerzeit beliebte Rosenwasser herstellten, entstand die Parfümerie in Venedig aus dem Handel. Dieser beruhte oft auf freien Handelsvereinbarungen, von denen dann auch die bürgerlichen Parfümeure ganz wesentlich profitierten, weil Duftstoffe für die Parfümherstellung günstiger erworben werden konnten. Das hatte auch den Effekt, dass man weniger vom Adel und der Kirche abhängig war, sowohl finanziell als auch als Auftraggeber bzw. Protegés.

Mit Beginn der Renaissance, aber auch schon früher, veränderten sich die Handelsstrukturen, von denen besonders die Republik Venedig mit Recht auf freien Handel vielerorts profitierte. In diesem Zusammenhang wurde es besonders für die Venezianer möglich, sich zinsgünstig Geld für eigene Unternehmungen zu leihen oder einen oder mehrere stille Teilhaber für das eigene Geschäft zu gewinnen. Auch haben sich durch den Erfolg der Seemacht Venedig die Lebens- und Arbeitsbedingungen in dieser Epoche zunehmend verbessert, wenn auch nicht durchweg.

Zwischen 1347 und 1575 wurde die Lagunenstadt mehr als 20-mal von der Pest heimgesucht. So furchtbar das auch für die Bewohner war (die große Pestwelle von 1347 überlebten lediglich 70.000 der 120.000 Venezianer), die Pest hat die Parfümeure in dieser Epoche wesentlich beeinflusst und gefordert. Das führte zum Fortschritt, aber auch zum Rückschritt in der gesellschaftlichen Rolle und im Tätigkeitsbereich der Parfümeure. Warum das so war, möchte ich nachfolgend erklären.

In Europa, besonders zu Zeiten der Pest, wurde Räuchern zur Desinfizierung vor allem der Luft in Krankenzimmern eingesetzt. Weil es gegen den Schwarzen Tod keine wirklichen Mittel außer Hygiene und Isolation gab, waren Parfümeure nicht nur in der Renaissance, sondern bereits im Altertum gefragt, hygienische Produkte und Anwendungen zu entwickeln und anzubieten. Die Bevölkerung suchte nach gesundheitsversprechenden, schützenden Dingen, die durchaus auch einen Wohlgeruch bieten sollten.

Die Entwicklung zur modernen westlichen Parfümerie und damit auch zur alkoholischen Parfümierung ist dementsprechend auch vor dem Hintergrund der pestgeplagten Renaissance zu sehen. Gerade Venedig musste erleben, welch große Bedeutung Hygiene bzw. Reinigung nicht nur für den Lebensgenuss, sondern auch für das Überleben einer ganzen Gesellschaft hatte. Kein Wunder also, dass die Pestwellen dazu beigetragen haben, dass venezianische Parfümeure mit dem desinfizierenden Alkohol in Parfüms mit als erste in Europa experimentierten. Arabische Parfümeure taten das bereits ab dem 10. Jahrhundert n. Chr., wobei die alten Ägypter die alkoholische Parfümierung bereits seit ca. 400 v. Chr.

kannten, aber nicht wirklich einsetzten. Mit Essig, der entzündungshemmend und antibakteriell wirkt und geringe Mengen an Alkohol enthält, aber stechend riecht, wurden in Zeiten der Pest die scheinbar gesunden Neuankömmlinge in Venedig nackt abgewaschen, bevor sie neu eingekleidet in 14-tägige Quarantäne kamen. Was lag da näher, als mit beduftetem Alkohol zu experimentieren, der nicht nur desinfizierte, sondern auch einen viel schöneren Wohlgeruch vor allem von Pflanzen hervorbrachte als die seit Beginn der Parfümerie verwendeten duftenden Cremes und Öle. Damit kann man sagen: Aus der Not der pestgeplagten Renaissance und ihrer Parfümeure kam es nun auch in Europa zum Fortschritt – zum olfaktorischen Sprung in die moderne Parfümerie.

Wie in unserer Zeit durch Corona stieg auch während der Pest die Seifenverwendung, in deren Herstellung die Venezianer der Renaissance bereits wahre Meister waren. Es waren auch Drafträucherungen zur Desinfizierung wieder sehr gefragt, die schon die alten Kulturen zur Luftreinigung einsetzten. Sicher diente es nicht dem Fortschritt der Parfümerie, wenn Parfümeure in Zeiten der Pest zu „Ausräucherern" abstiegen bzw. lediglich Räucherstoffe lieferten. Was den Fortschritt zusätzlich verhinderte und Parfümeure schnell in zweifelhaftes Licht rückte, war, dass sie –wie schon im Altertum üblich – während der Pest wieder verstärkt die Rolle eines Mediziners oder Apothekers einnahmen. Davor hatten schon römische und griechische Ärzte in der Antike gewarnt, denn Parfümeure konnten mit Duftbehandlungen bei schweren Erkrankungen, wenn überhaupt, nur geringfügig helfen. Während der Pest wurde, wie wir wissen, die Not der Bevölkerung von allen Seiten – kirchlicher wie weltlicher – ausgenutzt. Angebliche Doktoren trieben einen regen Handel mit wundersamen Heilwässern, Kräutermixturen, Duftverschreibungen, Riechpulvern und Zaubertinkturen, die versprachen, die Kranken zu heilen und die Gesunden zu schützen. Weil es dafür reißenden Absatz gab, waren an diesem Unterfangen auch Parfümeure beteiligt, die wie Apotheker die Vorräte für viele Stoffe hatten, die man für die Mixturen brauchte. Zum Eid des Hippokrates, dem ursprünglich in griechischer Sprache verfassten Arztgelöbnis grundlegender ärztlicher Ethik, ist es mit einem entsprechenden Gelöbnis von Parfümeuren nie gekommen. Anlässe dafür hätte es in der Geschichte der Parfümerie viele gegeben. So soll der bereits erwähnte René Bianchi mit von ihm parfümierten, aber auch vergifteten, Handschuhen am französischen Hof gemordet haben.

Venedig entwickelte schon früh ein Bewusstsein für Hygiene. Der Magistrat von Venedig erließ strikte Desinfizierungsregeln und errichtete 1423 ein Pestkrankenhaus, in dem systematisch u. a. mit Rosmarin für die Massen geräuchert wurde. In den Jahren darauf entstand die erste Quarantänestation der westlichen Welt. 1490 gründete man in Venedig eine eigene Gesundheitsbehörde. Sehr stark stieg seinerzeit das Interesse an der im Altertum und der Antike besonders von Griechen und Römern bereits so geschätzten Myrrhe, die erst über Venedig, dann auch über Florenz und Genua und schließlich über Südfrankreich nach Europa einführt wurde.

Bereits zu Beginn des 11. Jahrhunderts hatte man in Venedig luxuriöse Parfüms aus dem Orient erhalten, von denen man lernen konnte, wie zusammengebrachte Duftstoffe in ihrer Herrlichkeit riechen konnten. Die Parfüms, die man in Venedig kennenlernte, kamen aus Byzanz (Konstantinopel). Belegt ist das durch den Umzug von Maria Argyropoulina (Maria Argyre) nach Venedig. Sie war eine Parfümliebhaberin aus der Herrscherfamilie von Byzanz, die 1004 n. Chr. den Sohn des Dogen Orseolo in Venedig heiratete. Berichtet wird, dass sie die Venezianer mit ihren schweren verführerischen Parfüms mehr als beindruckte. Die Heirat hatte auch einen sehr positiven Einfluss auf den Handel zwischen Byzanz und Venedig. Die Venezianer lernten, von woher der Handelspartner die Rohstoffe für die herrlichen Parfüms bezog. Ein Ort war Trebizond (Trabzon) an der Schwarzmeerküste der heutigen Türkei, wo auch die Seidenstraße endete. Andere Handelsplätze lagen in Zypern, in Kleinasien und im ägyptischen Alexandria. Trebizond muss aber nicht nur für die Parfümerie dieser Tage ein sehr wichtiger Handelsplatz gewesen ein. Nach einigen Unstimmigkeiten, sprich Kriegen, von denen zunächst Genua profitierte, kam es im 13. Jahrhundert (1268) zu einem Handelsvertrag zwischen Byzanz und Venedig, der den Venezianern nun auch den freien Zugang zum Schwarzen Meer ermöglichte.

Das Handelsgeschick der Venezianer führte zu wertvollem Wissen, was die Chance für die heimischen Parfümeure wurde. Man begann vermehrt zu experimentieren, was zum Durchbruch der alkoholischen Parfümerie führte. Man kann deshalb sagen, dass die Entwicklung zur modernen westlichen Parfümerie durch Pestwellen und gute Handelsverträge forciert wurde. Diese Entwicklung fand unter viel Schmerz statt. So starb Maria Argyropoulina mit ihren Kindern bereits wenige Jahre nach ihrer Ankunft in Venedig an der Pest, und vielen Parfümeuren wird Gleiches widerfahren sein.

15.2 Wie einzelne Parfümeure zur Luxusmarke werden konnten

Der Erfolg der venezianischen Parfümeure in der Renaissance beruht aber auf noch weiteren Faktoren. Schriftquellen wie Rechnungsbücher, Tagebücher und Korrespondenzen werden sicher in weiteren Forschungen die mit Beginn der Renaissance insgesamt besser werdenden Arbeitsbedingungen für Parfümeure bestätigen – ebenso, dass in dieser Epoche die Kosten bei den meisten für die Herstellung eines Parfüms benötigten Duftstoffe nun für die Mehrzahl der Parfümeure ein rentables Arbeiten ermöglichte. Da halfen auch Steuervergünstigungen, die Venedig seinen Bürgern und Händlern bot. So gab es in seiner Geschichte Zeiten, in denen man zwar Zölle und Abgaben auf Landbesitz und Fernbleiben vom Militärdienst erhob, aber man auf direkte Steuern verzichtete. Ja, es wurden sogar Zölle gänzlich erlassen, wenn man genauso viel an Warenwert exportierte wie man importierte. Das galt auch für Parfümerieprodukte, die neben Gewürzen, Seide, Farbpigmenten und Edelsteinen zu den teuersten Waren zählten.

Steueranpassungen halfen auch, trotz Pestwellen und Kriegen, Venedig als Lebensort für die Zeit einigermaßen attraktiv zu halten. So sicherte man außerdem den Zuzug von Spezialisten und Arbeitskräften, darunter eine ausreichende Anzahl an Lehrlingen und Gesellen, die verfügbar sein mussten, um die allgemeine Organisation einer Parfümwerkstatt und ihrer Entwicklung zu gewährleisten. Auch in wirtschaftlich bzw. gesundheitlich schlechten Zeiten wurden Spezialisten oft gegen ihren Willen in der Lagunenstadt gehalten. Den für die Parfümerie wichtigen Glasmachern, die auf Venedigs Laguneninsel Murano heute noch arbeiten, wurde sogar die Todesstraffe angedroht, wenn man sie beim Umzug aus der Stadt erwischte oder sie ihr Wissen weitergaben. Venedig, die Wiege der mitteleuropäischen Glasherstellung, bot also seinen Parfümeuren schon sehr früh das Umfeld für ihre Arbeit. Sie bekamen durch die venezianischen Glasherstellungsfabriken die Behältnisse, um ihre Kreationen kunstvoll präsentieren bzw. national wie international exportieren zu können. Heute wirbt besonders die Duftmarke „The Merchant of Venice" mit den von der venezianischen Tradition inspirierten Parfüms im Stil der lokalen Glaskunst, auch wenn die Zentren der Parfümerie inzwischen in Städten wie Paris und New York liegen. Dieses Umfeld, das zwischen dem 14. und 15. Jahrhundert vor allem in Venedig entstand, bot damit auch angehenden Parfümeuren gute Voraussetzungen für eigene Karrierechancen. Sie konnten vom Kunsthandwerker zum Investor in ihren eigenen Firmen werden, ja sogar zur eigenen Luxusmarke mit multinationalem Vertrieb und zu einer einflussreichen Persönlichkeit des öffentlichen Lebens (Briot 2015).

Vor allem italienische und französische Parfümeure haben diese neuen Markt- und Entwicklungschancen zuerst genutzt und sich erfolgreich auch in anderen Ländern angesiedelt. So waren im 16. Jahrhundert alle Parfümeure in England entweder Franzosen oder Italiener (Dugan 2011). Das erste noch immer im deutschen Markt verkaufte Parfüm „Farina" brachte, wie in ▶ Abschn. 7.1 erwähnt, als Formulierung ein Italiener, der Parfümeur Gian Paolo Feminis, aus Venedig nach Köln. Dort eröffneten er und seine Familie ihr eigenes Geschäft und vertrieben ihre Düfte an nationale wie internationale Kunden. „Farina" wurde übrigens von seinem venezianischen Kreateur zuerst auf den Namen „Aqua Admirabilis" getauft.

Sicherlich war der internationale Vertrieb von Duftprodukten keine unternehmerische Errungenschaft der Neuzeit. Wie wir in ▶ Kap. 1 gesehen haben, gab es schon in der Antike Parfümeure, die ihre Produkte international vertrieben und sich wie der Parfümeur Megallus auch einen Namen mit ihren Parfüms machten bzw. bereits ihre eigene Parfümmarke repräsentierten. Auch erlangten Parfümmanufakturen wie z. B. eine ägyptische Manufaktur in der Stadt Mendes große Berühmtheit, und römische Parfümliebhaber ließen sich gern von dort beliefern. Dass die Handelsmacht Venedig die Duftgeschichte in Europa in der Renaissance dann wesentlich geprägt hat und speziell der italienische Parfümeur zum Vorbild für den modernen, sich nun selbst vermarktenden kosmopolitischen Parfümeur wurde, ist aber kein Zufall.

15.3 Welche Entwicklungschancen Parfümeurinnen haben

Gab es die oben genannten Berufs-, bzw. Entwicklungschancen auch für Parfümeurinnen?

Weibliche Parfümeure wie Tapputi spielten, wie gesagt, sicher schon seit Beginn der Parfümerie eine große Rolle, auch wenn es überwiegend eine von Männern (Herrschern, Adligen, Priestern) beherrschte Domäne war. Parfümeurin zu sein war ein Beruf, den Frauen im Altertum wie in der Neuzeit und bis heute ausüben und dafür sehr viel Talent mitbringen. So gab es 1551 allein acht Parfümeurinnen in Lissabon (Kennett 1975). In ▶ Abschn. 5.9 haben wir zehn der heutigen weiblichen „Supernasen" besprochen. Sie allein haben bis 2020 über 700 weltweite Parfüm-Hits kreiert. Dazu kommen Frauen, die wie Helena Rubinstein (Fitoussi 2019) oder Estée Lauder (Epstein 2000) sehr erfolgreich ganze Duft- und Kosmetikimperien bzw. Luxusmarken aufgebaut haben. Sie hatten die Duftbegeisterung, die uns von der ägyptischen Pharaonin Hatschepsut (um 1495–1459 v. Chr.) überliefert ist. Diese unternahm sogar eine eigene Expedition in das wohl 2000 km südlich am Horn von Afrika gelegene Goldland Punt, um an ihre Lieblingsdüfte zu kommen. Per Schiff und Karawane brachte die Pharaonin von der Reise zahlreiche Weihrauchbäumchen mit, die sie um ihren Tempel anpflanzen ließ (siehe ▶ Abschn. 7.2).

Berichtet habe ich ferner über Elisabeth von Polen, Königin von Ungarn (1326–1361 n. Chr.), die bereits im 14. Jahrhundert ihr eigenes Parfüm („Aqua Reginae Hungariae") über frühes Influencer-Marketing auf den internationalen Markt brachte (siehe ▶ Abschn. 7.4). Auch sprachen wir über Katharina von Medici, die zusammen mit ihren Parfümeuren die funktionale Parfümerie in Frankreich mitbegründete und so ihrer Wahlheimat indirekt zur olfaktorischen Supermacht verhalf.

Man kann also sagen: Gerade in der Parfümerie zeigte und zeigt sich, was Frauen in einem Metier erreichen können, wenn man sie nicht beschränkt. Parfümeurinnen konnten schon früh in einigen Ländern die moderne, auch in ihrem Beruf erfolgreiche Frau zumindest etwas „vorleben", weil die Parfümerie ihnen (wie den Männern) die Entwicklungschancen dazu gab, die sie dann nutzten. Dabei gibt es für Parfümeurinnen selbst noch in unserer Zeit viele Rückschläge, wie ich am Beispiel unten von Patricia de Nicolaï zeigen werde.

Die Parfümerie hat mit eigenen Parfümkreationen und Duftrichtungen – siehe die besprochenen Chypre-Noten (▶ Abschn. 5.4) – schon relativ früh auf die tiefgreifendste und weitreichendste soziale Veränderung des 20. Jahrhunderts reagiert: auf den Kampf der Frauen für gleiche Rechte und Erfolgschancen. Dieser war, wie wir in ▶ Abschn. 8.6 besprochen haben, der Auslöser, dass das ursprünglich als Herrenduft gedachte Parfüm „Jicky" (1889) von seinem Kreateur Aimé Guerlain zum Duft der frühen Frauenbewegung des 19. Jahrhunderts wurde, und zwar durch den Einfluss der ersten feministischen Massenorganisation während der Pariser Kommune (ab 1870). Das heißt aber nicht, dass es in der Parfümerie schon früh ein Bewusstsein von Chancengleichheit gab. Gerade in dem in der Parfümgeschichte oft als fortschrittlich geltenden Dufthaus Guerlain kannte man die Geschlechterdiskriminierung in der eigenen Familie nur zu gut. Patricia de Nicolaï wurde in die Guerlain-Parfümeurfamilie hineingeboren; sie ist die Urenkelin von Pierre Guerlain und die Nichte von Jean-Paul Guerlain. Sie ist aber auch ein Beispiel dafür, was Frauen erreichen können, wenn sie ihre Leidenschaft nicht aufgeben. Patricia de Nicolaï gründete in den 1980er-Jahren ihre eigene Luxus-Duftmarke – Parfums de Nicolaï –, nachdem abzusehen war, dass ihr ihre Familie die Karriere zum „Guerlain Master Perfumeur" verwehren würde. Der

Grund: In dem berühmten Dufthaus wurde dieser Titel traditionell vom Vater auf den Sohn übertragen.

Heute sind mehr Frauen in der berühmten französischen Parfümerieschule ISIPCA in Ausbildung als Männer (siehe ▶ Abschn. 6.1). Die großen Dufthersteller sehen den gleichen Trend. Mehr und mehr Parfümeurinnen treten in die Fußstapfen z. B. von Germaine Cellier, die in den 1940er-Jahren Parfüms wie Balmains „Vent Vert" (1945/47) kreierte, oder in die von Josephine Catapano, die den Estée-Lauder-Klassiker „Youth Dew" (1952) erschuf, oder auch in die von Sophia Grojsman, die 1978 „White Linen" (Estée Lauder) und 1990 „Trésor" (Lancôme) erschuf. Die Zukunft der Parfümerie, das Berufs- und Selbstbild eines Parfümeurs bzw. einer Parfümeurin, sowie deren Rolle und Stellung in der Gesellschaft werden deshalb durch die zunehmende Zahl weiblicher Nasen geprägt werden.

Christine Nagel, die erste In-House-Parfümeurin des Modehauses Hermès, erkannte den Trend bereits 2018, als ihr auffiel, dass Frauen mittlerweile 80 % der Parfümschüler ausmachen. Für Christine Nagel hat dies gute Gründe. Dufthäuser setzen in der traditionell von Männern beherrschten Domäne zunehmend auf eine Meisterparfümeurin, die nicht nur kreativ, sondern auch strategisch mit weiblichem Instinkt über das neueste Parfüm entscheidet. Bei Cartier, dem Hersteller von Luxuswaren, ist es ihre Kollegin Mathilde Laurent. Noch sind es überwiegend männliche Nasen, die sich, wie Alberto Morillas, zur eigenen Luxusparfümmarke entwickelt haben. Doch auch in diesem Bereich dürften weibliche Nasen nun schnell aufholen und in Zukunft Duftliebhaber mit Parfüms ihrer eigenen Luxusmarken begeistern. Heute schon lässt sich sagen: Die Nasen von morgen werden sicherlich größtenteils weiblich besetzt werden. Die Frauen sind es, die die Parfümerie und damit „schöneres Riechen" besonders inspirieren und weiterentwickeln. Der Trend zeigte sich bereits bei der Entwicklung des Parfüm „Idôle" von Lancôme (2019), bei dem für die Kreation der Chypre-blumigen Note gleich drei ambitionierte Parfümeurinnen aus unterschiedlichen Kontinenten ihr Duftwissen einbrachten.

> Nun sind wir am Ende unserer gemeinsamen Reise in die Welt der Düfte angekommen, und ich hoffe, diese hat Ihnen genauso viel Freude gemacht wie mir. Vielleicht habe ich ja sogar den einen oder die andere von Ihnen inspiriert, künftig einen beruflichen Weg in einem der Bereiche des Duftuniversums einzuschlagen. Andere nutzen vielleicht die Erkenntnisse der Neuroparfümerie und der Duftpsychologie zur Selbsttherapie. Wie auch immer: Ich hoffe sehr, dass Sie alle viel Freude beim Lesen meines Buches hatten! Vielleicht treffen wir uns einmal wieder bei einem meiner Seminare und Workshops (▶ www.schoenerriechen.com).

Zusammenfassung

Wir sind in diesem Kapitel zunächst der Frage nachgegangen, wie und wo der moderne Parfümeur im westlichen Kulturraum entstanden ist. Interessant für die Parfümeriegeschichte ist dabei hauptsächlich die Renaissance in Italien. Nach dem Zerfall des Römischen Reichs und nach der Wiederentdeckung der großartigen Duftwelt des Orients, Afrikas und Asiens durch Kreuzfahrer sowie durch den Aromen- bzw. Gewürzhandel war es vor allem die Handelsmacht Venedig, die ihren Parfümeuren durch Insiderkontakte und „günstige" Importsteuern auf Duftrohstoffe Entwicklungschancen und Inspiration bot. Mehr und mehr wurden Parfümeure ab dieser Epoche als selbstständige – wenn auch als von Herrschern nicht unabhängige – Künstler und Händler gesehen, die ihre Parfüms nicht nur kreieren, sondern auch herstellen und an breitere Bevölkerungskreise verkaufen konnten. Wenn man die Duftherstellung bis in die Bronzezeit zurückverfolgt, war das deutlich anders. Die Parfümherstellung war an den Palast gebunden und wurde von dort auch kontrolliert.

Zwischen 1347 und 1575 wurde Venedig mehr als 20-mal von der Pest heimgesucht. Das war natürlich furchtbar für die Bevölkerung, stimulierte aber Parfümeure, ihre Kunst weiterzuentwickeln. Vermehrt wurde mit desinfizierendem Alkohol als Duftträger experimentiert, den die alten Ägypter schon 400 v. Chr. kannten, aber nicht wirklich einsetzten.

Wir sind schließlich der Frage nachgegangen, ob und, wenn ja, wie auch Parfümeurinnen von der modernen Parfümerie profitieren konnten. Es zeigte sich, dass sie lang unter offener Geschlechterdiskriminierung litten. Es gibt heute aber auch hoffnungsvolle Zeichen. Frauen machen mittlerweile 80 % der Parfümschüler aus, und Luxusmarken wie Cartier oder Hermès setzen zunehmend auf eine Meisterparfümeurin für die Kreation ihrer Parfüms.

Literatur

Briot E (2015) La Fabrique des parfums: naissance d'une industrie de luxe. Vendemiaire, Paris

Camus A, Wicky E (2020) Le parfumeur: évolution d'une figure depuis la Renaissance. Appel à communication/Call for Papers. Centre de recherche du château de Versailles

Dugan H (2011) The ephemeral history of perfume: scent and sense in early modern England. The Johns Hopkins University Press, Baltimore

Epstein R (2000) Estée Lauder: Beauty Business Success. Franklin Watts, New York

Fitoussi M (2019) Helena Rubinstein: l'aventure de la beauté, catalogue d'exposition. Flammarion, Paris

Gobet M, Le Gall E (2011) Le parfum. H. Champion, Paris

Kennett F (1975) History of perfume. Harrap, Londres

Messinis A (2017) Storia del profumo a Venezia. Lineadacqua, Venise

Murphy JMA (2012) The scent of status: Prestige and perfume at the bronze age palace at Pylos. Southern Illinois University, Greece

Serviceteil

Stichwortverzeichnis – 363

© Der/die Herausgeber bzw. der/die Autor(en), exklusiv lizenziert durch Springer-Verlag GmbH, DE, ein Teil von Springer Nature 2021
J. Mensing, *Schöner RIECHEN*, https://doi.org/10.1007/978-3-662-62726-6

Stichwortverzeichnis

A

Abercrombie & Fitch 64
A Chant for the Nymph 207
4711 Acqua Colonia Green Tea & Bergamot 121
Acqua di Colonia Fougère 202
Acqua di Giò 166
Acqua di Parma 113, 118, 120, 154
Adenosinmonophosphat 76
Adenosintriphosphat 76
Adenylylzyklase 76
Ägypten 5, 7, 9–12, 15, 168–170
Aether 339
Affirmation 262
Agnihotra-Ritual 8
A Kiss from Violet 166
Aldehyd 123, 139
Alfred Dunhill 117
Alien 297
Alkohol 6
Allergierisiko 47
Alliage 119
Allure 155, 349
Allure Homme Sport Cologne 117, 128
Allure Sensuelle Parfum 125
Almairac, Michel 124
Altaia 115
Alzheimer 28
Amber 138, 139, 141, 203, 257, 258
Amber Absolute 141
Amber Musc 257
Ambra 124, 141
Ambre D'Alexandrie 117
2am Kiss 117
Amo Ferragamo 142
Amor Amor Love Festival 121
Amouage 191
Amway 122
Amygdala 24, 28, 29, 70, 80, 82, 92, 216, 229, 251, 270, 273
Ancestry in Paris 122
Androstadienon 195
Androstenol 195
Androstenon 195
Angel 121
Angel Eau Croisière 136
Angel Eau de Toilette 136
Angel Muse 297
Angel Share 112
Annick Goutal 172
Anosmie 30, 105
Après L'Ondée 166

Aqua Allegoria Herba Fresca 120, 142
Aqua Allegoria Pamplelune 301
Aqua- & Ozon-Noten 108
Aqua Reginae Hungariae 22
Archäologie 4
Armani 21, 160, 166
Armani Prive Laque 123
Armani Privé Oud Royal 140
Armigeant, Pierre 122
Arnault, Bernard 154
Aromachologie 32
Aromatherapie 15, 32, 33, 38, 44, 50, 51, 78, 92, 126, 156, 157, 159–161, 167, 216, 225, 243, 251
Aromatic Elixir 298
aromatisch 120
Atelier des Ors 112
Atelier Oblique 207
Atkinsons 117, 118, 120, 128, 140, 337
Attraktivität 317
Auclert, Hubertine 202
Augenkontakt 272
Ausbildung 146
Autosuggestion 262
Avant Garde 129
Aventus 118
Avicenna 173
Axel, Richard 58, 73
Azzaro 118, 129, 301

B

Babyduftforschung 236
Baker, Josephine 125
Bal d'Afrique 208
Ballets Russes 125
Basis 39
Basis-Duftrichtungen 94
Basis-Erlebensrichtung 97
Baudelaire, Charles 184
Beauty Alliance 150–152, 158, 249
Beauty Vlogger 175
Beaux, Ernest 123
Becker, Calice 142
Bell Flavors & Fragrances 147
Belohnungsnetzwerk 96
Benchmark 133
Beräucherungstrend 13
Beratung 317
Bergamotte 79, 120, 138, 139
Bianco, Renato 143, 353
Biapigenin 244
Big-Five-Persönlichkeitsmerkmale 100

Biotherm 297, 299, 300
Black Opium 142
Blackout 117
Black Rose Oud 140
Blanc, Honorine 142
Blauer Lotus 11
Bleeker Street 117
Blue Mediterraneo Foglie di Basilico 120
blumig-aldehydisch 108
blumig-pudrig 108
Body Mist 46
Body Paint 113
Body Shop 122
Bois du Portugal 118, 129
BOLD-Effekt 226
Bond No. 9 115, 117, 120, 137, 256, 302, 321
Bormioli Luigi 149
Boswellia serrata 15
Boucheron 117
Boudoir 126
Bourdon, Pierre 79, 255, 336
Brentano, Clemens 191
Bridget Candy 156
Brodmann-Areal 219
Buch des Gelben Kaisers 8
Buck, Linda 58, 73
Bukowski, Charles 166
Bulbus olfactorius 29, 87
Bundesverband Parfümerien e.V. 150
Burberry 117, 127
Buttermilch 252
Bvlgari 120
Byredo 192, 208, 339

C

Cacharel 121, 124, 125
Cactus Garden 121
Calamus 8, 172
Calèche 300
California Dream 207
Calvin Klein 121, 129, 138, 297
Calyx 300
cAMP 76
Candy L'Eau 259
Cargill 158
Carolina Herrera 117, 128
Caron 119
Cashmeran 139
Casmir 117, 124
Castelbajac 121
Castoreum 203
Catapano, Josephine 358
CCCRC-Test 247
Centre des Sciences du Goût et de l'Alimentation 22
Cervasel, Christophe 177
Chabaud Maison de Parfum 260

Chamade 122
Chance Eau Fraîche 301
Chance Eau Tendre 301
Chance Eau Vive 300
Chanel 21, 31, 74, 117, 119, 123, 125, 126, 128, 138, 154, 259, 298–301
Chanel, Coco 154
Chanel No 5 123, 138, 155, 186, 203, 348
Chez Poiret 125
Chloé 117, 124, 138
Chopard 117, 124, 135, 153
Chrome 118, 129
Chromogranin A 32
Chypre 192, 202, 206
Chypre-ledrig 108
Chypre-Note 118, 119
Chypre Rouge 298
Cinnabar 125
Cistrose 244
CK one 142, 155, 349
CK one Summer 2020 121
Clarins 297–299
Classique 298
Classique Eau de Parfum 126
Clean 117, 122
Clean Classic Summer Day 122
Climat 122
Climat L'Edition Mythique 123
Clinique 297, 298, 300, 301
Clive Christian 127, 202
Coco Mademoiselle 259, 299
Coco Noir 126, 298
Cologne 298
Colonia Ambra 118
Colonia Futura 113
Color Mood Grid 290
Color Rosette Test 285
Comme des Garçons 339
Comptoir Sud Pacifique 256
Concentré d'Orange Verte 120
Condensed Milk 256
Connect for Us 128
Cool Water 79, 107, 148, 255
Cool Water Deep 142
Corbin, Alain 193
Corona 121, 318. *Siehe auch* Covid-19
Cortex
– medialer präfrontaler 224
– orbitofrontaler 214, 216, 223, 229
– piriformer 214, 215, 244
– präfrontaler 222
Cortical Stretching 100
Cosmetics Europe – The Personal Care Association 147
Coty 135, 148, 192, 202, 206
Coty, Francois 118
Coverpla 149

Stichwortverzeichnis

Covid-19 22, 121, 160, 207, 307, 327, 328, 338, 339, 354
Credo 191
Creed 111, 112, 117–119, 128, 129, 256, 321, 346
Cristalle 300
Crossover-Duft 115
Cross-Promotion 304
Cuir de Russie 119
Cumarin 139, 185, 186, 201, 202

D

Damaszenerrose 8
Damenduftmarkt 40
Davidoff 107, 117, 127, 135
Davidoff Classic 118, 129
Declaré 299–301
DE Gabor 115
Déjà-vu, olfaktorisches 58
Delicate Rose 299
Delina 122
Delta-Opioid-Rezeptor 246
Demeter Fragrance 256
Dent de Lait 260
Depression 51
Derek Lam 117
Destillation 42
Deutscher Verband der Riechstoff-Hersteller 147
Diesel 260, 301
Dior 78, 99, 119, 125, 138, 154, 158, 239, 298, 300, 301
Dioskurides 9
DKNY 121
DKNY Delicious Ripe Raspberry 142
DKNY Stories 256
dm 150, 159, 318, 319
Dolce & Gabbana Fruit Collection 337
Dolce & Gabbana light blue 335
Don Cesare Frangipani 143
Donna 300
Donna Aqua 299
Donna Karan 121, 256
Dopamin 21, 23, 89, 90, 194, 240–242
doTERRA 158
Double Mood Grid 292
Douglas 150, 151, 318, 325
Dr. Barbara Sturm 301
Dreams 339
Drei-Ebenen-Modell 110
Drops Barcelona 113
DSM 158
Dsquared 298
Duftablauf 39
Duftaufmerksamkeit 222
Duftberatung 87
Duftbewusstsein 222
Duftbox 64
Dufterfahrung, frühkindliche 83
Dufterkennung 34

Duft-Farbberatung 309
Duftflug 237
Duftindividualität 348
Duftmalen 309
Duftmarketing 44, 65
Duftmarkt
– englischer 344
– französischer 342
– italienischer 342
– nordamerikanischer 344
– spanischer 340
Duftmarktforschung 63, 133
Duftmolekül 42, 44
Duftpalette 42
Duftpsychologe 89
Duftpsychologie 26, 44
Duftpyramide 39
Duftraum 109
Duftrichtung 108
Duftschnupperkurs 328
Duftsozialisation 78
Duftsoziologie 44
Duftstoff
– natürlicher 47
– naturidentischer 46
– synthetischer 47
Duftstoffkonzentration 45
Dufttanzen 302
Dufttherapie 28, 38, 50, 51, 94, 157, 225, 235–237, 242, 247, 250, 251, 253, 258, 262
Dufttrend 45
Duftwahl 66
Duftwirkung 5, 6, 8, 9, 12–14, 18, 20, 21, 34, 46, 156, 225, 226, 229
Dulce de Leche 260
DuPont 158
Dysomie 105

E

Eau de Cologne 46
Eau de Fleurs de Cédrat 228
Eau de Lancôme 286
Eau de Musc 259
Eau de Parfum 45
Eau de Sauvage 99
Eau de Toilette 45
Eau Fraîche 46, 120
Eau Parfumée au Thé Bleu 120
Eau Sauvage 78, 239
Eau Vitaminée 299
E-Commerce 316, 326
E for Women Green Fougère 202
Eichendorff, Joseph von 191
Eichenmoos 138, 139
Elektroenzephalogramm (EEG) 18
Elisabeth I. 143, 334, 347

Elisabeth II. 334
Elisabeth von Polen 174, 357
Emanzipationsbewegung 119
Emporio Armani 118, 128
E-Nase 59
Energizing Fragrance 301
Enfleurage 42
English Rose 348
Envy Me 121
Epilepsie 29
Erkennungsschwelle 42
Erlebnisparfümerie 284, 288, 302–304, 311, 328
Escale à Portofino 301
escentric molecules 349
Esprit 128
Estée Lauder 119, 123, 125, 150, 153, 301, 325
Estratetraenol 195
Etro 117, 141, 172, 256
Eugenol 33
Eukalyptus 225
Eukalyptusöl 158
EU-Kosmetikverordnung 39
Evaluation 132
Evolution 100
Expression 42
Exsence 149
Extrait d'Atelier Maître Chausseur 172
Extrait de Parfum 40
Extraktion 42
Extraversion 78

F

Fantasie-Note 201
Farb-Dufttest 290
Farbrosetten-Test 135
Farina 165, 228, 356
Farina, Johann Maria 22
Feinparfümerie 38, 137, 154, 160, 167, 171, 225
Feisthauer, Nathalie 142
Feminis, Gian Paolo 356
Fendi 154
Filorga 297–299, 301
Fiore d'Ambra 141
Firmenich 21, 47, 147, 158
First Choice Brand 217
first in beauty 150
Fixateur 39
Flakondesigner 131
Flanker 136
Flavonoid 244
Fleur du Male 118, 128
Fleurs de Bulgarie 346
Florenz 352, 353
Florida Water 161
floriental 108
Floris 346

Flussolfaktometer 19
Fötus 252
Fond 39, 41
For Him 118
Fougère Royale 186, 201, 202
Fragrance Condensed Milk 250
Fragrantica 108
Frederic Malle 119, 123, 192
Freud, Sigmund 29
Frings, Stephan 75
frisch-grün-zitrisch 108
Fruchtwasser 251
Fuel for Life Unlimited 301
Funktionale Parfümerie 155, 167
Furchtnetzwerk 92, 94
Fusiform Face Area 273

G

Gabrielle 300
Galen 10
Ganter, Sylvie 177
Gattefossé, René-Maurice 32
Gedächtnis, kollektives olfaktorisches 344
Gehirnaktivität 62, 197
Gehirnareal 88
Gehirnbereiche, dopaminerge 22
Gehirnregion 88
Geraniol 75
Geruchsanwendung 5
Geruchseindruck 56
Geruchsfacette 119
Geruchsgedächtnis 24
Geruchshalluzination 29
Geruchshirn 34, 65, 71, 74, 77, 90, 100, 116, 214, 250
Geruchshirnerforschung 44
Geruchsintelligenz, künstliche 226
Geruchsneurose 29
Geruchsoffenheit 101
Geruchsrezeptor 56
Geruchsschwelle 72
Geruchssinn 76
– verminderter 58
Geruchswahrnehmung, unbewusste 76
Gesichtserkennung 22
Gesundheitsrisiko 227
Gewissenhaftigkeit 79, 91
Gilgamesch-Epos 7
Giorgio Armani 121, 123, 140, 142
Givaudan 59, 123, 146, 158, 243, 246, 260
Givenchy 154
Glas- und Kappenhersteller 132
Glomerulus 75
Goethe, Johann Wolfgang von 165, 190, 336
Goldland Punt 169
Goldsmith, Dora 168
Good Girl Gone Bad Extreme 260

Gottlieb, Ann 142
Gourmand-fruchtig 108
Gourmand-Note 242
G-Protein 75
Grapefruit 120
Grojsman, Sophia 142, 358
Guaica-Holz 33
Gucci 21, 120, 121, 166, 207
Gucci Guilty Absolute pour Femme 120
Guerlain 21, 106, 119, 120, 122, 124–126, 129, 154, 166, 186, 201, 202, 228, 285, 297, 301, 352
Guerlain, Aimé 202

H

Haarmann & Reimer 21, 200
Habit Rouge 129
Häusel, Hans-Georg 65
Halbwachs, Maurice 344
H&R Lexikon Duftbausteine 43
Handschuhparfümerie 119
Hatschepsut 169, 357
Hatt, Hanns 22, 57
Hautbeschaffenheit 41
Hedion 195
Hegel, Georg Wilhelm Friedrich 188, 223
Heinicke, Bianca (Bibi) 177
Heinrich von Ofterdingen 190, 336
Heinz Glas 149
Heliotrope 256
Heliotropin 139
Hemisphäre
– linke 22
– rechte 22
Hermès 120, 154, 300, 301
Hermès Eau de Citron Noir 120
Hermetica 112
Herrenduftmarkt 40
Herznote 39, 41
Herz, Rachel 32
Hildegard von Bingen 165
Himalaya 117
Hinterhauptlappen 219
Hippocampus 24, 59, 216, 251
Hippokrates 10, 58, 165
Hitze 43
Hobbes, Thomas 188
holzig-würzig 108
Home Care 155
Honig 252
Houbigant 201
Hugo Boss 21, 137
Huile Prodigieuse 207
Hyperforin 244
Hyperosmie 30
Hypnose 154
Hyposmie 30, 105

Hypothalamus 21, 31, 81, 88–91, 94, 194, 216, 218, 220, 240, 242, 243, 251, 252, 254

I

Ibn al-Bayér 172
Icon 117
Ideal Oud 117
Idôle 358
IFF 123, 147, 158
IKW 48, 156, 160
Immunforschung 199
INCI 48
Indie-Marke 325
Individuel 118
Indi Visible 337
Influencer-Marketing 151, 164, 174, 177, 178
In-House-Parfümeur 154
Inkas 16
Insula 23, 31, 81, 87–89, 220, 240
International Association of the Soap, Detergent and Maintenance Product Industries 147
International Fragrance Association 147
Iris Poudree Limited Edition 2018 123
ISIPCA 45, 146
Itten, Johannes 294

J

J'adore 138, 300
James Heelay 115
Jasmin 92, 138, 139, 259
Jasminöl 158
Jean-Charles Brosseau 124
Jeanne Lanvin 299
Jean Paul Gaultier 118, 128, 129, 298
Jeux de Peau 260
Jicky 125, 186, 202, 313
Jil Sander 118, 129, 135, 153, 349
Jil Sander Sun 335
Johanniskraut 157
Jo Malone 83, 126, 191, 256
Joop! 118, 127, 128, 135, 259
Jovan 126
Jovan Woman 126
Juliette has a Gun 140
Jump 118, 128
Jung, Carl Gustav 344
Juniper Sling 117, 126

K

Kahneman, Daniel 82, 217
Kalata B7 246
Kalmus 171, 172
Kamille 244

Kandinsky, Wassily 237, 293, 294
Kanebo 298
Kant, Immanuel 188
Karagueuzoglou, Juliette 142
Karajan, Herbert von 99
Karamell 252
Karl V. 175
Katharina von Medici 143, 353, 357
Kenzo 154, 259, 299
Kilian 112, 192, 260
Kisspeptin 31
Klopstock, Friedrich Gottlieb 190
Kneipp 299
Knize 129
Knize Ten 119, 129
Körperduftspray 46
Koh-Dō 13
Kokosnuss 256
Kopfnote 39, 41
Kopulin 31, 198
Kortex
– lateraler präfrontaler 80
– orbitofrontaler 25, 70, 76, 77, 81, 91, 92, 96, 100
– piriformer 25, 29
– präfrontaler 76, 79
– zingulärer 23
Kortikale Aktivierung 218
Krebshund 57
Kyphi 7

L

L'acqua di Fioria 202
Ladenbau 329
Lady Million 301
L'Air du Temps 147
Lait Concentré 260
La Mer 300
La Myrrhe 172
Lancôme 117, 122, 123, 142, 154, 160, 175, 298, 299, 301
Landlust 330
La Petite Robe Noire 154
La Petite Robe Noire Intense So Frenchy 122
La Prairie 297, 298, 300, 321
La Roche-Posay 322
Laudamiel, Christophe 313
Lauder, Estée 357
Laurent, Mathilde 142, 358
Lavendel 16, 19, 32, 33, 38, 49, 74, 79, 92, 120, 139, 216, 225, 244
Lavendelöl 158
L'Eau Cheap and Chic 121
L'Eau de Jour 301
L'Eau Jolie 121
Le Bain 259
Leffingwell & Associates 147

Le Labo 191
Le Male 118, 129
Les Fleurs du Mal 184
L'Heure Bleue 124
L'Homme À la Rose 112
Light Blue 138
Limbic Map 65
limbisches System 29
Limettenöl 158
Linalool 244
Lise Watier 260
L'Occitane en Provence 256
Lolita Lempicka 121, 298
London Sweet Milk 250, 256
L'Orchestre Parfum 115
L'Oréal 160
Lorson, Nathalie 142
Louis Vuitton 121, 207
Louis XV 41
Loulou 124, 125
L.T. Piver 123
Lucy R 29
Ludwig-Boltzmann-Institut Wien 31
Luftfeuchtigkeit 41
Lune Féline 112
Luxe Pack Monaco 149
LVMH-Gruppe 154
Lychee 259

M

Madame Rochas 123
Maiglöckchen 138, 139
Maison Francis Kurkdjian 112
Maître de Cosmétique 249
Maître des Parfums 77, 227, 249
Maître des Sciences de Cosmétique 249
Maître des Sciences de Parfums 249
Makú-Indianer 61
Malin+Goetz 79
Mandarine 120
Mandelkern 28, 59
Mane 147
Mapping, duftpsychologisches 113
Marble Sea 207
Maria Argyropoulina 355
Marke 317
Marketing 132
– multisensorisches 64
Marktforschung 132
Marquis Muzio Frangipani 143
Martin Margiela 207
Marzipan 256
Matin Calin 256
Mayas 16
Mazeration 42
Media-Agentur 132

Medizin 9
Megallus 17, 356
212 Men Splash 128
Merchant of Venice 257
Mesopotamien 5, 7, 12, 16, 168, 170
Messe de Minuit 172
Metallique 339
Methaldone 339
Metta-Bhavana-Meditation 253
Micallef 191
Michaelis, Anne 66
Micro-Influencer-Marketing 177
Midline Thalamic Nuclei 92
Midsummer Collection Deep Fougère 127
Miel & Vanille 256
Milchmousse-Duftnote 82, 124
Milch-Note 139
Millésime Imperial 117
Mini-Aroma-Shooter 251
Mint & Tonic 117
Mirror Collection – Dis Moi, Miroir 260
Miss Dior 300
Miss Dior Absolutely Blooming 299
Miss Dior Chérie 119, 300
Mitralzellen 75
Mitsouko 119
Mizensir 117, 257
M. Micallef 260
Molecule 01 349
Molekulargewicht 74
Monell Chemical Senses Center 22
Montale 191
Montblanc 118, 129
Moodform-Test 64, 69, 135, 287, 293, 294, 296, 304, 312
Mood-Grid 291
Morillas, Alberto 166, 257, 358
Moschino 121
Moschus 45, 82, 93, 110, 122, 124, 138, 139, 203, 205, 256, 257, 259
Mugler Cologne Fly Away 121
Müller 150, 318
Mukus 72
Murano 356
Musc for Him 129
Must de Cartier 126
My Name 297
Myrrhe 7–11, 16, 17, 139, 167, 170–172, 185
Myrrhe Ardente 172

N

Nagel, Christine 142, 358
Napoleon Bonaparte 198, 228
Narciso Rodriguez 129, 257, 259
Narciso Rodriguez Musc 118
Narcisse 117, 124

Naturkosmetik 49, 319, 320, 326
Naturparfüm 49
– zertifiziertes 47
Naturromantik 187
0Neuroimaging 21
Neuromarketing 65
Neuroparfümerie 20, 25, 27, 44, 56, 79, 82, 87, 94, 99, 189, 204, 212, 218, 219, 222, 226, 228–230, 244, 249, 287, 294
Neuropsychologie 99
New York Nights 115, 256, 302
Nicolaï, Patricia de 357
Nietzsche, Friedrich 188
Nightflight 127
NIH-Toolbox 246
Nijinsky, Vaslav 125
Nobilis 150, 151
Nolita 115, 117
Normosmie 30
Note
– Fougère 94
– Gourmand 94
– grün-zitrische 90
ntyw 11
Nucleus accumbens 240
Nutmeg & Ginger 126
Nuxe 207

O

O Boticário 202, 339
Obscure Oud 117
Obsession for Men 129
Odeur 53 339
Öl, ätherisches 32, 46
Offenheit 100
Ohloff, Günther 21
olfactory sniffing 27
Olfaktometer 19
Olympéa Aqua 298, 299
Ombre Rose 124
Opium 125
Orange 120
Orange De Bahia 121
Orangenöl 158
Orangerie Venise 121
Orange Tonic 301
orientalisch 108
Oscar 124
Oscar de la Renta 117, 124
Osmanthus 244
Oud 13, 139, 140, 257
Oud Save the Queen 117
Oud Save The Queen 140
Oxytocin 242
O-Zone 120

P

Paco Rabanne 298, 299, 301
Papyrus Ebers 7
Paracelsus 201
Parfüm 39, 40
– alkoholfreies 47
– als Skulptur 112
– Bio- 47
– Leder- 118
– Süße in 82
Parfüm-Belletristik 44
Parfümdiagnostik 110
Parfümerie
– postmoderne 187, 189
Parfümeriefachhandel 158
Parfümerieverband 325
Parfümeur 131
Parfümeurin 142, 357
Parfüm-Fake 138
Parfümgeschichte 43
Parfümhandel 152
Parfümhersteller 147
Parfümherstellung 43
Parfümieren 4
Parfümierung, alkoholische 6, 354
Parfüminhaltsstoffe 43
Parfümkunstwerke 43
Parfüm-Layern 42, 98, 229, 231, 257, 311
Parfümmapping 290
Parfümmuseum 45
Parfümvarianten 40
Parfümwahl 66
Parfums de Marly 122
Parfums de Rosine 191
Paris 3, 10, 117, 123, 143, 184
Pariser Kommune 1871 202
Parkinson 28
Parosmie 30
Parquet, Paul 186, 201
Parsons, Talcott 305
Parure 107
Patschuli 14, 124, 138, 139, 257
Peau de Soie 257
Penhaligon's 117, 126, 191
Perris Monte Carlo 115
Perry, Katy 337
Personal Care 155
Pest 16, 168, 175, 188, 354
Pezoldt, Kerstin 66
Pfefferminze 33
Pfefferminzöl 158
Pflanzenpeptide 244
Phan, Michelle 175
Phantosmie 29
Phenylethanol 33
Pheromon 195
Philyra 60, 226
Phuong Dang 117
Piaget, Jean 164
Pierre Bourdon 148
Pirates' Grand Reserve 118, 128
Pitti Fraganze 149
Platon 188
Plinius der Ältere 9
Plus Plus Feminine 260
Poiret, Paul 125
Poison Girl 125, 298
Polge, Olivier 154
Polo 127
Polo Black 129
Polyvagal-Theory 276
Prada 259, 299
PR-Agentur 132
Price, Robyn 168
Prinz Philip 334
Profumum 141
Promotion-Abteilung 132
Pure for Men 118, 129
Putamen 23, 24

Q

Qualität 317

R

Räucherstäbchen 14
Räucherung 7, 169
Ralph 121
Ralph Lauren 127, 129
R&D 132
Raumbeduftung 63
Red Cherry 121
Remix 118, 128
Renaissance 171
Rene de Florentin 143
Replica 207
Replique 126
Rêve D'Or 123
Reyes, Augustin 161
Riechhärchen 72
Riechknötchen 74
Riechkolben 30
Riechschleim 72
Riechschleimhaut 56
Riechsinneszelle 56
Riechstoffhersteller 21, 147
Riechstörung 30
Riechzelle 72
Rimmel, Eugene 193
Rive Gauche 117
Rivoli 297–301

Robertet Group 147
Rochas 123
Roja 115
Rose 8, 33, 74, 75, 79, 91, 106, 122, 123, 138, 139, 165, 225, 259, 346
Rose & Cuir 119
Rosenabsolue 244
Rosendo Mateau 115
Rosenholz 129
Rosenöl 158
Rosmarin 16, 33, 74, 120, 174
Rosmarinöl 158
Rossmann 150, 159, 318
Roudnitska, Edmond 99
Royal English Leather 117, 119
Royal Violets 161
Rubinstein, Helena 357
Rubinstein, Ida 125
Rubixyl 245
Ruhr-Universität Bochum 22
Rutin 244

S

Sag Harbor 117
Sahure 169
Salamagne, Marie 142
Salbei 33, 38, 120, 172
Salbeiöl 158
Salböl 8
Salt Caramel 143
Salvador Dali 115
Salvatore Ferragamo 83
Samsara Eau de Parfum 126
Sandalsun 112
Sandalwood Absolute Oil 127
Sandelholz 7, 20, 47, 57, 93, 124, 125, 129, 138, 158, 196, 225, 257
Santal de Mysore 117, 127
Saudi-Arabien 15, 167
Sauerstoff 43
Scent-Burst-Technologie 245
Scented Power Posing 237, 239
Schaal, Benoist 252
Scheitellappen 219
Schimmel & Co 21
Schizophrenie 29
Schläfenlappen 76, 220
Schoen, Geza 349
Schönheit 316
Schokolade 20, 22, 78, 79, 89, 121, 139, 228, 229, 240, 241, 243, 256, 259
Schütze, Paul 312
Schwarzlose Berlin 115
Schweiß der Götter 169
Scilly Neroli 120
Secret Obsession 297

Selbst
– aktuelles 70
– Ideal- 70
Selbstbehauptung 96
Selbstdiskrepanz-Theorie 70
Serge Lutens 117, 127, 172, 192, 260, 298
Sergio Tacchini 120
Serotonin 89, 241
Shabby Chic 330
Shalimar 125, 203, 285, 297, 313
Shay & Blue 143
Shiseido 122, 298, 300, 301
Sì 142
Si Lolita 298
Silver Rain 297
Silver Shadow Altitude 117, 127
Sisley 298, 299
Skin 122
snfr 11
Sniffin' Sticks 247
SniffPhone 59
Solid-Parfüm 6, 39, 245
Something Sweet 260
Something Wild 117
Sonnenlicht 43
S-O-R-Modell 66
Sorokowski 23
Spanish Leather 119
212 Splash 117
Spring Reign 337
Starck 257
Steinzeit 4
Stereoriechen 57
Stereotype Content Model 265
Steric-Theorie 28
Stimmungsmodulation 89
Stinknase 30
Stirnlappen 222
Stockholm 117
Stoelzle Glas 149
Storytelling 166
Stress 51, 91
Stressnetzwerk 95
Suchtabhängigkeit 81
Südafrika 4, 168
Süskind, Patrik 193
Sultan Gâteau d'Or 260
Summer 299
Super 123
Superadditivität 62
Swanson, Gloria 126
Swiss Biologie 301
Symrise 21, 60, 108, 123, 146, 158, 200, 226
Synästhetiker 61
System
– nasal-trigeminales 71
– olfaktorisches 71

T

Tabac Blond 119
Takasago 147
Tapputi 31, 170, 171, 352, 357
Taxonomie 106
Technische Universität Dresden 21
Teebaumöl 158
Temperaturunterschied 41
Temporallappen 76
TFWA Cannes 149
The Different Company 115
The Merchant of Venice 356
Theophrastus 7, 39
Therapie des Selbst 51
Théros 257
Thierry Mugler 121, 260, 297–299
Thioterpineol 72
Tobacco Mandarin 339
Tome 1 La Pureté 260
Tom Ford 141, 339
Tonkabohne 124, 139, 201
Trainer 132
Transduktion 75
– chemoelektrische 72
Très Chère 117
Trésor 117, 123, 142, 155, 349
Trésor in Love 299
Trier Social Stress Test 246
Trigeminus-Riechen 313
Trish McEvoy 140
Truefitt & Hill 119
Trussardi 297, 299, 300
Tudor-Rose 347
Tutti Délices 83

U

Uhland, Ludwig 191
Ungarisches Wasser 174
Unisex 120
University of Florida Center for Smell and Taste 22
Un Jardin Sur le Nil 301
Untamed Oud 117
UPSIT 247
Ur-Geruch 252
Ur-Parfüm 59, 253

V

Valentino 121, 299
Valentino, Rudolph 126
Valmont 300

Vanille 20–22, 78, 79, 82, 83, 89, 93, 121, 124, 138, 139, 141, 190, 200, 201, 203, 206, 228, 229, 241, 250, 256, 259, 338, 347
Vasopressin 242
Veden 7
Vegan Happy Beauty Hour 329
Veilchen 164
Venedig 165, 352, 354, 355
Verbeek, Caro 303
Verbrauchertrend 45
Verescence 149
Verkauf 132
Verkaufsberatung 277
Verkaufspsychologie 271
Verknappung 281
Vermarktung, digitale 164, 329
Verpackungsdesigner 132
Versace Blonde 142
Verteidigungsreaktion 276
Vertrieb 132
Vetiver 139
Vicolo Fiori 117
Viking 117
Vilhelm 113, 117
Violetta di Parma 166
Virgin Island Water 112, 117, 256
Vivienne Westwood 126
vomeronasales Organ 196

W

Wagner, Richard 99
Wahrnehmungsschwelle 42
Waldeck, Clemens Prinz zu 75
Wall Street 120
Want 298
Warm Cotton 117, 122
Wasser, Thierry 154
Wedekind, Claus 199
Weekend 117, 127
Weihrauch 7, 9, 11–13, 15, 16, 122, 167, 169, 172
Weihrauchuhr 12
Weltkarte der Duftmärkte 346
White Musk Flora 122
White Rose 346
White Rose Natural 122
Wirkduft 51
Wirkduftberater 248
Wirkparfüm 50, 60, 227, 350
Wirkung, hormonelle 89
Wohlfühleffekt 59
Wohlfühlen 317
Wohlfühlparfümerie 327
Wohlfühltreffpunkt 326
Wolfgang Joop 349

Womanity Eau Pour Elles 299
Worwood, Valerie Ann 33
Wu, Yuli 57

Y

YBPN 150, 151
Ylang-Ylang 33, 139, 225
Yohji Homme 118, 129
Yohji Yamamoto 118, 129
Young Living Essential Oils 158
YSL 160
Ys-Uzac 257
Yves Saint Laurent 117, 123, 125

Z

Zadig & Voltaire 260
ZARA 127
Zeder 138
Zibet 203
Zielgruppe 328
Zimt 7, 8, 10, 17, 22, 79, 123, 158, 225, 246, 256
Zimtrindenöl 139
Zitrone 120
Zitronenöl 158
Zitrus-Note 78
Zunge 56
Zusatznutzen 280

If you have any concerns about our products,
you can contact us on
ProductSafety@springernature.com

In case Publisher is established outside the EU,
the EU authorized representative is:
**Springer Nature Customer Service Center GmbH
Europaplatz 3, 69115 Heidelberg, Germany**

Printed by Libri Plureos GmbH
in Hamburg, Germany